Erich Henker

Fahrwerktechnik

Erich Henker

Fahrwerktechnik

Grundlagen, Bauelemente, Auslegung

Mit 369 Bildern und 53 Tafeln

Friedr. Vieweg & Sohn   Braunschweig/Wiesbaden

Die Deutsche Bibliothek – CIP-Einheitsaufnahme

Henker, Erich:
Fahrwerktechnik: Grundlagen, Bauelemente,
Auslegung; mit 53 Tafeln / Erich Henker. –
Braunschweig; Wiesbaden: Vieweg, 1993
  (Viewegs Fachbücher der Technik)
    ISBN 978-3-528-04926-3   ISBN 978-3-322-93854-1 (eBoook)
    DOI 10.1007/978-3-322-93854-1

Autoren: Dr.-Ing. Erich Henker mit freundlicher Unterstützung durch
          Herrn Professor Dr.-Ing. Hans-Peter Willumeit und
          Herrn Professor Dr.-Ing. Hans-Heinrich Meiners

Umschlaggestaltung: Hanswerner Klein, Leverkusen
Satz: Vieweg, Braunschweig

Gedruckt auf säurefreiem Papier

ISBN 978-3-528-04926-3

Vorwort

In den letzten Jahrzehnten hat der Automobilbau großen Aufschwung genommen. Für den wichtigsten Vorzug des Autos, daß es individuelle Mobilität verleiht, ist das Fahrwerk die Grundlage, ohne die Bedeutung des Motors mit der Kraftübertragung und der Karosserie zu unterschätzen. So stellt die Fahrwerktechnik auch im Studium der Kraftfahrzeugtechnik ein wichtiges Fach dar.

Obwohl man die Anschauungsobjekte täglich vor Augen hat und es viele Möglichkeiten gibt, unter das Auto und in es hineinzuschauen, bleibt für Fachzeitschriften und Fachbücher sehr viel Raum, um einen interessierten Leser weitere Informationen zu vermitteln. Es ist Anliegen dieses Fachbuches, viele mit dem Kraftfahrzeug Verbundene zu erreichen und den Studierenden einen knapp gefaßten Überblick zu geben.

Der Verfasser hat eine 50 jährige Erfahrung im Automobilbau in der Forschung und Entwicklung des Fahrwerks. Erfolgreich waren seine Fahrwerke für Bobschlitten, mit denen deutsche Olympiamannschaften 1980 und 1984 ausgerüstet und siegreich waren.

Bei der Vermittlung der Inhalte wurde Wert auf allgemeine Verständlichkeit gelegt; deswegen wurden:

- Abkürzungen vermieden,
- nur wenige Zusammenhänge rein mathematisch beschrieben, trotz der besonderen Eignung der mathematischen Methoden zur Lösung der Probleme,
- bei der Darstellung im allgemeinen der Tafel und dem Bild der Vorzug vor verbalen Beschreibungen gegeben und
- jede Tafel und jedes Bild möglichst so umfassend beschriftet, daß der wesentliche Inhalt erfaßbar wird, ohne den ganzen Abschnitt lesen zu müssen.

Trotzdem geht das Buch auf einigen Gebieten über das bisher in der Fachliteratur Veröffentlichte hinaus. Das betrifft insbesondere:

- die Darstellung der Reifenschräglaufeigenschaften in nur einer Kennlinie mit großem Aussagewert,
- die Nutzung der Elastokinematik der Radaufhängungen zur Verbesserung des Gütegrades der Seitenkraftverteilung,
- die Untersuchungen über die Wirkung von Schraubenfedern auf ihre Abstützung,
- die Ursachen für das Lösen von Schraubverbindungen,
- den Einsatz von auf Zug beanspruchten GFP-Federn,
- die Verschiebung der Spreizungsachse mit den Auswirkungen auf den effektiven Lenkrollhalbmesser.

Es bleibt zu danken, meinen ehemaligen Mitarbeiterinnen und Mitarbeitern, den vielen Freunden an den Universitäten, Hochschulen, in den Betrieben und den Mitgliedern des FA-Fahrwerk der KDT, die die Arbeit unterstützt haben. Der Dank gilt auch Herrn Doz. Dr. sc. techn. Martin Jahn, Institut für Verbrennungsmotoren und Kraftfahrwesen an der TU Dresden, der mit seiner gründlichen Durchsicht des Manuskriptes und mit Vorschlägen zu Formulierungen zur Aufwertung beigetragen hat, Herrn Prof. Dr.-Ing. H.-P. Willumeit, Institut für Fahrzeugtechnik an der TU Berlin, für die wohlwollende Förderung und die Übernahme des Abschnittes 1.4, Herrn Prof. Dr.-Ing. H.-H. Meiners, Institut für Fahrzeugbau Wolfsburg an der Fachhochschule Braunschweig-Wolfenbüttel, für den Abschnitt 1.1.4 und die Aktualisierung der Tafeln.

Besonders zu danken ist Herrn Dipl.-Ing. Ewald Schmitt und dem Verlag Vieweg, die das Erscheinen dieses Buches gefördert und ermöglicht haben.

Im November 1992   *Erich Henker*

Inhaltsverzeichnis

Formelzeichen und Einheiten

1. Kräfte und Momente   Einheit

F	Kraft allgemein	N
$F_{A,B}$	Antriebskraft, Bremskraft	N
F_G	Schwerkraft des Gesamtfahrzeugs	N
F_L	Luftwiderstandskraft	N
F_{Ly}	Seitenwindkraft	N
F_N	Radlast	N
F_R	Rollwiderstandskraft	N
F_S	Seitenkraft	N
$M_{A,B}$	Moment der Antriebs-, Bremskraft	Nm
M_B	Biegemoment	Nm
M_F	Moment der Fliehkraft	Nm
M_N	Nickmoment	Nm
M_R	Rollmoment, Rückstellmoment	Nm
M_t	Torsionsmoment	Nm

2. Massen und Trägheitsmomente

m	Masse	kg
J	Flächenträgheitsmoment	cm^4
θ	Massenträgheitsmoment	kgm^2

3. Drücke und Spannungen

p	Druck	kPa, MPa
σ	Zug- und Druckspannungen	MPa
τ	Schub- und Torsionsspannungen	MPa

4. Längen, Flächen und Volumina

B	Reifenbreite, Breite	mm
D, d	Durchmesser	m, cm, mm
d	Lenkerlänge	cm, mm
f	Federweg	mm
h, H	Höhe, Reifenhöhe	m, cm, mm
h_s	Schwerpunkthöhe	m, cm, mm
L, l	Radstand, Länge	m, cm, mm
$L_{v,h}$	horizontaler Abstand des Schwerpunktes von der Vorder-, Hinterachse	m, cm, mm
n	Nachlauf	mm

r, R	Radius, Kurvenradius	m, cm, mm
R_0	Lenkrollhalbmesser	mm
s	Spurweite, Länge, Weg, Bremsweg, Abstand	m, cm, mm
A	Fläche	cm^2, mm^2
V	Volumen	Ltr. cm^3, mm^3

5. Bewegungen

a	Beschleunigung	m/s^2
g	Erdbeschleunigung	m/s^2
v, V	Geschwindigkeit	m/s, km/h
$\dot{x}, \dot{y}, \dot{z}$	Geschwindigkeit in Koordinatenrichtung	m/s
$\ddot{x}, \ddot{y}, \ddot{z}$	Beschleunigung in Koordinatenrichtung	m/s^2

6. Winkel

α	Reifenschräglaufwinkel	o
β	Lenkwinkel	o
γ	Schrägfederungswinkel, Schwimmwinkel	o
δ	Spreizung	o
ζ	Dachwinkel bei Schrägpendelachsen	o
η	Nachlaufwinkel, Ausgangswinkel bei Schrägpendelachse	o
ϑ	Nickwinkel, Drehwinkel bei Drehstabfedern	o
λ	Schrägpendelwinkel (Pfeilung $= 90° - \lambda$)	o
ξ	Sturz	o
ρ	Überhangwinkel, Drehwinkel des Lenkers bei Schrägpendelachse	o
σ	Steuerwinkel bei Zweirädern	o
φ	Wankwinkel, Torsionswinkel bei Drehstabfedern Raddrehwinkel	o
ψ	Gierwinkel	o

7. Winkelbewegungen

$\dot{\psi}$	Giergeschwindigkeit	1/s
$\ddot{\psi}$	Gierbeschleunigung	$1/s^2$

8. Punkte

Dp	Seitenwindangriffszentrum (Druckpunkt)
M, M_A	Mittelpunkt, Kreismittelpunkt nach Ackermann
Np	neutrale Steuerungshochachse (proj. auf Fahrbahn)
P	Pol
P_M	Rollzentrum
P_N	Nickzentrum

R	Radaufstandspunkt	
Sp	Schwerpunkt	

9. Koeffizienten und ähnliche Größen

A_r	Arbeitsaufnahmevermögen allgemein	Nm, Nmm
A_rB	Arbeitsaufnahmevermögen auf Biegung	Nm, Nmm
A_rT	Arbeitsaufnahmevermögen auf Torsion	Nm, Nmm
B	Bremsnickausgleich	%
c	Federsteife	N/mm
D	Lehrsche Dämpfung	
E	Elastizitätsmodul	N/mm^2
e	Zahl der Elementenpaare in einem Getriebe, Koeffizient der Rollreibung	
f_E	Eigenschwingungszahl	Hz
f_R	Rollwiderstand	
G	Schubmodul	N/mm^2
i	Übersetzungsverhältnis, Windungszahl	
K	Konstante, Verhältniszahl	
k	Dämpfungsfaktor	$\dfrac{N}{m/s}$
n	Zahl der Glieder in einem Getriebe	
δ	Reifenschräglaufsteifigkeit nach Gleichung (2.13)	N/°
χ	Gasexponent für zweiatomige Gase	
η_G	Gütegrad	
μ	Reibbeiwert, in Anspruch genommener Reibbeiwert	

10. Indizes

A	nach Ackermann, aufbaubezogen, achsbezogen
a	kurvenaußen
e	elastokinematisch
F	fahrzeugbezogen
g	gleitend
h	hinten, haftend
i	kurveninnen
k	konstruktiv
o	Ausgangswert (z.B. bei statischer Belastung)
R	radbezogen, reifenbezogen
v	vorn
w	wirksam (z.B. wirksame Fläche A_w)
x, y, z	in den fahrzeugbezogenen Koordinatenrichtungen

1 Gesamtfahrzeug

1.1 Allgemeines

1.1.1 Entwicklung und Aufgaben des Fahrwerks, Abgrenzung von den anderen Baugruppen des Kraftfahrzeugs

Früher unterteilte man das Kraftfahrzeug in die 2 Baugruppen Chassis und Karosserie, wobei zum Chassis alles außer der Karosserie gehörte, also auch der Motor und die Kraftübertragung mit allem Zubehör. Beim heutigen Begriff Fahrwerk sind die Grenzen gegenüber der Bezeichnung Chassis wesentlich enger. Hier soll unter Fahrwerk nur derjenige Teil des Fahrzeugs behandelt werden, der die Bewegung auf der Fahrbahn, das Fahren, unmittelbar ermöglicht und beeinflußt. Die Grenzen sind sehr eng gesetzt, denn nicht nur der Antrieb mit der Kraftübertragung, sondern auch die Bremsen, obwohl sie natürlich unbedingt zum Fahrwerk gehören, werden in diesem Buch nicht behandelt. Auch der Rahmen, der bei der selbsttragenden Karosserie ohnehin fehlt, nimmt seine Funktion in unmittelbarer Verbindung mit der Karosserie und beim NKW in Verbindung mit dem Aufbau wahr, so daß er nur am Rande behandelt wird. Vom Chassis war er einmal die entscheidende Baugruppe. Die Aufgaben des Fahrwerks, die hier ausführlicher behandelt werden sollen, beeinflussen in erster Linie die Baugruppen:

- Radaufhängung,
- Federung und Dämpfung,
- Räder und Reifen und
- Lenkung.

Den Unterschied zwischen Fahrgestell (Chassis) nach früherer und Fahrwerk nach der hier angenommenen Auffassung machen die Bilder 1.1 und 1.2 deutlich, die die Veränderungen aus einem Entwicklungszeitraum von etwa 50 Jahren wiedergeben. Sie zeigen sowohl, wie sich die Baugruppen in diesen 50 Jahren entscheidend verändert haben, als auch, worauf man das Fahrwerk beschränkt.

Folgende Gründe lassen sich für die Beschränkung nennen:

1. Die Bedeutung der PKW mit der selbsttragenden Karosserie hat so zugenommen, daß man deren Fahrwerk als typisch ansieht.

2. Im Zuge der Weiterentwicklung machte sich sowohl in der Forschung als auch in der Konstruktion und Fertigung eine immer weitergehende Spezialisierung zwischen Motor, Kraftübertragung und Fahrwerk notwendig.

3. Die Zahl der Betriebe, die entweder nur Chassis oder nur Karosserien herstellen, hat abgenommen.

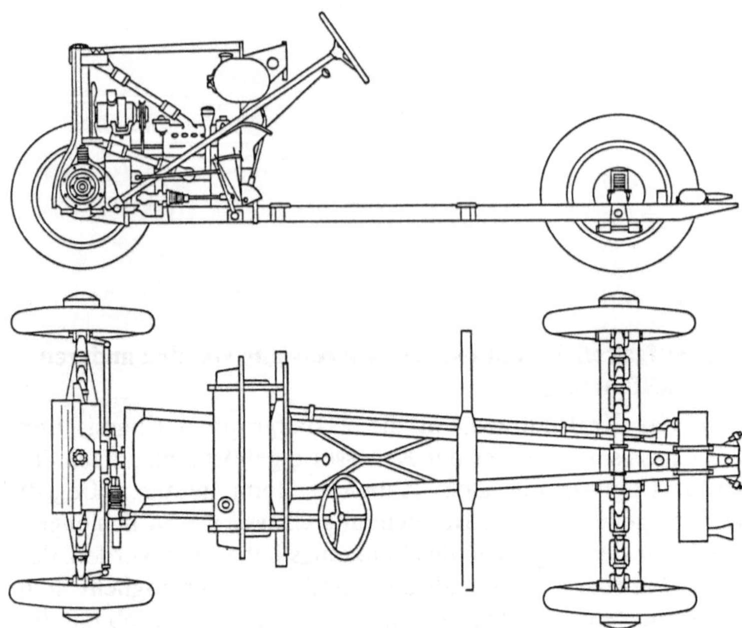

Bild 1.1 Fahrgestellzeichnung des Stoewer-Front 5/25 PS. Eine Fahrwerkskonstruktion aus den 20er Jahren. Frontantrieb, Radaufhängung vorn und hinten als Doppelquerlenker, bei der die Funktion des oberen Querlenkers jeweils von der Querblattfeder mit übernommen wird, Zahnstangenlenkung, Rahmenbauweise, extrem weit vorn angeordnete Vorderräder

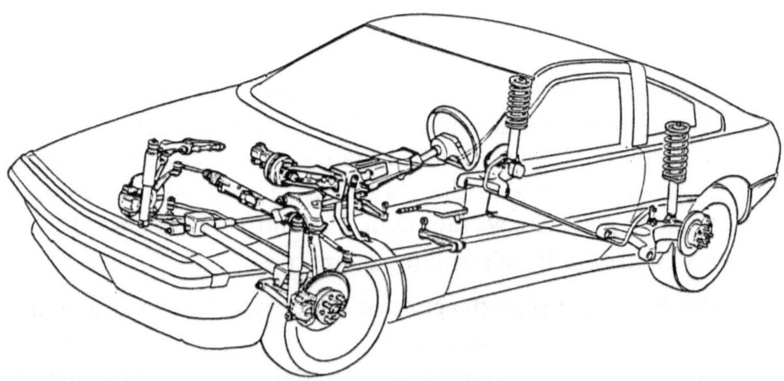

Bild 1.2 Talbot Matra Murena 1,6 Ltr. und 2,2 Ltr. Die Fahrgestellbaugruppen sind in die selbsttragende Karosserie hineingezeichnet. Die Radaufhängung ist vorn als Doppelquerlenker und hinten als Schräglenker (Schrägpendelachse) ausgebildet. Während vorn Drehstabfedern mit gesondert angelenkten Stoßdämpfern zum Einsatz kommen, sind es hinten Federbeine, die den Stoßdämpfer mit beinhalten. Das Fahrzeug hat Zahnstangenlenkung und je Achse einen Stabilisator

Trotz dieser Wandlung sind für die Gestaltung des Fahrwerks nach wie vor von großer Bedeutung:

1. das Ladegut (Zahl der Personen sowie Form, Masse und Aggregatzustand der zu ladenden Güter)
2. die Forderungen nach Wirtschaftlichkeit (Fahrleistung, Verbräuche, Lebensdauer des gesamten Fahrzeugs und seiner Baugruppen und Teile, Zuverlässigkeit)
3. die Forderungen nach Verkehrssicherheit (aktive und passive Sicherheit).

Während sich die für unterschiedliches Ladegut gebauten Fahrzeuge äußerlich und innerlich sehr stark unterscheiden, ist die Aufgabenstellung hinsichtlich Wirtschaftlichkeit und Verkehrssicherheit für alle Kraftfahrzeuge ähnlich. Insbesondere zur Erhöhung der Verkehrssicherheit sind Gesetze, Vorschriften und Empfehlungen entstanden. Viele von ihnen betreffen das Fahrwerk, da die allgemeine Gefährdung ja von der sich schnell bewegenden Masse ausgeht.

Um allgemeine Verständlichkeit anzustreben, waren Einschränkungen, die u.a. auch die quantitativen Bewertungen betreffen, nicht zu umgehen. Zur Berechnung jedes Bauteiles und jedes Bewegungsvorganges sind bei jeder Aufgabe ohnehin weitere Quellen erforderlich, so daß eine diesbezügliche Vollständigkeit nicht angestrebt wurde. Auf der anderen Seite waren Wiederholungen nicht vermeidbar. So wurde auf die zwei für besonders wichtig gehaltenen Kriterien, die Steuerungstendenz und den Gütegrad der Seitenkraftverteilung, in mehreren Abschnitten eingegangen.

Ein Kompromiß mußte bei der Bremse gefunden werden. Während sie als Baugruppe nicht behandelt wird, ist z.B. ihre Wirkung auf die Elastokinematik und in Verbindung mit der Radaufhängung auf das Bremsnicken berücksichtigt.

1.1.2 Definitionen

Die Fahrzeughauptabmessungen und die wichtigsten Massen sind trotz unterschiedlicher Dokumente und Quellen im wesentlichen übereinstimmend definiert. Die wichtigsten Dokumente und Quellen sind:

1. die nationalen Straßenverkehrs-Zulassungs-Ordnungen (StVZO) mit ihren Bauvorschriften (einschließlich der angenommenen ECE-Regelungen)
2. nationale und internationale Standards (z.B. DIN-Normen, ISO-Standards, EG-Richtlinien)
3. Fachbücher und Fachzeitschriften.

In der Fachliteratur findet man nicht nur die Definitionen von Abmessungen und Massen, sondern auch von allen die Fahreigenschaften charakterisierenden Kriterien. Dabei gibt es noch größere Abweichungen. Exakt ist die Definition bei den Einheiten. Seit einigen Jahren haben sich international die SI-Einheiten durchgesetzt.

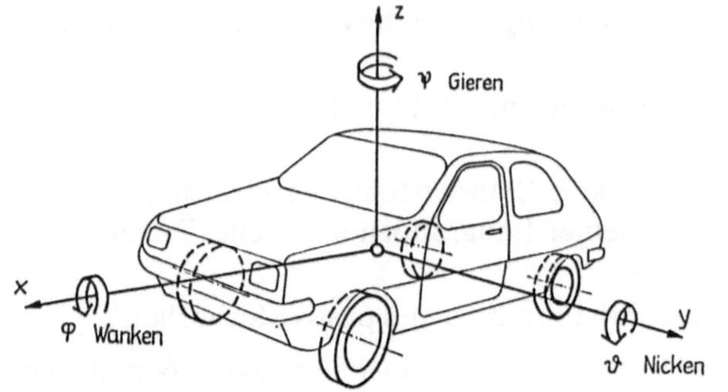

Bild 1.3

Koordinaten und Winkel am
Gesamtfahrzeug

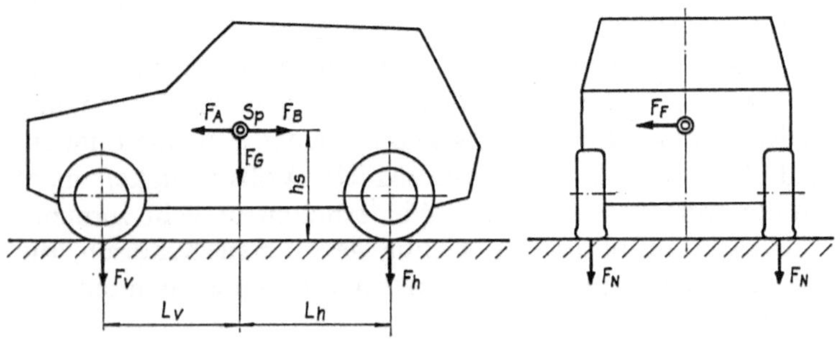

Bild 1.4 Schwerpunktlage im und Kräfte am Fahrzeug

Einige weitere wichtige Einheiten sind:

$$\text{Geschwindigkeit } v = \frac{\text{Weg } s \text{ in m}}{\text{Zeit } t \text{ in s}} \quad \frac{\text{m}}{\text{s}}\,, \tag{1.1}$$

$$\text{Umrechnung in } \frac{\text{km}}{\text{h}} \quad 1\,\frac{\text{m}}{\text{s}} = \frac{3600\ \text{s/h}}{1000\ \text{m/km}} = 3{,}6\ \frac{\text{km}}{\text{h}}\,,$$

$$\text{Beschleunigung } a = \frac{\text{Geschwindigkeit } v \text{ in m/s}}{\text{Zeit } t \text{ in s}} \quad \frac{\text{m}}{\text{s}^2}\,. \tag{1.2}$$

Die Kraft ist definiert durch Kraft = Masse $\times$ Beschleunigung:

$$F = m \cdot a\,. \tag{1.3}$$

Folgende Kräfte lassen sich unterscheiden (s. Bild 1.4): Die Gewichtskraft F_G des
Fahrzeugs

$$F_\text{G} = m_\text{F} \cdot g \qquad\qquad m_\text{F} \text{ Fahrzeugmasse,} \tag{1.3a}$$

sowie die Gewichtskräfte der Achslasten F_v und F_h

$$F_v = m_v \cdot g \qquad\qquad m_v \quad \text{auf die Vorderräder abgestützte}$$
$$\text{Fahrzeugmasse} - \text{Vorderachslast}$$

$$F_h = m_h \cdot g \qquad\qquad m_h \quad \text{auf die Hinterräder abgestützt}$$
$$\text{Fahrzeugmasse} - \text{Hinterachslast.}$$

Bei den zweispurigen Fahrzeugen teilt sich die Achslast auf die beiden Räder auf. Gerade dieser Radlast F_N kommt als Kontaktkraft zwischen Reifen und Fahrbahn besondere Bedeutung zu.

Von der Fahrzeugmasse ausgehend und im Schwerpunkt angreifend, ist die Fliehkraft F_F bei Kurvenfahrt auf einer Kreisbahn mit dem Radius R:

$$F_F = m_F \cdot R \cdot \omega^2 \qquad\qquad \omega \text{ Winkelgeschwindigkeit,} \qquad\qquad (1.3b)$$

oder

$$F_F = m_F \cdot \frac{v^2}{R}, \qquad\qquad (1.3c)$$

da

$$v = R \cdot \omega. \qquad\qquad (1.4)$$

Die Antriebskraft beim Beschleunigen F_A und die Bremskraft beim Verzögern F_B ist

$$F_{A,B} = m_F \cdot a. \qquad\qquad (1.3d)$$

Beim Verzögern wird a negativ.

Da sich diese von der Fahrzeugmasse ausgehenden Kräfte über die Reifen auf der Fahrbahn abstützen und der Schwerpunkt im Abstand h_s von der Fahrbahn liegt, ergeben sich noch Momente. Infolge der Fliehkraft ergibt sich das Moment M_F

$$M_F = F_F \cdot h_s \qquad\qquad h_s \text{ Schwerpunkthöhe.} \qquad\qquad (1.5)$$

Das daraus resultierende Rollen des Aufbaus wird in der Literatur verschiedentlich auch mit Wanken oder Seitenneigung des Aufbaus bezeichnet. Es führt zu einer Radlasterhöhung an den kurvenäußeren und zu einer Radlastminderung an den kurveninneren Rädern. Über die Beeinflussung des Rollens wird im Abschnitt 2.1.1.2 weiteres ausgeführt.

Beim Bremsen erhöhen sich die Radlasten an der Vorderachse und vermindern sich an der Hinterachse. Beim Beschleunigen ist es umgekehrt. Das hier auftretende Moment M_N ist

$$M_N = F_{A,B} \cdot h_s. \qquad\qquad (1.6)$$

Dabei kommt es zur Nickbewegung des Aufbaus, was verschiedentlich auch als Tauchen beim Bremsen und Aufbäumen beim Beschleunigen bezeichnet wird. Über die Beeinflussung der Nickbewegung wird ebenfalls im Abschnitt 2.1.1.2 weiteres ausgeführt.

Weitere Kräfte, die auf das gesamte Fahrzeug wirken, sind:

- die Rollwiderstandskraft F_R
- die Luftwiderstandskraft F_L
- die Seitenwindkraft im Windangriffszentrum F_{Ly}.

Es gibt eine Vielzahl von innerhalb des Fahrwerks wirkenden Kräften, wie Federkräfte, Stoßdämpferkräfte sowie an Einzelteilen wirkende Kräfte, Lenkkräfte, Umfangskräfte und Seitenkräfte am Reifen usw. Bei den Federkräften ist es üblich, sie ins Verhältnis zur Einfederung zu setzen und mit Federrate oder Federsteife zu bezeichnen. Früher, als vorwiegend Federn verwendet wurden, die über den gesamten Federweg ein der Belastungszunahme proportionale Einfederung aufwiesen (Hookesches Gesetz), nannte man diesen Wert Federkonstante.

$$\text{Federsteife} \quad c = \frac{dF}{df} \quad \text{in N/mm,} \tag{1.7}$$

$$F_1 = \int_{f_0}^{f_1} c \cdot df. \tag{1.8}$$

Anschaulich wird die Federkraft anhand der Federkennlinie (s. Abschnitt 3.2).

Beim hydraulischen Stoßdämpfer dominiert die Abhängigkeit der Dämpfkraft von der Kolbengeschwindigkeit df_K/dt:

$$\text{Dämpfkraft } F_D = k \cdot \frac{df_K}{dt} \text{ N} \left(k \text{ in } \frac{\text{N}}{\text{m/s}} \right). \tag{1.9}$$

Man bezeichnet mit k den Dämpfungsfaktor, der für die meisten Näherungsrechnungen als konstant angenommen werden kann.

Von den Vorsätzen zur SI-Einheit sollen möglichst die angewendet werden, mit denen der Zahlenwert zwischen 0,1 und 1000 liegt. Bei Tabellen ist jedoch möglichst ein einheitlicher Vorsatz anzuwenden, auch wenn dann einige Zahlen diese Grenzen überschreiten. In Übereinstimmung damit hat sich bei den Luftüberdrücken bei Reifen die Einheit kPa (Kilopascal) eingeführt, während in der Hydraulik und bei den Festigkeitsangaben für Werkstoffe die um 10^3 größere Einheit MPa (Megapascal) Eingang gefunden hat. Beim Reifeninnendruck könnte eine Angabe in MPa zur Unterschätzung der Bedeutung der Hundertstel (es waren bei der Angabe in bar oder at die Zehntel) führen, was beim Reifeninnendruck nicht zulässig ist.

Bei den Masseangaben ist die Einheit Mg (Megagramm) praktisch nicht anzutreffen, sondern man verwendet die Einheit t (Tonne) und wendet bei ihr auch Vorsätze an wie dt (Dezitonne), kt (Kilotonne). Bei den Zeitangaben sind nur bei der Sekunde Vorsätze zur Verkleinerung gebräuchlich z.B. ms (Millisekunde).

Im Formelzeichenverzeichnis sind die wesentlichsten Formelzeichen aufgeführt.

Definition einiger sich häufig wiederholender Begriffe:

Raumfestes Koordinatensystem: rechtwinkliges, rechtsdrehendes, auf den Raum (z.B. Fahrbahn) bezogenes Koordinatensystem; die Bewegung des Fahrzeugs wird relativ zu diesem unbeweglichen Koordinatensystem beschrieben. Die X- und die Y-Achse befinden sich in der horizontalen Ebene, und die Z-Achse ist nach oben gerichtet.

Fahrzeugkoordinatensystem: rechtwinkliges, rechtsdrehendes Koordinatensystem, das mit dem Fahrzeug so verbunden ist, daß bei einer stabilen Fahrbewegung des Fahrzeugs in gerader Richtung auf ebener Straße die x-Achse horizontal nach vorn gerichtet ist und sich in der Längssymmetrieebene des Fahrzeugs befindet; die y-Achse verläuft vom Fahrer aus gesehen nach links, und die z-Achse ist nach oben gerichtet (s. Bild 1.3).

Winkelorientierung: Orientierung des Koordinatensystems des Fahrzeugs (x, y, z) relativ zum unbeweglichen Koordinatensystem (X, Y, Z), die durch die Aufeinanderfolge von drei Winkeldrehungen gegeben wird

Gieren: Winkeldrehung um die vertikalen Achsen Z bzw. z (s. Bild 1.3)

Nicken: Winkeldrehung um die y-Achse (s. Bild 1.3)

Wanken: Winkeldrehung um die x-Achse (s. Bild 1.3)

Rollen: Winkeldrehung um die Rollachse; Rollwinkel und Wankwinkel unterscheiden sich nur wenig, weshalb sich Wanken für die Winkeldrehung um die Rollachse einführt

Radebene: zentrale Ebene des idealen Reifens senkrecht zur Drehachse des Rades

Radmitte: Schnittpunkt der Drehachse des Rades mit der Radebene

Mitte der Reifenaufstandsfläche = Radaufstandspunkt: Berührungspunkt der Radebene mit der Fahrbahn unter der Drehachse des Rades

Spreizung: Projektion des Winkels auf die y, z-Ebene, der zwischen der Neigung der Drehachse des Achsschenkels und der Vertikalen gebildet wird (s. δ im Bild 1.5); die Drehachse des Achsschenkelbolzens nennt man auch Spreizungsachse.

Lenkungswinkel, Steuerwinkel: bei einspurigen Fahrzeugen der zwischen der Achse des Steuerkopfes und der Fahrbahn eingeschlossene Winkel (s. σ im Bild 1.11)

Lenkrollradius: a) In der Ebene der Fahrbahn ist dies der Abstand zwischen dem Schnittpunkt der Spreizungsachse mit der Fahrbahnebene und der Spur der Radebene (s. R_0 im Bild 1.5). Wenn sich dieser Schnittpunkt der Spreizungsachse von der x, z-Ebene aus außerhalb der Radebene befindet, dann ist der Lenkrollradius negativ.

b) Im Mittelpunkt des Rades ist dies der parallele Abstand zwischen Mittelpunkt des Rades und der Spreizungsachse, auf eine Ebene projiziert, die parallel zur y, z-Ebene (Querebene) verläuft.

Nachlaufwinkel: Projektion des Winkels auf die x, z-Ebene, der zwischen der Neigung der Drehachse des Achsschenkels und der Vertikalen gebildet wird (s. η im Bild 1.6); der Nachlaufwinkel wird als positiv angenommen, wenn die

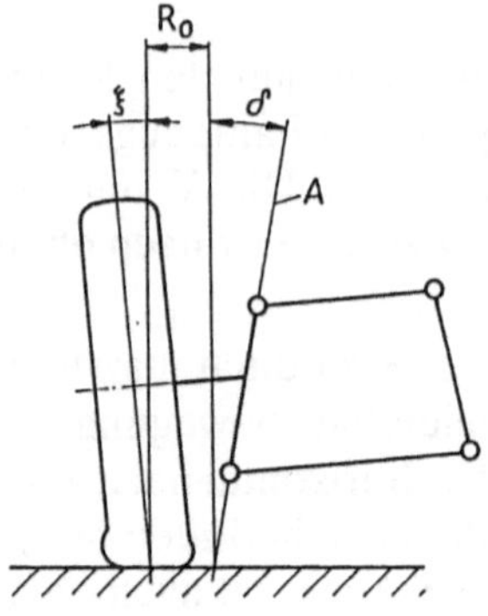

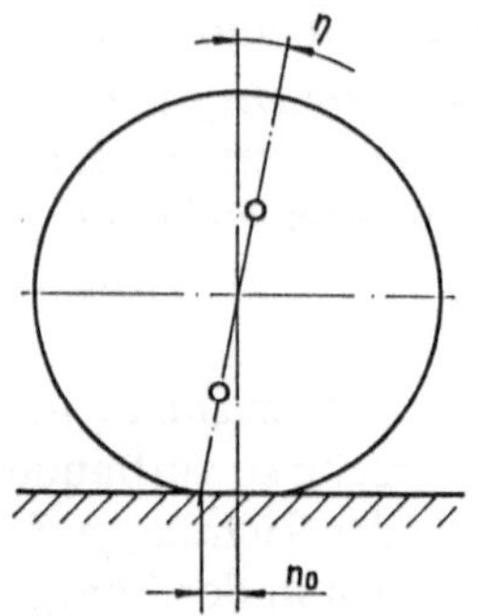

Bild 1.6 Nachlauf n_0, kinematisch bedingt

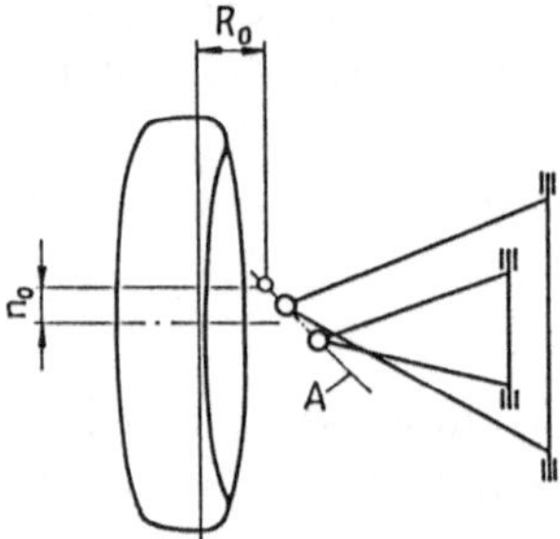

Bild 1.5

Sturz ξ, Spreizung δ, Lenkrollradius R_0. A Drehachse des Achsschenkels (auch Spreizungsachse genannt), ihr Abstand auf der Fahrbahnebene vom Radaufstandspunkt ist in y-Richtung der Lenkrollradius R_0 und in x-Richtung der Nachlauf n_0

Drehachse des Achsschenkels nach oben hinten geneigt ist, und als negativ, wenn sie nach oben vorn weist.

Nachlauf, konstruktiv: Abstand zwischen dem Schnittpunkt der Drehachse des Achsschenkels und dem Radaufstandspunkt in der Fahrbahneben, projiziert auf die x, z-Ebene (s. Bilder 1.5 und 1.6); er wird als positiv angenommen, wenn sich der Schnittpunkt in x-Richtung vor dem Radaufstandspunkt befindet. Er ist negativ, wenn der Schnittpunkt dahinter liegt. In diesem Fall spricht man auch von Vorlauf. Nachlauf bei Zweirädern siehe n_0 auf Bild 1.11.

Nachlauf durch den Reifenschräglauf: Die Verteilung der Seitenkräfte entlang der Reifenaufstandsfläche ist unsymmetrisch. Die in sie hineinrollenden Stollen des Reifenprofils verspannen sich beim Abrollen, so daß sich eine Seitenkraftverteilung nach Bild 1.7 ergibt. Die Resultierende der Seitenkraft liegt hinter Mitte Aufstandsfläche.

Sturzwinkel: Neigung der Radebene zur Vertikalen (z-Richtung); der Sturzwinkel wird als positiv angenommen, wenn das Rad oben vom Fahrzeug weg geneigt ist (s. ξ im Bild 1.5).

Spurweite: Abstand zwischen den Radaufstandspunkten einer Achse; bei Fahrzeugen mit Zwillingsreifen ist es der Abstand zwischen den mittleren Punkten, die zwischen den Radaufstandspunkten der äußeren und der inneren Räder gefunden werden.

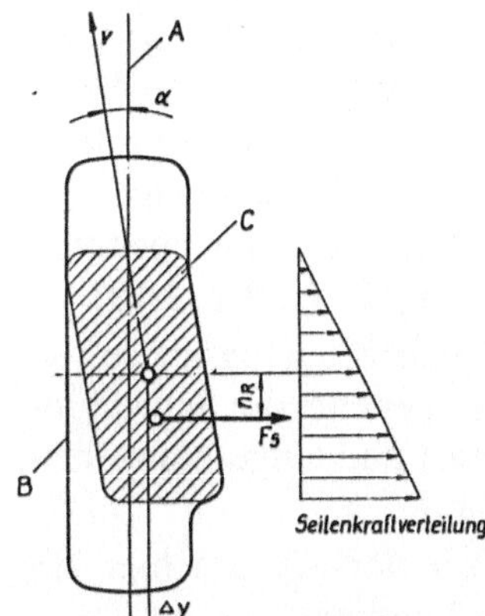

Bild 1.7

Nachlauf n, reifenbedingt. Die Reifenaufstandsfläche und der Seitenkraftverlauf sind vereinfacht dargestellt. Neben der Nachlaufänderung durch die unsymmetrische Seitenkraftverteilung wird deutlich, daß sich der wirksame Radaufstandspunkt aus der Radebene herausschiebt, was sich sowohl auf den effektiven Lenkrollradius auswirkt als auch auf die von einer Umfangskraft herrührende Komponente des Rückstellmoments.

v   Bewegungsrichtung (effektive Spur des Reifens auf der Fahrbahn)

A   geometrische Spur der Radebene auf der Fahrbahn

B   ungestörte Reifenseitenkontur

C   Reifenaufstandsfläche

F_S Seitenkraft

n_R reifenbedingter, von der Seitenkraftverteilung in der Radaufstandsfläche abhängiger Nachlauf

Δ_y Verschiebung des Radaufstandspunktes infolge Seitenkraft

α   Schräglaufwinkel

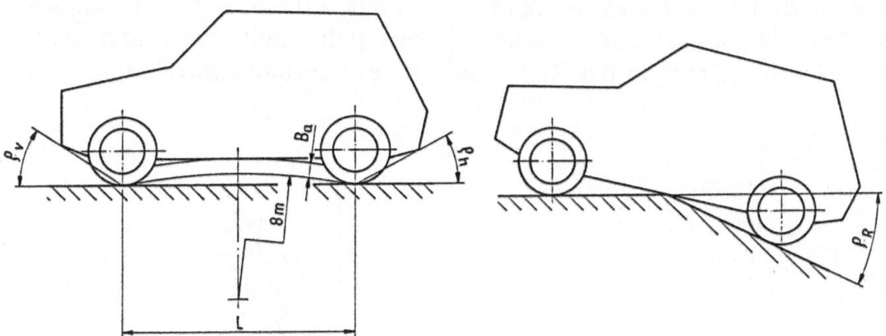

Bild 1.8 Radstand L, Bauchfreiheit Ba, Rampenwinkel ρ_R, Überhangwinkel ρ_v, ρ_h

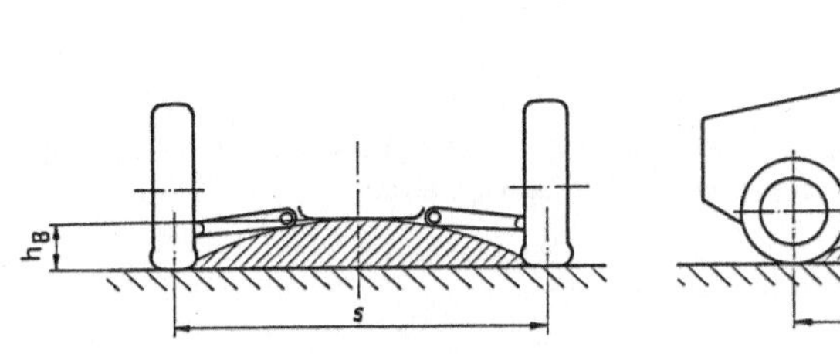

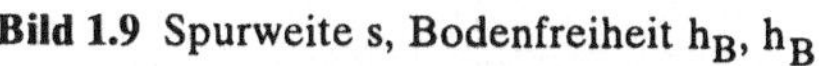

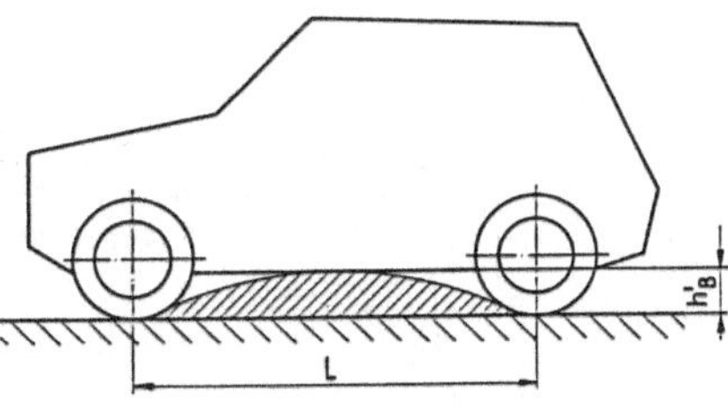

Bild 1.9 Spurweite s, Bodenfreiheit h_B, h_B'

Radstand: horizontaler Abstand der Mittelpunkte der Vorder- und Hinterräder; bei Fahrzeugen mit mehr als zwei Achsen wird als Radstand die Summe der Abstände der Mittelpunkte der einzelnen Räder von vorn nach hinten angegeben.

Vorspurwinkel: Projektion des Winkels zwischen der Fahrzeuglängsachse (*x*-Achse) und der Radebene in der Fahrbahnebene; das Rad hat einen positiven Vorspurwinkel, wenn das Rad vorn zur Fahrzeugmitte geneigt ist (s. Bild 1.10).

Schwimmwinkel: Winkel zwischen der Projektion der Fahrzeuglängsachse (*x*-Achse) und der Fahrzeugbewegungsrichtung in der Fahrbahnebene; der Schwimmwinkel γ ist im Bild 1.12 eingetragen. Es tritt bei Kurvenfahrt und eingeschlagenen Rädern auch ohne Reifenschräglauf ein Schwimmwinkel auf.

Lenkwinkel: Winkel zwischen der vertikalen Projektion der Längsachse des Fahrzeugs und der Schnittlinie der Radebene mit der Straßenebene

Ackermannwinkel: Winkel, um den sich die Drehschemellenkung ohne Berücksichtigung des Reifenschräglaufs bei einem bestimmten Kurvenradius einschlagen muß; bei Achsschenkellenkung ist es entsprechend der Winkel eines in Achsmitte angenommenen Rades (β_A im Bild 1.12).

Eigenlenkverhalten: Vergleich des Lenkungswinkels am Lenkrad bei Kurvenfahrt mit dem Lenkungswinkel, der zur Einstellung des Ackermann-Lenkwinkels an den Rädern erforderlich ist; die Betrachtung des Eigenlenkverhaltens geht davon aus, daß bei Kurvenfahrten mit der Geschwindigkeit nahe null die Räder ohne Schräglauf in Richtung der Spur der Radebene auf der Fahrbahn abrollen und sich

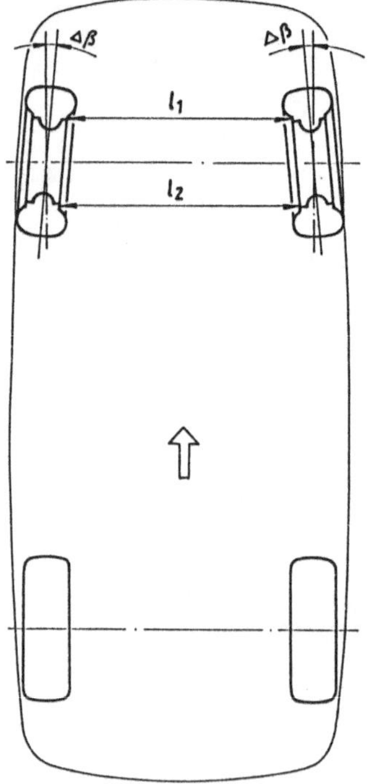

Bild 1.10
Vorspurwinkel $\Delta\beta$, Vorspur $l_2 - l_1$ in mm

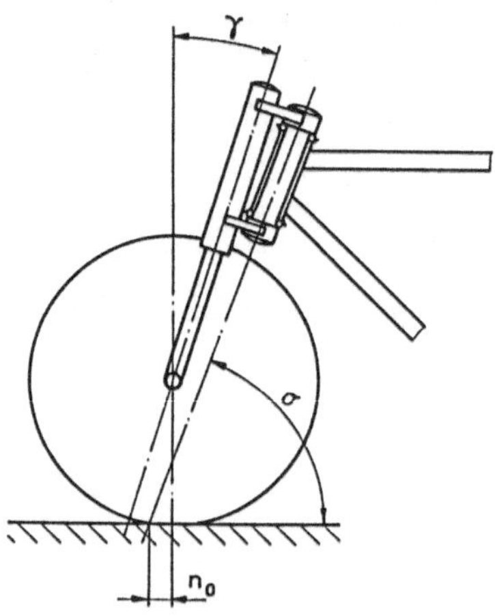

Bild 1.11 Nachlauf n_0, Nachlaufwinkel σ, Schrägfederungswinkel γ beim Zweirad

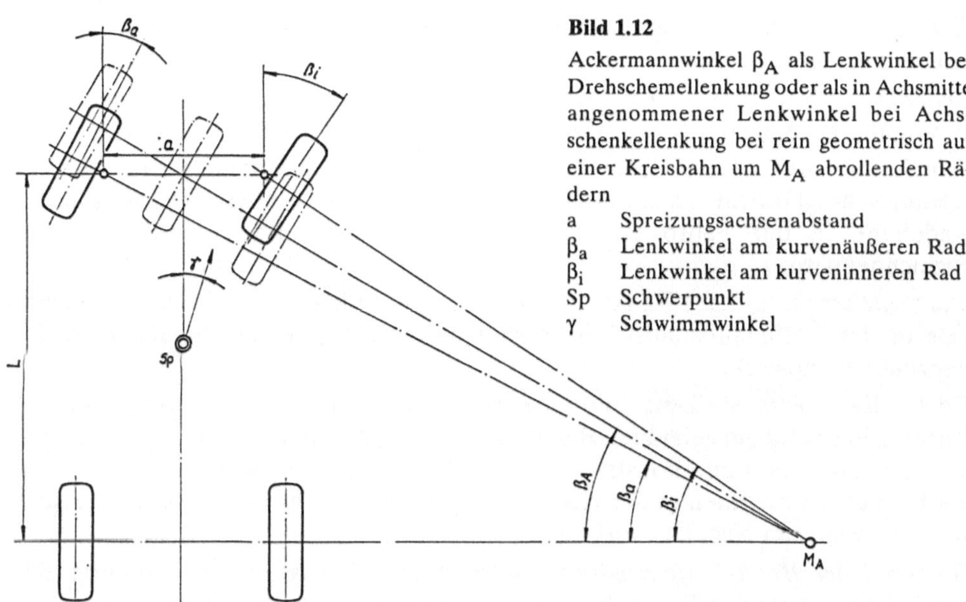

der Kreismittelpunkt der Kurve wie auf Bild 1.12 auf der verlängerten Hinterachse befindet.

Neutrales Eigenlenkverhalten: Der Lenkwinkel stimmt bei gleicher Kreisbahn auch bei höheren Geschwindigkeiten mit dem bei der Einstellung des Ackermannwinkels überein.

Untersteuern: Der für die gleiche Kreisbahn erforderliche Lenkwinkel wird bei höheren Geschwindigkeiten größer.

Übersteuern: Der für die gleiche Kreisbahn erforderliche Lenkwinkel wird bei höheren Geschwindigkeiten kleiner.

Lenkradwinkel: Winkeldrehung des Lenkrades von der geraden Position aus

Gesamt-Lenkübersetzung: das Verhältnis Lenkradwinkel zu Lenkwinkel

Lenkradmoment: am Lenkrad um dessen Drehachse wirkendes Moment

Zusatzlenkanlage (ZLA), Hinterachszusatzlenkung: Lenkung von Fahrzeugen der Klassen M_1 und N_1 (s. Tafel 1.1 und 1.2), bei denen zusätzlich zu den Vorderrädern die Hinterräder gelenkt werden.

Rollzentrum (auch Wankzentrum): über der Achsmitte liegender Bewegungspol, bei dem man die Radaufhängung als Koppelgetriebe und die Radaufstandspunkte als Gelenkpunkte betrachtet (s. Abschnitt 2.1.1.3).

Rollachse (auch Wankachse): Gerade durch die Rollzentren der beiden Fahrzeugachsen, Bild 2.11

Rollsteifigkeit einer Achse (auch Wanksteifigkeit): Verhältnis des sich infolge der Radlastdifferenz zwischen kurveninnerem und kurvenäußerem Rad bildenden Moments zum Rollwinkel; der Rollwinkel ist annähernd gleich dem Wankwinkel φ nach Bild 1.3.

Rollsteuern: Lenkwinkel an den Rädern infolge Radaufhängungskinematik beim Rollen um die Rollachse

Reifen-Schräglaufwinkel: Projektion des Winkels zwischen der Radebene und der Bewegungsrichtung des Radaufstandspunktes (Geschwindigkeitsvektor)

Schräglaufseitenkraft: seitliche Reaktion des rollenden Rades, die infolge des Reifen-Schräglaufwinkels in der Reifenaufstandsfläche rechtwinklig zur Spur der Radebene in der Fahrbahnebene wirkt und auch mit Seitenführungskraft bezeichnet wird.

Sturzseitenkraft: seitliche Reaktion des rollenden Rades, die infolge des Sturzwinkels in der Reifenaufstandsfläche rechtwinklig zur Spur der Radebene in der Fahrbahnebene wirkt.

Rückstellmoment: Moment um eine vertikale Achse in der Radebene; als Rückstellmoment am gelenkten Rad wirkt theoretisch ein Moment aus der Summe aus Reifennachlauf und konstruktivem Nachlauf mal Seitenkraft. Praktisch wird infolge der Elastizitäten in der Radaufhängung ein nur durch Prüfstandsmessungen bestimmbarer Nachlauf wirksam.

Gütegrad der Bremskraftverteilung: Nach Jante [1.27] ist er als Verhältnis der wirklichen Bremskraft F_B zur theoretisch möglichen $\mu \cdot F_G$ definiert:

$$\eta_G = \frac{F_B}{\mu \cdot F_G} \, . \tag{1.10}$$

Der Reibbeiwert μ ist in diesem Fall als Grenzwert angenommen. Verteilt man die Bremskräfte auf die Achsen so, daß an ihnen trotz der beim Bremsen auftretenden Achslastverlagerung der gleiche Reibbeiwert in Anspruch genommen wird, dann stimmen wirkliche Bremskraft und theoretisch mögliche überein. Es handelt sich dann um die ideale Bremskraftverteilung $\eta_G = 1$. In der ECE-Regelung 13 wird der Gütegrad der Bremskraftverteilung indirekt berücksichtigt. Aufgrund der instabilen Fahrzustände bei überbremster Hinterachse wird die zulässige Bremskraftverteilung diesbezüglich besonders eingeschränkt.

Gütegrad der Seitenkraftverteilung: Im Gegensatz zur Bremskraftverteilung ist hier die Seitenkraftverteilung auf die beiden Räder einer Achse zu beziehen. Analog kann man ihn definieren als Verhältnis der wirklichen Seitenkraft F_S pro Achse zur theoretischen möglichen $\mu \cdot F_v$ für die Vorderachse oder $\mu \cdot F_h$ für die Hinterachse:

$$\eta_G = \frac{F_{Sv}}{\mu \cdot F_v} \tag{1.10a}$$

für die Vorderachse und

$$\eta_G = \frac{F_{Sh}}{\mu \cdot F_h} \tag{1.10b}$$

für die Hinterachse.

Verteilt man die Seitenkräfte proportional zu den Radlasten, dann wird am kurveninneren und am kurvenäußeren Rad der gleiche Reibbeiwert μ in Anspruch genommen, und man hat die ideale Seitenkraftverteilung $\eta_G = 1$. Um dies zu erreichen, ist eine genaue Kenntnis der Reifen-Schräglaufeigenschaften und eine Einzelradaufhängung mit einer gezielten Elastokinematik nötig.

Gütegrad der Antriebskraftverteilung: Der Gütegrad der Antriebskraftverteilung aus Gl. (1.10) ergibt sich, wenn man die Bremskraft F_B durch die Antriebskraft F_A ersetzt:

$$\eta_G = \frac{F_A}{\mu \cdot F_G} \, .$$

(1.10c)

Seine entscheidende Verbesserung wird mit dem Allradantrieb möglich.

1.1.3 Bauvorschriften

Basis aller Bauvorschriften sind Straßenverkehrs-Zulassungs-Ordnungen (StV-ZO). Da die Kraftfahrzeuge sehr oft im grenzüberschreitenden Verkehr eingesetzt werden, besteht eine gewisse Anpassung der einzelnen nationalen StVZO bzw. gibt es zwischen den Ländern Vereinbarungen. Die Bauvorschriften beziehen sich auf

- die Verkehrssicherheit (Sicherheit für Personen und Güter, Verzögerung und Beschleunigung, Fahrstabilität, Kippsicherheit, Fahrbahn- und Fahrzeugbeleuchtung),
- Anpassung an die Fahrbahn und deren Schonung (zulässige Rad- bzw. Achslasten, Abmessungen),
- Umweltbelastung (Abgasemission, Geräusche).

Zunehmende Bedeutung erlangen die von den Vereinten Nationen, Wirtschaftskommission für Europa, Hauptarbeitsgruppe Straßenverkehr, Arbeitsgruppe Fahrzeugbau, erarbeiteten Regelungen.

Für die Baugruppen des Fahrwerks folgender Auszug:
Regelung Nr. 12: Schutz des Fahrzeugführers vor der Lenkanlage bei Unfallstößen
Die Regelung 12 schreibt vor,

- daß bei einem Frontalaufprall aus einer Geschwindigkeit von 48,3 km/h (30 mph) der obere Teil der Lenksäule und Lenkwelle sich höchstens um 12,7 cm (5 Zoll) nach hinten verschieben darf,
- daß auf einen mit einer Relativgeschwindigkeit von 24,1 km/h (15 mph) gegen die Betätigungseinrichtung der Lenkanlage geschleuderten Körper die davon ausgeübte Kraft 11,11 kN (2500 lbf) nicht überschreitet,
- daß die Betätigungseinrichtung der Lenkanlage weder gefährliche Unebenheiten noch scharfe Kanten aufweist.

Regelung Nr. 13: Bremsen

Die Vorschriften der Regelung 13 sind in Allgemeines, Einteilung der Fahrzeuge und Eigenschaften der Bremsanlage gegliedert. Unter Allgemeines muß die Bremsanlage folgende drei Anforderungen erfüllen:

1. Betriebsbremsung

Die Betriebsbremsung muß bei allen Geschwindigkeiten und Belastungszuständen und bei beliebigem Gefälle die Kontrolle der Fahrzeugbewegung sowie ein sicheres und schnelles Anhalten des Fahrzeugs ermöglichen. Der Fahrer muß die Bremswirkung abstufen und von seinem Sitz aus erzielen können, ohne die Hände von der Lenkeinrichtung zu nehmen.

2. Hilfsbremsung

Die Hilfsbremsung muß das Anhalten des Fahrzeugs ermöglichen, wenn die Betriebsbremsung versagt. Auch hier muß der Fahrer die Bremswirkung abstufen und von seinem Sitz aus erzielen können. Es genügt aber, wenn er dabei mit einer Hand die Kontrolle über die Lenkeinrichtung behält.

3. Feststellbremsung

Die Feststellbremse muß es ermöglichen, das Fahrzeug auch bei Abwesenheit des Fahrers an einer Steigung oder einem Gefälle zu halten, wobei die bremsenden Teile durch eine Einrichtung mit rein mechanischer Wirkung in Bremsstellung gehalten werden.

Einen Überblick über die Einteilung in Fahrzeugklassen und die für die einzelnen Klassen verlangten Bremsanlagen geben die Tafeln 1.1 bis 1.3. Die Regelung 13 enthält 15 Anhänge mit folgendem Inhalt:

Anhang 1: In dieser Regelung nicht erfaßte Bremsanlagen, -methoden und -bedingungen

Anhang 2: Benachrichtigungen über die Genehmigung (oder die Versagung oder die Zurücknahme einer Genehmigung) für einen Fahrzeugtyp hinsichtlich der Bremsen nach der Regelung 13

Anhang 3: Muster der Genehmigungszeichen

Anhang 4: Bremsprüfungen und Bremswirkungen

Anhang 5: Bremsprüfung Typ IIa anstelle der Prüfung Typ II für bestimmte Fahrzeuge der Klasse M3

Anhang 6: Methode zur Messung der Ansprech- und Schwelldauer bei Fahrzeugen mit Druckluftbremsanlagen

Anhang 7: Energiequellen und Behälter (Energiespeicher)

Anhang 8: Federspeicherbremsen

Anhang 9: Feststellbremsanlagen mit mechanischer Verriegelung der Bremszylinder

Tafel 1.1: Bremsanlage der Klasse M: Kraftwagen für Personen mit ≥ 4 Räder oder 3 Räder und > 1 t Gesamtmasse

Klasse	Zahl der Plätze, Masse	Bremsanlage
M1	Fahrer + ≤ 8 Plätze	Betriebsbremse Hilfsbremse Feststellbremse
M2	> 8 Plätze, ≤ 5 t	Betriebsbremse Hilfsbremse Feststellbremse
M3	> 8 Plätze, > 5 t	Betriebsbremse Hilfsbremse [1] Feststellbremse
	Überland- und Fernbusse, > 12 t	Betriebsbremse mit ABS Hilfsbremse[1] Feststellbremse

[1] Für > 5,5 t wird laut StVZO auch eine Dauerbremse gefordert

Tafel 1.2: Bremsanlage der Klasse N: Kraftwagen für Güter mit ≥ 4 Räder oder 3 Räder und > 1 t Gesamtmasse

Klasse	Gesamtmasse	Bremsanlage
N1	1 t ... < 3,5 t	Betriebsbremse Hilfsbremse Feststellbremse
N2	3,5 t ... ≤ 12 t	Betriebsbremse Hilfsbremse [1] Feststellbremse
N3	> 12 t	Betriebsbremse Hilfsbremse [1] Feststellbremse
	> 16 t	Betriebsbremse mit ABS Hilfsbremse [1] Feststellbremse

[1] Für > 9 t und V > 25 km/h wird laut StVZO auch eine Dauerbremse gefordert

Tafel 1.3: Bremsanlage der Klasse 0: Anhänger einschließlich Sattelauflieger

Klasse	Gesamtmasse	Bremsanlage
01	≤ 0,75 t	nicht erforderlich
02	< 0,75 t ... ≤ 3,5 t	Betriebsbremse Feststellbremse
03	> 3,5 t ... ≤ 10 t	Betriebsbremse [1] Feststellbremse
04	> 10 t	Betriebsbremse [1] mit ABS Feststellbremse

[1] Für > 9 t und V > 25 km/h wird laut StVZO auch eine Dauerbremse gefordert

Anhang 10: Verteilung der Bremskraft auf die Fahrzeugachsen und Kompatibilitätsbedingungen zwischen Zugfahrzeug und Anhänger

Anhang 11: Dauerbremsung (Verlangsamer)

Anhang 12: Prüfbedingungen für Fahrzeuge mit Auflaufbremsanlagen

Anhang 13: Vorschriften für die Prüfung von Bremsanlagen mit Antiblockiereinrichtungen

Anhang 14: Prüfbedingungen für Anhänger mit elektrischen Bremsanlagen

Anhang 15: Verfahren zur Prüfung von Bremsbelägen auf dem Schwungmassenprüfstand.

Im Zusammenhang mit der Auslegung des gesamten Fahrwerks sind die Anhänge 4 bis 14 von größerer Bedeutung. Im Anhang 10 und im Anhang 13 wird eine Zielstellung verfolgt, die im Zusammenhang mit der Elastokinematik der Radaufhängungen vergleichbar sein wird. Hier wie dort ist die Gewährleistung eines stabil rollenden und vom Fahrer gut beherrschbaren Fahrzeugs gefragt.

Regelung Nr. 14: Verankerung der Sicherheitsgurte in Personenkraftwagen

Es sind u.a. vorgeschrieben:

- die Mindestanzahl der vorzusehenden Verankerungen (für die äußeren Sitzplätze je zwei untere und eine obere, für alle anderen Sitzplätze zwei untere)
- die Lage der Gurtverankerungen
- die Widerstandsfähigkeit der Verankerungen (Sie wird über eine Zugvorrichtung geprüft. Es müssen die obere und die gegenüberliegende untere und gleichzeitig die beiden unteren Verankerungen einer Zugkraft von je 13 500 N und bei Verwendung von Beckengurten die beiden unteren Verankerungen einer Zugkraft von 22 250 N über 0,2 s standhalten.)
- die Maße der Gewindelöcher der Verankerungen.

Regelung Nr. 17: Widerstandsfähigkeit der Sitze und ihrer Verankerung sowie hinsichtlich der Merkmale von für die Sitze vorgesehenen Kopfstützen in PKW

Es sind u.a. vorgeschrieben:

- Jede vorhandene Einstell- und Verstelleinrichtung muß eine automatisch arbeitende Verriegelungseinheit umfassen, die sich bei auf die gesamte Fahrzeugkarosserie 30 ms wirkender Längsverzögerung von mindestens 20 g nicht löst.
- Bei Sitzen mit Kopfstützen dürfen diese keine Gefahrenquelle darstellen.
- Kopfstützen müssen gepolstert sein, den Bezugspunkt des Sitzes (etwa im Hüftgelenk) in der Körperachse mindestens 700 mm (750 mm ist vorgesehen) überragen und dürfen Durchbrüche aufweisen.
- Erzeugt man um den Bezugspunkt des Sitzes sowohl auf die Rückenlehne als auch auf die Kopfstütze ein Moment von 373 Nm, so darf sich die Kopfstütze um weniger als 102 mm nach hinten verschieben.

Regelung Nr. 18: Sicherung gegen unbefugte Benutzung für Kraftwagen

Sie betrifft Sicherungseinrichtungen gegen unbefugtes Anlassen des Motors in Verbindung mit einer Blockierung der Lenkanlage, der Kraftübertragung oder des Gangschalthebels. Die Sicherung muß mit einem Schlüssel und vor dem Anlassen des Motors gelöst werden. Sie muß gegen Beschädigungen sicher sein. Der Schließzylinder darf nur mit dem passenden Schlüssel mit einem Moment < 2,45 Nm gedreht werden können.

Wirkt die Sicherungseinrichtung auf die Lenkung, so muß sie ohne jede die Verkehrssicherheit gefährdende Beschädigung bis zu einem Drehmoment von 200 Nm auf die Achse der Lenkwelle standhalten.

Wirkt die Sicherungseinrichtung auf die Kraftübertragung, so ist das entsprechende auf die Kraftübertragung wirkende Moment mit 50 % höher als das von der Kupplung oder dem automatischen Getriebe übertragbare Moment festgelegt. Sowohl bei der auf die Lenkung als auch bei der auf die Kraftübertragung und bei der auf den Gangschalthebel wirkenden Sicherungseinrichtung wird verlangt, daß die volle Wirksamkeit nach 2500maligem Ver- und Entriegeln erhalten bleibt.

Regelung Nr. 26: Vorstehende Außenkanten für PKW

Zweck dieser Regelung ist, die Gefahr oder Schwere der Verletzungen von Personen zu verringern, die sich am Aufbau stoßen oder von diesem gestreift werden. Sie gilt für die Außenfläche von der Bodenlinie bis 2 m Höhe, soweit sie von einer Kugel von 100 mm Durchmesser berührt werden kann. Alle gegenüber der Außenfläche vorstehenden Teile müssen entweder

- einen Abrundungsradius ≥ 2,5 mm haben

- oder aus Werkstoffen ≤ 60 Shore in ihrer Härte bestehen

- oder bei einer Kraft 100 N ausweichen, sich ablösen bzw. sich verbiegen (Verzierungen)

- oder (bei Gittern und Aussparungen) mit Abständen zwischen benachbarten Teilen < 40 mm versehen und die Teile müssen abgerundet sein.

Weiterhin wird vorgeschrieben:

- Die Scheibenwischerwelle muß von einem Schutzgehäuse von > 150 mm² Oberfläche abgedeckt sein.

- Die Enden der Stoßstangen müssen nach innen abgebogen sein.

- Die harten Oberflächen am Stoßfänger müssen einen Abrundungsradius > 5 mm haben.

- Die Griffe, Scharniere, Druckknöpfe und Deckel dürfen nicht mehr als 30 mm nach außen, Türgriffe nicht mehr als seitlich 40 mm vorstehen.

- Drehgriffe müssen nach hinten gerichtet und sich parallel zur Türebene drehend sein. Das Ende muß gegen die Tür umgebogen sein und in einer Vertiefung liegen.

- Für Radmuttern, Nabendeckel, Zierdeckel und -ringe wird der Abrundungsradius ≥ 2,5 mm nicht gefordert. Sie dürfen keine flügelförmigen nach außen stehenden Teile haben. Oberhalb der durch die Drehachse der Räder verlaufenden waagerechten Ebene darf außer den Reifen kein Teil der Räder über die senkrechte Projektion der Außenfläche hinausragen bzw. nur funktionell bedingt mit Radius ≥ 30 mm und nicht mehr als 30 mm über die Außenfläche hinausstehen.

Zulässige Überstände für Falze, Luft- und Regenabweiser und Ansätze für den Wagenheber sind angegeben.

Regelung Nr. 30: Luftreifen für PKW und ihre Anhänger

Die für Luftreifen geltenden Begriffe sind auf folgenden Bildern ersichtlich: Bilder 1.13 und 1.14 für den Reifenaufbau, Bild 1.15 für das Höhen-Breiten-Verhältnis, Bild 1.16 für die Definition des Nenndurchmessers der Felge und für die Querschnittsbreite.

Die Reifen sind durch folgende Aufschriften zu kennzeichnen:

Hersteller Größenbezeichnung Betriebskennung sonstige Kennzeichen Hersteller, Größenbezeichnung und Betriebskennung müssen mit ≥ 6 mm und die sonstigen Kennzeichen mit ≥ 4 mm Schrifthöhe angebracht sein.

Beispiel: XYZ 185/70 R 14 89 T TUBELESS M + S 253

Zur Größenbezeichnung gehören:

185 = Nenn-Querschnittsbreite B

70 = Höhen-Breiten-Verhältnis $H/B = R_a$

R = Radialbauart

14 = 14 Zoll Nenndurchmesser ($d = 356$ mm nach Tafel 1.6)

Zur Betriebskennung gehören:

89 = Tragfähigkeitskennziffer (= 580 kg nach Tafel 1.5)

T = Geschwindigkeitskategorie ($v_{max} = 190$ km/h nach Tafel 1.4)

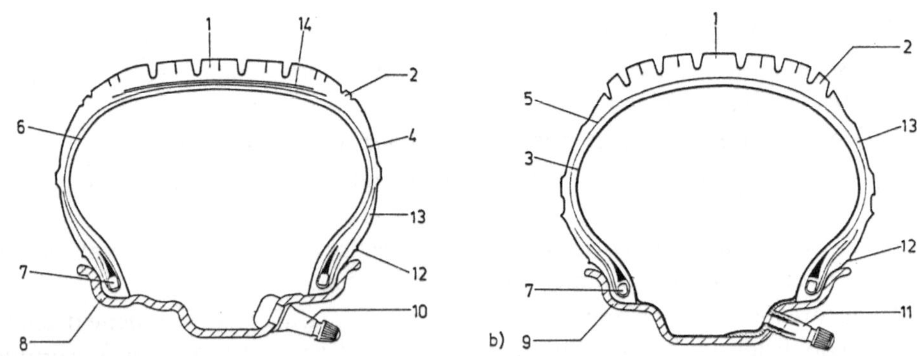

Bild 1.13 Reifenbauart von PKW-Reifen [1.26]. a) Gürtelreifen (70er Serie), schlauchlos b) Diagonalreifen (Super-Niederquerschnitt) mit Schlauch.
1 Lauffläche; 2 Schulter; 3 Schlauch; 4 Radialkarkasse; 5 Diagonalkarkasse; 6 luftdichte Gummiinnenschicht; 7 Wulst; 8 Tiefbettfelge mit Sicherheitsschulter (Hump); 9 Tiefbettfelge ohne Sicherheitsschulter; 10 Gummiventil; 11 Gummiventil des Schlauches; 12 Kennlinie; 13 Seitengummi; 14 Stahlkordgürtel

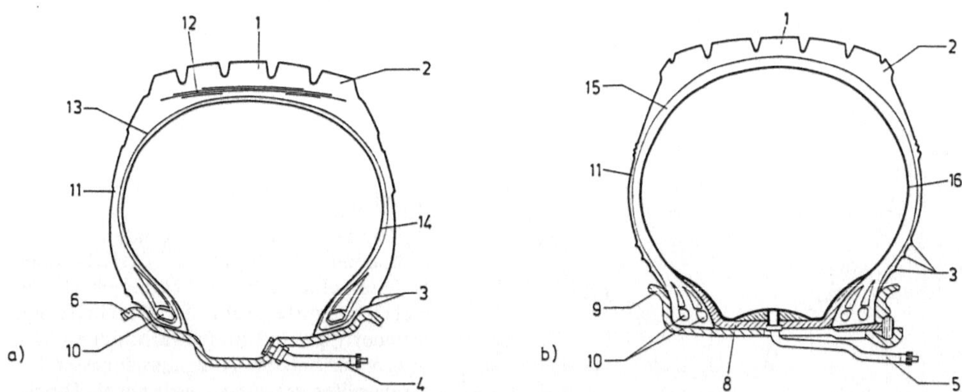

Bild 1.14 Reifenbauart von LKW-Reifen [1.26]
a) Gürtelreifen, schlauchlos auf Steilschulterfelge (15°)
b) Diagonalreifen mit Schlauch und Schutzband auf Schrägschulterfelge (5°)
1 Lauffläche; 2 Schulter; 3 Kennlinien; 4 Winkelventil; 5 Winkelventil des Schlauches, Steilschulterfelge; 7 Flachbettfelge; 8 Schutzband (Flap); 9 Schrägschulterfelge; 10 Wulst; 11 Seitengummi;
12 Stahlkordgürtel; 13 Stahlkord-Radialkarkasse; 14 luftdichte Gummiinnenschicht; 15 Diagonalkarkasse (Textil); 16 Schlauch

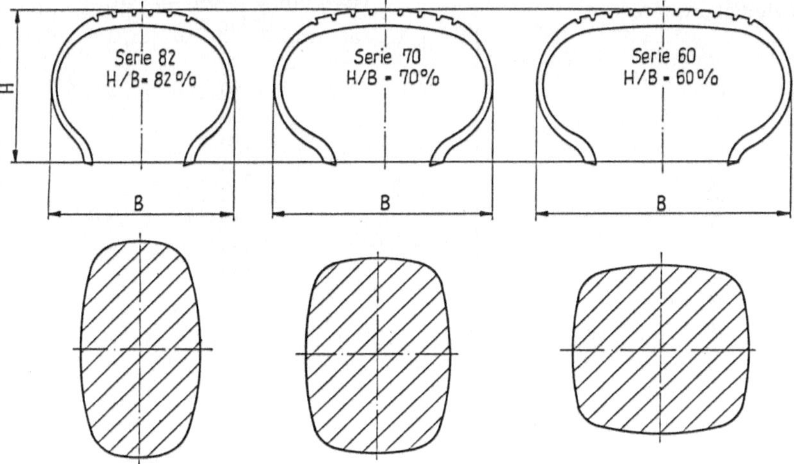

Bild 1.15 Reifenquerschnitt und -aufstandsfläche bei unterschiedlichem Höhen-Breiten-Verhältnis
H/B. Die kürzeren Aufstandsflächen bei Serie 60 verdeutlichen den günstigen Einfluß auf den
Rollwiderstand (geringere Einfederung)

Sonstige Kennzeichen sind:

TUBELESS = ohne Schlauch montierbar

M + S   = für Matsch und Schnee geeignetes Profil

253   = hergestellt in der 25. Woche des Jahres mit der Endzahl 3.

Als weitere Angaben sind *D* vor dem Nenndurchmesser bei Diagonalreifen
möglich.

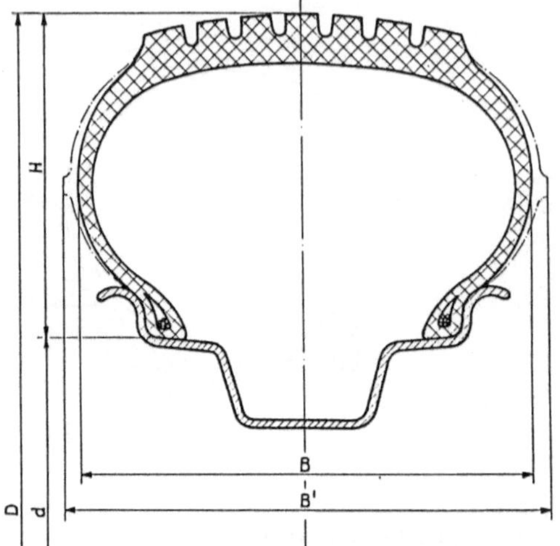

Bild 1.16
Reifenabmessungen. d Felgendurchmesser;
D Außendurchmesser (D = d + 2H); H Höhe;
B Querschnittsbreite (Katalogwert); B′
Betriebsbreite, schließt Beschriftung,
Scheuerrippe und Reifenwachstum ein. Da
das Wachstum im Außendurchmesser bei
Radialreifen gering ist, wurde nur ein Durch-
messer D gezeichnet

Tafel 1.4: Geschwindigkeitskategorie für Reifen

Kennbuchstabe für die Geschwindigkeitskategorie	Zugeordnete Geschwindigkeit (Referenzgeschwindigkeit) in km/h
F	80
G	90
J	100
K	110
L	120
M	130
N	140
P	150
Q	160
R	170
S	180
T	190
U	200
H	210

Regelung Nr. 54: Reifen für Nutzfahrzeuge und deren Anhänger

Bei Reifen für Nutzfahrzeuge und deren Anhänger bei nachschneidbaren Reifen
ist ein Symbol

von mindestens 20 mm Durchmesser oder das Wort „REGROOVARE" anzubrin-
gen. Die Angabe des Reifeninnendrucks für die Belastungs-Geschwindigkeits-
Dauerprüfung erfolgt über die PSI-Kennzahl nach Tafel 1.7. Weiterhin ist bei
Nutzkraftwagenreifen die Angabe einer zweiten Tragfähigkeitskennziffer in
Verbindung mit einer anderen Geschwindigkeitskategorie möglich.

Tafel 1.5: Tragfähigkeitskennzahl (A) und der entsprechende max. Belastungswert (B) in kg

A	B	A	B	A	B	A	B
0	45	51	195	101	825	151	3450
1	46,2	52	200	102	850	152	3550
2	47,5	53	206	103	875	153	3650
3	48,7	54	212	104	900	154	3750
4	50	55	218	105	925	155	3875
5	51,5	56	224	106	950	156	4000
6	53	57	230	107	975	157	4125
7	54,5	58	236	108	1000	158	4250
8	56	59	243	109	1030	159	4375
9	58	60	250	110	1060	160	4500
10	60	61	257	111	1090	161	4625
11	61,5	62	265	112	1120	162	4750
12	63	63	272	113	1150	163	4875
13	65	64	280	114	1180	164	5000
14	67	65	290	115	1215	165	5150
15	69	66	300	116	1250	166	5300
16	71	67	307	117	1285	167	5450
17	73	68	315	118	1320	168	5600
18	75	69	325	119	1360	169	5800
19	77,5	70	335	120	1400	170	6000
20	80	71	345	121	1450	171	6150
21	82,5	72	355	122	1500	172	6300
22	85	73	365	123	1550	173	6500
23	87,5	74	375	124	1600	174	6700
24	90	75	387	125	1650	175	6900
25	92,5	76	400	126	1700	176	7100
26	95	77	412	127	1750	177	7300
27	97,5	78	425	128	1800	178	7500
28	100	79	437	129	1850	179	7750
29	103	80	450	130	1900	180	8000
30	106	81	462	131	1950	181	8250
31	109	82	475	132	2000	182	8500
32	112	83	487	133	2060	183	8750
33	115	84	500	134	2120	184	9000
34	118	85	515	135	2180	185	9250
35	121	86	530	136	2240	186	9500
36	125	87	545	137	2300	187	9750
37	128	88	560	138	2360	188	10000
38	132	89	580	139	2430	189	10300
39	136	90	600	140	2500	190	10600
40	140	91	615	141	2575	191	10900
41	145	92	630	142	2650	192	11200
42	150	93	650	143	2725	193	11500
43	155	94	670	144	2800	194	11800
44	160	95	690	145	2900	195	12150
45	165	96	710	146	3000	196	12500
46	170	97	730	147	3075	197	12850
47	175	98	750	148	3150	198	13200
48	180	99	775	149	3250	199	13600
49	185	100	800	150	3350	200	14000
50	190						

Tafel 1.6: Nenndurchmesser „d"

„d" Zoll	„d" mm	„d" Zoll	„d" mm
4	102	16,5	419
5	127	17	432
6	152	17,5	445
7	178	18	457
8	203	19	482[1]
9	229	19,5	495
10	254	20	508
11	279	20,5	521
12	305	21	533
13	330	22	559
14	356	22,5	572
14,5	368	23	584
15	381	24	610
16	406	24,5	622

[1] Im Entwurf der Regelung für Motorradreifen ist 483 mm angegeben, was besser mit dem rechnerischen Wert übereinstimmt.

Tafel 1.7: „PSI"-Kennzahl

Kennzahl	Prüfluftdruck		Kennzahl	Prüfluftdruck	
	bar	kPa		bar	kPa
20	1,4	140	90	6,2	620
25	1,75	175	95	6,6	660
30	2,1	210	100	6,9	690
35	2,4	240	105	7,25	725
40	2,75	275	110	7,6	760
45	3,1	310	115	7,95	795
50	3,45	345	120	8,3	830
55	3,8	380	125	8,65	865
60	4,15	415	130	9,0	900
65	4,5	450	135	9,35	935
70	4,85	485	140	9,65	965
75	5,2	520	145	10,0	1000
80	5,5	550	150	10,35	1035
85	5,9	590			

Beispiel: XYZ   250/70 R 20   149/145 J   146 L
                                                              143

              TUBELESS   257   90 PSI

250 = Nenn-Querschnittsbreite

70   = Höhen-Breiten-Verhältnis

R   = Radialbauart

20 = 20 Zoll Nenndurchmesser ($d = 508$ mm nach Tafel 1.6)

149 = Tragfähigkeitskennzahl in Einzelanordnung (= 3250 kg nach Tafel 1.5)

145 = Tragfähigkeitskennzahl in Zwillingsanordnung (= 2900 kg nach Tafel 1.5)

J = Referenzgeschwindigkeit (= 100 km/h nach Tafel 1.4)

146 = Tragfähigkeitskennzahl in Einzelanordnung für Referenzgeschwindigkeit L (= 3000 kg nach Tafel 1.5)

143 = Tragfähigkeitskennzahl in Zwillingsanordnung für Referenzgeschwindigkeit L (= 2725 kg nach Tafel 1.5)

L = Referenzgeschwindigkeit (= 120 km/h nach Tafel 1.4)

TUBELESS = ohne Schlauch montierbar

257 = hergestellt in der 25. Woche des Jahres mit der Endzahl 7

90 PSI = PSI-Kennzahl, nach Tafel 1.7 ist der Reifen bei der Belastungs-Geschwindigkeits-Dauerprüfung auf einen Luftdruck von 620 kPa aufzupumpen (PSI-Kennzahl, in ≥ 2 mm Schrifthöhe)

Bei den Nutzkraftwagenreifen der Geschwindigkeitsklassen F bis N ist bei abweichender zulässiger Höchstgeschwindigkeit die Änderung der Tragfähigkeit in Tafel 1.8 angegeben.

Im allgemeinen läßt sich aus den Aufschriften am Reifen der Außendurchmesser bestimmen:

$$D = d + 0{,}02 \, (B \cdot R_{\mathrm{a}}); \tag{1.11}$$

D = Außendurchmesser in mm

d = Kennzahl für den Nenndurchmesser in mm (Tafel 1.6)

B = Nenn-Querschnittsbreite des Reifens in mm (im Beispiel 1. Zahl)

R_{a} = Höhen-Breiten-Verhältnis in % (im Beispiel Zahl nach dem 1. Schrägstrich).

Für die Luftreifen wird vorgeschrieben:

Die Kennzeichnung und die zugehörigen Abmessungen, das Meßverfahren, eine Leistungsprüfung für Belastung und Geschwindigkeit und für PKW-Reifen das Vorhandensein von Abriebindikatoren, die anzeigen, daß der Reifen bis auf eine Restprofiltiefe von 1,6 mm abgefahren ist. Die Leistungsprüfungen sind auf der Außenseite einer Prüftrommel mit 1,7 m Außendurchmesser orientiert, und die Prüfprogramme für die verschiedenen Reifenkategorien sind detailliert vorgegeben.

Gegenüber den sehr umfangreichen Vorschriften für Bremsen erscheinen die Vorschriften für Reifen, gemessen an ihrer Bedeutung für die Verkehrssicherheit, bescheiden. Als Mangel ist zu werten, daß der Bedeutung der Reifen mit ihrem Schräglaufverhalten für die Fahrzeugquerdynamik nicht Rechnung getragen wird.

Regelung Nr. 32: Heckaufprall

Es wird ein Heckaufprall als Prüfung vorgeschrieben, bei dem eine Masse von 1100 kg mit einer Geschwindigkeit zwischen 35 und 38 km/h auf das zu prüfende Fahrzeug, das hinsichtlich Fahrzeuginnenraums und Masseverteilung dem fahrbe-

Tafel 1.8: Änderung der Tragfähigkeit in Abhängigkeit von der Geschwindigkeit (Reifen für Nutzfahrzeuge; RADIAL – DIAGONAL)

Ge-schwindig-keit km/h	Änderung der Tragfähigkeit in %								
	Alle Tragfähigkeits-kennzahlen				Tragfähigkeits-kennzahlen ≥ 122		Tragfähigkeits-kennzahlen ≤ 121		
0	*F*	*G*	*J*	*K*	*L*	*M*	*L*	*M*	*N*
0			+ 150				+ 110		
5			+ 110				+ 90		
10			+ 80				+ 77,5		
15			+ 65				+ 60		
20	wie *J*	wie *J*	+ 50	wie *J*	wie *J*	wie *J*	+ 50	wie *L*	wie *L*
25			+ 35				+ 42		
30			+ 25				+ 35		
35			+ 19				+ 29		
40			+ 15				+ 25		
45			+ 13				+ 22		
50			+ 12				+ 20		
55			+ 11				+ 17,5		
60			+ 10				+ 15		
65	+ 7,5		+ 8,5				+ 13,5		
70	+ 5		+ 7				+ 12,5		
75	+ 2,5		+ 5,5				+ 11		
80	0		+ 4				+ 10		
85	– 3	+ 2	+ 3				+ 8,5		
90	– 6	0	+ 2				+ 7,5		
95	– 10	– 2,5	+ 1				+ 6,5		
100	– 15	– 5	0				+ 5		
105		– 8	– 2	0	0	0	+ 3,75		
110		– 13	– 4	0	0	0	+ 2,5		
115			– 7	– 3	0	0	+ 1,25		
120			– 12	– 7	0	0	0		
125						0	– 2,5	0	0
130						0	– 5	0	0
135							– 7,5	– 2,5	0
140							– 10	– 5	0
145								– 7,5	– 2,5
150								– 10	– 5
155									– 7,5
160									– 10

F, G, J, ... N = Geschwindigkeitskategorie

reiten Zustand des Gesamtfahrzeugs entspricht, aufprallt. Der Kraftstoffbehälter muß zu mindestens 90 % seines Fassungsvermögens gefüllt sein. Es ist vorgeschrieben, daß sich nach dem Aufprall

– der Bezugspunkt (etwa Hüftgelenkpunkt) auf dem hintersten Sitz gegenüber einem unverformten Teil der Fahrzeugstruktur um nicht mehr als 75 mm nach vorn verschoben hat,

– keine starren, schwere Verletzungen verursachende Teile im Innenraum bilden.

– Die Türen dürfen sich während des Aufpralls nicht geöffnet haben, aber müssen sich nach dem Aufprall ohne Werkzeug öffnen lassen (ausgenommen Fahrzeuge ohne starre Dachkonstruktion).

Regelung Nr. 33: Frontalaufprall

Die Vorschrift für den Frontalaufprall enthält: Wenn das Fahrzeug mit einer Geschwindigkeit von 48,3 km/h auf eine Barriere aufprallt, muß ein noch ausreichender Raum vor den vorderen Sitzen verbleiben, der in der Regelung 33 angegeben ist. Wie in Regelung 32 ist vorgeschrieben, daß keine starren, zu schweren Verletzungen führende Teile sich im Innenraum bilden, sich die Türen während des Aufpralls nicht öffnen und sich nach dem Aufprall öffnen lassen.

Für den Frontalaufprall ist eine weitere Regelung in Vorbereitung, bei der die Forderungen an die Prüfpuppen und deren zulässige Belastung während des Aufpralls und die Bewegungseinschränkung nach dem Aufprall weiter spezifiziert sind, wobei der Aufprall unter einem 30°-Winkel erfolgt.

Regelung Nr. 34: Brandgefahr

Sie enthält Vorschriften für die Kraftstoffanlage und für die elektrische Anlage. Hier interessiert die Kraftstoffanlage, da die Anordnung des Kraftstoffbehälters bei der Hinterachskonzeption berücksichtigt werden muß.

Es ist vorgeschrieben:

– Die Teile der Kraftstoffanlage sind durch Teile des Rahmens oder der Karosserie zu schützen (z.B. weiter als diese von der Fahrbahn entfernt).

– Die Kraftstoffanlage muß so beschaffen und angebracht sein, daß sie nicht korrodiert.

– Sie darf keiner Reibung und anderen ungewöhnlichen Beanspruchung ausgesetzt sein.

– Die Verbindungen mit flexiblen Leitungen müssen trotz Vibrationen und Bewegungen zwischen Aufbau und Antrieb dicht bleiben.

– Die Kraftstoffbehälter müssen aus feuerbeständigem Werkstoff sein (Plast unter Einhaltung besonderer Vorschriften zulässig).

– Kraftstoffbehälter dürfen nicht im Fahrzeuginnenraum liegen.

– Zwischen Fahrzeuginnenraum und Kraftstoffbehälter muß eine Trennwand vorhanden sein, die einem Benzinfeuer 2 min standhält.

– Kraftstoffbehälter sind sicher zu befestigen, dürfen sich nicht gegenüber dem Fahrzeug elektrostatisch aufladen, und aus der Kraftstoffanlage ausfließender Kraftstoff muß auf den Boden abfließen.

– Die Einfüllöffnung darf sich nicht im Fahrzeuginnenraum, Gepäckraum oder Motorraum befinden und im verschlossenen Zustand nicht über die angrenzenden Oberflächen der Karosserie hinausragen.

– Nach den Prüfungen „Heck- und Frontalaufprall" dürfen nicht mehr als 30 g/min Kraftstoff aus der Anlage ausfließen, und es darf zu keinem Brand kommen.

– Die Batterie mit ihrer Befestigungseinrichtung muß in ihrer Lage gehalten werden.

Tafel 1.9: Bei der Prüfung der Geschwindigkeitsmeßeinrichtung vorgeschriebene Geschwindigkeiten

Höchstgeschwindigkeit des Fahrzeuges V_{max}	Prüfgeschwindigkeiten
$50 < V_{max} \leq 100$ km/h	40 km/h und 80 % V_{max}
$100 < V_{max} \leq 150$ km/h	40 km/h, 80 km/h und 80 % V_{max}
150 km/h $< V_{max}$	40 km/h, 80 km/h und 120 km/h

Regelung Nr. 39: Geschwindigkeitsmeßeinrichtung

Neben den Vorschriften für die gute Ablesbarkeit ist für die Prüfung vorgeschrieben:

- Fahrzeug ist mit einem der Reifentypen der Normalausstattung auszurüsten
- Prüfung am unbeladenen Fahrzeug bei den nach Tafel 1.9 angegebenen Geschwindigkeiten
- zulässiger Fehler der zur Messung verwendeten Kontrollgeräte $\pm$ 0,5 %
- Die von der Geschwindigkeitsmeßeinrichtung des Fahrzeugs angezeigte Geschwindigkeit V_1 darf bei der Typengenehmigung nicht unter der tatsächlichen Geschwindigkeit V_2 und muß zwischen folgenden Grenzen liegen:

$$0 \leq V_1 - V_2 \leq \frac{V_2}{10} + 4 \text{ km}/\text{h}. \tag{1.12}$$

Demnach ist eine Geschwindigkeitsmeßeinrichtung noch zulässig, die bei der tatsächlichen Geschwindigkeit von 80 km/h eine von 91,9 km/h anzeigt, denn sowohl die Ungleichung

$$0 \leq 91,9 - 80 \text{ km/h}$$

als auch

$$91,9 - 80 \leq \frac{80}{10} + 4$$

$$11,9 \leq 12 \text{ km}/\text{h}$$

ist erfüllt.

Regelung Nr. 42: Vordere und hintere Schutzeinrichtungen für PKW (Stoßstangen)

Die Schutzeinrichtungen müssen bewirken, daß bei einem Aufprall in Längsrichtung aus 4 km/h und auf die Ecken (unter 60° zur Längsrichtung) mit 2,5 km/h folgende Funktionen erhalten bleiben:

- Beleuchtungs- und Lichtsignaleinrichtung (Scheinwerfereinstellung und Glühlampenwechsel nach Fadenbruch möglich),
- Motorhaube, Kofferraumdeckel und Türen müssen normal betätigt werden können; außerdem dürfen sich die Seitentüren durch den Aufprall nicht öffnen,
- Kühlmittel-, Kraftstoffversorgungssysteme, Auspuffanlage, Fahrzeugantrieb, Radaufhängung, Reifen, Lenkung und Bremsanlage müssen in gutem Zustand bleiben und normal funktionieren.

Tafel 1.10: Außengeräusche der Fahrzeugklassen

Klasse (Tafel 1.1 und 1.2)	Abweichungen von der Klasse hinsichtlich Gesamtmasse m_{ges} und Nutzmotorleistung N_{eff}	Zulässige Außengeräusche in 7,5 m Abstand
M_1		77 dB (A)
M_2, M_3	$m_{ges} > 3,5$ t, $N_{eff} < 150$ kW	80 dB (A)
M_2, M_3	$m_{ges} > 3,5$ t, $N_{eff} \geq 150$ kW	83 dB (A)
M_2	$m_{ges} \leq 2$ t	78 dB (A)
M_2	2 t $< m_{ges} \leq 3,5$ t	79 dB (A)
N_1		78 dB (A)
N_2, N_3	$N_{eff} < 75$ kW	81 dB (A)
N_2, N_3	75 kW $\leq N_{eff} < 150$ kW	83 dB (A)
N_2, N_3	$N_{eff} \geq 75$ kW	84 dB (A)

Regelung Nr. 51: Außengeräusche von Kraftwagen

Die Außengeräusche, die im Abstand von 7,5 m von der Fahrzeugmitte beim Vorbeifahren gemessen werden, sind für die einzelnen Fahrzeugklassen bis zu der auf Tafel 1.10 angegebenen Höhe zulässig.

Regelung Nr. 58: Unterfahrschutz

Diese Regelung gilt für Fahrzeuge der Klassen N_2 und N_3 (s. Tafel 1.2) sowie O_3 und O_4 (s. Tafel 1.3). Sie bezieht sich 1. auf die Einrichtungen für den hinteren Unterfahrschutz, 2. dessen Anbau an die Fahrzeuge der Klassen N_2, N_3, O_3 und O_4, aber auch 3. auf Fahrzeuge dieser Klassen, bei denen die Rückseite selbst die Aufgaben des Unterfahrschutzes erfüllt. Diese Fahrzeuge müssen bis auf wenige Ausnahmen so ausgerüstet sein, daß bei einem Heckaufprall durch Personenkraftwagen oder Krafträder über ihre gesamte Breite ein wirksamer Schutz gewährleistet ist. Die Einrichtung kann ein Querträger sein mit ≥ 100 mm Profilhöhe, ≤ 550 mm Abstand vom Boden und an der Außenseite mit $\geq 2,5$ mm Radius. Sie darf verschiedene Anbaulagen haben.

Die Prüfung der Schutzeinrichtung erfolgt an in der Regelung genannten Stellen mit 100 kN bzw. 50 % der Gewichtskraft aus der Fahrzeuggesamtmasse und 300 mm von den Ebenen durch die Radaußenkanten sowie in der Mitte mit 25 kN bzw. 12,5 % der Gewichtskraft der Fahrzeuggesamtmasse (zu verwenden ist jeweils der kleinere Wert). Die Belastung erfolgt jeweils aufeinanderfolgend.

Regelung Nr. 64: Noträder

Diese Regelung gilt für Fahrzeuge der Klasse M1 (Tafel 1.4), die mit Noträdern ausgerüstet sind. Es werden 4 Kategorien angegeben:

1. Scheibenrad normal, Reifen abweichend, aber aufgepumpt mitgeführt,

2. Scheibenrad abweichend, Reifen abweichend, aber aufgepumpt mitgeführt,

3. Scheibenrad normal, Reifen abweichend und zusammengefaltet mitgeführt,

4. Scheibenrad abweichend, Reifen abweichend und zusammengefaltet mitgeführt.

Es ist vorgeschrieben:

- Reifen, die für Noträder vorgesehen sind, müssen Regelung 30 erfüllen.
- Die Tragfähigkeit des Notrades muß mindestens der Hälfte der maximalen Achslast entsprechen.
- Die bauartbedingte Höchstgeschwindigkeit des Notrades muß mindestens 120 km/h betragen.
- Es muß an der Außenseite mit folgendem System gekennzeichnet sein:

Max 80 km/h   Durchmesser 50 mm min

Schrifthöhe Zahlen 30 mm min, Buchstaben

5 mm min, Strichstärke Zahlen 3 mm.

- Das Notrad muß eine Unterscheidungsfarbe (oder ein Unterscheidungsfarbmuster) aufweisen, die sich völlig von den Farben des Standardrades unterscheidet und die sich nicht durch eine anbringbare Radkappe verdecken läßt.
- Mit jedem zugelassenen Anbauzustand des Notrades ist eine Betriebsbremsenprüfung durchzuführen aus 80 km/h mit ausgekuppeltem Motor. Der Bremsweg soll (s. Tafel 1.1, Klasse M_1)

$$s \leq 0{,}1 \cdot V + \frac{V^2}{150} \quad \text{in m} \tag{1.13}$$

sein. Die Bremswirkung muß ohne Blockieren der Räder, Ausbrechen des Fahrzeugs aus seinem beabsichtigten Kurs, unnormale Schwingungen, unnormalen Verschleiß des Reifens während der Prüfung und ohne übermäßige Lenkkorrekturen erzielt werden.

Regelung Nr. 79: Lenkanlage für Fahrzeuge der Klassen *M, N* und *O* mit > 25 km/h Höchstgeschwindigkeit

Sie bezieht sich auf

- Betätigungseinrichtung
- Übertragungseinrichtung
- gelenkte Räder
- Energieversorgung, sofern vorhanden.

Es gelten u.a. folgende Vorschriften:

- Die Lenkung muß leichtgängig sein, und mit ihr muß sich das Fahrzeug sicher lenken lassen bis zur Höchstgeschwindigkeit, sie muß zur Rückkehr in die Mittelstellung neigen.
- Es muß möglich sein, eine gerade Straße ohne ungewöhnliche Lenkkorrektur oder ungewöhnliche Schwingungen in der Lenkanlage mit bauartbedingter Höchstgeschwindigkeit zu durchfahren.
- Zwischen Betätigungseinrichtung und den gelenkten Rädern muß Wegsynchronisation herrschen (beide Anstriche auch bei einer Störung).
- Zwischen Betätigungseinrichtung und den gelenkten Rädern muß Zeitsynchronisation herrschen. (Unter Berücksichtigung von Hinterachszusatzlenkungen ist

eine Ergänzung in Vorbereitung, wonach für solche Fahrzeuge die Forderung nach Weg- und Zeitsynchronisation ausgenommen werden kann.)

- Sie muß ausreichende Festigkeit haben und sich leicht von Anschlag zu Anschlag betätigen lassen. Die Anschläge dürfen nur dann wirken, wenn sie eigens dafür konstruiert sind.
- Die Lenkbetätigung muß bei stehendem Motor erfolgen können.
- Die mechanischen Übertragungsteile dürfen nicht störanfällig sein.
- Elektrische oder hydraulische Lenkungen bzw. Lenkübertragungen müssen beim Versagen ein Warnsignal angeben, was bereits die Erhöhung der Betätigungskraft sein kann.
- Die Lenkgeometrie muß einstellbar sein.
- In der Lenkgeometrie müssen formschlüssige Verbindungen der verstellbaren Baugruppen durch Verriegelungseinrichtungen hergestellt werden können.
- Es ist möglich, die Energiequellen für die Servoeinrichtungen der Bremse zur Lenkkraftunterstützung mit heranzuziehen. Bei Druckabfall muß ein Warnsignal gegeben werden.

Unter Berücksichtigung der Zusatzlenkanlage (ZLA) hat die ECE-Regelung den Nachtrag 01 erhalten.

- ZLA, bei der die Hinterräder von Fahrzeugen der Klassen M_1 und N_1 zusätzlich zu den Vorderrädern in derselben Richtung oder in entgegengesetzter Richtung wie die Vorderräder gelenkt werden, und/oder der Lenkwinkel der Vorderräder und/oder der Hinterräder abhängig vom Fahrverhalten korrigiert wird.
- Die Forderung nach Winkel- und Zeitsynchronisation zwischen Lenkrad und gelenkten Rädern ist für die ZLA aufgehoben.

Die Prüfung der Lenkung soll auf trockener, ebener und griffiger Fahrbahn unter folgenden Bedingungen erfolgen:

- maximale Achsbelastung,
- vom Hersteller vorgeschriebener Luftdruck im Reifen.
- Es muß selbst mit einer Störung in der Lenkanlage möglich sein, eine Kurve mit $R = 50$ m in einer Tangente ohne ungewöhnliche Schwingungen in der Lenkanlage mit folgenden Geschwindigkeiten zu verlassen: Klasse M_1 mit 50 km/h, Klassen M_2, M_3, N_1, N_2 und N_3 mit 40 km/h oder mit Höchstgeschwindigkeit, falls sie unter den angegebenen Geschwindigkeiten liegt.
- Wird mit gleichförmiger Geschwindigkeit von mindestens 10 km/h eine Kreisbahn mit etwa halbem Lenkeinschlag gefahren, so muß der Kreis gleich bleiben oder größer werden, wenn Lenkrad freigegeben.
- Einfahren über eine Spirale mit $v = 10$ km/h in der in Tafel 1.11 angegebenen Zeit in die Kreisbahn mit angegebenem Radius. Die Lenkkräfte (z.B. am Lenkrad) dürfen dabei die in Tafel 1.11 angegebenen Werte nicht überschreiten. Die Kräfte sind beim Einfahren in einen Rechtskreis und einen Linkskreis zu messen. Sie sind für die voll funktionstüchtige und die mit einer Störung behaftete Lenkung angegeben. Betätigungskräfte, die weniger als 0,2 s auftreten, bleiben unberücksichtigt.

Tafel 1.11: Zulässige Lenkkräfte bei Einfahrt mit 10 km/h in einen Kreis

Klasse (Tafel 1.1 u.1.2)	Voll funktionsfähige Lenkung			Lenkung mit einer Störung		
	maximale Lenkkraft N	Zeit s	Kreis- radius m	maximale Lenkkraft N	Zeit s	Kreis- radius m
M_1	150	4	12	300	4	20
M_2	150	4	12	300	4	20
M_3	200	4	12	450	6	20
N_1	200	4	12	300	4	20
N_2	250	4	12	400	4	20
N_3	200	4	12 [1]	450	6	20

[1] Falls der Kreisradius von 12 m nicht erreichbar, dann bis Lenkanschlag

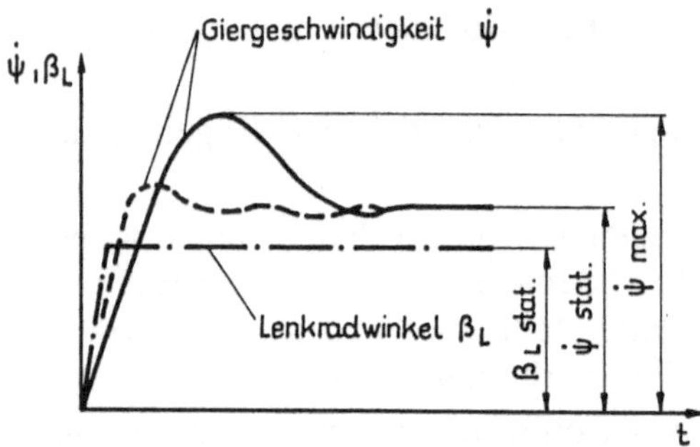

Bild 1.17 Lenkradwinkelsprung und Gier- geschwindigkeit des Fahrzeugs als Sprung- antwort bei der Einfahrt in den Kreis

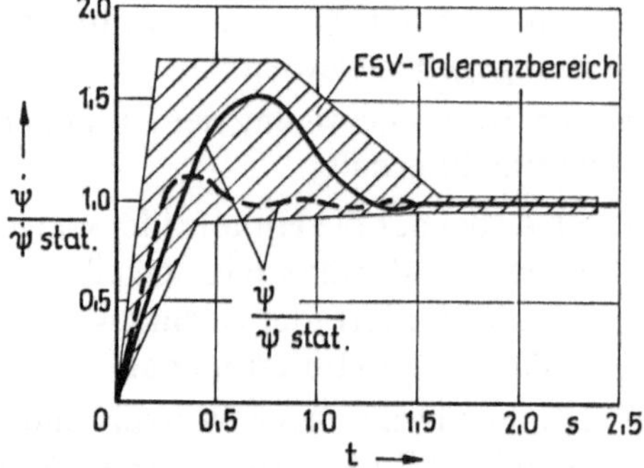

Bild 1.18 Einfahrt in den Kreis. ESV-Grenz- kurven für die Sprungantwort der bezogenen Giergeschwindigkeit in Abhängigkeit von der Zeit, gültig für: V_{min} = 40 km/h, V_{max} = 112 km/h, $a_{y\,stat}$ = 4m/s^2, $\dot\beta_L$ ≥ 500 °/s

Bezüglich Prüfbedingungen für die Lenkung ging in den letzten Jahrzehnten größere Aktivität von den ESV-Konferenzen aus (ESV; Experimental-Safety-Vehicle). So wurde z.B. im Zusammenwirken von Lenkung und Fahrzeug beim Einlenken in den Kreis eine Sprungantwort der Fahrzeugdrehung um die Hochachse vorgegeben, wie sie die Bilder 1.17 und 1.18 veranschaulichen.

Das Lenkrad soll schlagartig (Lenkraddrehgeschwindigkeit ≥ 500°/s) so weit eingeschlagen werden, daß sich eine stationäre Querbeschleunigung von $a_{y\,stat}$ = 4 m/s^2 einstellt. Begrenzt wird ein Bereich für die zulässige Giergeschwindigkeit $\dot\psi$, bezogen auf die Giergeschwindigkeit im stationären Zustand $\dot\psi_{stat}$. Die obere Grenze soll bei der Fahrgeschwindigkeit von v_{max} = 112 km/h nicht überschritten und die untere Grenze bei v_{min} = 40 km/h nicht unterschritten werden [1.7]. Wie Bild 1.18 zeigt, soll nach 1,6 s der Einschwingvorgang beendet und der stationäre Zustand erreicht sein.

1.1.4 Normen und Empfehlungen

Die Bedeutung der Automobilindustrie für die Volkswirtschaft hat sich besonders anschaulich im umfangreichen Werk über Normen und Empfehlungen, die in Tafel 1.12 aufgeführt sind, niedergeschlagen. Etwa 60 % der Normen beziehen sich unmittelbar auf das Fahrwerk.

Tafel 1.12

Normen und Empfehlungen für den Kraftfahrzeugbau

1.1 Grundnormen, Terminologie

DIN ISO 4130 (April 1979)	Straßenfahrzeuge 3-dimensionales Bezugssystem und primäre Bezugspunkte (Definitionen)
DIN ISO 6813 (Entwurf Juni 1982	Straßenfahrzeuge Kollisions-Begriffe
DIN 70 000 (August 1983)	Straßenfahrzeuge Begriffe der Fahrdynamik
DIN 70 010 (April 1978) (Entwurf Februar 1987)	Systematik der Straßenfahrzeuge Begriffe für Kraftfahrzeuge, Züge und Anhängerfahrzeuge

DIN 70 020
    Teil 1
    (September 1976)
    Blatt 2
    (Juni 1972)
    Teil 3
    (April 1986)
    Teil 5
    (Dezember 1986)
    Teil 6
    (November 1976)
    Teil 7
    (Entwurf
    Dezember 1985)
	Kraftfahrzeugbau
	Kraftfahrzeuge und Anhängerfahrzeuge
	Allgemeine Abmessungen
	Allgemeine Begriffe im Kraftfahrzeug
	Gewichte
	Höchstgeschwindigkeit, Beschleunigung, Verschiedenes, Begriffe,
	Prüfbedingungen
	Reifen und Räder
	Begriffe und Meßbedingungen
	Leistungen
	
	Motorgewichte

WdK 105
    Blatt 1
    Blatt 2
	
	Reifen und Räder, Begriffe und Bezeichnungssysteme, Reifen
	Reifen und Räder, Begriffe und Bezeichnungssysteme, Räder

DIN 70 031 (April 1986) ISO 2416 (1976)	Lastverteilung in Personenkraftwagen Passenger cars – Load Distribution
VDA-Richtlinie 239-01	Maßaustauschliste, Personenkraftwagen, Definitionen, Meßbedingungen, Maße

Tafel 1.12: Fortsetzung

1.2 Ergonomie, Symbole

DIN ISO 3958 (November 1978)	Straßenfahrzeuge, Personenkraftwagen Handreichweiten des Fahrzeugführers
DIN ISO 4040 (Januar 1986)	Straßenfahrzeuge, Personenkraftwagen Anordnung der Handbedienteile, Anzeige- und Kontrollgeräte identisch mit ISO 4040, Ausgabe 1983
DIN 33 408 Teil 1 (Januar 1987)	Körperumrißschablonen für Sitzplätze
ISO 6549-1980	Road vehicles – Procedur for H-Point determination
SAE J 826 APR 80	Devices for use in defining and measuring vehicles seating accomodation
SAE J 1100 Juli 1979	Motor vehicle dimensions
DIN 33 413 Teil 1 (Juni 1984)	Ergonomische Gesichtspunkte für Anzeigeeinrichtungen Arten, Wahrnehmungsaufgaben, Eignung
DIN 70 005 Teil 1 (Januar 1982)	Kraftfahrzeuge Graphische Symbole für Kontrollgeräte und Fahrtschreiber
DIN 70 024 Teil 1 (November 1977)	Begriffe für Einzelteile von Kraftfahrzeugen und deren Anhängerfahrzeugen Betätigungseinrichtungen, Anzeige- und Kontrollgeräte
DIN 73 001 (Oktober 1953)	Bedienung von Kraftfahrzeugen mit Verbrennungsmotor
DIN 73 002 (Entwurf Mai 1985)	Innere Türbetätigungen Anforderungen
DIN 73 011 (Juli 1983)	Kraftfahrzeuge Ganganordnungen bei Wechselgetrieben für Pkw
DIN 75 400 (November 1980)	Verschlußeinrichtungen von Sicherheitsgurten in Kraftwagen
ISO 2575–1982 (E)	Straßenfahrzeuge Bildzeichen für Bedienteile, Anzeige- und Warngeräte

1.3 Fahrwerk und Aufbau

DIN ISO 2958 (August 1975)	Straßenfahrzeuge Stoßfänger für Personenkraftwagen
DIN ISO 5422 (Januar 1985)	Straßenfahrzeuge Ösen für Abschleppseile, Drahtseile und Abschleppstangen
DIN 2094 (März 1981)	Blattfedern für Straßenfahrzeuge Anforderungen

Tafel 1.12: Fortsetzung noch 1.3 Fahrwerk und Aufbau

DIN 2096 Teil 2 (Januar 1979)	Zylindrische Schraubendruckfedern aus runden Stäben Güteanforderungen aus Großserienfertigung
DIN 2395 Teil 3 (August 1981)	Elektrisch geschweißte Präzisionsstahlrohre mit rechteckigem und quadratischem Querschnitt Maße und technische Lieferbedingungen für den Kraftfahrzeugbau
DIN 4620 (April 1954)	Federstahl warmgewalzt für geschichtete Blattfedern
DIN 4621 (November 1982)	Geschichtete Blattfedern Federklammern
VDA-Werkstoff- blatt 231-01	Mechanische Eigenschaften von Verbindungselementen, Schrauben
DIN 4626 (Februar 1986)	Geschichtete Blattfedern Federschrauben
DIN 59 145 (Juni 1985)	Federstahl warmgewalzt, mit halbkreisförmigen Schmalseiten für Blattfedern Maße, Gewichte, zulässige Abweichungen, statische Werte
DIN 73 400 (April 1974)	Renk-Verschlüsse für Kraftstoffbehälter
DIN 74 101 Teil 2 (September 1981)	Lenkräder für Nutzkraftfahrzeuge mit Aussparung für Horndruckknopf
DIN 74 322 (Januar 1987)	Achsen für Anhänger Haupt- und Anschlußmaße

1.4 Rohre, Schlauchleitungen und Zubehör

DIN 3017 Teil 1 (April 1987) Teil 2 (November 1983)	Schlauchschellen mit Schneckentrieb, Form A Schellen mit Spannbacken
DIN 4815 Teil 4 (April 1987)	Schläuche für Flüssiggas Schläuche und Schlauchleitungen für Treibgasanlagen in Fahrzeugen
DIN 71 428 (September 1970)	Lötlose Rohrverschraubungen mit Doppelkegelring Einschraubstutzen mit zylindrischem Einschraubgewinde für Überwurfschrauben
DIN 71 429 (September 1970)	Lötlose Rohrverschraubungen mit Doppelkegelring Schottstutzen Gerade- und Winkelschottstutzen für Überwurfschrauben
DIN 71 430 (September 1970)	Lötlose Rohrverschraubungen mit Doppelkegelring Schwenkverschraubungen für Überwurfschrauben
DIN 71 433 (September 1970)	Lötlose Rohrverschraubungen mit Doppelkegelring T-Stücke, Winkelstücke für Überwurfschrauben

Tafel 1.12: Fortsetzung noch 1.4 Rohre, Schlauchleitungen und Zubehör

DIN 71 436 (Oktober 1970)	Lötlose Rohrverschraubungen mit Doppelkegelring Hohlschrauben und Ringanschlußstücke für Überwurfschrauben
DIN 71 501 (Juli 1981)	Ovale Flansche für Kraftfahrzeuge
DIN 71 511 (Juni 1982)	Dichtungen für ovale Flansche
DIN 71 550 (Juli 1979)	Sicken für Schlauchverbindungen in Rohrleitungen
DIN 71 555 (Entwurf November 1986)	Kraftfahrzeuge Rohrschellen für Auspuffanlagen
DIN 72 571 (Juli 1983)	Befestigungsschellen Einseitige Befestigung für 1 und 2 Leitungen
DIN 72 573 (Oktober 1983)	Befestigungsschellen Zweiseitige Befestigung für 1 bis 12 Leitungen
DIN 73 379 Teil 1 (März 1982) Teil 2 (März 1982)	Kraftstoffschläuche Ausführungen und Maße Anforderungen und Prüfung
DIN 73 411 (Juli 1979)	Schläuche für Kühlwasserleitungen in Kraftfahrzeugen Anforderungen, Maße, Prüfungen

1.5 Mechanische Verbindungen von Fahrzeugen

DIN 11 026 (Entwurf April 1986)	Landmaschinen und Ackerschlepper Zugöse 40 mit verstärktem Schaft mit Buchse Maße
DIN 11 043 Teil 1 (Entwurf August 1986)	Landmaschinen und Ackerschlepper Zugöse 40 für Ladewagen mit Knickdeichsel ohne Buchse Maße
DIN 74 040 (März 1975)	Mechanische Verbindungen für Kraftfahrzeuge und Anhängerfahrzeuge Zuggabeln, Anschlußmaße
DIN 74 051 (Entwurf April 1987)	Mechanische Verbindungen für Kraftfahrzeuge und Anhänger Selbsttätige Bolzenkupplungen 40 Maße und Rechenwerte
DIN 74 052 (Entwurf April 1987)	Mechanische Verbindungen für Kraftfahrzeuge und Anhänger Selbsttätige Bolzenkupplungen 50 Maße und Rechenwerte
DIN 74 053 (Entwurf Dezember 1986)	Mechanische Verbindungen für Kraftfahrzeuge und Anhänger Zugöse 50 mit Buchse Abmessungen

Tafel 1.12: Fortsetzung noch 1.5 Mechanische Verbindungen von Fahrzeugen

DIN 74 054 Teil 1 (Entwurf Dezember 1986) Teil 2 (August 1977)	Mechanische Verbindungen für Kraftfahrzeuge und Anhänger Zugöse 40 mit Buchse Abmessungen Zugöse 40 ohne Buchse Abmessungen
DIN 74 056 (Januar 1976)	Abschleppkupplungen Anschlußmaße, Vorsteckbolzen und Sicherung
DIN 74 058 (Entwurf März 1987)	Kupplungskugel Maße, Freiräume
DIN 74 064 (Entwurf Februar 1985)	Straßenfahrzeuge Anhängerfahrzeuge Lage des Kupplungspunktes
DIN 74 080 (Januar 1984)	Mechanische Verbindungen für Sattelkraftfahrzeuge Zugsattelzapfen 50 Funktions- und Einbaumaße, Anforderungen
DIN 74 081 (Januar 1984)	Mechanische Verbindungen für Sattelkraftfahrzeuge Sattelkupplung 50 Maße, Anforderungen
DIN 74 083 (Januar 1984)	Mechanische Verbindungen für Sattelkraftfahrzeuge Zugsattelzapfen 90 Funktions- und Einbaumaße, Anforderungen
DIN 74 084 (Januar 1984)	Mechanische Verbindungen für Sattelkraftfahrzeuge Sattelkupplung 90 Maße, Anforderungen
DIN 74 085 (Januar 1984)	Mechanische Verbindungen für Sattelkraftfahrzeuge Lenkkeil Maße
VBG 12	Unfallverhütungsvorschrift Fahrzeuge

1.6 Meß- und Prüfnormen

DIN ISO 362 (Dezember 1984)	Akustik Messung des von beschleunigten Straßenfahrzeugen abgestrahlten Geräusches Verfahren der Genauigkeitsklasse 2
DIN ISO 3208 (März 1976)	Straßenfahrzeuge Bewertung vorstehender Teile in Personenkraftwagen
DIN ISO 3437 (Juni 1977)	Straßenfahrzeuge Bestimmung des Kraftstoffverlustes bei einem Aufprall
DIN ISO 3560 (Mai 1976)	Straßenfahrzeuge Prüfverfahren für Frontalaufprall gegen starre Barriere
DIN ISO 3917 (September 1977)	Straßenfahrzeuge Sicherheitsscheiben für Fahrzeugverglasung Verfahren für die Prüfung der Beständigkeit gegen Strahlung, hohe Temperatur, Feuchtigkeit und Feuer
DIN ISO 3984 (August 1978)	Straßenfahrzeuge, Personenkraftwagen Prüfverfahren für Heckaufprall mit fahrbarer Barriere

Tafel 1.12: Fortsetzung noch 1.6 Meß- und Prüfnormen

DIN ISO 4138 (Juli 1984)	Straßenfahrzeuge Stationäre Kreisfahrt
DIN ISO 5128 (November 1984)	Akustik Innengeräuschmessungen in Kraftfahrzeugen
DIN ISO 5130 (Mai 1982)	Akustik Methode für die Messung des Standgeräusches von Straßenfahrzeugen
DIN ISO 6487 (Februar 1983)	Straßenfahrzeuge Meßmethoden für Aufprallversuche Meßgeräte
DIN ISO 7975 (Januar 1987)	Straßenfahrzeuge Bremsen in der Kurve Testverfahren im offenen Regelkreis identisch mit ISO 7975, Ausgabe 1985
DIN 52 291 (Mai 1984)	Straßenfahrzeuge Sicherheitsscheiben für Fahrzeugverglasung Begriffe
DIN 52 305 (Februar 1960)	Prüfung von Glas Optische Prüfung von Sicherheitsglas Bestimmung des Ablenkwinkels und des Brechwertes Projektionsverfahren
DIN 52 306 (Februar 1973)	Kugelfallversuch an Sicherheitsscheiben für Fahrzeugverglasung
DIN 52 307 (November 1976)	Pfeilfallversuch an Sicherheitsscheiben für Fahrzeugverglasung
DIN 52 308 (Juli 1984)	Kochversuch an Verbundglas
DIN 52 310 (Juli 1986)	Phantomfallversuch an Sicherheitsscheiben für Fahrzeugverglasung
DIN 52 335 (Februar 1981)	Bestimmung der optischen Verzerrung von Sicherheitsscheiben für Fahrzeugverglasung
DIN 52 336 (August 1985)	Bestimmung des Doppelbildwinkels von Sicherheitsscheiben für Fahrzeugverglasung
DIN 52 347 (Entwuf Februar 1985)	Prüfung von Glas und Kunststoff Verschleißprüfung Reibradverfahren mit Streulichtmessung
DIN 70 003 (September 1977)	Schwingbeanspruchung Messung von Kenngrößen an Fahrzeugbauteilen
DIN 70 040 (Mai 1977)	Kraftfahrzeug-Ausrüstung und -Teile Korrosionsbeständigkeitsklassen
DIN 75 200 (September 1980)	Bestimmung des Brennverhaltens von Werkstoffen der Kraftfahrzeug-Innenausstattung
DIN 75 201 (Entwuf April 1985)	Bestimmung des Foggingverhaltens von Werkstoffen der Kraftfahrzeug-Innenausstattung
DIN 75 202 (Entwurf November 1984)	Bestimmung der Lichtechtheit von Werkstoffen der Kraftfahrzeug-Innenausstattung mit Xenonbogenlicht

Tafel 1.12: Fortsetzung

1.7 Meßgeräte

DIN 16 257 (März 1987)	Nennlagen und Lagezeichen für Meßgeräte
DIN 75 001 (März 1981)	Anwendungsklassen für Meßeinrichtungen in Kraftfahrzeugen
DIN 75 521 Teil 1 (Januar 1982) Teil 2 (Januar 1982)	Tachometer zum Einbau in Scheinwerfer für Krafträder zum Einbau in Instrumententafeln für Kraftfahrzeuge
DIN 75 532 Teil 1 (Juni 1976) Teil 2 (April 1979)	Übertragung von Drehbewegungen Formen der Anschlüsse an Getrieben, Zwischengetrieben, biegsame Wellen und Geräten biegsame Wellen
DIN 75 551 (Entwurf August 1986)	Überdruckmeßgeräte für Kraftfahrzeuge
DIN 75 553 (Januar 1972)	Druckgeber
DIN 75 554 (Januar 1972)	Druckanzeiger
DIN 75 575 (Januar 1972)	Fernthermometer für Kraftfahrzeuge

1.8 Mechanische Verbindungselemente, Winkelgelenke, Seilzüge

VDA 262 (Dezember 1985)	Umstellung von Sechskantschrauben und -muttern auf ISO-Schlüsselweiten
DIN 11 024 (Januar 1973)	Federstecker
DIN 70 613 (Dezember 1969)	Kraftfahrzeugbau Sechskantschrauben mit kleiner Schlüsselweite
DIN 70 614 (Dezember 1969)	Kraftfahrzeugbau Sechskantschrauben mit kleiner Schlüsselweite Gewinde annähernd bis Kopf
DIN 70 615 DIN 70 616 (Februar 1964)	Kraftfahrzeugbau Sechskantmuttern, flache Sechskantmuttern mit kleiner Schlüsselweite M 10, M 10 × 1
DIN 70 617 DIN 70 618 (Februar 1964)	Kraftfahrzeugbau Kronenmuttern, flache Kronenmuttern mit kleiner Schlüsselweite M 10, M 10 × 1

Tafel 1.12: Fortsetzung noch 1.8 Mechan. Verbindungselemente,
Winkelgelenke, Seilzüge

DIN 70 810
  Blatt 1
  (August 1971)
  Blatt 2
  (August 1971)
	Mutterhalter
	für Vierkantmutter
	offen
	für Vierkantmutter
	geschlossen

DIN 70 852 (Juni 1977)	Nutmuttern Sicherung durch Sicherungsbleche
DIN 70 952 (Mai 1976)	Sicherungsbleche für Nutmuttern nach DIN 70 852
DIN 71 752 (Juli 1986)	Gabelgelenke Gabelköpfe
DIN 71 802 (September 1966)	Winkelgelenke mit Federsicherung Übersicht
DIN 71 803 (Entwurf Juli 1986)	Winkelgelenke mit Schraub- und Federsicherung Kugelzapfen
DIN 71 805 (Januar 1969)	Winkelgelenke mit Federsicherung Kugelpfannen, Sprengringe, Sicherungsbügel
DIN 71 831 (Oktober 1964)	Kugelzapfen Kegel 1 : 10

DIN 71 984
(Oktober 1982)
  Teil 1
  Teil 2
  Teil 3
  Teil 4
	Seilzüge
	
	Rundlitzenseil 7 × 7
	Rundlitze 1 × 19
	Seilhüllen
	Hülsen

DIN 71 985
  Teil 1
  (August 1982)
  Teil 2
  (Oktober 1982)
  Teil 3
  (August 1982)
  Teil 4
  (August 1982)
	Nippel für Seilzüge
	Aufnahmenippel
	
	Lötnippel
	
	Klemmnippel
	
	Preßnippel

DIN 71 986 (Februar 1985)	Seilzüge Übersicht, Anwendungsbeispiele
DIN 71 989 (Oktober 1982)	Stellschrauben für Seilzüge
DIN 71 990 (Oktober 1982)	Seilzüge Innenrohre für Seilhüllen
DIN 71 991 (August 1982)	Endstücke mit Gewinde für Seilzüge
DIN 71 992 (Oktober 1982)	Ösen für Seilzüge

Tafel 1.12: Fortsetzung

1.9 Kraftfahrzeugbau – Räder und Reifen

Grundnormen, Terminologie, Radanschlußmaße, Bremstrommel-
Außenkonturen

DIN 7829 (Dezember 1986)	Felgen und Räder Kennzeichnung
DIN 16 113 Blatt 1 (November 1973) Blatt 2 (August 1974)	Überdruckmeßgeräte für Reifenluftdruck Technische Bedingungen, Zifferblätter, Zeiger 80 mm Gehäusedurchmesser Technische Bedingungen, Zifferblätter, Zeiger 160 mm Gehäusedurchmesser
DIN 74 361 Teil 1 (August 1986) Teil 2 (November 1982) Teil 3 (November 1979)	Scheibenräder für Kraftwagen und Anhängerfahrzeuge Anschlußmaße für Bolzenzentrierung Scheibenräder für Kraftwagen und Anhängerfahrzeuge Befestigungselemente für Bolzenzentrierung Scheibenräder für Kraftwagen und Anhängerfahrzeuge Anschlußmaße und Befestigungselemente für Mittenzentrierung
DIN 74 362 Teil 1 (Oktober 1982) Teil 2 (Oktober 1982) Teil 3 (Oktober 1982) Teil 4 (Oktober 1982) Teil 5 (Oktober 1982) Teil 6 (Oktober 1982) Teil 7 (Januar 1986) Teil 8 (Januar 1986) Teil 10 (September 1980)	Bremstrommeln für Scheibenräder von Lastanhängern und Busanhängern mit Einpreßtiefe und 8-Bolzen-Befestigung maximale Außenkontur mit Einpreßtiefe und 10-Bolzen-Befestigung maximale Außenkontur ohne Einpreßtiefe und mit 8- oder 10-Bolzen-Befestigung maximale Außenkontur ... von Nutzkraftwagen mit Einpreßtiefe und 8-Bolzen-Befestigung –maximale Außenkontur ... von Nutzkraftwagen mit Einpreßtiefe und 10-Bolzen-Befestigung – maximale Außenkontur ... von Nutzkraftwagen ohne Einpreßtiefe und mit 8- oder 10-Bolzen-Befestigung maximale Außenkontur ... mit Felgendurchmesserbezeichnung 15 ohne Einpreßtiefe und mit 6- oder 10-Bolzen-Befestigung – maximale Außenkontur ... mit Felgendurchmesserbezeichnung 15 ohne Einpreßtiefe und mit 6- oder 10-Bolzen-Befestigung – maximale Außenkontur ... mit Steilschulterfelgen von Nutzkraftwagen und deren Anhänger- zeugen mit Einpreßtiefe und 10-Bolzenbefestigung – maximale Außenkontur
DIN 74 363 Teil 1 (Oktober 1982) Teil 2 (Oktober 1982)	Bremstrommeln für Anhänger von Personenkraftwagen mit Radanschluß BZ 5 × 112 maximale Außenkontur mit Radanschluß BZ 5 × 120 maximale Außenkontur

Tafel 1.12: Fortsetzung

1.10 Reifen

DIN 7793 Teil 1 (April 1981) Teil 2 (April 1981)	Reifen für Kraftfahrzeuge, Arbeitskraftmaschinen und Anhänger- fahrzeuge MPT – Mehrzweckreifen in Diagonalbauart MPT – Mehrzweckreifen in Radialbauart
DIN 7798 (Entwurf Juli 1986) Teil 1 Teil 2 Teil 3 Teil 4	Reifen für Erdbaumaschinen, Muldenfahrzeuge und Spezialfahr- zeuge auf und abseits der Straße Reifen in Diagonalbauart Nennquerschnittsverhältnis > 90 % Breitfelgen-Reifen in Diagonalbauart Reifen in Radialbauart Nennquerschnittsverhältnis > 90 % Breitfelgen-Reifen in Radialbauart
WdK 198	Reifen; Profil-Codebezeichnung für EM- und Tractor-Grader- Reifen in Diagonalbauart
DIN 7799 (Oktober 1981) Teil 1	Reifen für Straßenbaumaschinen, Erdbaumaschinen und Zugmaschinen (Tractor-Grader-Reifen) Normalreifen in Diagonalbauart
DIN 7801 (Juli 1984)	Reifen für leichte Krafträder
DIN 7802 (Juni 1983)	Motorradreifen Felgendurchmesserbezeichnung 16 bis 19
WdK 16	Tiefbettfelgen für Krafträder; Schrägschulterfelgen
DIN 7803 Blatt 2 (September 1974) Teil 3 (Februar 1987) Teil 4 (Februar 1987) Teil 5 (Dezember 1985)	Reifen für Personenkraftwagen und Lieferkraftwagen, Reifen in Diagonalbauart, Super-Niederquerschnitt-Reifen Personenkraftwagenreifen Reifen in Radialbauart der Serie „82" Personenkraftwagenreifen Reifen in Radialbauart der Serie „70" Personenkraftwagenreifen – Reifen in Radialbauart – Bezeichnung und Kennzeichnung
DIN 7804 Teil 1 (Oktober 1981) Teil 2 (März 1983) Teil 3 (Oktober 1981)	Reifen für leichte Nutzkraftwagen und deren Anhängefahrzeuge (C-Reifen) Reifen in Diagonalbauart Mittenabstände für Zwillingsbereifung und Freiräume) (C-Reifen) Reifen in Radialbauart
DIN 7805 Teil 1 (Juli 1980) Teil 2 (März 1983)	Reifen für Nutzkraftwagen und deren Anhängefahrzeuge Reifen in Diagonalbauart Mittenabstände und Freiräume für Schrägschulterfelgen und Halbtiefbettfelgen

Tafel 1.12: Fortsetzung noch 1.10 Reifen

Teil 3 (Juli 1980) Teil 4 (Dezember 1979) Teil 5 (März 1983>	Reifen in Radialbauart Schlauchlose Reifen auf Steilschulterfelgen Mittenabstände und Freiräume für Steilschulterfelgen
DIN 7810 (August 1984)	Motorrollerreifen
DIN 7811 (Entwurf Juni 1986 Teil 1 Teil 2	Luftreifen für Flurförderzeuge (Industrie-Reifen) Reifen mit Normalquerschnitt in Diagonalbauart Breitreifen in Diagonalbauart

1.11 Felgen, Felgenprofillehren

DIN 7816 (Januar 1983)	Tiefbettfelgen für Kleinkrafträder, Krafträder und Beiwagen Felgendurchmesserbezeichnung 16, 17, 18 und 19
DIN 7817 Teil 1 (März 1979) Teil 2 (März 1979) Teil 3 (März 1979)	Tiefbettfelgen für Kraftfahrzeuge und Anhängefahrzeuge Hornformen J, JK und K Hump-Ausführungen Hump-Sonderausführungen
DIN 7818 (März 1982)	Tiefbettfelgen für Kraftfahrzeuge, Anhängefahrzeuge und land- wirtschaftliche Fahrzeuge Hornformen C, D, E und F Felgendurchmesserbezeichnung 14 bis 20
DIN 7820 (Dezember 1978)	Schrägschulterfelgen für Kraftfahrzeuge und Anhängefahrzeuge Felgendurchmesserbezeichnung 15, 20 und 24
DIN 7823 (Januar 1980)	Breitfelgen für Ackerschlepper
DIN 7824 (Februar 1979)	Felgen für Motorroller und Personenkraftwagen
DIN 7826 (Oktober 1983)	Halbtiefbettfelgen (SDC-Felgen) für Nutzkraftwagen und deren Anhängefahrzeuge Felgendurchmesserbezeichnung 16, 20 und 24
DIN 7827 (Januar 1984)	Felgen für Arbeitskraftmaschinen, landwirtschaftliche Geräte, Ackerwagen, Mehrzweckfahrzeuge und Anhängefahrzeuge
DIN 7830 (Januar 1983)	Felgenprofillehren für Tiefbettfelgen nach DIN 7816
DIN 7831 Teil 1 (Februar 1979) Teil 2 (Februar 1979)	Felgenprofillehren für Tiefbettfelgen nach DIN 7817 Teil 1 und DIN 7818 für Tiefbettfelgen nach DIN 7817 Teil 2 und Teil 3

Tafel 1.12: Fortsetzung noch 1.11 Felgen, Felgenprofillehren

DIN 7833 (Dezember 1978)	Felgenprofillehren für Schrägschulterfelgen nach DIN 7820
DIN 7834 (Juli 1982)	Felgenprofillehren für Breitfelgen nach DIN 7823

DIN 7838
  Teil 1
  (Januar 1977)
  Teil 2
  (Mai 1978)
	Felgenmeßbänder
	Flachmeßbänder für Felgen mit beiderseitig festen Schrägschultern
	
	für Felgen in Hump-Ausführung

DIN 7839 (September 1977)	Felgenmeßbänder Kugelmeßbänder
DIN 7840 (Februar 1979)	Felgenprofillehren für Felgen nach DIN 7824
DIN 7843 (September 1967)	Felgenprofillehren für Halbtiefbettfelgen (SDC-Felgen) nach DIN 7826
DIN 7848 (August 1977)	Felgen für Spezialfahrzeuge auf und abseits der Straße
DIN 78 001 (Juni 1983)	Felgen Prüfringe zum Justieren von Felgenmeßbändern

DIN 78 022
  Teil 1
  (September 1980)
	Steilschulterfelgen
	für Nutzkraftwagen und deren Anhängefahrzeuge
	Tiefbettfelgen

1.12 Ventile

DIN 7756 (Februar 1979)	Ventile für Fahrzeugbereifungen Ventilgewinde Theoretische Werte, Gewindegrenzmaße
DIN 7757 (Dezember 1985)	Ventile für Fahrzeugbereifungen Ventil-Bohrungen, Ventileinsätze, Ventilkappen Verlängerungsstück und Luftdruckprüferanchlüsse
DIN 7766 (November 1978)	Ventile für Fahrzeugschläuche 90°-Winkelventil mit Metallfuß
DIN 7770 (November 1978)	Ventile für Fahrzeugschläuche Gerades Ventil 34 G mit Gummifuß
DIN 7771 (November 1978)	Ventile für Fahrzeugschläuche Gerades Ventil 40 G mit Gummifuß
DIN 7773 (November 1978)	Ventile für Fahrzeugschläuche Gerade Ventile mit Gummifuß für Wasserfüllung
DIN 7774 (November 1978)	Ventile für Fahrzeugschläuche Gummiventile 38

DIN 7775
  Teil 1
  (Februar 1979)
  Teil 2
  (Mai 1976)
	Ventile für Fahrzeugschläuche
	Winkelventile mit Gummifuß
	Einteilige Ausführung
	Winkelventile mit Gummifuß
	Ausführung mit drehbarer Scheibe, zum Aufschrauben

Tafel 1.12: Fortsetzung noch 1.12 Ventile

DIN 7777 (November 1978)	Ventile für Fahrzeugschläuche 90°-Winkelventile 28 G mit Gummifuß
DIN 7778 (November 1978)	Ventile für Fahrzeugschläuche 70°-Winkelventil 41.5 G mit Gummifuß
DIN 7780 (Februar 1982)	Ventile für schlauchlose Fahrzeugreifen Gummiventile 43 GS und 49 GS
DIN 7781 (Februar 1979)	Ventile für schlauchlose Fahrzeugreifen Ventile mit Metallfuß
DIN 7782 (November 1978)	Ventile für schlauchlose Fahrzeugreifen Gerades Ventil 33 MS mit Metallfuß
DIN 7783 (November 1978)	Ventile für Fahrzeugschläuche Gerades Ventil 52 zum Aufschrauben mit großer Bohrung
DIN 7784 (November 1978)	Ventile für Fahrzeugschläuche 88°-Winkelventil 105 zum Aufschrauben mit großer Bohrung
DIN 7785 (August 1977)	Ventile für Fahrzeugschläuche 90°-Winkelventil 33 G mit Gummifuß
DIN 7786 (Dezember 1977)	Ventile für Fahrzeugschläuche 80°-Winkelventil mit drehbarem Ventilkörper
DIN 7787 (November 1978)	Ventile für Fahrzeugschläuche Winkelventile 40.5 G mit Gummifuß
DIN 7788 (Februar 1977)	Ventile für Fahrzeugschläuche Gummiventil 93, handbiegbar
DIN 78 026 (Mai 1978)	Ventile für schlauchlose Fahrzeugreifen Gerades Ventil mit Metallfuß für Wasserfüllung
DIN 78 027 (Februar 1979)	Ventile für schlauchlose Fahrzeugreifen Ventile für Steilschulterfelgen gerade und abgewinkelt
DIN 78 030 Teil 1 (September 1983)	Ventile für Fahrzeugbereifungen Anforderungen und Prüfung der Gummiteile

1.13 Kraftfahrzeugbau – Bremsausrüstung

Grundnormen, Terminologie, Symbole, Schaltzeichen, Prüfverfahren

DIN ISO 611 (Januar 1985)	Straßenfahrzeuge Bremsung von Kraftfahrzeugen und deren Anhängefahrzeuge Begriffe
DIN ISO 1219 (August 1978)	Fluidtechnische Systeme und Geräte Schaltzeichen
DIN ISO 6313 (August 1981)	Straßenfahrzeuge Bremsbeläge – Maß- und Formbeständigkeit von Scheibenbrems- belägen unter Wärmeeinwirkung Prüfverfahren

Tafel 1.12: Fortsetzung noch 1.13 Kraftfahrzeugbau – Bremsausrüstung

DIN ISO 6315 (August 1981)	Straßenfahrzeuge Bremsbeläge – Korrosionshaftung an Bremsscheiben oder -trommeln mit Oberflächen aus Eisen Prüfverfahren
DIN 70 024 Teil 3 (Dezember 1979)	Begriffe für Einzelteile von Kraftfahrzeugen und deren Anhängefahrzeuge Bremsausrüstung
DIN 74 250 (Juli 1979)	Formelzeichen, Einheiten und Indizes für Bremsausrüstungen
DIN 74 253 (Mai 1979)	Bremsausrüstung für Kraftfahrzeuge und Anhängefahrzeuge Graphische Symbole für Bremsschaltpläne
DIN 75 001 (März 1981)	Anwendungsklassen für Meßeinrichtungen in Kraftfahrzeugen

1.14 Hydraulische Bremsanlagen

DIN ISO 3803 (Juli 1978)	Straßenfahrzeuge Hydraulischer Prüfanschluß für Bremsausrüstungen
DIN ISO 3871 (August 1980)	Straßenfahrzeuge Kennzeichnung von Behältern für Bremsflüssigkeit auf Mineralöl- oder Glykolbasis
DIN ISO 3996 (Januar 1980)	Straßenfahrzeuge Komplette Bremsschläuche für hydraulische Bremsanlagen mit Bremsflüssigkeit auf Glykolbasis
DIN ISO 4038 (Entwurf Dezember 1986)	Straßenfahrzeuge Rohre, Gewindelöcher, Überwurfschrauben und Schlauch- armaturen mit Gewindezapfen identisch mit ISO 4038, Ausgabe 1984
DIN ISO 4925 April 1980)	Straßenfahrzeuge Bremsflüssigkeit auf Glykolbasis
DIN ISO 4926 (Juli 1979)	Straßenfahrzeuge Hydraulische Bremsanlagen Referenz-Bremsflüssigkeiten auf Glykolbasis
DIN ISO 4927 (Juli 1982)	Straßenfahrzeuge Schutzkappen aus elastomeren Werkstoffen für hydraulische Radbremszylinder an Trommelbremsen bei Verwendung von Bremsflüssigkeit auf Glykolbasis (Betriebstemperatur maximal 120 °C)
DIN ISO 4928 (Juli 1982)	Straßenfahrzeuge Manschetten und Dichtungen aus elastomeren Werkstoffen für Zylinder in hydraulischen Bremsanlagen bei Verwendung von Bremsflüssigkeit auf Glykolbasis (Betriebstemperatur maximal 120 °C)
DIN ISO 7632 (Juli 1986)	Straßenfahrzeuge Dichtungen aus Elastomeren in hydraulischen Scheibenbrems- zylindern für Bremsflüssigkeiten auf Mineralölbasis (Betriebs- temperatur 120 °C max.) identisch mit ISO 7632, Ausgabe 1985

Tafel 1.12: Fortsetzung noch 1.14 Hydraulische Bremsanlagen

DIN 74 000 (September 1979)	Hydraulische Bremsanlagen Zweikreis-Bremsanlagen Kurzzeichen für die Bremskreisaufteilung
DIN 74 200 (Juli 1978)	Hydraulische Bremsanlagen Zylinder Maße, Einbau
DIN 74 225 (Entwurf Dezember 1986)	Hydraulische Bremsanlagen Komplette Bremsschläuche, Bremsschlauch-Anschlußarmaturen, Bremsschlauchhalter

DIN 74 233
(Entwurf
Dezember 1986)
    Teil 1
    Teil 2
	Hydraulische Bremsanlagen
	
	Überwurfschrauben für Rohre
	Überwurfmuttern für Rohre

DIN 74 234 (Entwurf Dezember 1986)	Hydraulische Bremsanlagen Rohre, Bördel
DIN 74 235 (Entwurf Dezember 1986)	Hydraulische Bremsanlagen Gewindelöcher

1.15 Druckluftbremsanlagen

DIN ISO 1728 (Juli 1984)	Straßenfahrzeuge Pneumatische Verbindungen der Bremsausrüstung von Nutzkraftwagen und Anhängefahrzeugen Austauschbarkeit
DIN ISO 3583 (Mai 1984)	Straßenfahrzeuge Prüfanschluß für Druckluftbremsanlagen
DIN ISO 4009 (Dezember 1977)	Straßenfahrzeuge Lage der elektrischen Steckverbindungen an der hinteren Quertraverse der Zugmaschine
DIN ISO 4039 (August 1978)	Straßenfahrzeuge Druckluftbremsanlagen Rohre, Gewindelöcher und Gewindezapfen
DIN ISO 6786 (Dezember 1981)	Straßenfahrzeuge Druckluftbremsanlagen Kennzeichnung von Anschlüssen an Geräten
DIN ISO 7652 (Januar 1985)	Straßenfahrzeuge Fußbefestigte Einzylinder-Kompressoren mit Keilriemenantrieb Anschlußmaße
DIN 2353 (Juni 1966)	Lötlose Rohrverschraubungen mit Schneidring Vollständige Verschraubung und Übersicht

DIN 3017
    Teil 1
    (April 1987)
    Teil 2
    (November 1983)
	Schlauchschellen
	mit Schneckentrieb
	Form A
	Schellen mit Spannbacken

Tafel 1.12: Fortsetzung noch 1.15 Druckluftbremsanlagen

DIN 7601 (Dezember 1969)	Rohrverschraubungen mit Kugelbuchse Vollständige Verschraubungen und Übersicht
DIN 7603 (März 1968)	Dichtringe für Rohrverschraubungen und Verschlußschrauben
DIN 7638 (Januar 1985)	Rohrverschraubungen mit Kugelbuchse Winkelverbindungsstutzen
DIN 16 007 (Februar 1987)	Überdruckmeßgeräte mit elastischem Meßglied für Luftkompressoren und Luftkompressoranlagen Sicherheitstechnische Anforderurngen und Prüfung
DIN 72 759 Teil 5 (Juli 1978)	Bremslichtschalter pneumatisch
DIN 73 031 (Juli 1968)	Wellenenden für Hilfsmaschinen
DIN 73 378 (Februar 1975)	Rohre aus Polyamid für Kraftfahrzeuge
DIN 74 001 (Oktober 1984)	Straßenfahrzeuge Verbindung von automatischen Blockierverhinderern (ABV) in Zügen Anforderungen
DIN 74 050 (Dezember 1969)	Mechanische Verbindungen für Kraftfahrzeuge und deren Anhänger Maße für die Austauschbarkeit im grenzüberschreitenden Verkehr
DIN 74 060 (Entwurf September 1986) Teil 1 Teil 2 Teil 10	Druckluftbremsanlagen Druckluftzylinder Membranzylinder als Radzylinder für Nockenbremse Membranzylinder als Radzylinder für Spreizkeilbremse Membranzylinder Meßverfahren der Kraftabgabe über den Hub
DIN 74 266 Blatt 1 (November 1971)	Druckluftbremsanlagen Schlauchverbindung zwischen Kraftfahrzeug und Anhänger mit Einleitungs-Bremsanlagen
DIN 74 267 (Mai 1984)	Druckluftbremsanlagen Schilder für automatisch-lastabhängige Bremskraftregeleinrichtung (ALB)
DIN 74 277 Blatt 1 (Februar 1974) Teil 2 (Januar 1978) Teil 3 (April 1987)	Druckluftbremsanlagen Druckregler Druckregler mit Filter Druckregler mit Filter und Schaltanschlüssen
DIN 74 279 (September 1977)	Druckluftbremsanlagen Überströmventile
DIN 74 280 (Juni 1977)	Druckluftbremsanlagen Rückschlagventil

Tafel 1.12: Fortsetzung noch 1.15 Druckluftbremsanlagen

DIN 74 281 Teil 1 (April 1987)	Druckluftbremsanlagen Druckluftbehälter geschweißte Einkammer-Druckluftbehälter aus Stahl
DIN 74 282 (Juni 1977)	Druckluftbremsanlagen Einkreis-Druckluftzylinder Kolbenzylinder
DIN 74 286 (Februar 1976)	Druckluftbremsanlagen Dichtring für Kupplungskopf Zweileitungsbremsanlagen
DIN 74 292 (April 1984)	Druckluftbremsanlagen Entwässerungsventil handbetätigt
DIN 74 293 (Juni 1977)	Druckluftbremsanlagen Absperrhahn mit Entlüftung
DIN 74 304 (Entwurf März 1985)	Lötlose Rohrverschraubungen für Druckluftbremsanlagen Schlauchstutzen
DIN 74 305 (Entwurf März 1985)	Lötlose Rohrverschraubungen für Druckluftbremsanlagen Hohlschraube
DIN 74 310 (August 1976) Teil 1 Teil 2	Druckluftbremsanlagen Schläuche Maße, Werkstoff, Kennzeichnung Anforderungen, Prüfungen
DIN 74 313 (Januar 1970) Blatt 1 Blatt 2	Lötlose Rohrverschraubungen für Druckluftbremsen Gerade Stutzen Form A und B Gerade Stutzen Form C und D
DIN 74 315 (Januar 1970)	Lötlose Rohrverschraubungen für Druckluftbremsen Winkelstutzen
DIN 74 317 (Januar 1970)	Lötlose Rohrverschraubungen für Druckluftbremsen T-Stutzen
DIN 74 319 (Januar 1970)	Lötlose Rohrverschraubungen für Druckluftbremsen Kreuzstutzen
DIN 74 324 (August 1978) Teil 1 Teil 2	Druckluftbremsanlagen Rohre und Rohrleitungen aus Polyamid Anforderungen, Prüfungen, Maße, Werkstoffe Angaben für den Einbau
DIN 74 325 (Juli 1976)	Druckluftbremsanlagen Schlauchanschlüsse Formen, Maße
DIN 74 326 (Mai 1984)	Druckluftbremsanlagen Prüfanschluß Anschlußmaße
DIN 74 339 (Juni 1977)	Druckluftbremsanlagen Einkreis-Bremsventil mit Trittplatte

Tafel 1.12: Fortsetzung noch 1.15 Druckluftbremsanlagen

DIN 74 341 (April 1987)	Druckluftbremsanlagen Wechselventil mit Rückströmung
DIN 74 344 (August 1986)	Druckluftbremsanlagen Leerkupplung
DIN 74 345 (Juni 1977)	Druckluftbremsanlagen Bezeichnungsschild für Kupplungsköpfe (Zweileitungsbremsanlagen)
DIN 74 347 (Juni 1977)	Druckluftbremsanlagen Luftfilter für Rohrleitungen
DIN 75 551 (Dezember 1977)	Druckmesser für Kraftfahrzeuge
DIN 80 705 (Juni 1969)	Flache Muttern mit kleinen Schlüsselweiten Metrisches Gewinde, metrisches Feingewinde
VG 95 941 (Juni 1983)	Schläuche für Druckluftbremsanlagen Technische Lieferbedingungen

1.2 Fahrverhalten

1.2.1 Fahren als Regelvorgang

Beim Fahren wirken die auf Bild 1.19 dargestellten 3 Komponenten

   Fahrer – Fahrzeug – Umwelt

zusammen. Der Fahrvorgang läßt sich als Regelvorgang beschreiben, in dem
Fahrzeug und Umwelt als Regelstrecke und der Fahrer als Regler angesehen
werden. Obwohl in diesem Buch das Fahrzeug im Vordergrund steht, so macht
doch diese Aufteilung deutlich, daß das Fahrverhalten nur dann optimiert werden
kann, wenn es sowohl dem Fahrer mit der ihm eigenen Umsetzung von
Sinneswahrnehmungen zu Handlungen auf der einen Seite als auch den Umwelt-
bedingungen, wie Fahrbahnbeschaffenheit und atmosphärische Einflüsse, auf der
anderen Seite angepaßt ist.

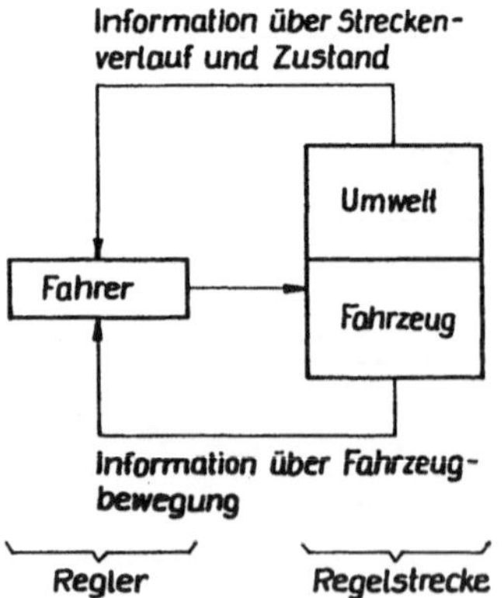

Bild 1.19
Regelkreis Fahrer – Fahrzeug – Umwelt

Der Mensch tritt ja in sehr vielen Fällen und Situationen als Regler auf. Ein bekanntes Beispiel ist, wenn er unter einer Dusche die gewünschte Wassertemperatur einregelt. Er nimmt dabei mit seinem Tastsinn auch noch die Funktion des Sensors wahr, was ein großer Vorteil ist. Von diesem Vorteil kann man sich schnell überzeugen, wenn man selbst unter der Dusche steht und die Durchflußmengen für Kalt- und Warmwasser auf Zuruf von einer zweiten Person einstellen läßt.

Beim Fahren ist der Gesichtssinn dominierend, während der Tastsinn (Rückstellmoment bei Kurvenfahrt) und der Gehörsinn (Reifenquietschen) auch Signale aufnehmen, die aber die vom Fahrer ausgehende Reaktion nur wenig beeinflussen.

Die Regelaufgaben, die der Fahrer zu lösen hat, sind vielfältig.

1. Zielfunktion

Der Fahrer muß sein Fahrtziel kennen (Entfernung) und auch den Zeitpunkt, zu dem er es erreicht haben muß. Er muß die Reisegeschwindigkeit festlegen und die Abfahrtszeit. Dazu muß er die Entfernung der einzelnen Abschnitte mit unterschiedlicher Straßenbeschaffenheit und die Fahreigenschaften seines Fahrzeugs kennen. Er muß weiterhin einschätzen, welche Verkehrssituation ihn erwartet und mit welchen sonstigen Störungen zu rechnen ist.

1. Regelaufgabe

Überprüfung, Inbetriebnahme und Überwachung des Fahrzeugs

2. Zielfunktion

Mit dem Antrieb und der Bremse muß er die Fahrgeschwindigkeit einhalten, dabei sind Fahrbahnzustand, Verkehrssituation, Geschwindigkeitsbegrenzungen durch Verkehrszeichen, die geplante Reisegeschwindigkeit und atmosphärische Störungen zu berücksichtigen.

2. Regelaufgabe

Mittels Getriebeabstufung, Gaspedals und Bremspedals ist die Fahrgeschwindigkeit zu regeln.

3. Zielfunktion

Die Einhaltung der Fahrspur, die sowohl durch die Straßenführung als auch durch die anderen Verkehrsteilnehmer und deren Verhalten bestimmt wird.

3. Regelaufgabe

Mit Hilfe der Lenkung ist unter Berücksichtigung der Zielfunktion und der Fahreigenschaften die Fahrspur einzuhalten.

4. Zielfunktion

Die anderen Verkehrsteilnehmer sind zu informieren (Lichthupe, Hupe und Blinkanlage bei Fahrspuränderungen)

4. Regelaufgabe

Die Signaleinrichtungen sind zu betätigen.

Diese Vielfalt läßt die hohen Anforderungen an den Fahrer erkennen, die er übermüdet, unter Alkoholeinfluß stehend oder durch Einnahme von die Konzentration mindernden Medikamenten nicht erfüllen kann. Schließt man diese

Einflüsse aus, so ist für die Verkehrssicherheit entscheidend, wie gut das Fahrverhalten des Fahrzeugs ist und wie gut der Fahrer es beherrscht. 2 Beispiele sollen das verdeutlichen:

1. Beispiel: Umstellung von Solo-Krad auf Beiwagen-Krad

Das Solo-Krad als Balancefahrzeug wird vor der Kurve erst ein wenig in die entgegengesetzte Richtung gelenkt, um das Krad in die Kurve zu neigen. Erst nachdem die Neigung wahrnehmbar wird, lenkt der an das Solo-Krad gewöhnte Fahrer in die Kurve. Steigt er auf das Beiwagen-Krad um, so muß er sich umstellen und darf nicht auf diese Neigung warten, denn sonst kommt er aus der Kurve heraus vom Kurs ab.

2. Beispiel: Sandbahnrennfahrer

Auf der Sandbahn liegt ein vollkommen abweichendes Verhalten zwischen Reifen und Fahrbahn vor. Die Übertragung der Umfangskräfte erfolgt unter großem Umfangs- und Seitenschlupf am Hinterrad. Die Gewichtskraft verteilt sich auf Vorderrad, Hinterrad und Stahlschuh, und auch die Abstützung der Massenträgheitskräfte bei Bewegungsänderungen muß über diese 3 Punkte erfolgen. Der Sandbahnrennfahrer regelt seinen Kurs durch Gewichtskraftverteilung, Umfangskraftdosierung und Lenkeinschlag so, daß er schnell fährt und dabei einen quasistabilen Fahrzustand einregelt, bei dem er bei der Linkskurve die Lenkung nach rechts eingeschlagen hat.

Im 1. Beispiel ist der Fahrer beim Beiwagen-Krad auf ein einfacher lenkbares Fahrzeug umgestiegen und hat trotzdem Schwierigkeiten. Im 2. Beispiel ist die Fahrbahn zum Lenken beinahe ungeeignet, und der Sandbahnrennfahrer meistert durch seine Routine den Kurs.

Auch beim 4rädrigen Kraftfahrzeug lassen sich neben dem normal stabilen Fahrzustand noch quasistabile Zustände finden, die einzuregeln man aber Renn- und Ralleyfahrern überlassen sollte. Hier soll bei allen Betrachtungen vom normal stabilen Fahrzustand ausgegangen werden. Dieser normal stabile Fahrzustand wird im Abschnitt 1.2.2 näher beschrieben. Es sei vorweggenommen, daß insbesondere bei extremen Kurs- und Geschwindigkeitsänderungen die Grenzen dieses Zustands erreicht werden. Der Fahrer als Regler hat die Aufgabe, beim sich Nähern an diese Grenzen verantwortungsbewußt, das heißt jeweils nur mit vertretbarem Risiko, zu fahren. Jedes Risiko völlig auszuschließen ist nicht möglich, was sich schon aus den Reaktionszeiten ergibt, Tafel 1.13. Je besser das Fahrverhalten des Fahrzeugs, um so geringer ist auch das Risiko für Fahrer, Insasse und Ladung. Bei den oben angegebenen 4 Regelaufgaben entscheidet man oft schon mit der 1. über das Risiko, das man auf der jeweiligen Fahrt eingehen muß. Wenn man das Fahrzeug ordnungsgemäß überprüft und rechtzeitig losfährt (Inbetriebsetzung), dann wird bei jedem Fahrzeug das Risiko verringert. Dabei darf der Fahrer nicht als Bummler den Verkehr behindern, sondern dann, wenn angenommene Störungen in Form von Staus, kritischen Fahrbahnzuständen usw. nicht aufgetreten sind, entsprechende Pausen einlegen.

Die 2. Regelaufgabe ist besonders wichtig bei unausweichbaren Hindernissen und beim Fahren in Kolonnen und auch dort beim Bremsen. Insbesondere die

Tafel 1.13: Reaktionszeiten vom plötzlichen Erscheinen einer Fußgängergruppe bis zum Beginn des Bremsdruck- bzw. Lenkradwinkelanstiegs in s, nach Messungen bei Daimler-Benz/DEKRA [1.36]

Stärke der Reaktions- aufforderung		schwach [1]				mittel [2]	stark [3]
				gleichzeitig			
		Bremsen	Lenken	Bremsen	Lenken	Bremsen	Bremsen
Reak- tions- zeit	zum Bremsen	1,27		1,36		0,92	0,74
	zum Lenken		1,31		1,19		

[1] Sichtbarer Fußgänger betritt von links die Fahrbahn.
[2] Fußgänger betreten von links und rechts die Fahrbahn aus dem Unsichtbaren.
[3] Fußgänger betritt aus dem Unsichtbaren von rechts die Fahrbahn kurz vor dem Fahrzeug.

Vorschriften der Regelung 13 und dort wiederum der Anhang 10 haben eine günstige Wirkung auf die Verbesserung der Fahreigenschaften gehabt. Obwohl blockierende Vorderräder auch ein Risiko darstellen, wird trotzdem der normal stabile Zustand im hier verwendeten Sinne erst dann verlassen, wenn eine 2. Störung wirkt, z.B. durch Unterschiede in Bremskräften infolge unterschiedlicher Straßenreibbeiwerte in den 2 Fahrspuren oder unterschiedlicher Bremsmomente an der Hinterachse oder durch Fahrbahnneigung, Seitenwind oder seitlich verlagerten Fahrzeugschwerpunkt. Kann man den Hindernissen ausweichen, dann sind die Chancen, Unfälle zu vermeiden, mit der 3. Regelaufgabe in Verbindung mit der 2. Regelaufgabe am größten. Das ist darin begründet, daß die Querbeschleunigung, die man durch die Kursänderung erzeugt, wesentlich kleiner ist als die Längsverzögerung, die erforderlich wäre, um vor dem Hindernis zu halten. Oft verwendet man in der Fachliteratur [1.3] diese 3. Regelaufgabe allein, um den Zusammenhang nach Bild 1.19, Fahrer als Regler und Fahrzeug mit der Fahrbahn als Regelstrecke, zu beschreiben. Diese Regelaufgabe ist die wichtigste. Der Verfasser wäre besonders erfreut, wenn es ihm mit diesem Buch gelänge, den Spielraum, den der Fahrer für diese Regelaufgabe hat, zu vergrößern. Die Verbesserung des Gütegrades der Seitenkraftverteilung bei Kurvenfahrt ist ein Beitrag zur Vergrößerung dieses Spielraums (s. Abschnitt 1.2.2).

An der 4. Regelaufgabe wird besonders deutlich, wie umfassend der Mensch als Regler aufgefaßt werden kann.

In der Regeltechnik spricht man dann von einem Regler, wenn von ihm automatisch ein Sollwert mit einem Istwert verglichen wird und bei entsprechender Abweichung über ein Stellglied die Korrektur erfolgt. Der Sollwert wäre hier, daß die übrigen Verkehrsteilnehmer von Fahrtrichtungsänderungen informiert werden. Beim Bremsen wird das Nachfolgefahrzeug bereits durch das Stopplicht informiert. In erster Linie wird man bei dieser 4. Regelungsaufgabe an die Betätigung der Blinkgeber denken. Aber auch durch Fahrgeschwindigkeitsänderung und rechtzeitige Einordnung in eine Fahrspur kann man wesentlich zur Information der übrigen Verkehrsteilnehmer beitragen. Wenn man, auf einer untergeordneten Straße fahrend, beim Heranfahren an die Kreuzung mit einer Hauptstraße rechtzeitig mit der Fahrgeschwindigkeit heruntergeht, wird automatisch der Benutzer der Hauptstraße informiert.

Bei der hier verwendeten vielfältigen Reglerfunktion muß eine noch vielfältigere Signalaufnahme des Menschen vorausgesetzt und die Erfahrung des Fahrers als Speicher einbezogen werden. Dazu gehören die Verkehrsmeldungen und der Wetterbericht aus dem Radio ebenso wie die ständige Beobachtung der im unmittelbaren Verkehrsraum sich bietenden Situation zu den zu gewinnenden Signalen. Wie schon erwähnt, ist die 3. Regelaufgabe, bei der die Lenkung das Stellglied darstellt, die wichtigste. In der Fachliteratur hat man sich ausführlich mit dieser Regelungsaufgabe auseinandergesetzt [1.3, 1.4, 1.5, 1.6].

Es gibt verschiedene Testverfahren und Bewertungskriterien für das Fahrverhalten. Die Testverfahren werden zusammenfassend mit "Closed-loop-Tests" bei Einbeziehung der Regelfunktion des Fahrers und mit "Open-loop-Tests" ohne Fahrereinfluß bezeichnet. Bei den Open-loop-Tests werden feste Werte für Fahrgeschwindigkeit und Lenkeinschlag vorgegeben. Der Fahrer hat nur die Aufgabe, diese Werte zu einem bestimmten Zeitpunkt einzustellen, oder man läßt diese Aufgabe z.B. gleich von einer sogenannten Lenkmaschine [1.7] verrichten. In der Veröffentlichung von Zomotor Horn, Rompe [1.6] ist umfassend zusammengestellt, welche Größen vom Fahrer als Signal zur Wahrnehmung der 3. Regelaufgabe geeignet sind. Demnach bewertet der Fahrer das Gieren am stärksten (Gierwinkel, Giergeschwindigkeit, Gierbeschleunigung). Weitere Signale sind der Schwimmwinkel (Winkel zwischen Fahrzeuglängsachse und Bewegungsrichtung), die Querbeschleunigung, der Lenkradeinschlag, der Fahrbahnverlauf (in Beziehung zur Lage des Fahrzeugs, Bahnkrümmung bzw. Gasse für die Fahrspur) und das am Lenkrad wirkende Rückstellmoment. In Verbindung mit der Fahrzeuglängsbewegung ist das Gieren auch die auf die Kursänderung am stärksten wirkende Größe, die vom Fahrer mittels Lenkraddrehung beeinflußt wird. Es ist anzunehmen, daß es sich hier bereits um das Ergebnis eines Lernvorgangs handelt. Die bei jeder Lenkbewegung empfundene Verknüpfung mit einem Gieren und einer Kursänderung wird in einer ganz bestimmten quantitativen Zuordnung wahrgenommen. Jede Abweichung wird von den Sinnesorganen (Gesichtssinn, Gleichgewichtsorgan) registriert und vermutlich auch aufgrund der bekannten Folgen der Kursabweichung hoch bewertet. Das würde bedeuten, daß vom Menschen bei der Bewertung der von ihm wahrgenommenen Bewegungsänderungen bereits mit dem Gieren die ausgewählt wurde, die mit ihrem Fahrkurseinfluß auch die größte Bedeutung für die Fahrsicherheit besitzt. In den folgenden Abschnitten wird deshalb auf die Eigenschaften der Baugruppen, die das Gieren beeinflussen, besonders einzugehen sein.

1.2.2 Fahrstabilität

1.2.2.1 Richtungsstabilität

Ausgehend vom im Bild 1.3 eingezeichneten Koordinatensystem spricht man bei den Bewegungsänderungen in x-Richtung von Längsdynamik (beeinflußt durch

Antreiben und Bremsen), in y-Richtung von Querdynamik (beeinflußt durch Lenken und Reifenschräglauf) und in z-Richtung von Vertikaldynamik (beeinflußt durch Federung, Dämpfung und Reifenfederung).

Da Antrieb und Bremse nicht Inhalt dieses Buches sind, bleibt die Längsdynamik allein unberücksichtigt, außer in Verbindung mit den Antriebsgrenzen und der Nickbewegung.

Für diesen Abschnitt spielt auch die Vertikaldynamik keine entscheidende Rolle. Die Behandlung erfolgt insbesondere in den Abschnitten 1.3 „Fahrzeugschwingungen" und 3. „Federung und Dämpfung".

Für die Fahrstabilität ist die Querdynamik entscheidend. Neben der Bewegung in y-Richtung ist es vor allem die Drehung um die z-Achse, das Gieren. Die Fahrstabilitätsbetrachtungen nahmen ihren Anfang mit der von Huber [1.8] veröffentlichten Erkenntnis, daß die nachgiebigen Fahrzeugreifen nur dann Seitenkräfte aufnehmen können, wenn deren Ebene mit der Bewegungsrichtung einen „Schräglaufwinkel" bildet. Als Beginn der Fahrstabilitätsuntersuchungen werden in der Literatur die Arbeiten von Riekert und Schunck [1.9] gewürdigt, in denen sie mit einem vereinfachten Modell (mathematisches Fahrzeugmodell) und der Annahme linearer Zusammenhänge zwischen Schräglaufwinkel und Seitenkraft die ersten Kriterien für die Fahrstabilität berechneten. Dieses einfache Modell, bei dem die beiden Räder einer Achse zu einem Rad in der Mittelebene zusammengezogen sind, ist bereits für die Berechnung des Einflusses so wichtiger Größen geeignet wie

- Schräglaufeigenschaften der Reifen,
- Achslastverteilung,
- Windangriff,
- Antriebskonzeption (Front-, Heck- und Allradantrieb),
- Lenkeinschlag,
- Bremskraft,
- Fahrgeschwindigkeit,
- Fahrzeugmasse und
- Massenträgheitsmoment um die Hochachse.

Die Untersuchung der Fahrstabilität mit Hilfe der Mathematik hat nach dem 2. Weltkrieg an allen Entwicklungsstellen für Automobile breiten Raum eingenommen. Ihr kam entgegen, daß in dieser Zeit immer leistungsfähigere Rechner zur Verfügung gestellt wurden. Entscheidende Verbesserungen in den Rechnerergebnissen wurden durch die Angleichung folgender Einflußgrößen an die praktischen Verhältnisse erzielt:

1. Messung der Reifen-Schräglaufeigenschaften unter den Bedingungen von Antrieb und Bremsung, Annäherung der gekrümmten Trommel des Prüfstandes an die ebene Fahrbahn, Schräglaufeigenschaften auf Trommeloberfläche mit gemindertem Reibbeiwert [1.10], auf Trommeloberfläche mit definiertem Wasserfilm [1.11], auf vereister Trommeloberfläche [1.12] und bei dynamischen Veränderungen [1.13], [1.32].

2. Anpassung der mathematischen Modelle an die Aufgabenstellung, an die höhere Zahl der Einzelmassen und ihrer Freiheitsgrade und Ermittlung der Störungen, die auf das Modell wirken und für die die Reaktion berechnet werden muß. Die Quellen [1.14] bis [1.21] sind ein knapper Auszug der diese Entwicklung charakterisierenden Veröffentlichungen (s. auch Abschnitt 1.2.2.4).

3. Man führt zunehmend die Präzisierung der Bewertung der Fahreigenschaften durch. Parallel zur rechnerischen Behandlung erfolgten umfangreiche Fahrversuche, mit deren Auswertung ein Vergleich zwischen theoretischen und praktischen Ergebnissen sowie eine Wichtung der Einflußgrößen vorgenommen werden konnten. Einen umfassenden Überblick über die Kriterien zur Bewertung des Fahrverhaltens von Personenkraftwagen geben Rönitz, Braess, Zomotor [1.4]. Das dort angegebene umfangreiche Schrifttum vervollständigt das vorhandene Fachwissen. Das Fahrverhalten interessiert besonders in folgenden Fahrsituationen:

- Kurvenfahrt (stationäre Kreisfahrt, Lastwechselreaktion in Form von Gasgeben und Gaswegnehmen in der Kurve, Bremsung in der Kurve)
- Übergang zwischen Geradeausfahrt und Kurvenfahrt (Lenkwinkelsprung, Einfahrt in die Kurve, Herausfahrt aus der Kurve, Spurwechsel, Slalomfahrt, doppelter Spurwechsel, wobei in jeder Phase des Übergangs sowohl eine Lastwechselreaktion als auch eine Bremsung überlagert sein kann).

Für alle Fahrsituationen spielen neben den strukturbestimmenden Größen wie Radstand, Spurweite, Massen, Trägheitsmomente und Schwerpunkthöhe die resultierenden Lenk- und Schräglaufwinkel an den Achsen die für das Fahrverhalten entscheidende Rolle. Sollte bei einem Fahrzeugmodell in der Berechnung oder während der Prüfung die Fahrstabilität nicht befriedigen, an den strukturbestimmenden Größen aber nichts mehr geändert werden können, so werden sich die notwendigen Veränderungen in Maßnahmen finden, die die Bewegungsrichtung an einer Achse verändern. Das ist möglicherweise ein zusätzlicher Lenkeffekt, der durch die Radaufhängungskinematik erzielt wird (z.B. Rollsteuereffekt) oder durch elastische Deformationen (z.B. Lenkungselastizität) oder durch Maßnahmen, die den Reifen-Schräglaufwinkel an der Achse verändern (z.B. Anwendung seitensteiferer oder seitenweicherer Reifen).

Es werden hier keine von den in der Literatur ausführlich beschriebenen Modellen sowie die zugehörigen Bewegungsgleichungen und Berechnungsergebnisse aufgenommen. Der Wert solcher Untersuchungen am Anfang der Neu- und Weiterentwicklung der Fahrzeuge bleibt trotzdem unbestritten. Diese Einschränkung ermöglicht es, etwas ausführlicher auf die Mittel zur Beeinflussung des Lenk- und Schräglaufverhaltens an einer Achse einzugehen. Zwischen dem Lenk- und Schräglaufverhalten der Achsen und dem Übersteuern, neutralen Steuern und Untersteuern besteht ein unmittelbarer Zusammenhang. Auf Bild 1.20 sind die drei Fälle gegenübergestellt. Die zwei Räder einer Achse sind jeweils zusammengezogen zu einem Rad in der mittleren Fahrzeugebene. Dabei wurde der Lenkrollhalbmesser = 0 angenommen, so daß sich der Radstand beim Lenkeinschlag nicht ändert. Bei einer Fahrgeschwindigkeit gegen 0 auf der ebenen Kreisbahn tritt keine oder eben nur eine vernachlässigbar geringe Fliehkraft auf,

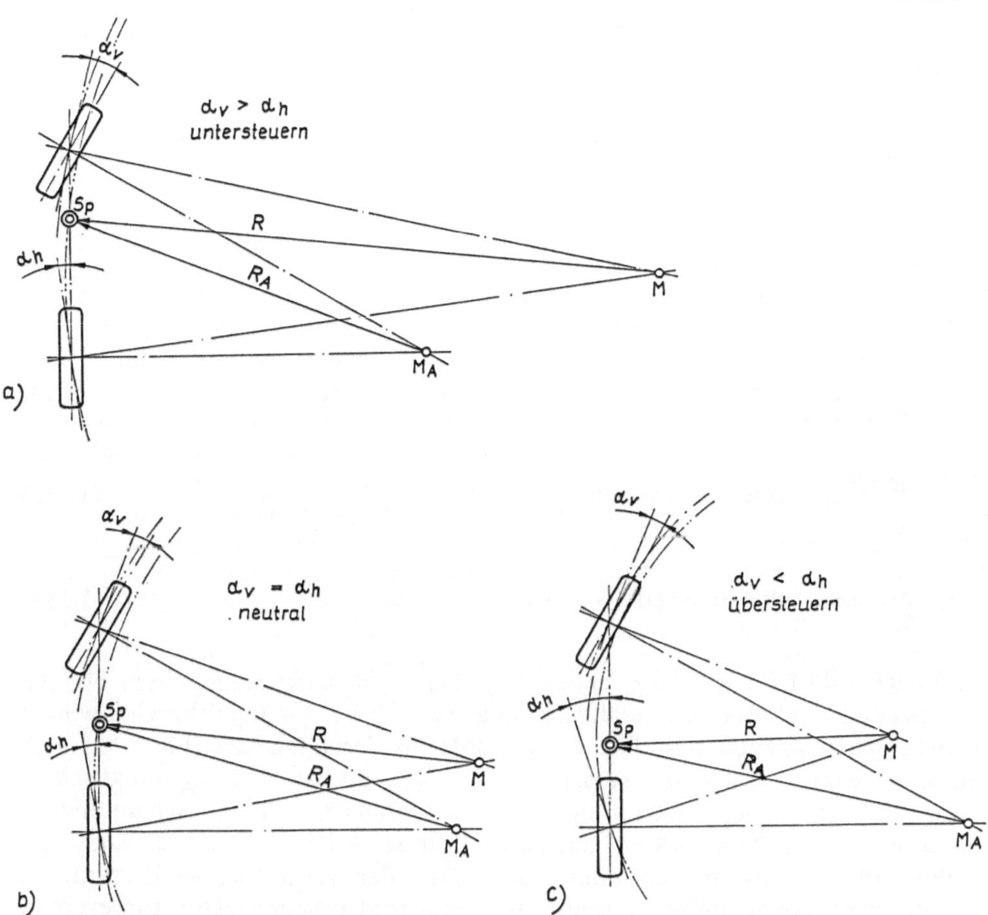

Bild 1.20 Steuerungstendenz unter alleiniger Berücksichtigung des Schräglaufwinkels. α_v Schräglaufwinkel an der Vorderachse; an der Vorderachse; α_h Schräglaufwinkel an der Hinterachse; Sp Schwerpunkt; M_A Kreismittelpunkt nach Ackermann; M Mittelpunkt unter Berücksichtigung des Schräglaufs; R_A und R entspr. Kreisradien

und die Räder rollen ohne Schräglauf. Der Lenkeinschlag würde dem Ackermann-Lenkwinkel entsprechen, und der Schwerpunkt Sp des Fahrzeugs bewegt sich mit dem Radius R_A um den Mittelpunkt M_A, der auf dem Schnittpunkt der Verlängerung der Hinterachse liegt. Da auf Bild 1.20 die beiden Achsschenkel zusammengezogen sind, findet man M_A als Schnittpunkt mit der verlängerten Hinterachse. Diese Grundfigur ist auf den Bildteilen a, b und c des Bildes 1.20 gleich.

Tritt infolge der Fahrgeschwindigkeit eine Seitenkraft auf, so stellt sich an den Rädern der zugeordnete Schräglaufwinkel α ein. Im Bild 1.20b wurde vorn und hinten gleicher Schräglaufwinkel angenommen:

$$\alpha_v = \alpha_h.$$

Unter Berücksichtigung des Schräglaufs bewegt sich das Fahrzeug mit seinem Schwerpunkt mit dem Abstand R um den Mittelpunkt M. Es ergibt sich für die Steuerungstendenz:

$$\text{untersteuernd} \qquad \alpha_v > \alpha_h, \tag{1.14a}$$

$$\text{neutral steuernd} \qquad \alpha_v = \alpha_h, \tag{1.14}$$

$$\text{übersteuernd} \qquad \alpha_v < \alpha_h. \tag{1.14b}$$

Für die Definition nach Abschnitt 1.1.2 gilt zwar

$$\frac{R}{R_A} = 1 \qquad \text{neutral,} \tag{1.15}$$

$$\frac{R}{R_A} > 1 \qquad \text{untersteuernd und} \tag{1.15a}$$

$$\frac{R}{R_A} < 1 \qquad \text{übersteuernd} \tag{1.15b}$$

und nach Bild 1.20b ist diese Bedingung aber nicht exakt eingehalten. Für die Betrachtung der Steuerungstendenz ist es günstiger, sich auf den Schräglaufwinkel α zu beziehen als auf den Radius. Exakt würde das Verhalten nach Bild 1.20b noch als untersteuernd einzustufen sein, da R geringfügig größer ist als R_A. Praktisch ist diese Abweichung ohne Bedeutung. Wie zu beweisen ist, verhalten sich untersteuernde Fahrzeuge stabil. Da auf der einen Seite stark untersteuernde Fahrzeuge lenkunwillig sind und auf der anderen Seite bei voller Auslastung der Hinterachse sich insbesondere die PKW nur schwer untersteuernd auslegen lassen, fordert man neutrales bis leicht untersteuerndes Verhalten. Es ist unvermeidbar, daß sich bei unterschiedlichen Belastungszuständen die Steuerungstendenz etwas ändert. Dieser Umstand wurde insofern im Bild 1.20 berücksichtigt, als im Bild 1.20a der Schwerpunkt etwas zur Vorderachse hin und im Bild 1.20c etwas zur Hinterachse hin verschoben eingetragen wurde. Auf Bild 1.20a ist der Schräglaufwinkel an der Vorderachse deutlich größer, das ergibt ein untersteuerndes Fahrzeug. Damit es bei höheren Geschwindigkeiten auf einer vorgegebenen Bahn bleibt, müßte die Lenkung weiter eingeschlagen werden. Der Kurvenradius R ist größer als im Fall von Bild 1.20b. Auf Bild 1.20c ist das Fahrzeug übersteuernd. Um hier die vorgeschriebene Bahn einzuhalten, muß der Lenkeinschlag bei höheren Geschwindigkeiten zurückgenommen werden. Das kann in extremen Fällen so weit gehen, daß man in einer Linkskurve die Lenkung nach rechts einschlagen muß und umgekehrt. Ohne die Regelfunktion des Fahrers sind übersteuernde Fahrzeuge bei höheren Geschwindigkeiten nicht zu beherrschen. Das Verhalten übersteuernder Fahrzeuge an sich ist instabil.

Betrachtet man die sich infolge Kurvenfahrt nach Gl. (1.3c)

$$F_F = m_F \cdot \frac{v^2}{R}$$

aufbauende Fliehkraft als Störgröße, die das Fahrzeug aus dem Kurs herausdrük-
ken kann, dann wird durch die Übersteuerung der Radius R kleiner, so daß sich F_F
weiter verstärkt. Ohne die der Verkleinerung des Kurvenradius entgegenwirkende
Lenkreaktion würde sich die Fliehkraft immer weiter aufschaukeln, bis das
Fahrzeug ausbricht. Wie die Gleichung weiterhin zeigt, wirkt die Geschwindigkeit
sehr stark auf die Fliehkraft, so daß man durch Minderung der Geschwindigkeit im
Verlauf der Kurve ihr auch entgegenwirken kann.

Eine weitere Wirkung des Schräglaufwinkels an den Reifen kann man beim
übersteuernden Fahrzeug besonders deutlich wahrnehmen. Der Mittelpunkt der
Bahnkurve verschiebt sich mit zunehmendem Schräglaufwinkel immer weiter nach
vorn und von der verlängerten Hinterachse weg. Dadurch rückt die Spur der
Hinterachse immer näher an die Spur der Vorderachse heran, und im Extremfall
kann die Spur der Hinterachse sogar außerhalb der Spur der Vorderachse liegen,
d.h., der sich mit der Hinterachse bewegende Teil der Fahrzeugmasse bewegt sich
auf einer Kreisbahn mit einem größeren Radius als der der Vorderachse. Sieht
man das Fahrzeug als aus diesen zwei Teilmassen über den Achsen bestehend (im
Abschnitt 3. „Federung und Dämpfung" wird die Aufteilung auf zwei über der
Achse angenommene Teilmassen ebenfalls angewendet werden), so erkennt man
daraus einen der Fahrzeuginstabilität entgegenwirkenden Effekt, denn mit
zunehmendem Radius an der Hinterachse nimmt die auf diese Teilmasse wirkende
Fliehkraft ab.

In allen Fahrsituationen der Kurvenfahrt und des Übergangs zwischen Kurvenfahrt und Gerade wirkt sich die Steuerungstendenz aus. Es soll, bezogen auf die
Steuerungstendenz des Fahrzeugs, da es besonders vorteilhaft ist, immer der
Winkel an den Achsen zwischen Fahrzeuglage und Bewegungsrichtung als die
verursachende Größe angesehen werden. Die Summe aus Verdrehung der
Radebene und Schräglauf an den Rädern ist bestimmend für die Steuerungstendenz.

Aus diesem Grund läßt sich ein erweitertes Stabilitätskriterium, bei dem die
Verdrehwinkel der Radebene β und ξ berücksichtigt sind, angeben:

$$\alpha_v - \beta_v^* - k \cdot \xi_v^* > \alpha_h - \beta_h^* - k \cdot \xi_h^* \qquad \text{untersteuernd,} \qquad\qquad (1.14c)$$

$$\alpha_v - \beta_v^* - k \cdot \xi_v^* = \alpha_h - \beta_h^* - k \cdot \xi_h^* \qquad \text{neutral,} \qquad\qquad (1.14d)$$

$$\alpha_v - \beta_v^* - k \cdot \xi_v^* < \alpha_h - \beta_h^* - k \cdot \xi_h^* \qquad \text{übersteuernd;} \qquad\qquad (1.14e)$$

$\alpha_{v,h}$ aus den Schräglaufwinkeln der beiden Rädern resultierender Schräg-
            laufwinkel der Achse (v Vorderachse, h Hinterachse),

$\beta_{v,h}^*$ aus den Lenkwinkeln an den beiden Rädern infolge der Kurvenfahrt
            resultierender Lenkwinkel der Achse (z.B. Rollsteuereffekt oder
            Verdrehung der Radebene infolge Seiten- oder Umfangskräften und
            Elastizitäten),

$\xi^*_{v,h}$ aus dem Sturz der beiden Räder infolge Kurvenfahrt resultierender Sturzwinkel der Achse (hier wird der Sturzwinkel zwischen Rad und Fahrbahnebene wirksam),

k Faktor, mit dem der Sturzwinkel multipliziert werden muß, damit eine dem Schräglaufwinkel in Grad äquivalente Seitenkraft entsteht.

Die Vorzeichen für β^* und ξ^* sind so definiert, daß sie positiv sind, wenn sie dem Schräglaufwinkel entgegenwirken, also $+\beta^*$, wenn die Räder vorn nach kurveninnen gerichtet sind, und $+\xi^*$, wenn die Räder oben nach kurveninnen geneigt sind.

In diesen Beziehungen (1.14c) bis (1.14e) stehen > für untersteuernd, = für neutral steuernd. Alle Maßnahmen, die den Zahlenwert der linken Seite erhöhen und der rechten Seite mindern, vergrößern die Untersteuerungstendenz. Dazu zwei Beispiele:

1. Bei der Pendelachse ergibt sich infolge der Rollneigung eine Sturzänderung zur Fahrbahnebene nach kurveninnen. Durch den Faktor k, der z.B. zwischen 0,1

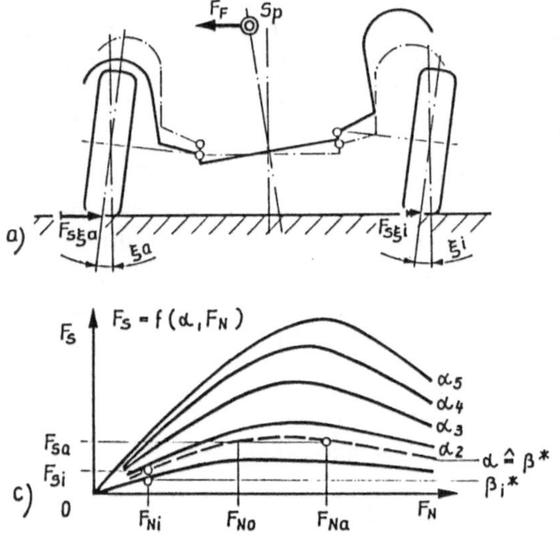

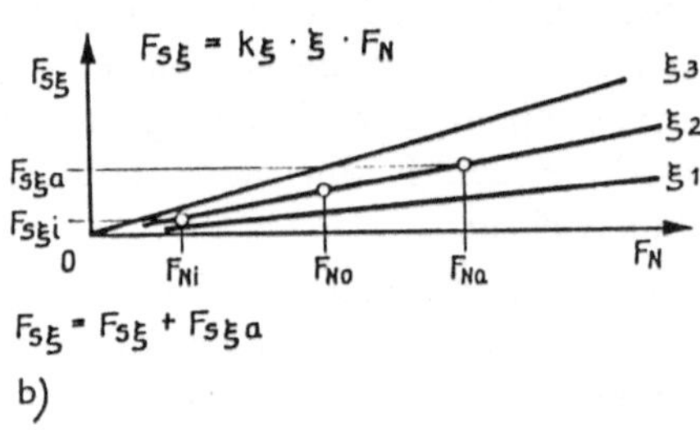

Bild 1.21
Bildung der Sturzseitenkraft bei der Pendelachse (trifft prinzipiell auch bei Schrägpendelachsen zu).
Es soll angenommen werden, daß die nicht durch Seitenkräfte und Fahrbahnunebenheiten gestörten Räder ohne Sturz abrollen $\xi_0 = 0$.

a) Bei der Kurvenfahrt neigt sich der Fahrzeugaufbau nach außen, und die Räder rollen unter Sturz zur Fahrbahn. Dadurch treten Sturzseitenkräfte $F_{S\xi a}$ am kurvenäußeren Rad und $F_{S\xi i}$ am kurveninneren Rad auf, die sich zur Sturzseitenkraft $F_{S\xi}$ der Achse addieren.
b) Wie im Abschnitt 4. „Räder und Reifen" noch nachgewiesen wird, kann man für den Zusammenhang zwischen Radlast, Sturz und Sturzseitenkraft proportiale Abhängigkeit annehmen. Es gilt Gl. (4.2):

$$F_{S\xi} = K_\xi \cdot \xi \cdot F_N \cdots; \quad K_\xi \text{ Konstante.}$$

Da gleicher Sturz an beiden Rädern angenommen wurde, lassen sich für das kurveninnere Rad mit der Radlast F_{Ni} und für das kurvenäußere Rad F_{Na} die Sturzseitenkräfte $F_{S\xi i}$ und $F_{S\xi a}$ und beide auf einer Geraden für ξ_2 ablesen. Bemerkenswert ist, daß sich in diesem Falle die Sturzseitenkräfte proportional zu den Radlasten verhalten!
c) Im Gegensatz zum Sturz stellt sich beim Reifenschräglauf und der Bedingung des gleichen Schräglaufwinkels α am kurveninneren und kurvenäußeren Rad keine der Radlast proportionale Seitenkraft ein. Ihr gegenüber ist die Seitenkraft F_{Si} am kurveninneren Rad höher

und 0,2 liegen kann, ist die Wirkung gegenüber dem Lenkwinkel β zwar relativ gering, aber auch dieser Sturzeinfluß wirkt in Richtung untersteuernd, wenn es sich um die Hinterachse handelt. Wie sich die Sturzseitenkraft bildet, wird auf Bild 1.21 abgeleitet. Auf den Bildern 1.22 und 1.23 zeigt sich der Einfluß des Ausgangssturzes.

2. Der Rollsteuereffekt nach Bild 2.13 bewirkt einen positiven Lenkwinkel an der Hinterachse $+\beta_h^*$, womit sich der Zahlenwert für $\alpha_h - \beta_h^* - k \cdot \xi_h^*$ verkleinert.

Wie der Rollsteuereffekt an einer Vorderachse einfach realisiert werden kann, zeigt Bild 1.24. Eine eingehendere Beschreibung folgt im Abschnitt 1.2.2.2.

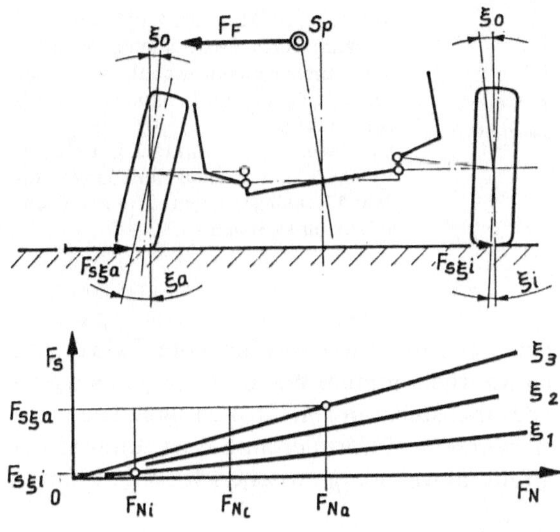

Bild 1.22

Bei dieser Pendelachse soll in der Ausgangsstellung negativer Sturz ξ_0 angenommen werden. Bei Seitenneigung des Aufbaus wird das kurvenäußere Rad besonders seitenkraftwirksam. $F_{S\xi a}$ liegt auf der Geraden ξ_3, während sowohl infolge F_{Ni} als auch ξ_1 die Sturzseitenkraft am kurveninneren Rad sehr klein wird. Da sich bei der Schräglaufseitenkraft das kurvenäußere Rad, bezogen auf seine erhöhte Radlast, häufig zu gering an der Seitenkraftaufnahme beteiligt (Bild 1.21c), ist dadurch eine Verbesserung des η_G zu erreichen

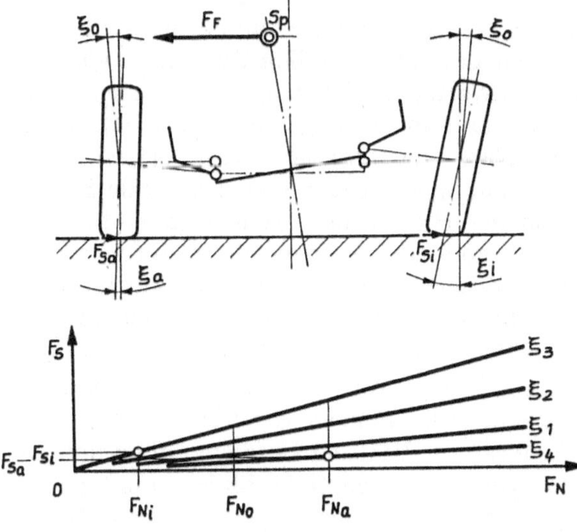

Bild 1.23

Bei dieser Pendelachse soll in der Ausgangsstellung positiver Sturz ξ_0 angenommen werden. Bei Rollneigung des Aufbaus werden dadurch an beiden Rädern wenig Seitenkräfte wirksam: Am kurvenäußeren Rad wegen des geringeren Sturzes und am kurveninneren wegen der geringen Radlast. Die Summe der Sturzseitenkräfte ist deutlich kleiner und kann sogar negativ werden. Bei dieser Wirkung von einer Hinterachse aus wäre der Effekt übersteuernd. Außerdem wird η_G bei positivem Ausgangssturz verschlechtert

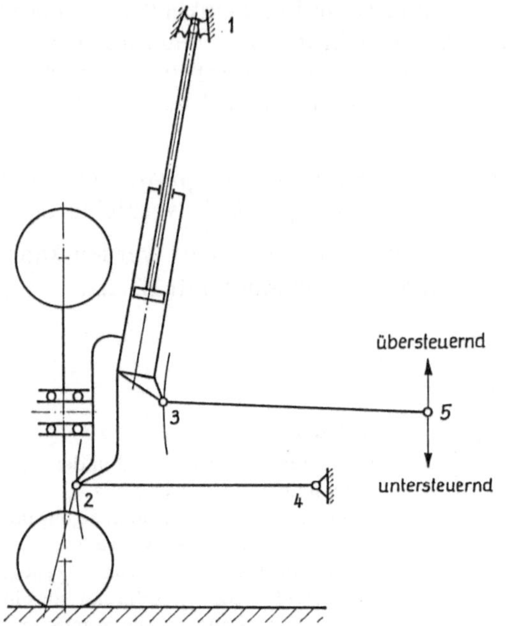

Bild 1.24
Rollsteuereffekt an der lenkbaren Vorderachse durch Verschiebung des inneren Spurstangenanlenkpunktes (bei vor der Achse liegender Lenkung dreht sich der Effekt um).
1 Federbeinlagerpunkt; 2 Lenklager, außen; 3 Spurstangenanlenkpunkt, außen; 4 Lenklager, innen 5 Spurstangenanlenkpunkt, innen

Sowohl der Rollsteuereffekt als auch der Sturzeffekt werden vom Fahrer nur mittelbar über die Fahrzeugbewegung wahrgenommen. Wie bereits oben angegeben, wird dem Fahrer das Gieren am deutlichsten von den Größen signalisiert, die ihn über die Richtungsänderung des Fahrzeugs informieren. Sie ist unmittelbar abhängig von der Differenz der Richtungsabweichung zwischen vorn und hinten und vom Radstand.

Besonders in der englischsprachigen Fachliteratur wird häufig, von einer neutralen Steuerungshochachse ausgehend, der Einfluß der verschiedenen Störungen bewertet. Die neutrale Steuerungshochachse wird durch die Summe der Lenk- und Schräglaufeigenschaften an den Achsen bestimmt. Greifen Störungen vor der neutralen Steuerungshochachse an, so antwortet das Fahrzeug untersteuernd, und liegen sie dahinter, dann übersteuernd. Die Einbeziehung eines Rollsteuereffekts mindert den Aussagewert der neutralen Steuerungshochachse etwas, denn dann müßte man statt der neutralen Steuerungshochachse eine neutrale Steuerungsbahn bestimmen. Würde z.B. an der Hinterachse ein Rollsteuereffekt in Richtung untersteuernd vorhanden sein, so würde die neutrale Steuerungsbahn nach oben hinten verlaufen, denn der Rollsteuereffekt wird um so wirkungsvoller, je höher die Störkraft angreift und je mehr sich der Aufbau um die Rollachse neigt.

Aufbauend auf den hier bevorzugten Kriterien nach den Gleichungen (1.14c), (1.14d) und (1.14e) sollen die Größen mit bemerkenswertem Einfluß angeführt werden. An der Vorderachse wirken alle Maßnahmen zur Vergrößerung des Schräglaufwinkels infolge einer Seitenkraft in Richtung Untersteuerung und an der Hinterachse in Richtung Übersteuerung, wobei neutrales bis leicht untersteuerndes Verhalten bei möglichst allen Belastungszuständen angestrebt wird. Dieses

Verhalten soll in Übereinstimmung mit Abschnitt 1.2.1 als Voraussetzung für den normal stabilen Fahrzustand angesehen werden.

1.2.2.2 Bauteile und Größen, die besonderen Einfluß haben

Reifen

Der Reifenschräglauf ist die dominierende der die Fahrstabilität bestimmenden Größen. Der Reifen-Schräglaufwinkel in Abhängigkeit von der Seitenkraft wird vom Reifentyp, aber auch ganz besonders vom Reifeninnendruck und von der Radlast beeinflußt. Insbesondere der Radlasteinfluß wirkt zusammen mit einigen Fahrzeugparametern auf den Schräglaufwinkel. Bei einigen Fahrzeugtypen ist im vollbeladenen Zustand für die Hinterachse ein erhöhter Reifeninnendruck vorgegeben. Dieser ist nicht nur mit der erhöhten Hinterachslast und der geforderten höheren Reifentragfähigkeit zu begründen, sondern auch mit der Minderung des Schräglaufwinkels.

Im Abschnitt 4. „Reifen" werden noch weitere Einflußgrößen, wie zur Fahrbahn geneigte Radebene = Sturz, Überlagerung einer Umfangskraft beim Antreiben und Bremsen, Radlastdifferenz zwischen kurvenäußerem und kurveninnerem Rad, dynamische Radlastschwankungen und Fahrbahnoberflächenbeschaffenheit, behandelt. Die von der Geraden als Projektion der Radebene auf die Fahrbahn abweichende Bewegungsrichtung wird immer als Schräglauf bezeichnet, unabhängig davon, welcher Fahrbahnkontakt besteht. Es kann

1. in den einzelnen Stollen zwar unterschiedliche, aber nur elastische Deformation,
2. teils elastische Deformation und teils Gleiten zwischen den einzelnen Reifenstollen und der Fahrbahn oder
3. Gleiten der gesamten Reifenaufstandsfläche

vorliegen. Der Zusammenhang zwischen Seitenkraft und Schräglaufwinkel ist für die drei Bereiche des Fahrbahnkontaktes sehr unterschiedlich. Der normal stabile Fahrzustand ist nur im ersten Bereich „elastische Deformation" voll zu gewährleisten. Im zweiten Bereich müssen an den Fahrer schon etwas höhere Forderungen gestellt werden, und im dritten Bereich müssen, wenn Gleiten an allen Rädern auftritt, noch glückliche Umstände hinzukommen (z.B. Leitplanken), um einen Unfall zu vermeiden. Der Fahrer muß sein Fahrzeug und die Eigenschaften seiner Reifen gut kennen, um z.B. auf wenig griffiger Fahrbahn zumindest den dritten Bereich zu vermeiden, indem er die Fahrspur, die maximale Geschwindigkeit der Fahrbahnbeschaffenheit anpaßt und heftige Gaswechsel- und Bremsreaktionen vermeidet.

Radaufhängung

Auf Bild 1.20c, für das übersteuernde Fahrzeug ist die Ursache der große Schräglaufwinkel an der Hinterachse. Es gibt Radaufhängungen der Hinterachse, die geeignet sind, dem durch einen entsprechenden Lenkeffekt, dem Rollsteuereffekt, entgegenzuwirken (s. Abschnitt 2.1.1.5 und Bilder 2.11, 2.12, 2.13). Er ist gut geeignet, die Fahreigenschaften in Richtung Untersteuerung zu beeinflussen. Er tritt mit der Rollneigung des Aufbaus auf.

An der Vorderachse läßt sich ein Rollsteuereffekt ebenfalls verwirklichen. Da hier ja die Räder ohnehin gelenkt sind, ist die Realisierung prinzipiell einfach. Bild 1.24 zeigt eine Vorderradaufhängung nach Mc-Pherson im Prinzip. Man konstruiert oder berechnet die Bahnkurve des äußeren Spurstangenanlenkpunktes. Den geringsten Lenkeffekt mit der Rollneigung würde man bekommen, wenn der innere Spurstangenanlenkpunkt im Mittelpunkt der Bahnkurve läge. Legte man den inneren Spurstangenanlenkpunkt etwas niedriger, so würde bei hinter der Achse liegender Lenkung beim Einfedern (kurvenäußeres Rad) ein Lenkeffekt von der Fahrzeugmitte weg und beim Ausfedern (kurveninneres Rad) zur Fahrzeugmitte hin, also beides in Richtung des Untersteuerns, erreicht. Bei dieser Auslegung ist zu beachten, daß sich beim gleichgerichteten Ein- und Ausfedern eine Vorspuränderung ergibt, so daß man einen nach beiden Richtungen vertretbaren Kompromiß wählen muß. Außerdem ist bei dieser Auslegung zu beachten, wie die Bahnkurve des Spurstangenanlenkpunktes bei eingeschlagener Lenkung sich ändert und um wieviel sich die Spreizungsachse und die Spurstange infolge der Seitenkräfte elastisch verschieben.

Damit ist gleich die zweite Lösungsmöglichkeit angeschnitten: Lenkeffekt infolge elastischer Deformation (s. Abschnitt 2.1.2 und Bilder 2.38 und 2.39). Wenn dieser Lenkeffekt von der Seitenkraft abhängig ist, so hat er den größeren Vorteil, daß er bei der Geradeausfahrt auf unebener Fahrbahn nicht wirkt, im Gegensatz zum Rollsteuereffekt, mit dem das Fahrzeug bei Geradeausfahrt auf unebener Fahrbahn Seitenkräfte als Störungen selbst erzeugt und das Fahrzeug deshalb schlingert.

Beim Lenkeffekt mittels elastischer Deformation läßt sich, wie Bild 2.39 zeigt, auch der Gütegrad der Seitenkraftverteilung verbessern. Damit wird der erste Bereich, bei dem beide Räder der Achse in der Reifenaufstandsfläche nur unter elastischen Deformationen abrollen, in Richtung höhere zulässige Geschwindigkeit erweitert. Damit bringt die Verbesserung des Gütegrades der Seitenkraftverteilung sowohl geringeren Reifenverschleiß als auch Verbesserung der Fahrstabilität.

Ein indirekter Lenkeffekt mittels Radaufhängung kann durch die Sturzänderung beim Ein- und Ausfedern erzielt werden. Auch beim unter Sturz rollenden Rad tritt eine Seitenkraft auf. Besonders bei Pendel- und Schrägpendelachsen ist dieser Beitrag bemerkenswert. Wie die Bilder 1.21 bis 1.23 zeigen, entsteht ein Untersteuereffekt, der aber bei diesen Achsen mit einer großen Spurweitenänderung beim Ein- und Ausfedern verbunden ist. Außerdem wird wie bei der Vorspuränderung auf unebener Fahrbahn bei Geradeausfahrt Schlingern erzeugt. Aus diesen Gründen geht die Anwendung der Pendelachsen zurück, und nur die in der Nähe der Längslenkerachsen einzuordnenden Schrägpendelachsen stellen noch einen vertretbaren Kompromiß hinsichtlich Kinematik der Achse unter besonderer Berücksichtigung der Fahrstabilität dar.

Ein weiterer indirekter Einfluß auf den Reifen-Schräglaufwinkel resultiert aus dem Rollzentrum in Verbindung mit der dynamischen Radlast. Hohes Rollzentrum bedeutet: hohes von dieser Achse abzustützendes Moment gegen die Rollneigung und große Radlastdifferenz. Wie aber die Reifenkennlinien zeigen, ist das mit größerem Schräglauf verbunden. Das hohe Rollzentrum, das in den 30er Jahren als Vorteil der Pendelachse herausgestellt wurde, ist in Verbindung mit den Reifen-Schräglaufeigenschaften deshalb nicht in jedem Fall als Vorteil zu werten. Die von hinten oben nach vorn unten geneigte Rollachse würde, geht man vom Einfluß des Rollzentrums auf die Steuerungstendenz aus und läßt man den Sturzänderungseinfluß unberücksichtigt, einen Beitrag in Richtung Übersteuerung darstellen.

Schwerpunktlage, Antriebsart, Radstand und Spurweite

Diese Größen, die auch als die Fahrzeugstruktur bestimmend angesehen werden, beeinflussen die Fahrstabilität entscheidend.

Die Schwerpunkthöhe sollte so klein wie möglich gehalten werden. Sie und auch die Schwerpunktabstände ändern sich im allgemeinen mit der Beladung. Die Schwerpunktabstände und in Verbindung damit die Achslasten wirken sich auf die Steuerungstendenz aus. Mit zunehmender Vorderachslastigkeit wird die Untersteuerungstendenz gefördert. Da bei den meisten Fahrzeugen mit zunehmender Beladung die Hinterachslast mehr als die Vorderachslast zunimmt, ist auch Vollbeladen hinsichtlich Fahrstabilität in den meisten Fällen der kritischste Beladungszustand.

Mit der Überlagerung der Antriebskraft vergrößern sich an dieser Achse die Schräglaufwinkel. Deshalb fördert man beim Frontantrieb mit dem Gasgeben in der Kurve auch die Untersteuerungstendenz. Bei Frontantrieb mit gleichzeitiger Vorderachslastigkeit kann eine von hinten oben nach vorn unten geneigte Rollachse zweckmäßig sein, da sie den beiden deutlich untersteuernd wirkenden Größen etwas entgegensetzt.

Der Radstand stellt den Hebelarm dar, mit dem die an den Rädern wirkenden Seitenkräfte die Momente bilden, die das Fahrzeug mit seinem Massenträgheitsmoment um die Hochachse in seiner Spur halten. In Tafel 1.14 sind von einigen Fahrzeugen die Verhältniszahlen zum Massenträgheitsmoment mit angeführt. Dieses Verhältnis hat seit dem Auftreten der Austin-Mini-Modelle eine entscheidende Vergrößerung erfahren, die mit einer Verbesserung der Fahrstabilität verbunden war.

Die größere Spurweite hat fahrdynamisch Vorteile. Die Radlastdifferenz bei Kurvenfahrt wird gemindert und die Kippgrenze erhöht. Das Verhältnis Federspur vorn zu Federspur hinten wirkt zusammen mit der Federsteife auch auf die Steuerungstendenz, denn unter Zugrundelegung eines steifen Fahrzeugaufbaus werden bei Seitenneigung die Radfederwege an der Achse mit der größeren Spurweite vergrößert. In Verbindung mit der Federsteife kann wie mit einem Stabilisator die Rollsteifigkeit erhöht und damit der Schräglaufwinkel vergrößert werden.

Federsteife

Ähnlich der auf die Radfederwege wirkenden Spurweite kann auch mit der Federsteife auf die Radlastdifferenz auf beide Räder einer Achse Einfluß genommen werden. So wird durch steifere Federn, bei Starrachsen auch durch breitere Federspur, durch den Einsatz eines Stabilisators oder durch Zusatzfedern

Tafel 1.14: Strukturbestimmende Größen einiger Fahrzeuge [1]

Fahr-zeug	Antrieb	Zu-ladung	m_{ges} kg	m_v kg	m_h kg	Last-anteil der ange-trieb. Achse %	L_v m	L_h m	L m	h_s m	Schwer-punkt-ver-hält-nis	s_v m	s_h m	Kipp-grenze $\frac{s_v + s_h}{4\,h}$	θ_z kgm^2	$\theta^* = m_v L_v^2 + m_h L_h^2$ kgm^2	θ_y kgm^2	θ_x kgm^2	$\theta^{**} = m_{ges} \cdot \frac{s^2}{4}$ kgm^2
											Massenträgheitsmomente des Gesamtfahrzeugs								
PKW-Kleinwagen	Front-triebsatz	2 Personen	755	435	320	58	0,856	1,164	2,02	0,560	0,28	1,206	1,255	1,10	830	752	632	182	286
		4 Pers. + 60 kg	953	440	513	46	1,087	0,933		0,564	0,28			1,09	1120	966	825	210	361
PKW untere Mittelklasse	Front-triebsatz	2 Personen	1059	600	459	57	1,065	1,385	2,45	0,572	0,23	1,260	1,300	1,12	1652	1561	1270	240	434
		5 Pers. + 60 kg	1315	635	680	48	1,270	1,180		0,595	0,24			1,08	2058	1971	1484	279	539
PKW untere Mittelklasse	Standard	2 Personen	1130	628	502	44	1,080	1,344	2,424	0,579	0,24	1,345	1,304	1,14	1740	1639	1303	253	496
		5 Pers. + 80 kg	1386	629	757	55	1,323	1,101		0,555	0,23			1,19	2052	2019	1514	289	608
PKW untere Mittelklasse	Heck-triebsatz	2 Personen	942	402	540	57	1,380	1,020	2,40	0,582	0,24	1,280	1,250	1,09	1458	1327	1068	188	377
		5 Personen	1150	460	690	60	1,440	0,960		0,602	0,25			1,05	1840	1590	1099	214	460
PKW untere Mittelklasse	Front-triebsatz	2 Personen	1041	596	445	57	1,040	1,400	2,44	0,556	0,23	1,310	1,310	1,18	1722	1517	1603	235	467
		5 Pers. + 60 kg	1326	637	689	48	1,268	1,172		0,591	0,24			1,09	2088	1971	1532	279	569
PKW Mittelklasse	Front-triebsatz	2 Personen	1178	656	522	56	1,190	1,493	2,683	0,537	0,20	1,342	1,292	1,23	1820	2093	1420	277	511
		5 Pers. + 60 kg	1468	710	758	48	1,388	1,295		0,536	0,20			1,23	2220	2639	1671	327	637
PKW untere Mittelklasse	Front-triebsatz	2 Personen	1036	633	403	61	0,995	1,575	2,57	0,558	0,22	1,378	1,328	1,21	1570	1626	1207	212	474
		5 Pers. + 60 kg	1322	690	632	52	1,226	1,344		0,566	0,22			1,20	1910	2179	1407	257	605
PKW Mittelklasse	Standard	2 Personen	1171	640	531	45	1,134	1,371	2,505	0,537	0,21	1,298	1,275	1,20	1855	1821	1383	255	485
		5 Pers. + 60 kg	1460	680	780	53	1,340	1,165		0,529	0,21			1,22	2240	2280	1635	300	604
PKW Mittelklasse	Front-triebsatz	2 Personen	1231	745	486	61	0,983	1,490	2,473	0,566	0,22	1,390	1,400	1,25	2100	1799	1552	312	599
		5 Pers. + 60 kg	1527	791	736	52	1,191	1,282		0,527	0,21			1,32	2490	2331	1834	359	743
PKW Kleinwagen	Front-triebsatz	2 Personen	825	494	331	60	0,893	1,332	2,225	0,552	0,25	1,280	1,295	1,17	984	981	779	194	342
		4 Pers. + 60 kg	1091	531	560	49	1,142	1,083		0,535	0,24			1,21	1275	1349	1021	236	452
PKW Kleinwagen	Front-triebsatz	2 Personen	923	552	371	60	0,973	1,447	2,42	0,563	0,23	1,290	1,240	1,12	1178	1314	898	218	369
		4 Pers. + 60 kg	1171	586	585	50	1,209	1,211		0,552	0,23			1,15	1465	1714	1100	260	468

[1] Es handelt sich um Meßergebnisse aus den Jahren 1973–1975

die Radlastdifferenz und der Schräglaufwinkel an einer Achse erhöht. Weicher wirkende Federn oder z.B. Verbundfedern und Ausgleichsfedern mindern die Radlastdifferenz.

1.2.2.3 Seitenwindstabilität

Bei der Richtungsstabilität konnte man davon ausgehen, daß alle Kräfte und Momente, die über die Räder und Reifen auf der Fahrbahn abgestützt werden müssen, im Schwerpunkt in Fliehkraftrichtung oder um die durch den Schwerpunkt gehenden Achsen angreifen. Beim Wirken einer Fliehkraft allein hatte das den Vorteil, daß sich die Seitenkräfte proportional zu den Achslasten verteilen. Bei der Windstabilität greift die Seitenwindkraftkomponente als Resultierende im Seitenwindangriffszentrum an. Das liegt nicht, wie man annehmen könnte, im Flächenschwerpunkt, sondern davor. Im Bild 1.25 ist die Druckverteilung bei Seitenwind schematisch angegeben. Infolge des sich vorn auf der windabgewandten Seite ausbildenden größeren Unterdruckgebietes liegt das Seitenwindangriffszentrum vorn und bei einzelnen Fahrzeugtypen z.B. in der Nähe der Vorderachse [1.3]. Ist der Übergang von der Vorderkante zur Seitenfläche noch stärker abgerundet, so vergrößert sich das Unterdruckgebiet, da sich die Strömung noch weiter herum anlegen kann. Das Windangriffszentrum verschiebt sich dann noch weiter nach vorn (s. Bild 1.25a). Durch Heckflossen und auch bereits bei Vollheckkarosserien (Kombi, Variant) wird dagegen das Windangriffszentrum nach hinten zum Schwerpunkt hin verschoben (s. Bild 1.25c).

Bei der Bewertung der Seitenwindstabilität ist die Betrachtung mittels neutraler Steuerungshochachse Np besonders dienlich. Würde es gelingen, das Seitenwindangriffszentrum Dp auf die neutrale Steuerungshochachse zu legen, so würde eine Seitenwindbö bei quasistatischer Betrachtung das Fahrzeug nicht drehen, sondern nur quer verschieben. Bezüglich der Lage der neutralen Steuerungshochachse gibt es zwischen Seitenwindangriffspunkt und Fliehkraftangriffspunkt (= Schwerpunkt) unterschiedliche Forderungen. Für die stabile Kreisfahrt fordert man, daß der Schwerpunkt Sp auf (neutral) oder wenig vor der neutralen Steuerungshochachse Np liegt (untersteuernd). Die Forderung der besseren Kurshaltung bei einer Seitenwindbö ist dann erfüllt, wenn das Seitenwindangriffszentrum Dp auf oder besser wenig hinter der neutralen Steuerungshochachse liegt. Das Fahrzeug würde dann nur quer wegschieben oder quer wegschieben, aber in Richtung der alten Spur zurückdrehen.

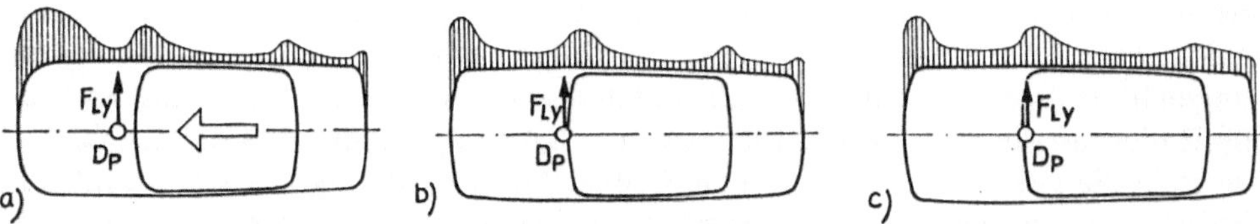

Bild 1.25 Druckverteilung am Fahrzeug bei Seitenwind an verschiedenen Karosserieausführungen.
a) Stufenheck, Ecken am Bug stark abgerundet
b) Stufenheck, Strömung reißt am Bug früher ab
c) Bug wie bei b), aber Vollheck- oder Fließheckausführung

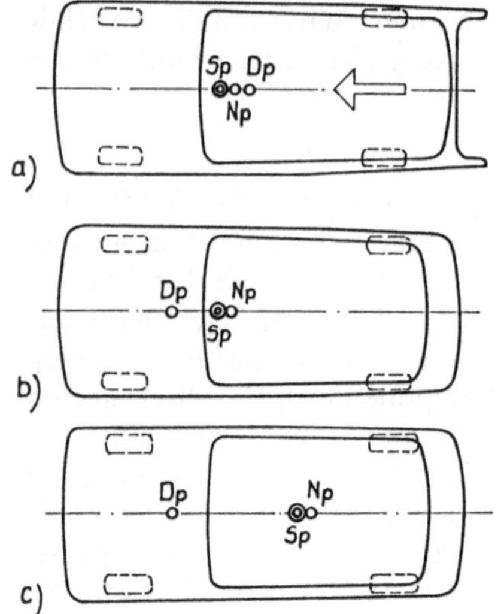

Bild 1.26
Lage von Schwerpunkt Sp, neutraler Steuerungshochachse Np und Seitenwindangriffszentrum Dp.
a) ideale Reihenfolge von Sp, Np und Dp, z.B.
    durch Heckflossen
b) kleiner Abstand zwischen Dp und Np, z.B. bei
    Frontantrieb
c) großer Abstand von Dp und Np, z.B. bei
    Hecktriebsatz.
In allen drei Fällen liegen untersteuernde Fahrzeuge vor. Die Windstabilität ist im Fall c) am
ungünstigsten, da das Fahrzeug nicht nur seitlich
wegschiebt, sondern auch zusätzlich noch weg-
dreht

Auf Bild 1.26 sind für die verschiedenen möglichen Fälle die drei Punkte
dargestellt. Es ist im Bild 1.26b und 1.26c das Seitenwindangriffszentrum *Dp* um
das gleiche Maß hinter die Vorderachse gelegt. Bei Bild 1.26b wäre das Moment
klein, das das Fahrzeug bei einer Seitenwindbö aus der Spur zu drehen versucht.
Erreicht werden können diese Verhältnisse bei einem vorderachslastigen Fahrzeug (Frontantrieb). Auf Bild 1.26c ist der Abstand *Np – Dp* wesentlich größer.
Obwohl es sich hier um ein bei Kreisfahrt untersteuerndes Fahrzeug handelt,
reagiert es wesentlich stärker abdrehend bei Seitenwind. Bekannt sind diese
Eigenschaften bei heckgetriebenen, hecklastigen Fahrzeugen.

1.2.2.4 Rutsch- und Kippgrenzen

Bei der Betrachtung der Richtungsstabilität und der Seitenwindstabilität war
davon ausgegangen worden, daß an allen Rädern bezüglich Kraftübertragung
zwischen Reifen und Fahrbahn noch Reserven vorhanden sind. Mit zunehmenden
Seiten- und Umfangskräften kann aber, insbesondere auf schlüpfriger Fahrbahn,
die Rutschgrenze erreicht werden, und das kann dann auch beim Fahrzeug mit
einem auf trockener Fahrbahn guten Fahrverhalten zu kritischen Situationen
führen. Es gilt deshalb, das gute Fahrverhalten bis zu möglichst hohen Querbeschleunigungen zu erhalten.

Die Fahrbahn hat den größten Einfluß auf die Rutschgrenze, wie die Übersicht auf
Bild 1.27 zeigt. Im normalen Fahrbetrieb werden nach [1.23] nur Querbeschleunigungen bis 0,4 g erreicht, die, bezogen auf die Gesamtmasse des Fahrzeugs und auf
alle Räder, einem mittleren Reibbeiwert $\mu = 0,4$ entsprechen. Aus diesem Grund
wurde in die Bilder 1.27 bis 1.29 eine Grenze bei $\mu = 0,4$ eingetragen. Damit soll
unterstrichen werden, daß in den Situationen, in denen $\mu = 0,4$ unterschritten wird,
der Durchschnittsfahrer von seinen normalen Fahrgewohnheiten abgehen muß.
Die dem Fahrzeug zugemuteten Querbeschleunigungen müssen herabgesetzt
werden, z.B. durch Verringerung der Geschwindigkeit. Während nach Bild 1.27

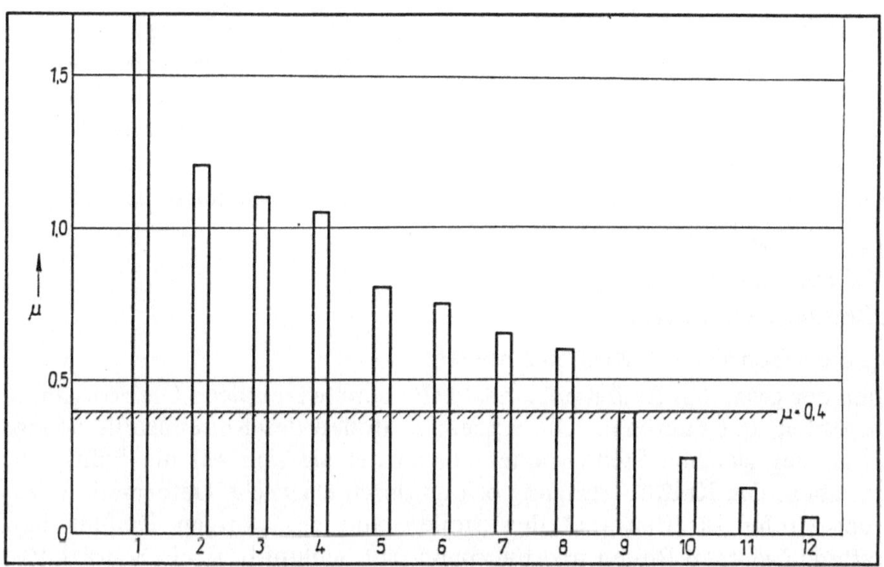

Bild 1.27 Reibbeiwerte auf unterschiedlichen Fahrbahnen.
1 Rauhasphalt; 2 Asphalt; 3 Beton; 4 Stahltrommel; 5 Pflaster; 6 Beton, naß; 7 Pflaster, naß; 8 Asphalt, naß; 9 Glatteise, bestreut; 10 Stahltrommel, phosphatiert, naß; 11 Schnee festge-, fahren; 12 Spiegeleis

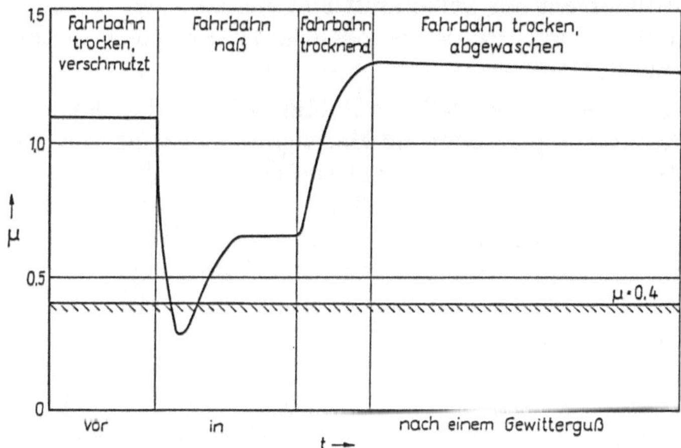

Bild 1.28 Verlauf des Reibbeiwertes vor, in und nach einem gewitterartigen Regenguß

auch nasser Asphalt noch keine Geschwindigkeitsverringerung erfordert, zeigt Bild 1.28, daß nach Beginn eines Regengusses, insbesondere nach einer längeren Trockenperiode, µ deutlich unter 0,4 absinkt. Dafür ist die durch den Regenguß abgewaschene und wieder trockene Straße besonders griffig.

So wie man sich durch geeignete Straßenbaustoffe (vor allem sind es die Zuschlagstoffe) und durch Aufbringen von Streugut im Winter bemüht, den

Reibbeiwert zu verbessern, so wurde auch bei der Weiterentwicklung der Reifen viel für die Verbesserung des Reibbeiwertes besonders auf nasser und vereister Straße getan. Nicht nur das Profil und die Laufflächenmischung wirken sich aus, sondern auch die Reifenkonstruktion, worauf im Abschnitt „Reifen und Räder" näher eingegangen wird.

Die Vorgänge in der Reifenaufstandsfläche (auch Reifenlatsch genannt) sind

vom Mikroprofil der Fahrbahnoberfläche,

von der Reifenkonstruktion und

von den Betriebsbedingungen

abhängig. Sie lassen sich in 3 Klassen einteilen:

1. Abrollen der gesamten Reifenaufstandsfläche ohne wesentliche Gleitvorgänge zwischen Reifen und Fahrbahn. Die einzelnen Stollen des Reifenprofils heben praktisch an der gleichen Stelle wieder ab, an der sie sich auf die Fahrbahn aufgelegt haben. Die Kraftübertragung erfolgt durch elastische Deformation der Stollen bei Umfangskräften und der Stollen und des übrigen Reifens bei Seitenkräften. Zwischen Reifen und Fahrbahn tritt Schlupf bzw. ein Schräglaufwinkel auf. Für diese Beanspruchungsklasse ist der Reifenverschleiß durch Abrieb gering. Auf dem Prüfstand läßt sich die Grenze für diese Beanspruchungsklasse näherungsweise dadurch finden, daß beim Messen mit zunehmendem Schräglaufwinkel bei weiter ansteigenden Seitenkräften das Rückstellmoment nicht mehr zunimmt bzw. bereits wieder abnimmt. Da das Rückstellmoment des Reifens, summiert mit dem Rückstellmoment aus Seitenkraft und Nachlauf der Vorderradaufhängung, am Lenkrad spürbar wird, ist es möglich, das Erreichen dieser Grenze auch am Lenkrad zu erfühlen.

Die 2. nächsthöhere Beanspruchungsklasse stellt die Übergangsklasse dar, d.h., die elastischen Verspannkräfte sind zu groß oder die Haftung ist zu gering, und es treten auf einem Teil der Reifenaufstandsfläche nur elastische Deformationen und auf dem anderen Teil Gleiten der deformierten Stollen auf. Auf Fahrbahnen mit geringerem Reibbeiwert muß diese Klasse unbedingt einbezogen werden. Man kann den Luftreifen schon deshalb als eine der genialsten Erfindungen in der Automobilentwicklung einordnen, weil er in dieser Beanspruchungsklasse überhaupt Kräfte sicher übertragen kann. Die Sicherheit ergibt sich daraus, daß mit zunehmendem Schräglaufwinkel die übertragbaren Seitenkräfte noch zunehmen. Trotzdem sollte man sowohl durch die Fahrzeugkonstruktion als auch durch die Fahrweise immer versuchen, Beanspruchungen in dieser Klasse zu vermeiden. Zumindest der Reifenabrieb und der Rollwiderstand erhöhen sich, und das um so mehr, je mehr man sich der 3. Klasse, dem Gleiten über der gesamten Aufstandsfläche, nähert. Theoretisch wäre die Rutschgrenze dann überschritten, wenn sie an beiden Rädern einer Achse erreicht ist. Besonders auf nasser Fahrbahn fallen die übertragbaren Kräfte ab. Wenn der Fahrer dann nicht die Fahrzeugbewegung von der zweiten Achse aus entsprechend beeinflussen kann (z.B. Abbau der Fliehkräfte durch Fahrtrichtungs- oder Geschwindigkeitsänderung), geht ihm die Kontrolle über das gesamte Fahrzeug verloren.

Die in die Reifenaufstandsfläche eingeleiteten Kräfte werden sich häufig aus Umfangs- und Seitenkräften zusammensetzen. Bei den Reifenmessungen auf dem Prüfstand ist deshalb das Schräglaufverhalten bei der Überlagerung von Umfangskräften besonders interessant. Für die Umfangskräfte allein sind die errechneten Antriebsgrenzen an einer Steigung in den Bildern 1.29 bis 1.31 dargestellt. Bild 1.29 zeigt den Einfluß der Antriebsart und der Achslastverteilung. Beim Allradantrieb und achslastproportionaler Antriebskraftverteilung ($\eta_G = 1$) entspricht der in Anspruch genommene Reibbeiwert dem Tangens der Steigung. Bei

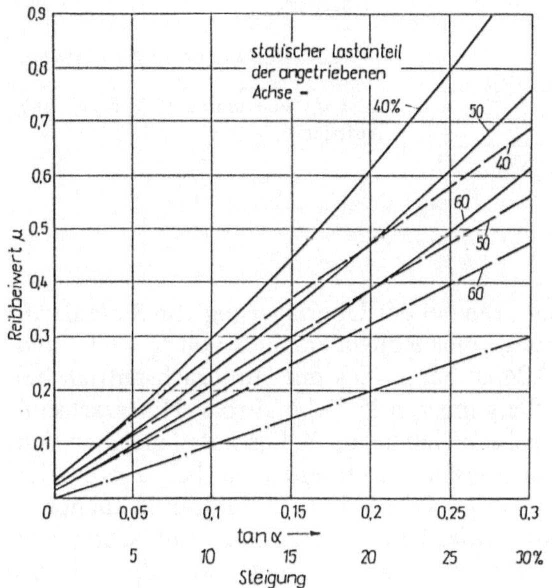

Bild 1.29

Antriebsgrenzen in Abhängigkeit von der Antriebsart und dem Lastanteil der angetriebenen Achse
— Vorderachsantrieb
– – Hinterachsantrieb
–·— Allradantrieb (Gütegrad der Antriebskraftverteilung $\eta_G = 1$)
Bedingungen: Geschwindigkeit konstant, Schwerpunkthöhenverhältnis $\dfrac{h_s}{L}$ = 0,24, Rollwiderstandsbeiwert f_R = 0,02, ohne Auftrieb

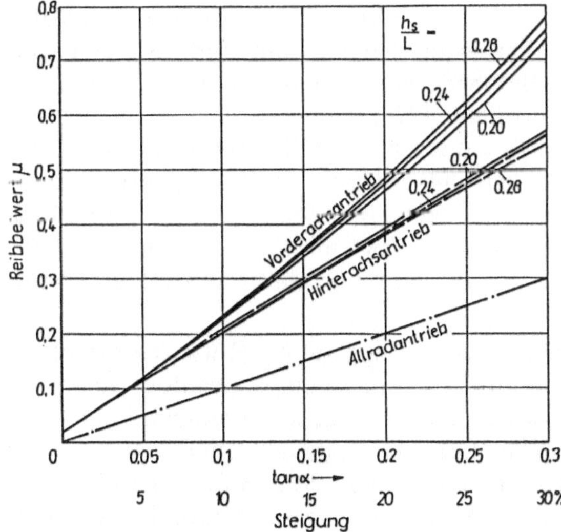

Bild 1.30

Antriebsgrenzen in Abhängigkeit vom Schwerpunktverhältnis $\dfrac{h_s}{L}$
Bedingungen: Geschwindigkeit konstant, statischer Lastanteil der angetriebenen Achse 50 %, Rollwiderstandsbeiwert f_R = 0,02, ohne Auftrieb

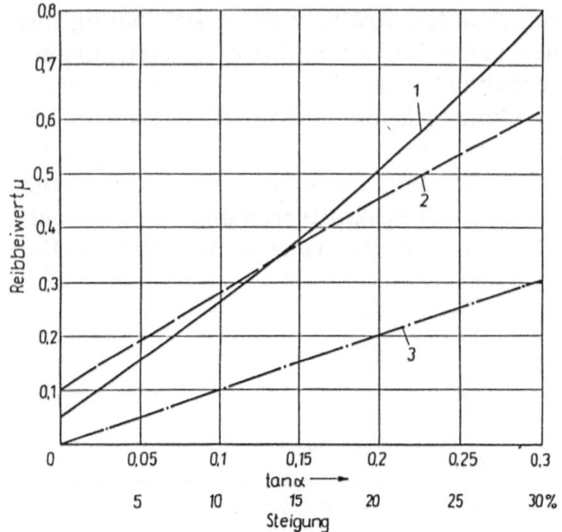

Bild 1.31
Antriebsgrenzen bei erhöhtem Roll-widerstandsbeiwert vorn
1 Vorderachsantrieb; 2 Hinterachsan-trieb; 3 Allradantrieb ($\eta_G = 1$)
Bedingungen: Geschwindigkeit konstant, statischer Lastanteil der angetriebenen Achse 50 %, Schwerpunktverhältnis

$\dfrac{h_s}{L} = 0{,}24$, Rollwiderstandsbeiwert vorn

$f_R = 0{,}1$ und hinten $f_R = 0{,}05$, ohne Auftrieb

ihm sind auch jeweils die größten Reserven bei der Überlagerung von Seitenkräften vorhanden. Unter Berücksichtigung eines Rollwiderstands von $f_R = 0{,}02$ und einem Schwerpunktverhältnis $h/l = 0{,}24$ ist bei $\mu = 0{,}4$ mit Hinterachsantrieb bei 60 % Lastanteil (statisch) noch eine Steigung von 25 % befahrbar. Hinterachsantrieb bei 50 % Lastanteil und Vorderachsantrieb bei 60 % Lastanteil gleichen sich bei $\mu = 0{,}4$ und 21 % Steigung. Mit diesen Lastanteilen ist bei $\mu < 0{,}4$ der Vorderachsantrieb überlegen. Bild 1.29 zeigt, daß für Vorderachsantrieb ein hoher Vorderachslastanteil wichtig ist. Aus Tafel 1.14 geht hervor, daß schon seit Jahrzehnten diese Forderung erfüllt wird. Bild 1.30 zeigt den Einfluß des Schwerpunktverhältnisses. Er ist zwar geringer als das Achslastverhältnis bzw. der Lastanteil der angetriebenen Achse, aber bemerkenswert, wobei die Vorteile eines großen Radstandes und eines niedrigen Schwerpunktes sich bei weiteren Einflußgrößen auf die Fahrdynamik noch deutlicher zeigen. Auf Bild 1.31 sind die Bedingungen ausgewertet, die beim Befahren einer Neuschneedecke am Berg entstehen können. Die Vorderräder müssen den Neuschnee verdichten und haben im Beispiel einen Rollwiderstand von $f_R = 0{,}1$, während die Hinterräder auf der verdichteten Schneedecke nur noch einen Rollwiderstand von $f_R = 0{,}05$ vorfinden. Hier ergeben sich schon bei 50 % Lastanteil der angetriebenen Achse bis 12,5 % Steigung Vorteile für den Frontantrieb. Die Vorteile sind der geringere in Anspruch genommene Reibbeiwert durch die Umfangskräfte und die größeren Reserven zur Aufnahme von Seitenkräften.

Den Einfluß des Gütegrades der Seitenkraftverteilung auf die Rutschgrenze kann man sich anhand des Bildes 1.32 verdeutlichen. Bei einem schlechten Gütegrad wird an der Achse an einem Rad, es wird allgemein das kurveninnere Rad sein, vorzeitig die Rutschgrenze erreicht. Wie Bild 1.32 zeigt, fällt aber damit μ vom Haftbeiwert μ_h auf den Gleitbeiwert μ_g ab, und die von diesem Rad übertragbare Seitenkraft sinkt. Nach Bild 1.32b ist besonders auf nasser Fahrbahn und bei

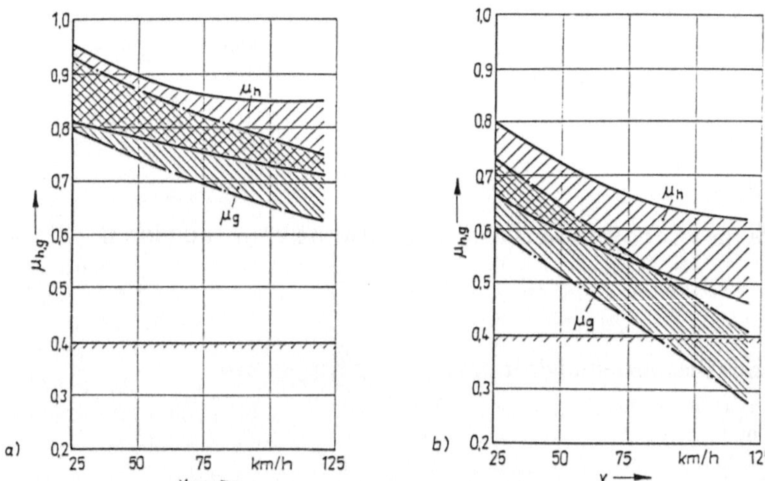

Bild 1.32 Unterschiede zwischen Haftbeiwert μ_h und Gleitbeiwert μ_g auf Zementbeton (nach Messungen der TU Braunschweig [1.3]
a) auf trockener Fahrbahn; b) auf nasser Fahrbahn

mittleren bis höheren Geschwindigkeiten der Abfall bemerkenswert. In [1.3] sind auch noch Diagramme für Asphalt angegeben, bei denen der Reibbeiwertabfall beim Übergang auf Gleitreibung in ähnlicher Größenordnung liegt.

Für die Fahrstabilität beim Übergang zur Rutschgrenze ist die Seitenführung an der Hinterachse besonders wichtig. Bricht die Hinterachse zuerst aus, dann wird damit eine sehr kritische Situation erreicht, die nur durch schnelles „Herauslenken" aus der Kurve gemeistert werden kann. Bricht die Vorderachse zuerst aus, dann hilft sich das Fahrzeug gewissermaßen von selbst, da sich der Fahrbahnradius vergrößert und die Querbeschleunigung abgebaut wird. Das kurvenäußere Hinterrad bekommt infolge der großen an ihr wirkenden Radlast deshalb besonders große Bedeutung für die Spurhaltung in der Kurve. Der geforderte hohe Gütegrad der Seitenkraftverteilung soll helfen, daß sich das kurveninnere Hinterrad angemessen an der Seitenkraftaufnahme beteiligt und damit das kurvenäußere Rad so gut wie möglich unterstützt.

Während für die Rutschgrenze die niedrigen μ-Werte interessieren, sind es in Verbindung mit der Kippgrenze die hohen. In älteren Fachbüchern wurde die Forderung erhoben, daß ein Fahrzeug auf ebener Fahrbahn die Rutschgrenze vor der Kippgrenze erreichen soll. Sie ist für große μ-Werte nicht aufrechtzuerhalten.

Aus der im Abschnitt 2.1.1.2 abgeleiteten Gleichung (2.18) für die Kippgrenze

$$\frac{F_G}{2} = \frac{F_S \cdot h_s}{s}$$

und Gl. (2.20a)

$$\mu \cdot F_G = F_S \quad \text{oder} \quad \mu = \frac{F_S}{F_G}, \quad \text{wird}$$

$$1/2 = \mu \, \frac{h_{\bar{s}}}{s} \rightarrow \frac{s}{2 \, h_{\bar{s}}} = \mu \, .$$

In Tafel 1.14 wurde für s der Mittelwert aus der Spurweite vorn und hinten

$$s = \frac{s_v + s_h}{2}$$

eingesetzt, so daß sich die Beziehung für das μ an der Kippgrenze

$$\mu_{Kipp} = \frac{s_v + s_h}{4 \, h_s}$$

ergibt. Der so errechnete in Anspruch genommene Reibbeiwert an der Kippgrenze
ist in Tafel 1.14 angegeben. Die elastische Verschiebung des Radaufstandspunktes
und die Schwerpunktverlagerung infolge Rollneigung sind hier nicht berücksichtigt, demzufolge wird auf ebener Fahrbahn die praktische Kippgrenze schon bei
niedrigeren Reibbeiwerten erreicht, und noch kritischer ist es bei nach außen
geneigter Fahrbahn, wie Bild 1.33 zeigt.

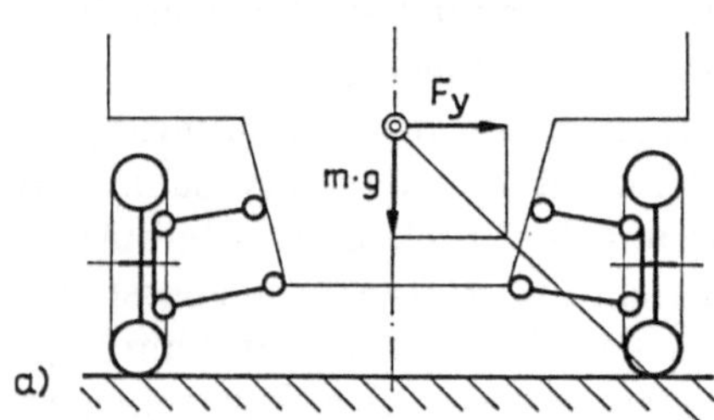

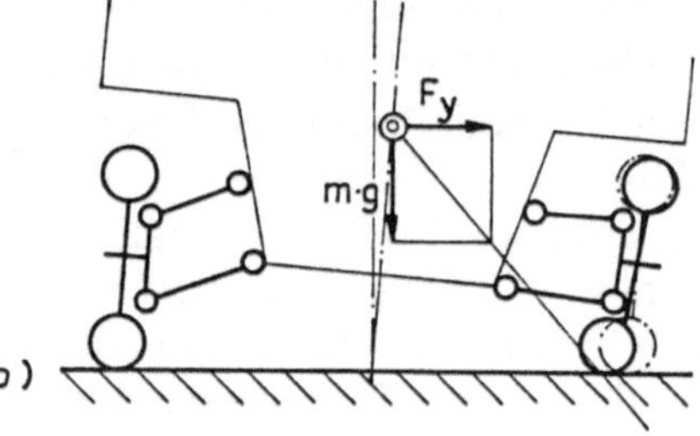

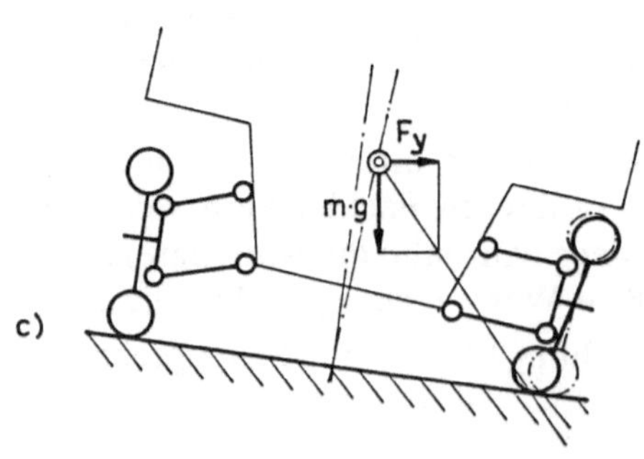

Bild 1.33
Einflüsse der zulässigen Querkraft F_y im Schwerpunkt auf die Kippgrenze, $F_y = F_s$
a) ohne Schwerpunktverschiebung und elastische
   Deformation (entsprechend

$$\frac{s_v + s_h}{4h}$$

   auf Tafel 1.14)
b) mit Schwerpunktverlagerung und elastischer
   Deformation
c) entsprechend b) auf nach außen geneigter Fahrbahn
   Die Kippgrenze wird mit

$$\mu = \frac{F_S}{m \cdot g}$$

bei:
a) $\mu = 1{,}0$; b) $\mu = 0{,}88$; c) $\mu = 0{,}59$ erreicht

1.2.2.5 Sonderfälle der Fahrstabilität

Die Einflußgrößen auf die Fahrstabilität lassen sich in folgende Gruppen einteilen:
1. Gruppe: Strukturbestimmende Größen, wie Antriebsart, Masse, Massenverteilung, Radstand, Spurweite, Schwerpunkthöhe, Trägheitsmomente um die drei Achsen. In Tafel 1.14 wurden einige bezogene Größen mit aufgenommen, wie Lastanteil der angetriebenen Achse, Schwerpunktverhältnis (es ist das Verhältnis Schwerpunkthöhe zu Radstand) und Kippgrenze (Verhältnis mittlere halbe Spurweite zu Schwerpunkthöhe). Die Wirkung dieser Größen wurde im Zusammenhang mit den Bildern 1.29, 1.30, 1.31 und 1.33 behandelt. Weiter wurde im Vergleich zum Trägheitsmoment um die z-Achse Θ_z und um die y-Achse Θ_y

$$m_{\mathrm{v}} \cdot L_{\mathrm{v}}^2 + m_{\mathrm{h}} \cdot L_{\mathrm{h}}^2 = \Theta^* \tag{1.17}$$

berechnet. Wäre das Trägheitsmoment Θ_z gerade so groß wie Θ^*, dann könnte man die Fahrzeugbewegung als Bewegung zweier gerade über den Achsen befindlicher Massen betrachten und die Achsen theoretisch entkoppeln. Seitliche Störungen an einer Achse hätten theoretisch keine Auswirkungen auf die zweite Achse. Ist $\Theta^* > \Theta_z$, das wird durch Vergrößerung des Radstandes unter Beibehaltung der Verteilung der sonstigen Massen erreicht, so ist dies mit einer Verlängerung des Hebelarms zu vergleichen, mit dem die Führungskraft der Räder am System Fahrzeug angreift. Dadurch ist die Radstandsvergrößerung eine die Fahrstabilität fördernde Maßnahme. Im Zusammenhang mit der Bedeutung der Spurhaltung der Hinterachse ist es wichtig, daß insbesondere die Hinterachse so weit wie möglich nach hinten kommt. Umgekehrt treten bei allen Fahrzeugen, bei denen es hinsichtlich der Fahrstabilität noch kritische Beladungszustände gibt, diese dann auf, wenn sich die Zuladung im Heck anhäuft.

Die weit nach hinten verlegte Hinterachse hat bei Anhängerbetrieb den weiteren großen Vorteil, daß der Abstand zwischen Hinterachse und Kupplungspunkt für den Anhänger klein wird. Die Verkleinerung dieses Abstandes ist eine wirksame und sichere Maßnahme, um die Fahrstabilität im Anhängerbetrieb zu verbessern.

Im Vergleich zum Trägheitsmoment um die x-Achse Θ_x wurde aus

$$\theta^{**} = m_{\mathrm{ges}} \left[\frac{s_{\mathrm{v}} + s_{\mathrm{h}}}{4} \right]^2 \tag{1.18}$$

ein Vergleichsträgheitsmoment errechnet, bei dem sich die halben Fahrzeugmassen im Abstand der mittleren Spurweite voneinander befänden. Der Trägheitsradius wäre die halbe mittlere Spurweite. Hier ist Θ_x in allen Fällen wesentlich kleiner. $\Theta^{**} > \Theta_x$ bedeutet hier, daß dynamisch geringere Radlastunterschiede auftreten, die Federn weicher ausgelegt werden können und die Fahrzeugquerneigung sich schneller der Fahrbahnquerneigung anpaßt. Hier wurde zwar eine mittlere Spurweite eingesetzt, aber der Unterschied der Spurweiten wirkt wie alle anderen Maßnahmen, die einen Unterschied der Rollsteifigkeit der beiden Achsen hervorrufen, auf die Schräglaufwinkel. Damit ergeben sich die Einflußgrößen der
2. Gruppe: Schräglaufwinkel der Reifen. Der Schräglaufwinkel der Reifen ist abhängig von den Seitenkräften, den Radlasten, einigen reifenspezifischen

Größen, wie Reifeninnendruck, Reifenkonstruktion und Profilzustand, sowie der schon erwähnten Überlagerung einer Umfangskraft. Die Schräglaufeigenschaften der Reifen bilden einen wesentlichen Bestandteil des Abschnittes „Reifen und Räder.":

3. Gruppe: Elastokinematik der Achsen. Hierzu sind alle Einflußgrößen zu rechnen, die die Stellung der Radebene gegenüber dem Fahrzeug und der Fahrbahn beeinflussen. Allgemeine Beachtung finden seit Jahren die Sturz-, Vorspur- und Nachlaufänderung über den Federweg. Da beim Rollen infolge Kurvenfahrt das kurvenäußere Rad ein- und das kurveninnere Rad ausfedert, läßt sich über die Vorspur- und Sturzänderung der Rollsteuereffekt erzielen. Eleganter sind die Lösungen mittels elastischer Deformation bei Seitenkräften, da sie bei Geradeausfahrt auf unebener Fahrbahn nicht so wie die Radaufhängungskinematik den Geradeauslauf stören. Die Sonderfälle der Fahrstablität ergeben sich aus der

4. Gruppe: Auf das Fahrzeug wirkende Störungen. Während die Richtungsänderung und die daraus resultierenden Trägheitskräfte sowie die Windkraft zu den ständig wiederkehrenden Störungen gehören, sind noch folgende havarieartige Sonderfälle denkbar: Änderung der Kraftübertragung am Rad wie große Unterschiede im Bremsmoment (μ-Split) oder im Rollwiderstand zwischen den beiden Rädern einer Achse, Abfall der Seitenkraftaufnahme durch Luftverlust im Reifen, Änderungen am Fahrzeug, z.B. plötzliche Masseverlagerung, Versagen der Lenkung, Berührungskontakt mit anderen Fahrzeugen oder Gegenständen. In Tafel 1.15 sind diese Sonderfälle angegeben mit der möglicherweise günstigsten Reaktion des Fahrers. Das Ziel wird in den meisten Fällen sein, das Fahrzeug an der geeigneten oder gerade noch möglichen Stelle zum Halten zu bringen.

1.3 Fahrzeugschwingungen

Das Fahrzeug ist ein schwingungstechnisch kompliziertes Gebilde, bei dem Massen unterschiedlicher Größe durch elastische Glieder wie Federn, Lager und Streben teils mit Eigendämpfung und teils durch gesonderte parallel zu den Federn angeordnete Dämpfer miteinander verbunden sind. Auch an Schwingungserregern ist kein Mangel. Die Unebenheiten der Fahrbahn, die niemals ganz zu vermeidenden Unwuchten der rotierenden Teile, die Ungleichförmigkeit des Antriebsmoments des Motors, die Ungleichförmigkeit der Reifenfedersteife über den Radumfang und die Längskräfte beim Beschleunigen und Bremsen sind die wichtigsten Quellen der Schwingungserregung. Im Zusammenhang mit dem Fahrzeug-Fahrwerk stehen folgende schwingungsfähige Systeme im Vordergrund (Bild 1.34):

– Aufbaufederung mit Aufbaumasse,

– Reifenfederung und Aufbaufederung mit Achsmasse,

– Sitzfederung mit Insassen.

Das Gesamtfahrzeug wird weiterhin stark beeinflußt vom System

– Aufhängung des Antriebsaggregats als Feder mit Antriebsaggregat als sich selbsterregende Masse und bei Nutzfahrzeugen die Fahrerhausfederung mit dem Fahrerhaus.

Tafel 1.15: Sonderfälle der Fahrstabilität infolge haverierartiger Störungen

Störung	Die Fahrstabilität mindernde Veränderung	Ziel der Fahrerreaktion	Wahrscheinlich richtige Fahrerreaktion
Abweichende Umfangskräfte an der Vorderachse beim Bremsen	Von der Vorderachse ausgehendes Giermoment	Erhalten der Führungseigenschaften der Hinterachse	Extreme Bremsung vermeiden, inbesondere bei Bergabfahrt
Abweichende Umfangskräfte an der Hinterachse beim Bremsen	Von der Hinterachse ausgehendes Giermoment	Erhalten der Führungseigenschaften der Hinterachse	Beim Bremsen so lenken, daß das Rad mit den größeren Umfangskräften nicht zum kurvenäußeren Hinterrad wird
Luftverlust an einem Vorderrad	Beeinträchtigte Lenkreaktion	Anhalten des Fahrzeuges ohne größere Normal- und Seitenkräfte auf das defekte Vorderrad [1]	Leichtes Abbremsen möglicherweise mit mehr oder weniger großem Lenkeinschlag zum defekten Rad hin
Luftverlust an einem Hinterrad	Richtungsstabilität besonders stark eingeschränkt	Anhalten des Fahrzeugs ohne Seitenkräfte auf das defekte Hinterrad	Leichtes Abbremsen mit mehr oder weniger großem Lenkeinschlag zum defekten Rad hin
Plötzliche Masseverlagerung	Änderung der Richtungs- und Windstabilität	Anhalten unter Erhaltung der Führungseigenschaften der Achsen, insbesondere der Hinterräder	Leichtes Abbremsen möglicherweise mit Lenkeinschlag durch den die entstehende Fliehkraft der Masseverlagerung entgegengewirkt wird
Versagen der Lenkung	Kontrolle über Fahrtrichtung geht verloren	Führungswirkung der Vorderachse aufheben	Extreme Bremsung, bei der zumindest die Vorderräder blockieren
Berührungskontakt mit anderem Fahrzeug	Fahrzeugbewegung wird vom berührten Fahrzeug bestimmt	Mit berührtem Fahrzeug zum Stillstand kommen oder lösen und anhalten	Leichte Bremsung, maßvolle Lenkreaktion vom berührten Fahrzeug weg
Berührungskontakt mit anderem Fahrzeug von etwa gleicher Masse	Fahrzeugbewegung wird von beiden Fahrzeugen bestimmt	Berührungskontakt lösen, ohne sich oder andere zu gefährden	Maßvolle Lenkreaktion vom berührten Fahrzeug weg mit oder ohne Bremsung
Berührungskontakt mit anderem Fahrzeug von geringerer Masse	Fahrzeugbewegung ähnlich der bei Masseverlagerung	Anhalten unter Erhaltung der Führungseigenschaften der Achsen insbesondere der Hinterachse	Leichte Abbremsung möglicherweise mit vorsichtigem Lenkeinschlag
Berührungskontakt mit Leitplanke	Fahrtrichtung wird durch Leitplanke bestimmt	Anhalten mit oder ohne berührende Leitplanke	Stoppbremsung, kleine Lenkreaktionen von der Leitplanke weg

[1] Lenkkräften nicht nachgeben

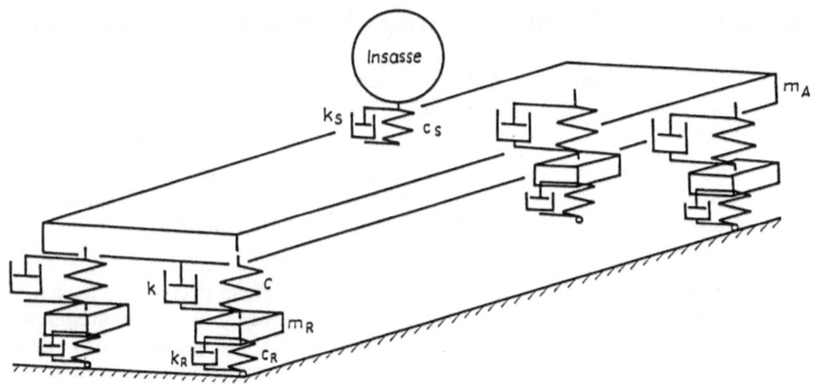

Bild 1.34 Die wichtigsten schwingungsfähigen Systeme des Fahrwerks

c_S	Sitzfederung;	c	Aufbaufederung;
m_R	mit dem Rad verbundene Masse;	k_R	Reifendämpfung;
m_A	Aufbaumasse;	k	Aufbaudämpfung;
c_R	Reifenfederung;	k_s	Sitzdämpfung

Schwingungsfähig sind am Fahrzeug aber noch weitere Glieder. Als Beispiele seien genannt: gegenüber dem Aufbau elastisch gelagerte Hilfsrahmen, elastisch gelagerte Lenkung, Elastizität in der Lenkung selbst, Eigenelastizität im Aufbau und an allen ebenen massebehafteten Flächen, massebehaftete Teile gegenüber dem Aufbau je nach Steifigkeit ihrer Befestigung, wie Kühler, Batterie, Auspuffanlage und Reserverad. Durch elastische Befestigung dieser Teile wird nicht nur deren Beanspruchung gemindert, sondern es wird auch noch ein Tilgereffekt erreicht. Dieser Tilgereffekt bietet sich bei Teilen wie dem Reserverad geradezu an, da die Masse ohnehin mitgeführt werde muß und ihr Resonanzschwingungen nicht schaden können. Zusätzliche Tilgermassen am Radträger, wie sie vorübergehend an einigen französischen PKW zu sehen waren, haben sich wegen der zusätzlichen und nur zu diesem Zweck vorhandenen Masse nicht allgemein eingeführt.

1.3.1 Eigenfrequenzen

Die allgemeine Lage der Eigenfrequenzen der wesentlichen Masseanhäufungen ist so zu wählen, daß sie nicht mit den körpereigenen Eigenfrequenzen des Menschen übereinstimmen, damit der Fahrzeuginsasse nicht zum Schwingungstilger wird.

Die Schwingungen sollen hier aus vier Gründen interessieren:

1. Wegen ihres Einflusses auf die Radlastschwankungen und damit auf den Fahrbahnkontakt und die Fahrsicherheit

2. Wegen der Schwingungsbelastung der Insassen und/oder des Ladegutes

3. Wegen der Fahrzeug- und Fahrbahnbeanspruchung

4. Wegen der Geräuschbelastung der Insassen und der Umwelt.

Vom Fahrwerk sind die Reifenfederung und Dämpfung und die mit dem Rad verbundene Masse entscheidend für die Radlastschwankungen. Die Erregung erfolgt in erster Linie von unten stochastisch durch Fahrbahnunebenheiten. Sie wird überlagert von den Reifenkraftschwankungen infolge Reifenungleichförmigkeit über den Reifenumfang (Tire-nonuniformity) und von der Unwucht, die beide periodisch wirken. Von oben beeinflussen die Radlasten die bei wesentlich niedriger liegender Frequenz schwingende Rollneigung des Fahrzeugs, insbesondere bei Kurvenfahrt, und die Nickbewegung.

Die mit dem Rad verbundene Masse wird auch als ungefederte Masse bezeichnet. Diese Bezeichnung ist falsch, wenn die Radlastschwingungen betrachtet werden, denn dann bildet die Reifenfederung die maßgebende Feder. Bezieht man sich auf die Aufbaufederung, dann ist die Bezeichnung „ungefederte Masse" verständlich, da die Reifenfederung steifer ist als die Aufbaufederung. Trotzdem werden hier die Begriffe „mit dem Rad verbundene Masse" (Einzelradaufhängung), „Achsmasse" (Starrachsen) und Aufbaumasse sowie Reifenfederung und Aufbaufederung verwendet. Die Begriffe „ungefederte Masse" und „Achsfederung", bei denen man nicht weiß, ob die Abfederung der Achse oder die des Aufbaus bezeichnet sein soll, werden vermieden.

Nach Bild 1.35 schließen sich die Eigenfrequenzen der Achsmassen bzw. der mit dem Rad verbundenen Massen mit 9 bis 16 Hz an die Frequenzen der hörbaren Schwingungen (16 bis 20 000 Hz) nach unten an. Beim PKW liegen die Eigenfrequenzen meist in der Nähe von 10 Hz. Damit müßte sich die geräuschdämpfende

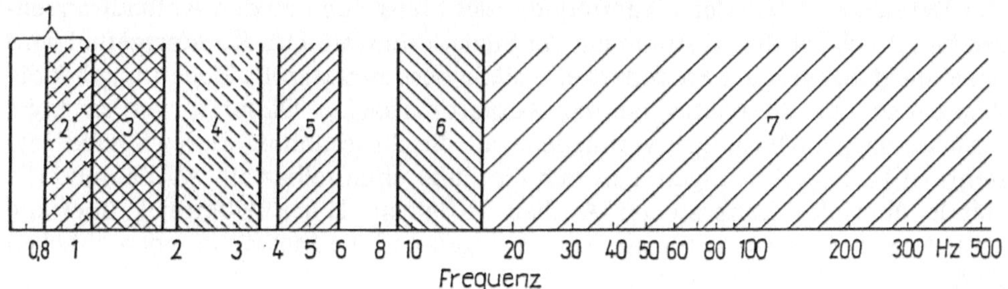

Bild 1.35 Lage der Eigenfrequenzen im log. Maßstab
1) sehr niedrig abgestimmtes System Sitz-Mensch.
   Diese niedrige Abstimmung ist nur in Sonderfällen zu empfehlen. Sie erfordert ein Sitzfedersystem, bei dem das Niveau einstellbar ist, da sonst die Unterschiede in der statischen Einfederung bei verschieden schweren Personen zu groß werden.
2) System Fahrzeugaufbau-Aufbaufederung bei der Federung mit Niveauregelung.
   Theoretisch wären diese Eigenfrequenzen auch bei Fahrzeugen mit sehr geringer zulässiger Zuladung bereits ohne Niveauregelung möglich.
3) System Fahrzeugaufbau-Aufbaufederung ohne Niveauregelung.
   Im vollbeladenen Zustand liegen die Fahrzeuge alle näher an der unteren Grenze. Bei den größeren PKW und bei Fahrzeugen mit progressiver Federkennlinie wird im allgemeinen immer eine Eigenfrequenz unter 1,4 Hz erreicht.
4) Für das System Sitz-Mensch vorgeschlagener Frequenzbereich [1.3].
5) Von den anderen Systemen zu vermeidende Eigenfrequenz des Menschen (vertikal).
6) Eigenfrequenz der Achsmasse bzw. der mit dem Rad verbundenen Masse.
   Für die meisten PKW liegt sie in der Nähe von 10 Hz.
7) Hörbare Frequenzen.
   Sie liegen im Bereich von 16 bis 20 000 Hz (Feld wurde bei 500 Hz abgebrochen)

Wirkung des Reifens begründen lassen. Wenn die Gürtelreifen auf Pflasterstraßen trommeln, dann handelt es sich um eine höherfrequente Schwingung, die vorwiegend als Körperschall von den Rädern bis in den Fahrgastraum übertragen wird.

Für die Berechnung der Eigenschwingungszahlen genügt in erster Näherung die Gleichung für die ungedämpfte harmonische Schwingung:

$$f_E = \frac{1}{2\pi} \sqrt{\frac{c}{m}} \, . \tag{1.19}$$

Da z.B. an der mit dem Rad verbundenen Masse bei Einzelradaufhängung sowohl die Reifenfeder c_R als auch die Aufbaufeder c angreifen, gilt

$$f_E = \frac{1}{2\pi} \sqrt{\frac{c_R + c}{m_R}} \, . \tag{1.19a}$$

Die Aufbaufederung ist wesentlich weicher als die Reifenfederung, und $c_R + c$ stehen unter der Wurzel. Deshalb erhöhen sich die Frequenzen der Radlastschwankungen durch den Einfluß der Aufbaufederung nur wenig.

Die Eigenschwingungen des Menschen in vertikaler Richtung werden mit 4 bis 6 Hz angegeben [1.3].

Der Bereich zwischen der Eigenfrequenz des Menschen und den Aufbaufrequenzen bietet sich für die Abstimmung der Sitzfederung an. Das Komfortgefühl wird dabei nicht nur von der Sitzfedersteife allein bestimmt. Große Bedeutung hat die Anpassung der Sitzkontur an die Körperoberfläche. Dadurch werden hohe örtliche Flächenpressungen vermieden. Für die Abstimmung dieses Sitzfedersystems ist zu berücksichtigen, daß sich die Füße unmittelbar am Aufbau und die Hände über das Lenkrad am Aufbau abstützen. Einen Überblick über die statistischen Mittelwerte für die Abmessungen und die Massen am menschlichen Körper geben die Tafeln 1.16 und 1.17.

Die Sitzfederung wird nur wegen ihrer Bedeutung für den Fahrkomfort in Verbindung mit der Aufbaufederung hier herangezogen. Eine eingehendere Behandlung erfolgt in diesem Buch nicht, da die Sitze mit ihrer Federung ansonsten der Karosserie oder dem Fahrerhaus zugeordnet werden.

Das wichtigste schwingungsfähige System am Fahrzeug ist die Aufbaumasse und die Aufbaufederung [1.24]. Dieses System ist das am weichsten abgestimmte, wenn man von den Ausnahmen mit weich abgestimmtem Sitzfedersystem absieht. Es gibt mehrere Gründe, es sehr weich abzustimmen, von denen die niedrigere Schwingbelastung der Insassen und des Ladegutes sowie die Fahrzeug- und Fahrbahnbeanspruchung die wichtigsten sind. Mit immer weicher werdender Aufbaufederung, die auch als „die Fahrzeugfederung" überhaupt angesehen und bezeichnet wird, treten folgende Schwierigkeiten auf:

1. Großer Niveauunterschied zwischen leerem und vollgeladenem Zustand. Das bewirkt unterschiedliche Bodenfreiheit, unterschiedliche Radstellungen zum Aufbau und damit unterschiedliche Fahreigenschaften sowie unterschiedliche

Scheinwerferstellung. Alle diese Schwierigkeiten lassen sich durch die etwas aufwendigere Federung mit Niveauregelung beseitigen.

2. Die weiche Federung vergrößert die maximalen Ausschläge beim Nicken und Rollen. Diese Schwierigkeiten lassen sich gut mit den strukturbestimmenden Größen Schwerpunktabsenkung, Radstands- und Spurweitenvergrößerung ausreichend mindern. Diese Maßnahmen verbessern gleichzeitig die Fahreigenschaften.

3. Die weiche Federung erfordert einen großen Federweg mit den hohen Anforderungen an die Radaufhängung, an den Beugewinkel der Gelenkwellen und den größeren Freiraum im Karosseriekörper für die Radkästen.

Tafel 1.16: Maße am menschlichen Körper (Mittelwerte)

Abmessungen m m		Toleranzen mm	
A	907	± 2,5	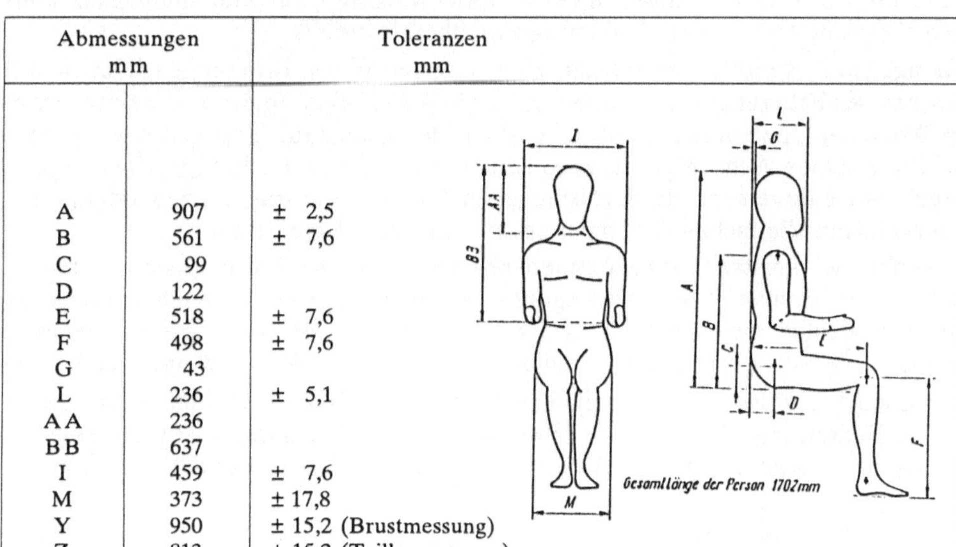
B	561	± 7,6	
C	99		
D	122		
E	518	± 7,6	
F	498	± 7,6	
G	43		
L	236	± 5,1	
A A	236		
B B	637		
I	459	± 7,6	
M	373	± 17,8	
Y	950	± 15,2 (Brustmessung)	
Z	813	± 15,2 (Taillenmessung)	

Tafel 1.17: Massen der Teile des menschlichen Körpers

Teil	Masse (kg)	Toleranzen
Kopf	5,08	±0,05
Schulter – Brustkorb	18,82	±0,73
Unterleib – Becken – Oberer Teil der Schenkel	16,28	±0,68
Bein – Oberschenkel (jeder)	8,35	±0,32
Bein – Schienbein (jedes)	3,13	±0,14
Fuß (jeder)	1,27	±0,05
Arm (jeder)	2,18	±0,09
Unterarm (jeder)	1,54	±0,05
Hand (jede)	0,64	±0,05
Gesamtmasse	74,4	±1,4

Trotz dieser Schwierigkeiten ist die Aufbaufederung immer weicher geworden. Für die PKW hat sich die Eigenfrequenz auf 1,2 bis 1,4 Hz eingepegelt, und bei den Fahrzeugen mit Niveauregelung geht man darunter. Besonders bei den Fahrzeugen für den Personentransport setzt man eine weichere Federung trotz des höheren Aufwands ein.

1.3.2 Nick- und Wogschwingungen

Da die Fahrbahnunebenheiten von den beiden Achsen nacheinander überfahren werden, ist die Erregung der Schwingung des Aufbaus mit der Erregung von Nickschwingungen verbunden. Die Erregung der Nickschwingung erfolgt, wenn sich die Hindernisse einer Sinusform anpassen, die sinusförmige Welle doppelt so lang ist wie der Radstand des Fahrzeugs, die Eigenschwingungszahl über beide Achsen gleich groß ist und die aus der Fahrgeschwindigkeit sich ergebende Fahrzeit pro Hindernislänge mit der Eigenschwingungszahl oder einem ganzzahligen Vielfachen der Eigenschwingungszahl übereinstimmt.

Demgegenüber erfolgt die extreme Erregung von Wogschwingungen (Heben und Senken des Fahrzeugs ohne Drehung um die y-Achse) dann, wenn die sinusförmige Welle der Unebenheit ebensolang ist wie der Radstand, die Eigenschwingungszahl über beide Achsen gleich groß ist und die sich aus der Fahrgeschwindigkeit ergebende Fahrzeit pro Hindernislänge mit der Eigenschwingungszahl oder einem ganzzahligen Vielfachen der Eigenschwingungszahl übereinstimmt.

Obwohl die meisten Fahrbahnunebenheiten nicht die Form einer Sinuswelle haben, werden sowohl Nickschwingungen als auch Wogschwingungen angeregt. Es ist zu empfehlen, die Eigenschwingungszahlen über den beiden Achsen ungleich zu wählen. Die Nickschwingungen sind ungünstiger als die Wogschwingungen [1.25].

Für die Ausbildung der Nickschwingungen hat das Trägheitsmoment um die y-Achse Bedeutung. Nach Tafel 1.14 war u.a. den am Gesamtfahrzeug gemessenen Trägheitsmomenten um die z-Achse Θ_z und y-Achse Θ_y das rechnerische aus

$$\Theta^* = m_v \cdot L_v^2 + m_h \cdot L_h^2$$

gegenübergestellt worden. Θ^* war in allen Fällen deutlich größer als Θ_y. Nimmt man an, daß die mit dem Rad verbundenen Massen bzw. Achsmassen bei den Starrachsen sich mit ihrem Teilschwerpunkt in den Abständen L_v und L_h vom Schwerpunkt befinden und als punktförmige Masse angesehen werden können, dabei Schwerpunktlage des Aufbaus mit der des Gesamtfahrzeugs übereinstimmt, dann würde auch auf den Aufbau bezogen Θ^* deutlich größer als Θ_y sein. Um Θ^* und Θ_y in Übereinstimmung zu bringen, müßte man von der über den Achsen abgestützten Aufbaumasse etwas abziehen und sich im Schwerpunkt angreifend vorstellen. Die im Schwerpunkt angreifende Masse wäre dann die sogenannte Koppelmasse m_K (s. Bild 1.36). Definiert man mit $m_{Av,h}$ die auf die Vorder- und Hinterachse abgestützte Aufbaumasse, dann lauten die Gleichungen

$$m_{Av} + m_{Ah} + m_K = m_A \tag{1.20}$$

$$\Theta_{Ay} = m_{Av} \cdot L_{Av}^2 + m_{Ah} \cdot L_{Ah}^2. \tag{1.17a}$$

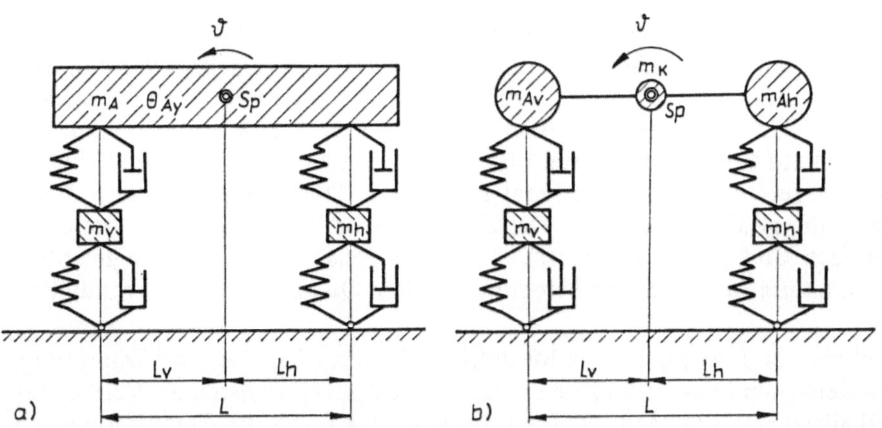

Bild 1.36 Aufteilung der Fahrzeugmasse
a) Aufbaumasse als Gesamtmasse mit Trägheitsmoment;
b) Aufbaumasse durch 3 Massen dargestellt: über der Vorderachse m_{Av}, über der Hinterachse m_{Ah} und als Koppelmasse m_{Ak} im Schwerpunkt

Θ_{Ay} würde rechnerisch mit dem gemessenen Trägheitsmoment übereinstimmen. L_{Av} und L_{Ah} entsprechen dem jeweiligen Trägheitsradius i aus

$$\Theta = m \cdot i^2. \tag{1.21}$$

Die allgemein übliche positive Koppelmasse entspricht einer Verkleinerung des Massenträgheitsmoments, einer Erhöhung der Nickschwingungsfrequenz und einer Minderung der Nickschwingungsamplitude. Eine theoretisch mögliche negative Koppelmasse, was praktisch nur durch kurzen Radstand und die Anordnung sehr massebehafteter Teile in der Peripherie des Fahrzeugs zu erreichen wäre, würde die Nickschwingungsamplitude vergrößern. Dieses Fahrzeug wäre im Eigenfrequenzbereich der Nickschwingungen kritischer, da die Stoßdämpfer dann weniger wirksam sind. Die bei Nickschwingung von den Stoßdämpfern zu dämpfende Masse wäre größer anzusehen als bei den Hubschwingungen, für die die Dämpfung ausgelegt wird (s. Abschnitt 3).

1.3.3 Berechnung der Fahrzeugschwingungen

Die Untersuchung der Fahrzeugschwingungen erfolgt schon seit Jahrzehnten mit Hilfe der Rechentechnik. Die Ergebnisse sind ausführlich beschrieben [1.3], [1.24], [1.25], [1.27]. Je nach der zur Verfügung stehenden Rechnerkapazität wird ein Modell betrachtet, das z.B. dem im Bild 1.34 angepaßt sein kann. Parallel zu den Federn können noch Dämpfer vorgesehen werden. Diese Dämpfer sind sowohl bei der Rechnung als auch in der Praxis unbedingt erforderlich, um bei Übereinstimmung der Erregung mit der Eigenfrequenz das Vergrößerungsverhältnis in Grenzen zu halten. Vom der Rechnung zugrunde gelegten Fahrzeugmodell ausgehend werden die Differentialgleichungen abgeleitet, die den Bewegungsverlauf beschreiben. Die Berechnung erfolgt entweder unmittelbar oder mit Hilfe von Näherungsfunktionen. Zur Lösung wird das Modell von den Radaufstandspunkten aus erregt. Die interessierenden Größen wie Wege, Winkel, Geschwindigkeiten, Beschleunigungen und Kräfte können berechnet und aufgezeichnet werden. Als die einfachste Form der Erregung kann die Gleitfrequenz angesehen werden. Praktisch ist diese Erregung vorstellbar mit einer Reifenungleichförmigkeit, wie sie im Prinzip auf Bild 1.37 dargestellt ist. Bei zunehmender Fahrgeschwindigkeit wäre die Erregerfrequenz proportional ansteigend. Die Erregerfrequenz gleitet von 0 bis in die gewünschte Höhe. Die Zunahme der Frequenz erfolgt bei einer Unwucht nach Bild 1.38 zwar ebenso, aber im Gegensatz zur Reifenungleichförmigkeit nimmt die Intensität der Erregung mit dem Quadrat der Geschwindigkeit zu.

Das Ergebnis der Erregung eines Modells nach Bild 1.34, aber mit Dämpfung, ergibt auf dem Fahrzeugsitz im Prinzip den im Bild 1.39 dargestellten Verlauf für die Vertikalbeschleunigungen. Deutlich hervor heben sich die Eigenfrequenzen der drei wichtigsten Systeme: Fahrzeugaufbau mit Aufbaufederung f_{E1}, Insasse mit Fahrersitz f_{E2} und mit dem Rad verbundene Masse mit Reifenfederung f_{E3}.

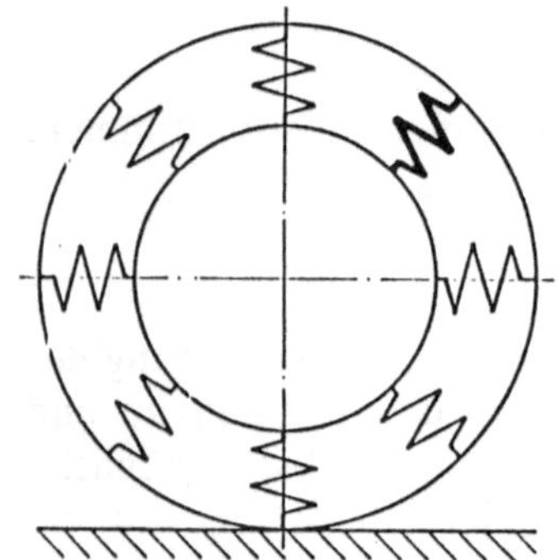

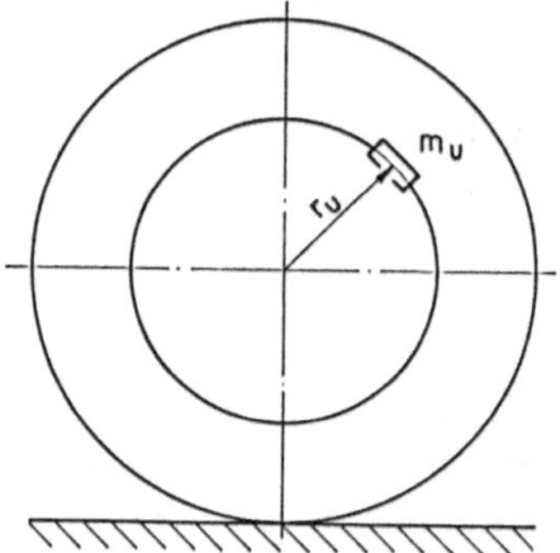

Bild 1.37 Reifenungleichförmigkeit im Prinzip (s. auch Bild 4.35)

Bild 1.38 Rad mit Unwucht (da Unwucht nicht in einer Felgenhornebene, muß Auswuchten in zwei Felgenebenen erfolgen)

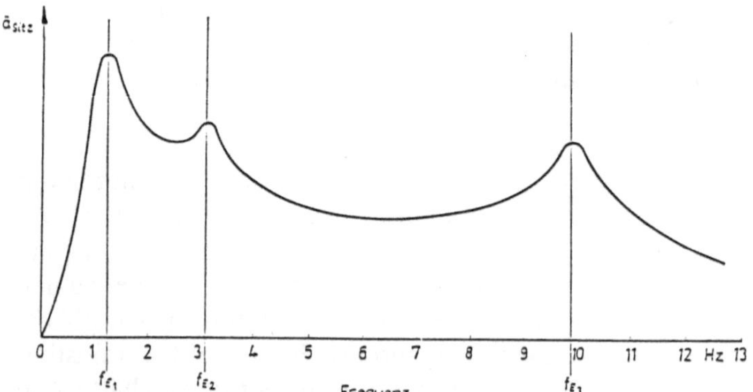

Bild 1.39 Mittels Gleitfrequenz erregtes Fahrzeugmodell, vertikale Insassenbeschleunigung

f_{E1} Eigenfrequenz des Systems Aufbau-Aufbaufederung;

f_{E2} Eigenfrequenz des Systems Insasse-Sitzfederung;

f_{E3} Eigenfrequenz des Systems mit dem Rad verbundene Masse-Reifenfederung (der Einfluß der Aufbaufederung ist gering)

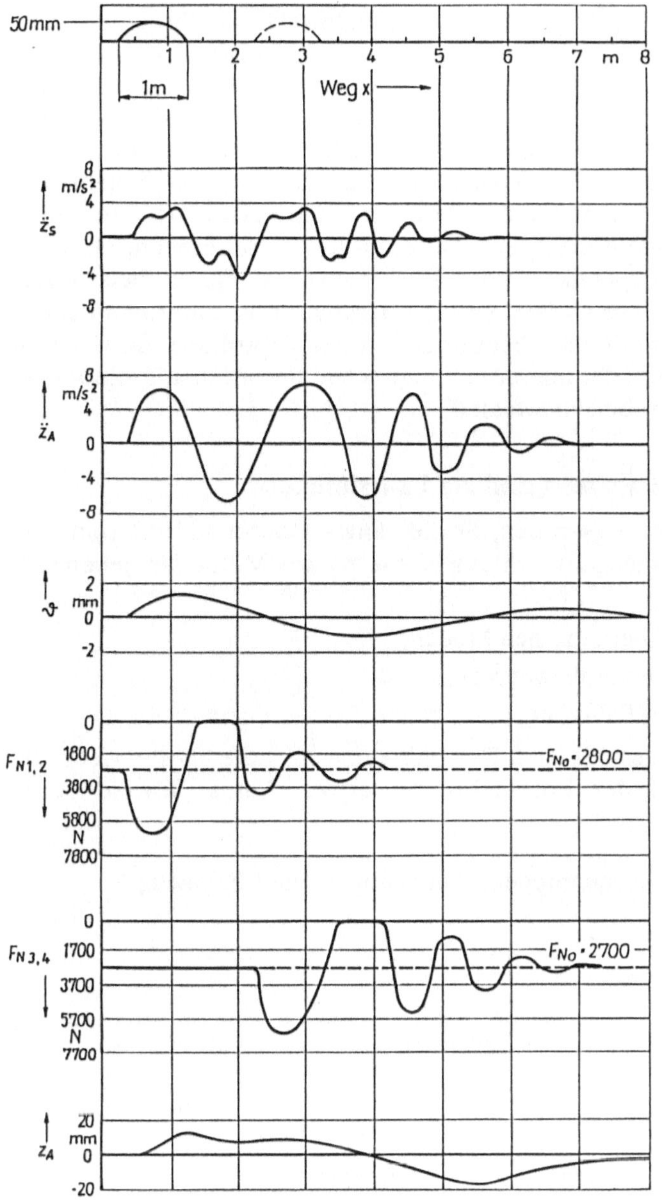

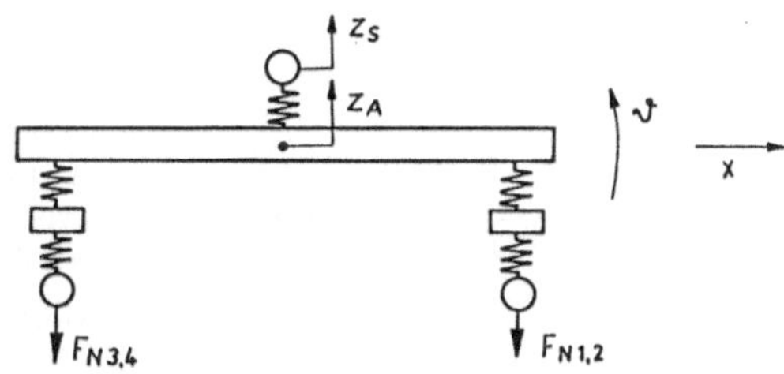

Bild 1.40

Mittels Einzelhindernis in Form einer halben Sinuswelle 50 mm hoch und 1 m lang erregtes Fahrzeugmodell mit 2 m Radstand bei V = 50 km/h. Aufgetragen sind über den Weg des Schwerpunktes: die Beschleunigung auf dem Sitz $\ddot{z}_S$; die Aufbaubeschleunigung $\ddot{z}_A$; der Nickwinkel ϑ; die Radlasten $F_{N_{1,2}}$ an den Vorder- und $F_{N_{3,4}}$ an der Hinterrädern und die Höhenänderung des Aufbauschwerpunktes z_A. Am Verlauf von $\ddot{z}_S$, aber besser noch von $\ddot{z}_A$, ist der Beschleunigungsstoß von den einzelnen Achsen bei dieser Geschwindigkeit deutlich als voneinander trennbarer Stoß zu erkennen. Aus dem ϑ-Verlauf sieht man, wie der Aufbau zu einer vollen Nickschwingung angeregt wird. Im Verlauf $F_{N_{1,2}}$ und $F_{N_{3,4}}$ sind zu erkennen: zuerst extremes Ansteigen der Radlast und dann Entlastung bis zum Abheben von der Fahrbahn (horizontaler Kurvenverlauf). Bei den Radlastschwankungen treten die Maxima immer in den Phasen auf, in denen der Aufbau deutlich nach oben beschleunigt wird. Durch die Unterschiede in der Druck- und Zugstufe in der Dämpfkrafteinstellung ergibt sich eine bemerkenswerte Absenkung des Aufbaus, nachdem das Hindernis von beiden Achsen überrollt worden ist. Die höher eingestellte Dämpfkraft in der Zugstufe bewirkt diese Absenkung

Erregt man dieses Modell mit einer einzelnen Sinushalbwelle, so führt eine solche Rechnung z.B. zu den im Bild 1.40 angegebenen Ergebnissen. Die für die Bewertung des Fahrkomforts wichtigen Größen Aufbaubeschleunigung und Beschleunigung auf dem Sitz sind ebenso wie die Bewertung der Radlastschwankungen für die Fahrsicherheit gegeben. Die Rechnung hat den großen Vorteil, daß die Parameter einfach variiert werden können und sich die Rechnung beliebig oft und ohne Gefährdung von Personen und Gütern durchführen läßt. Mit ihrer Hilfe lassen sich zu konstruierende und zu fertigende Lösungen vorbereiten. Doch es wäre ebenso falsch, die' Ergebnisse überzubewerten, wie die vorbereitende Berechnung zu unterlassen. Die endgültige Präzisierung für die einzelnen Feder- und Dämpferauslegungen muß auch heute noch in der Erprobung am fertigen Fahrzeug erfolgen, da es trotz der immer umfangreicher gewordenen Programme unmöglich ist, alle Einflußgrößen zu erfassen.

1.4 Untersuchungen am Fahrzeug und am Fahrsimulator

Gemessen werden die Bewegungsgrößen, die die Längs-, Quer- und Vertikaldynamik bestimmen. In der Fahrzeugentwicklung existieren drei Methoden nebeneinander:

- die Untersuchung am mathematischen Modell,
- die Untersuchung am Fahrsimulator und
- Versuche am und mit dem Fahrzeug,

die in Tafel 1.18 gegenübergestellt sind. Der Fahrversuch ist die älteste Methode und begann praktisch mit der Probefahrt des ersten Autos. Sowohl beim

Tafel 1.18: Vergleich von Rechenmodell, Fahrsimulator und Fahrzeug

	Rechenmodell	Fahrsimulator	Fahrzeug
Kosten pro Variante	sehr gering	gering	hoch
Variation der Fahrzeugparameter	unbegrenzt	begrenzt	stark begrenzt
Variation der Fahrmanöver	unbegrenzt	begrenzt	stark begrenzt
Nachbildung der Regelfunktion des Fahrers	nicht vorhanden (bzw. eingeschränkt)	etwas eingeschränkt	real
Fahr- und Komfortempfinden	fehlt	vorhanden	real
Bewegungsgrößen	Rechengrößen	teils Rechen- teils Stellgrößen	müssen mit Meßgeräten ermittelt werden
Reproduzierbarkeit	exakt	exakt	annähernd

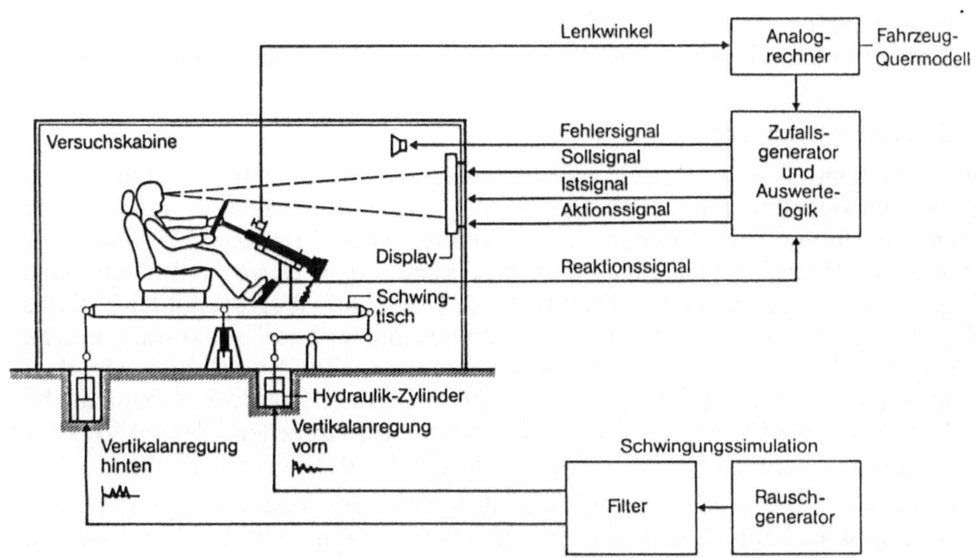

Bild 1.41 Fahrsimulator TS2 der Technischen Universität Berlin vom Anfang der 80er Jahre

Rechenmodell als auch beim Fahrsimulator ist der Wert der Untersuchungen davon abhängig, wie gut die Bewegungsgrößen mit denen im Fahrversuch korrelieren. Die Grenzen zwischen Rechenmodell und Fahrsimulator lassen sich nicht streng angeben. Theoretisch lassen sich auch in einem Rechenmodell Regelfunktionen des Fahrers eingeben. Ebenso lassen sich auf einem Computerbildschirm die Fahrzeugbewegungen nachbilden. Bei den Fahrsimulatoren besteht ein großer Unterschied in ihrer Leistungsfähigkeit.

Ein Beispiel für die Anwendung eines Fahrsimulators zur Untersuchung der Wirkung von Psychopharmaka auf die Fahrtüchtigkeit [1.35] zeigt Bild 1.41. Es besteht die Möglichkeit, solche Untersuchungen im Labor durchzuführen. Theoretisch sind im Rahmen von Labortests an einem Simulator bei einem relativ niedrigen Meßaufwand alle relevanten dynamischen Parameter kontrolliert variierbar (beliebige Fahrzeugtypen sind simulierbar, schwierige Fahrmanöver sind risikolos durchführbar usw.) und gut reproduzierbar. Allerdings stehen einer nahezu realitätsgetreuen Simulation, wie z.B. im Flugsimulator, immer sehr hohe Kosten entgegen.

Die Hauptaufgabe des Fahrzeugführers besteht darin, das Fahrzeug zeitkontinuierlich – nicht sporadisch, sondern fortwährend – auf der Fahrbahn zu halten, wobei der Verlauf der Straße „zufällig" verteilt ist. Daneben hat der Fahrer aber auch die Aufgabe, auf selten auftretende äußere Reize zu reagieren, z.B. auf schwierige Verkehrssituationen oder plötzlich auftretende Hindernisse, und mit seiner Reaktion die Problemsituation adäquat zu lösen.

Als Forderung an den Simulator zur Untersuchung des Einflusses von auf das Zentralnervensystem wirkenden Präparate auf die Fahr- und Verkehrstüchtigkeit bleiben also 3 Merkmale:

– eine primär visuelle, kontinuierliche Regelaufgabe mit zufällig verteilter Sollwert-Vorgabe in Kombination mit einer sekundären Reaktionsaufgabe,

– nahezu gleiche Handlungsabläufe wie im realen Fahrzeug,

– direkte Datenerfassung und -auswertung.

Bild 1.41 zeigt einen im Institut für Fahrzeugtechnik der Technischen Universität Berlin entwickelten Fahrsimulator, der die sensomotorischen Fähigkeiten des Menschen unter verschiedenen Einflußfaktoren (z.B. Ermüdung, visuelle oder akustische Reize, Schwingungsbelastung, klimatische Reize und eben auch Pharmaka) erfassen kann. Die Hauptaufgabe (Regelaufgabe), die mit Hilfe dieses Fahrsimulators zu lösen ist, ist eine eindimensionale, quasi zeitkontinuierliche Nachfahraufgabe im Sinne einer Spurhaltungsaufgabe. Diese entspricht dem Führen eines Fahrzeugs über einen gekrümmten Fahrkurs. Die Nebenaufgabe erfordert von der Versuchsperson Wahlreaktionen entsprechend den im Verkehr vom Fahrer verlangten Reaktionen auf Lichtsignale oder Verkehrszeichen.

Wie man die Seitenwindempfindlichkeit sowohl bei Testfahrten mit realem Fahrzeug als auch mit Fahrsimulatoren untersuchen kann, ist in [1.33] beschrieben. Am realen Fahrzeug wurden folgende Testmanöver durchgeführt:

– Vorbeifahrt an einer Seitenwindanlage,

– Lenkradwinkelsprung (Einfahrt in den Kreis),

– sinusförmiges Lenken.

Alle Versuche wurden an den Fahrzeugvarianten mit einer gleichen Fahrgeschwindigkeit von 130 km/h und gleichem Querbeschleunigungsniveau von $2\,\mathrm{m/s^2}$ durchgeführt. Die beiden Tests Lenkradwinkelsprung und sinusförmiges Lenken wurden lediglich zur Ermittlung der fahrdynamischen Parameter, die open-loop Vorbeifahrt an der Seitenwindanlage zur Ermittlung der aerodynamischen Parameter einschließlich der Eigenlenk-Parameter durchgeführt. Diese Parameter dienten der Anpassung des Fahrzeugmodells im Fahrsimulator. Gemessen und registriert wurden die folgenden Bewegungsgrößen:

$\dot{\psi}$ Gierwinkelgeschwindigkeit

$\dot{\varphi}$ Rollwinkelgeschwindigkeit

$\ddot{y}$ Querbeschleunigung

β_L Lenkradwinkel

M_L Lenkradmoment

Der im Fahrsimulator berechnete Zeitverlauf der Giergeschwindigkeit bei der open-loop Vorbeifahrt an der Seitenwindanlage ist für die Varianten A, B und C, Tafel 1.19, in Bild 1.42 wiedergegeben.

Zur Optimierung des Bewegungssystems des Simulators für die zu simulierende Fahraufgabe können verschiedene Ansteuerungs-Algorithmen gewählt werden. Sollen z.B. Versuche mit lang anhaltenden Querbeschleunigungen simuliert werden, ist es bei diesem System nur möglich, die Querneigung der Simulatorkabi-

Tafel 1.19: Fahrzeugvarianten

Variante	Beschreibung	Reifen	gewünschter Effekt
A	Basisfahrzeug	V: 195/65 VR15 H: 195/65 VR15 2,2/2,4 bar	Referenzfahrzeug
B	zusätzliche vertikale Heckflossen	wie Basisfahrzeug	reduziertes Gieren bei Seitenwind
C	vorn und hinten unterschiedliche Reifen	V: 205/65 R15 H: 185/65 R15 2,1/1,5 bar	starkes Übersteuern

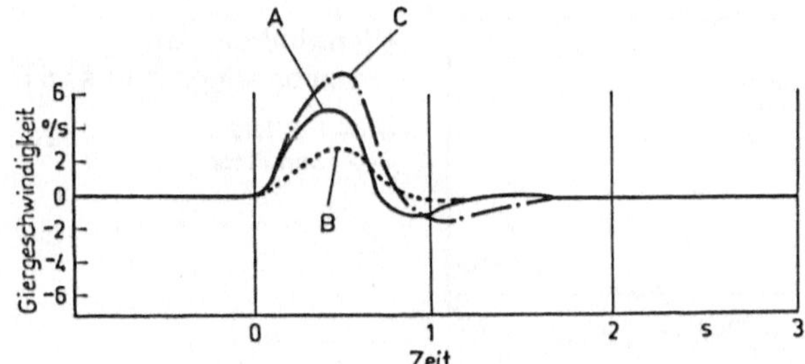

Bild 1.42 Gierwinkelgeschwindigkeit bei der Vorüberfahrt an der Seitenwindmaschine, A Basisfahrzeug, B mit Heckflossen, C mit Reifen-Übersteuern

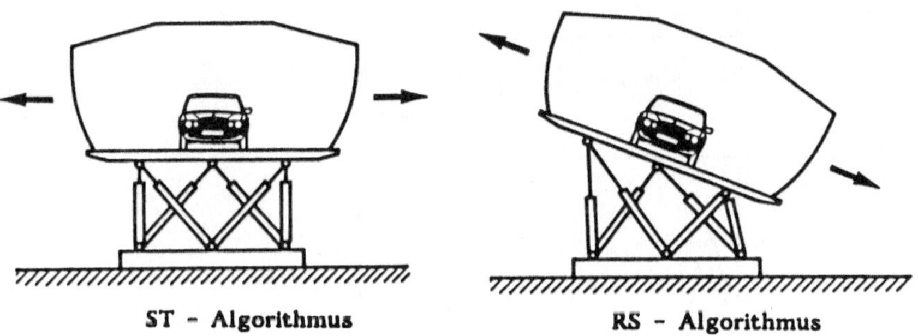

Bild 1.43 Gegenüberstellung der Ansteuerungs-Algorithmen ST und RS

ne zur Darstellung dieser Querbeschleunigungen zu nutzen. Sollen dagegen im wesentlichen geradeaus verlaufende Fahrmanöver durchgeführt werden, reicht die horizontale Querbewegung für die Simulation der Querbeschleunigungen aus. Diese beiden verschiedenen Ansteuerungs-Algorithmen sind im Bild 1.43 illustriert. Die Nutzung nur der Querbewegung der Kabine wird mit ST-Algorithmus, die Neigungs-Ansteuerung mit RS-Algorithmus bezeichnet. Zusätzlich wird die wash-out-Technik für translatorische Bewegungen eingesetzt, um die Bewegungen jeweils nur um die Mittellage der Kabine zu erreichen [1.36].

Bild 1.44 zeigt den Vergleich der gemessenen Querbeschleunigung $\ddot{y}$ und Gierwinkelgeschwindigkeit $\dot{\psi}$ bei simulierter und realer Vorbeifahrt an der Seitenwindanlage. Die Querbeschleunigung wird nahezu fehlerfrei nachgebildet, hingegen die Gierwinkelgeschwindigkeit nur mit reduzierter Amplitude infolge der Einschränkung des Bewegungssystems.

Für das Fahrmanöver Lenkradwinkelsprung sind im Bild 1.45 die gemessenen Bewegungsgrößen Querbeschleunigung, Gierwinkelgeschwindigkeit und Rollwinkelgeschwindigkeit zu sehen. Hierfür wurde die Neigung der Simulatorkabine zur Darstellung der Querbeschleunigung benutzt. Dieser benutzte RS-Algorithmus führt nach etwa 1,5 Sekunden zu einem Einbruch der Querbeschleunigung, einer Zeit, nach welcher die translatorische Querbewegung der Kabine ausgeschöpft ist

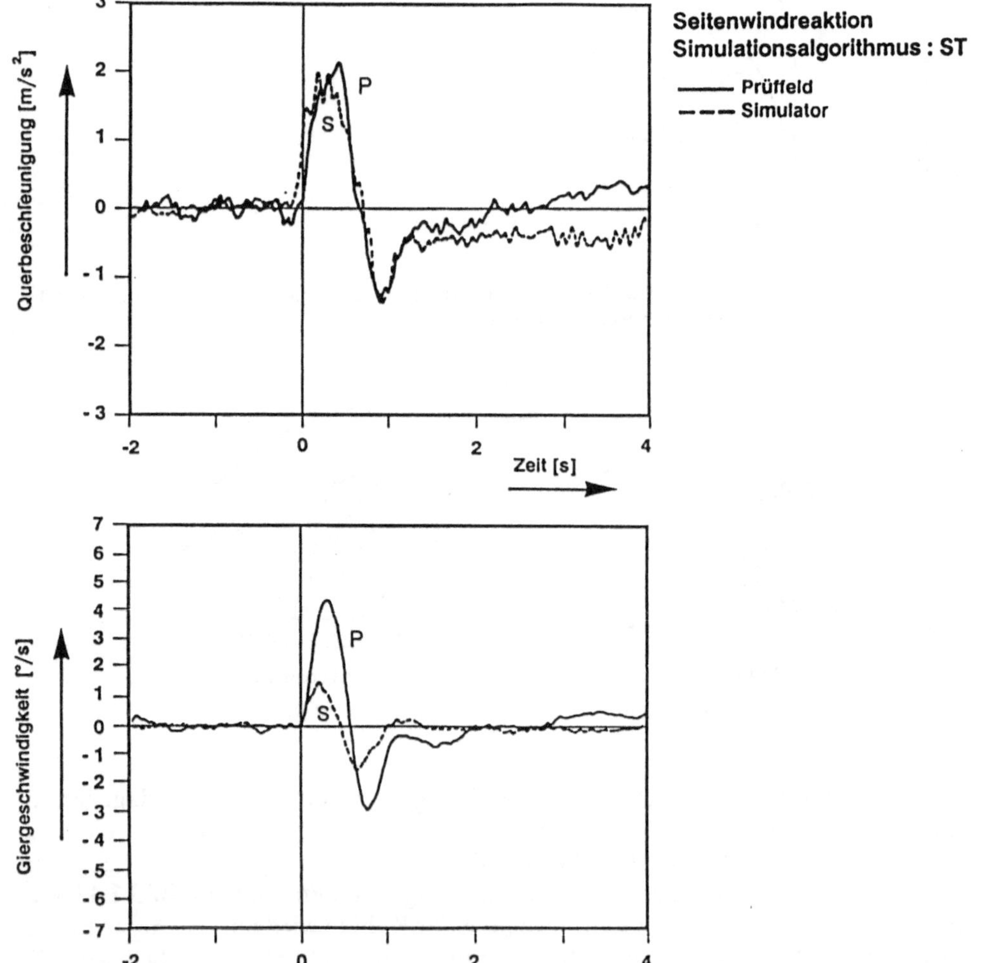

Bild 1.44 Vergleich der Querbeschleunigung und der Giergeschwindigkeit zwischen Fahrzeugtest und Fahrsimulator bei Seitenwind und Basisfahrzeugparametern

und die Querbeschleunigung nun durch die Neigung der Kabine erzeugt werden muß. Dieser Effekt ist auch der Rollwinkelgeschwindigkeit zu entnehmen. Die Giergeschwindigkeit bei diesem Test kann daher auch nur mit reduzierter Amplitude und mit dem stationären Endwert Null dargestellt werden.

Die Versuche zur Seitenwindempfindlichkeit von PKW sowohl auf dem Prüfgelände als auch auf einem Fahrsimulator haben gezeigt, daß der Fahrsimulator wegen der begrenzten Eigenschaften seines Bewegungssystems die physikalischen Bewegungsgrößen nicht exakt nachbilden kann. Dennoch zeigt sich beim Vergleich der im Fahrversuch und auf dem Simulator erhobenen subjektiven Bewertungen der Fahreindrücke eine sehr gute Übereinstimmung.

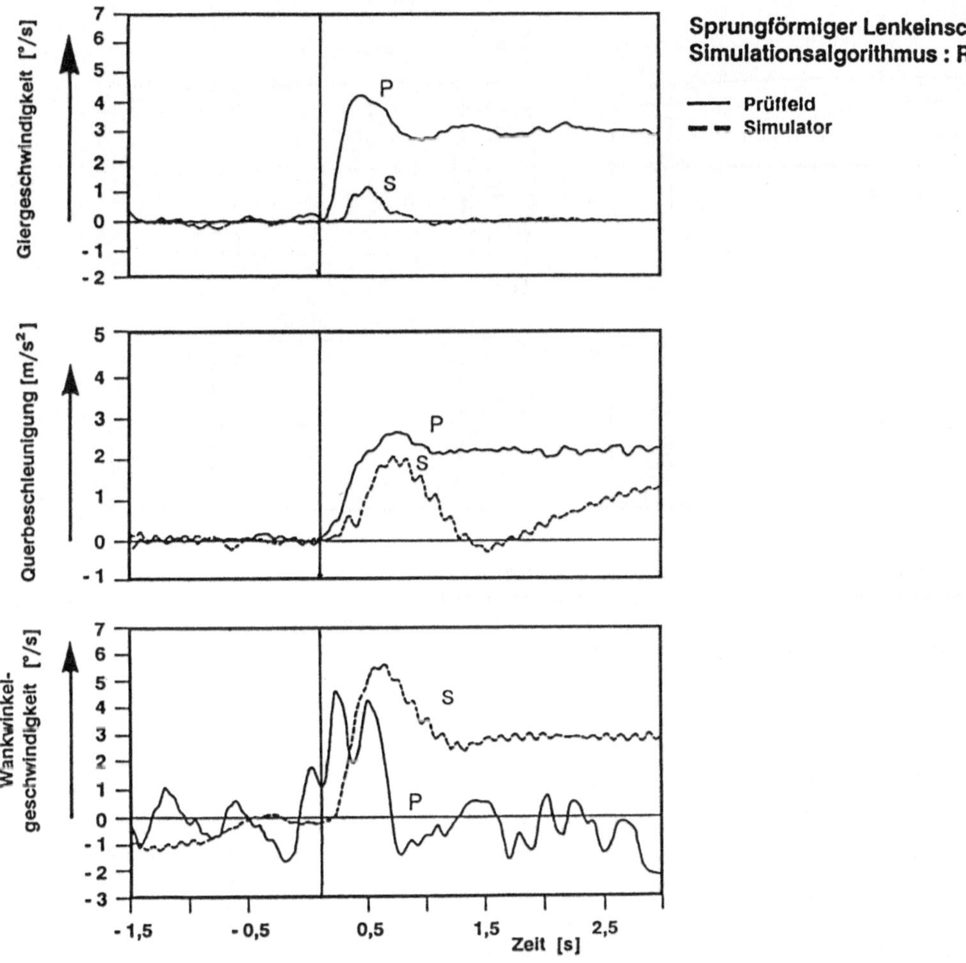

Bild 1.45 Vergleich der Giergeschwindigkeit, der Querbeschleunigung und der Wankwinkelgeschwindigkeit zwischen Fahrzeugtest und Fahrsimulator beim Lenkwinkelsprung und Basisfahrzeugparametern

1.5 Fahrzeugkonzeptionen

Es bestehen verschiedene Möglichkeiten, Fahrzeuge nach ihrer Konzeption zu unterscheiden, z.B. Ladegut (PKW, LKW), Hubraum, Masse (siehe Regelung 13). Hier soll zur Gliederung die Motorlage und die Antriebsart als ein für das Fahrverhalten entscheidendes Merkmal verwendet werden. Einen Überblick gibt Bild 1.46.

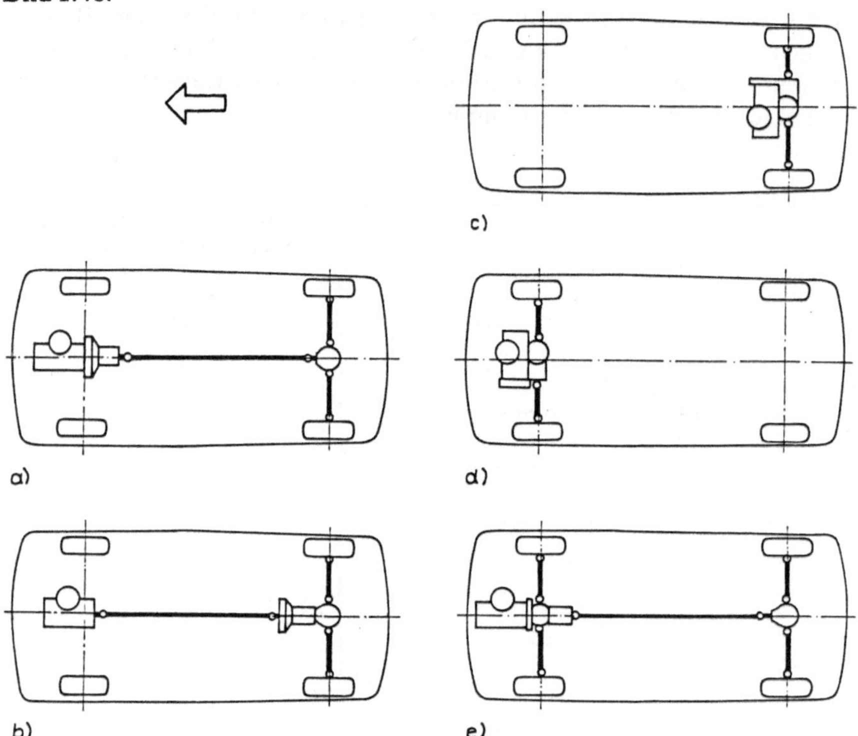

Bild 1.46 Gliederung der Fahrzeuge nach Motorlage und Antriebsart
a)   Standardantrieb: Antriebsblock vorn, Hinterachse angetrieben
b)   Antrieb über Transaxle: Motor vorn, Getriebe an der angetriebenen Hinterachse
c)   Heckantriebsatz: Antriebsblock und Antrieb hinten
d)   Fronttriebsatz: Antriebsblock und Antrieb vorn
e)   Allradantrieb: Motor vorn, beide Achsen angetrieben

1.5.1 Fahrzeuge mit Standardantrieb

Über mehrere Jahrzehnte stellte der Standardantrieb für PKW und LKW die verbreitetste Antriebsart dar. Merkmale des Standardantriebs sind: Motor vorn, Hinterachse angetrieben, die Vordersitzbank befindet sich in der Komfortzone zwischen den zwei Achsen. Während sich die Masse der dort Zusteigenden auf beide Achsen verteilt, belasten die auf der hinteren Sitzbank vorwiegend die Hinterachse.

Nur mit dem Fahrer besetzte Fahrzeuge sind vorderachslastig. Ausgereifte Modelle dieser Konzeption zeigen die Bilder 1.47 bis 1.49. Nach wie vor verbreitet ist diese Konzeption bei den größeren PKW und beim LKW.

Bild 1.47 Ford Scorpio 2,9i Ghia, Stufenheck

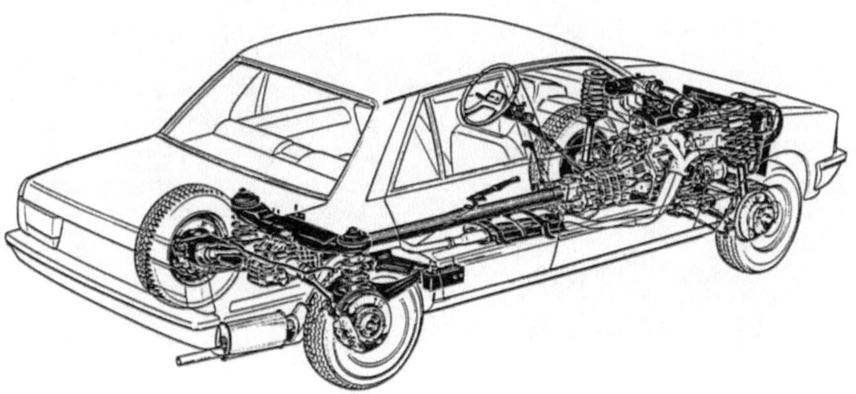

Bild 1.48 Der Peugeot 505 und die Anordnung seiner Baugruppen (Baujahr 1980)
Zwischen dem Antriebsblock und dem Hinterachsantrieb befindet sich ein starres Rohr, in dem sich
die Antriebswelle befindet. Als Radaufhängung sind vorn Mc-Pherson-Federbeine und hinten
Schrägpendelachse vorhanden

1.5.2 Fahrzeuge mit Antrieb über Transaxle

Das wesentliche Unterscheidungsmerkmal gegenüber dem Standardantrieb besteht darin, daß sich das Stufengetriebe an der Hinterachse befindet und dadurch das zu übertragende Moment vom vorn liegenden Motor nur die Höhe des Motormoments besitzt. Die Drehzahl der die Kardanwelle ersetzenden Transaxle ist zwar in den unteren Gängen höher. Das stellt keine besondere Forderung dar, da die Kardanwelle im direkten Gang schon immer für diese Drehzahl ausgelegt sein mußte. Durch die Verlagerung des Getriebes nach hinten wird eine leichtere Antriebswelle und eine Verbesserung der Achslastverteilung erreicht. Beispiel für den Transaxle-Antrieb ist Bild 1.50.

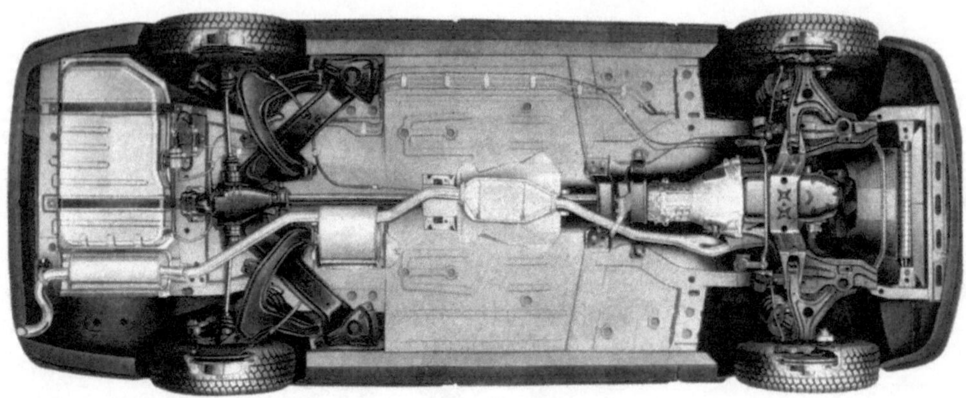

Bild 1.49 Opel Omega, Baujahr 1981, von unten, Standardantrieb mit der Schrägpendelachse hinten

Bild 1.50 Der Transaxle-Antrieb beim Porsche 944, 2,5 Ltr. Vierzylindermotor
Das Getriebe liegt hinter der Hinterachse, vorn Federbein-Radaufhängung mit Alu-Querlenker,
hinten Schrägpendelachse mit Leichtmetall-Schräglenker (Bild aus [1.32])

1.5.3 Fahrzeuge mit Hecktriebsatz

Der Hecktriebsatz ist eine besonders einfache Konzeption. Sie ermöglicht einen
kurzen einfachen Antriebsstrang. Da die Hinterräder ungelenkt sind, werden nur
Gelenke mit kleinem Beugewinkel benötigt. Auch der Auspuff wird sehr kurz.
Dafür ist die Gas-, Kupplungs- und Schaltbetätigung aufwendiger, und die
Heizung ist ebenfalls schwieriger zu lösen. Wie bereits begründet, reagieren
Fahrzeuge mit Hecktriebsatz unangenehmer auf Seitenwind. Ein typischer
Vertreter für den Hecktriebsatz war der VW-Käfer. Weitere Beispiele sind in den
Bildern 1.51 bis 1.53 zu sehen.

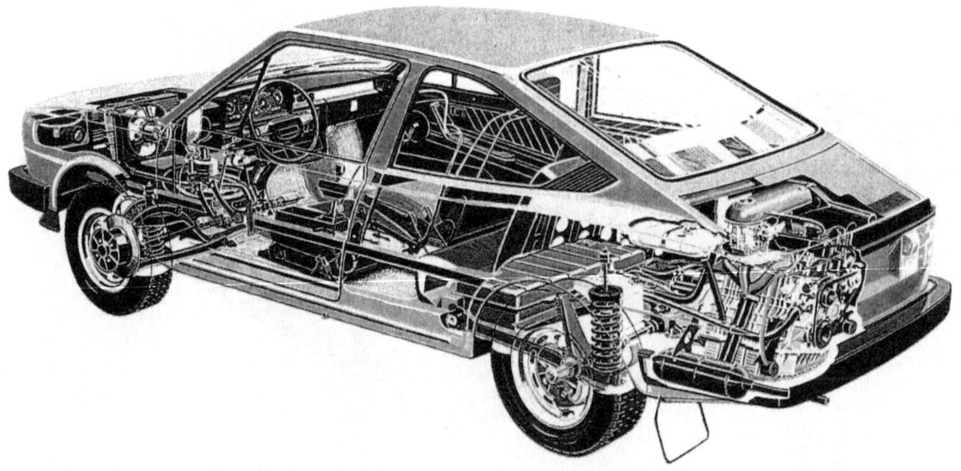

Bild 1.51 Aus den Typen 105/120 abgeleitetes Coupé von Skoda, „Rapid"
Der Skoda hat vorn eine Doppelquerlenkerachse mit Schraubenfeder auf dem unteren Lenker.
Hinten findet in Verbindung mit dem Hecktriebsatz eine Schrägpendelachse mit Schraubenfeder
Verwendung (Bild aus [1.34])

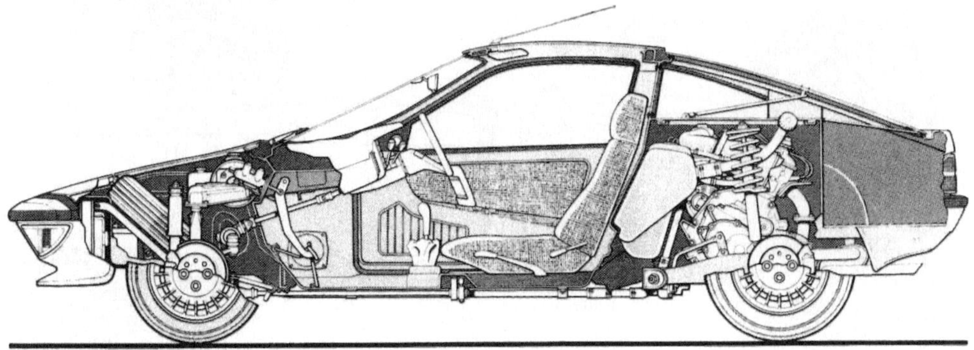

Bild 1.52 Hecktriebsatz vor der Hinterachse vom Talbot Matra Murena 1,6 und 2,2 Ltr., dessen
Fahrgestell im Bild 1.2 dargestellt ist (Anfang der 80er Jahre)

1.5.4 Fahrzeuge mit Fronttriebsatz

Der Fronttriebsatz bietet bezüglich Fahrverhaltens günstige Voraussetzungen.
Trotz der höheren Anforderungen an die Gelenkwellen hat sich diese Konzeption
in den letzten Jahrzehnten vom Kleinwagen bis zur Mittelklasse zunehmend
eingeführt. Einer der Urahnen wurde bereits auf Bild 1.1 vorgestellt. Das
Fahrgestell im Bild 1.54, das bei den Typen Reichsklasse und Meisterklasse bei
DKW verwendet wurde, stammt in seiner Konzeption aus dem Jahr 1929. Es kann
als Vorgänger der jetzigen frontgetriebenen Fahrzeuge mit quer eingebautem
Motor angesehen werden. Beim verwendeten 2-Zylinder-Motor war es auch nicht
schwierig, den Motor quer einzubauen, und es wurde damit die beim Längseinbau
erforderliche Kegelrad-Kraftübertragung eingespart. Dieses Fahrzeug hatte Zahnstangenlenkung vor der Vorderachse. Die Vorderachse war eine Doppelquerlen-

Bild 1.53 Auch reine Sportfahrzeuge mit Mittelmotor können prinzipiell dem Hecktriebsatz zugeordnet werden. Im Bestreben nach kleinen Massenträgheitsmomenten um alle Achsen sind auch solche massebehafteten Teile wie die hinteren Federbeine zentral angeordnet

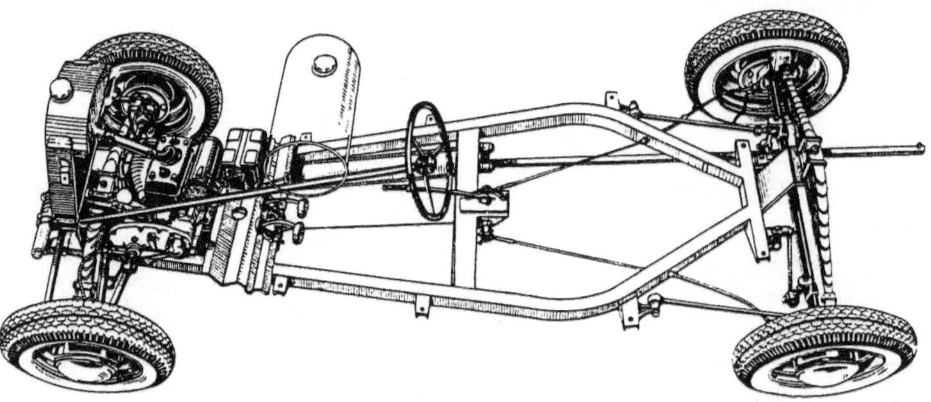

Bild 1.54 Rahmenfahrgestellt von DKW aus dem Programm der Auto-Union aus der Zeit vor dem 2. Weltkrieg
An der Hinterachse sieht man, wie der Rahmen zu den Achsanlenkpunkten, der Querblattfeder der Schwebeachse und den zwei seitlichen Streben hingeführt worden ist. Das Getriebe liegt vor dem Motor, und das Antriebsaggregat liegt zwischen den Rahmenlängsträgern; Radaufhängung vorn Doppelquerlenkerachse, wobei der obere Lenker durch die Querblattfeder und der untere durch den Hebel des Hebelstoßdämpfers gebildet wird, hinten Starrachse als Schwebeachse (Bild aus [1.1])

ker-Radaufhängung, bei der der obere Querlenker durch die Blattfeder und der untere durch den Hebelstoßdämpfer gebildet wird. Hinten war als Starrachse eine Schwebeachse mit sehr hohem Rollzentrum eingebaut. Zur Führung der Starrachse waren die obere Querblattfeder, die auf einer Seite eine Silentbuchse und auf der anderen Seite eine Gleitführung aufwies, und zwei Längsstreben vorhanden. An der Hinterachse kamen Hebelstoßdämpfer ohne Führungsfunktion zum Einsatz.

Tafel 1.20: Die Kreiselwirkung der rotierenden Massen des Motors mit seinem Schwungrad führt zu folgenden Reaktionen

Bei Längseinbau		Bei Quereinbau	
Bewegungs- änderung	Wirkung des Kreiselmoments	Bewegungs- änderung	Wirkung des Kreiselmoments
Fahrtrichtungs- änderung (Drehung in x-y-Ebene)	Nickbewegung (Drehung in x-z-Ebene)	Fahrtrichtungs- änderung (Drehung in x-y-Ebene)	Rollbewegung (Drehung in y-z-Ebene)
Nickbewegung (Drehung in x-z-Ebene)	Fahrtrichtungs- änderung (Drehung in x-y-Ebene)	Nickbewegung (Drehung in x-z-Ebene)	kein Kreiselmoment
Rollen (Drehung in y-z-Ebene)	kein Kreiselmoment	Rollen (Drehung in y-z-Ebene)	Fahrtrichtungs- änderung (Drehung in x-y-Ebene)

Bei der Festlegung der geeignetsten Stelle und Lage des Antriebaggregats ist es in der Geschichte der Automobilentwicklung mehrfach zu einer Überschätzung der Wirkung des Kreiselmoments der im Motor rotierenden Massen gekommen. In Tafel 1.20 sind die Wirkungen für Längs- und Quereinbau zusammengestellt. Das Kreiselmoment ist dem Trägheitsmoment der rotierenden Massen um die Kreiselachse, der Winkelgeschwindigkeit, mit der der Kreisel rotiert, und der Winkelgeschwindigkeit, mit der die Kreiselachse geschwenkt wird, proportional.

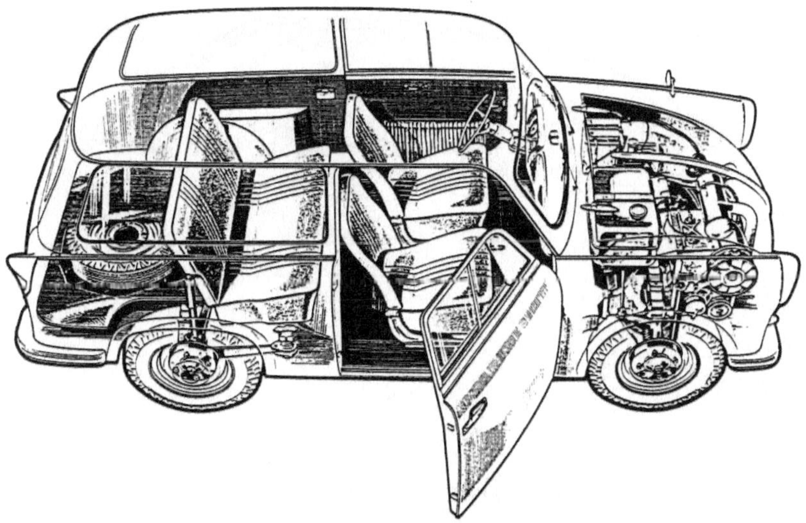

Bild 1.55 PKW Trabant P601 mit quereingebautem luftgekühltem Zweizylinder-Zweitaktmotor Radaufhängung vorn Doppelquerlenkerachse, wobei der obere Querlenker durch die Querblattfeder gebildet wird, hinten Schrägpendelachse; die Querblattfeder hinten hat nur Federungs- und keine Führungsfunktion

Die Wirkung ist zwar vorhanden, aber gegenüber den an den Reifen angreifenden Kräften mit den daraufhin auf das Fahrzeug wirkenden Momenten ist es doch so klein, daß man es beim Lenken nicht wahrnimmt, ob der Motor längs oder quer eingebaut ist. Weitere Beispiele für den Fronttriebsatzeinbau zeigen die Bilder 1.55 bis 1.59.

Bild 1.56 Citroen baut mit Tradition Frontantrieb, hier der XM, der mit Motoren bis V6 und 147 kW (200 PS) geliefert wird

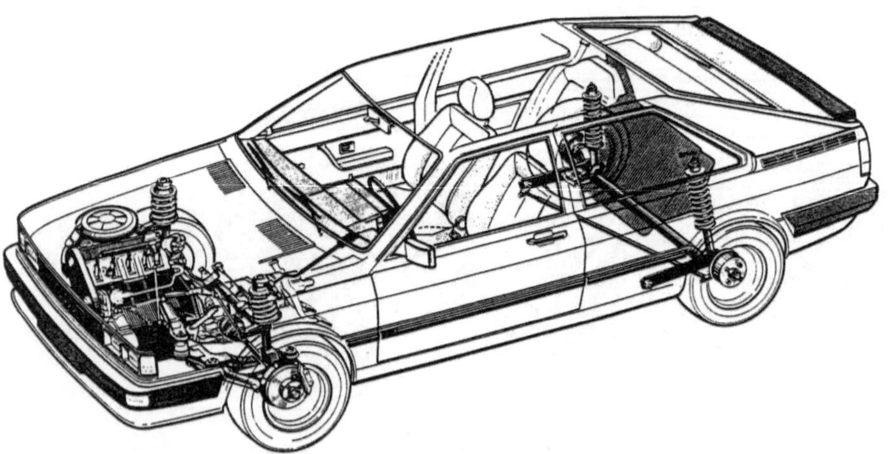

Bild 1.57 Audi 80, Baujahr 1979, mit Radaufhängung vorn Federbein und hinten Torsionskurbelachse
Auf der Hinterachse befinden sich Federbeine, die weit in die Radkästen hineinreichen

Bild 1.58
Fahrwerk des Ford Fiesta

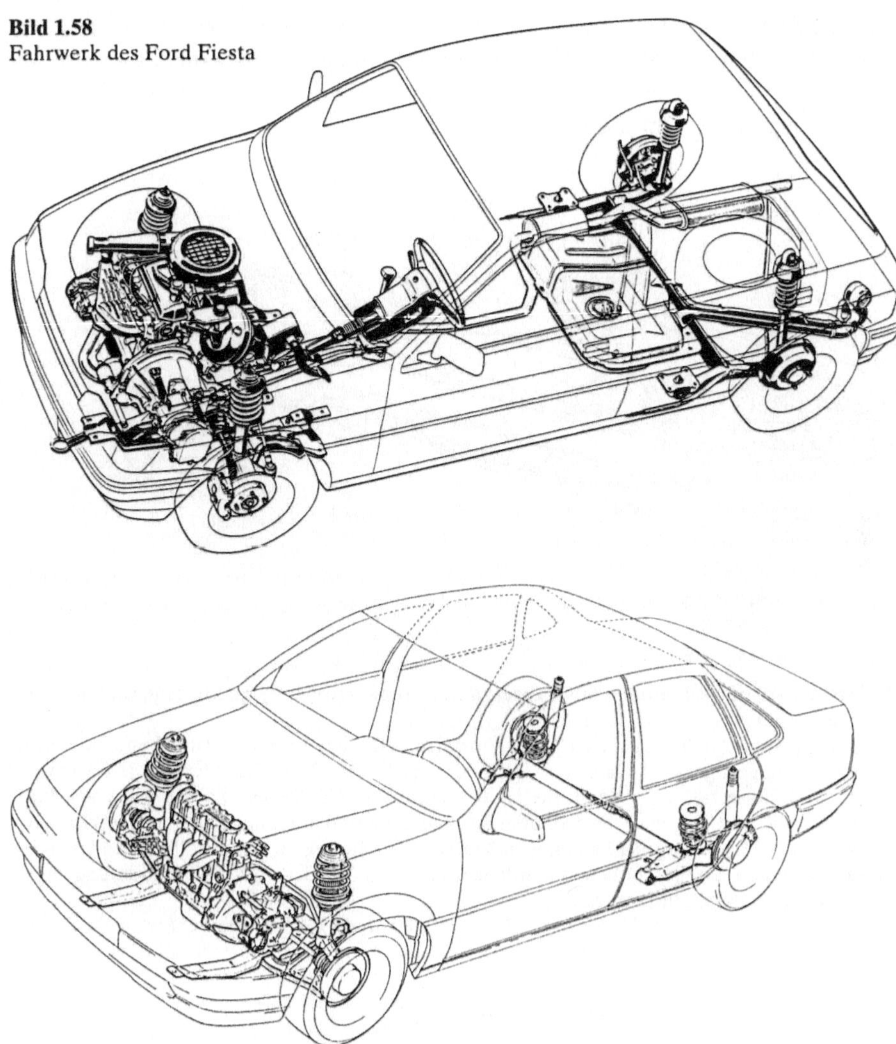

Bild 1.59 Opel Vectra mit Frontantrieb. Während für den Frontantrieb hinten eine Verbundlenkerachse eingesetzt wurde, kam beim Allradantrieb die Schrägpendelachse zur Anwendung (s. Bild 1.68)

1.5.5 Fahrzeuge mit Allradantrieb

Auf den Bildern 1.29 bis 1.31 wurde nachgewiesen, daß beim Allradantrieb die Antriebsgrenzen wesentlich höher als bei den anderen Antriebsarten liegen. Die höher liegenden Antriebsgrenzen bedeuten größere Seitenkraftreserve und damit mehr Sicherheit. Auf den Bildern 1.29 bis 1.31 war für den Allradantrieb die der jeweiligen Achslastverteilung proportionale Antriebskraftverteilung angenommen worden. Bezogen auf die Definition des Gütegrades der Bremskraftverteilung und des Gütegrades der Seitenkraftverteilung würde das bedeuten, der Gütegrad der Antriebskraftverteilung wäre gleich 1. Selbst wenn man diesen Gütegrad gleich 1 praktisch nicht verwirklichen kann, bleibt der Allradantrieb vorteilhaft, und nur der wesentlich größere technische Aufwand steht dagegen. Trotz dieses Aufwands haben mehrere PKW-Firmen ihr Programm um Typen mit Allradantrieb erweitert. Einige Beispiele zeigen die Bilder 1.60 bis 1.68.

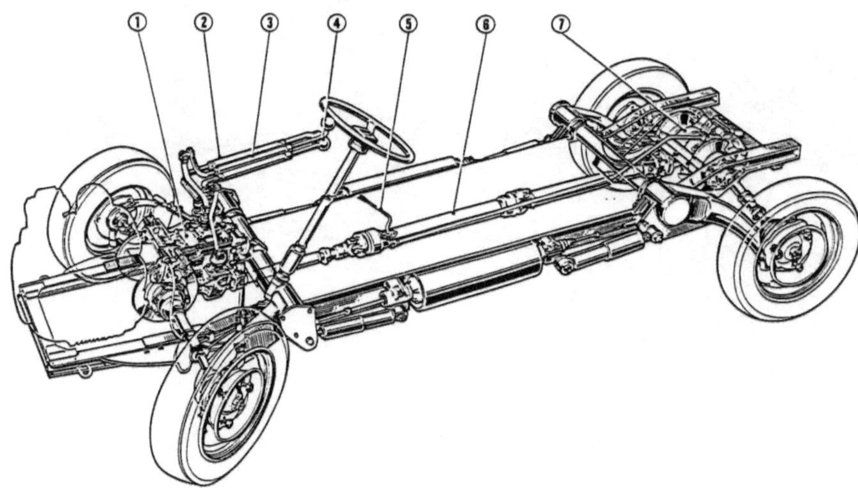

Bild 1.60 Citroen Mehari 4 × 4, luftgekühlter Zweizylinder-Boxermotor mit 0,6 Ltr. Hubraum und 21 kW, mit Allradantrieb
Das Fahrwerk ist vom 2 CV abgeleitet. Die Vorderradaufhängung sind geschobene und die Hinterradaufhängung gezogene Längslenker. Die Federung ist eine Verbundfederung, jeweils zwischen Vorder- und Hinterrad einer Seite. Sie ist als Schraubenfeder in den Töpfen zwischen den Achsen untergebracht. Die liegend angeordneten Stoßdämpfer sind auf einer Seite am Lenker und auf der anderen am Federtopf angeschlossen, so daß sie die Federbewegung des jeweiligen Rades zum Verbundsystem dämpfen. Der geschobene Längslenker bringt am Vorderrad Nachlaufänderung über den Federweg und ein hohes Nickzentrum
1 Schaltgetriebe, 2 Schalthebel für Vorgelege, 3 Getriebeschalthebel, 4 Schalthebel für zusätzlichen Hinterradantrieb, 5 Schalthebel für Differentialsperre, 6 Kardanwelle, 7 Hinterachsdifferential

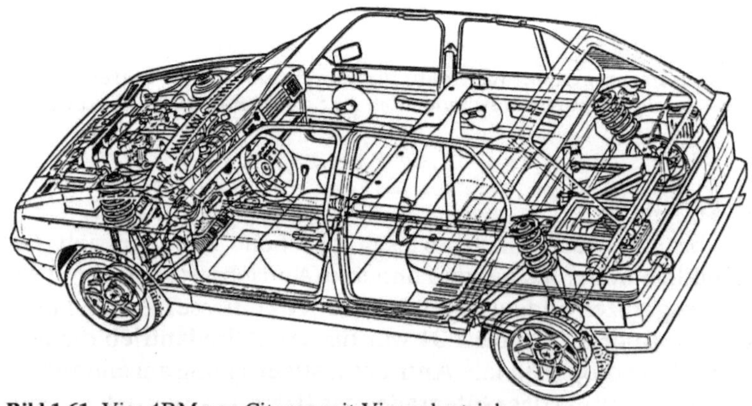

Bild 1.61 Visa 4RM von Citroen mit Vierradantrieb
Als Radaufhängung wurde vorn eine Federbeinachse und hinten eine Schrägpendelachse mit Federbein gewählt. Auch hier verwendet Citroen Schraubenfedern

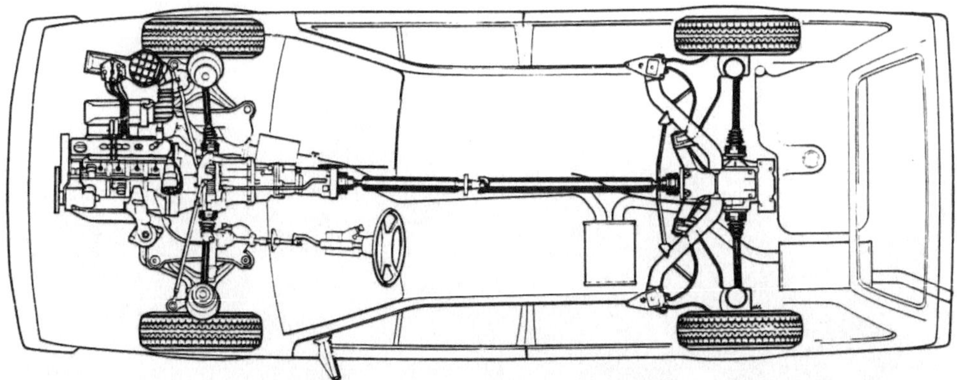

Bild 1.62 Bei VW bekam das Modell Variant aus der Passat-Baureihe Vierradantrieb
Als Radaufhängung wird hier vorn eine Federbeinachse und hinten eine Schrägpendelachse verwendet

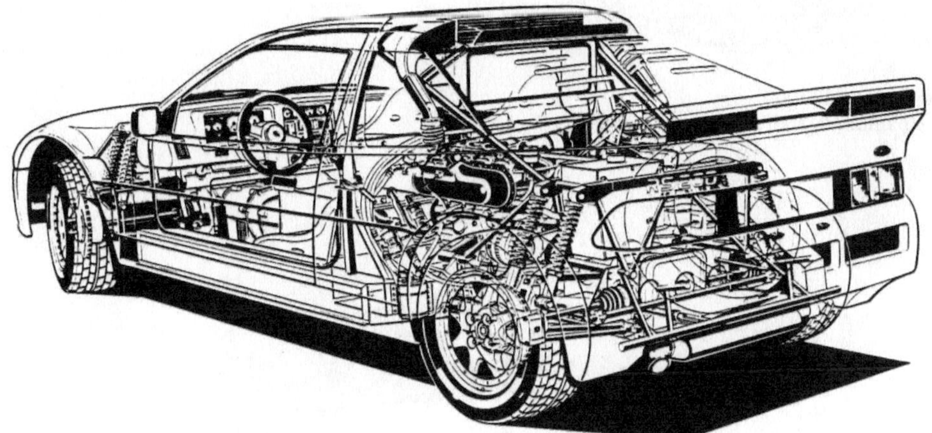

Bild 1.63 Ford RS 200, ein Fahrzeug mit Mittelmotor und Vierradantrieb
Es ist ein zweisitziges Fahrzeug für Rallyes. Es ist die Radaufhängung hinten als Doppelquerlenkererachse mit auf jeder Seite zwei sich auf dem Radträger abstützenden Federbeinen zu erkennen

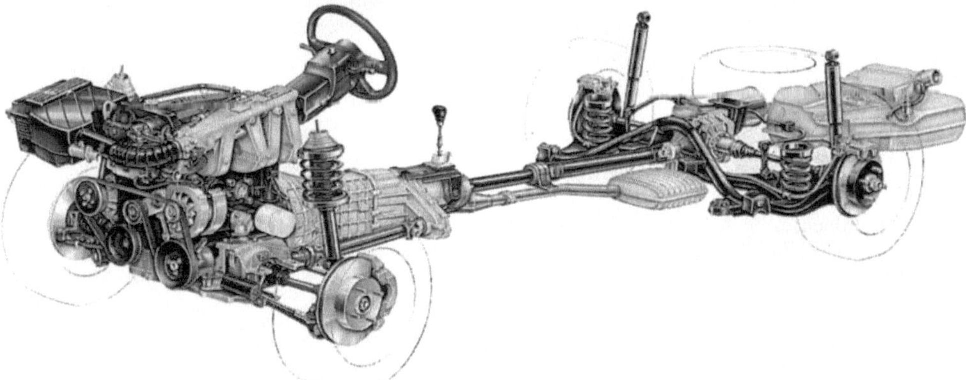

Bild 1.64 Fahrgestell des Ford Sierra mit Allradantrieb mit 2,0 Ltr. DOHC Motor

Bild 1.65 Audi 100
a) Phantomdarstellung mit Allradantrieb

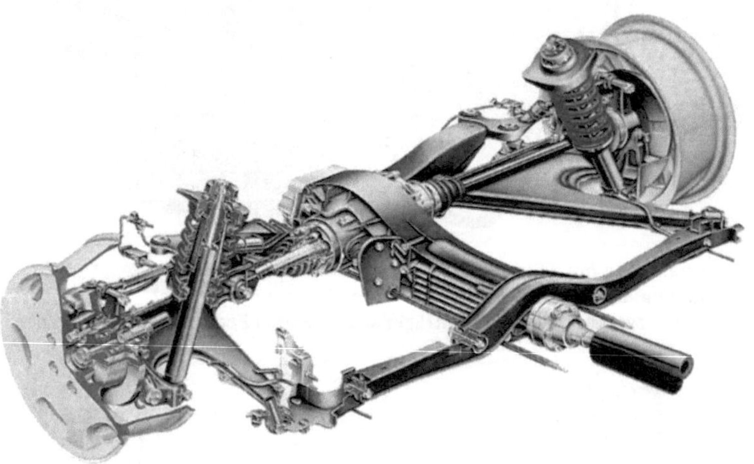

Bild 1.65 Audi 100
b) Die Hinterachse bei Allradantrieb ist eine Weiterentwicklung der auf Bild 2.89 dargestellten
Trapezlenkerachse

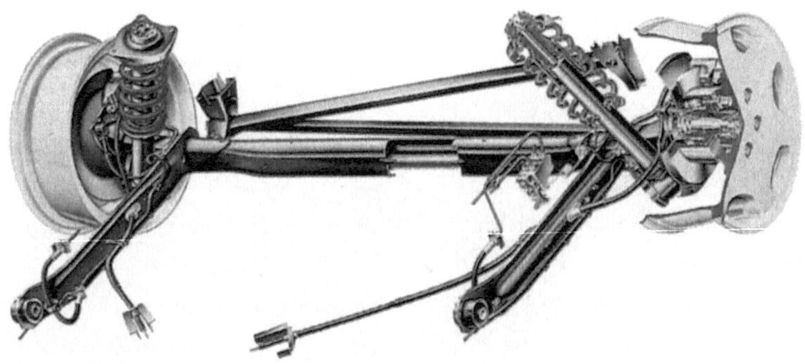

Bild 1.65 Audi 100
c) Torsionskurbelachse als Hinterachse bei Frontantrieb

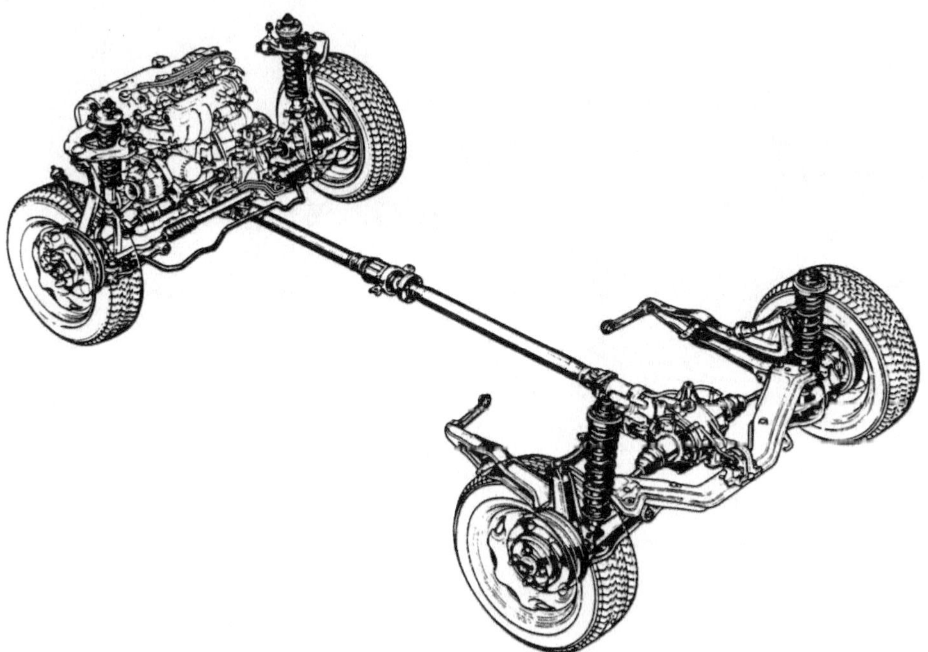

Bild 1.66 Honda Civic Shuttle 4 WD, er hat Allradantrieb, bei dem die Hinterachse ebenfalls über eine Visco-Kupplung mitgenommen wird

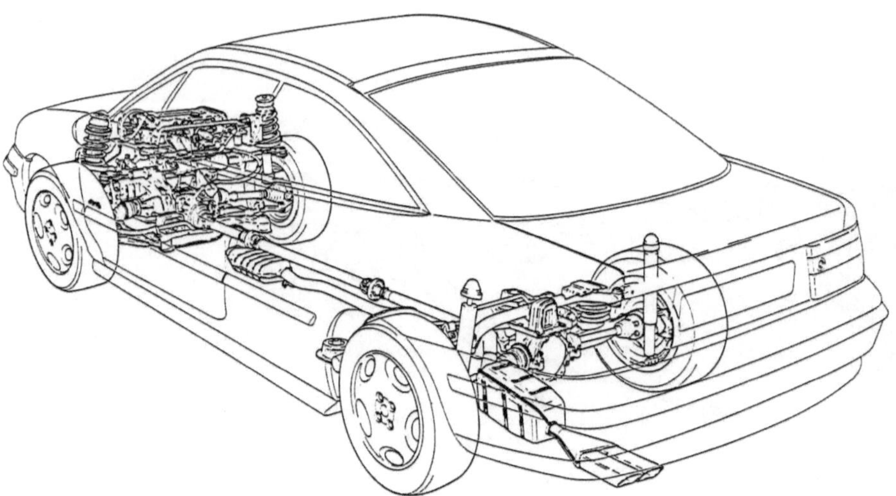

Bild 1.67 Mit Allradantrieb ausgerüsteter Opel Calibra, wie der allradgetriebene Vectra mit Schrägpendelachse

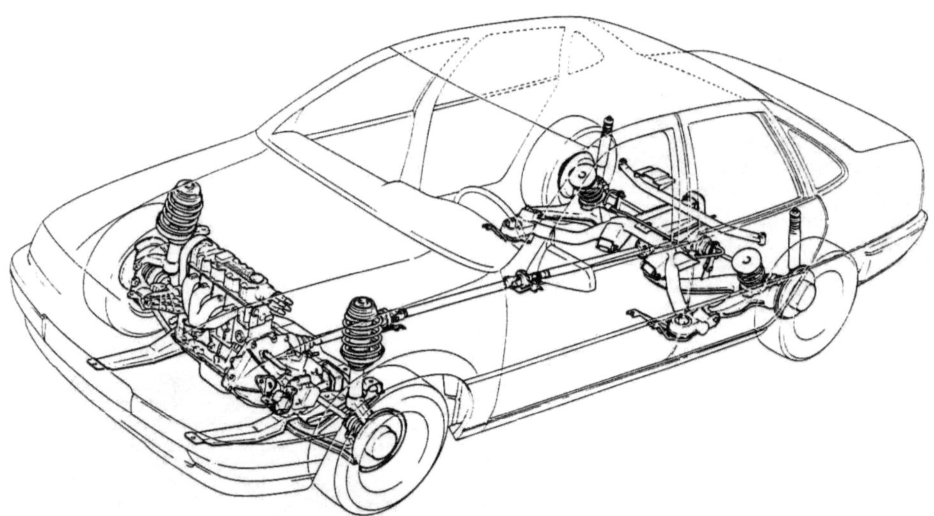

Bild 1.68 Opel Vectra mit Allradantrieb

2 Radaufhängung

2.1 Aufgabe und Funktion

Die Räder sind wichtige und sowohl hinsichtlich Sicherheit als auch für die Wirtschaftlichkeit bedeutungsvolle Bauteile am Fahrzeug.

Worüber erfolgt die Bewegung des Fahrzeugs?

Womit wird das Fahrzeug in einer gewünschten Spur gehalten?

Worüber erfolgen Beschleunigung und Bremsung?

Die Bedeutung der Radaufhängung steht im engen Zusammenhang mit der Bedeutung der Räder. Die Radaufhängungen müssen in erster Linie danach bewertet werden, wie gut die Räder die Bewegungsaufgaben des entsprechenden Fahrzeugs erfüllen. Reimpell bezeichnet die Radaufhängungen als Verbindungsglieder zwischen Straße und Fahrzeugaufbau [2.1]; diese Kennzeichnung charakterisiert jedoch nicht die Funktion dieser Fahrzeugbaugruppe.

Der Begriff Radaufhängung ist erst etwa seit den 30er Jahren im Automobilbau gebräuchlich und wird vorwiegend für PKW angewendet, aber dort inzwischen fast ausschließlich. Früher sprach man von Achsen. Erst mit der Einzelradaufhängung wurde dieser Begriff eingeführt. Zwischenzeitlich verwendet man den Begriff Radaufhängung auch für Starrachsen als eine mögliche Form.

Die Starrachsen sind vereinzelt noch bei PKW anzutreffen. Bei den Güter-, Nutz- oder Lastkraftwagen, in Verbindung mit Zwillingsbereifung, haben sie sich bis auf wenige Ausnahmen (z.B. Tatra) behauptet und werden es auch weiterhin tun.

„Verbindungsglieder für die Radaufhängung" charakterisiert die Funktion deshalb nicht ausreichend, weil die Radaufhängung eine möglichst große und den Fahrbahnunebenheiten angepaßte Relativbewegung zwischen Rad und Fahrzeugaufbau zulassen soll. Besser wäre: Die Räder mit ihren Radaufhängungen führen den Fahrzeugaufbau auf der Fahrbahn.

In diesem Abschnitt soll u.a. nachgewiesen werden, daß die Führung des Fahrzeugaufbaus eine sehr wichtige Funktion der Radaufhängung ist. Folgende Kriterien sind für die Beurteilung einer Radaufhängung bekannt:

Die Sicherheit beeinflussende Kriterien

Betriebsfestigkeit, geeignete Dimensionierung, Werkstoffwahl und Herstellungstechnologie sind für alle Fahrwerksteile besonders wichtig. Der Bruch an einem die Radführung zu gewährleistenden Teil bringt immer eine lebensbedrohliche Gefährdung mit sich. Deshalb sollten Federn, bei denen funktionsbedingt ein sehr großer Spannungsausschlag beim Ein- und Ausfedern zugelassen werden muß, nicht allein zur Rad- oder Achsführung herangezogen werden.

Steuerungstendenz

Die Radaufhängung beeinflußt sowohl durch seine Lenkwinkel-, Sturz- und Nachlaufänderung über den Federweg (Kinematik) als auch durch die elastischen Deformationen infolge von Längs- und Seitenkräften die Fahrstabilität entscheidend (s. Abschnitte 2.1.1 und 2.1.2).

Rutschgrenze

Im Zusammenwirken von Spurweiten-, Lenk- und Sturzwinkeländerung mit der Radlast- und Seitenkraftänderung hat die Radaufhängung unmittelbaren Einfluß auf den Gütegrad der Seitenkraftverteilung auf die beiden Räder der Achse und damit auf das Erreichen der Rutschgrenze. Die Radaufhängung beeinflußt die Beherrschbarkeit des Fahrzeugs auf schlüpfriger Fahrbahn und in Grenzsituationen hinsichtlich Quer- und Gierbeschleunigung.

Kippgrenze

Obwohl Fahrzeuge so ausgelegt werden sollten, daß die Rutschgrenze vor der Kippgrenze erreicht wird, gibt es doch Grenzsituationen, bei denen Fahrzeuge umkippen, sich sogar überschlagen. Die Radaufhängung in Verbindung mit der Federung und den Hauptabmessungen (Spurweite, Radstand und Schwerpunkthöhe) beeinflussen die Kippgrenze (s. auch Bild 1.33).

Den Fahrkomfort beeinflussende Kriterien

Federungskomfort

Der Schwingungskomfort wird in erster Linie von der Fahrzeugfederung in Verbindung mit der Radaufhängung beeinflußt.

Geräuschkomfort

Die Radaufhängung in Verbindung mit den Lagerstellen für Lenker, Stoßdämpfer und Feder wirkt sich auf die Übertragung der Rollgeräusche aus.

Gestaltung des Fahrzeuginnenraums

Der Raum, der von den Rädern und den Radaufhängungen in Anspruch genommen wird, steht für Motor, Getriebe, Kraftstoffbehälter, Abgasanlage und auch für Fahrgastraum und Kofferraum nicht zur Verfügung. Wenn dieses Kriterium hier auch als letztes der den Fahrkomfort beeinflussenden Kriterien steht, so kann man doch feststellen, daß sich in den letzten Jahren insbesondere die Radaufhängungen durchgesetzt haben, die sich hinsichtlich Rauminanspruchnahme besonders gut anpassen.

Die Wirtschaftlichkeit beeinflussende Kriterien

Fahrwiderstände

Von den Fahrwiderständen, die von der Radaufhängung beeinflußt werden, ist der Rollwiderstand von besonderer Bedeutung. Fehler in der Radstellung (Vorspurwinkel, Sturz) und die Spurweitenänderung über den Federweg (die dazu führt, daß bei Unebenheiten der Reifen unter Schräglauf abrollt) vergrößern den Rollwiderstand.

Im Zusammenhang mit der beim Federn in Wärme umgesetzten Dämpfungsenergie entsteht über den Weg ebenfalls eine Fahrwiderstandskraft, die zu beachten ist.

Lebensdauer

Bezüglich Zuverlässigkeit und Lebensdauer werden an Kraftfahrzeuge hohe Anforderungen gestellt. Von ihnen werden Abschreibung und Wiederverkaufswert bestimmt. Besonders deutlich ist der Einfluß der Radaufhängung auf den Reifenverschleiß. Bei einer Radaufhängung mit großer Spurweitenänderung beim Ein- und Ausfedern kann sich z.B. die Reifenlebensdauer ohne weiteres auf einen Bruchteil der bei einer Radaufhängung ohne Spurweitenänderung erreichbaren verkürzen.

Wartungsaufwand

Im unmittelbaren Zusammenhang mit der Lebensdauer ist der Wartungsaufwand zu sehen. Bis auf wenige Ausnahmen sind die Radaufhängungen wartungsfrei.

Montage- und Reparaturfreundlichkeit

Insbesondere mit der Einführung der Federbeine und der Montierbarkeit der Radaufhängung als Baugruppe trägt man diesem Kriterium Rechnung.

Materialeinsatz und Fertigungsaufwand

Dieses Kriterium charakterisiert nicht den Gebrauchswert, sondern die Kosten. Dabei muß der Hersteller neben den Kosten für die Radaufhängung berücksichtigen, wie sie sich auf die Kosten der übrigen Baugruppen und dabei insbesondere auf die der Karosserie auswirken. Ein hoher Federungskomfort mindert die Karosseriebeanspruchung.

Eine günstige Lage der Punkte für die Krafteinleitung ist dem Leichtbau bzw. der Lebensdauer der Karosserie dienlich. Alle Blechteile im Bereich der Radkästen werden von der Radaufhängung unmittelbar beeinflußt.

Die genannten Kriterien sind im Bild 2.1 zusammengestellt; eine gewisse Wichtung soll durch die zugeordneten Flächengrößen angedeutet werden. Eine solche Wichtung ist natürlich immer subjektiv beeinflußt und wird vom Fahrzeughersteller aus einer ganz anderen Perspektive als vom Fahrzeugnutzer gesehen.

2.1.1 Rad- und Achskinematik

2.1.1.1 Bedeutung der Kinematik

In der technischen Mechanik geht man davon aus, daß jeder sich völlig frei bewegende Körper 6 Freiheitsgrade besitzt, da 6 voneinander unterscheidbare Bewegungen auftreten können. Es sind dies die Verschiebungen in den 3 Ebenen eines räumlichen Koordinatensystems und die Drehung um die 3 Achsen. Geht man von einem allgemeinen nicht rechtwinkligen Koordinatensystem aus, so sind folgende 4 Freiheitsgrade bekannt und zu unterscheiden:

1. die Drehung des Rades um seine Achse beim Fahren,

2. die Drehung der Radebene um die Spreizungsachse beim Lenken,

3. die Vorwärtsbewegung des Rades mit dem Fahrzeug beim Fahren und

4. die vertikale Bewegung des Rades beim Ein- und Ausfedern.

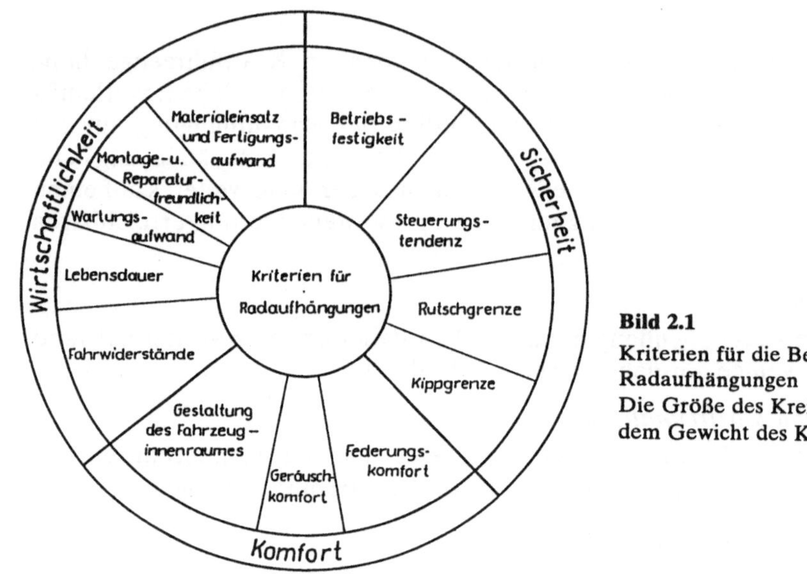

Bild 2.1
Kriterien für die Bewertung von
Radaufhängungen
Die Größe des Kreisbogens entspricht
dem Gewicht des Kriteriums

Bei der Kinematik der Radaufhängung geht man immer davon aus, daß ein auf das
Fahrzeug bezogenes Koordinatensystem zugrunde liegt. Allgemein verbreitet sind
die auf Bild 1.3 definierten Koordinatenrichtungen

x-Richtung = Fahrtrichtung

y-Richtung = quer zur Fahrtrichtung

z-Richtung = parallel zur Hochachse.

Bei diesem auf das Fahrzeug bezogenen Koordinatensystem ist die Vorwärtsbewegung des Rades beim Fahren keine Relativbewegung, da sich das Rad mit dem
Koordinatensystem verschiebt. Eine Relativbewegung in x-Richtung kann aber
außerdem auftreten.

Weiterhin ist zu bemerken, daß bei einem rechtwinkligen fahrzeugbezogenen
Koordinatensystem die verbleibenden 3 von den oben genannten Bewegungen
jeweils Anteile von mehreren Koordinatenrichtungen enthalten. Zum Beispiel
beim Drehen des Rades liegt strenggenommen nicht nur die Drehung um eine zur
y-Achse parallele Achse vor, sondern infolge einer Vorspur ist die Drehachse zur
x-Achse hin und infolge des Sturzes von der z-Achse weg geneigt. Noch größer ist
die Abweichung beim Lenken. Infolge der Spreizung und des Nachlaufs dreht sich
die Radebene sogar um eine Achse, die sehr stark von einer Parallelen zur z-Achse
abweicht.

Besondere Bedeutung hat die Kinematik in Verbindung mit dem Ein- und
Ausfedern erlangt. Das Ein- und Ausfedern stellt zwar nur einen Freiheitsgrad
dar, dem durch Federn und Dämpfer entgegengewirkt wird und der durch
Anschläge begrenzt ist. Bei allen Einzelradaufhängungen verschiebt und verdreht

sich jedoch die Radebene in bzw. um mehrere Achsen. Insofern werden gewissermaßen Anteile in den 3 Richtungen in Anspruch genommen.

Im folgenden soll nun gezeigt werden, daß im Laufe der Fahrzeugentwicklung diejenigen Radaufhängungen bevorzugt werden, mit denen eine gewünschte Elastokinematik erreicht wird.

Eine Führung der Radebene beim Ein- und Ausfedern exakt in einer zur z-Achse und zur x, z-Ebene parallelen Richtung wäre sehr aufwendig und einer mit günstiger Elastokinematik unterlegen, wie folgende Beispiele erkennen lassen.

Nachlaufvergrößerung beim Bremsen und Nachlaufverkleinerung beim Antreiben:
Zum sicheren Geradeauslauf muß am Achsschenkel ein Rückstellmoment, das die Radebene in die Rollrichtung dreht, vorhanden sein. Das Rückstellmoment wird als Produkt aus Nachlauf und Seitenkraft gebildet. Da beim Bremsen der vom Reifen kommende Nachlauf negativ werden kann, das Fahrzeug aber vorn einfedert, ist es günstig, wenn sich der Nachlauf aus der Elastokinematik vergrößert.

Beim Frontantrieb ist es beim Antreiben umgekehrt. Da sich das Rückstellmoment aus dem Reifen vergrößert, ist es besonders günstig, wenn sich der Nachlauf verkleinert.

Rollsteuereffekt für Vorder- und Hinterradaufhängung:
Die Drehbewegung des Aufbaus um die Längsachse des Fahrzeugs wird mit Rollbewegung bezeichnet. Ein Rollsteuereffekt kommt dadurch zustande, daß sich bei der Rollbewegung die beiden Räder der Achse hinsichtlich Vorspur und Sturz so verstellen, daß damit die Steuerungstendenz in Richtung übersteuernd, untersteuernd oder neutral beeinflußt wird. Im Abschnitt 2.1.3 wird näher darauf eingegangen.

Verbesserung des Gütegrades der Seitenkraftverteilung bei Querbeschleunigung:
Bei den bekannten Radaufhängungen tritt bei Kurvenfahrt am kurveninneren Rad, bezogen auf die Radlast, eine relativ große Seitenkraft auf. Durch eine bewußte Radstellungsänderung, die einen geringeren Schräglauf am kurveninneren Rad und/oder einen größeren Schräglauf am kurvenäußeren bewirkt, kann die Seitenkraftverteilung verbessert werden.

2.1.1.2 Entwicklung verschiedener Untersuchungsmethoden

Mit der wissenschaftlichen Untersuchung der Radaufhängungskinematik an den Straßenfahrzeugen begann man in größerem Umfang, nachdem die Fahrgeschwindigkeiten immer höher, die Federungen immer weicher und die Reifen immer großvolumiger und weicher wurden [2.2].

An den Fahrzeugen mit Starrachsen machte sich eine Schwingung in der Lenkung bemerkbar, die unter den Begriff Chimmy in die Entwicklungsgeschichte des Automobils eingegangen ist. Sie zwang zu einer näheren Untersuchung der Bewegungen des Rades. So wurden u.a. von Becker, Fromm und Maruhn [2.3] die dem Anfang der 30er Jahre bekannten Tanz Chimmy ähnlichen Bewegungen der Straßenfahrzeuge näher untersucht. Hauptursache für Chimmy war die Koppelung der von den Kreiselmomenten ausgehenden Kräfte, die beim einseitigen Einfedern der Vorderachse entstehen. In [2.3] wurde eine Kreuzlenkung vorgeschlagen. Bei ihr wären die Kraftwirkungsrichtungen aus den Kreiselmomenten zwischen den beiden Rädern um 180° phasenverschoben worden und hätten sich damit aufgehoben.

Chimmy kann man als eine der Ursachen ansehen, daß man insbesondere an den PKW-Vorderachsen in den 30er Jahren zur Einzelradaufhängung überging. Aus der Patentliteratur waren Einzelradaufhängungen in den 20er Jahren schon verbreitet, das 1. Patent über eine Pendelachse stammt aus dem Jahre 1903, es wurde von Rampler angemeldet.

Mit der Einzelradaufhängung hatte man die Koppelung der Kreiselmomente aus den beiden Rädern, und nicht nur diese beseitigt. Bei der Einzelradaufhängung treten neue Bedingungen bezüglich Rollneigung des Aufbaus auf, die die Untersuchungen mit Hilfe des Momentanpols oder auch Rollzentrums notwendig machten. Diesbezügliche Veröffentlichungen sind ebenfalls aus den 30er Jahren bekannt [2.4].

Das Rollzentrum ist der Pol, um den sich aufgrund der kinematischen Gesetzmäßigkeiten der Fahrzeugaufbau gegenüber den Radaufstandspunkten verdrehen würde, wenn die im Abschnitt 2.1.2 angegebenen Elastizitäten nicht vorhanden wären. Die Neigung des Fahrzeugaufbaus um die x-Achse wird von der Höhe des Rollzentrums über der Fahrbahn beeinflußt. Theoretisch ist der vertikale Abstand zwischen Rollzentrum und Aufbauschwerpunkt der Hebelarm, der, mit der Fliehkraft am Aufbau multipliziert, das Moment bildet, das zur Rollneigung am Aufbau führt.

2.1.1.3 Rollzentrum (auch Momentanpol oder Wankzentrum)

Das Rollzentrum für Einzelradaufhängung wird anders bestimmt als das für Starrachsen. Bei Starrachsen ist das Element für die Lage des Rollzentrums bestimmend, an dem sich die Fliehkraft des Aufbaus gegenüber der Achse abstützt. Eine Übersicht über die Konstruktion und über die Lage der Rollzentren für verschiedene Achsen geben die Tafeln 2.1 und 2.2.

Bei den Einzelradaufhängungen wird die Konstruktion des Rollzentrums nach den Gesetzen der Getriebelehre [2.5] vorgenommen, indem man die Radaufstandspunkte als Gelenkpunkte ansieht und die Fahrbahn wie ein Gestellglied behandelt. Der Bewegungspol des den Aufbau darstellenden Gliedes entspricht dem Rollzentrum. Bild 2.2 zeigt die Konstruktion des Bewegungspols für ein 4gliedriges Getriebe. Bei ihm läßt sich die Zwanglaufbedingung nach Grübler unter der Bedingung nur eines Antriebsgliedes (sich neigender Aufbau) und des Vorhandenseins von sog. niederen Elementenpaaren (Gelenke mit nur einem Freiheitsgrad) anwenden,

$$2\,e - 3\,n + 4 = 0, \tag{2.1}$$

$$2 \times 4 - 3 \times 4 + 4 = 0,$$

$$8 - 12 + 4 = 0$$

e Anzahl der niederen Elementenpaare,
n Anzahl der Glieder,

Tafel 2.1: Achsprinzipien, Konstruktion des Rollzentrums P_M und des Pols P_3 zur Konstruktion des Nickzentrums

a)	Starrachse mit Längsblattfedern, bei Seitenkräften stützt sich die Achse gegenüber dem Aufbau in den Punkten P_1 und P_2 in den Längsblattfedern ab, der Pol P_3 liegt im Kreisbogenmittelpunkt, um den sich die Achse beim Ein- und Ausfedern bewegt.

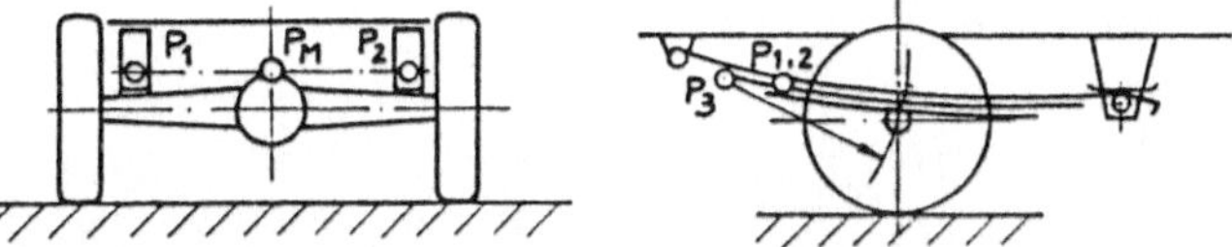

b)	Starrachse mit Schraubenfedern, die Seitenkräfte stützen sich mittels Panhard-Stab ab, P_M liegt zwischen den Anlenkpunkten P_1 und P_2, P_3 liegt im Anlenkpunkt der mit dem Achskörper fest verbundenen Längsstreben.

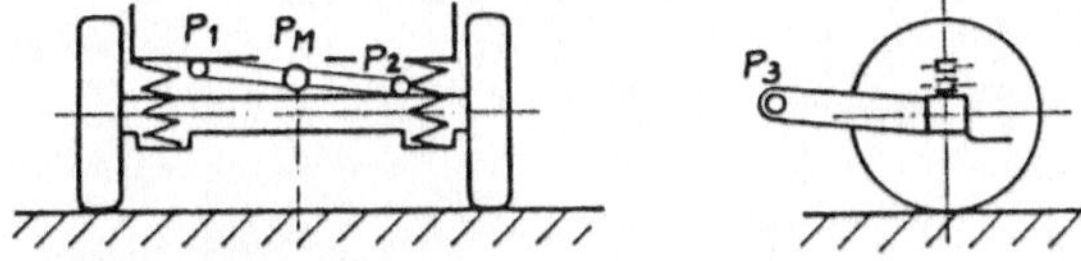

c)	Starrachse mit zur Seitenführung oben angelenktem Dreiecklenker, P_M liegt im Anlenkpunkt des Dreiecklenker am Aufbau, P_3 liegt auf der Verlängerung der Lenker projiziert auf die x-z-Ebene.

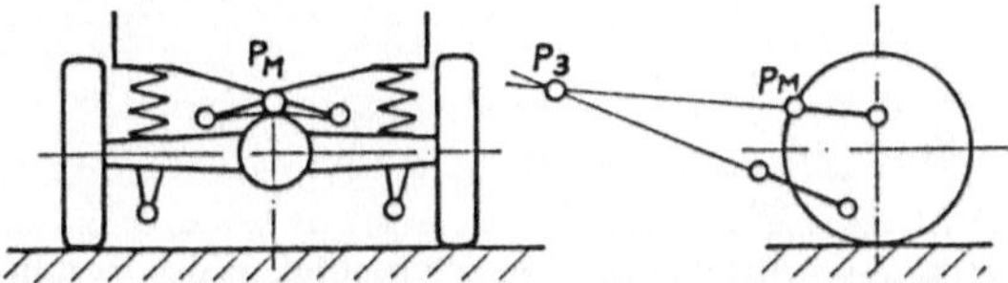

d)	Pendelachse als Einzelradaufhängung bezieht die Radaufstandspunkte R_1 und R_2 in die Konstruktion des Rollzentrums mit ein. P_M wird nach Bild 2.2 konstruiert. P_3 liegt im Unendlichen und wirkt wie auf der Fahrbahn.

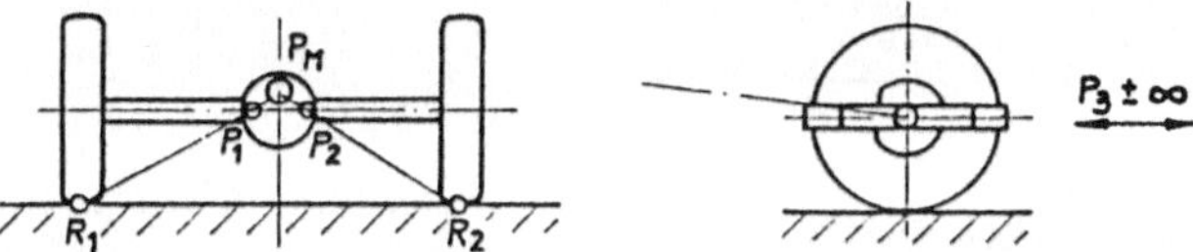

e)	Schrägpendelachse in Rückansicht, P_1 und P_2 liegt auf der Verlängerung der Lenkerdrehachse zur Achsmittelebene und P_3 auf der zur Radebene.

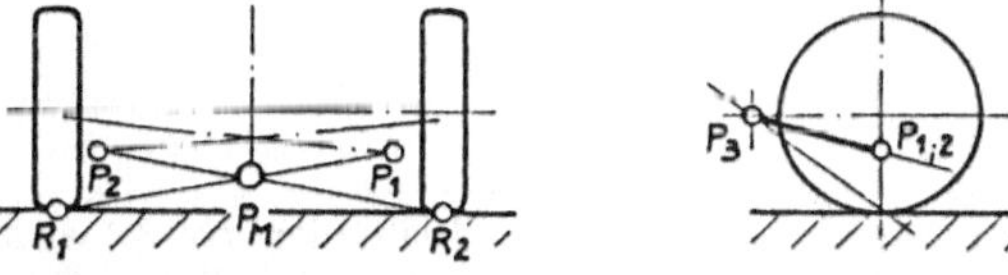

f)	Schrägpendelachse in Draufsicht

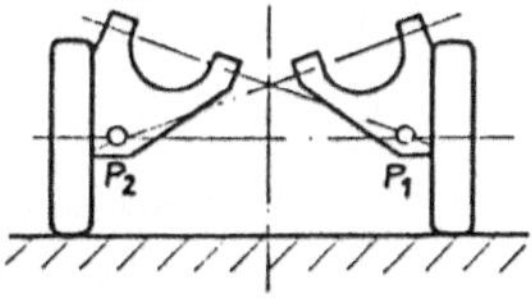

Tafel 2.2: Achsprinzipien, Konstruktion des Rollzentrums P_M und des Pols P_3 zur Konstruktion des Nickzentrums

a) Längslenkerachse mit horizontal liegender Lenkerdrehachse, P_1 und P_2 sind im Unendlichen und P_M auf der Fahrbahnebene, P_3 = Lenkerdrehachse.

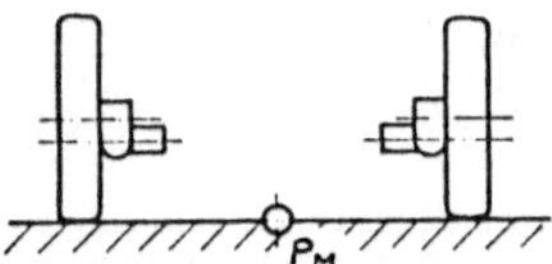
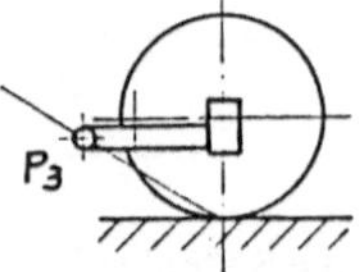

b) Längslenkerachse in der Draufsicht

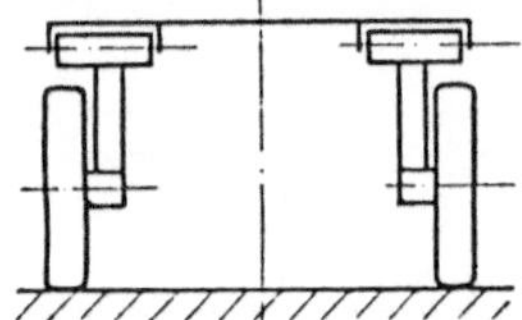

c) Längslenkerachse mit geneigter Drehachse, P_M wird gefunden, indem man die Parallele zur Lenkerdrehachse zeichnet, P_3 wie a) und Tafel 2.1e).

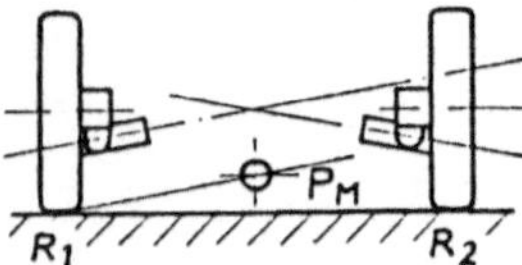
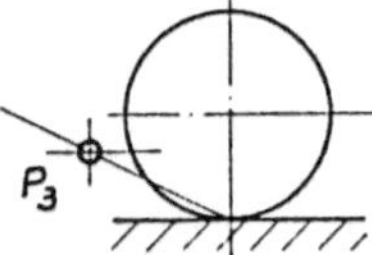

d) Verbundlenkerachse in Rückansicht, h_{PM} wird von der Torsionssteifigkeit des Verbindungsstücks bestimmt, P_3 = Drehachse der Verbundlenkerachse.

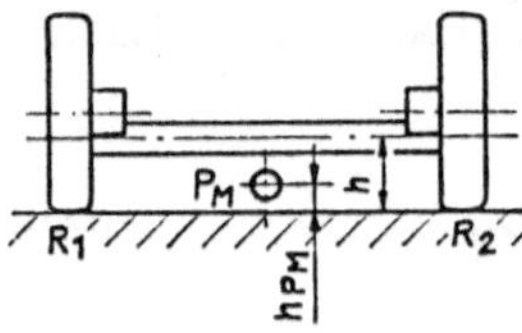
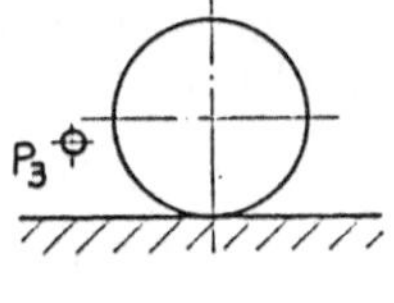

e) Verbundlenkerachse in Draufsicht.

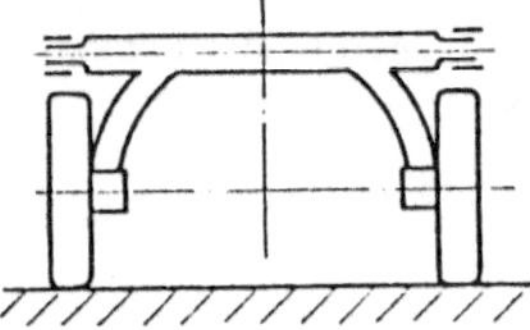

f) Doppelquerlenkerachse, bei der der obere Lenker durch eine Blattfeder gebildet wird, P_M wird nach Bild 2.4 konstruiert. Im Beispiel liegen P_1 (nicht dargestellt), P_2 und P_M auf der Fahrbahn. Liegen die Lenkerdrehachsen horizontal, so liegt auch P_3 auf der Fahrbahn.

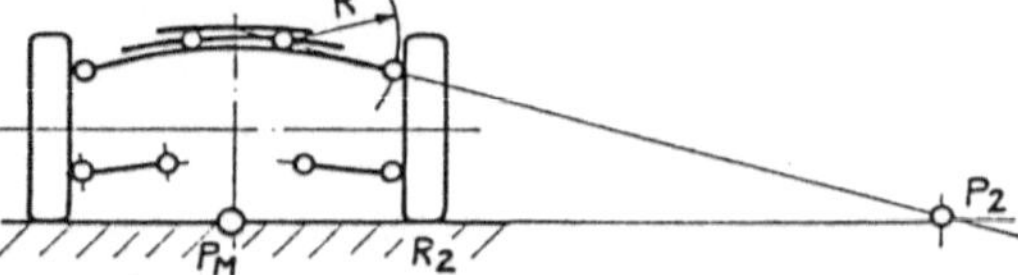

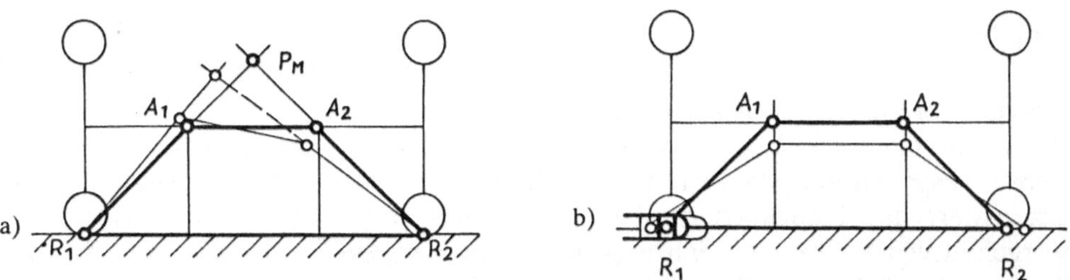

Bild 2.2 a) Konstruktion des Momentanpols für ein 4gliedriges Getriebe
Zwanglaufbedingung: $2e - 3n + 4 = 0$, e Anzahl der niederen Elementenpaare (z.B. Drehgelenke), n Anzahl der Glieder.

Im Prinzip sind alle Radaufhängungen mit nur einem Lenker damit zu untersuchen. Bei der Pendelachse würden A_1 und A_2 den Anlenkpunkten der Lenker am Aufbau und R_1 und R_2 den Radaufstandspunkten entsprechen. Der Momentanpol P_M wird am Fahrzeug mit Rollzentrum bezeichnet.

b) Zur Darstellung des Ein- und Ausfederns muß das 4gliedrige Getriebe mit 2 angetriebenen Gliedern betrachtet werden. Zwanglaufbedingung: $2e_1 + e_2 - 3n + 3 + F = 0$.

e_1 Anzahl der niederen Elementenpaare
e_2 Anzahl der höheren Elementenpaare
n Anzahl der Glieder
F Anzahl der Antriebsglieder.

Das höhere Elementenpaar kann bei R_1 oder R_2 angenommen werden. Es verdeutlicht die Spurweitenänderung bei Pendelachsen

und damit nachweisen, daß sie erfüllt ist. Eine Radaufhängung, die relativ gut mit dem Getriebe im Bild 2.2 übereinstimmt, ist die in Tafel 2.1d) dargestellte Pendelachse. Dieses 4gliedrige Getriebe erfüllt die Zwanglaufbedingung für nur ein angetriebenes Glied. Den Bewegungsverhältnissen entsprechend kann der Aufbau nur ein- und ausfedern, wenn die Glieder zwischen Radaufstandspunkt R und Gelenkpunkt am Aufbau A, also 2 Glieder als angetriebene Glieder betrachtet werden. In diesem Fall lautet die Zwanglaufbedingung:

$$2\,e_1 + e_2 - 3\,n + 3 + F = 0; \tag{2.2}$$

e_1 Anzahl der niederen Elementenpaare,
e_2 Anzahl der höheren Elementenpaare,
F Anzahl der Antriebsglieder.

Sie ist erfüllt, wenn man ein Gelenk in ein höheres Elementenpaar (mit 2 Freiheitsgraden) umwandelt.

Dann wird

$$2 \times 3 + 1 - 3 \times 4 + 3 + 2 = 0$$
$$6 + 1 - 12 + 3 + 2 \qquad = 0$$

Es wird deutlich, daß der 2. Freiheitsgrad bei einem Gelenk erforderlich wird. Wie auf Bild 2.2b) dargestellt, wird er zwischen Reifen und Fahrbahn auftreten in Form einer Spurweitenänderung. Es ist ja allgemein bekannt, daß bei den Pendelachsen nach Tafel 2.1d) große Spurweitenänderungen beim Ein- und Ausfedern auftreten.

Prinzipiell wendet man diese Konstruktion des Rollzentrums bei allen Radaufhängungen mit nur einem Lenker an. Wie im Zusammenhang mit den anderen von der Achse ausgehenden Stabilisierungseffekten noch nachgewiesen werden wird, interessiert das Rollzentrum über der Achse. In Tafel 2.1e) und f) ist die Vorgehensweise bei der Schrägpendelachse dargestellt. In e) links ist die Projektion auf die y, z-Ebene und in f) auf die x, y-Ebene dargestellt. Die in e) rechts dargestellte Projektion auf die x, z-Ebene wird im Zusammenhang mit der Diskussion um den Brems- und Beschleunigungsnickausgleich (Tauchen beim Bremsen und Aufbäumen beim Beschleunigen) benötigt. Die entsprechenden Gelenkpunkte P_1 und P_2 liegen auf einer Querebene über Mitte Hinterachse, die parallel zur y, z-Ebene liegt. Das Rollzentrum liegt auf dem Schnittpunkt der Geraden $P_1 R_1$ und $P_2 R_2$.

Beim reinen Längslenker hat die verlängerte Drehachse des Lenkers keinen Schnittpunkt mit der Querebene über der Hinterachse. Aus diesem Grund nimmt man an, daß der Schnittpunkt im Unendlichen liegt. Eine Gerade aus dem Unendlichen durch den Radaufstandspunkt kann also nur parallel zur Drehachse des Lenkers verlaufen. Dementsprechend liegt in Tafel 2.2a) P_M auf der Fahrbahnebene und in c) darüber. Unter der Annahme gleicher Lenkerlängen (vgl. a) und b)) der innen nach oben geneigten Lenkerdrehachse ergibt sich hier ein höheres Rollzentrum. Die Gerade für den Bremsnickausgleich wird dafür etwas flacher (vgl. a) und c) rechts), was zwar einen weniger intensiven Ausgleich bedeutet, aber im Vergleich mit einigen anderen Achskonzeptionen immer noch als gut einzustufen ist.

In Tafel 2.2d) und e) wird eine Verbundlenkerachse dargestellt. Das Zwischenrohr ist zwar torsionsweich und nur biegesteif, aber trotzdem ist eine Koppelung bezüglich Torsion etwa wie bei einem Stabilisator vorhanden. Wäre die Koppelung sehr stark, d.h. das Zwischenrohr als geschlossenes Profil ausgebildet und entsprechend torsionssteif, dann könnte man diese Achse wie eine Starrachse behandeln. Das Rollzentrum läge in der Höhe der die Achse seitlich abstützenden Lager. In d) ist das die Höhe h. Wäre das Zwischenrohr unendlich torsionsweich, dann würde das Rollzentrum auf der Fahrbahn liegen, also $h_{P_M} = 0$. Die Verbundlenkerachse entspräche dann der Längslenkerachse nach a). Man sieht, daß bei der Verbundlenkerachse, die sich als PKW-Hinterachse sehr gut eingeführt hat, das Rollzentrum nicht konstruiert werden kann, sondern berechnet oder gemessen werden muß.

Zur Einführung in die Radaufhängungen mit 2 Lenkern soll das Bild 2.3 vorangestellt werden, das das Getriebe mit 8 Gliedern und eine Erweiterung des Bildes 2.2 darstellt. Während dort noch leicht zu erkennen war, daß sich das den Aufbau darstellende Glied verdrehen kann, ohne den Abstand von den Radaufstandspunkten R_1 und R_2 zu verändern, ist das im Bild 2.3 nicht einfach überschaubar. Die oben angegebenen Zwanglaufbedingungen sind also besonders dienlich: nach Gl. (2.1)

$$2e - 3n + 4 = 0,$$

mit

$$e = 10 \text{ und } n = 8$$

$$20 - 24 + 4 = 0.$$

Die Bedingung weist nach, daß das Getriebe mit nur einem angetriebenen Glied, dem sich neigenden Aufbau, funktioniert und keine Spurweitenänderung auftritt.

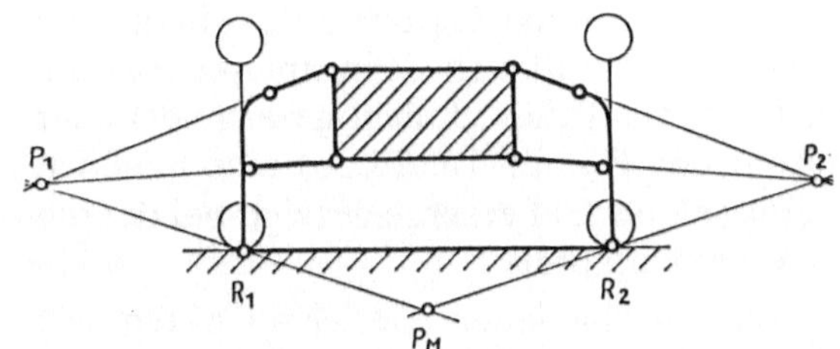

Bild 2.3

Konstruktion des Momentanpols für ein 8gliedriges Getriebe
Unter Verwendung der Zwanglaufbedingungen der Bilder 2.2a) und b) läßt sich nachweisen, daß die Rollneigung des Aufbaus ebenfalls ohne Spurweitenänderung möglich ist und beim Ein- und Ausfedern Spurweitenänderung auftritt, wenn sie auch bei den gebräuchlichen Abmessungen viel geringer ist

Demgegenüber erkennt man, daß beim Ein- und Ausfedern mit 2 angetriebenen Gliedern eine Spurweitenänderung auftreten muß, die aber wesentlich geringer ist als bei dem Getriebeschema im Bild 2.2b). Zum Nachweis wird die 2. Zwanglaufbedingung angewendet, ohne das Glied mit den 2 Freiheitsgraden zu berücksichtigen:

nach Gl. (2.2)

$$2\,e_1 + e_2 - 3\,n + 3 + F = 0,$$

mit

$$e_1 = 10, \quad e_2 = 0, \quad n = 8, \quad F = 2$$

$$20 + 0 - 24 + 3 + 2 = 1,$$

was nachzuweisen war. Man erkennt, daß mit $e_1 = 9$ und $e_2 = 1$ die Zwanglaufbedingung aufgehen würde.

Die Konstruktion des Pols für das dem Aufbau entsprechende Glied erfolgt in zwei Schritten. Durch Verlängerung der Lenker findet man P_1 und P_2. Der Schnittpunkt der Geraden durch $P_1 R_1$ und $P_2 R_2$ entspricht dem Rollzentrum. Bei der Doppelquerlenkerachse erfolgt die Konstruktion analog. Liegen die Radaufhängungen in der Fahrzeugquerebene, so werden die Schnittpunkte P_1 und P_2 aus den die Lenker verlängernden Geraden gefunden. Sind die Lenker in ihrer Drehachse geneigt, d.h. nicht parallel zur x-Achse, dann ist auch hier die Projektion auf die Fahrzeugquerebene über der Achse zu verwenden. Werden Lenker durch Querblattfedern verkörpert, dann ist die beim Ein- und Ausfedern entstehende Bahn des Federbolzens durch einen Kreis anzunähern und in der Konstruktion der Kreismittelpunkt als aufbauseitiger Lenkeranlenkpunkt anzusehen. In Tafel 2.2f) ist die Konstruktion für dieses Beispiel dargestellt; P_2 liegt bei diesem Beispiel auf der Fahrbahnebene und damit auch das Rollzentrum P_M. Weitere Beispiele sind in

Tafel 2.3a) und b) gezeigt. Eine normale Doppelquerlenkerachse befindet sich in unterschiedlichen Einfederungsstellungen. Die Konstruktion ergibt einen auf der Radaußenseite und einen auf der Radinnenseite liegenden Punkt P_1. Das Rollzentrum liegt bei diesem Beispiel der Doppelquerlenkerachse knapp unter der Fahrbahn und verschiebt sich etwas.

Bei der Mc-Pherson-Achse ist der obere Lenker durch das Federbein ersetzt. Man betrachtet den oberen Anlenkpunkt des Federbeins als den Endpunkt (die radseitige Lagerstelle) eines Lenkers von unendlicher Länge. Deshalb wird bei dieser Achse die den oberen Lenker entsprechende Gerade rechtwinklig am oberen Federbeinlager angetragen, und man erhält den Schnittpunkt P_1. Die Schnittpunkte der Geraden $P_1 R_1$ mit $P_2 R_2$ (in Tafel 2.3 nicht gezeichnet) oder mit der Mittellinie ergeben das Rollzentrum P_M. In Tafel 2.3e) einschließlich Anhang ist die Konstruktion für eine Doppelquerlenkerachse gezeigt, bei der die Lenkerdrehachsen nicht parallel zur x-Achse verlaufen.

Die Höhe des Rollzentrums kann von verschiedenen Gesichtspunkten aus bewertet werden. Wie bereits oben erwähnt, ist der Hebelarm, der durch den vertikalen Abstand zwischen Schwerpunkt des Aufbaus und dem Rollzentrum gebildet wird, für das Moment, das die Seitenneigung infolge einer Fliehkraft bewirkt, maßgebend. Danach wäre ein Rollzentrum in der Höhe des Aufbauschwerpunktes wünschenswert, da dann unabhängig von der Seitenkraft das Moment gleich 0 bliebe und eine Seitenneigung theoretisch vermieden würde. Dem steht als Nachteil entgegen, daß dieses hohe Rollzentrum bei den Einzelradaufhängungen mit einer sehr großen Spurweitenänderung beim Ein- und Ausfedern verbunden ist.

Bei allen in den Tafeln 2.1 bis 2.3 angegebenen Achskonzeptionen ist das Rollzentrum niedriger, bei den aktuellen sogar deutlich niedriger als der Aufbauschwerpunkt. Es wird deshalb in der weiteren Diskussion als normal angesehen, wenn das Rollzentrum auf der Fahrbahnebene liegt. Wie noch näher behandelt wird bzw. im Abschnitt Fahrstabilität zum Gesamtfahrzeug nachgewiesen wurde, werden bei der Wirkung von Seitenkräften die kurveninneren Räder entlastet und die kurvenäußeren Räder höher belastet. Wie groß diese Differenz der Radlasten wird, ist von der Rollsteifigkeit der Achse abhängig, und sie wird von der Höhe des Rollzentrums mitbestimmt.

Bei den Achsen mit über der Fahrbahn liegendem Rollzentrum ist in diesem Sinne ein aus der Achskinematik resultierender Beitrag vorhanden, der die Radlastdifferenz zwischen den beiden Rädern vergrößert. Liegt das Rollzentrum unter der Fahrbahn, dann ist dieser Beitrag negativ.

Bei der Konstruktion des Rollzentrums in verschiedenen Aufbaulagen hinsichtlich Einfederungszustand und Rollneigung läßt sich leicht nachweisen, daß sich das Rollzentrum bei einigen Radaufhängungen, bezogen auf seine Lage zum Aufbau, verschiebt. Diese Verschiebungen sind aber noch klein gegenüber den Abweichungen, die man bei der Messung des Rollzentrums feststellt. Im Bild 2.4 sind die Rollzentren über Vorder- und Hinterachse, zur Rollachse verbunden für das mit 2 Personen besetzte und für das vollbeladene Fahrzeug, dargestellt. Zur Messung

Tafel 2.3: Achsprinzipien, Konstruktion des Rollzentrums P_M und des Pols P_3 zur Konstruktion des Nickzentrums

a) Doppelquerlenkerachse, bei der Konstruktion des Rollzentrums kann P_1 von der einen Radseite auf die andere Seite wechseln, wenn die Lenker unterschiedlich lang sind.

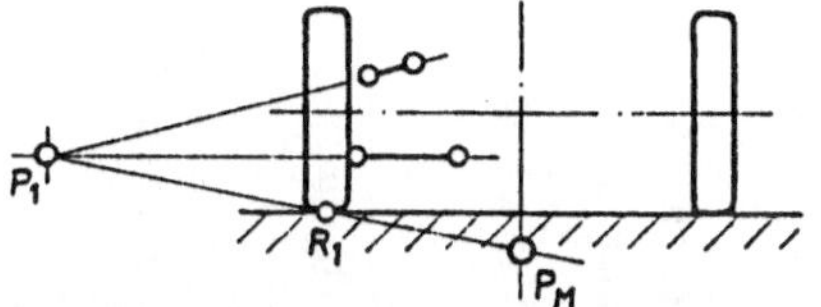
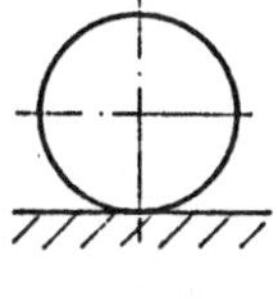

b) Doppelquerlenkerachse nach a) etwas eingefedert, P_1 wechselt die Seite zum Rad und P_M verschiebt sich etwas.

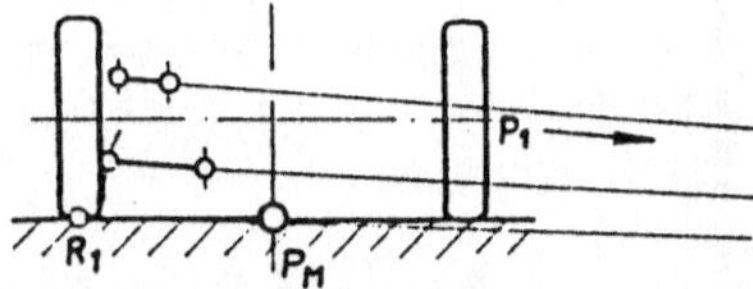

c) Mc-Pherson-Achse, bei der der obere Lenker durch die Teleskopführung ersetzt ist, P_1 wird durch die Normale zur Teleskopführung, die durch das obere Lager verläuft, gefunden.

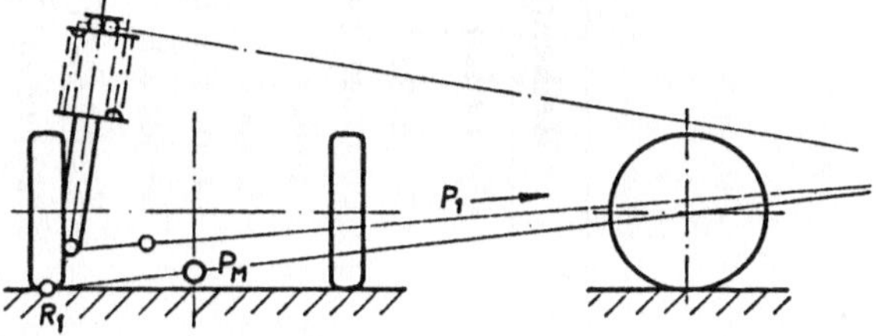

d) Bei kurzem unteren Lenker und großem Federweg ist es auch hier möglich, daß P_1 die Seite zum Rad wechselt.

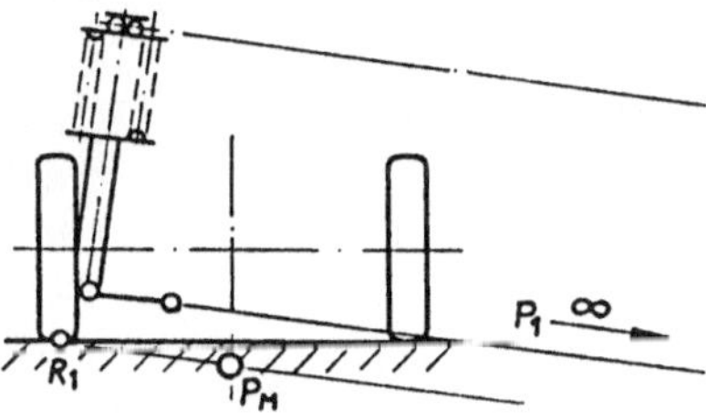

e) Doppelquerlenkerachse mit schräg im Raum liegenden Doppellenkerachsen. Die Konstruktion von P_M und P_3 geht aus der Anlage zur Tafel 2.3 hervor.

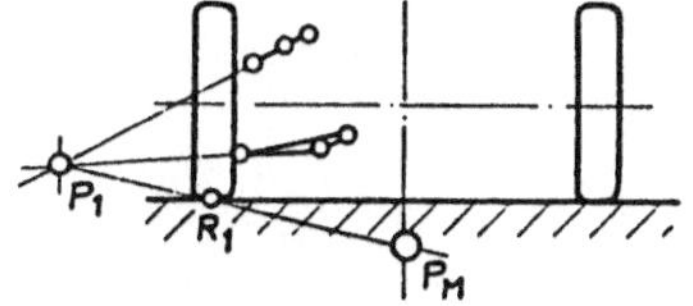
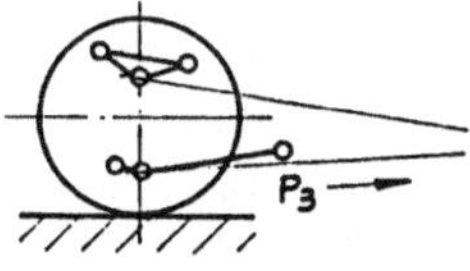

Anlage zu Tafel 2.3: Allgemeine Konstruktion von P_M und P_3 bei Doppelquerlenkerachse

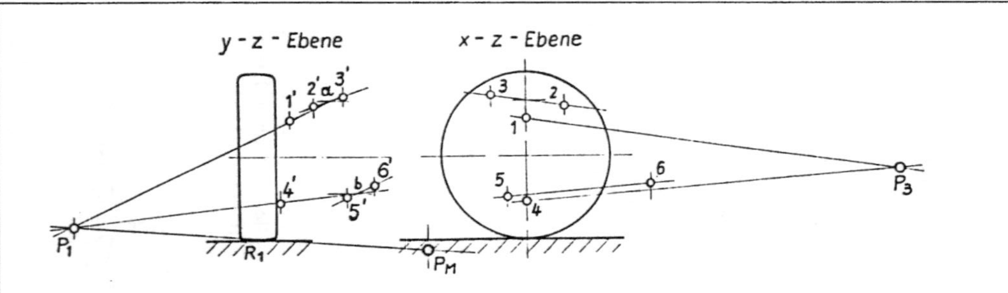

Reihenfolge der Konstruktion:

Ebene	Operation	Ergebnis
x-z	Gerade $\overline{2,3}$	Schnittpunkt Mittellinie
x-z, y-z	Übertragung in y-z-Ebene	a
y-z	Gerade $\overline{a,1'}$	1. geom. Ort für P_1
x-z	Gerade $\overline{5,6}$	Schnittpunkt Mittellinie
x-z, y-z	Übertragung in y-z-Ebene	b
y-z	Gerade $\overline{b,4'}$	P_1
y-z	Gerade $\overline{P_1\,R_1}$	P_M
x-z	Parallele zu $\overline{2,3}$ durch 1	1. geom. Ort für P_3
x-z	Parallele zu $\overline{5,6}$ durch 4	P_3

Die Darstellung in der x-y-Ebene wird zur Konstruktion nicht benötigt, sie dient nur der Veranschaulichung

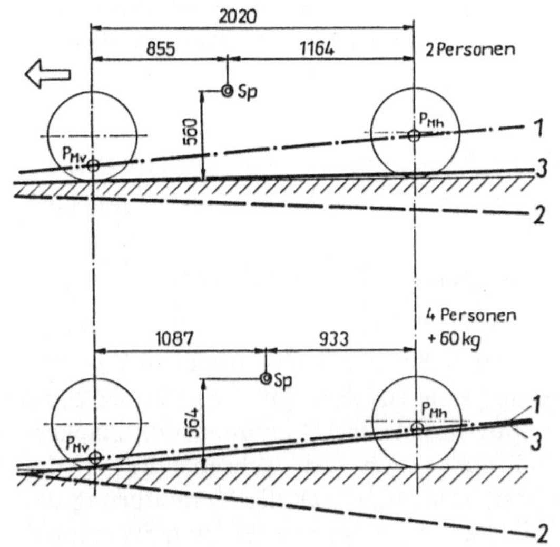

Bild 2.4
Gegenüberstellung von konstruktiv
und durch Messung gewonnener
Rollachse an einem Kleinwagen
P_{Mv} Rollzentrum über der Vorderach-
se; P_{Mh} Rollzentrum über der
Hinterachse; 1 Rollachse, konstruktiv;
2 Rollachse, gemessen auf neigbarer
Plattform; 3 Rollachse, gemessen auf
Schwingungsprüfstand

des Rollzentrums vorn und hinten wurden am Aufbau Lineale angebracht und
zwei Methoden angewendet:

1. Messung auf einer um die Längsachse neigbaren Plattform

Die Kamera wurde dabei mit geschwenkt und der Film mehrfach belichtet. Auf
den so gewonnenen Bildern läßt sich aus den Verlängerungen des Lineals ein
Schnittpunkt finden, der einen Punkt der gemessenen Rollachse in der Ebene des
Lineals darstellt.

2. Messung auf einem Schwingungsprüfstand

Dazu wurde das Fahrzeug auf den Schwingungsprüfstand gestellt, der die Räder
rechts und links um 180° phasenverschoben vertikal erregte. Dadurch ließen sich
Schwingungen um die Rollachse anregen. Auch hierbei konnte man die Pole in der
Linealebene mittels an mehreren Stellen angebrachter Geigerschreiber aus den
Ausschlägen und dem Strahlensatz finden.

Bei allen Fahrzeugen wurden erhebliche Abweichungen der gemessenen Rollachsen von den konstruktiv gewonnenen festgestellt. Die am Schwingungsprüfstand
gemessenen lagen überwiegend und die auf der neigbaren Plattform lagen alle
niedriger. Die Ursachen für die Unterschiede dürften einmal in der Annahme der
Reifenaufstandsfläche als Drehgelenk bei der Konstruktion des Rollzentrums und
in der Wirkung der Elastizität in den Radaufhängungen, die bei der Konstruktion
vernachlässigt ist und sich bei den zwei Meßmethoden unterschiedlich auswirkt,
liegen.

Bei der Beurteilung der Radaufhängungen soll davon ausgegangen werden, daß es
für jedes Fahrzeug eine Konstruktionslage gibt. Es handelt sich um die Normalstellung, und für sie wird im allgemeinen die Radebene in bezug auf den
Fahrzeugaufbau optimal eingestellt. Im Zusammenhang mit der Störung dieser

Normalstellung in der allgemeinsten Form, dazu gehört z.B. schon ein abweichender Beladungszustand, werden die Kinematik und die elastische Deformation der Achse interessant. Folgende Störungen haben große Bedeutung:

1. Änderung des Beladungszustands,

2. Vertikalbewegungen infolge Fahrbahnunebenheiten (Ein- und Ausfedern),

3. Seitenkräfte (Fliehkraft infolge Kurvenfahrt, Corioliskraft, Seitenwind, nach der Seite geneigte Fahrbahn),

4. Längskräfte (Beschleunigung, Bremsung, Berganfahrt und -abfahrt),

5. Einleitung eines Lenkwinkels an den Vorderrädern.

Für die ersten drei Störungen ist die Untersuchung der Kinematik in der y, z-Ebene aufschlußreich. Durch die Lage des Pols (in den Tafeln 2.1d) bis 2.3f)) lassen sich unmittelbar Aussagen über Spurweiten- und Sturzänderung machen. Auf Bild 2.5 soll gezeigt werden, daß aber auch bei Achsen, die in der Ausgangsstellung die gleiche Lage der Pole besitzen, durch die Veränderung der Lenkerlängen noch bemerkenswerte Einflüsse auf die Spurweiten- und Sturzänderung über den Federnweg entstehen.

Auf Bild 2.5 wurde eine normale Doppelquerlenkeraufhängung als Basis gewählt. In der Konstruktionslage sind beide Lenker horizontal, und der obere Lenker ist etwas kürzer als der untere. In der Ausgangsstellung ist der Pol P im Unendlichen und das Rollzentrum P_M auf der Fahrbahn. Bei dieser unter a) gewählten Darstellung sind die Abmessungen so, daß auch noch ein positiver Lenkrollhalbmesser R_0 vorhanden ist. Rechts neben der mit Linien und Gelenken dargestellten Radaufhängung ist der Verlauf der Spurweite und des Sturzes über den Winkel am unteren Lenker dargestellt. Im darunterliegenden Beispiel b) wurde der obere Lenker verkürzt. Dabei wurde gleichzeitig ein sehr kleiner, aber negativer Lenkrollhalbmesser erzielt. In Ausfederungsrichtung wirkt sich das günstig auf die Spurweitenänderung aus. Dafür sind die Auswirkungen auf die Sturzänderung ungünstig. Als ganz besonderer Nachteil ist zu werten, daß der obere Lenker bereits kurz nach 15° Ausschlag des unteren Lenkers in Ausfederungsrichtung in die gestreckte Lage kommt. Im Beispiel c) wurde ein größerer negativer Lenkrollhalbmesser erreicht, aber durch Verlängern des unteren Lenkers. Gegenüber dem Beispiel a) ist die Spurweitenänderung deutlich kleiner und die Sturzänderung etwas größer.

Der im Bild 2.5 gegenübergestellte Verlauf bestätigt den Einfluß der Lage des Pols auf die Verschiebung der Radebene. Unmittelbar nach dem Verlassen der Konstruktionslage beim Einfedern wandert der Pol auf der Radinnenseite zum Rad hin. Beim Ausfedern aus der Konstruktionslage wandert der Pol ebenfalls, aus dem Unendlichen kommend, diesmal auf der Radaußenseite zum Rad hin. Je näher der Pol an das Rad heranwandert und je weiter er dabei von der Fahrbahn wegwandert, um so größer werden die Radstellungsänderungen.

Es haben andere konstruktive Mittel die Bedeutung der Höhe des Rollzentrums herabgesetzt. Aufgrund der höher werdenden Anforderungen an die Radaufhängungen hinsichtlich Spurtreue und der zunehmenden Seitensteifigkeit der Reifen, die sich in den letzten Jahren deutlich mit der Entwicklung der Radialreifen und

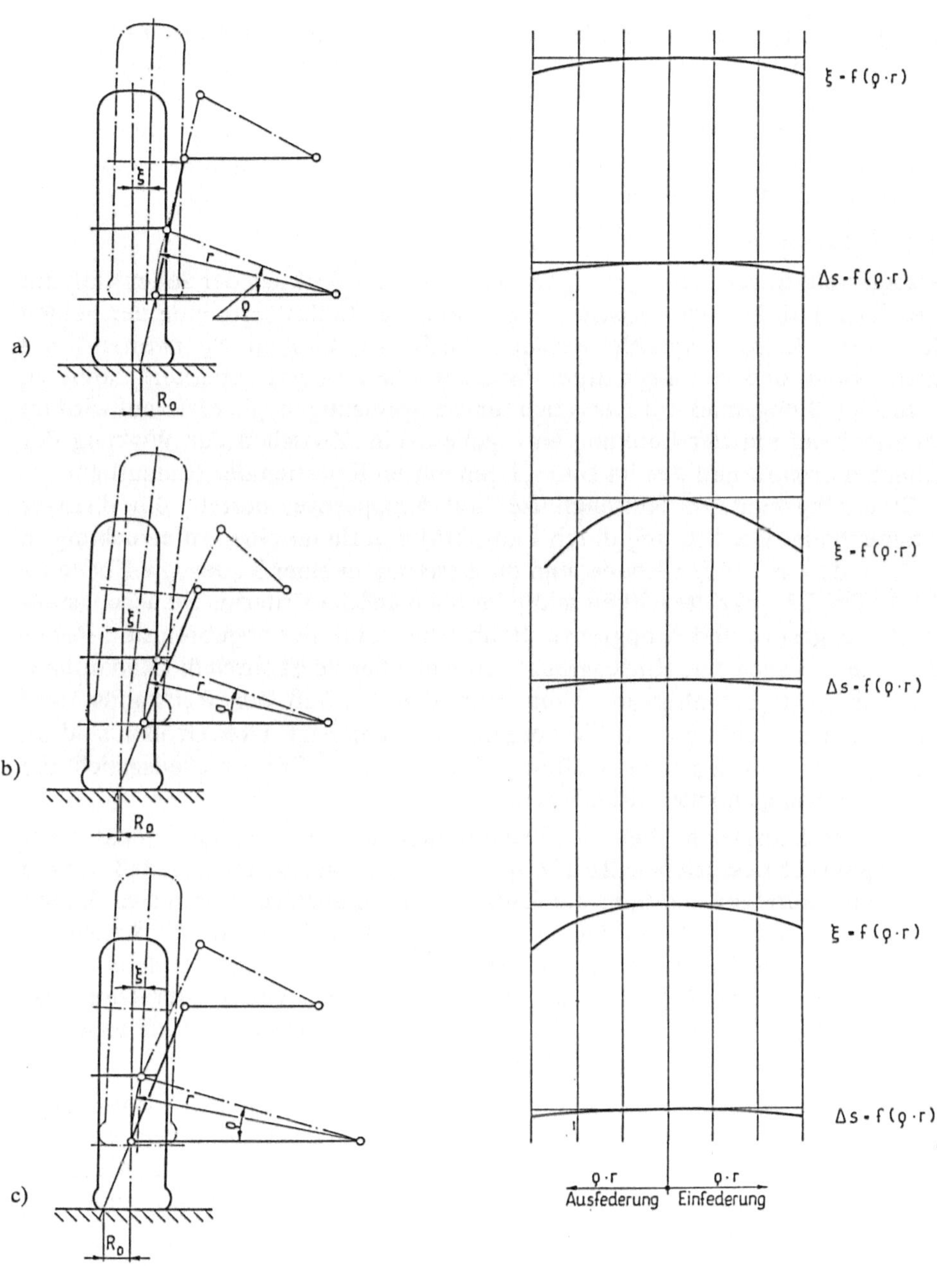

Bild 2.5

Auswirkung von Änderungen an der Lenkerlänge bei Doppelquerlenkerachsen auf deren Kinematik
Spurweitenänderung $\Delta s = f(\rho \cdot r)$
Sturzänderung $\xi = f(\rho \cdot r)$
a) Ausgangskonstruktion
b) oberer Lenker gegenüber a) verkürzt
c) unterer Lenker gegenüber a) verlängert

Niederquerschnittsreifen vergrößerte, geht der Trend bei den Einzelradaufhängungen deutlich in Richtung der Konzeptionen, bei denen die Pole weit von der Radebene entfernt sind und das Rollzentrum nur wenig über oder auf der Fahrbahn liegt. Es ist im Abschnitt 2.1.1.4 auch noch einmal auf das Rollzentrum zurückzukommen, da die Ableitung der Richtung der Resultierenden zweckmäßigerweise mit den dort näher beschriebenen Mitteln erfolgt.

2.1.1.4 Nickzentrum

Wie festgestellt wurde, kann mittels Rollzentrums die Wirkung der Seitenkraft auf den Aufbau und der kinematische Einfluß auf die Radlastverteilung der beiden Räder einer Achse ermittelt werden. Auch die Größen Spurweiten- und Sturzänderung sind bezüglich ihrer kinematischen Beeinflußbarkeit damit zu untersuchen. Sinngemäß wäre das auch für die Spreizung möglich, darauf wird im Zusammenhang mit der Lenkung einzugehen sein. Zwischen der Wirkung der Störung Seitenkraft und den im Bild 2.1 genannten Kriterien der Radaufhängungen, Steuerungstendenz, Rutschgrenze und Kippgrenze, besteht ein direkter Zusammenhang. Die Störung durch Längskräfte verlangt eine Untersuchung in einer 2., und zwar der x, z-Ebene, und die Lenkung in einer 3., der x, y-Ebene (s. Bild 1.3). Die Längskräfte wirken sekundär auch auf die Kriterien Steuerungstendenz, Rutschgrenze und Kippgrenze. Beim Blockieren der abgebremsten Räder wird sinngemäß auch eine Rutschgrenze erreicht, aber sie ist durch die Radaufhängungen nicht zu beeinflussen, wenn man den Einfluß der Radstands- und Achslaständerung auf den Blockiervorgang vernachlässigt. Drei Größen sind im Zusammenhang mit den Längskräften zu beachten, der Bremsnickausgleich, die Nachlaufänderung und die Schrägfederung.

Der Bremsnickausgleich über die Radaufhängung wurde in der Fachliteratur schon ausführlich beschrieben [2.1], [2.9], [2.11]. Unter der Bedingung, daß sich die Bremse am Radträger und über die Radaufhängung abstützt, lassen sich die auf den Bildern 2.2 und 2.3 abgebildeten Getriebe sinngemäß auch auf die Konstruktion des Nickzentrums anwenden. In diesem Fall sind die beiden Gelenkpunkte unten am Gestell die Radaufstandspunkte der Vorder- und Hinterachse. Das einfachste Beispiel für die Konstruktion des Nickzentrums zeigt Bild 2.6. Es wurde unter folgenden Vereinfachungen gezeichnet:

1. Der geschobene Längslenker der Vorderachse und der gezogene Längslenker der Hinterachse liegen horizontal, sind gleich lang und gerade so lang, daß sich die beiden Geraden durch die Lager- und Radaufstandspunkte in der Mitte des Fahrzeugs und auch noch in der Schwerpunktachse (y-Achse) schneiden ($L_\mathrm{v} = L_\mathrm{h}$, $P_\mathrm{N} = Sp.$).

2. Beide Lagerpunkte liegen in gleicher Höhe ($h_\mathrm{v} = h_\mathrm{h}$) und gleichem Abstand von Radmitte ($l_\mathrm{v} = l_\mathrm{h}$).

3. Die Bremskräfte an den beiden Achsen sind gleich ($F_\mathrm{Bv} = F_\mathrm{Bh}$).

4. Die Achsmassen m_a, das Trägheitsmoment der Räder und der mit den Rädern verbundenen rotierenden Massen Θ_R, der Rollwiderstand und der Luftwiderstand F_R und F_L sind vernachlässigt.

5. Es wird ein ebenes Modell angenommen.

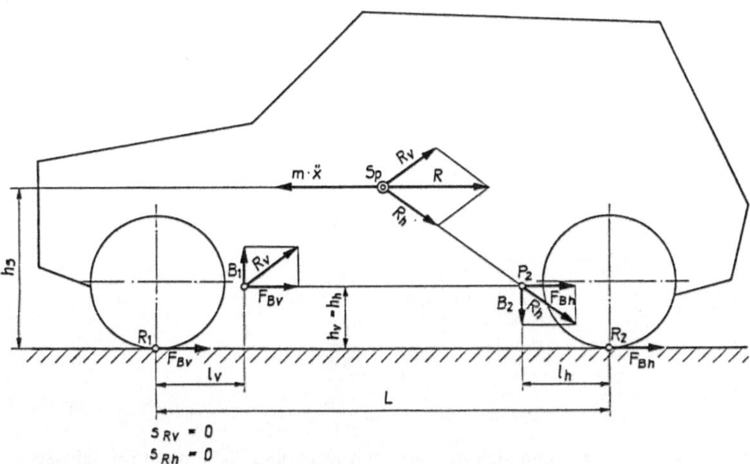

Bild 2.6 Konstruktion des Nickzentrums unter idealisierten Bedingungen
$F_{Bv} = F_{Bh}$, $l_v = l_h$, $h_v = h_h$, die Geraden $R_1 P_1$ und $R_2 P_2$ schneiden sich im Schwerpunkt, alle Kräfte außer den Bremskräften und der Massenträgheitskraft des Fahrzeugs vernachlässigt

$$B_1 = F_{Bv} \cdot \frac{h_v}{l_v}, \quad B_2 = F_{Bh} \cdot \frac{h_h}{l_h}$$

Unter diesen stark vereinfachten Bedingungen wird

$$F_{Bv} \cdot \frac{h_v}{l_v} = F_{Bh} \cdot \frac{h_h}{l_h}. \tag{2.3}$$

Am Lagerpunkt P_1 ist diese Kraft nach oben und im Lagerpunkt P_2 nach unten gerichtet. Im Kräfteparallelogramm mit $F_{Bv,\,h}$ erhält man die Resultierenden R_v und R_h. Verschiebt man diese Resultierenden auf ihrer Wirkungslinie ins Nickzentrum P_N, so erhält man aus ihnen die damit gleichzeitig im Schwerpunkt angreifende R, die der Massenträgheitskraft $m \cdot \ddot{x}$ genau entgegengerichtet ist. Es ist der Fall des völligen Bremsnickausgleichs. Er ist dann von besonderer Bedeutung, wenn ein Verbundfedersystem zwischen Vorder- und Hinterrädern angewendet wird, da dann das der Nickbewegung entgegenwirkende Moment aus der Federung fehlt oder zumindest reduziert ist.

Im Vergleich der Bilder 2.6 und 2.7 läßt sich erkennen, welche Auswirkungen die Anpassung an andere Verhältnisse in den Lenkeranlenkpunkten und in der Bremskraftaufteilung hat. Aus diesem Grund wird im Bild 2.7 die rein geometrische Bestimmung des Bremsnickausgleichs nur mit den unter 4. gemachten Einschränkungen vorgenommen ($l_v \neq l_h$, $h_v \neq h_h$, $F_{Bv} \neq F_{Bh}$, $m_a = 0$, $\Theta_R = 0$, $F_R = 0$ und $F_L = 0$).

Die Verschiebung der Bremskräfte $F_{Bv,\,h}$ auf eine parallel verschobene Wirklinie durch den Lenkeranlenkpunkt am Aufbau ergibt zur Kraft ein Moment. Um aus dem Moment $F_{Bv,\,h} \cdot h_{v,\,h}$ die vertikale Kraft am Lagerpunkt zu erhalten, ist das Moment durch $l_{v,\,h}$ zu dividieren.

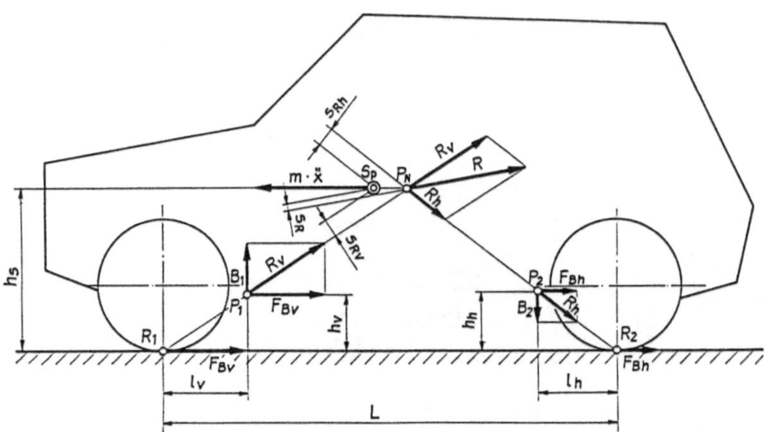

Bild 2.7 Konstruktion des Nickzentrums, wenn sich die Geraden R_1P_1 und R_2P_2 nicht im Schwerpunkt schneiden

$$m \cdot \ddot{x} = F_{Bv} + F_{Bh}, \quad F_{Bv} : F_{Bh} = 2:1, \quad B_1 = F_{Bv} \cdot \frac{h_v}{l_v}; \quad B_2 = F_{Bh} \cdot \frac{h_h}{l_h}$$

Man erhält am vorderen Lager

$$F_{Bv} \cdot \frac{h_v}{l_v}$$

nach oben gerichtet und

am hinteren Lager

$$F_{Bh} \cdot \frac{h_h}{l_h}$$

nach unten gerichtet.

Im Kräfteparallelogramm in P_N ergeben R_v und R_h die Resultierende R, die nicht in der Richtung der Massenträgheitskraft $m \cdot \ddot{x}$ liegt. Es bleibt ein kleines Restmoment, das durch den Hebelarm s_R aus $s_R \cdot R$ gebildet wird.

Obwohl das Nickzentrum in der Schwerpunkthöhe liegt, ist kein völliger Nickausgleich vorhanden. Er ist nur dann zu erreichen, wenn gleichzeitig die Bedingung (2.3)

$$F_{Bv} \cdot \frac{h_v}{l_v} = F_{Bh} \cdot \frac{h_h}{l_h}$$

erfüllt ist, denn nur dann ergibt sich ein horizontaler Kraftrichtungspfeil für R. Im Prinzip ist diese Konstruktion des Nickzentrums für alle Fälle anwendbar.

An dieser Stelle sei noch einmal auf die Konstruktion des Rollzentrums zurückgekommen. Obwohl dort immer angenommen werden kann, daß die Höhe der Lenkeranlenkpunkte und die Lenkerlängen rechts und links gleich sind, wird die entsprechende Bedingung

$$F_{\text{Si}} \cdot \frac{h_i}{l_i} = F_{\text{Sa}} \cdot \frac{h_a}{l_a} \; ; \tag{2.4}$$

$F_{\text{Si,a}}$ Seitenkraft am kurveninneren und -äußeren Rad
$h_{\text{i,a}}$ Anlenkpunkthöhe
$l_{\text{i,a}}$ Lenkerlänge,

nur dann erfüllt, wenn die Seitenkräfte an den beiden Rädern einer Achse gleich sind. Das trifft nur in Ausnahmefällen zu.

Sowohl bei der Abstützung der Seitenkraft auf die beiden Räder einer Achse als auch bei der Übertragung einer Längskraft über die Räder der beiden (oder noch mehr) Achsen handelt es sich um statisch unbestimmte Systeme, vergleichbar mit einem Träger auf 2 Stützen nach Bild 2.8. Beim Träger auf 2 Stützen hilft man sich, indem man eine Stütze auf Rollen lagert und die 2. Stütze mit der gesamten in Richtung des Trägers laufenden Kraft beauflagt. Bei den Rädern müssen bei Wirkung der Seitenkraft in erster Linie die Reifen, die unter Schräglauf abrollen, und bei Wirkung einer Längskraft muß die Bremskraftverteilung zur Bestimmung der Kräfte herangezogen werden.

Wie bereits beim Rollzentrum, so wird auch beim Nickzentrum der Einfluß auf die Kinematik zwar berücksichtigt, aber nur unter Einbeziehung aller übrigen Einflußgrößen. Sowohl beim im Bild 2.6 als auch im Bild 2.7 gewählten Beispiel wurde der von der Vorderachse herrührende große Bremsnickausgleich mit beim Einfedern sich nach vorn schiebenden Rädern erreicht.

Das würde eine Schrägfederung nach vorn bedeuten, also gegen ein über der Fahrbahn hervorstehendes Hindernis. Der Einfluß auf den Fahrkomfort und auf

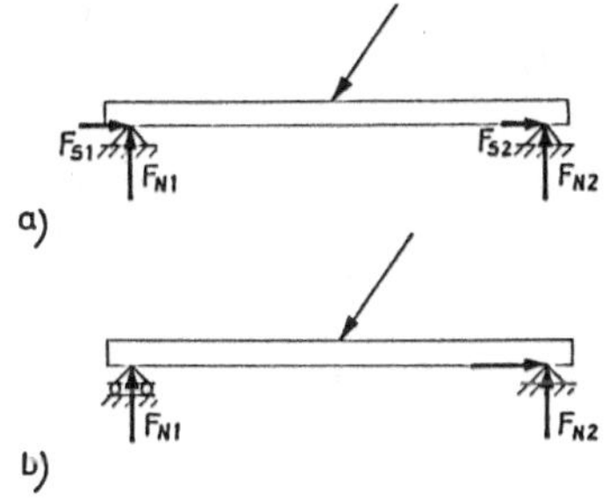

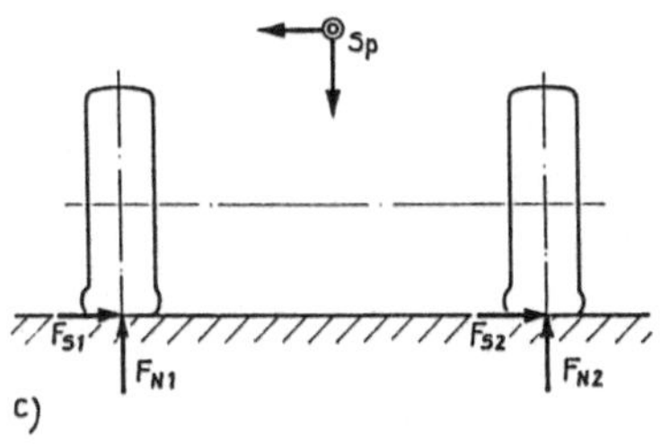

Bild 2.8
a) Träger auf 2 Stützen als statisch unbestimmtes System. Die Kräfte in den Auflagern können nur unter Berücksichtigung der elastischen Längsdeformation des Trägers und der Elastizität der Schneidenbettung bestimmt werden.

b) Wird eine Schneide auf Rollen gelagert, so entsteht ein statisch bestimmtes System, und nur die feste Schneide nimmt Seitenkräfte auf.

c) Bei der Fahrzeugachse ist ein statisch unbestimmtes System nach a) vorhanden. Die Aufteilung der Seitenkräfte der Achse auf die beiden Räder wird durch die Schräglaufeigenschaften der Reifen und die Stellung der Radebenen zueinander bestimmt

die Bauteilbeanspruchung wäre so groß, daß der Gewinn des besseren Bremsnickausgleichs zu teuer erkauft wäre. Vorderachsen mit derartig hohem Pol P_1 sind praktisch nicht anzutreffen.

Ein den praktischen Verhältnissen näherliegendes Beispiel zeigt Bild 2.9. Eine gewisse Schrägfederung nach vorn ist auch hier noch vorhanden. Sie wurde nur deshalb gewählt, um den Pol P_1 noch auf das Bild zu bekommen. Die Konstruktion des Pols P_1 erfolgt durch eine Gerade parallel zur Lenkerachse des unteren Lenkers durch den äußeren Kugelanlenkpunkt. Die zweite Gerade verläuft rechtwinklig zur Federbeinachse durch den oberen Federbeinanlenkpunkt. Man erhält P_1 als Schnittpunkt, der in diesem Fall hinter dem Fahrzeug liegt. Durch ihn wird eine Gerade durch den Radaufstandspunkt der Vorderräder gezogen. Die Konstruktion für die Vorderachse entspricht der des Getriebes nach Bild 2.3.

An der Hinterachse wurde die Schrägpendelachse von Tafel 2.1e) und f) angenommen. Der dort als P_3 eingetragene Schnittpunkt mit der erweiterten Radebene ist im Bild 2.9 als Punkt P_2 dargestellt. Die Konstruktion für die Hinterachse entspricht der des Getriebes nach Bild 2.2. Das Nickzentrum P_N liegt auf dem Schnittpunkt der Geraden $P_1 R_1$ und $P_2 R_2$ an der Vorderkante des Hinterrades. Die Resultierenden der Bremsabstützkräfte R_V und R_h liegen auf diesen Geraden, sie sind zwar bei P_1 und P_2 angegeben, werden aber zur Bildung von R auf diesen Geraden bis P_N verschoben und mittels Kräfteparallelogramms zur Resultierenden R zusammengefaßt. R wirkt mit dem Abstand s_R als das die Nickbewegung auslösende Moment. Dabei kann angenommen werden, daß auch die Hauptträgheitsachse durch den Schwerpunkt geht. Wie bereits angedeutet, ist bei der Wahl des Nickzentrums ein Kompromiß zu suchen, bei dem vor allen Dingen drei Größen

- Brems- und Beschleunigungsnickausgleich,
- dem Hindernis ausweichende Schrägfederung und
- Nachlaufvergrößerung beim Einfedern (Vorderachsen),

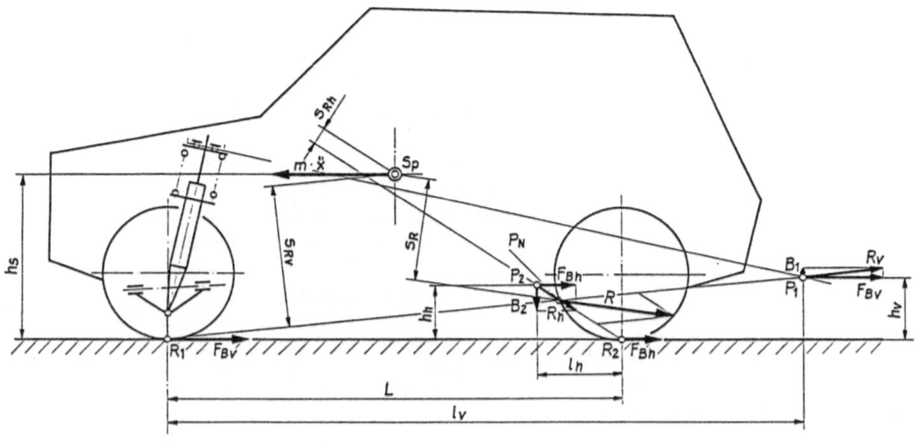

Bild 2.9 Konstruktion des Nickzentrums bei Mc-Pherson-Aufhängung vorn und Schrägpendelsachse hinten

in Einklang gebracht werden. Das gelingt sehr leicht an der Hinterachse. Ein hoher Bremsnickausgleich und eine günstige Schrägfederung werden mit vor den Hinterrädern liegendem P_2 erreicht, und die Nachlaufänderung hat bei den nicht lenkbaren Hinterrädern keine Auswirkungen. Aus diesem Grund sind auch die meisten Hinterachsen entsprechend ausgebildet. Leider wird die Hinterachse beim Bremsen entlastet, und die Anpassung der Bremskräfte an die Achslasten verlangt eine geringere Bremswirkung. Bei den Bildern 2.7 und 2.9 wurde das bereits berücksichtigt. Da damit die Bedingung (2.3)

$$F_{Bv} \cdot \frac{h_v}{l_v} = F_{Bh} \cdot \frac{h_h}{l_h}$$

nicht erfüllt werden kann, ist das Nickzentrum für das Gesamtfahrzeug von geringerem Aussagewert als der auf die Achse bezogene Bremsnickausgleich. Bei Reimpell [2.1] wird das Nickzentrum auf die Achse bezogen definiert. Hier soll die von Koeßler [2.9] benutzte Definition angewendet werden. Sie hat den Vorteil, daß sowohl das Nickzentrum P_N (Koeßler verwendct dafür D) als auch das Rollzentrum P_M auf das Gesamtfahrzeug bezogen sind. Um Verwechslungen zu vermeiden, sollen, auf die Achse bezogen, anstelle Nickzentrum die Begriffe Bremsnickausgleich und Beschleunigungsnickausgleich verwendet werden.

Die Beziehung auf die Achse hat den Vorteil, daß auch dann ein fester Wert angegeben werden kann, wenn sich das Verhältnis

$$F_{Bv} : F_{Bh},$$

z.B. infolge einer ALB (automatisch lastabhängige Bremskraftregelung), mit der Belastung und der Bremsverzögerung ändert. Es werden nur noch $h_{v,h}$ und $l_{v,h}$ als konstant angenommen. Die einzelne Achse beteiligt sich an der Fahrzeugverzögerung mit ihrer Bremskraft F_B, da

$$F_{Bv} + F_{Bh} = m \cdot \ddot{x} \tag{2.5}$$

und der Bremsnickausgleich für die Achse bezieht sich nur auf ihren Bremskraftanteil. Der Bremsnickausgleich und der Beschleunigungsnickausgleich werden üblicherweise in Prozent angegeben.

Es wird ein Verfahren vorgeschlagen, das mit einfachen Mitteln den Brems- und Beschlcunigungsnickausgleich bestimmt. Man geht davon aus, daß die konstruktiv ermittelten Pole P_1 und P_2 tatsächlich die Mittelpunkte sind, um die sich die Radaufstandspunkte beim Nicken gegenüber dem Fahrzeugkörper verschieben. So gesehen wird der Bremsnickausgleich der jeweiligen Achse gleich 0, wenn deren Pol auf der Fahrbahnebene liegt, und 100 %, wenn er auf der Geraden zwischen Radaufstandspunkt und Schwerpunkt liegt. Der prozentuale Anteil wird so definiert, daß der Bremsnickausgleich der Achse aus dem Abstand der Geraden vom Radaufstandspunkt zum Pol vom Schwerpunkt $s_{Rv,h}$ von der Höhe des Schwerpunktes h_s abgezogen, die Differenz durch h_s dividiert und mit 100 % multipliziert wird. Während die Gleichungen für den Bremsnickausgleich auf das

Gesamtfahrzeug bezogen

$$B_{\text{A gesamt}} = \frac{R\,(h_\text{s} - s_\text{R})}{m \cdot \ddot{x} \cdot h_\text{s}} \cdot 100\ \% \tag{2.6}$$

die Kräfte noch enthält, sind die Beziehungen auf die Achse bezogen

$$B_{\text{Av}} = \frac{h_\text{s} - s_{\text{Rv}}}{h_\text{s}} \cdot 100\ \% \tag{2.7}$$

$$B_{\text{Ah}} = \frac{h_\text{s} - s_{\text{Rh}}}{h_\text{s}} \cdot 100\ \% \tag{2.8}$$

besonders einfach und nach der Konstruktion der Pole durch diese einfachen Beziehungen leicht zu bestimmen. Alle Größen sind in den Bildern 2.6, 2.7 und 2.9 vorhanden bzw. einfach einzutragen und gelten mit den für die Bilder 2.7 und 2.9 angegebenen Vereinfachungen ($m_\text{A} = 0$, $\Theta_\text{R} = 0$, $F_\text{R} = 0$, $F_\text{L} = 0$). Sie wurden auch schon bei [2.11] eingeführt. Hofmann gibt in [2.11] ein rechnerisches Verfahren zur Bestimmung des Bremsnickausgleichs für die Querlenkerachse, die Mc-Pherson-Achse, die Schrägpendelachse und die Starrachse mit Längslenkern an. Er bezieht den Bremsnickausgleich auf die beim Bremsen entstehende Federkraftänderung an der Achsfeder. Er definiert 100 % Bremsnickausgleich für den Fall, daß keine Federkraftänderungen beim Bremsen entstehen. Da auch für alle dort behandelten Achstypen die Konstruktion des Pols möglich ist, wie aus den Tafeln 2.1 bis 2.3 mit dem dort mit P_3 bezeichneten Punkt hervorgeht, ist die Bestimmung des Bremsnickausgleichs nach der hier gegebenen Methode möglich.

Außer den von der Achse gegebenen Werten $h_{\text{v, h}}$ und $l_{\text{v, h}}$ wirken sich noch die Schwerpunkthöhe h_s und der Radstand L unmittelbar auf den Bremsnickausgleich aus. Er gelingt wesentlich besser, wenn die Schwerpunkthöhe h_s klein und der Radstand L groß ist. Wie sich im Abschnitt 2.1.2 zeigen wird, wirkt der größere Radstand in Verbindung mit der Federung nochmals den Nickbewegungen entgegen. Die Vergrößerung des Radstandes kann als Schlüssel für die Lösung des Nickproblems angesehen werden, da insbesondere an der Vorderachse die Lösung über die Kinematik ungünstig ist.

Von der Nachlaufänderung wird im Zusammenhang mit der Elastizität der Radaufhängung nochmals ausführlich geschrieben. Die Nachlaufvergrößerung mit der Einfederung ist vorteilhaft und bei den meisten bekannten neueren Fahrzeugachsen anzutreffen. Der aus der Aufhängungskinematik resultierende Nachlauf ist zum reifenbedingten zu addieren. Wie aus Reifenmessungen nachgewiesen (s. Abschnitt „Reifen"), ist der reifenbedingte Nachlauf, gemessen über das Rückstellmoment, sehr stark von der Umfangskraft abhängig. Deshalb ist ganz besonders bei Frontantrieb, wo sich der reifenbedingte Nachlauf von den besonders großen Werten beim Antreiben bis zu negativen Werten beim Bremsen ändert, die Nachlaufvergrößerung bei der Einfederung (Bremsentauchen) wünschenswert. Aus diesem Grund soll der Pol P_1 (Bilder 2.6, 2.7 und 2.9) hinter der

Vorderachse liegen. Wenn er tief und weit hinter der Vorderachse liegt, dann fehlt zwar der kinematisch bedingte Bremsnickausgleich, aber Schrägfederung und Nachlaufänderung hätten die gewünschte Richtung. Auf die besondere Bedeutung des Nachlaufs und des daraus in Verbindung mit der Seitenkraft resultierenden Rückstellmoments als Signal für den Fahrer wird im Abschnitt „Lenkung" nochmals einzugehen sein.

Auf die Abweichungen, die beim Bremsen mit Innenbordbremse (Bremsmoment stützt sich nicht an der Radaufhängung ab) und beim Antreiben auftreten, wurde bereits in [2.1], [2.9] und [2.11] hingewiesen. In diesen Fällen wird die Radlagerung als Gelenk wirksam, und es kann kein Moment vom Rad auf die Radaufhängung übertragen werden. Das Moment ist dann vom Antriebsblock, an dem das Bremsjoch befestigt ist, aufzunehmen und wirkt über die Aufhängung auf den Fahrzeugaufbau. Die Konstruktion für die Kraftrichtung muß in diesen Fällen über den Radmittelpunkt erfolgen, wie im Bild 2.10 ausgeführt. Erfolgt die Momentabstützung über den Achskörper als Bestandteil der Radaufhängung, wie z.B. bei hinterachsgetriebenen Fahrzeugen mit Starrachse über die Hinterachsbrücke, dann wird sowohl die Trägheitskraft infolge Motorbremse (oder jede auf die Kardanwelle wirkende Dauerbremse) als auch die Trägheitskraft infolge Antriebs über den Radaufstandspunkt und den Pol der Radaufhängung abgestützt. Die Konstruktion entspricht dann der auf den Bildern 2.6, 2.7 und 2.9.

Der Bremsnickausgleich, wie er sich aus den Bildern 2.6, 2.7, 2.9 und 2.10 ergibt, ist in Tafel 2.4 zusammengestellt. Wenn der jeweilige Pol nahe am Rad und zwischen den Achsen liegt, dann ist die Absenkung des Bremsnickausgleichs beim Übergang zur Innenbordbremse besonders groß. Groß ist auch der Unterschied zwischen Beschleunigungsnickausgleich, motorabgestützt, und Bremsnickausgleich, radaufhängungsabgestützt, wie das bei den meisten frontgetriebenen Fahrzeugen der Fall ist. Im Gegensatz dazu würde bei der Vorderachse nach Bild 2.9, wo der Pol P_1 hinter dem Fahrzeug liegt, der Übergang zur Innenbordbremse sogar eine Erhöhung des Bremsnickausgleichs bringen, Bild 2.10. Der Beschleunigungsnickausgleich wäre auch höher als der Bremsnickausgleich mit der üblichen Außenbordbremse.

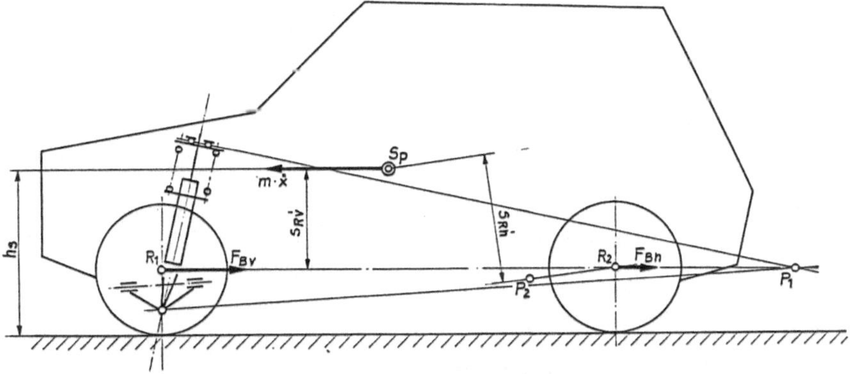

Bild 2.10 Bestimmung von S'_{Rv} und S'_{Rh} zur Berechnung des Brems- und Beschleunigungsnickausgleichs bei nicht an der Radaufhängung abgestütztem Brems- und Antriebsmoment

Tafel 2.4: Bremsnickausgleich

Bild Nr.	$B_{A\,(gesamt)}$ $\dfrac{R\,(h_s - s_R)}{m \cdot \ddot{x} \cdot h_s} \cdot 100\,\%$	Außenbordbremse		Innenbordbremse [1]	
		B_{Av} $\dfrac{h_s - s_{Rv}}{h_s} \cdot 100\,\%$	B_{Ah} $\dfrac{h_s - s_{Rh}}{h_s} \cdot 100\,\%$	B'_{Av} $\dfrac{h_s - s'_{Rv}}{h_s} \cdot 100\,\%$	B'_{Ah} $\dfrac{h_s - s'_{Rh}}{h_s} \cdot 100\,\%$ [2]
2.6	100 %	100 %	100 %	40 %	40 %
2.7	95 %	90 %	113 % [3]	23 %	27 %
2.9	35 %	15 %	89 %	–	–
2.10	38 %	–	–	38 %	22 %

[1] Der Zahlenwert für den auf die Achse bezogenem Bremsnickausgleich bei Innenbordbremse entspricht in allen Fällen, in denen das Antriebsmoment nicht über die Radaufhängung abgestützt wird, auch dem Beschleunigungsnickausgleich.

[2] s'_{Rv} und s'_{Rh} sind nur auf Bild 2.10 eingezeichnet. Auf den anderen Bildern ergibt sich s'_{Rv} und s'_{Rh} analog zur Konstruktion auf Bild 2.10.

[3] R_h greift mit einer Hebellänge s'_{Rh} am Schwerpunkt an, die entgegen der Nickbewegung wirkt, deshalb ist s'_{Rh} hier negativ eingesetzt.

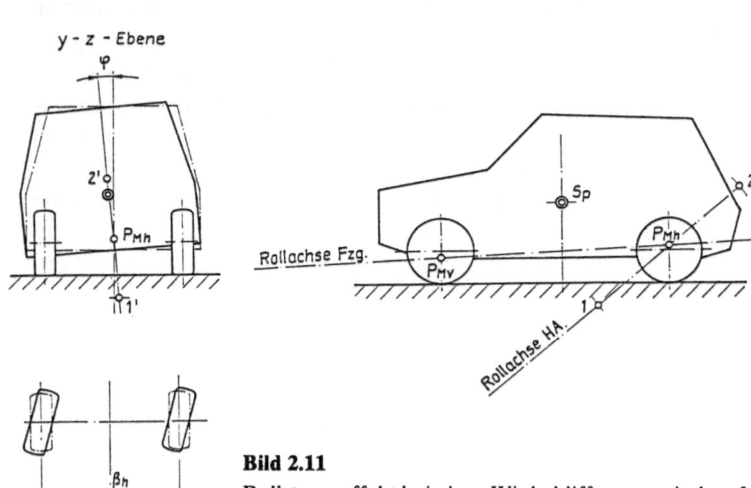

Bild 2.11

Rollsteuereffekt bei einer Winkeldifferenz zwischen fahrzeugbezogener und hinterachsbezogener Rollachse

Reihenfolge der Konstruktion gegeben: 1. Rollachse des Fahrzeugs (P_{Mv}, P_{Mh}), 2. Rollachse der Hinterachse (s. auch Bild 2.72), 3. Rollwinkel $\varphi = 5°$

Ebene	Operation	Ergebnis
y–z	5° antragen durch Sp P_{Mh}	Aufbauneigung
y–z)	1 und 2 von x-, z-Ebene in y-,z- und	1', 2', 1", 2"
x–y)	x-, y-Ebene übertragen	
x–y	verdrehte Hinterachse einzeichnen	Rollsteuerwinkel

2.1.1.5 Rollsteuereffekt

Die Untersuchungen in der x, y-Ebene stehen im Zusammenhang mit der Lenkgeometrie im Vordergrund. Im Zusammenhang mit der Ein- und Ausfederung hat die Projektion in die x, y-Ebene Bedeutung bei allen Vorderradaufhängungen wegen der zusätzlichen Spurstangenanlenkung und bei den Hinterradaufhängungen mit zur x, y-Ebene und zur x, z-Ebene geneigten Drehachsen.

In der Fachliteratur wurde mehrfach der Rollsteuereffekt bei den Starrachsen beschrieben [2.31]. Der Zusammenhang wird aus den Bildern 2.11, 2.12 und 2.13 deutlich. Wie auf Bild 2.11 dargestellt, kann man durch die Rollzentren über den Achsen eine Gerade ziehen, die mit Rollachse bezeichnet wird. Es würde kein kinematisch bedingter Rollsteuereffekt auftreten, wenn die Rollachse der Achse mit der Rollachse des Fahrzeugs übereinstimmte. Im Bild 2.11 ist ein deutlicher Unterschied in der Neigung dieser beiden Achsen vorhanden. Die Konstruktion ergibt in Verbindung mit der Rollneigung des Aufbaus einen deutlichen Lenkeffekt an der Hinterachse. Der mit Rollsteuern bezeichnete Lenkeffekt wirkt zusammen mit einer Fliehkraft so, daß er den Radius der Kreisbahn vergrößern würde, das ist untersteuernd. Der Rollsteuereffekt wird meist in dieser Richtung genutzt, obwohl er bei einer Seitenwindkraft das Fahrzeug zusätzlich aus der Spur herausdreht, wie im Bild 2.12 dargestellt ist.

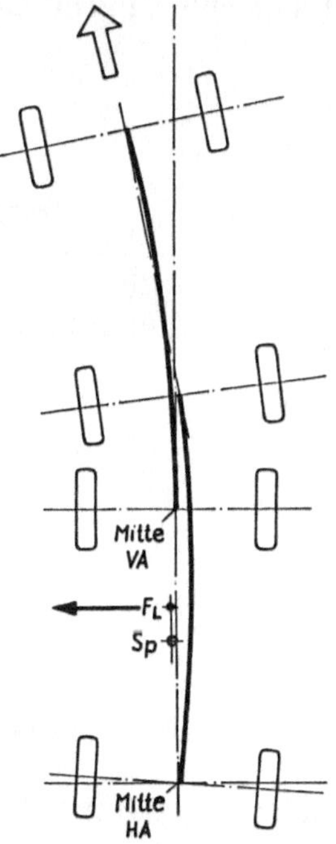

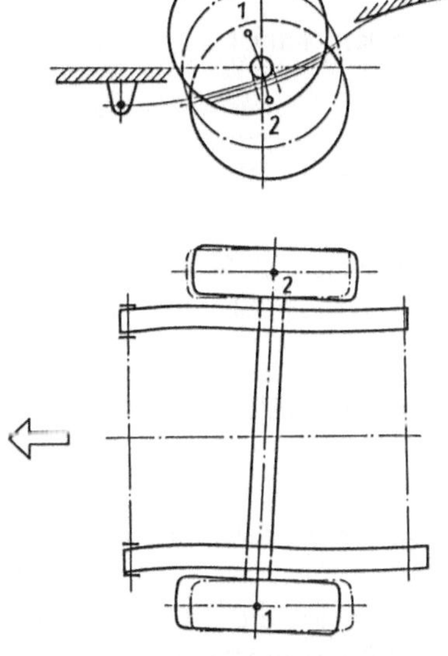

Bild 2.12 Infolge eines Rollsteuereffekts dreht sich das Fahrzeug ungünstigerweise aus dem Wind zusätzlich heraus, wenn der Rollsteuereffekt wie im Bild 2.11 untersteuernd wirkt

Bild 2.13 Rollsteuereffekt bei einer Starrachse mit Längsblattfedern Handelt es sich um eine Hinterachse und werden die Blattfedern vorn tief angelenkt, so ergibt sich Untersteuereffekt

Im Bild 2.13 ist die Wirkung an einer vorn tief mittels Blattfedern angelenkten Starrachse gezeigt. Auf der Seite, auf der sich der Aufbau neigt, wird die Achse nach vorn gezogen, und auf der anderen Seite umgekehrt. Dieser Rollsteuereffekt ist seit vielen Jahren bekannt [2.31]. Durch in ähnlicher Richtung angebrachte Lenker kann ebenfalls dieser Effekt erzielt werden.

Bei den Starrachsen ist zu berücksichtigen, daß infolge der unterschiedlichen Reifeneinfederung beide Reifen mit gleichem nach kurvenaußen gerichtetem Sturz rollen. Die dadurch bedingte Sturzseitenkraft hebt einen Teil des Rollsteuereffekts wieder auf.

Der Rollsteuereffekt tritt bei vielen Einzelradaufhängungen ebenfalls auf. Bild 2.11 ist auch für Einzelradaufhängungen gültig. Da er sich im Gegensatz zum Rollsteuereffekt bei Starrachsen am kurveninneren und am kurvenäußeren Rad in unterschiedlicher Größe bildet, soll er im nun folgenden Abschnitt mitbehandelt werden.

2.1.1.6 Gütegrad der Seitenkraftverteilung

Solange es sich um die im Schwerpunkt angreifende Fliehkraft und um die Seitenkraftverteilung zwischen den beiden Achsen handelt, ist der von der Achse in Anspruch genommene mittlere Reibbeiwert μ leicht zu berechnen. Die auf die Achse bezogene Seitenkraft ist der Achslast proportional, und die mittleren in Anspruch genommenen Reibbeiwerte sind gleich. Der Zusammenhang geht aus Bild 2.14 hervor. Es gelten folgende Gleichungen:

Schwerkraft, Gl. (1.3)
$$F_G = m \cdot g$$

Vorderachslast
$$F_{Gv} = \frac{F_G \cdot L_h}{L} \tag{2.9}$$

Hinterachslast
$$F_{Gh} = \frac{F_G \cdot L_v}{L} \tag{2.10}$$

Seitenkraft im Schwerpunkt, Gl. (1.3b),
$$F_S = \frac{m \cdot v^2}{R}$$

Seitenkraft der Vorderachse
$$F_{Sv} = \frac{F_S \cdot L_h}{L} \tag{2.11}$$

Seitenkraft der Hinterachse
$$F_{Sh} = \frac{F_S \cdot L_v}{L} \tag{2.12}$$

Aus der Analogie der Gleichungen geht auch mathematisch hervor, daß sich die Seitenkräfte proportional zu den Achslasten verhalten.

Abweichungen treten bei einer Seitenwindkraft auf, siehe F_L im Bild 2.12. Der Angriffspunkt der resultierenden Windkraft wird von der Karosserieaußenkontur bestimmt. Eine Seitenwindkraft soll nur soweit berücksichtigt werden, wie z.B. deren Auswirkungen durch die Radaufhängungen beeinflußt werden. Die Vertei-

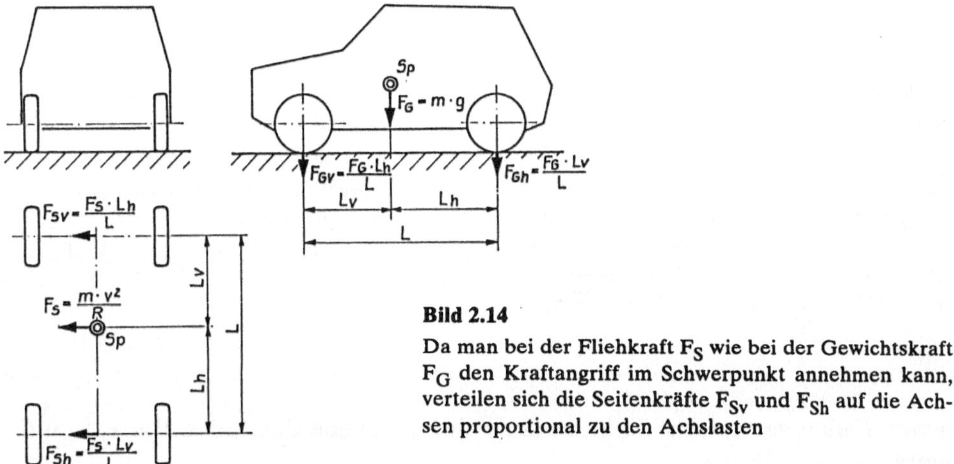

Bild 2.14

Da man bei der Fliehkraft F_S wie bei der Gewichtskraft F_G den Kraftangriff im Schwerpunkt annehmen kann, verteilen sich die Seitenkräfte F_{Sv} und F_{Sh} auf die Achsen proportional zu den Achslasten

lung der Windkraft auf die Achsen würde sich u. a. durch die Lage der Achsen zur Karosserie beeinflussen lassen. Die Probleme reduzieren sich bei größerem Radstand und insbesondere durch Anordnung der Vorderräder an die vorderen Ecken der Karosserie.

Der wesentliche Inhalt dieses Abschnittes soll sich auf den kinematischen Einfluß auf die Verteilung der Seitenkräfte zwischen den beiden Rädern einer Achse beziehen. Selbst in Fachkreisen findet man darüber Unklarheiten. Es gibt zwei verbreitete falsche Auffassungen:

1. Die Seitenkräfte an den beiden Rädern seien gleich groß.
2. Die Seitenkräfte an den beiden Rädern seien der Radlast proportional.

Wie bereits im Zusammenhang mit Bild 2.8 angegeben, handelt es sich hier um ein statisch unbestimmtes System. Die Seitenkraftverteilung läßt sich in der Statik nur unter Berücksichtigung der elastischen Deformationen bestimmen. Bei den rollenden Rädern entspricht der elastischen Deformation der Schräglauf der Reifen unter einer Seitenkraft. Von Riekert und Schunck [2.12] und dort angegebenen Quellen von Huber wurden diese Zusammenhänge zuerst beschrieben. Sie konnten aber nur im begrenzten Umfang über Meßergebnisse verfügen. In den ersten theoretischen Untersuchungen wurde stark vereinfacht, indem die Eigenschaften der Reifen der beiden Räder einer Achse zusammengenommen wurden und sich auf das im Bild 2.15 dargestellte Modell bezogen. Hier treten keine Radlastabweichungen auf, und für kleine Schräglaufwinkel wurde die Beziehung

$$F_S = \delta \cdot \alpha \tag{2.13}$$

angenommen. In [2.13] werden für verschiedene Reifen für δ Zahlenwerte angegeben. Im Bild 2.15 sind die nach dieser einfachen Beziehung bestimmten Kräfte eingetragen. Die Seitenkraft ist rechtwinklig zur Radebene definiert. Bei der Sturzseitenkraft ist die Definition rechtwinklig zur Radlängsrichtung. In

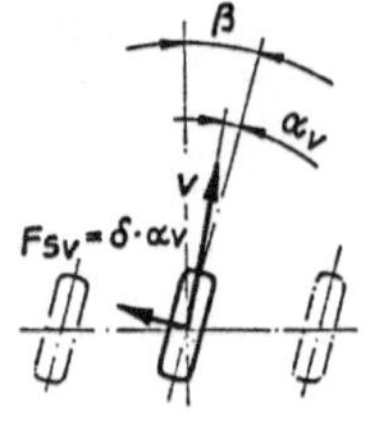

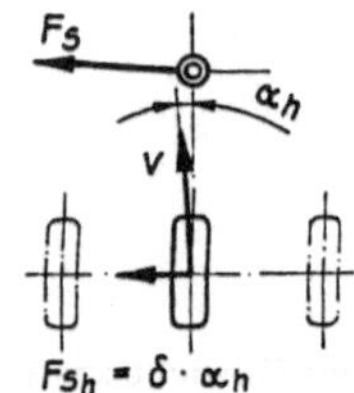

Bild 2.15
Fahrzeugmodell mit an
den Achsen zusammen-
gezogenen Rädern zu
jeweils einem Rad

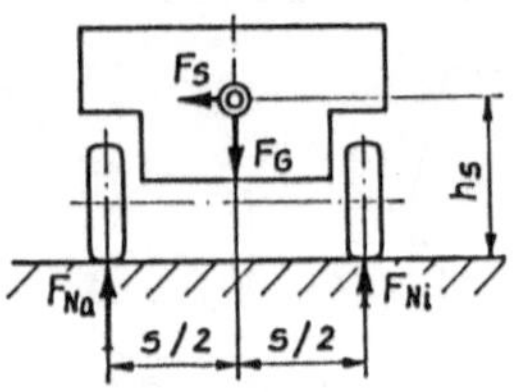

Bild 2.16 Radlastabweichungen am Beispiel des Einachsanhängers

$$F_{Na} = \frac{F_G}{2} + \frac{F_S \cdot h_s}{s} \ , \quad F_{Ni} = \frac{F_G}{2} - \frac{F_S \cdot h_s}{s}$$

beiden Fällen verläuft die Kraft in der Fahrbahnebene durch den Radaufstandspunkt.

Die angegebene einfache Gleichung für die Seitenkraft läßt die fehlerhafte Schlußfolgerung zu, daß der Schräglaufwinkel α die einzige oder zumindest die dominierende Größe für die Bestimmung der Seitenkraft ist. Dieser Eindruck wird sicherlich dadurch unterstützt, daß für elastische Teile aus Stahl das Hookesche Gesetz gilt und für alle Federn mit linearer Charakteristik die Gleichung

$$F = c \cdot f; \tag{2.14}$$

F Federkraft
c Federkonstante
f Federweg,

mit hoher Genauigkeit angewendet werden kann. Überträgt man das auf die Gl. (2.13)

$$F_S = \delta \cdot \alpha,$$

so braucht man nur noch für beide Räder den gleichen Schräglaufwinkel $\alpha_i = \alpha_a$ anzunehmen, was für Starrachsen und großen Kurvenradius zulässig ist, und schon erhält man rechnerisch für beide Räder die gleiche Seitenkraft.

Wie im Abschnitt 4.2 „Reifeneigenschaften" ausführlich nachgewiesen wird, ist die Radlast auf die Schräglaufsteifigkeit von sehr großem Einfluß, teilweise von größerem als der Schräglaufwinkel.

Beim Angriff einer Seitenkraft im Abstand von der Fahrbahn, z.B. einer Fliehkraft in Schwerpunkthöhe, tritt immer eine Radlastdifferenz zwischen kurveninnerem und kurvenäußerem Rad auf. Eine Ausnahme bildet nur eine gerade so überhöhte Kurve, bei der die Resultierende aus Schwerkraft und Fliehkraft rechtwinklig auf der Fahrbahn steht.

Die Radlastabweichung an den zwei Rädern einer Achse läßt sich am einfachsten am Beispiel eines Einachsanhängers und unter der Bedingung, daß von der Kugelkupplung weder Kräfte noch Momente übertragen werden (Kupplungslast konstant), die die Radlasten beeinflussen, ableiten. Die Radlastabweichungen lassen sich nach Bild 2.16 bestimmen. Für die zwei unbekannten Radlasten werden zwei Gleichungen benötigt:

Momente um den rechten Radaufstandspunkt

$$F_S \cdot h_s + F_G \cdot \frac{s}{2} - F_{Na} \cdot s = 0 \qquad (2.15)$$

ergeben

$$F_{Na} = \frac{F_G}{2} + \frac{F_S \cdot h_s}{s}. \qquad (2.15a)$$

Vertikale Kräfte

$$F_G - F_{Na} - F_{Ni} = 0 \qquad (2.16)$$

ergeben

$$F_{Ni} = \frac{F_G}{2} - \frac{F_S \cdot h_s}{s}. \qquad (2.15b)$$

Die Radlastabweichung infolge Fliehkraft beträgt damit

$$\Delta F_{Na,\,i} = \pm \frac{F_S \cdot h_s}{s} \qquad (2.17)$$

Aus dieser Gleichung läßt sich unter Vernachlässigung aller elastischen und kinematischen Verschiebungen leicht die Kippgrenze errechnen. Sie ergibt sich bei $F_{Ni} = 0$ oder

$$\frac{F_G}{2} = \frac{F_S \cdot h_s}{s} \qquad (2.18)$$

Wie ja allgemein bekannt ist, ist die zulässige Seitenkraft bis zur Kippgrenze um so höher, je niedriger die Schwerpunkthöhe h_s und je breiter die Spurweite s ist.

Zur Verdeutlichung des Zusammenhangs zwischen Seitenkraft, Schräglaufwinkel und Radlast sind im Abschnitt 4 „Reifen und Räder" verschiedene Kennlinien angegeben. Am leichtesten läßt sich der Überblick hinsichtlich der Seitenkraftverteilung aus der Kennlinie $\frac{\alpha}{\mu} = f(Q)$, wie er in der Literatur [2.14] bis [2.17] schon behandelt worden ist, hier unter den Formelzeichen

$$\frac{\alpha}{\mu} = f(F_N) \qquad (2.19)$$

verwendet wird, gewinnen. Im Bild 2.17 ist eine solche Kennlinie für einen bestimmten Reifen und den angegebenen Luftdruck dargestellt. Um mit ihr arbeiten zu können, benötigt man in erster Linie die Radlastabweichung. Anhand des Einachsanhänger-Beispiels soll die Anwendung der Kennlinie von Bild 2.17 demonstriert werden.

Grundlage der Anwendung dieser Kennlinie ist die Bestimmung der Radlastabweichung. Gleichungen befinden sich für deren Berechnung allgemein bei

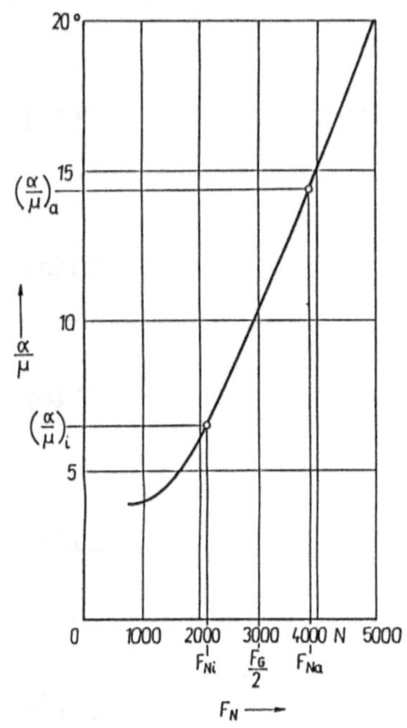

Bild 2.17

Reifen-Schräglaufkennlinie $\frac{\alpha}{\mu} = f(F_N)$

Reifengröße: 6.00–13; Bauart: Diagonal; Reifeninnendruck; 137 kPa; Geschwindigkeit: 40 km/h; Fahrzustand: Rollen; Trommelkrümmung: ⌒
Beispiel für die bei $\eta_G = 1$ und $\mu = 0,2$ erforderliche
Vorspur: Gegeben $F_{No} = 3000$ N; $\Delta F_N = 900$ N;

$$\left(\frac{\alpha}{\mu}\right)_i = 6,5°; \left(\frac{\alpha}{\mu}\right)_a = 14,4°.$$

$\alpha_i = 0,2 \cdot 6,5 = 1,3°$; $\alpha_a = 0,2 \cdot 14,4 = 2,9°$; In der Summe
aus beiden Rädern ist eine Vorspur $\alpha_a - \alpha_i = 1,6°$
erforderlich

Mitschke [2.13], aber auch bei [2.15]. Für die Betrachtung hier soll nur der einfache
Fall des Einachsanhängers rechnerisch behandelt werden. Zur Berechnung der
Radlastabweichung benötigt man die Seitenkraft, die Spurweite und die Schwer-
punkthöhe. Bei den mehrachsigen Fahrzeugen kommt die Verteilung der
Rollsteifigkeit der Achsen, die durch Federsteifen (Aufbaufederung, Stabilisato-
ren, Ausgleichsfedern), die Höhe des Rollzentrums, die Spurweite und die
Verdrehsteifigkeit des Aufbaus beeinflußt wird, hinzu.

Die aus der Fliehkraft resultierende Seitenkraft läßt sich besonders einfach
bestimmen, wenn der in Anspruch genommene Reibbeiwert vorgegeben ist. Aus
der Gleichung

$$\frac{m \cdot v^2}{R} = \mu \cdot m \cdot g , \qquad (2.20)$$

Fliehkraft = Reibbeiwert × Gewichtskraft des Fahrzeugs, geht die allgemein
bekannte Beziehung hervor, daß der vom Fahrzeug in Anspruch genommene
Reibbeiwert der Querbeschleunigung proportional ist. Für den mittleren Reibbeiwert gilt das auch für den Reibbeiwert an der Achse und die Querbeschleunigung
der an die Achse gebundenen Masse. Man kann schreiben:

$$F_S = \mu \cdot F_G ; \qquad (2.20a)$$

$$F_{Sv} = \mu \cdot F_v \quad \text{und} \qquad (2.20b)$$

$$F_{Sh} = \mu \cdot F_h . \qquad (2.20c)$$

Diese einfachen Beziehungen sind für einen quasistationären Kreisfahrzustand, also ohne Gierbeschleunigung gültig.

Bezieht man die Querbeschleunigung auf die Erdbeschleunigung, so wäre sie 1 g bei $\mu = 1$, so daß man auch gleich schreiben kann

$$\ddot{y} = \mu \cdot g \ . \tag{2.20d}$$

Auf Gl. (2.20) aufbauend konnten die Kurven im Bild 2.18 berechnet werden.

Wie das Berechnungsbeispiel in der Bildunterschrift von Bild 2.17 zeigt, ist zur Verbesserung des Gütegrades der Seitenkraftverteilung beim Auftreten einer Seitenkraft eine Vorspur erforderlich.

Da $\dfrac{\alpha}{\mu}$ über die Radlast F_N bei diesem Reifen sehr stark zunimmt, ist die erforderliche Vorspur besonders groß. Eine erwünschte Vorspurzunahme mit ansteigender Seitenkraft wurde bei der Bewertung der Elastokinematik nach Tafel 4.14 berücksichtigt.

Weitere Rechenbeispiele unter Verwendung der Reifenkennlinie $\dfrac{\alpha}{\mu} = f(F_N)$ befinden sich im Abschnitt 4. Bei der Beeinflussung des Gütegrades der Seitenkraftverteilung muß neben der dominierenden Schräglaufseitenkraft auch die in den meisten Fällen wesentlich kleinere Sturzseitenkraft berücksichtigt werden. Auch die Sturzseitenkraft

$$F_S = f(F_N, \xi)$$

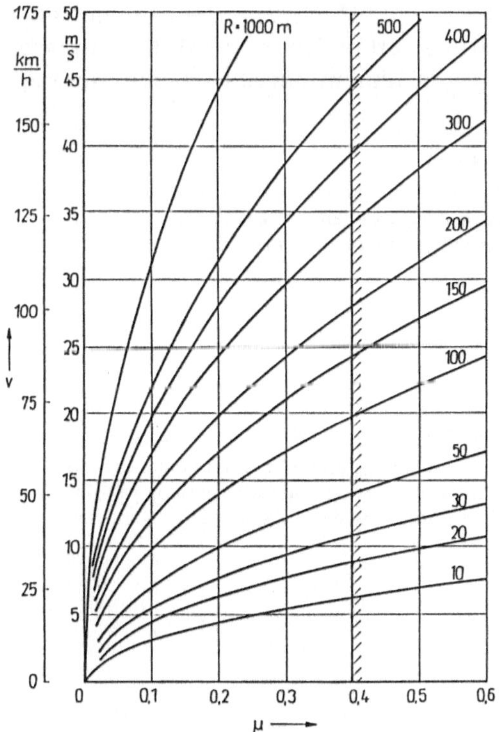

Bild 2.18

Der Einfluß der Geschwindigkeit v auf den in Anspruch genommenen Reibbeiwert μ bei verschiedenen Kurvenradien, $\mu = 0{,}4$ wurde als Grenze hervorgehoben

ist von der Radlast F_N und vom Sturzwinkel ξ abhängig. Der Zusammenhang ist aber wesentlich einfacher, wie Bild 2.19 zeigt. Auch dieser Zusammenhang wird im Abschnitt 4 behandelt.

Möchte man mittels der Radaufhängungskinematik den Gütegrad der Seitenkraftverteilung verbessern, so muß ein Lenkeffekt erzeugt werden, bei dem z.B., wie Bild 2.20 zeigt, beim Rollen an der Hinterachse das kurvenäußere Rad und an der Vorderachse das kurveninnere Rad in Richtung untersteuernd verdreht wird. Wird die Untersteuerung oder zumindest das neutrale Verhalten bereits durch andere Mittel ausreichend erreicht, dann wirkt auch die entgegengesetzte Verdrehung der gegenüberliegenden Räder oder beides zusammen gütegradverbessernd.

Wie in [2.14] und [2.15] nachgewiesen, wird an den Vorderachsen beim Lenkeinschlag dieser Lenkeffekt schon immer genutzt. Man erreicht damit nicht nur die Verbesserung des Gütegrades, wahrscheinlich war das nur eine günstige Nebenerscheinung, sondern erzielt auch bei einem bestimmten Lenkeinschlag, der z.B. durch den Beugewinkel der Gelenkwelle bei Frontantrieb begrenzt ist, einen kleineren Wendekreis. Diese Abweichung von der geometrisch exakten Lenkwinkelangabe nach Ackermann wird teilweise noch mit Lenkfehler bezeichnet. Aufgrund des Nutzens dieser Abweichung wird diese Bezeichnung hier dafür nicht verwendet.

Für den Durchschnittsfahrer muß darauf hingewiesen werden, daß daran, wie sicher ein Fahrzeug durch die Kurve rollt, zwar alle Räder beteiligt sind, das kurvenäußere Hinterrad liefert aber den entscheidenden Beitrag. Nur für diejenigen Fahrer, die sich durch die ausbrechende Hinterachse, was immer mit einem Umschlag in eine starke Übersteuerung verbunden ist, nicht überraschen lassen, kann das kurvenäußere Hinterrad von diesem entscheidenden Beitrag

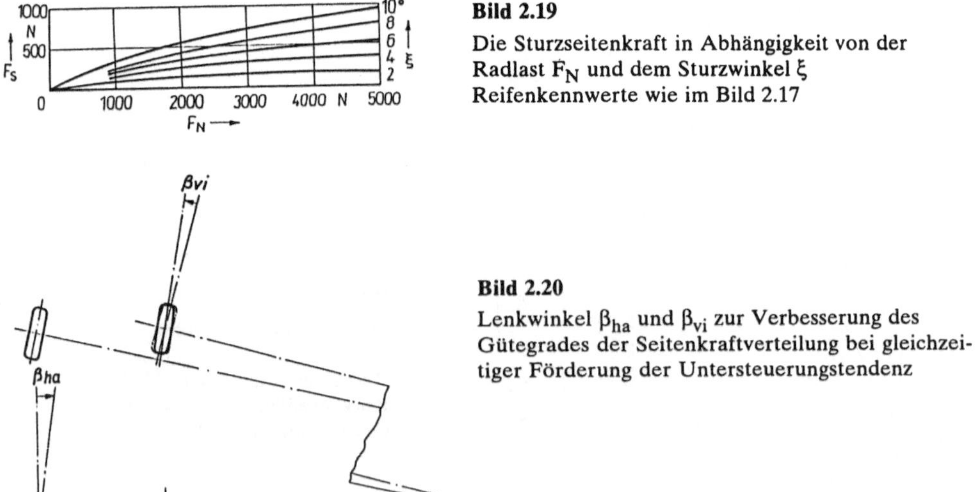

Bild 2.19

Die Sturzseitenkraft in Abhängigkeit von der Radlast F_N und dem Sturzwinkel ξ Reifenkennwerte wie im Bild 2.17

Bild 2.20

Lenkwinkel β_{ha} und β_{vi} zur Verbesserung des Gütegrades der Seitenkraftverteilung bei gleichzeitiger Förderung der Untersteuerungstendenz

entbunden werden. Damit ist die besondere Bedeutung des Gütegrades für die Hinterachse zu begründen. Beim sprunghaften Abfall der Seitenkraft beim Übergang auf Gleitreibung (Glatteis, festgefahrene Schneedecke, verunreinigte nasse Fahrbahn) am kurveninneren Rad kann gerade bei schlechtem Gütegrad der Seitenkraftverteilung an der Hinterachse der Ausbrechvorgang ausgelöst werden. Der verantwortungsbewußte Fahrer paßt seine Geschwindigkeit und, soweit es möglich ist, auch seine Fahrspur dem Fahrbahnzustand an. Der Fahrbahnzustand wird durch seinen in Anspruch nehmbaren Reibbeiwert charakterisiert. Es ist die Aufgabe des Fahrzeugkonstrukteurs, daß das Fahrzeug mit seinen Reifen diesen Reibbeiwert gut nutzt.

Da bei den Einzelradaufhängungen die Änderung des Lenkwinkels β und des Sturzwinkels ξ über den Federweg zwischen den beiden Rädern einer Achse unterschiedlich ist, kann sowohl ein Rollsteuereffekt nach Abschnitt 2.1.1.5 als auch eine Beeinflussung des Gütegrades der Seitenkraft erfolgen. Die Differenz im Reifenschräglaufwinkel $\alpha_a - \alpha_i$ kann z.B. durch eine entsprechende Summe der Lenkwinkel realisiert werden, wenn beide Lenkwinkel zur Fahrzeugmitte hin positiv gewertet werden. Die Verdrehung der Radebenen muß in Richtung größerer Vorspur erfolgen, damit der Winkel zwischen Radebene und Fahrzeugbewegungsrichtung = Reifen-Schräglaufwinkel am kurvenäußeren Rad größer wird. Bei dem Beispiel im Bild 2.20 wird allein durch den Lenkwinkel an Vorder- und Hinterachse sowohl ein Effekt in Richtung Untersteuerung als auch ein Effekt zur Verbesserung des Gütegrades der Seitenkraftverteilung erreicht. Zur Verdeutlichung sind dort β_{vi} und β_{ha} etwas größer gezeichnet.

Nachdem im Zusammenhang mit der Konstruktion des Rollzentrums die Spurweiten- und Sturzänderung und mit der Konstruktion des Nickzentrums die Radstands- und Nachlaufänderung sowie die Schrägfederung schon untersucht werden konnten, ist der Lenkwinkel noch offengeblieben. Für den Rollsteuereffekt und den Gütegrad der Seitenkraftverteilung ist aber der Lenkwinkel, der nicht vom Lenkrad, sondern von der Radaufhängungskinematik oder der elastischen Deformation kommt, die entscheidende Größe.

Um den Lenkwinkel über den Federweg zu bestimmen, gibt es verschiedene rechnerische und meßtechnische Verfahren. Es würde den Rahmen dieses Buches sprengen, hier alle eingehend zu beschreiben. In den letzten Jahrzehnten sind neben der schrittweisen experimentellen Verbesserung aller Fahrwerke von den Serienfahrzeugen mehrere Methoden der mathematischen Analyse über Einzelradaufhängungen bekanntgeworden [2.7], [2.8] und [2.18] bis [2.28].

Bei der Entwicklung einer neuen Achse geht man von einem Modell als Nachbildung für das räumliche Getriebe aus. Unter Verwendung eines vorhandenen oder durch Modifizierung angepaßten Rechenprogramms berechnet man die Verdrehungen der Radebene und die Verschiebungen des Radaufstandspunktes z.B. über den Federweg auf einer Rechenanlage. Einige Programme sind auch in der Lage, die elastischen Deformationen und Verschiebungen mit einzubeziehen (u.a. [2.7], [2.8], [2.25], [2.26] und [2.28]. Bei einigen wird auch die Radaufhängung in Verbindung mit dem Fahrzeugmodell untersucht, wobei die mit den Radaufhängungen zu erwartenden Fahreigenschaften auf dem Rechner bei einigen typischen

Erregungen, wie Slalomtest, Kreisfahrt, Anreißen des Lenkrades, Seitenwindstoß, Reifendefekt und die verschiedensten unebenen Wegstrecken, ermittelt werden [2.7], [2.8], [2.25], [2.27] und [2.28].

Bezüglich Analyse soll hier nur die einfachste aller Radaufhängungen, die mit nur einem Lenker, etwas näher behandelt werden. Von den vielen möglichen Radaufhängungen mit 2 Lenkern ist eine so große Vielfalt möglich, daß lediglich von einigen typischen Vertretern Meß- und Rechenergebnisse über die Kinematik oder die Kinematik in Verbindung mit der elastischen Deformation angegeben werden.

2.1.1.7 Kinematik der Radaufhängungen mit einem Lenker

Die Radaufhängungen mit nur einem Lenker sind bei PKW-Hinterachsen verbreitet. Ausnahmen, wo diese Radaufhängungen bei PKW-Vorderachsen oder bei LKW angewendet worden sind, werden unter den Beispielen im Abschnitt 2.2 mit angegeben.

Eine Untersuchung wurde in [2.18] beschrieben. Auf Bild 2.21 ist ein etwas vereinfachtes Modell, das zur Definition der die Kinematik charakterisierenden Größen ausreicht, angegeben. Figur a zeigt die Projektion auf die $x,\,y$-Ebene, in der der Lenkwinkel β und die Schrägstellung des Lenkers λ ihre definierte Größe haben. Figur b eignet sich als Projektion auf die $x,\,z$-Ebene zur Definition des Ein- und Ausfederweges $\Delta z = f$ und der Radstandsänderung $\Delta x = \Delta L$. Figur c, als Projektion auf die $y,\,z$-Ebene, definiert die Spurweitenänderung $\Delta y = \Delta s$ und den Sturz ξ. Bei Figur d ist das Rad nur als flächenhafte Radscheibe dargestellt. Sie wird aus der Figur a durch Projektion auf eine Ebene, die senkrecht auf der $x,\,y$-Ebene steht und um den Winkel λ aus der $x,\,z$-Ebene herausgeschwenkt worden

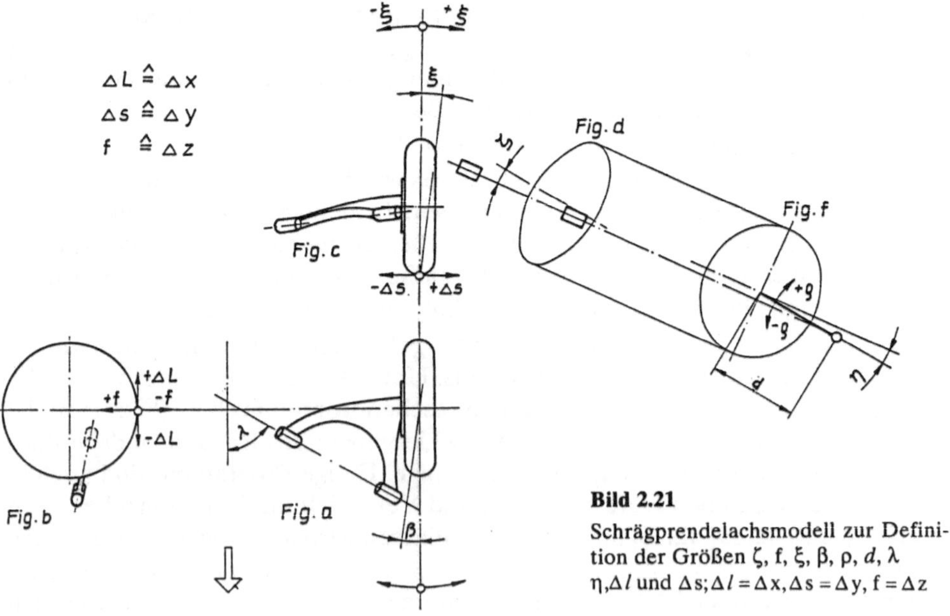

Bild 2.21

Schrägprendelachsmodell zur Definition der Größen ζ, f, ξ, β, ρ, d, λ η,Δl und Δs; $\Delta l = \Delta x$, $\Delta s = \Delta y$, f $= \Delta z$

ist, gewonnen. In Figur d stellt sich der Lagerabstand und der Winkel ζ in natürlicher Größe dar. Der Lagerabstand und die Ausbildung der Lager haben bei der Kinematik keinen Einfluß, wohl aber bei der im Abschnitt 2.1.2 zu behandelnden elastischen Deformation. Von großem Einfluß ist aber der Winkel ζ. Erfolgt aus Figur d eine Projektion in Richtung der Lenkerachse, so erhält man die Figur f, in der die Lenkerneigung η, die Lenkerlänge d und der Drehwinkel um die Lenkerachse ρ definiert sind. Die in den Bildern 2.22 bis 2.24 aufgetragenen Diagramme wurden aus den bei [2.18] abgeleiteten Formeln über den Drehwinkel ρ berechnet. Da die Winkel ρ, η und ζ klein sind, ergibt sich im interessierenden Bereich nahezu ein linearer Zusammenhang zwischen dem Kreisbogen am Radmittelpunkt $d \cdot \rho$ und dem Federweg f am Radaufstandspunkt. Es gelten folgende Gleichungen:

Sturz ξ: (Bild 2.22)

$$\xi = -\arcsin\left[\cos\zeta \cdot (\sin\lambda \cdot \sin\zeta + k \cdot \sin(\rho - \varepsilon))\right] \tag{2.22}$$

$$k = \sqrt{\cos^2\lambda + \sin^2\lambda \cdot \sin^2\zeta} \tag{2.22a}$$

$$\varepsilon = \arctan(\sin\zeta \cdot \tan\lambda) \tag{2.22b}$$

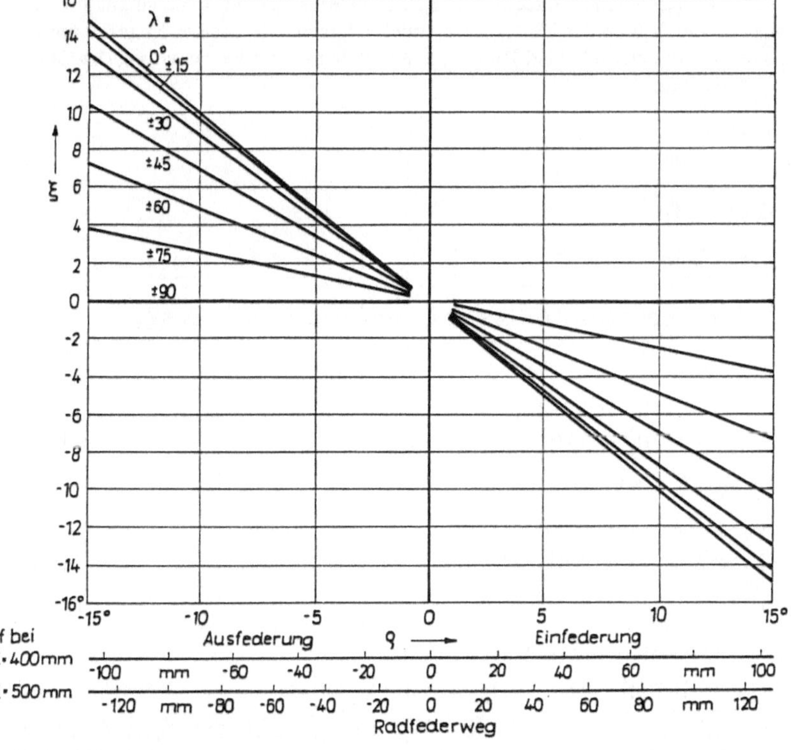

Bild 2.22 Sturzänderung über den Federweg. Es besteht ein annähernd linearer Zusammenhang zwischen dem Drehwinkel des Lenkers ρ und dem Federweg f. Der Federweg f ist der Lenkerlänge *d* proportional

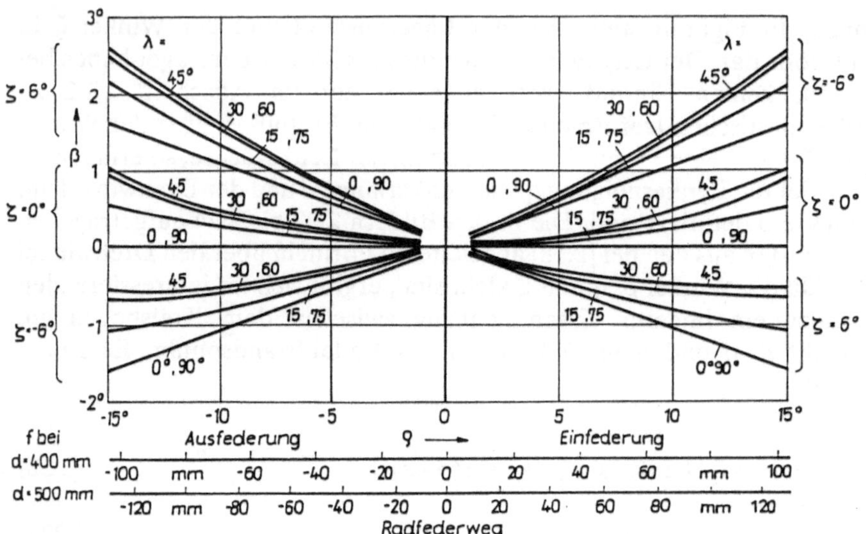

Bild 2.23 Lenkwinkeländerung über den Federweg β = f (ρ, λ, ζ), λ = 0° entspricht der Pendelachse und λ = 90° der Längslenkerachse. Nur beim Winkel ζ = 0 treten bei der Pendel- und bei der Längslenkerachse über den Federweg keine Lenkwinkeländerungen auf. Schrägpendelachsen eignen sich unter Berücksichtigung dieser Kennlinien zur Verwirklichung eines Rollsteuereffekts. Mit den Kennlinien für ζ = – 6° würde sich beim Einfedern als kurvenäußeres Rad ein Lenkwinkel β in der gleichen Richtung wie im Bild 2.20 an der Hinterachse erzielen lassen. Die nach oben gekrümmten Kennlinien bewirken einen Vorspurwinkel bei Rollneigung und damit eine Verbesserung des Gütegrades der Seitenkraftverteilung

Lenkwinkel β: (Bild 2.23)

$$\beta = \arcsin \frac{\cos\lambda \cdot [\sin\lambda \cdot \cos^2\zeta - k \cdot \sin\zeta \cdot (\rho-\varepsilon)] - k \cdot \sin\lambda \cdot \cos(\rho-\varepsilon)}{\sqrt{k^2 \cdot \cos^2(\rho-\varepsilon) + [k \cdot \sin\zeta \cdot \sin(\rho-\varepsilon) - \sin\lambda \cdot \cos\zeta]^2}}$$

(2.23)

Federweg f:

$$f = d \cdot \cos\zeta \cdot [\sin(\rho+\eta) - \sin\eta] + (1 - \cos\xi) \cdot R$$

(2.24)

Spurweitenänderung Δs: (Bild 2.24)

$$\Delta s = d \cdot \sin\zeta \cdot \sin\lambda \cdot [\sin(\rho+\eta) - \sin\eta]$$
$$- d \cdot \cos\lambda \cdot [\cos(\rho+\eta) - \cos\eta] + R \cdot \sin\xi \cdot \cos\beta$$

(2.25)

Radstandsänderung ΔL:

$$\Delta L = d \cdot \sin\lambda \cdot [\cos\eta - \cos(\rho+\eta)]$$
$$- d \cdot \sin\zeta \cdot \cos\lambda \cdot [\sin(\rho+\eta) - \sin\eta] - R \cdot \sin\xi \cdot \sin\beta$$

(2.26)

Im Bild 2.22 ist der große Einfluß des Winkels λ auf die Sturzänderung demonstriert. Beim Längslenker λ = 90° ist die Sturzänderung gleich 0, und bei der reinen Pendelachse λ = 0° ist ξ = ρ. In der Fachliteratur wird auch häufig der

Ergänzungswinkel $90° - \lambda$ als Pfeilung angegeben. Bei allen Kennlinien wurde für $\rho = 0$ auch ξ, β und Δs gleich 0 gesetzt. Abweichungen in der Ausgangsstellung lassen sich addieren.

Im Bild 2.23 wird deutlich, daß man mit der Schrägpendelachse in Verbindung mit der Neigung der Drehachse eine Lenkwinkeldifferenz beim Rollen erzielt. Im Sinne der Verbesserung wäre z.B. der Verlauf $\lambda = 60°$ und $\zeta = -6°$. Nimmt man einen Rollwinkel an, bei dem der Lenker des kurveninneren Rades $\rho = -10°$ und der des kurvenäußeren Rades $\rho = +10°$ einnimmt, dann wäre $\beta_a + \beta_i = 1{,}5° - 0{,}5° = 1°$, da β_i negativ ist, wenn man hier $+\beta_i$ zur Fahrzeugmittellinie definiert. Man erhält sowohl einen Beitrag zur Untersteuerung als auch zur Verbesserung des Gütegrades der Seitenkraftverteilung. Wählt man $\zeta = 0$, so wird bei $\lambda = 60°$ $\beta_a + \beta_i = 0{,}5° + 0{,}5° = 1°$. Der Beitrag zur Verbesserung der Seitenkraftverteilung wäre ebenso groß, aber der Untersteuereffekt fehlt. Bei Pendelwinkeln $\lambda \leq 60°$ ist auch zu beachten, daß sich Änderungen der Achslastverteilung auf den Winkel ζ auswirken. Frontgetriebene Fahrzeuge, bei denen sich Beladungsänderungen im wesentlichen auf die Hinterachse auswirken, ergeben bei 2000 mm Radstand und 70 mm Einfederung an der Hinterachse eine Winkeländerung des Aufbaus von 2°, die sich nur beim reinen Längslenker nicht auf den Winkel ζ auswirkt. Wie aber Bild 2.23 zeigt, ist ζ von bemerkenswertem Einfluß auf den Lenkwinkel β. Eine sich bei Beladung, bezogen auf die Fahrbahnebene in Richtung $+\zeta$, verändernde Lenkerlagerung würde den Gütegrad der Seitenkraftverteilung verschlechtern. Trotz der günstigen Wirkung der Sturzänderung ist dies ein Nachteil der Schrägpendelachsen mit weit vom Längslenker abweichendem Winkel λ. Um diesen nachteiligen Einfluß zu mildern, sollte $\lambda \geq 60°$ sein oder gleich ein Längslenker verwendet werden.

Im Bild 2.24, bei der Spurweitenänderung über den Federweg, erweisen sich die Achsen mit kleinem λ als nachteilig. Die Kurven wurden nur von $\lambda = 90°$ bis herunter zu 45° aufgetragen. Die Lenker sind am Aufbau mittels Gummilager befestigt, für die ein Verdrehwinkel ρ von $\pm 15°$ gut vertretbar ist. Bei den Parametern $\lambda = 45°$, $\eta = 0°$, $\zeta = 0°$ und einer Lenkerlänge $d = 400$ mm beträgt die Spurweitenänderung von $\Delta s = +55 \ldots -45$ mm, also insgesamt 100 mm über den Gesamtfederweg. Diese große Spurweitenänderung, zusammen mit den immer seitensteifer gewordenen Reifen sind als Hauptgründe anzusehen für die Abwendung von der Pendelachse. Deshalb wurde nur für die näher an der Längslenkerachse liegenden Schrägpendelachsen für $90° \geq \lambda \geq 45°$ der Verlauf der Spurweitenänderung Δs über den Federweg f aufgetragen. Für kleinere Winkel λ und für alle zwischen den angegebenen Kurven liegenden Werte läßt sich die Spurweitenänderung nach der obengenannten Formel für Δs leicht berechnen. Durch die Spurweitenänderung ergibt sich der im Bild 2.25 dargestellte Verlauf der Fahrspuren bei sich über beide Fahrspuren erstreckenden Unebenheiten. Die dabei entstehenden Kräfte F_{Sl} und F_{Sr} heben sich auf, erhöhen aber die Fahrwiderstände und den Reifenverschleiß. Treten die Unebenheiten nur auf einer Fahrspur auf, so ergeben sich Schlingerbewegungen mit Verschiebungen des Fahrzeugaufbaus in y-Richtung und Verdrehung um die z-Achse.

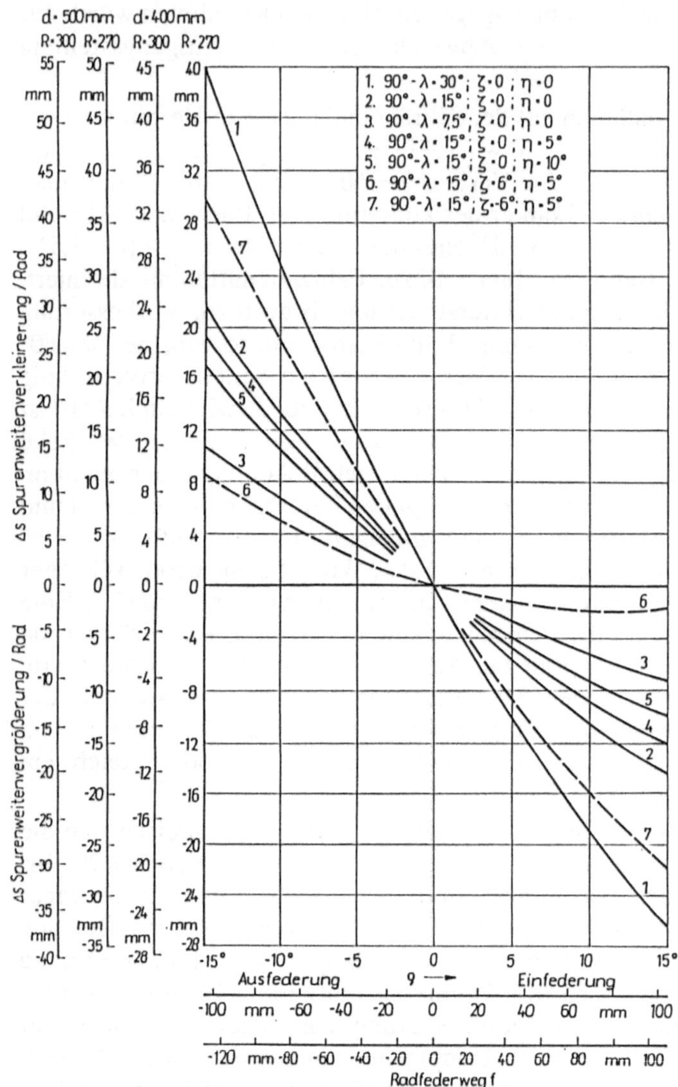

Bild 2.24 Spurweitenänderung Δs über den Lenkerdrehwinkel ρ

Der Einfluß des Reifenradius R und der Lenkerlänge d ist durch verschiedene Koordinatenachsen zu bestimmen. Die qualitativen Einflüsse der Parameter Pfeilung, Lenkerneigung und Dachwinkel sind aus folgenden Kennlinie zu entnehmen:

Pfeilungswinkel 90° – λ aus   1 – 2 – 3
Lenkerneigung η aus   2 – 4 – 5
negativer Dachwinkel + ζ aus   4 – 6 – 7

Es ist zu berücksichtigen, daß nach Bild 2.21 der Ergänzungswinkel zur Pfeilung mit λ und der negative Dachwinkel mit + ζ definiert ist. Die Gleichungen (2.22) bis (2.26) wurden abgeleitet, bevor sich die Begriffe Pfeilung und Dachwinkel einführten. Die Lenkerneigung η entspricht sinngemäß einem ρ_0

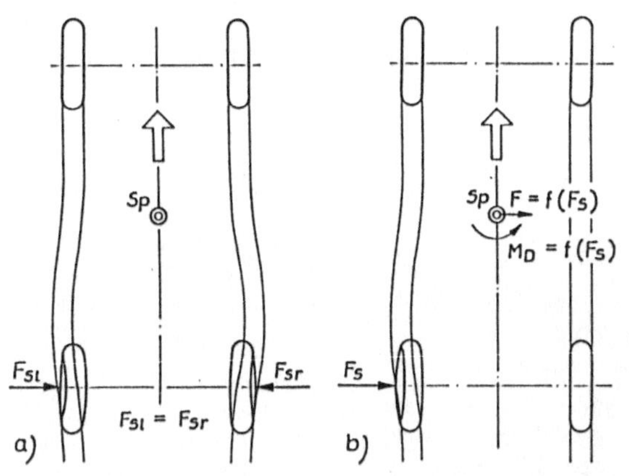

Bild 2.25
Wirkung der Spurweitenänderung beim
Überfahren eines Hindernisses
a) bei über beide Spuren gehendem Hindernis:
  1. Bewegungsrichtung des Fahrzeugs wird
    nicht geändert
  2. innere Kräfte führen zu
    – Bauteilbeanspruchung
    – Reifenverschleiß
    – Rollwiderstand
b) beim Hindernis nur in einer Spur:
  1. Bewegungsrichtung des Fahrzeugs wird
    beeinflußt (seitliche Verschiebung und
    Verdrehung)
  2. innere Kräfte sind ebenfalls vorhanden,
    wenn auch geringer

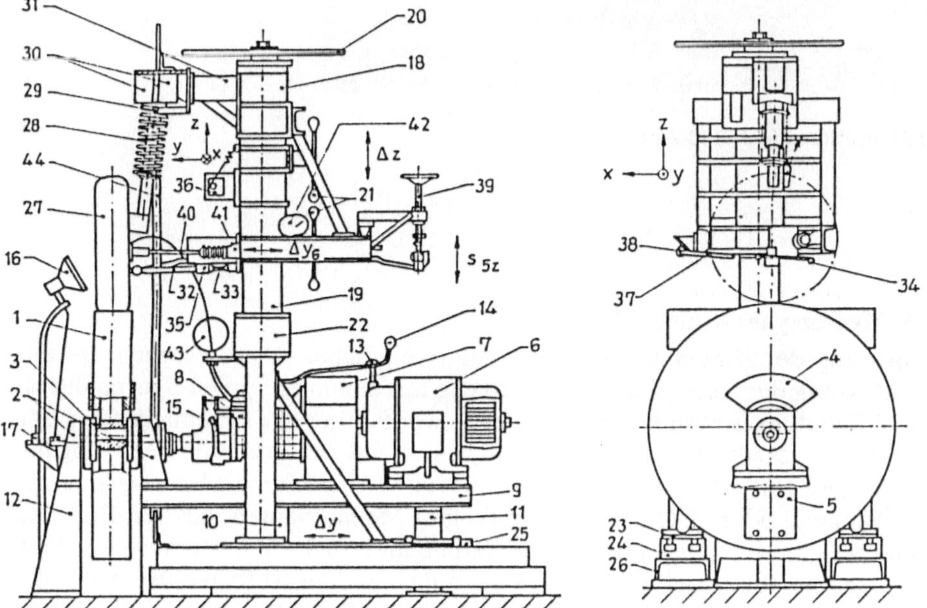

Bild 2.26 An der Technischen Universität Dresden vorhandener Prüfstand
1 Lauftrommel; 2 Lagerböcke; 3 Lagereinheit ermöglicht Einstellung von Amplituden bis 30 mm; 4,
5 Ausgleichsmassen; 6 drehzahlregelbarer Gleichstrommotor, 6 kW; 7 Kupplung; 8 Wechselgetriebe;
9 Lagerrahmen; 10 Betonsockel; 11, 12 Lagerböcke; 13 Kupplungsbetätigung; 14, 15 Schalthebel; 16,
17 Drehzahlmesser; 18 Aufnahmeelemente für Radaufhängen; 19 Innenrohr für Vertikalverschiebung
mit Meßskala; 20 Handrad für Vertikalverschiebung mit Meßskala; 21 Klemmvorrichtung für Vertikalverschiebung mit Meßskala; 22 Gestellbrücke; 23 Gestellschlitten zur Horizontalverschiebung y; 24
Nutschienen zur Horizontalverschiebung y; 25 Spindel zur Horizontalverschiebung y; 26 U-Profile für
Prüfgruppenaufbau; 27 Rad des Prüflings; 28 Federbein des Prüflings; 29 Lagerarm; 30 Kraftmeßdose;
31 Ausleger; 32 Querlenker; 33 Kraftmeßbiegebalken; 34 Meßeinrichtung für Querlenkerdrehachse;
35 Ringsegment zur Verdrehwinkelmessung am Querlenker; 36 Drehpotentiometer zur Verdrehwinkelmessung am Querlenker; 37 Stabilisator; 38 Stabilisator Lagerung; 39 Stabilisator Vorspannung
Einstellspindel; 40 Spurstange, einstellbar; 41 Zahnstangenlenkgetriebe; 42 Meßstelle für Stellung
der Zahnstange; 43 Bremsdruckmeßstelle; 44 Prüfstandsverstrebung (ausführliche Prüfstands-
beschreibung in [2.26])

Bild 2.27 Prüfstand nach Bild 2.26

2.1.1.8 Messung der Kinematik

Die Messung der Kinematik ist in besonders einfacher Weise möglich. Bereits durch Messung der Radstellung am Fahrzeug mit einem optischen Spurmeßgerät bei zwei Beladungszuständen bekäme man zwei Punkte der Kinematik über den Federweg. Das Meßprogramm läßt sich erweitern auf den gesamten Federweg mit einer Be- und Entlastungseinrichtung. Verbreitet ist auch die Messung an einer Radaufhängung oder Halbachse allein. Es gibt Meßaufbauten, die den Ein- und Ausfederweg am Radaufstandspunkt einleiten, und solche, bei denen der Aufbau angehoben und abgesenkt wird. Man kann auch ein dem Aufbau entsprechendes Gestell entsprechend der Rollneigung verdrehen. Einen Meßaufbau mit anheb- und absenkbarem, dem Fahrzeug entsprechenden Gestell zeigen die Bilder 2.26 und 2.27. Einen Prüfstandsaufbau, bei dem ein Prüfgestell entsprechend der Rollneigung des Aufbaus verdreht wird, zeigen die Bilder 2.28 und 2.29. Mit beiden Prüfständen lassen sich sowohl die kinematischen als auch die elastischen Verschiebungen messen.

In den Bildern 2.30 bis 2.34 sind Ergebnisse von Messungen, die auf dem in den Bildern 2.28 und 2.29 dargestellten Prüfstand gewonnen wurden, aufgetragen. Ein Teil der Ergebnisse wurde schon vor 20 Jahren gewonnen. Die Verläufe machen deutlich, daß sich die Kinematik mehr oder weniger zufällig ergeben hat. Eine eingehende Diskussion erfolgt, nachdem die Ergebnisse um die elastischen Deformationen ergänzt worden sind. Die Messung der Sturz-, Vorspur- und

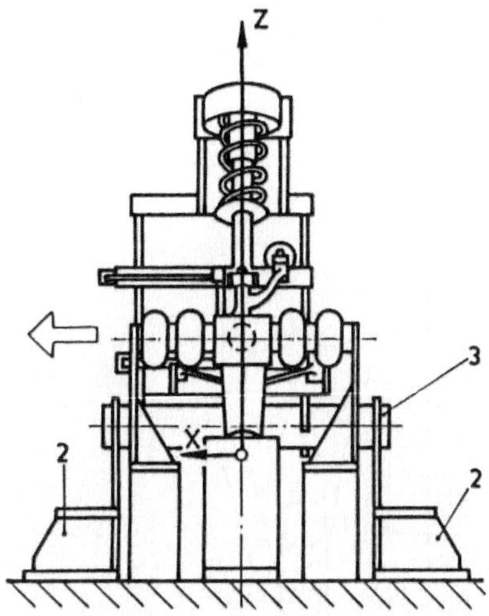

Bild 2.28

In Chemnitz verwendeter Prüfstand für Achsprüfungen in der x, z-Ebene. 2 Stützblöcke für Wellenlagerung; 3 Welle zur Befestigung des Prüfgestells

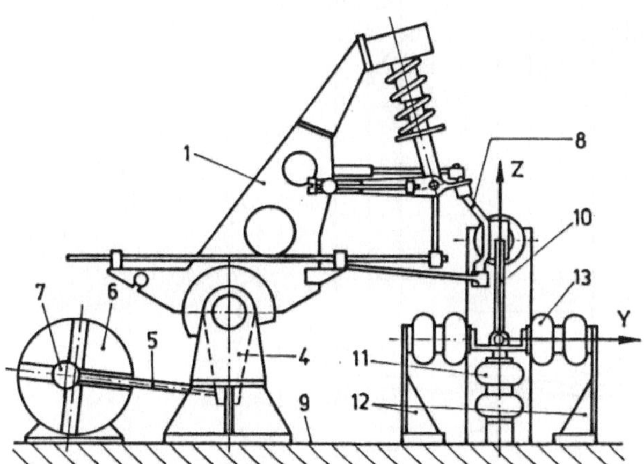

Bild 2.29 Prüfstand nach Bild 2.28 in der y, z-Ebene
 1 Prüfgestell zur Befestigung der Achse am Prüfstand;
 4 Betätigungshebel zur Schwenkbetätigung der Welle;
 5 Schubstange, an der die Höhe des Prüfgestells eingestellt wird;
 6 Hubscheibe;
 7 Schiebestück zum Einstellen der Federwegamplitude;
 8 Schwenklager, Radträger;
 9 Grundplatte;
10 an der Stelle des Rades am Radträger befestigter Hebel;
11 Luftfederbalg, der teils mit Wasser gefüllt und der Federsteife des Reifens angepaßt ist;
12 Abstützböcke für die Luftfederbälge, die die Längs- und Seitenkräfte aufbringen;
13 Luftfederbälge, die auf das Kugelgelenk am unteren Ende des Hebels 10 wirken

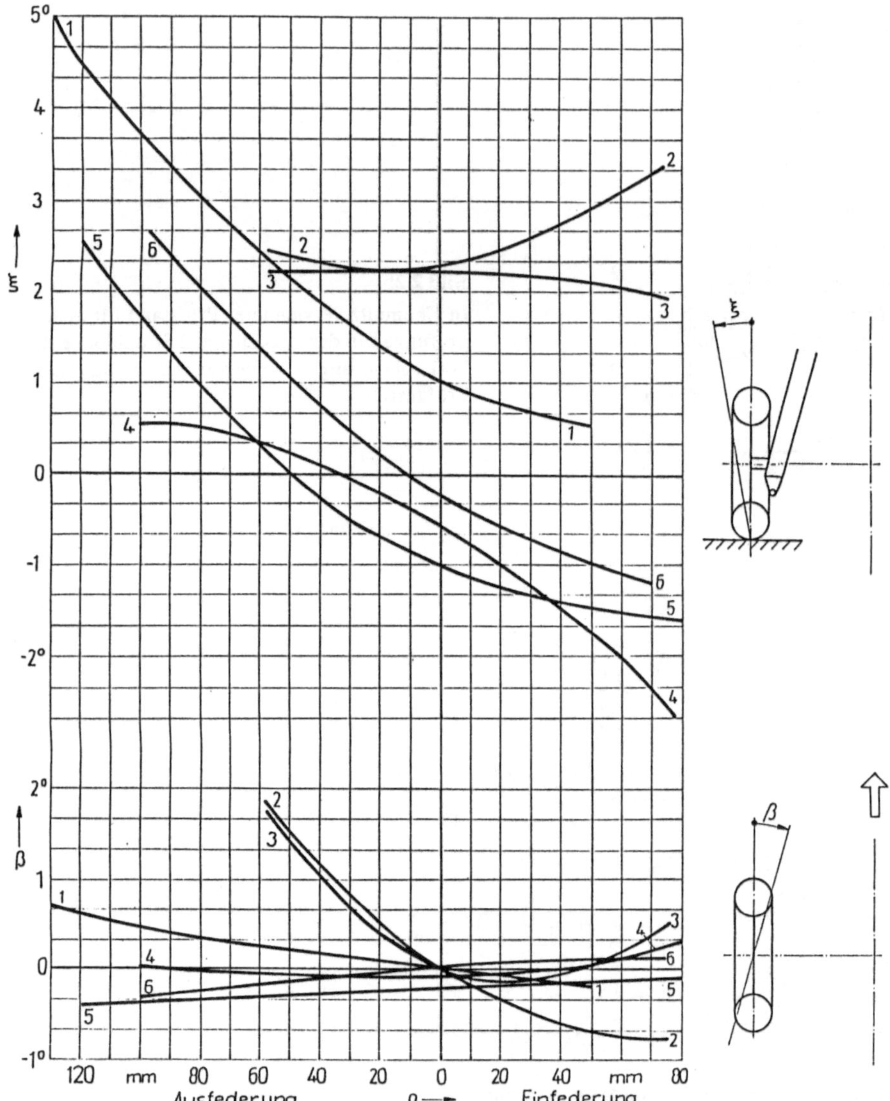

Bild 2.30 Auf dem Prüfstand 2.29 wurde anstelle des Luftfederbalges 11 ein Wagenheber eingesetzt und die Hubscheibe 6 festgestellt.
Auf diese Weise wurde die in diesem und in den folgenden Bildern dargestellte Verschiebung der Radebene gemessen. Bild 2.30 zeigt die Sturzänderung über den Federweg $\xi = f\,(f)$

Bild 2.31 Vorspurwinkeländerung über den Federweg $\beta = f\,(f)$

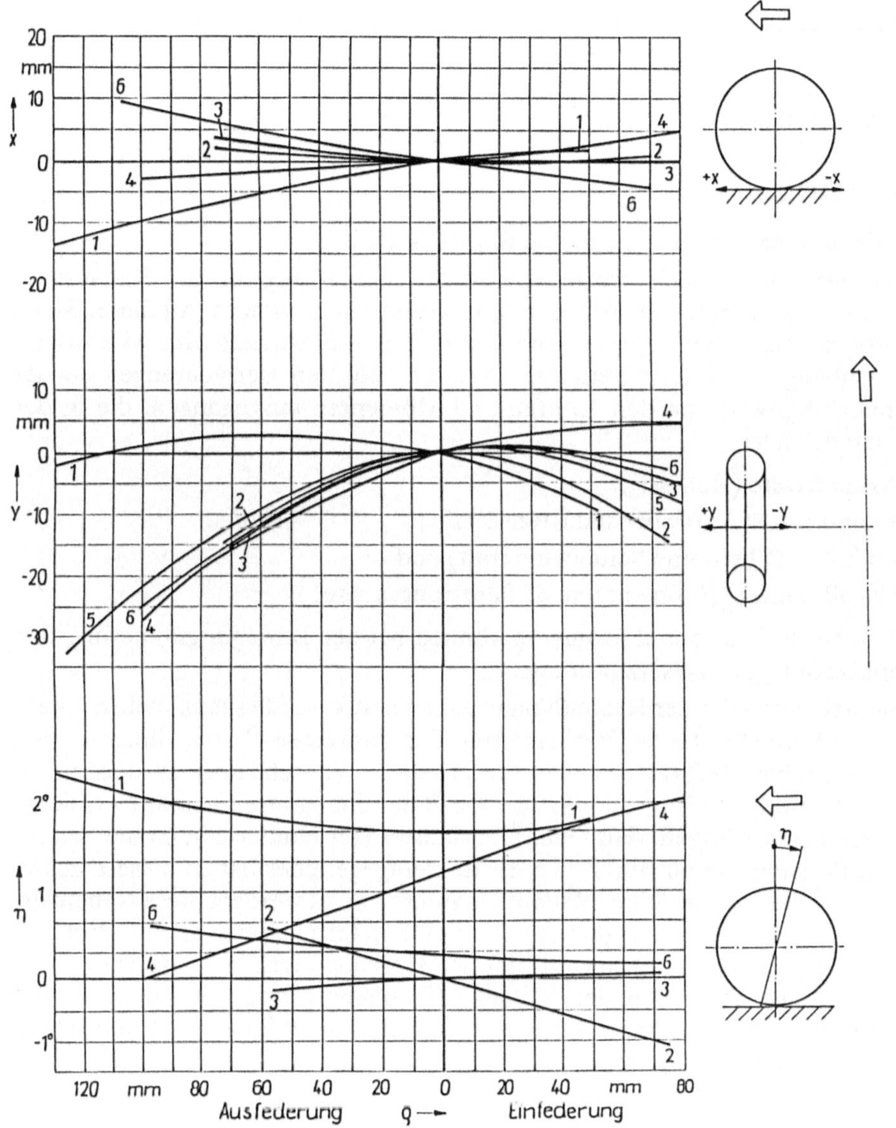

Bild 2.32 Längsverschiebung des Radaufstandspunktes, die einer Radstandsänderung entspricht
$x = f(f)$

Bild 2.33 Querverschiebung des Radaufstandspunktes, die einer Spurweitenänderung entspricht
$y = f(f)$

Bild 2.34 Nachlaufänderung über den Federweg $\eta = f(f)$

Nachlaufwinkeländerung und der Verschiebung des Radaufstandspunktes in Längs- und Querrichtung über den Federweg gehört heute zum Stand der Technik. Die Berücksichtigung der Meßergebnisse wird aus der Beschreibung neu entwikkelter Achsen deutlich [2.36], [2.37].

2.1.2 Elastizitäten

2.1.2.1 Erwünschte und unerwünschte Elastizitäten

Die wichtigste elastische Verschiebung im Zusammenhang mit der Radaufhängung ist die Federung. Ihr ist ein besonderer Abschnitt gewidmet. An dieser Stelle wird diese Elastizität als gegeben vorausgesetzt. Die Elastizität wird wirksam im Zusammenhang mit den angreifenden Kräften. Bei den Betrachtungen an der Radaufhängung wird von den Kräften und Momenten ausgegangen, die in der Radaufstandsfläche

als vertikale Kräfte (Radlast),

als Umfangskräfte (Antriebs- und Bremskraft),

als Seitenkräfte (Flieh- und Seitenwindkraft) und

als Rückstellmoment (Moment um die Spreizungsachse)

angreifen. Diese Kräfte und Momente können bei der Bewegungsänderung den Trägheitskräften gleichgesetzt werden.

Im Zusammenhang mit der Radaufhängungskinematik wurde schon mehrmals auf gewünschte Lenkeffekte zur Verbesserung der Fahreigenschaften hingewiesen. Bei den elastischen Deformationen lassen sich diese Wünsche noch ausdehnen. So würde der im Bild 2.20 dargestellte, über die Radaufhängungskinematik erreichte Rollsteuereffekt bedingen, daß beim Überfahren von Hindernissen eine Seitenkraftbeeinflussung wie im Bild 2.35 auftritt. Demgegenüber haben diese Effekte, wenn sie über die Elastizität der Radaufhängung erreicht werden, diese Nebenwirkung nicht. Es ist also viel günstiger, einen Lenkeffekt, wie er auf Bild 2.20 dargestellt ist, über die Elastizität der Radaufhängungen zu erreichen. Der Lenkwinkel β ist dann von der Seitenkraft abhängig und wird dadurch bei Unebenheiten nicht wirksam, solange gewährleistet ist, daß bei der Einfederung keine Spurweitenänderung erfolgt.

Durch geeignete Anordnung elastischer Glieder lassen sich nachteilige Auswirkungen der Kinematik auf die Radstellung mindern und umgekehrt. Folgende Beispiele sind bekannt:

Die in [2.35] beschriebene Weissach-Achse zeigt, wie durch die Lageranordnung und mit bestimmter richtungsbezogener Elastizität bei einer Bremskraft eine erwünschte Lenkreaktion erreicht wird. Im Bild 2.36 ist die Wirkung eines normalen Lenkers an einer Hinterachse der eines unteren Lenkers einer Weissach-Achse gegenübergestellt. Während die normale Lagerung bei Wirkung einer Verzögerungskraft einen Lenkwinkel in Richtung Übersteuern für das kurvenäußere Rad bringt, wird bei der Weissach-Achse der entgegengesetzt gerichtete Lenkwinkel erreicht, wie er auch im Bild 2.20 für das kurvenäußere Hinterrad gefordert wurde.

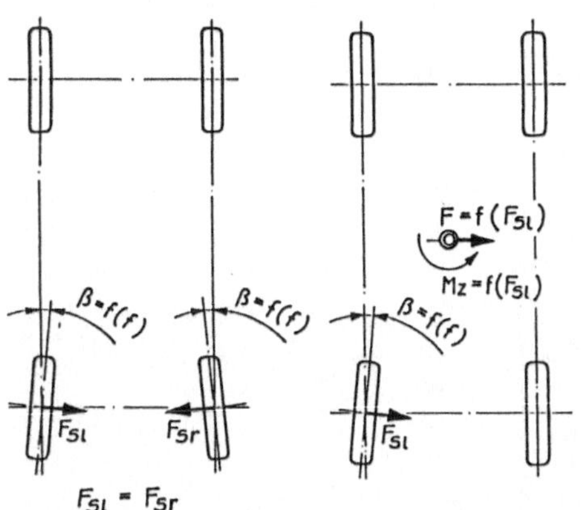

Bild 2.35
Wirkung einer kinematisch bedingten
Lenkungsbetätigung durch eine Vorspurwinkeländerung über den Federweg beim
Überfahren eines Hindernisses
Die Wirkung auf die Beanspruchung des
Fahrzeugs und die Fahrtrichtungshaltung
ist der im Bild 2.25 zwar ähnlich, jedoch
bezüglich des Gütegrades der Seitenkraftverteilung kann ein günstiger Einfluß
ausgehen, wenn er in Verbindung mit der
Rollneigung auftritt. Wie noch nachzuweisen ist, wirkt eine in Verbindung mit einer
Seitenkraft sich einstellende Vorspur
günstig auf die Seitenkraftverteilung

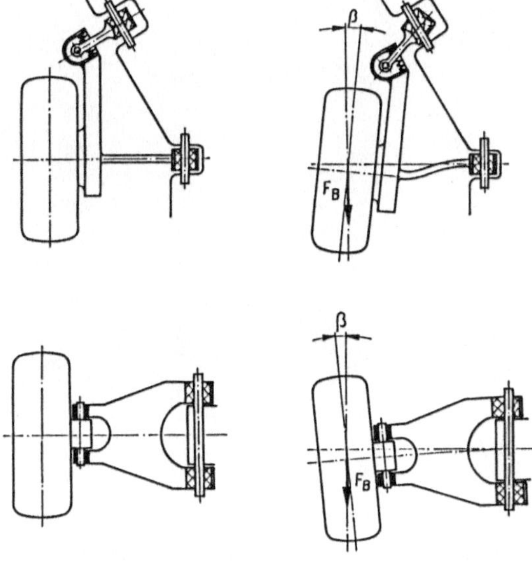

Bild 2.36
Wirkung einer Bremskraft; oben bei
der Weissach-Achse und unten bei
einer normalen Querlenkerausführung
(obere Anlenkung nicht dargestellt)

Ein weiteres Beispiel ist die Raumlenkerachse von Mercedes. Auch hier wird
durch bewußte Lenkeranordnung erreicht, daß zumindest nachteilige elastische
Verdrehungen der Radebene vermieden werden, wie Bild 2.37 veranschaulicht.
Ausführlicher ist diese Achskonzeption in [2.38] beschrieben.

Auf Bild 2.38 ist eine Lösung angegeben, bei der die elastische Deformation
infolge einer Seitenkraft die Verbundlenkerachse nach der Seite verschiebt. Die
beiden Gummilager ändern dadurch ihre Federsteife in Fahrzeuglängsrichtung so,
daß die gesamte Achse sich nicht verdreht.

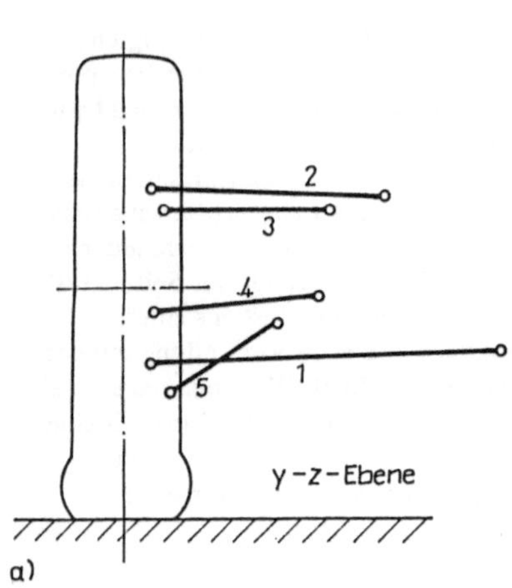

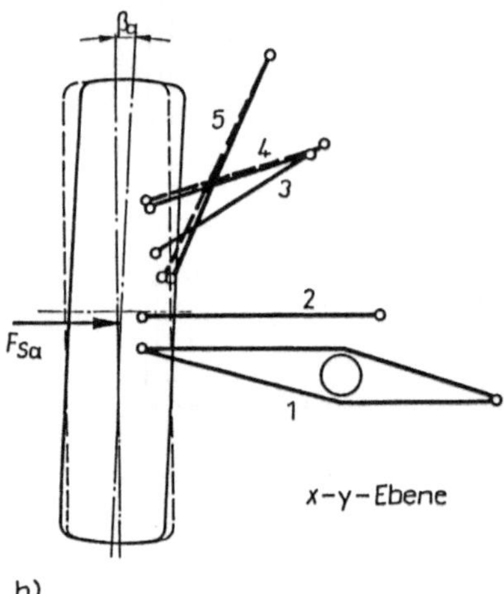

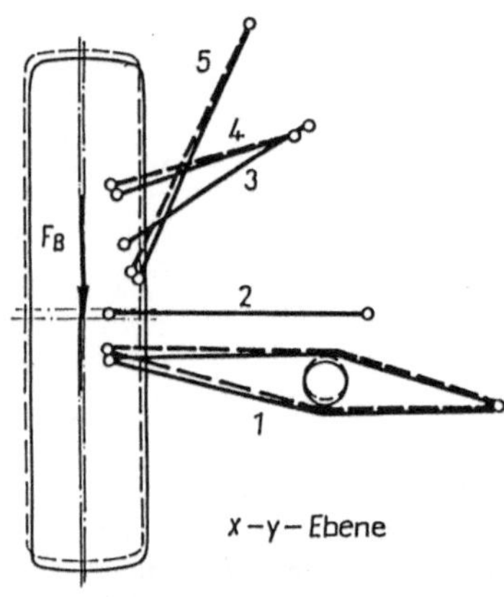

Bild 2.37

Prinzipieller Aufbau der Raumlenkerachse

a) Rückansicht, Projektion auf die y, z-Ebene

Die in der Reifenaufstandsfläche angreifenden Seiten- und Bremskräfte werden vorwiegend vom unten angeordneten Lenker 1, von Strebe 5 und von Spurstange 4 abgestützt.

b) Draufsicht, Projektion auf die x, y-Ebene

Bei Seitenkräften von außen bewirken die Strebe 5 und die Spurstange 4 ein Verdrehen in eine Vorspur.

c) Draufsicht, Projektion auf die x, y-Ebene

Bei Bremskräften verhindern Strebe 5 und Spurstange 4 ein Verdrehen in eine negative Vorspur.

Bei dieser starken Vereinfachung der elastischen Deformationen wird die vorteilhafte Wirkung beim Bremsen in der Kurve deutlich, da sie für diesen Fall einen Lenkeffekt in Richtung Untersteuern erklärt

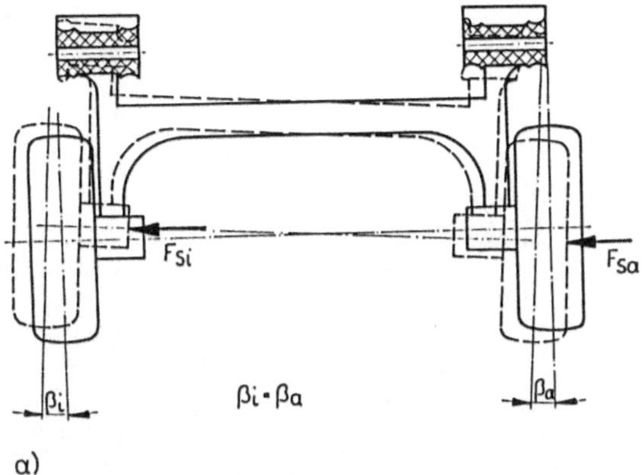

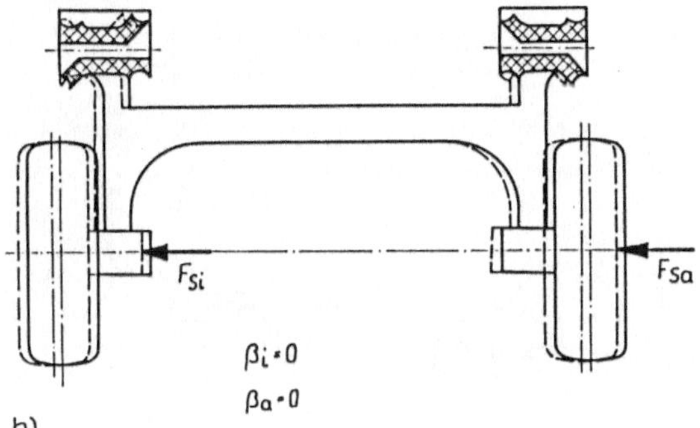

Bild 2.38
Prinzip der Verbundlenkerachse ohne
   und mit spurkorrigierenden Lagern
   (s. auch Bild 2.75)
a) Die Elastizität der Lagerung führt
   zu einem Lenkwinkel β, der bei
   einer Hinterachse in Richtung
   Übersteuerung wirkt.
b) Durch spurkorrigierende Lager
   wird der Lenkwinkel β verhindert

Mit der im Bild 2.39 dargestellten Lösung sind Gummilager verbunden, die
ebenfalls eine von der Kraftrichtung abhängige Federsteife besitzen. Die außen
angeordneten Lager der Längslenker sind nach vorn weich und nach hinten steif
und die inneren Lager umgekehrt. Bei einer von außen wirkenden Seitenkraft ist
die Lenkerlagerung steif. Am kurveninneren Rad, wo die Seitenkraft von innen
wirkt, ist die Lenkerlagerung weich und nachgiebig. Außer dieser richtungsorien-
tierten Elastizität haben die äußeren Lager eine nach vorn und die inneren eine
nach hinten gerichtete Pfeilform. Dadurch wird die mit den Seitenkräften
verbundene Querverschiebung zu einer Verdrehung der Radebene führen, die sich
günstig auf die Steuerungstendenz und den Gütegrad der Seitenkraftverteilung
auswirkt. Die Pfeilform ermöglicht auch die im Bild 2.39 beschriebene Schraubung
nach innen, wodurch das Rollzentrum abgesenkt und die Spurweitenänderung
verringert wird.

Obwohl es sich bei den Beispielen in den Bildern 2.36 bis 2.39 nur um
Hinterachsen handelt, kommt der Elastizität auch an den Vorderachsen Bedeutung zu. Sie wird in Verbindung mit der Lenkung bewertet (s. auch Tafel 5.1).

Ungünstig ist die Verkleinerung des Nachlaufs beim Bremsen infolge Elastizität
bei den gelenkten Rädern. Das Rückstellmoment an den Rädern kann dadurch

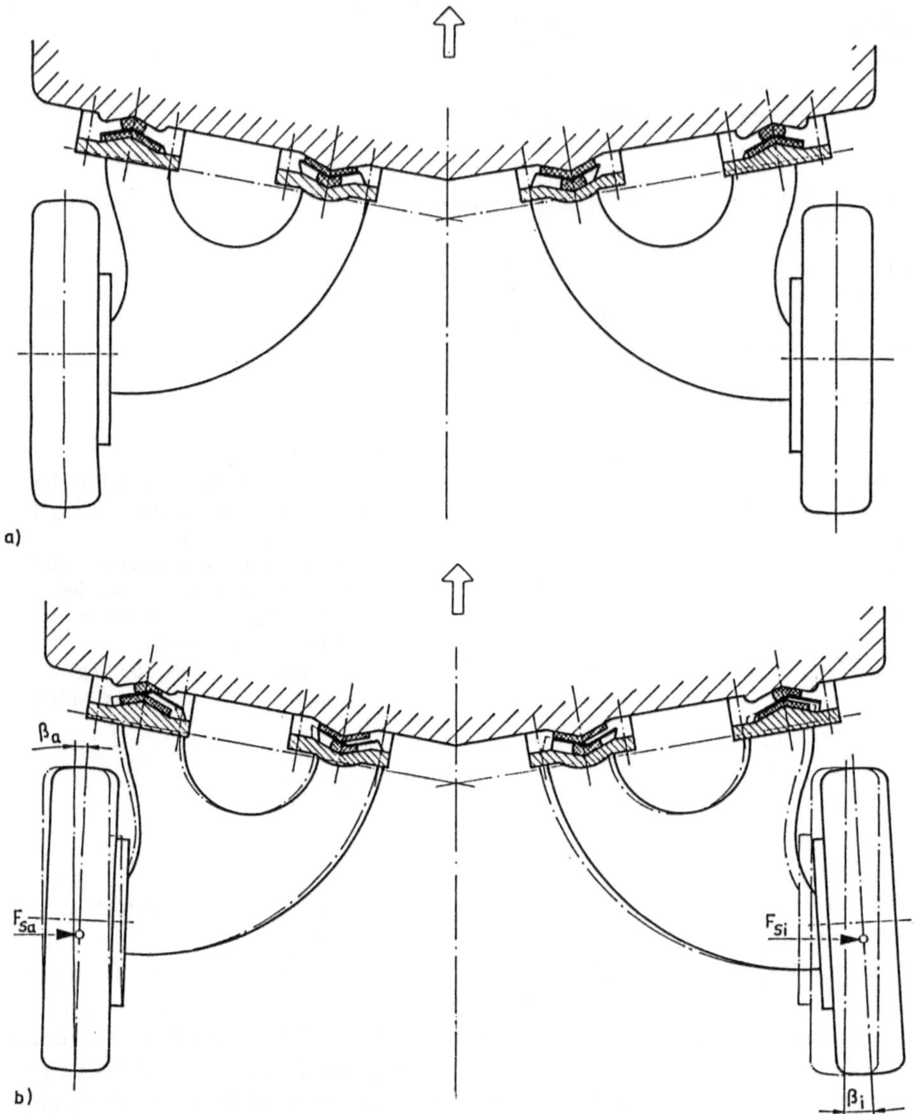

Bild 2.39 Prinzip einer Schrägpendelachse, bei der sich infolge kurvenfahrtbedingter Seitenkräfte eine Vorspur einstellt

Die elastischen Lenkerlager sind so ausgebildet, daß der Pol, um den sich der Lenker verdreht, bei Seitenkräften von außen hinter der Achse und bei Seitenkräften von innen (kurveninneres Rad) vor der Achse liegt. Mit diesem Prinzip läßt sich sowohl ein Umschlagen in die Übersteuerung beim Bremsen in der Kurve vermeiden als auch η_G verbessern. Dem Nachteil der Spurweitenvergrößerung beim Einfedern wird dadurch entgegengewirkt, daß der Scheitel der Pfeilung des Einzellagers auf einer Schraubenlinie verläuft. Dadurch schraubt sich der Lenker beim Einfedern nach innen

sogar negativ werden. Aus diesem Grund ist eine kinematisch bedingte Nachlaufvergrößerung beim Bremsentauchen von Vorteil. Ein typisches Beispiel ist der Citroen 2CV, den man anfänglich nur für geringe Geschwindigkeiten als tauglich ansah, u.a. wegen der großen Nachlaufänderung über den Federweg. Die dort aufgrund des geschobenen Längslenkers an der Vorderachse vorhandene große Nachlaufänderung wird heute nicht mehr als Argument für eine Geschwindigkeitsbegrenzung angesehen. Es zeigt sich, wie mit den Mitteln der Radaufhängungskinematik den veränderten Reifen-Schräglaufeigenschaften beim Bremsen und der elastischen Deformation entgegengewirkt werden kann. Die nachteiligen Auswirkungen in den anderen Fahrzuständen sind nicht so groß, wie teilweise befürchtet worden war.

Eine weitere bedeutende Aufgabe der Elastizität in der Radaufhängung ist die Geräuschisolierung. Die im folgenden Abschnitt zu behandelnden Elemente sind bestimmend für die Dämpfung des Körperschalls der von den Rädern kommenden Rollgeräusche. Sie sind in ihren Eigenschaften diesbezüglich mit zu bewerten.

2.1.2.2 Elastische Elemente der Radaufhängung

Bei allen Elastomeren kann im Gegensatz zu Stahl eine sehr große elastische Verformung, die bis zur deutlichen Änderung der körperlichen äußeren Form geht, zugelassen werden. Während bei den Stahlfedern die Torsionsdeformation von einem konstanten Schubmodul und die Zug-, Druck- und Biegedeformation von einem konstanten Elastizitätsmodul ausgehend exakt bestimmt wird und der Berechnung gut zugänglich ist, sind die Federn aus Elastomeren wesentlich weniger der Berechnung zugänglich. Auf der anderen Seite bieten die Elastomere aber dem Entwicklungsingenieur wesentlich größere Möglichkeiten der Anpassung an gezielte Forderungen. Bei der Entwicklung sollten die Berechnung und das Experiment am Muster Hand in Hand gehen.

Einen Überblick, mit welchen Werkstoffen sich die jeweiligen Elastizitätsforderungen erfüllen lassen, gibt Bild 3.2. Es ist über dem Elastizitätsmodul (im doppeltlogarithmischen Maßstab) die jeweilige in etwa zulässige Spannung σ aufgetragen. Es sind die Geraden A_1, A_2 und A_3 für konstantes Arbeitsaufnahmevermögen eingetragen. Sie verdeutlichen, bei welchen σ_{zul} abhängig vom Elastizitätsmodul von einem bestimmten Volumen des Werkstoffs welches Arbeitsaufnahmevermögen erreicht wird, wie es z.B. die Fläche A_r im Bild 2.40 darstellt. Das Arbeitsaufnahmevermögen A_r eines elastischen Werkstoffs, bei dem

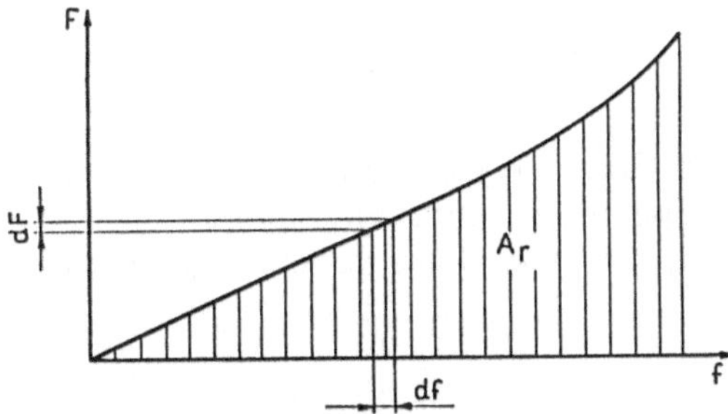

Bild 2.40

Jedes elastische Glied läßt sich mit einer Federkennlinie kennzeichnen.
Entscheidende Größen sind: Federkraft F,
Federweg f, Federsteife $c = \dfrac{dF}{df}$ (Anstieg der Kennlinie) und das Arbeitsaufnahmevermögen A_r (Fläche unter der Kennlinie)

die Beanspruchung auf Zug, Druck oder Biegung erfolgt, kann durch die
Gleichung

$$A_r = K \cdot V \cdot \frac{\sigma^2}{E} \, [\text{N} \cdot \text{mm}]; \tag{2.27}$$

K Konstante, V Volumen mm^3, σ Spannung N/mm^2, E Elastizitätsmodul
N/mm^2,

ausgedrückt werden. Im doppeltlogarithmischen Maßstab stellt sich A im
Koordinatensystem von E und σ als Gerade dar. Aus diesem Grund eignet sich
Bild 3.2 besonders gut, um das volumenbezogene Arbeitsaufnahmevermögen
recht unterschiedlicher Werkstoffe zu vergleichen. Bei ihrer Bewertung als
Federwerkstoff wird darauf Bezug genommen.

Ein großes Arbeitsaufnahmevermögen läßt sich z.B. bei den Werkstoffen Gummi,
Polyurethan, glasfaserverstärkte Polyester- und Epoxidharze, Glasfasern und
Stahl erreichen. Es ist üblich, Werkstoffe mit niedrigem Elastizitätsmodul als
weich und mit hohem als hart zu bezeichnen. Bemerkenswert ist, daß bei Gummi
und Polyurethan die weichen Sorten das höhere Arbeitsaufnahmevermögen
haben, während es bei den glasfaserverstärkten Kunststoffen die härteren mit dem
höheren Glasfaseranteil sind. Für die elastischen Lager in den Radaufhängungen
ist Gummi aus folgenden Gründen vorherrschend:

1. Gummi ist sehr elastisch (entspricht einem kleinen E-Modul).

2. Er hat hohes Arbeitsaufnahmevermögen, bezogen auf ein bestimmtes Volumen.

3. Gummi ist kurzzeitig überlastbar. Für die am Fahrzeug zu erwartenden
   Temperaturen ist er gut geeignet. Während Polyurethan schon bei 253 K
   einfriert, tritt das bei Gummi durchschnittlich bei um 10 °C niedrigeren
   Temperaturen, bei ca. 243 K ein.

4. Gummi neigt zwar wie alle Elastomere zum Kriechen (bleibende Verformung
   unter einer ruhenden Last). Diese an sich nachteilige Eigenschaft wirkt sich
   aber bei den elastischen Lagern der Radaufhängung kaum aus, da in der
   Normalstellung die ruhende Last klein ist und die Spitzenlasten nur kurzzeitig
   wirken. In den Einsatzfällen, bei denen die ruhende Last höher ist, kann durch
   Dimensionierung das Kriechen in Grenzen gehalten werden.

Folgende Kennwerte stellen die Grundlage für die Berechnung und Auslegung
von Gummifedern dar:

    die Shorehärte,

    der Schubmodul,

    der Elastizitätsmodul.

Die Shorehärte wird mit einem Prüfgerät (Bild 2.41) gemessen, mit dem man
feststellt, welchen Widerstand der Prüfkörper dem Eindringen einer kugeligen
Kuppe entgegensetzt. Die Shorehärte ist ein wichtiges Unterscheidungsmerkmal
der verschiedenen Gummimischungen.

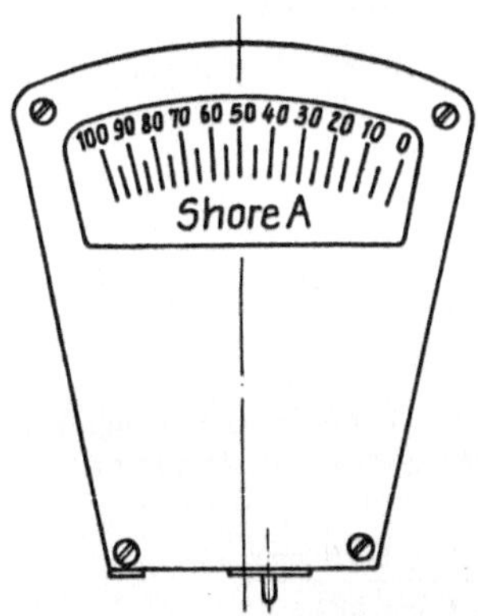

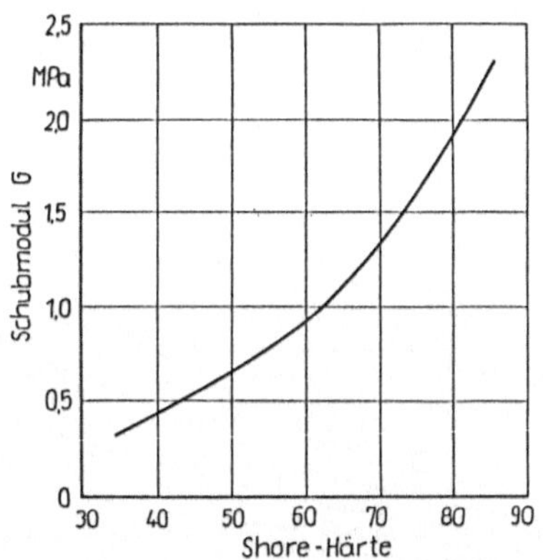

Bild 2.41 Der Shore-Härteprüfer wird mit der unten vorstehenden Kugelkuppe auf den Prüfkörper aufgesetzt

Bild 2.42 Der Schubmodul G in Abhängigkeit von der Shorehärte

Der Schubmodul ist von der Shorehärte abhängig, Bild 2.42. Die Abhängigkeit wurde aus [2.39] entnommen. Bei den bisherigen Berechnungen und anschließenden Messungen konnte eine gute Übereinstimmung mit diesem empirisch ermittelten Verlauf nach Bild 2.42 festgestellt werden. Der Einfluß der Shorehärte auf die Schubverformung ist sehr groß. Eine rein auf Schub beanspruchte Feder ist mit einer Härte von 80 Shore etwa viermal so hart wie eine in ihren Abmessungen gleich große Feder aus einer Mischung mit einer Härte von 42 Shore. Bei den elastischen Elementen der Radaufhängung bewegt man sich vorwiegend in einem Bereich zwischen 50 und 70 Shore.

Während nach Göbel [2.39] für Gummi der Schubmodul noch als Werkstoffkennwert anerkannt wird, wird der Elastizitätsmodul, der der Berechnung der Zug- und Druckbeanspruchung zugrunde liegt, als kein echter Werkstoffkennwert bezeichnet. Im Bild 3.2 werden die verschiedenen Werkstoffe auf der Basis ihres Elastizitätsmoduls verglichen. Man kann annehmen, daß die Besonderheit bei Gummi auf die großen Deformationen bei Zug- und Druckbeanspruchung zurückzuführen ist (räumliche Spannungsverteilung bei gleichzeitiger Veränderung der belasteten Querschnittsfläche). In unmittelbarem Zusammenhang mit der Deformation steht das Verhältnis belasteter zu freier Oberfläche. Göbel [2.39] hat das als Formfaktor k mit

$$k = \frac{\text{belastete Oberfläche}}{\text{freie Oberfläche}}$$

definiert. Es erweist sich als notwendig, den Elastizitätsmodul E sowohl in Abhängigkeit von diesem Formfaktor k als auch von der Shorehärte anzugeben.

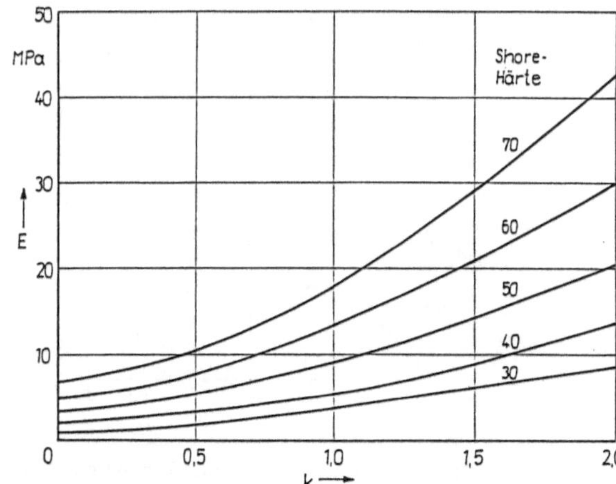

Bild 2.43 Der E-Modul in Abhängigkeit von der Shorehärte und dem Formfaktor k

$$k = \frac{\text{belastete Oberfläche}}{\text{freie Oberfläche}}$$

Mit dem auf Bild 2.43 dargestellten Zusammenhang läßt sich für die auf Druck, Zug oder Biegung beanspruchte Gummifeder die Federkennlinie in erster Näherung recht gut berechnen.

Ein Beispiel für eine auf Druck beanspruchte Feder zeigt Bild 2.44. Geht man von einer Shorehärte von 50 aus, so würde sich nach Bild 2.43 für $k = 1$: $E \approx 9$ MPa ergeben. Trotz der Abweichungen vom Hookeschen Gesetz kann man es insbesondere im Bereich kleinerer Deformationen anwenden. Man schreibt

$$\sigma = \varepsilon \cdot E = \frac{f_\mathrm{d}}{h} \cdot E . \tag{2.28}$$

Außerdem ist $\sigma = \dfrac{F}{A}$, daraus folgt die Kraft

$$F = \sigma \cdot A = \frac{f_\mathrm{d} \cdot A \cdot E}{h}$$

und die Federsteife

$$c_\mathrm{d} = \frac{F}{f_\mathrm{d}} = \frac{A \cdot E}{f} ; \tag{2.29}$$

ε Dehnung, f_d Federweg in Druckrichtung, h Federhöhe, A Querschnittsfläche.

Setzt man in die Gleichung die im Bild 2.44 angegebenen Abmessungen ein, so erhält man unter der Bedingung gleicher wirksamer Querschnittsfläche A durch unterschiedliche Shorehärte und durch unterschiedlichen Formfaktor k eine sehr große Beeinflußbarkeit der Federsteife c_d. Dabei ist die Beeinflußbarkeit der

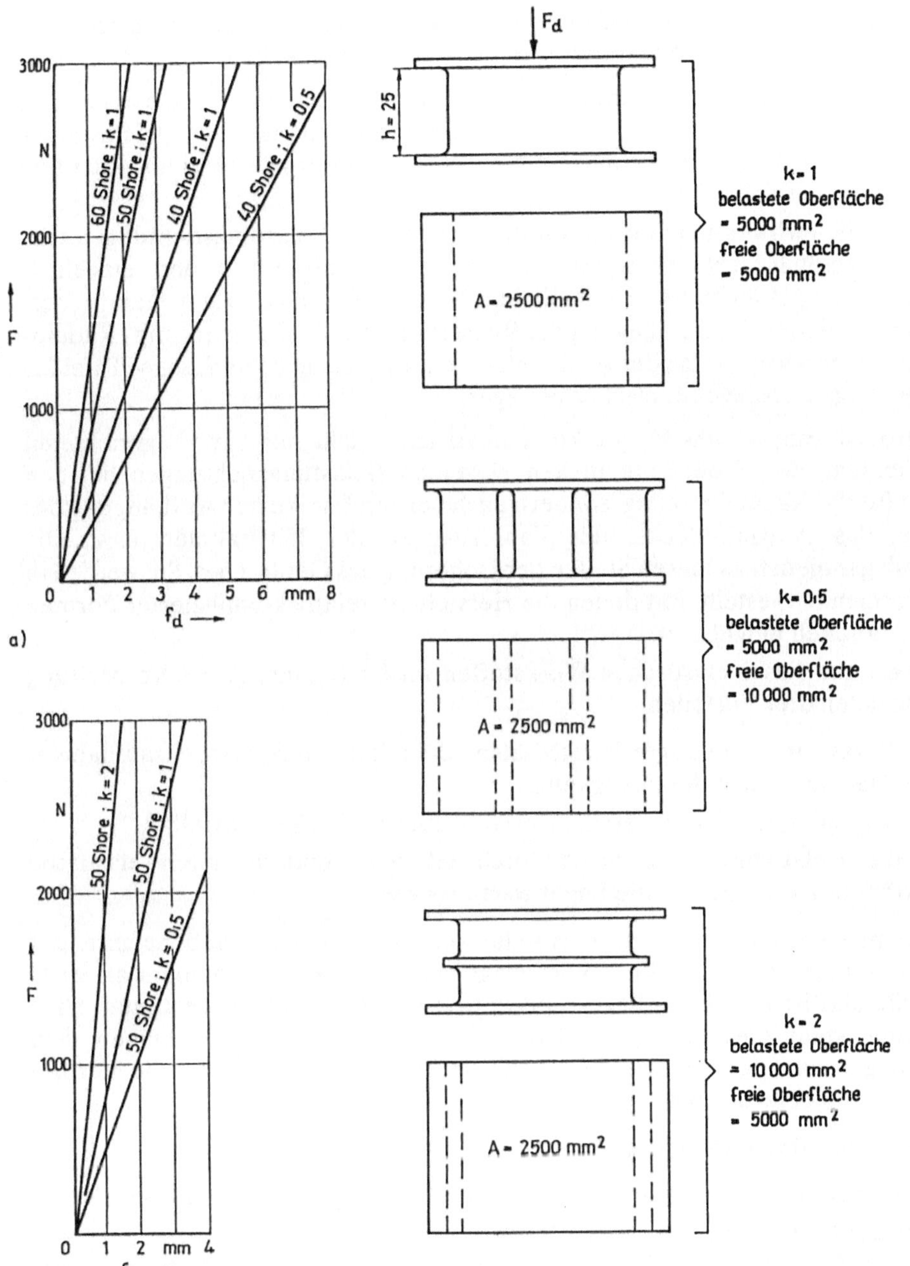

Bild 2.44 Der Einfluß der Shorehärte und des Formfaktors k am Beispiel einer einfachen Gummi-Metall-Feder

a) Die Gummifeder mit 60, 50 und 40 Shore zeigt deutliche Unterschiede in der Kennlinie.

b) Vergrößert man die freie Oberfläche auf das Doppelte, so erhält man k = 0,5. Durch Einfügen eines Zwischenblechs wird die belastete Oberfläche verdoppelt zu k = 2,0. Sowohl auf Diagramm a) und 40 Shore als auch auf b) und 50 Shore wird deutlich, daß mittels freier zu belasteter Oberfläche Gummifedern sehr stark beeinflußt werden können

Federsteife über den Formfaktor aus zwei Gründen für den Konstrukteur interessanter als über die Shorehärte:

1. Mit Verkleinerung des Formfaktors läßt sich bei geeigneter Dimensionierung das Arbeitsaufnahmevermögen der Gummilager erhöhen bei gleichzeitiger Masseeinsparung. Das gilt auch für die vorzugsweise nur in einer Richtung belasteten Gummifedern.

2. Da man den wirksamen Formfaktor für die einzelnen Belastungsrichtungen sehr unterschiedlich auslegen kann, kommt man damit zu in den einzelnen Belastungsrichtungen unterschiedlichen Kennlinien. Damit kann man in Verbindung mit der Radaufhängung die Radstellung bei Krafteinwirkung (Radumfangs- oder Seitenkraft oder beides gleichzeitig) günstig beeinflussen. Tafel 2.5 zeigt einige Beispiele für elastische Lager.

Den großen Einfluß des Formfaktors nutzt man nicht nur zur zielgerichteten Beeinflussung der Federsteife in den einzelnen Belastungsrichtungen bei den Lagern für die Radaufhängung, sondern auch bei den Lagern der Aufhängung des Motors, des Antriebsblocks, des Fahrerhauses, der Hilfsrahmen usw. Die Gummilager dienen an diesen Stellen der Isolierung des Geräusches. Sie werden in Spritzformen hergestellt, mit denen die Herstellung relativ komplizierter Formen gut und rationell möglich ist.

Die Lager aus diesen elastischen Werkstoffen verdanken ihre große Verbreitung den folgenden drei Vorteilen:

1. Der Werkstoff hat niedrigen Elastizitätsmodul mit für großes Arbeitsaufnahmevermögen ausreichender Festigkeit.

2. Die Herstellung im Spritzwerkzeug erlaubt eine große Formenvielfalt.

3. Da die Relativbewegung nicht durch Gleiten, sondern durch elastische Deformation erfolgt, sind die Lager wartungsfrei.

Bei den meisten Achsen wird die elastische Verschiebung der Radebene unter der Radlast und infolge der Wirkung von Längs- und Seitenkräften zu mehr als 90 % durch die elastischen Gummilager und teilweise Elastomerlager bestimmt. Eine Ausnahme stellt die Weissach-Achse auf Bild 2.36 dar, bei der neben dem Gummilager vorn der biegeweiche Lenker in Form einer Stahlfeder die Verdrehung der Radebene bewirkt.

2.1.3 Teile der Radaufhängung

2.1.3.1 Glieder (Schwenklager, Lenker, Achsschenkel, Radträger und Nabe)

Die Glieder bestimmen, um welche Radaufhängung es sich handelt, und sie sind typisch für das jeweilige Fahrzeug. Ihre Ausbildung wird beeinflußt durch das Herstellungsverfahren. So überwiegen zwar für das Schwenklager und den Radträger noch die geschmiedeten Ausführungen, aber beim PKW sind auch durch Schweißen gefügte Blechteile und Gußausführungen anzutreffen. Bei den Lenkern dagegen überwiegen geschmiedete Lenker für die Vorderachse und profilierte Blechteile, z.B. auch Rohre für die Hinterachse. Die Form dieser Teile ist in der Nähe der Anschlußpunkte oft kompliziert, und sie sind der Berechnung

Tafel 2.5: Beispiele für elastische Lager, prinzipieller Verlauf der Federkennlinien bei Verdrehung und Verschiebung

Bemerkungen	**Darstellung** **Kennlinien bei Verdrehung und Verschiebung**
1. Silentbloc oder Silentbuchse. In dieser Ausführung sind die elastischen Lager seit den 30er Jahren in Radaufhängungen eingesetzt. Das Gummiteil wird unter elativ großer Verformung zwischen die zwei Stahlhülsen eingefügt. Je nach Ausführung werden Drehwinkel $\alpha = \pm 15$ bis $\pm 30°$, kardanische Verdrehung $\beta = \pm 1$ bis $\pm 6°$, radiale Verschiebung $y = \pm 0{,}1$ bis $\pm 0{,}5$ mm und axiale Verschiebung $x = \pm 1$ bis ± 3 mm erreicht. Die zulässige Flächenpressung ist vom Verhältnis Länge zu Wanddicke des Gummis abhängig und nimmt mit ihm etwas zu. Für die Auslegung kann man von der statischen Belastung ausgehen und kann erwarten, daß bei einer Flächenpressung von 1 bis 3 N/mm^2 die Buchse auch für die Überlagerung der kurzen Kraftspitzen beim Ein- und Ausfedern, Antreiben und Bremsen und Kurvenfahrt geeignet ist.	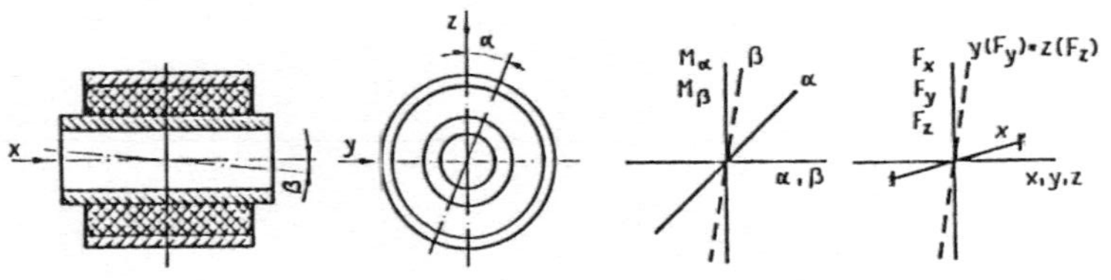
2. Vulkanisierte Gummilager oder Ultrabuchsen. Das Lager wirkt noch etwas elastischer. Infolge der fehlenden Vorspannung werden i.a. nur kleinere Verdrehwinkel und radiale Kräfte zugelassen.	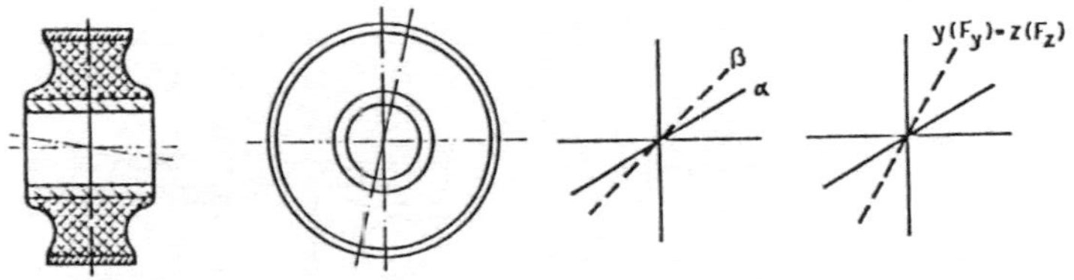
3. Die Bundbuchse oder der Flanbloc ist in Herstellung und Beanspruchbarkeit dem Silentbloc ähnlich. Durch den Bund fixiert sich die Außenhülse zur Stirnfläche exakter. Diese Buchse ist für die Aufnahme der sich überlagernden axialen Kräfte besser geeignet, insbesondere dann, wenn zwei Buchsen gegeneinandergespannt werden.	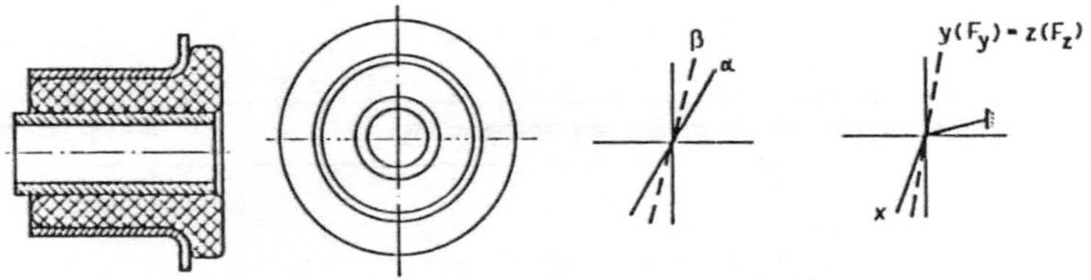

Tafel 2.5 Fortsetzung

Bemerkungen	Darstellung	Kennlinien bei Verdrehung und Verschiebung
4. Gummilager mit Ringspalt auf einem Teil des Umfangs. Dadurch werden die Federkennlinien in den Belastungsrichtungen y und z unterschiedlich. Auch bei der kardanischen Verdrehung um die y-Achse und die z-Achse zeigen sich Unterschiede in der Kennung. Der Knick in der Kennung tritt dann auf, wenn sich durch die Deformation der Hohlraum schließt.		
5. Bundgestütztes Gummilager. Die radiale Federsteife wird durch ein Gummiteil mit zwei Abflachungen bestimmt. Zwischen Gummiteil und Außenhülse bilden sich zwei segmentförmige Hohlräume. Die axiale Federsteife ist in erster Linie durch die Gummiteile am Bund gegeben. Gegenüber dem Lager unter 4. eignet es sich für höhere axiale Kräfte, bei unterschiedlicher Federsteife in y- und z-Richtung.		
6. Dieses Lager zeichnet sich durch große Unterschiede zwischen den radialen Federsteifen in $+z$- und $-z$-Richtung aus. In $-x$-Richtung können nur begrenzte Kräfte aufgenommen werden, weshalb zweckmäßigerweise zwei gegeneinander verspannte Lager eingesetzt werden.		

Tafel 2.5 Fortsetzung

Bemerkungen	Darstellung	Kennlinien bei Verdrehung und Verschiebung
7. Serienmäßig in Verbundlenkerachsen eingesetztes und dort spurkorrigierend wirkendes Lager (s. auch Bild 2.38).	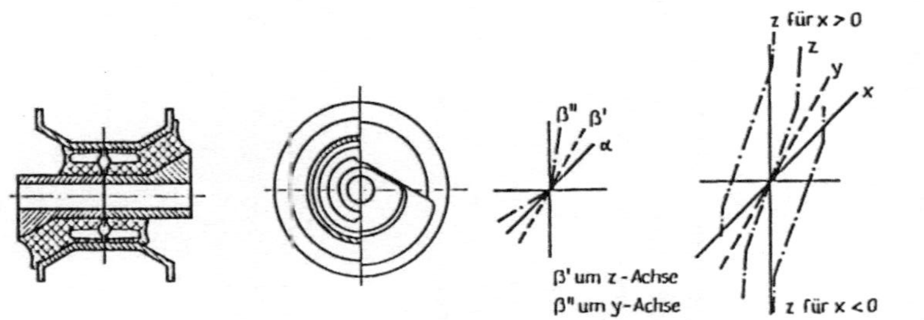	
8. Lenkerlager mit vorspurkorrigierender Wirkung durch richtungsorientierte Elastizität (s. auch Bild 2.39).	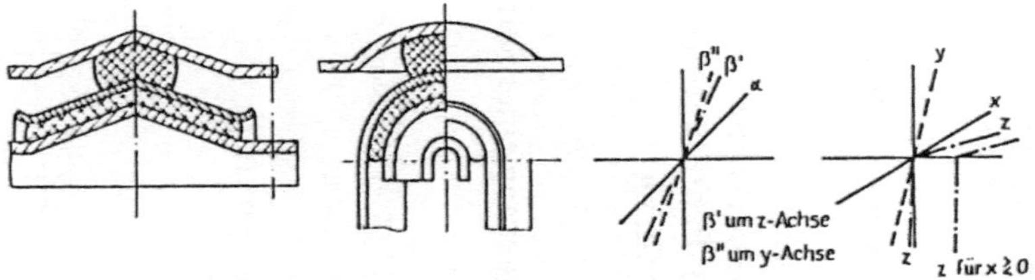	
9. Elastisch gebettetes Gleitlager, das gegenüber der Bundbuchse unter 3. beliebige Drehwinkel α um die x-Achse zuläßt. 1 Dichtlippe am Gummikörper, 2 Scheibe, 3 Axiallagerscheibe, 4 Innenhülse mit Axiallagerflansch, 5 Gummikörper, 6 Gleitlagerbuchse.	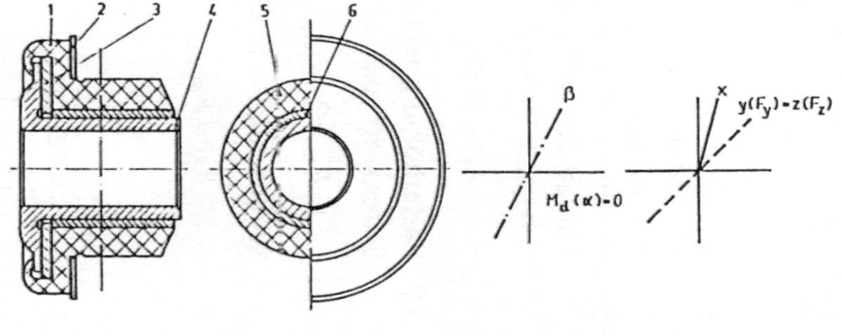	

nur schwer zugänglich. Bei der Entwicklung einer neuen Radaufhängung sind folgende Schritte zweckmäßig:

1. konstruktive Auslegung und Berechnung der zu erwartenden Spannungen in den als kritisch zu erkennenden Querschnitten bei den extremen Belastungen nach Bild 2.45.

    Als extreme Belastungen haben sich folgende vier Belastungsfälle für zweispurige Fahrzeuge bewährt. Bei den Angaben wird von einer statischen Radlast des vollbeladenen Fahrzeugs F_{No} ausgegangen:

1.1 maximale Vertikallasterhöhung

$$F_N = 3 \cdot F_{No}$$

1.2 Lasterhöhung bei Überlagerung einer Seitenkraft
     Seitenkraft von außen

$$F_N = 2 \cdot F_{No}; \quad F_S = +1{,}2 \cdot F_{No}$$

Seitenkraft von innen

$$F_N = F_{No}; \quad F_S = -0{,}6 \cdot F_{No}$$

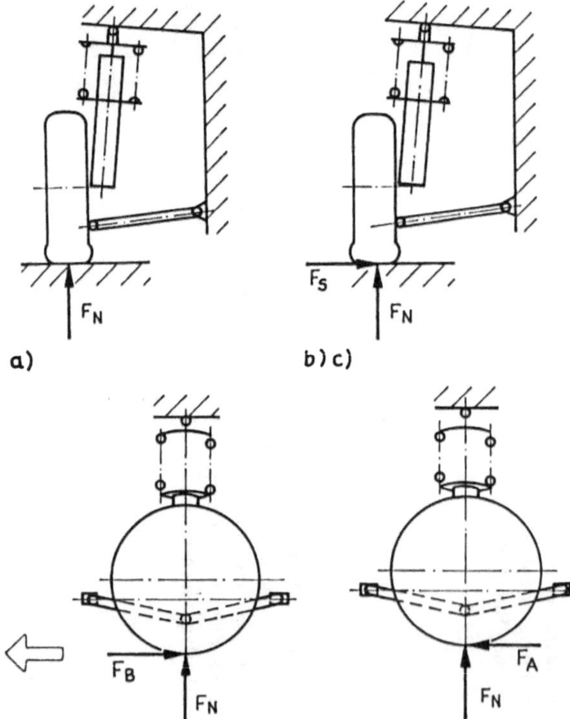

Bild 2.45
Bei der Berechnung der Radaufhängung sind folgende Lastfälle zu berücksichtigen:
a) maximaler vertikaler Stoß:
   $F_N = 3\,F_{No}$ Stoßfaktor 3
b) extreme Kurvenfahrt, kurvenäußeres Rad: $F_N = 2F_{No}$, $F_S = 1{,}2F_{No}$ ($\mu = 0{,}6$)
c) extreme Kurvenfahrt, kurveninneres Rad: $F_N = F_{No}$, $F_S = -0{,}6\,F_{No}$
d) extreme Bremsung, vorn: $F_N = 2F_{No}$, $F_B = 1{,}5F_{No}$, hinten: $F_N = F_{No}$: $F_B = 0{,}8\,F_{No}$
e) extreme Anfahrt, Frontantrieb: $F_N = 1{,}5F_{No}$, $F_A = F_{No}$, Hinterradantrieb: $F_N = 1{,}8F_{No}$, $F_A = 1{,}5F_{No}$

1.3 Lasterhöhung bei Überlagerung einer Bremskraft
Vorderräder

$$F_N = 2 \cdot F_{No}; \quad F_B = 1,5 \cdot F_{No}$$

Hinterräder

$$F_N = F_{No}; \quad F_B = 0,8 \cdot F_{No}$$

1.4 Lasterhöhung bei Überlagerung einer Antriebskraft
Frontantrieb (nur Vorderräder)

$$F_N = 1,5 \cdot F_{No}; \quad F_A = F_{No}$$

Heckantrieb (nur Hinterräder)

$$F_N = 1,8 \cdot F_{No}; \quad F_A = 1,5 \cdot F_{No}$$

Die Spannungen dürfen trotz dieser extremen Belastung die Streckgrenze nicht überschreiten.

2. Untersuchung und Überarbeitung der Teile, z.B. des Lenkers, mit der Finite-Element-Methode

In dieser Stufe ist ausschlaggebend, welche Rechentechnik der Entwicklungsabteilung zur Verfügung steht. Am Beispiel der Bilder 2.46 und 2.47 ist dargestellt, wie mit Hilfe eines Cray-Computers im Entwicklungszentrum von Opel das Verhalten am „Senator" in verschiedenen Situationen auf dem Bildschirm simuliert wurde. Entscheidende Teile wie die Lenker sind in finite Elemente aufgeteilt. Mit einem Computer läßt sich sowohl das Fahrverhalten als auch die Bauteilbeanspruchung berechnen.

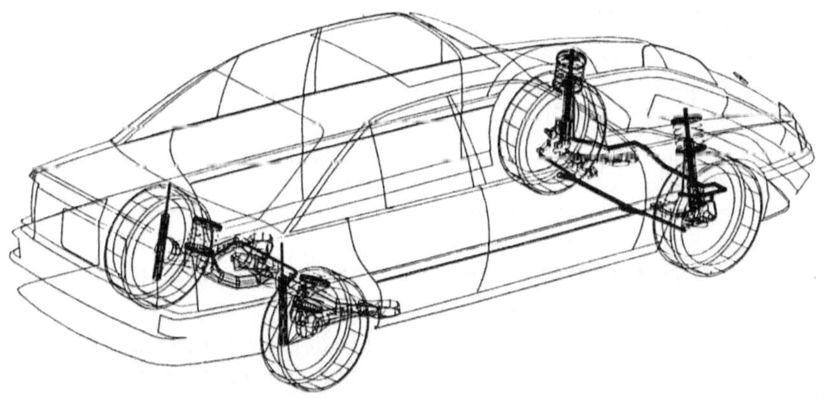

Bild 2.46 Computerbild von Opel Senator
Mit Hilfe des Cray-Computers lassen sich sowohl das Fahrverhalten in verschiedenen Situationen als auch Beanspruchungen, wie z.B. Crash-Test, simulieren

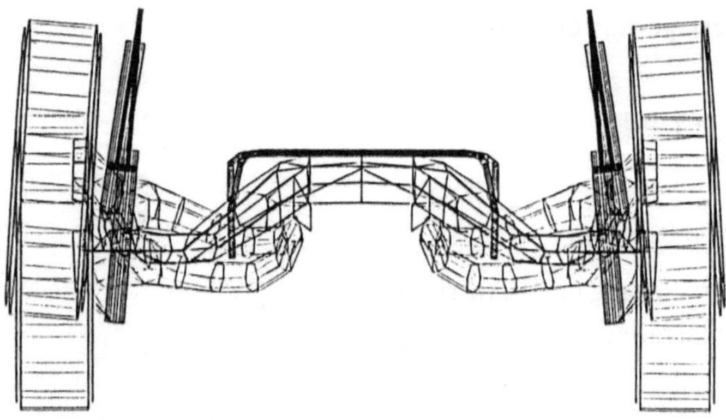

Bild 2.47 Die Darstellung einer ein- und ausfedernden Senator-Hinterradaufhängung ist für den Cray-Computer mit Hilfe eines Bildschirms kein Problem. Hier läßt sich z.B. auch die Veränderung von Spurweite und Sturz erkennen

3. Fertigung der Teile, Aufkleben von Dehnmeßstreifen, Belastung der Radaufhängung bis zu den unter 1. angegebenen Kräften auf dem Prüfstand, Messung der Spannungen

   Vor dem Aufkleben der Dehnmeßstreifen ist es zweckmäßig, mittels Reißlacks die kritischen Querschnitte und Übergangsstellen zu bestimmen.

4. Durchführung eines Dauerlaufs auf dem Prüfstand

   Dabei läßt sich das Lastkollektiv relativ praxisnah mit einer Hydropulsanlage stochastisch, wie es die Fahrbahn verursacht, aufbringen. Es liegen aber auch relativ solide Ergebnisse vor, die auf einem Prüfstand nach Bild 2.28 gewonnen wurden. Das Lastkollektiv wurde in einem Stufenprogramm eingeleitet, das sich wie folgt zusammensetzt:

Lastwechsel	Maximalwerte der periodischen vertikalen Belastung	Frequenz Hz	Überlagerte Längs- und Seitenkraft	Frequenz Hz
200 000	$F_N = F_{No} \pm 0{,}2\,F_{No}$	8	$F_S, A, B = 0{,}5\ F_{No}$	0,5
200 000	$F_N = F_{No} \pm 0{,}4\,F_{No}$	5,2	$F_S, A, B = 0{,}33\ F_{No}$	0,5
25 000	$F_N = F_{No} \pm 0{,}6\,F_{No}$	3,7	–	–

Die Längs- und Seitenkräfte werden mittels pulsierend ausgesteuerter Druckluft über die Luftfederbälge 13 aufgebracht.

Anhand der am Radaufstandspunkt aufgenommenen Federkennlinie nach Bild 2.48 werden Hub und Mittelstellung bestimmt und an der Schubstange 5 und dem Exzenter 6 (Bild 2.29) eingestellt.

Ein Zyklus entspricht einer Fahrstrecke von 10 000 km. Die Prüfung wird als ausreichend angesehen, wenn es gelingt, den Zyklus ohne Schaden an der

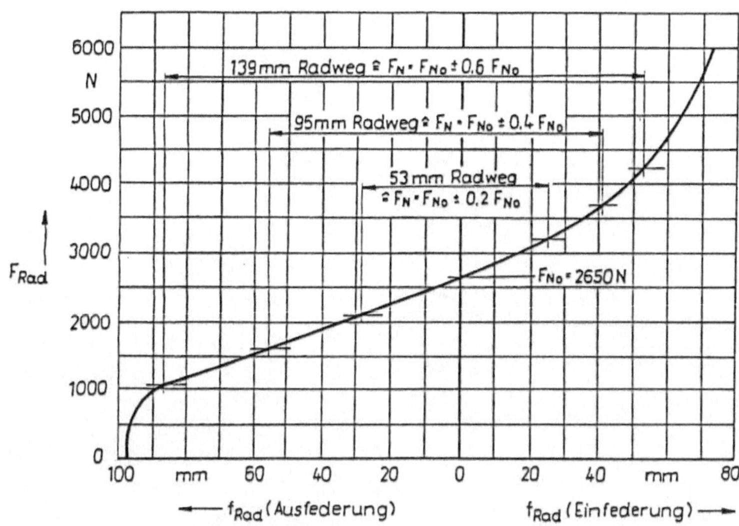

Bild 2.48 Federkennlinie mit eingetragenen Radwegen bei $F_N = F_{No} \pm 0{,}2F_{No}$, $F_N = F_{No} \pm 0{,}4F_{No}$, $F_N = F_{No} \pm 0{,}6F_{No}$

Radaufhängung und an der Federung zehnmal durchzuführen (entspricht 100 000 km). Der Stoßdämpfer wurde mit einem Wasserkühlmantel versehen und während des Dauerlaufs gekühlt. Ebenfalls gekühlt wurden die Gummilager, und zwar über ein Kühlluftgebläse. Bei der Prüfung liegt die Beanspruchung der Gummiteile trotz der Luftkühlung durch die Zeitraffung überdurchschnittlich hoch. Bei allen anderen Teilen ergab sich eine relativ gute Übereinstimmung mit dem Straßenversuch. Einige Lenkerausführungen zeigen die Bilder 2.49 bis 2.53.

2.1.3.2 Lager

Unter den Lagern der Radaufhängung nimmt die Radlagerung eine Sonderstellung ein. Es werden ausnahmslos Wälzlager eingesetzt. Während bis vor einigen Jahren dort ausschließlich zwei getrennte für den allgemeinen Maschinenbau genormte und bei den Kegelrollenlagern auch noch einstellbare Lager verwendet wurden, Bild 2.54, wurden in den letzten Jahrzehnten spezielle Wälzlager den Kfz-Radaufhängungen angepaßt entwickelt [2.42] und [2.43].

In [2.42] wird die Weiterentwicklung der Wälzlager von Bild 2.55 demonstriert. Das Ergebnis, das mit einer wesentlichen Erhöhung der Lagerbelastung unter der Wirkung von Seitenkräften verbunden ist, wurde erreicht durch

– die Berücksichtigung des Einflusses des Schmierfilms und des Schmiermittels,

– die Verbesserung der Abdichtung,

– die Erhöhung der Oberflächengüte an den Wälzkörpern und den Wälzlaufbahnen,

– die Verbesserung des Kontaktprofils (Übergang von der kreisförmigen Balligkeit an Rollen und Ringen zum logarithmischen Kontaktprofil).

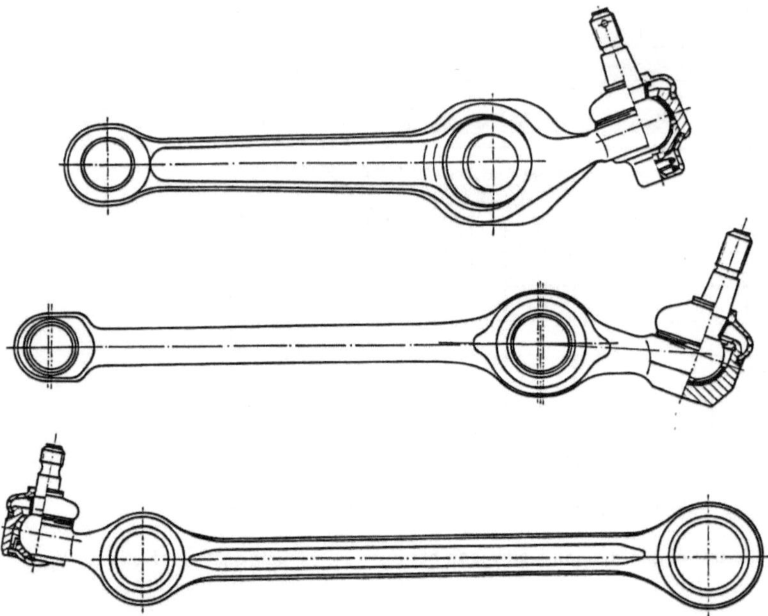

Bild 2.49 Beispiele von Lenkern, wie sie in Verbindung mit der Radaufhängung mittels Federbein an Vorderachsen zum Einsatz kommen
Das äußere Kugelgelenk ist integriert (aus [2.40])

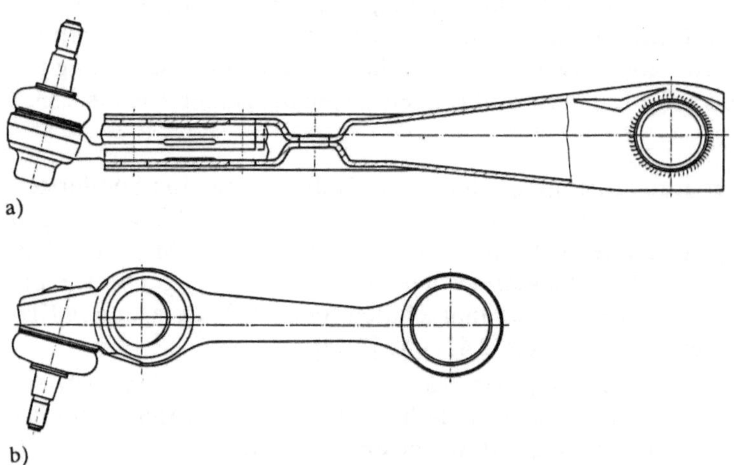

Bild 2.50 Zwei Lenker unterschiedlicher Konstruktion (aus [2.40])
a) Lenker aus Blech, geschweißt
b) Lenker aus Aluminium

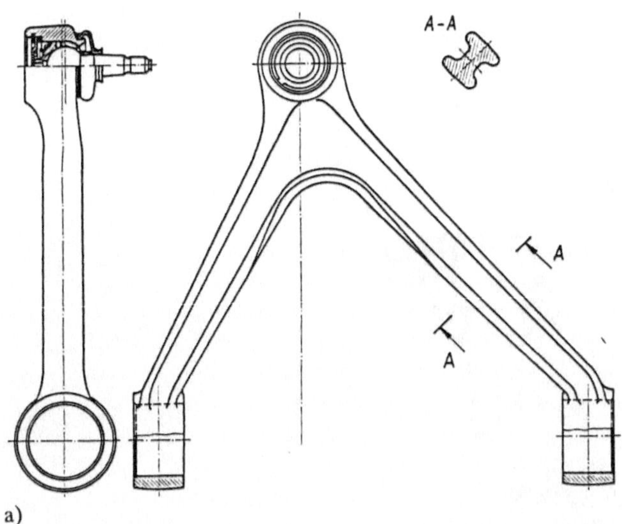

a)

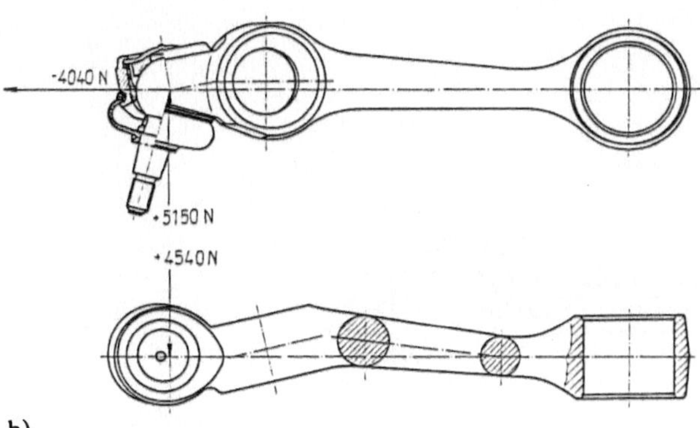

b)

Bild 2.51 Zwei Lenker aus Aluminium (aus [2.40])
a) Dreieckslenker aus Aluminium mit der Festigkeit $\sigma_\Delta = 260$ MPa, $\sigma_{0,2} = 220$ MPa
b) Lenker mit angegebenen Belastungen am Kugelgelenk

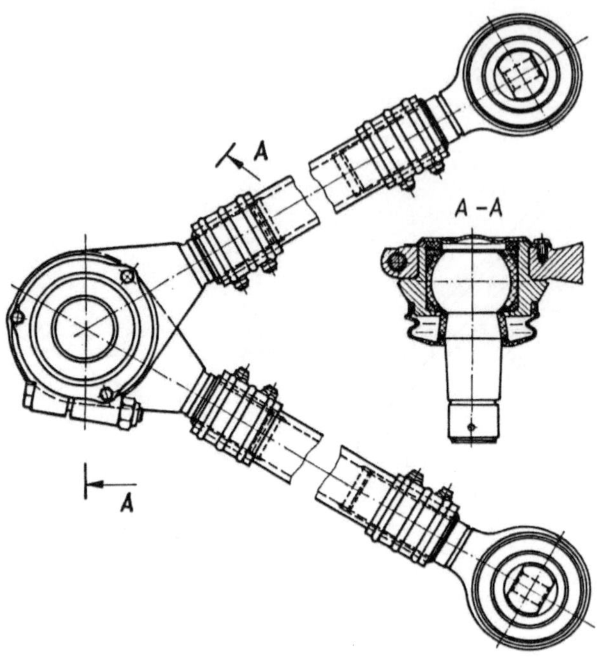

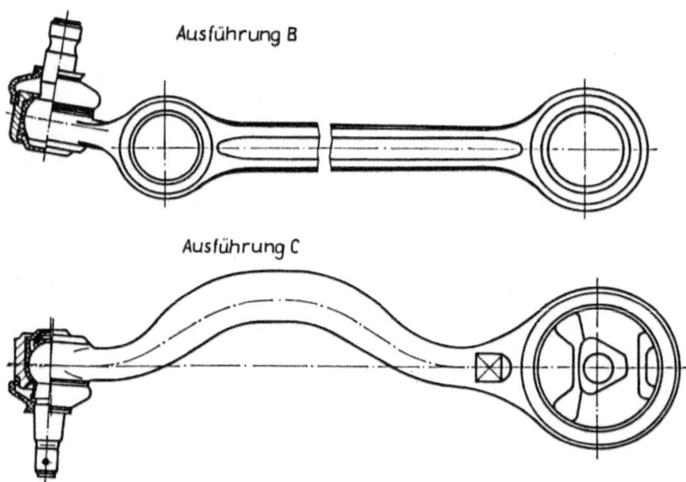

Bild 2.52 Lenker unterschiedlicher Ausführung (aus [2.41])
a) in Winkel und Längen einstellbarer Dreieckslenker
b) Lenker in Ausführung B und C, bei der Ausführung C ist rechts ein Lager mit großer radialer
   Nachgiebigkeit (in Lenkerrichtung) eingezeichnet

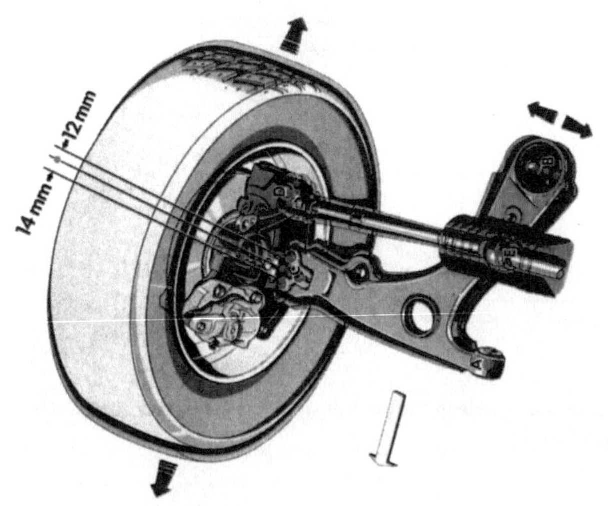

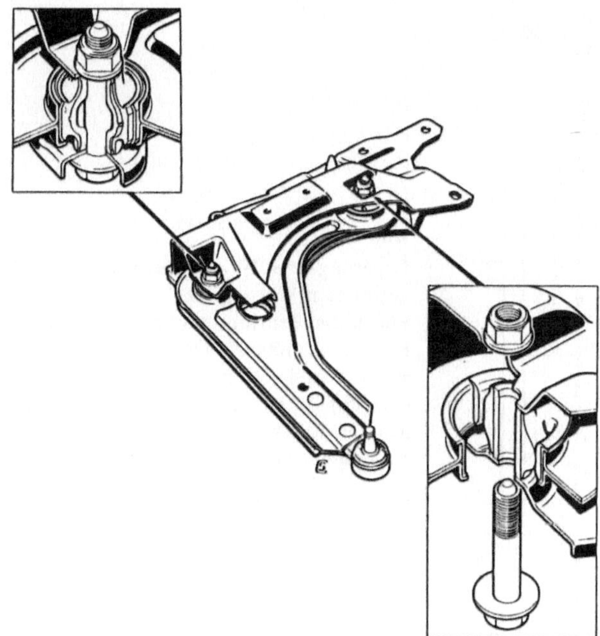

Bild 2.52 Fortsetzung

c) wie durch gezielte Anordnung der Gelenkpunkte für Lenker und Spurstange und elastische Ausbildung eines Lagers trotz großer Längselastizität keine Vorspurwinkeländerung auftritt, wird am Beispiel des VW-Passat demonstriert

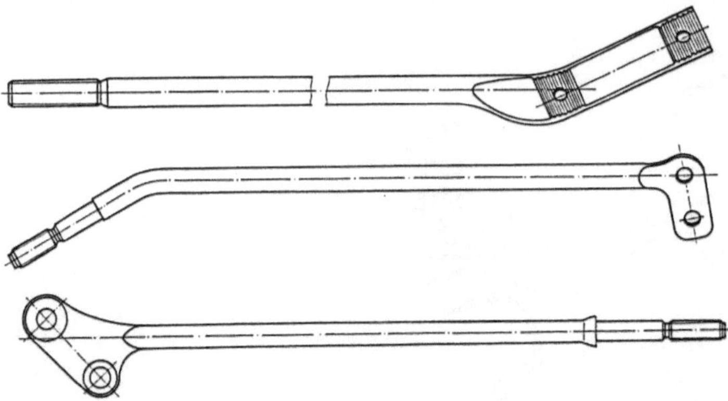

Bild 2.53 Drei Ausführungen von Längsstreben, wie sie in Verbindung mit dem einfachen Lenker die Federbein-Radaufhängung ergänzen (aus [2.40])

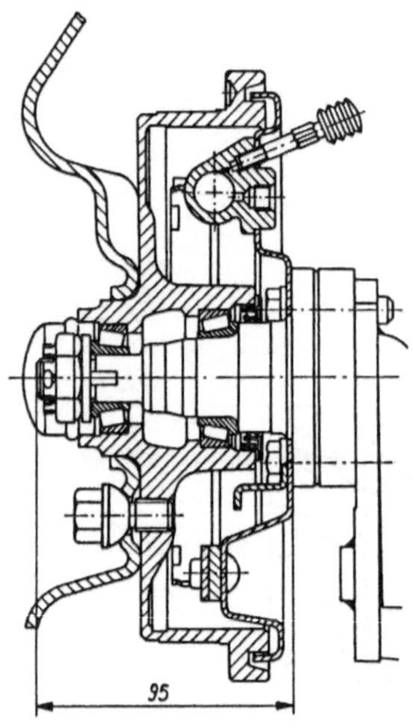

Bild 2.54

Lagerung eines Hinterrades eines Mittelklasse-PKW mit getrennten Wälzlagern

Für die Außenringe sind zwei getrennte Passungen mit Festsitz (Umfangslast) erforderlich. Für die Innenringe sind die zwei getrennten Passungen mit losem Sitz möglich (Punktlast) und beim äußeren Lager auch erforderlich zur dosierten Einstellung der Axialkraft durch die Kronenmutter. Der wirksame Abstand der Lager etwa 20 % des Reifenradius (Bild aus [2.42])

Beispiele für die Anwendung der unter dem Namen „Hub-Unit" bekannten kompakten Lagereinheiten zeigen die Bilder 2.55 und 2.56.

Die Verwendung von Wälzlagern bei der Radaufhängung erfolgt nur in Ausnahmefällen. Verbreitet am radseitigen Gelenk und bei gelenkten Rädern sind wartungsfreie Kugelgelenke. Entscheidend für deren Reibmoment und deren Lebensdauer sind die Werkstoffpaarung, die Oberflächengüte der Kugel, die Fettfüllung und die Abdichtung. Einige Beispiele zeigen die Bilder 2.57 und 2.58 und Tafel 2.5.

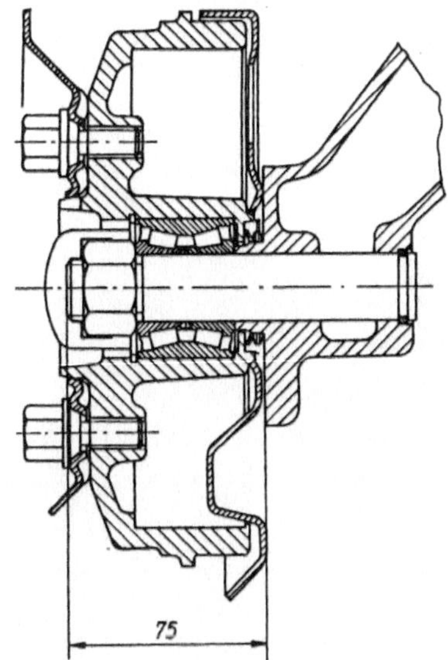

Bild 2.55

Kompakte Lagerungseinheit auf der Basis Kegelrollenlager

Im Vergleich mit Bild 2.54 verkürzt sich der Achszapfen von 95 auf 75 mm. Auf Nabe und Achszapfen ist jeweils nur eine Passung vorhanden. Die Innenringe sind fest verspannt. Sowohl dadurch als auch infolge Durchbiegung an Nabe und Achszapfen ist die Schiefstellung der Lager kleiner. Die Lagerbelastung infolge des kleineren Lagerabstandes ist jedoch wesentlich größer (aus [2.42])

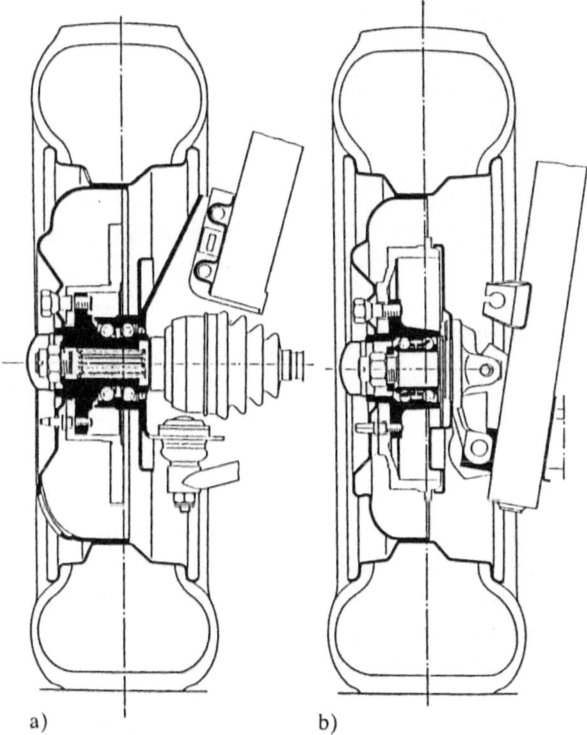

a)   b)

Bild 2.56

Radlagerung für einen Kleinwagen
   (aus [2.44])

a) angetriebenes Vorderrad, Lagereinheit und Radnabe sind integriert,
   Lageraußenring unmittelbar mit
   Schwenklager aus Blech
   verschraubt, Innenring hat
   Verzahnung für Gelenkwelle und
   den Flansch für Bremsscheibenund Radbefestigung (Hub-Unit 3)

b) nicht angetriebenes Hinterrad,
   geteilter Innenring sitzt auf
   Achsstumpf; Bremstrommel und
   Rad sind am Flansch des Außenrings befestigt (Hub-Unit 2)

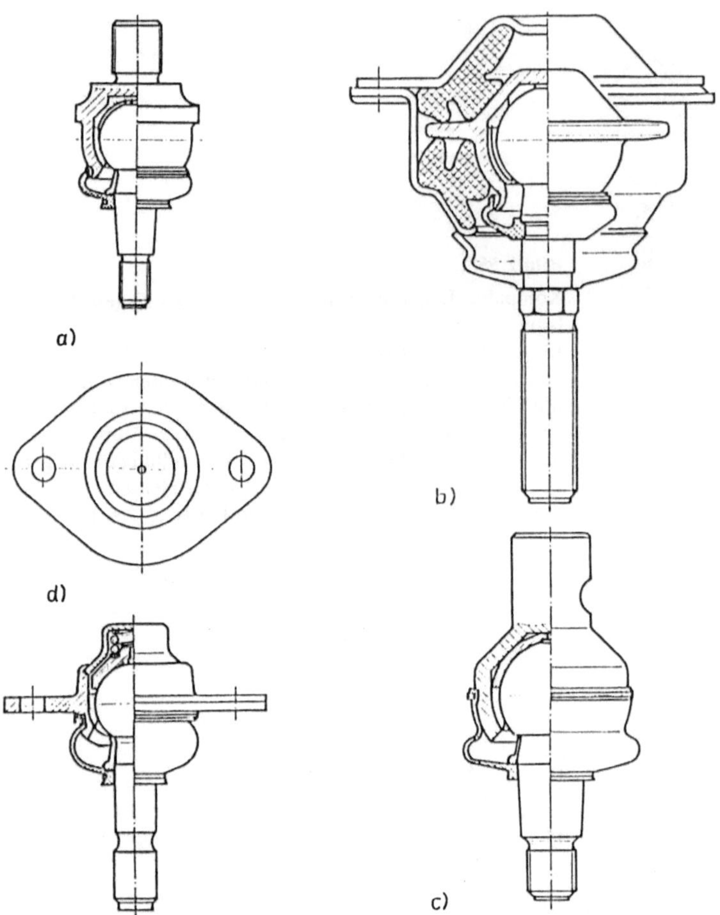

Bild 2.57 Radgelenke der Fa. Ehrenreich (aus [2.40])
a) Gehäuse ungeteilt, erfordert spezielle Montagetechnologie
b) wie a) und zusätzlich elastisch in Blecheinfassung
c) wie a) mit Zapfenbefestigung
d) geteiltes Gehäuse mit Feder zum Spielausgleich

2.1.3.3 Schrauben

Am Fahrwerk werden sehr unterschiedliche Schraubverbindungen angewendet.
Sie haben besondere Bedeutung für die Fahrsicherheit, z.B. an der Lenkung, der
Radaufhängung und an den Rädern. Die Berechnung der Schraubverbindung nach
Bild 2.59 wird mit diesem Verspannungsschaubild besonders anschaulich. Der
Grundsatz, bei Schraubverbindungen lange, dehnbare Schrauben und steife
Hülsen zu verwenden, wird hier deutlich. Die Betriebskraft bewirkt dadurch nur
geringe Krafterhöhung in der Schraubverbindung und die Spannungsamplitude in
der Schraube wird klein, was beides der Erhöhung der Lebensdauer der Schraube
dient. In solchen Schraubverbindungen ist im allgemeinen auch das Setzmaß klein
gegenüber der Längendehnung $\Delta l_\mathrm{s} + \Delta l_\mathrm{H}$.

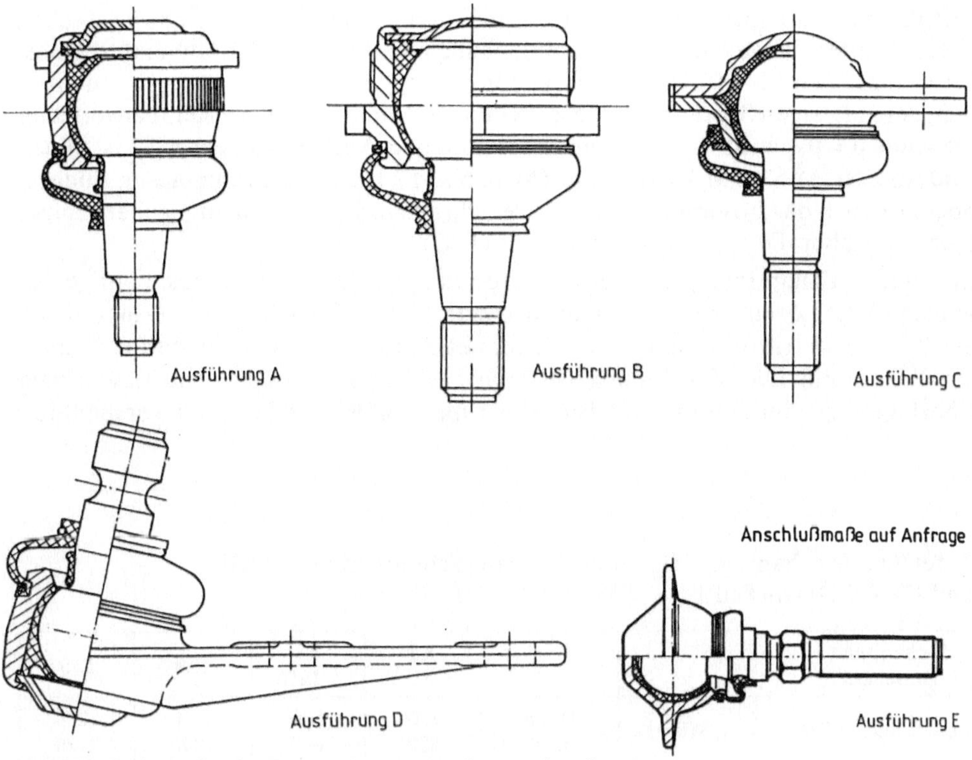

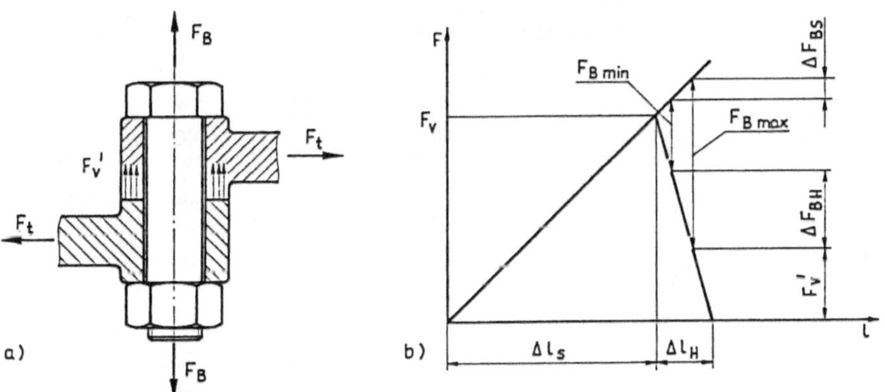

Bild 2.58 Radgelenke der Fa. Lemförder Metallwaren (aus [2.41])
A) Gehäuse mit Blechkappe verschlossen; B) wie A); C) geteiltes Blechgehäuse; D) wie A) mit
Anschlußsteg; E) Gehäuse ungeteilt, erfordert besondere Montagetechnologie

Bild 2.59 Die Kräfte in einer Schraubenverbindung
a) F_B Betriebskraft; F_t Schubkraft; F_v' Vorspannkraft
b) Verspannungsschaubild

Δl_S Längendehnung der Schraube, Δl_H Längenstauchung der Hülse; F_v Vorspannkraft nach der
Montage einschließlich Setzvorgangs; $F_{B\,max,\,min}$ Betriebskraftextremwerte; ΔF_{BS} Kraftamplitude
in der Schraube zwischen $F_{B\,max}$ und $F_{B\,min}$; ΔF_{BH} Kraftamplitude in der Hülse zwischen $F_{B\,max}$
und $F_{B\,min}$; F_v' Restvorspannkraft unter $F_{B\,max}$ (muß > 0 bleiben)

Für die Schraubenwerkstoffe sind die in Tafel 2.6 angegebenen physikalischen Eigenschaften festgelegt. Der Zusammenhang zwischen dem Schraubendurchmesser in mm (M 6 bis M 24), der Schraubenkraft F_S in kN, dem Anzugsmoment in Nm, der zulässigen Schraubenbeanspruchung in N/mm^2 und dem Reibbeiwert μ im Gewinde $\mu = \mu_\mathrm{G}$ und zwischen Schraubenkopf und Auflagefläche $\mu = \mu_\mathrm{A}$ ist in den Bildern 2.60 (M 6 bis M 12) und 2.61 (M 16 bis M 24) dargestellt. In diesen Bildern, oben, ist auch das Lösemoment für diese Schraubverbindungen angegeben. Einen Überblick über die Reibbeiwerte gibt Tafel 2.7.

In seltenen Fällen fallen die Schraubverbindungen durch Bruch aus, häufiger ist selbständiges Lösen als Ausfallursache anzutreffen. Bei den Schraubverbindungen des Fahrwerks tritt in vielen Fällen Schubbeanspruchung zwischen den verspannten Teilen auf. Die Verbindung ist dann besonders kritisch, wenn das infolge Überlagerung von Schub- und Biegebeanspruchung zwischen den verspannten

Tafel 2.6: Mechanische Eigenschaften von Schrauben aus [2.48] und DIN ISO 898 Teil 1

Mechanische Eigenschaften			8,8 ≤ M16	8,8 > M16	10.9	12.9
Zugfestigkeit ZB	MPa	Nenn min	800 800	800 830	1000 1040	1200 1220
Vickershärte	HV	min max	230 300	255 336	310 382	372 434
Brinellhärte $F = 30\,D^2$	HB	min max	219 285	242 319	295 362	353 412
Rockwellhärte	HR	min HRC max HRC	20 30	23 34	31 39	38 44
Oberflächenhärte	HV 0,3	max	320	356	402	454
0,2 %-Dehngrenze $\sigma_{0,2}$	MPa	Nenn min	640 640	640 660	900 940	1080 1100
Prüfspannung	σ_{ZL}	σ_{ZL}/σ_s MPa	0,91 580	0,91 600	0,88 830	0,88 970
Bruchdehnung	$\sigma_{5\,\%}$	min	12	12	9	8
Kerbschlagzähigkeit	Joule/cm^2	min	60	60	40	30
Höhe der nicht entkohlten Gewindezone	E	min	$1/2\,H_1$	$1/2\,H_1$	$2/3\,H_1$	$3/4\,H_1$
Tiefe der vollständigen Entkohlung G	mm	max	0,015	0,015	0,015	0,015

H_1 = Gewindetiefe

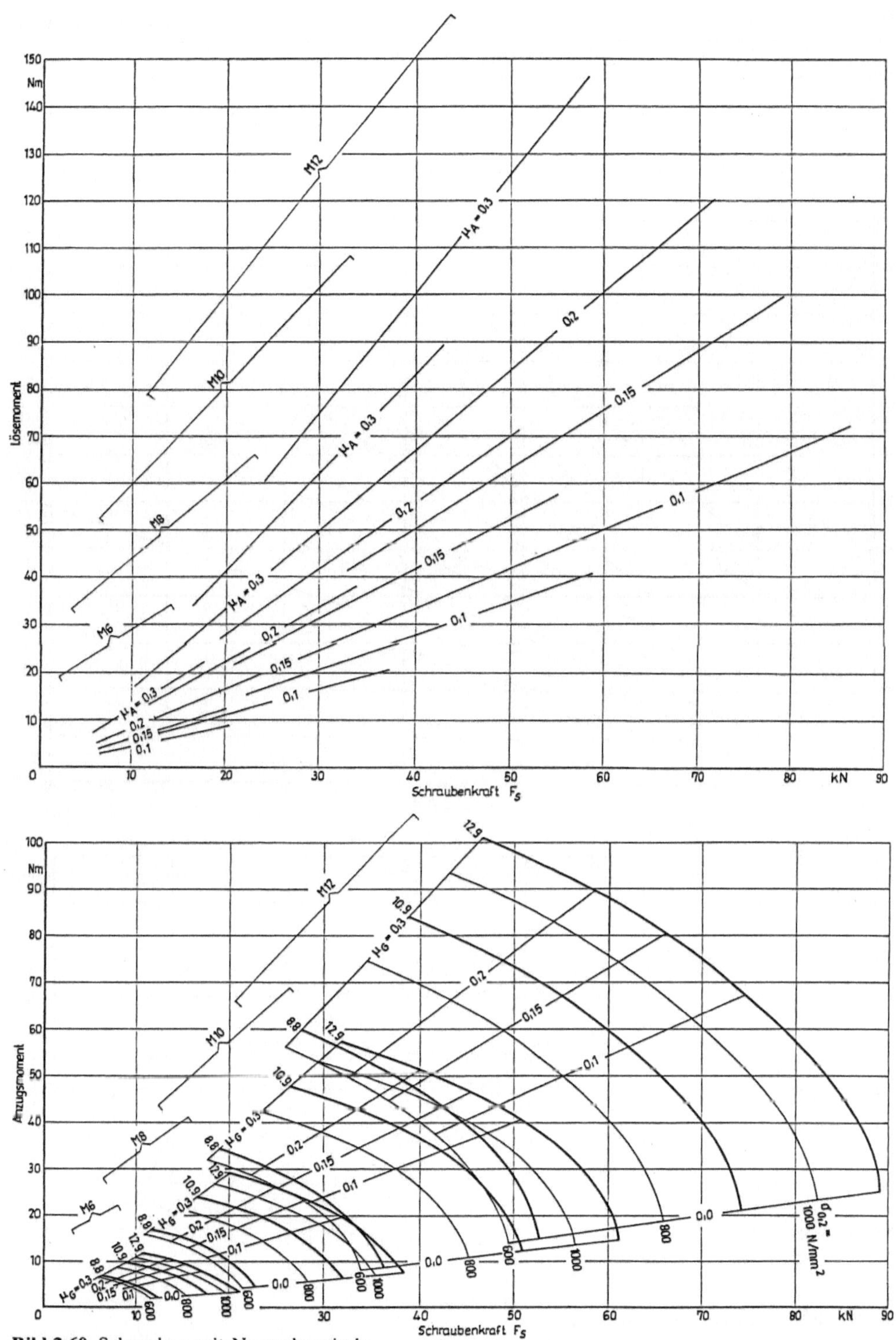

Bild 2.60 Schrauben mit Normalgewinde

Schraubenkraft bei der zulässigen Schraubenbeanspruchung ($\sigma_{0,2}$), dem Anzugsmoment und dem Reibbeiwert μ (unter dem Schraubenkopf und im Gewinde), Schrauben M 6 bis M 12. Im Schaubild darüber ist das Lösemoment angegeben

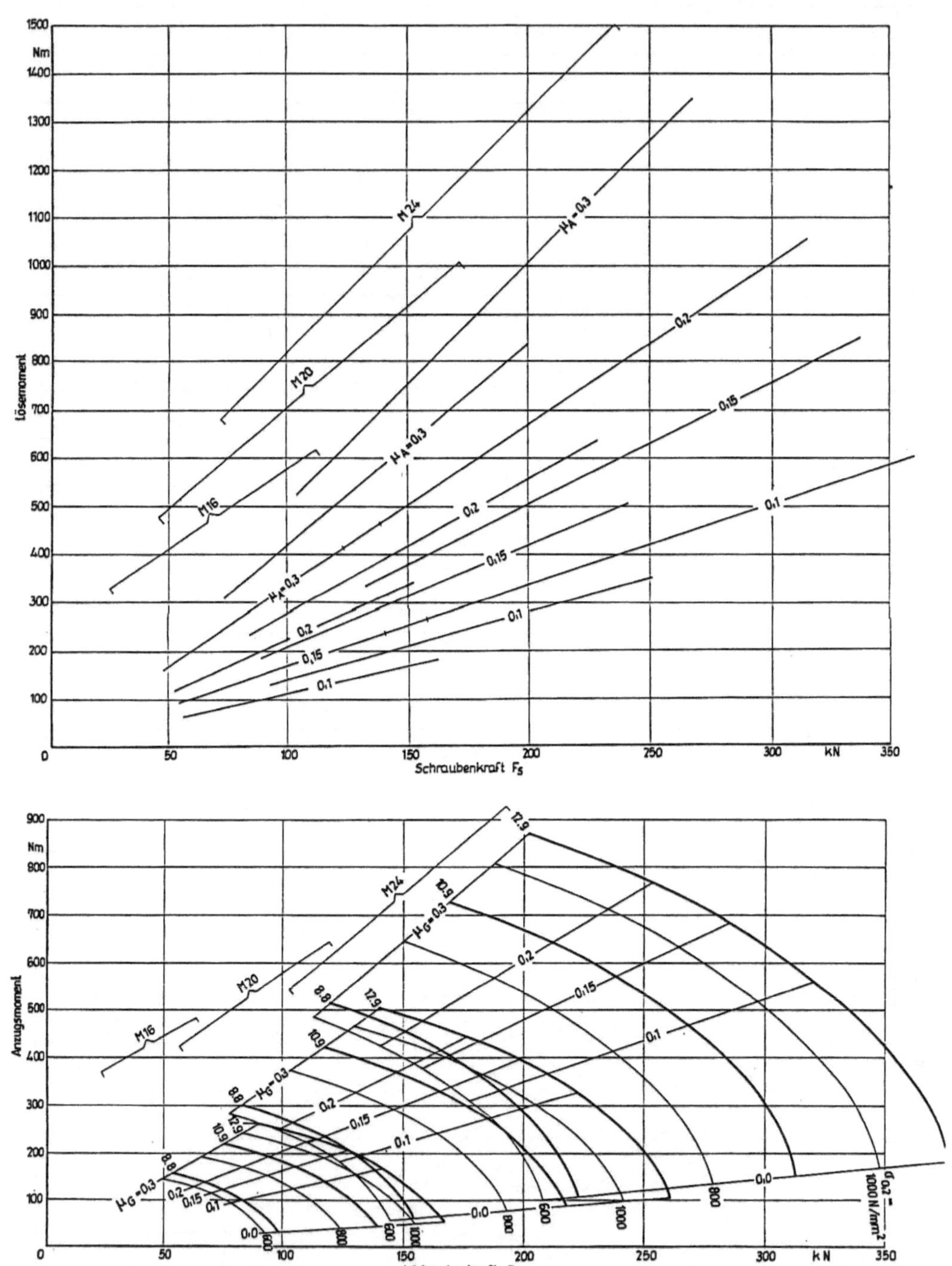

Bild 2.61 Schrauben mit Normalgewinde

Schraubenkraft bei der zulässigen Schraubenbeanspruchung ($\sigma_{0,2}$), dem Anzugsmoment und dem Reibbeiwert μ (unter dem Schraubenkopf und im Gewinde), Schrauben M 16 bis M 24. Im Schaubild darüber ist das Lösemoment angegeben.

Tafel 2.7: Reibungszahlen μ_G für Gewinde und μ_A für Muttern- und Kopfauflage

| Oberflächenzustand | | Mittelachse, Reibungszahlen μ_A und μ_G [1] | | |
Schraube	Mutter	ungeschmiert [2]	Ölschmierung [3]	MoS_2-Schmierung [4]
blank	blank	0,14–0.18	0,14–0,17	0,10–0,12
MN-phosphatiert	blank	0,14–0,18	0,14–0,15	0,10–0,11
Zn-phosphatiert	blank	0,14–0,21	0,14–0,17	0,10–0,12
phosphat und geschwärzt [5]	blank	0,16–0,22	0,16–0,23	0,15–0,20
galvanisch verzinkt [6] Schichtdicke 2 µm	blank	0,13–0,18	0,13–0,17	0,10–0,11
Schichtdicke 8–10 µm	blank	0,13–0,18	0,13–0,20	0,10–0,12
Schichtdicke 15 µm	blank	0,17–0,32	0,10–0,14	0,10–0,15
galvanisch verzinkt Schichtdicke 3–4 µm	galvanisch verzinkt Schichtdicke 5–6 µm	0,13–0,18	0,12–0,14	0,08–0,10
Schichtdicke 7–10 µm	Schichtdicke 5–6 µm	0,12–0,17	0,14–0,19	0,10–0,14
Schichtdicke 14 µm	Schichtdicke 5–6 µm	0,12–0,20	0,14–0,35	0,10–0,12
Schichtdicke 5–10 µm	galvanisch verzinkt und chromatisiert	–	–	0,07–0,12 [7]
diffusionsverzinkt Schichtdicke 16 µm	diffusionsverzinkt Schichtdicke 16 µm	0,24–0,36 [8]	0,21–0,25	–

[1] für Flächenpressung nahe der Streckgrenze
[2] ohne besondere Schmierung, jedoch nicht entfettet
[3] Gleitöl mit HD-Zusätzen
[4] MoS_2-Pulver, in Gleitöl aufgeschwemmt
[5] nach Zn-Phophatierung in Nigrosinschwärze getaucht
[6] in cyanidischen Bädern galvanisiert
[7] graphitiertes Maschinenfett
[8] in Trichloräthylen entfettet

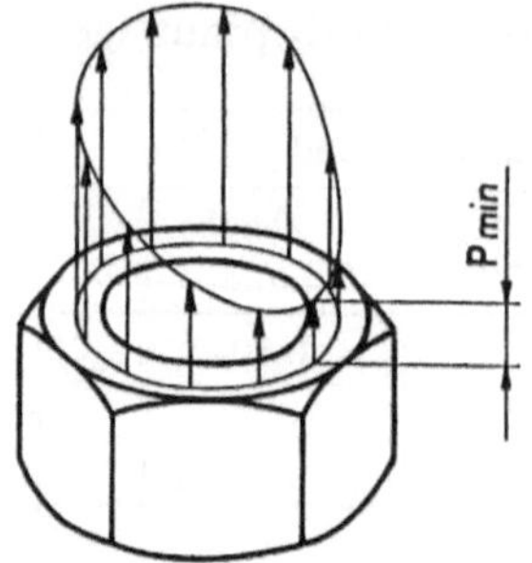

Bild 2.62

Beispiel für die Ausbildung eines Druckgebirges unter
der Mutter
Besonders kritisch ist einzuschätzen, wenn $p_{min} \cdot \mu$ die
anteiligen Schubkräfte nicht mehr übertragen kann
und das Druckgebirge um die Schraubenachse wandert

Teilen ausgebildete Druckgebirge um die Schraubenachse wandert. Bild 2.62 zeigt
ein solches Druckgebirge, wie es sich um die Schraubenachse herum herausbilden
kann. Als das geeignetste Mittel gegen das Lösen von Schraubverbindungen wird
die Erhöhung der Vorspannung und der Dehnung genannt [2.48].

Im Fahrzeugbau sind verschiedene Formen der Schraubensicherung bekannt.
Auch der Konus an der Schraubverbindung macht sie gegen Lösen sicherer, da er
ein Druckgebirge bewirkt, das sich in der Querrichtung ausgleicht und keine
Stellen aufweisen kann, in denen sich die Schubkräfte zwischen den verspannten
Teilen örtlich nicht mehr übertragen.

Besondere Bedeutung für die Fahrsicherheit hat die Radbefestigung, bei der lange
Dehnschrauben nicht möglich sind. Hier sind Kugelbund oder Kegelbund üblich
(Ausgleich des Druckgebirges). Außerdem wird die Radscheibe so ausgebildet,
daß an ihr eine gewisse elastische Deformation beim Anziehen entsteht. Im
Verspannungsschaubild, Bild 2.63, ist erkennbar, daß man bei der Verbindung von
steifer Schraube und elastischer Hülse ebenfalls zu einer ausreichenden Restvorspannkraft F_V' und damit Sicherheit gegen Lösen gelangt. Der Spannungsausschlag in der Schraube ist relativ groß, was bei der Werkstoffwahl und der
Dimensionierung zu berücksichtigen ist. Das Anzugsmoment der Fahrzeughersteller ist maßgebend, und deren Einhaltung sollte gewährleistet werden (nach
Radwechsel Kontrolle mit Drehmomentschlüssel in Werkstatt). In [2.1] werden
mittlere Werte nach Tafel 2.8 angegeben. Die in den Bildern 2.60 und 2.61
angegebenen Anzugs- und Lösemomente beziehen sich auf die flache Auflage und
auf Gewinde mit normaler Steigung. Bei einer Auflage als Kegel- oder Kugelbund
vergrößert sich der Reibradius der Auflagefläche und auch die Anzugs- und
Lösemomente werden noch etwas größer.

Für die Sicherheit jeder Schraubenverbindung ist die Vorspannung F_V' nach
Bild 2.59 entscheidend. Wie die Bilder 2.60 und 2.61 zeigen, ist die Vorspannung
vom Anzugsmoment und von der Reibung unterm Schraubenkopf und im
Gewinde abhängig. Der Reibbeiwert ist aber eine Größe, die in der Montage nicht
gut eingehalten werden kann. Demgegenüber lassen sich über die Steigung der
Schraube der Zusammenhang zwischen Drehwinkel, Dehnung und Vorspannung
exakt berechnen. Bei neueren Schraubautomaten wird deshalb sowohl ein
Moment als auch ein Drehwinkel eingestellt. Mit dem Moment wird die
Schraubverbindung ohne Spiel und mit geringer Vorspannung gefügt. Die

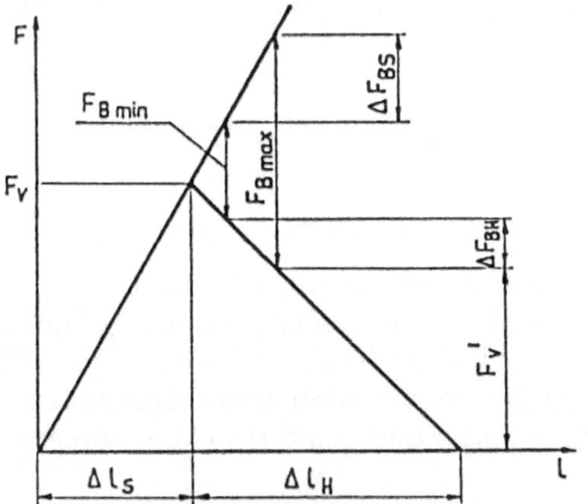

Bild 2.63 Verspannungsschaubild bei steifer Schraube und elastischer Hülse Der Spannungsausschlag an der Schraube ist größer als an der Hülse. Bei entsprechender Werkstoffwahl für die Schraube kann man auch so zu einer haltbaren Schraubverbindung gelangen, wie die Restvorspannkraft F'_v zeigt

Tafel 2.8: Mittlere Anzugsmomente von phosphatierten geschwärzten Kugelbundmuttern und -schrauben im Vergleich zu flachen Sechskantmuttern, beide mit Feingewinde. Bei der Stahlqualität handelt es sich um 8.8 nach Tafel 2.6. Werden vom Fahrzeughersteller abweichende Anzugsmomente angegeben, so sind diese anzuwenden [2.1].

Fahrzeug	Metrisches Feingewinde	Mittleres Anzugsmoment in Nm		
		Kugelbund-muttern	Kugelbund-schrauben	Höchstwert bei flacher Auflage
PKW	M 12 × 1,5	85	95	90
PKW	M 14 × 1,5	115	130	150
LKW	M 12 × 1,5	95	95	90
LKW	M 14 × 1,5	140	140	150
LKW	M 18 × 1,5	260	260	320
LKW	M 20 × 1,5	320	320	460
LKW	M 22 × 1,5	400	400	610

prozentuale Abweichung im Reibbeiwert wirkt sich nur auf diese kleine Vorspannkraft aus. Von diesem Vorspannmoment ausgehend wird über den eingestellten Drehwinkel eine feste Vorspanngröße addiert, so daß sich der prozentuale Fehler um das Verhältnis

$$\frac{\text{Vorspannung aus dem Moment beim Fügen}}{\text{Vorspannung aus dem Moment beim Fügen + Vorspannung aus dem Drehwinkel}}$$

verkleinert. Die Streuung im Reibbeiwert wirkt sich dadurch wesentlich weniger auf die Sicherheit der Schraubverbindung aus.

Mit diesem Regime und bei Verwendung eines computergesteuerten Schraubers lassen sich auch prinzipielle Fehler an den Schrauben und an der Schraubverbindung erkennen. Ist z.B. eine Schweißperle in einem Gewindegang, so läßt sich aus der Momentenänderung über den Drehwinkel die Abweichung erkennen.

2.2 Beispiele praktisch ausgeführter Radaufhängungen

Bei der großen Vielfalt an Radaufhängungen ist es nicht möglich, umfassend alle darzustellen. Es soll versucht werden, möglichst von jeder Gattung Beispiele aufzuführen und sowohl das für diese Gattung Typische zu beschreiben als auch auf Besonderheiten hinzuweisen. Von den für die Automobilentwicklung bedeutenden Radaufhängungen wird versucht, auf die besonderen Entwicklungsetappen einzugehen.

2.2.1 Starrachsen

Die Starrachsen stellen die ursprüngliche Radaufhängung dar. Seit den zwanziger Jahren gibt es Lösungen für Einzelradaufhängungen, und trotzdem ist sie selbst beim PKW an der Hinterachse noch anzutreffen.
Folgende Vor- und Nachteile sind konzeptionsbedingt.

Vorteile:
- Die Konzeption ist einfach, so sind z.B. bei einer angetriebenen Hinterachse zwischen Differential und den Rädern keine Gelenke erforderlich.
- Es treten keine Spurweitenänderungen auf.
- In Verbindung mit Längsblattfedern werden die Achslasten auf breiter Basis in den Rahmen eingeleitet.
- Sie bietet gute Voraussetzungen für Zwillingsreifen.

Nachteile:
- Durch die starre Koppelung der beiden Radmassen treten Trampelschwingungen auf [2.13].
- Die starre Koppelung der beiden Radebenen führt zu phasengleicher Sturzänderung bei Fahrbahnunebenheiten und dadurch zu Chimmy, insbesondere an den lenkbaren Vorderrädern [2.3].
- Eine gezielte Verdrehung der Radebenen zueinander zur Verbesserung des Gütegrades der Seitenkraftverteilung ist bei den Starrachsen als Hinterachsen nicht möglich.

Einige Beispiele für die Ausführung von Starrachsen zeigen die Bilder 2.64 bis 2.73 (s. auch Bild 1.54). Dem Nachteil der Trampelschwingungen versucht man durch besonders leichte Ausführung der Achse entgegenzuwirken.

Im Prinzip entspricht die im Bild 2.68 dargestellte Starrachse einer Deichselachse. Besonderes Augenmerk hat man der Ausbildung des vorderen mittleren Lagers und den vorderen Strebenlagern gewidmet. Die Strebenlager sind weit auseinandergezogen und bilden eine breite Basis; dadurch wird trotz großer Längselastizität gewährleistet, daß die weit hinter diesen Lagern angreifenden Seitenkräfte die Achse nur begrenzt in Richtung Übersteuern verdrehen.

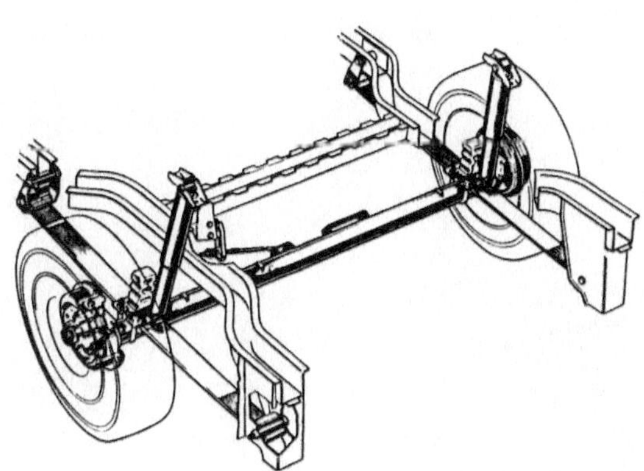

Bild 2.64
Mit Einlagen-Längsblattfedern geführte Hinterachse des Ford Klein-Lieferwagens Escort Express
Es handelt sich um eine leichte Starrachse. Die Stoßdämpfer und die Zusatzfedern sind groß dimensioniert

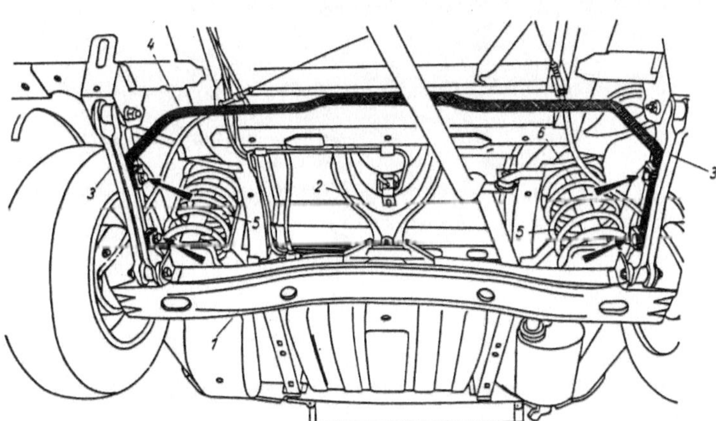

Bild 2.65 Hinterachse des Dacia 1300, Renault-Lizenz, von vorn unten gesehen
1 Hinterachskörper der Starrachse; 2 oberer mittlerer Dreieckslenker, dessen achsseitiger Anlenkpunkt das Rollzentrum bildet; 3 untere Längslenker; 4 Stabilisator; 5 Schraubenfedern; 6 innerhalb der Schraubenfedern angeordnete Stoßdämpfer

a)

b)

Bild 2.66 Starrachsen am Opel Kadett
a) 1936 wurde die Starrachse hinten in Verbindung mit der Einzelradaufhängung vorn nach Dubonnet (s. auch Bild 3.26) verwendet.
b) Nach dem 2. Weltkrieg setzte man am Opel Kadett A die Starrachse hinten in Verbindung mit einer Doppelquerlenker-Radaufhängung vorn ein

Bild 2.67
Starrachse des Volvo 760 GLE
Eine angetriebene Hinterachse, bei der die Absicht, eine nach vorn unten geneigte hinterachsbezogene Rollachse zu erreichen, besonders deutlich wird. Wie auf Bild 2.11 nachgewiesen, läßt sich damit ein Rollsteuereffekt in Richtung Untersteuern erreichen

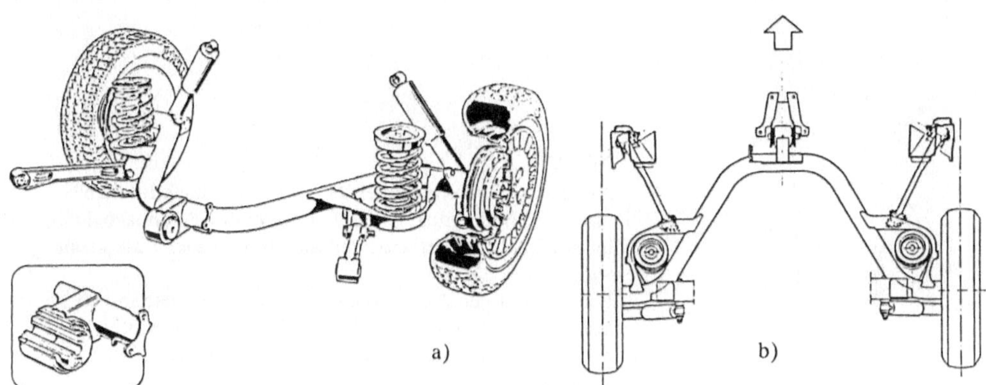

Bild 2.68 Omega-Achse, perspektivisch (a) und in der Draufsicht (b)
Sie ist eine nicht angetriebene gekröpfte Starrachse, bei der sich die Eigenschaften einer leichten Starrachse mit denen der Deichselachse verbinden. Ihr wurde auch der Name Omega-Verbundlenkerachse gegeben. Sie hat günstigen Einfluß auf den Bremsnickausgleich. Da das vordere mittlere Deichselgelenk einen Pol der achsbezogenen Rollachse darstellt, ist deren Konstruktion einfach, wie die Bilder 2.69 bis 2.72 zeigen. Diese Achse wurde zuerst am Lancia Y 10 eingesetzt. An der Achsführung beteiligen sich das mittlere Lager und die beiden Streben. Für die Schraubenfedern bestehen ähnliche Bewegungsbedingungen, wie sie bei Verbundlenker- oder Längslenkerachsen auftreten. Die achsseitige Federauflage verdreht sich mit dem Schenkel des Achsrohres um die vorderen drei Anlenkpunkte. Sie müssen annähernd in einer Achse liegen, um ein Verspannen der Lager beim Ein- und Ausfedern zu vermeiden.

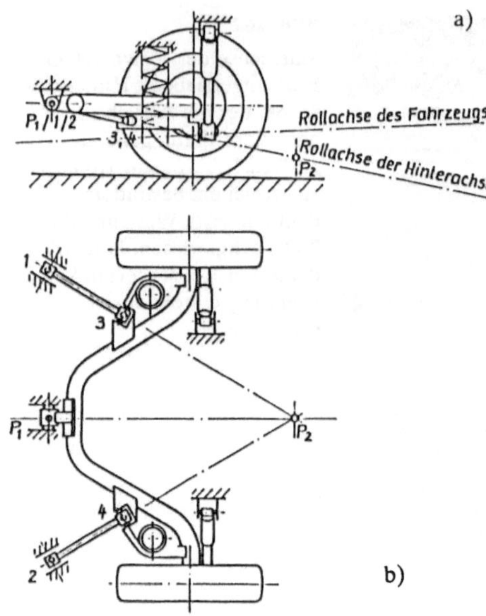

Bild 2.69

Der prinzipielle Aufbau der im Bild 2.68 dargestellten Starrachse

a) Seitenansicht im Schnitt

Die Punkte P_1, 1 und 2 liegen hintereinander, ebenso die Punkte 3 und 4. Der Pol P_2 liegt auf den verlängerten durch die Punkte 1 und 3 sowie 2 und 4 gehenden Geraden. Die Lage der Rollachse der Achse wird durch P_1 und P_2 bestimmt. Zur Konstruktion von P_2 ist die Draufsicht b) erforderlich. Weiterhin ist eine Rollachse des Fahrzeugs angenommen. Beide Rollachsen müssen sich in der Hinterachsebene schneiden. Bei diesem prinzipiellen Beispiel schneiden sie sich deutlich in einem Winkel, um den Rollsteuereffekt im Bild 2.80 deutlich darstellen zu können. Die mit ///////// dargestellten Punkte stellen Befestigungspunkte am Aufbau dar.

b) Die Lage der Pole P_1 und P_2 und der Punkte 1 bis 4 in der Draufsicht

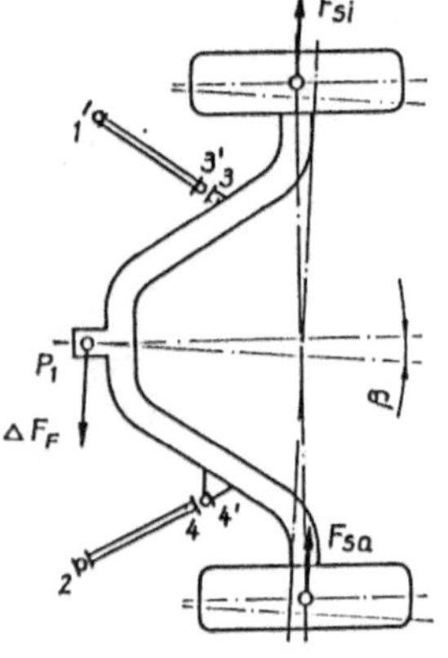

Bild 2.70

Änderung des Lenkwinkels bei der Achse nach Bild 2.69 unter der Bedingung, daß die Seitenkraft ΔF_F unnachgiebig im Pol P_1 abgestützt wird und die Strebenlager 1 bis 4 sehr weich sind

Die achsseitigen Anlenkpunkte 3 und 4 verschieben sich auf einem Kreisbogen um P_1 auf 3' und 4'. Die Hinterachse verdreht sich um den Winkel β in Richtung Übersteuern infolge eines Moments MF um P_1

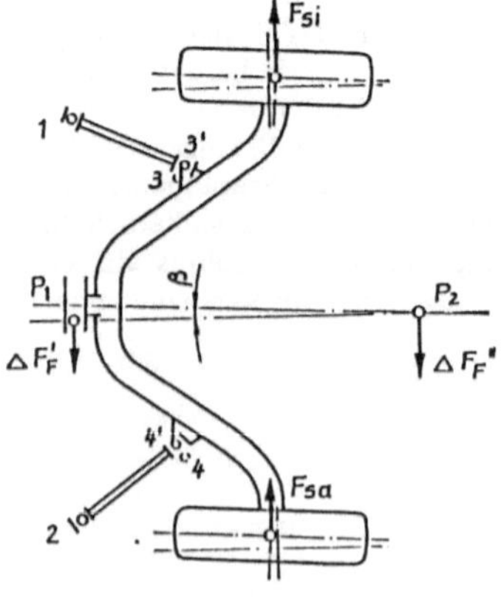

Bild 2.71

Änderung des Lenkwinkels bei der Achse nach Bild 2.69 unter der Bedingung, daß die Strebenlager 1 bis 4 in Zug- und Druckrichtung sehr steif sind und das Lager in P_1 sehr seitenweich ist

Die achsseitigen Anlenkpunkte 3 und 4 verschieben sich auf einem Kreisbogen um P_2 auf 3' und 4'. Die Hinterachse verdreht sich um den Winkel β in Richtung Untersteuern infolge der Abstützung $\Delta F_F''$ in P_2

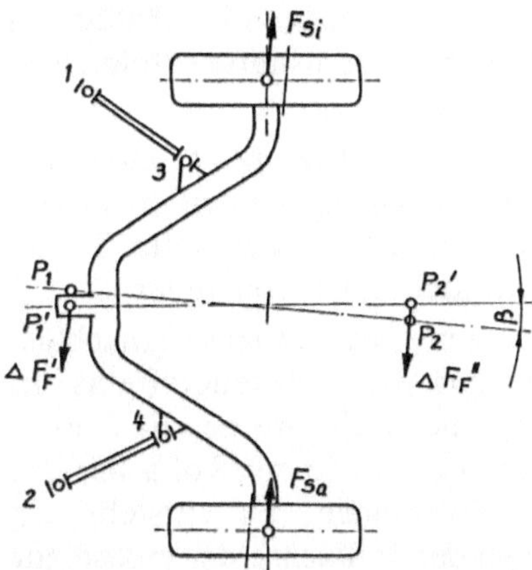

Bild 2.72 Änderung des Lenkwinkels bei der Achse nach Bild 2.69 infolge der Rollneigung des Aufbaus. Wenn sich der Fahrzeugaufbau um die im Bild 2.69 eingetragene Rollachse des Fahrzeugs neigt, dann verschieben sich die auf der Rollachse der Hinterachse liegenden Pole P_1 und P_2 in die Lagen P_1' und P_2'. Die Verschiebung der aufbauseitigen Anlenkpunkte 1 und 2 erfolgt vorwiegend in vertikaler Richtung, und die Verschiebung der achsseitigen Anlenkpunkte 3 und 4 wurde wegen Geringfügigkeit nicht dargestellt. Der hier dargestellte Lenkwinkel bewirkt die Rollsteuerung, und sie wirkt in diesem Beispiel in Richtung Übersteuern

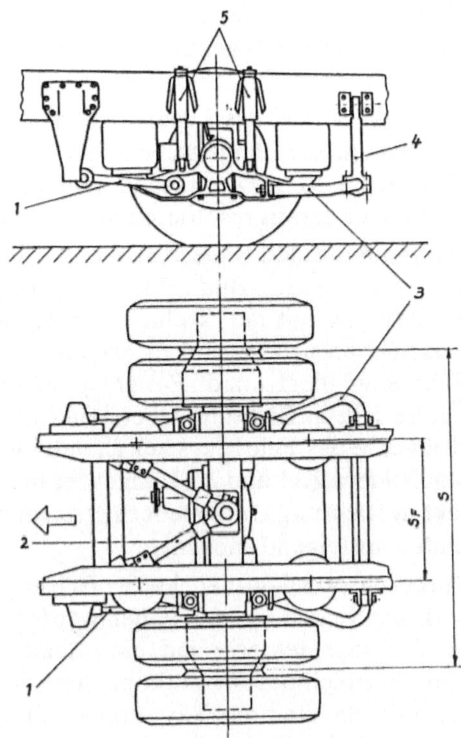

Bild 2.73 LKW-Starrachse mit Luftfederung der Daimler-Benz-Modelle 1017L bis 2219L 6x2

Die Achsführung erfolgt über die beiden unteren Längsstreben 1 und den oben zwischen den Rahmen liegenden Dreieckslenker 2 (s. auch Bild 2.52a). Die Luftfederrollbälge wirken auf einer relativ schmalen Federspur b_F und verlangen einen kräftigen Stabilisator 3, der über Streben 4 am Rahmen angelenkt ist. Die Achse weist insgesamt 4 Stück Stoßdämpfer 5 auf (Bild aus [2.51])

Da sich dieser Achsentyp gut eignet, die verschiedenen Ursachen für den Lenkeffekt an Hinterachsen darzustellen, liegt er den Bildern 2.69 bis 2.72 zugrunde. Im Bild 2.69 wird die Konstruktion der für die Kinematik maßgebenden Pole P_1 und P_2 dargestellt. Es ist angenommen, daß weder von den Schraubenfedern noch von den Stoßdämpfern Einflüsse auf den Lenkeffekt der Achse ausgehen; aus diesem Grund sind diese Teile in den Bildern 2.69 bis 2.72 nicht mit eingezeichnet.

Im Bild 2.70 wird von einem in seiner axialen Richtung relativ steifen Lager P_1 und längselastischen Strebenlagern 1 bis 4 ausgegangen. Hier ergibt sich ein Lenkeffekt in Richtung Übersteuern. Mit einem gewissen elastischen Lenkeffekt in diese

Richtung ist bei allen Achskonstruktionen zu rechnen, bei denen die Abstützung der Seitenkräfte gegenüber dem Aufbau deutlich vor der Achsmitte erfolgt, z.B. bei den gezogenen Längslenkerachsen und Verbundlenkerachsen.

Im Bild 2.71 soll das Lager P_1 in axialer Richtung sehr nachgiebig angenommen werden und die Längsstrebenlagerung z.B. in Form von Kugelgelenken. In diesem Fall wird der Pol P_2 wirksam, um den sich die Achse in ihrer horizontalen Ebene dreht. Der daraus resultierende Lenkeffekt wirkt in Richtung Untersteuern.

Während auf den Bildern 2.70 und 2.71 die Rollneigung des Aufbaus vernachlässigt wurde, dient Bild 2.72 der alleinigen Ermittlung des Rollsteuereffekts. In Verbindung mit der Rollneigung des Aufbaus um die Rollachse des Fahrzeugs verschieben sich der Pol P_1 nach kurvenaußen, da er oberhalb der Rollachse des Fahrzeugs liegt, und P_2 entsprechend nach kurveninnen. Es entsteht ein Lenkeffekt in Richtung Übersteuern. Auf die Lage der Rollachse der Achse zur Rollachse des Fahrzeugs zur Erzielung eines Untersteuereffekts wurde bereits in den Bildern 2.11 und 2.67 hingewiesen. Im Bild 2.72 könnte man den Rollsteuereffekt in Richtung Untersteuern erreichen, wenn man die Streben 1–3 und 2–4 nach hinten ansteigend anordnete.

Praktisch werden bei jeder Achse verschiedene Einflußgrößen gleichzeitig wirksam. In den meisten Fällen werden sie sich in diese drei, für die die Bilder 2.70 bis 2.72 repräsentativ sind, einordnen lassen. Mit zunehmender Zahl der Lenker und mit zunehmender Entkoppelung der Räder (Einzelradaufhängung) nimmt die Übersichtlichkeit der Verhältnisse ab, und der Aufwand in der Entwicklung, um alle Einflußgrößen mit ihren Auswirkungen zu erfassen, nimmt zu. Aus den Bildern 2.70 und 2.71 ging hervor, wie man unter Beibehaltung der Hauptabmessungen durch unterschiedliche Gestaltung der Elastizität der Lager eine übersteuernde Hinterachse in eine untersteuernde umfunktionieren kann. Dabei ist zu beachten, daß die Elastizität der Lager großen Einfluß auf die Übertragung der Rollgeräusche hat und deshalb nicht allein nach Kriterien ihres Einflusses auf die Steuerungstendenz ausgewählt werden kann. Wie aber die Beeinflußbarkeit durch den Rollsteuereffekt beweist, ist der Spielraum groß. Er erweitert sich noch bei den Einzelradaufhängungen. Insbesondere dort sollte durch die Untersuchung der Elastokinematik der Achse erreicht werden, daß bei hohem Fahrkomfort und guter Geräuschdämpfung

1. die Steuerungstendenz der Achse die Richtungsstabilität des Fahrzeugs günstig beeinflußt und

2. der Gütegrad der Seitenkraftverteilung auf die beiden Räder der Achse verbessert wird.

2.2.2 Einzelradaufhängungen mit nur einem Lenker pro Rad

2.2.2.1 Torsionskurbelachsen und Verbundlenkerachsen

Dieser Achsentyp hat sich in den letzten Jahrzehnten als Hinterachse für frontgetriebene PKW eingeführt. Man kann ihn zwischen Starrachse und Längslenkerachse einordnen. Liegt der Verbund in der Nähe der Radmitte, wie z.B. bei

der Torsionskurbelachse nach Bild 1.57, so liegen die Eigenschaften näher denen
der Starrachse, und liegt er in der Verlängerung der beiden Lenkerlager, Bild 2.74,
so nähern sich die Eigenschaften denen der Längslenkerachse. Der Verbund stellt
die Koppelung der beiden Längslenker dar und ist in der Wirkung einem
Stabilisator ähnlich. Folgende Vor- und Nachteile haben die Verbundlenkerachsen
und Torsionskurbelachsen:

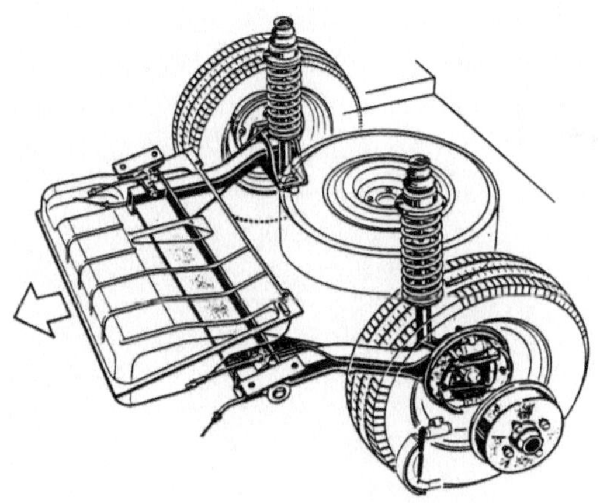

Bild 2.74
Verbundlenkerhinterachse der älteren
VW-Modelle
Aufgrund ihrer allgemein gelobten
Fahreigenschaften haben sie zur
Verbreitung dieser Hinterachs-
konzeption beigetragen. Das verdreh-
weiche Verbindungsglied ist als T-
Träger ausgebildet und liegt in der
Verlängerung der beiden Lenkerlager

Vorteile:

- einfache Konzeption, Achse besteht nur aus einem Bauteil und hat nur zwei
  Lager,
- geringer Raumbedarf, nur bei Torsionskurbelachse erfordert der Verbund
  Freiraum beim Ein- und Ausfedern,
- Stabilisatorwirkung durch Verbund,
- kleine mit dem Rad verbundene Masse,
- guter Bremsnickausgleich,
- sehr geringe Spurweitenänderung beim Ein- und Ausfedern.

Nachteile:

- Spannungsspitzen am Übergang vom verdrehsteifen Lenker zum verdrehweichen Verbund,
- ohne spurkorrigierende Lager übersteuernd,
- starre Kopplung der Radebenen verhindert, den Gütegrad der Seitenkraftverteilung zu verbessern.

In den Bildern 2.74 bis 2.77 sind verschiedene Verbundlenkerachsen angeführt.

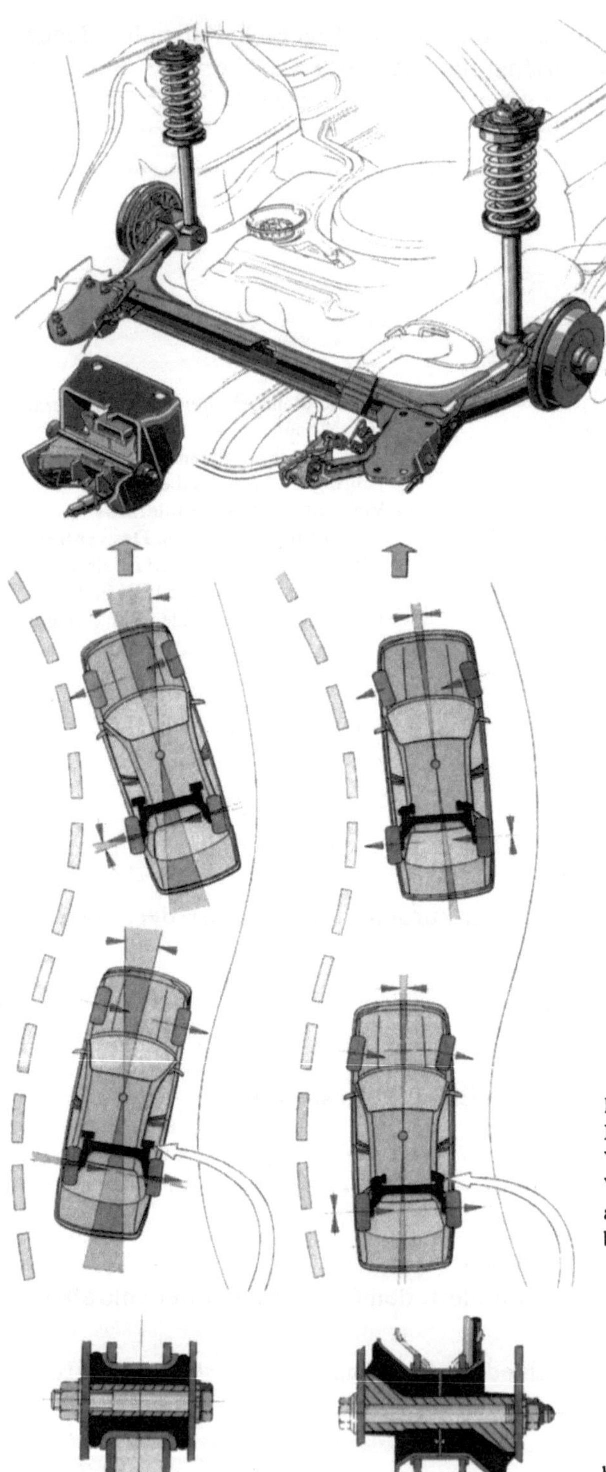

a)

b)

Bild 2.75
Die Gegenüberstellung der
Verbundlenkerachse am Beispiel der
VW-Passat-Achse
a) Anordnung der Achse im Fahrzeug
b) Wirkung der spurkorrigierenden
   Hinterachslager auf die Kurs-
   haltung

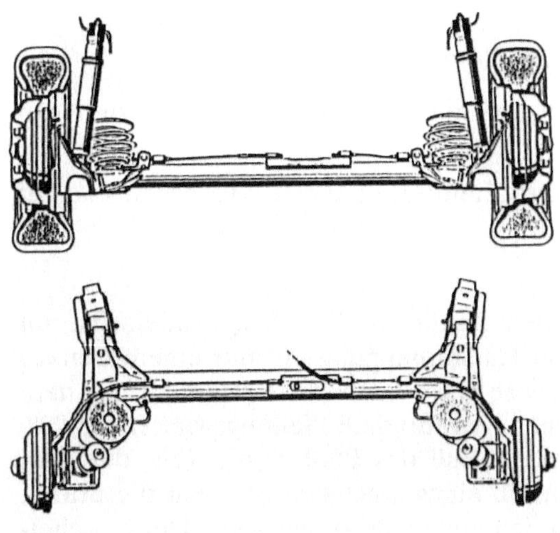

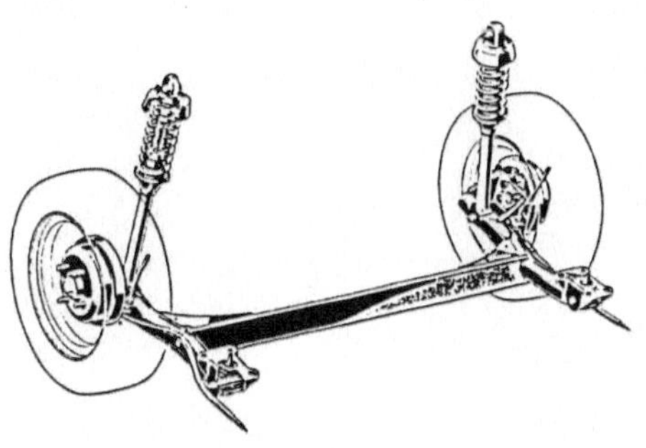

Bild 2.76
Verbundlenkerachse vom Opel
Corsa mit Miniblockfedern

Bild 2.77
Verbundlenkerachse vom Ford Fiesta

2.2.2.2 Längslenkerachsen

Die Längslenkerachse stellt eine echte Einzelradaufhängung dar. Während bei der Verbundlenkerachse Schraubenfedern entweder neben den Stoßdämpfern oder beide zum Federbein kombiniert angewendet werden, sind bei der Längslenkerachse daneben auch Drehstabfedern anzutreffen. Außerdem gibt es die Längslenkerachse auch als Vorderachse, wie das Bild 1.60 mit den geschobenen Längslenkern am Citroen Mehari 4 × 4 bzw. seit vielen Jahren am 2 CV beweist.

Folgende Vor- und Nachteile lassen sich für die gezogene Längslenkerachse, die verbreitet als PKW-Hinterachse verwendet wird, nennen. Einige davon stimmen mit denen der Verbundlenkerachse überein.

Vorteile:

- einfache Konzeption,
- geringer Raumbedarf,
- günstige Auswirkung auf den Nickpol,
- völlige Unabhängigkeit der beiden Radmassen und Radebenen voneinander,
- bietet durch Anwendung von Lagern mit richtungsorientierter Steifigkeit Voraussetzungen zur Verbesserung des Gütegrades der Seitenkraftverteilung.

Nachteile:

- geringe Rollsteifigkeit ohne Stabilisator,
- ohne besondere Mittel elastische Verdrehung in Richtung Übersteuern, wozu auch die Sturzseitenkraft beiträgt.

Zwei besonders auf geringen Raumbedarf orientierte Längslenkerachsen sind auf den Bildern 2.78 bis 2.79 dargestellt.

2.2.2.3 Schrägpendelachsen

Unter den Radaufhängungen mit nur einem Lenker ist die Schrägpendelachse am interessantesten. Man könnte sie als die Radaufhängung mit nur einem Lenker schlechthin ansehen. Die Längslenkerachse wäre dann der Extremfall mit dem Pfeilungswinkel von 0° und die Pendelachse der mit dem Pfeilungswinkel von 90°. In den Bildern 2.21 bis 2.24 waren der Einfluß des Pfeilungswinkels, der dem Winkel 90° − λ entspricht, und der Einfluß eines Dachwinkels ζ auf die Sturz-, Vorspur- und Spurweitenänderung über den Federweg aufgetragen. Der entschei-

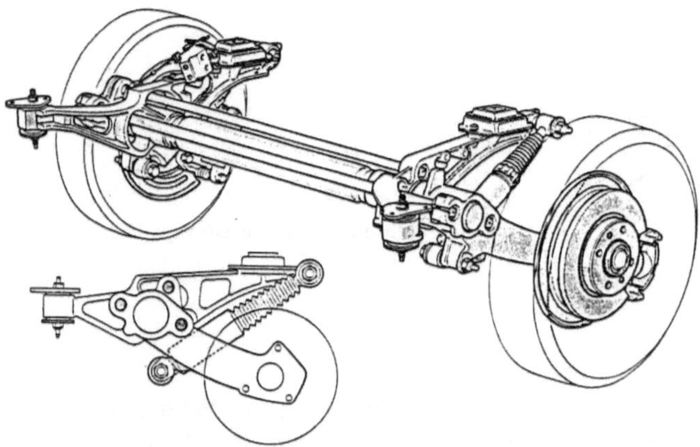

Bild 2.78 Längslenkerhinterachse mit Drehstabfederung des Peugeot 205

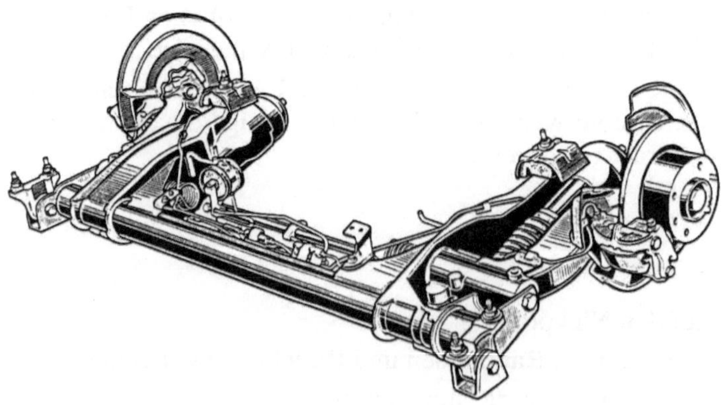

Bild 2.79 Längslenkerachse mit hydropneumatischer Feder-Dämpfer-Einheit der Citroen BX-Reihe (1982)

dende Nachteil der Pendelachse, die große Spurweitenänderung über den Federweg, hat sich in den letzten Jahrzehnten sehr auf den Pfeilungswinkel der Schrägpendelachsen ausgewirkt. Für einige Schrägpendelachsen werden folgende Pfeilungswinkel bei Reimpell [2.56] angegeben:

VW Passat Variant syncro	12°	BMW 3er-Reihe	15°
BMW 528i/535i	13°	Ford Sierra/Scorpio	18°
Opel Senator/Monza	14°	BMW 518i/525i	20°
VW Transporter	14°	Daimler-Benz	23° 30′

Die Spurweitenänderung läßt sich durch einen positiven Winkel ζ deutlich mindern. Damit ist aber der Nachteil verbunden, daß die mittleren Lenkeranlenkpunkte tiefer als die äußeren angeordnet werden müssen, was die Bodenfreiheit beeinträchtigt. Unter Berücksichtigung kleiner Pfeilungswinkel lassen sich folgende Vor- und Nachteile angeben:

Vorteile

- geringer Raumbedarf,
- günstige Auswirkung auf die Lage des Nickpols,
- gewisse Rollsteifigkeit durch über der Fahrbahn liegendes Rollzentrum,
- günstiger kinematischer Einfluß auf die Sturz- und Schräglaufseitenkraftverteilung bei Kurvenfahrt und Förderung der Untersteuerung,
- bietet durch die Anwendung von Lagern mit richtungsorientierter Steifigkeit Voraussetzungen zur Verbesserung des Gütegrades der Seitenkraftverteilung.

Nachteile

- Spurweitenänderung über den Federweg,
- unerwünschter Lenkeffekt bei Geradeausfahrt und Kurvenfahrt auf unebener Fahrbahn,
- ohne besondere Mittel elastische Verdrehung in Richtung Übersteuern.

Einige Ausführungen von Schrägpendelachsen unter Einbeziehung der Schraubenlenkerachse von BMW sind in den Bildern 2.80 bis 2.86 dargestellt. Die Schrägpendelachse eignet sich in ähnlicher Weise wie die Längslenkerachse auch für Vorderräder.

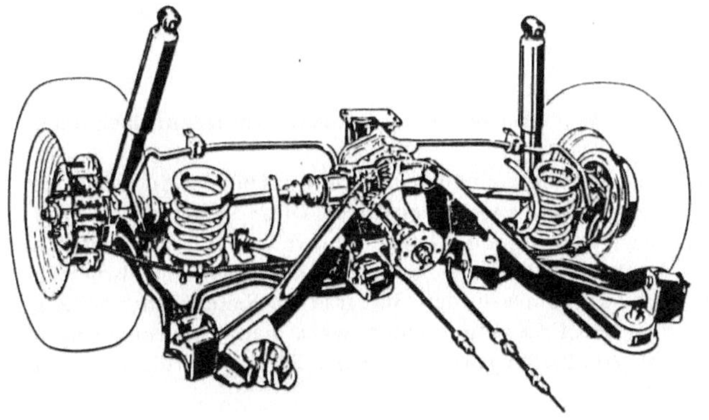

Bild 2.80

Schrägpendelachse des Ford Sierra
Der Pfeilungswinkel der Achse
(90° − λ nach der Definition im
Bild 2.21) wird mit 18° angegeben

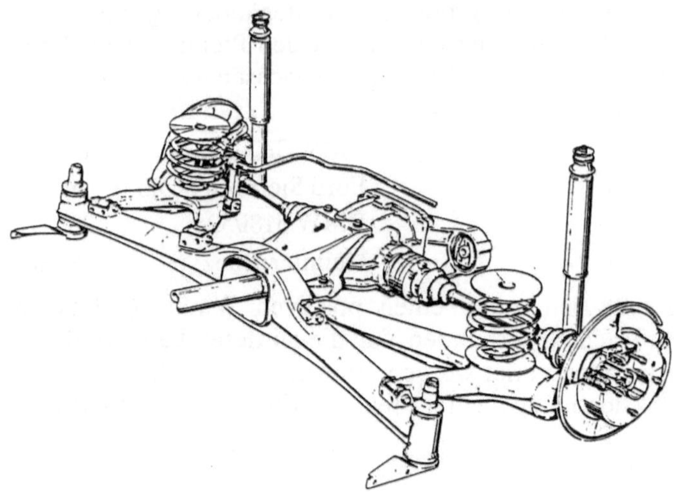

Bild 2.81 Schrägpendelachse der BMW 3er-Reihe
Der Pfeilungswinkel wurde von 20° auf 15° verkleinert

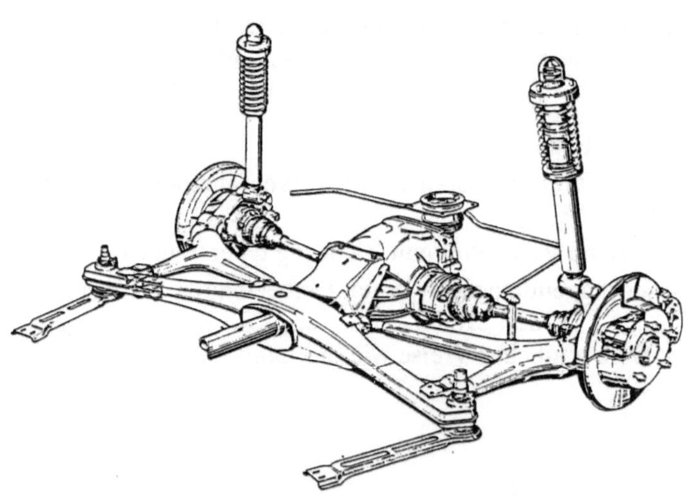

Bild 2.82 Die unter dem Namen Schraubenlenkerachse bekanntgewordene Schrägpendelachse der BMW 5er-Reihe
Die am äußeren Lenkerlager angebrachte Pendelstütze nimmt Seitenkräfte auf und bewirkt, daß sich beim Ein- und Ausfedern der Lenker axial zu seinen Lagern verschiebt. Diese Verschiebung wirkt sich auf die Spurweitenänderung über den Federweg aus. Da die Spurweitenänderung über den Federweg ein prinzipieller Nachteil der Schrägpendelachse ist, läßt er sich mit dieser Pendelstütze in geeigneter Weise mindern. Demgegenüber bleiben die für den Gütegrad der Seitenkraftverteilung günstige Vorspur- und Sturzänderung über den Federweg erhalten, wenn man von dem geringen Einfluß der inneren Verspannung absieht. Als Pfeilungswinkel werden 20° und für die größeren Modelle 528i und 535i 13° angegeben (aus [2.37])

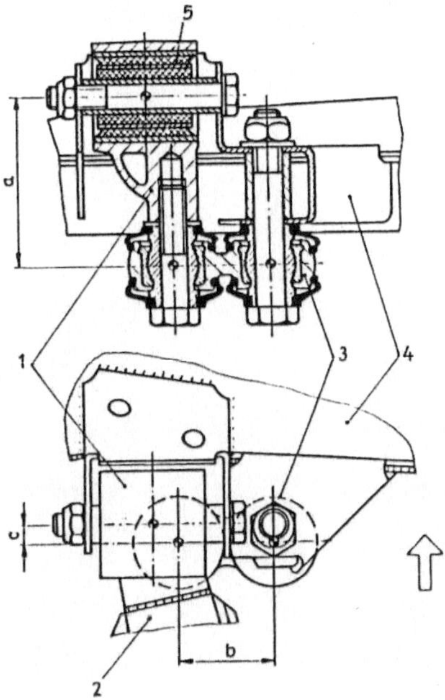

Bild 2.83

Einzelheiten der im Bild 2.82 verwendeten Pendelstütze
1 Block zur Befestigung der Pendelstütze am Lenker; 2 angeschweißter Schräglenker; 3 Pendelstütze; 4 am Aufbau befestigter Querträger zur aufbauseitigen Befestigung der Pendelstütze; 5 für axiale Verschiebung besonders geeignetes Lenkerlager; a, b und c Längen, die die Spurweitenänderung über den Federweg und damit auch die Höhe des Rollzentrums beeinflussen

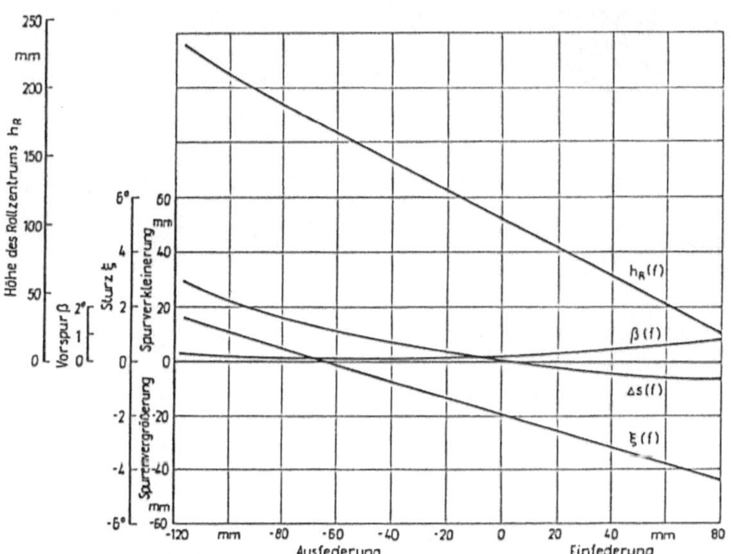

Bild 2.84 Kinematik der Schraubenlenkerachse nach Bild 2.82 mit der Pendelstütze nach Bild 2.83 Es sind Messungen bei 13° Pfeilungswinkel, die von der Fa. BMW stammen und sich auf ein Rad beziehen. Die Sturz- und Vorspuränderung ist typisch für Schrägpendelachsen, wie auch der Vergleich mit den allgemein abgeleiteten Kurven in den Bildern 2.22 und 2.23 zeigt. Auch der prinzipielle Verlauf der Spurweitenänderung von Bild 2.24 ist wiederzuerkennen. Bei den Einzelradaufhängungen steht die Spurweitenänderung in unmittelbarer Verbindung mit der Höhe des Rollzentrums. Dieser Zusammenhang wird durch niedriges Rollzentrum (Wankzentrum) und geringe Spurweitenänderung beim Einfedern deutlich. Diese Kinematik ist für den Gütegrad der Seitenkraftverteilung und für einen Rollsteuereffekt in Richtung Untersteuern günstig

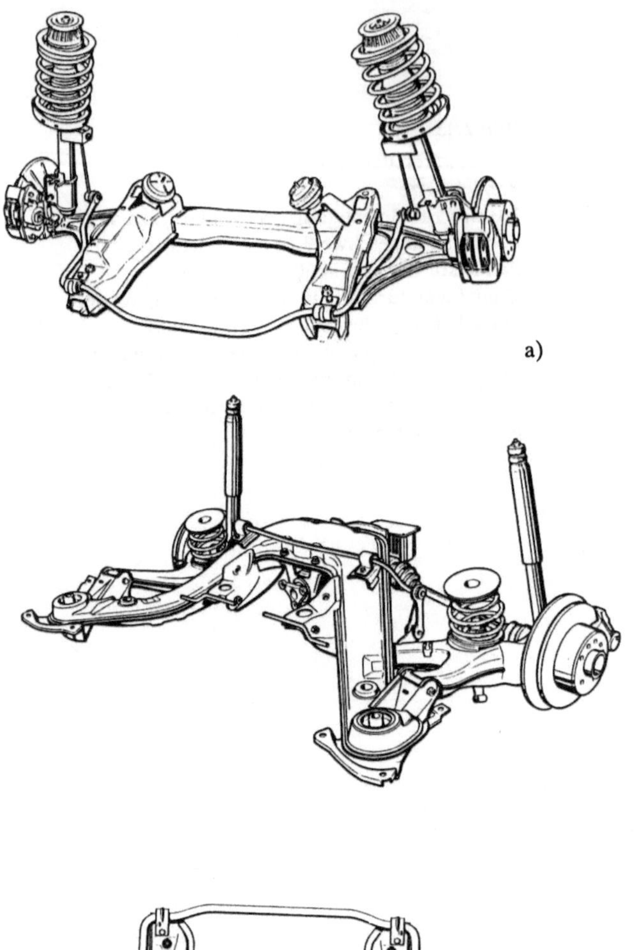

a)

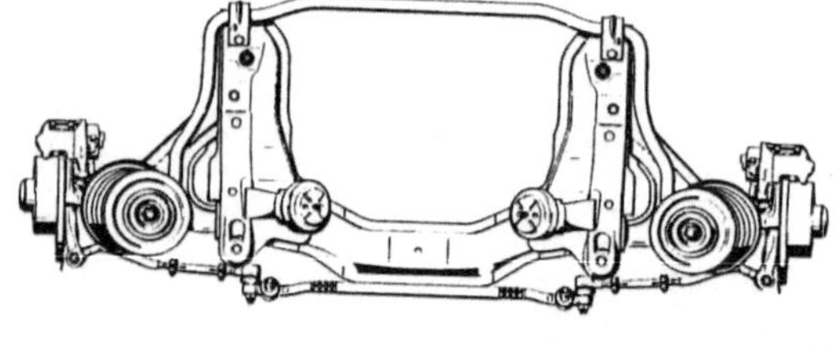

b)

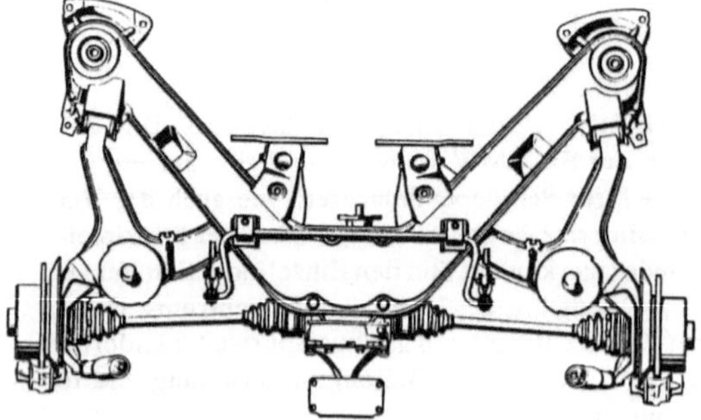

Bild 2.85

Vorder- und Hinterradaufhängung des
Opel Omega
a) perspektivische Darstellung, durch
negative Dachwinkel ist das Rollzentrum
niedrig und die Spurweitenänderung gering
b) Draufsicht, die Pfeilung 90°–λ läßt sich
   mit 10° messen

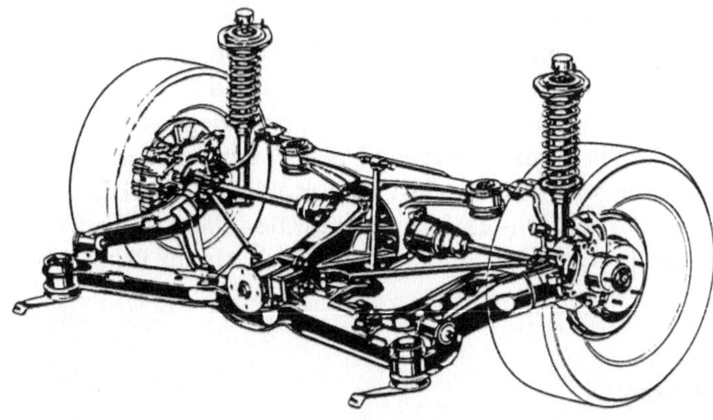

Bild 2.86 Schrägpendelachse des Mazda RX-7
Der Radträger ist drehelastisch am Lenker befestigt, so daß die zwischen Gelenkwelle und Lenker
sichtbare Strebe die Radstellung elastokinematisch beeinflussen kann

2.2.2.4 Pendelachsen

Die Pendelachsen, die in den 30er Jahren ihre Verbreitung als Einzelradaufhängung ihrem hohen Rollzentrum bei einfachem Aufbau verdanken, sind bei Neuentwicklungen nicht mehr anzutreffen. Als Grund kann der Widerspruch angesehen werden, der darin besteht, daß auf der einen Seite vom Reifen immer größere Schräglaufsteifigkeit gefordert wird, die Pendelachse aber durch die Spurweitenänderung beim Ein- und Ausfedern ihn ständig zum Schräglauf zwingt, Bild 2.25. Auch die große Sturzänderung über den Federweg bei der Pendelachse steht im Widerspruch zur Entwicklung der Niederquerschnittsreifen, die aber wegen des geringeren Rollwiderstandes, des günstigeren Schräglaufverhaltens und des geringeren Raumbedarfs wünschenswert ist.

Vor- und Nachteile der Pendelachse, die auch für die Schrägpendelachse mit größerem Pfeilungswinkel zutreffend sind:

Vorteile

- Rollsteifigkeit durch weit über der Fahrbahn liegendes Rollzentrum,
- völlige Unabhängigkeit der beiden Radmassen und Radebenen voneinander,
- günstiger Einfluß der Sturzseitenkraft auf die Steuerungstendenz;

Nachteile

- große Spurweitenänderung über den Federweg,
- große Sturzänderung über den Federweg,
- kein günstiger Einfluß auf das Nickzentrum.

Um den Nachteil der Spurweitenänderung zu mindern, wurde z.B. die Eingelenk-Pendelachse mit nur einem in Fahrzeugmitte unter dem Differential angeordneten Gelenkpunkt entwickelt. Diese Entwicklung stellte bei Daimler-Benz einen Zwischenschritt zwischen Pendelachse und Raumlenkerachse dar.

2.2.3 Einzelradaufhängungen mit mehr als einem Lenker

Bei den Radaufhängungen mit nur einem Lenker wird ein Getriebe verwendet, das nur aus einem Drehgelenk besteht. Es besitzt nur den Freiheitsgrad 1, die Drehung um die Lenkerdrehachse. Der am Lenker befestigte Radträger bewegt sich deshalb immer auf einem Kreisbogen. Die Lenkerlänge und der Federweg bestimmen diesen Kreisbogen. Will man ihn vermeiden, so ist eine größere Anzahl Lenker oder Teleskopführungen erforderlich. Das einfachste unter den dann in Betracht kommenden Getrieben bildet die Doppelquerlenkerachse, wie sie im Prinzip im Bild 2.5 dargestellt ist.

2.2.3.1 Doppelquerlenkerachsen

Die vereinfachte Darstellung auf Bild 2.5 läßt nicht erkennen, womit bei der Doppelquerlenkerachse die Längskräfte beim Antreiben und Bremsen aufgenommen werden. Praktisch verwendet man deshalb Dreieckslenker mit zwei Anlenkpunkten am Aufbau. Handelt es sich um nicht lenkbare Hinterräder, so wendet man trapezförmige Lenker an, bei denen auch am Radträger zwei Lager vorliegen. Bei den lenkbaren Vorderrädern ist am Schwenklager oben und unten ein zentraler Befestigungspunkt nötig, der jeweils zwei Freiheitsgrade sichern muß, damit sowohl die Verdrehung beim Ein- und Ausfedern als auch die beim Lenken möglich sind. In letzter Zeit werden dafür verbreitet wartungsfreie Kugelgelenke verwendet. Die Feder- und Dämpferkräfte können sowohl am oberen als auch am unteren Lenker angreifen. Wie Bild 1.1 zeigt, können die Lenker sogar durch die Querblattfeder selbst gebildet werden. Die Einleitung der Kräfte, die Längen der Lenker und die Lagen der Drehachsen ergeben eine sehr große Vielfalt von möglichen Radaufhängungen. Hinzu kommen noch die hinsichtlich Federsteife in den verschiedenen Richtungen abstimmbaren Lager.

Wenn von den Doppelquerlenkerachsen die Vor- und Nachteile aufzuzählen sind, ist diese Vielfalt zu berücksichtigen. Die Achse kann sowohl hinsichtlich Elastokinematik als auch hinsichtlich Raumbedarfs oder ökonomischer Herstellung und Montage optimiert sein. Wenn bei einigen Doppelquerlenkerachsen noch hinsichtlich Elastokinematik Wünsche offen sind, so ist das keine typische Eigenschaft der Doppelquerlenkerachse.

Vorteile
- weitgehende Anpaßbarkeit an die gewünschte Elastokinematik,
- völlige Unabhängigkeit der beiden Radmassen und Radebenen voneinander,
- geringe Spurweitenänderung;

Nachteile
- größerer Aufwand als bei nur einem Lenker,
- nimmt relativ breiten Raum in Anspruch.

Anwendungsbeispiele zeigen die Bilder 2.87 und 2.66b.

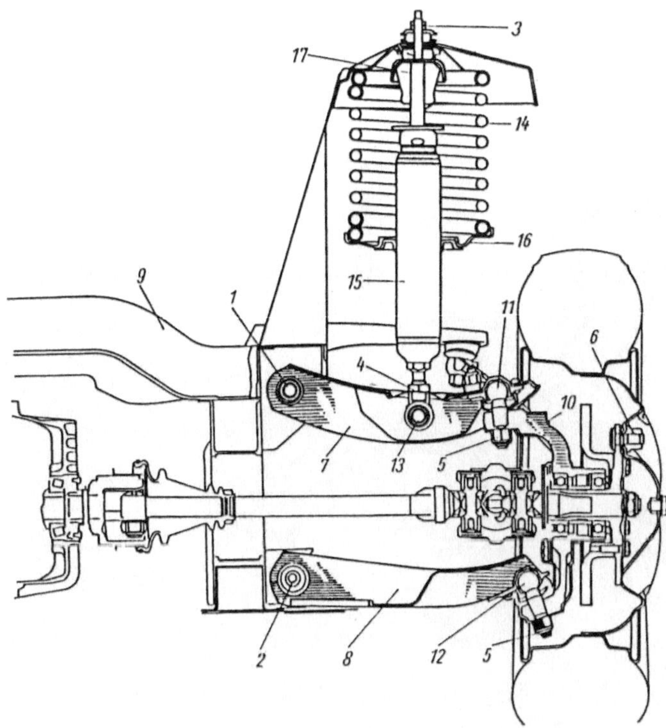

Bild 2.87 Doppelquerlenker-Radaufhängung an der Vorderachse des Renault R12 (Anfang der 80er Jahre)
1 inneres oberes Lenkerlager; 2 inneres unteres Lenkerlager; 3 Stoßdämpferbefestigung oben; 4 Kontermutter; 5 Kugelbolzenbefestigung; 6 Radmutter; 7 oberer Querlenker; 8 unterer Querlenker; 9 Querträger; 10 Achsschenkel; 11 oberer Kugelbolzen; 12 unterer Kugelbolzen; 13 untere Stoßdämpfer-befestigung; 14 Schraubenfeder; 15 Stoßdämpfer; 16 Federteller unten; 17 Zusatzfeder

2.2.3.2 Doppellenkerachsen allgemein

Die beiden Lenkerachsen können beliebige Lagen einnehmen. Vorübergehend fanden solche mit zwei geschobenen Längslenkern Verwendung, z.B. Dubonnet-Knie im Bild 3.29, und mit zwei gezogenen am VW Käfer an den Vorderrädern. Auch die Lösungen mit einem Querlenker und einem Längslenker fanden schon Anwendung, z.B. bei Rover und Glas. Eine Doppellenkerachse, bei der der obere Lenker eine Richtung zwischen Längs- und Querlenker einnimmt, zeigt Bild 2.88.

Unter die Doppellenkerachsen läßt sich die Trapezlenkerachse des Audi Quattro einordnen. Sie nutzt den Vorteil der Anpaßbarkeit an eine gewünschte Elastizität und bringt gute Fahreigenschaften beim Bremsen in der Kurve, da sich dann die Radebenen in Richtung Vorspur verdrehen, Bild 2.89.

In den letzten zwei Jahrzehnten sind die Doppelquerlenkerachse und die Doppellenkerachse allgemein von den Federbeinachsen oder Dämpferbeinachsen, bei denen der obere Lenker durch eine Teleskopführung ersetzt ist, zurückgedrängt worden.

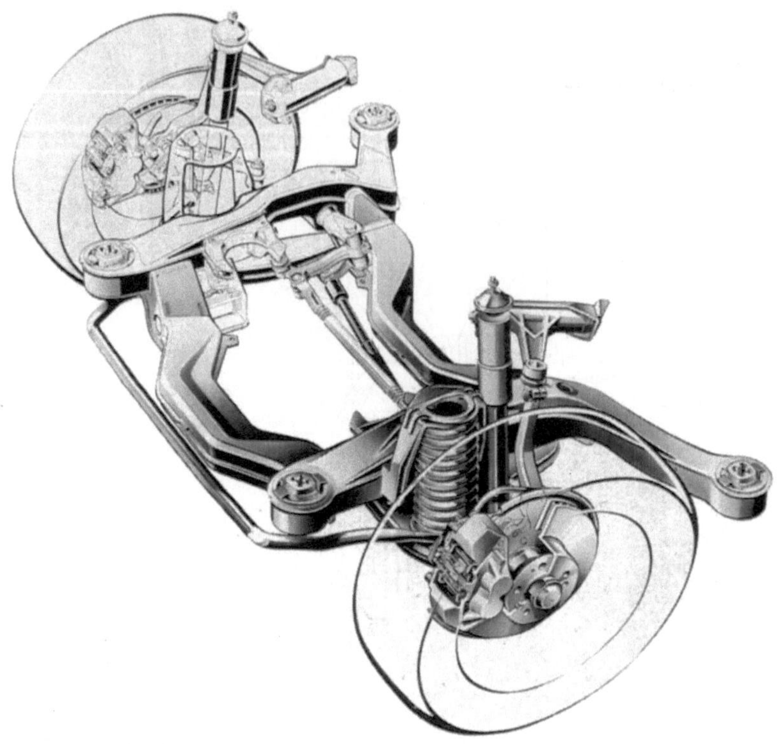

Bild 2.88 Vorderachse von Mercedes-Benz, Typ 500 SEL (Baureihe 140)
Es wird eine solide Radführung erreicht, ohne den Stoßdämpferkolben und die Kolbenstange mit
Radführungskräften zu belasten

2.2.3.3 Feder- und Dämpferbeinachsen

Die Feder- und Dämpferbeinachsen schränken den Spielraum hinsichtlich
Elastokinematik etwas ein. Ihre Teleskopführung ist auch wesentlich anfälliger als
z.B. ein Lenker mit zwei Bundbuchsen innen und einem Kugelgelenk außen. Die
Vorteile sind jedoch so gewichtig, daß bei den PKW-Achsen inzwischen die Feder-
oder Dämpferbeinachse der verbreitetste Achsentyp ist. Bei den Vorderachsen
der kleinen PKW sind die aus der McPherson-Achse hervorgegangenen Feder-
und Dämpferbeinachsen dominierend.

Vor- und Nachteile der Feder- und Dämpferbeinachsen:

Vorteile

– paßt sich gut dem zur Verfügung stehenden Raum an,

– Krafteinleitung in den Radkasten ist günstig zur Weiterleitung in den Aufbau,

– für den Finalproduzenten ist der Bezug und der Einbau der fertigen Feder- oder
  Dämpferbeineinheit attraktiv,

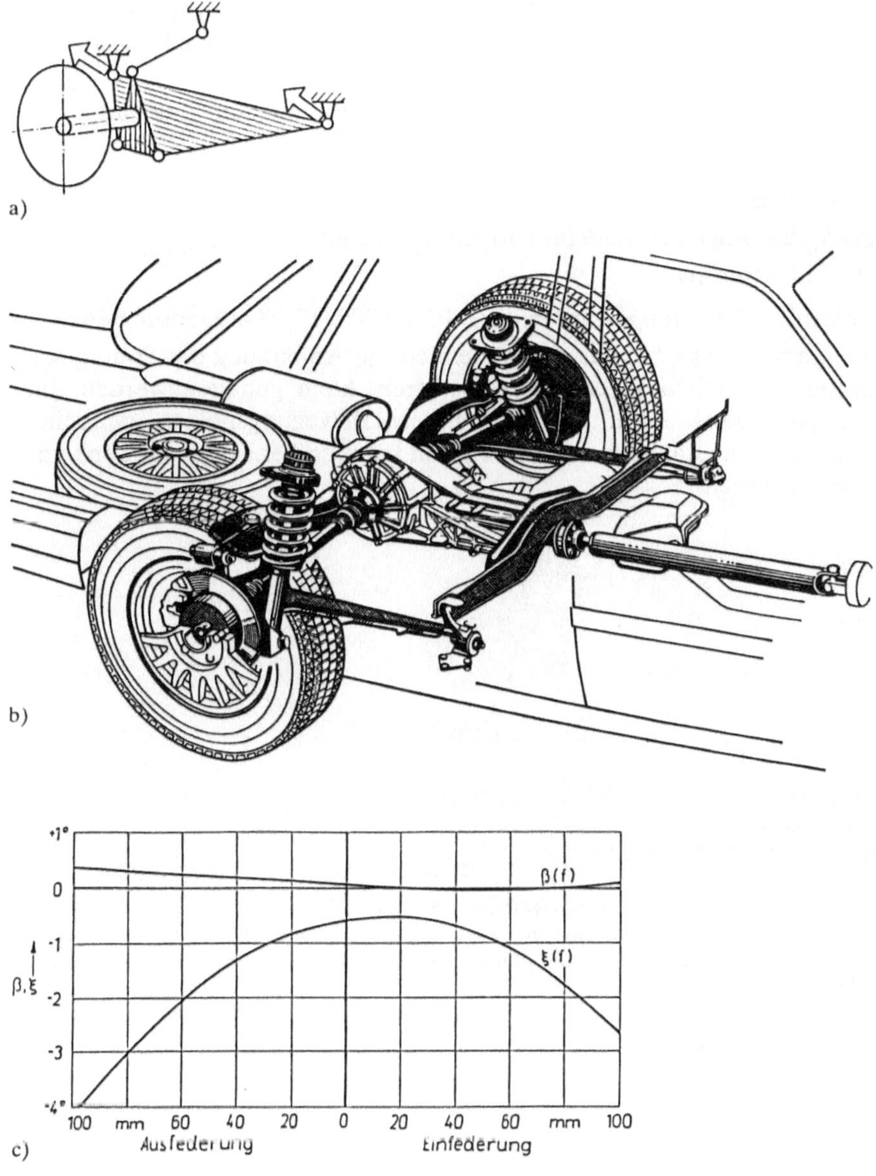

Bild 2.89 Trapezlenker-Hinterachse der Audi-Modelle 100/200 Quattro

Sie löste die Federbeinachse ab

a) prinzipieller Aufbau der Trapezlenkerachse,
   die Pfeile geben die Richtung an, in der sich die inneren Anlenkpunkte beim Bremsen verschieben.
b) Lage der Achse am Fahrzeug
   Das Federbein hat keine Radführungsfunktion. Die Elastizität der Achse läßt sich gut steuern.
c) Kinematik der Trapezlenkerachse des Audi Quattro
   Sowohl die Sturzänderung über den Federweg als auch die Vorspuränderung sind günstig. Beide
   Einflüsse verbessern den Gütegrad der Seitenkraftverteilung und bringen einen Rollsteuereffekt
   in Richtung Untersteuern. Die Spurweitenänderung ist gering

– Anpassung an eine gewünschte Elastokinematik ist noch gut, wenn der Spielraum auch nicht so groß wie bei der Doppelquerlenkerachse oder erst recht nicht wie bei der Raumlenkerachse ist,

– völlige Unabhängigkeit der beiden Radmassen und Radebenen voneinander;

Nachteile

– größerer Aufwand,

– die Teleskopführung ist verschleiß- und reibungsbehaftet,

– Rollsteifigkeit ist gering.

Aus der Vielzahl an Beispielen wurden die Bilder 2.90 bis 2.93 aufgenommen.

Bild 2.90 zeigt eine Achse, bei der durch die niedrige Anlenkung der Spurstange die Lenkkräfte, die sich am Federbein abstützen, klein gehalten werden. Im Bild 2.91 ist das anders. Dafür liegt der innere Bewegungspol so, daß eine wesentlich längere Spurstange eingesetzt werden kann und er sich beim Lenkeinschlag weniger verfälscht.

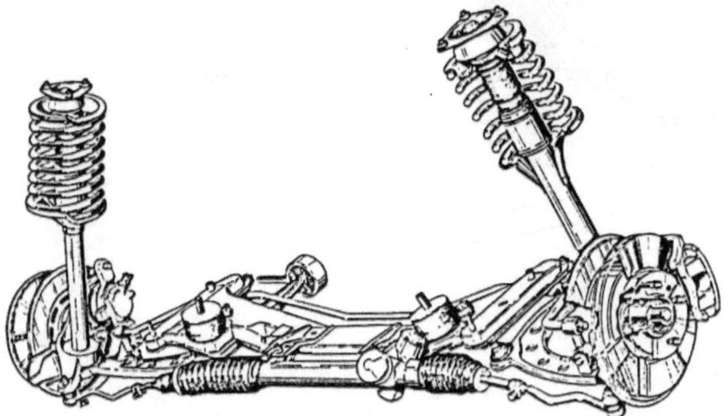

Bild 2.90 Federbeinvorderachse des hinten angetriebenen BMW 323i
Das Lenkgetriebe liegt vor der Vorderachse und etwa in Höhe des unteren Dreiecklenkers. Die kurzen Spurstangen haben durch die Doppelkröpfung erhöhte Längselastizität. Der Stabilisator liegt hinter der Achse

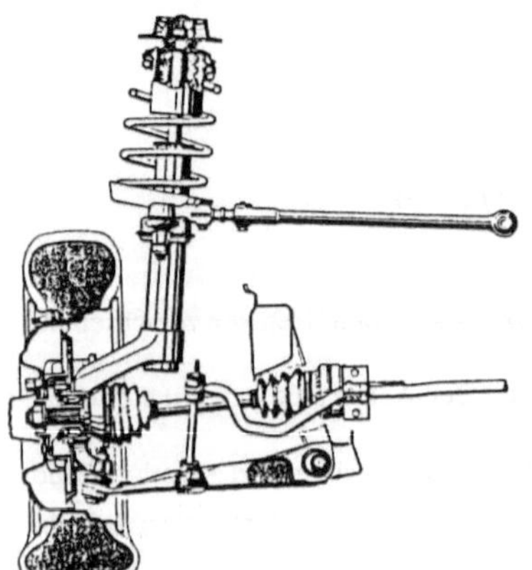

Bild 2.91

Federbeinvorderachse des Opel Kadett, Ansicht von hinten
Die Spurstange ist relativ hoch angelenkt und dadurch deutlich länger als im Bild 2.90. Die oberen Windungen der Schraubenfeder lassen erkennen, daß das Moment aus der Querverschiebung der unsymmetrisch angeordneten Schraubenfeder, siehe auch Bild 3.16, gemindert werden soll

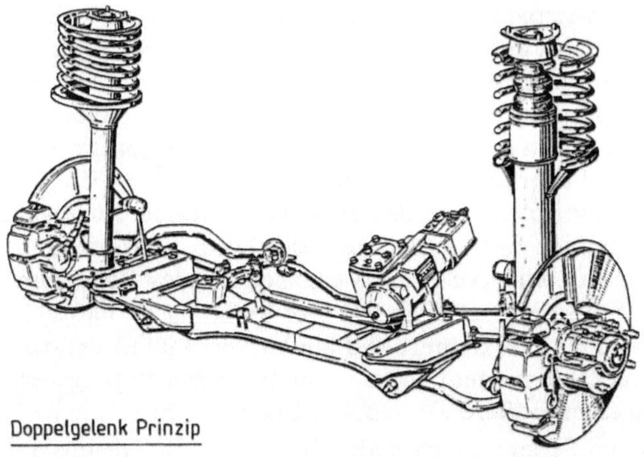

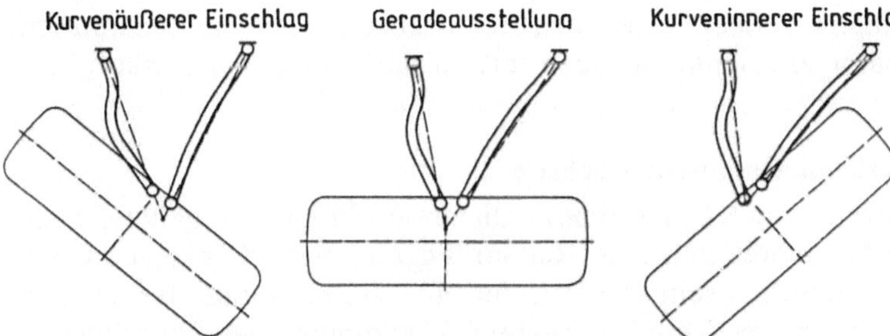

Bild 2.92 Doppelgelenkvorderachse der BMW 5er-, 6er- und 7er-Reihe
a) Gesamtübersicht läßt die dreigeteilte Spurstange und den am Federbein angelenkten Stabilisator erkennen.
b) Durch das Doppelgelenkprinzip liegt der Pol, um den sich das Rad beim Lenken dreht, weiter außen als die Gelenke. Lenkrollhalbmesser und Nachlauf werden günstig beeinflußt

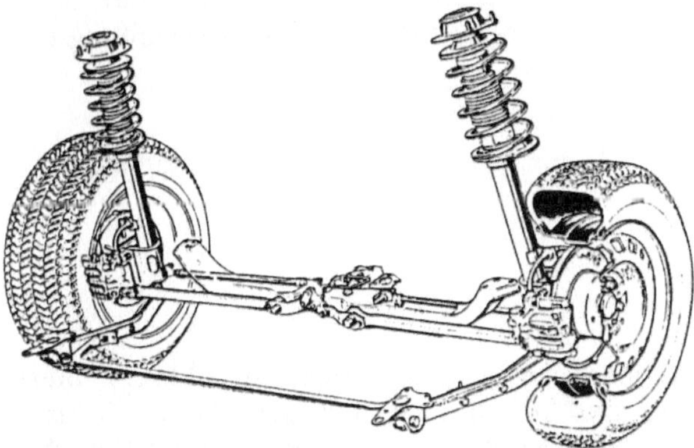

Bild 2.93 Hintere Einzelradaufhängung mit dem den Radträger führenden Federbein, Querstabilisator an Längsstreben und je zwei Querstreben von Lancia
Nimmt man an, daß das Federbein zwei Lenker ersetzt, so kann diese Achse als eine spezielle Ausführung der Fünflenkerachse angesehen werden

Die Seitenkräfte am Rad und die Verspannung des Stabilisators treten vorwiegend gleichzeitig, und zwar bei Kurvenfahrt auf. Deshalb liegt es nahe, den Stabilisator so am Federbein anzulenken, daß gegenseitig sich aufhebende Momente entstehen. Im Bild 2.92 ist diese Stabilisatoranlenkung dargestellt. Beim kurvenäußeren Rad wirken die Seitenkräfte oben nach außen drehend und die Stabilisatorkräfte oben nach innen drehend am Federbein. Erstmalig wird an dieser BMW-Vorderachse ein Doppelgelenkprinzip anstelle des üblichen zentralen Kugelgelenks verwendet. Es wird dadurch ein weit außen liegender Pol bei ausreichend Freiraum für die Bremsscheibe erreicht. Auch die Verschiebung des Pols beim Lenkeinschlag ist günstig. Die Spreizungsachse ändert ihre Richtung so, daß sich am kurvenäußeren Rad der Nachlauf verkleinert und am kurveninneren vergrößert. Die Wirkung auf das Rückstellmoment führt unter Berücksichtigung der Elastizitäten in der Lenkung zu einer größeren Vorspur und damit zu höherem η_G.

Bild 2.93 zeigt die Anwendung der Federbeinachse als Hinterachse. Im Gegensatz zu Bild 2.88 hat das Federbein hier die Funktion des oberen Lenkers mit zu übernehmen. Der untere Lenker besteht aus drei Streben, da sich die Längsstrebe, an der der Stabilisator angelenkt ist, auch mit an der Führung des Radträgers beteiligt.

2.2.3.4 Fünflenkerachsen, Raumlenkerachsen

Vom Freiheitsgrad 6 eines im Raum frei beweglichen Radträgers ausgehend, siehe auch Abschnitt 2.1.1.1, bietet sich eine Radaufhängung mit 5 Lenkern an. Die Lenker müssen so angeordnet sein, daß nur der eine Freiheitsgrad, der der Ein- und Ausfederung, übrigbleibt. Durch geeignete Abstimmung der Lenkerlängen und Lagerpunkte, wobei die Lagerpunkte auch hinsichtlich ihrer Elastizität in Zug- und Druckrichtung variiert werden können, läßt sich eine optimale, allen anderen überlegene Radaufhängung finden.

Folgende Vor- und Nachteile lassen sich hervorheben:

Vorteile

- optimale Elastokinematik, günstiger Einfluß auf die Steuerungstendenz, auch beim Antreiben und Bremsen, hoher Gütegrad der Seitenkraftverteilung bei Kurvenfahrt,
- an der Radführung ist keine Teleskopführung beteiligt,
- völlige Unabhängigkeit der beiden Radmassen und Radebenen voneinander;

Nachteile

- großer Aufwand,
- große Rauminanspruchnahme.

Der Begriff Raumlenkerachse bezieht sich in erster Linie auf Bild 2.94, diese Achse weist fünf Lenker auf. Sie sind im Bild 2.95 mit den Zahlen 2 bis 6 bezeichnet. Die Kinematik dieser Achse zeigt Bild 2.96. Die Vorspur über den Federweg ist annähernd konstant, die Spurweitenänderung dagegen ist, bezogen auf den Aufwand bei dieser Achse, relativ groß.

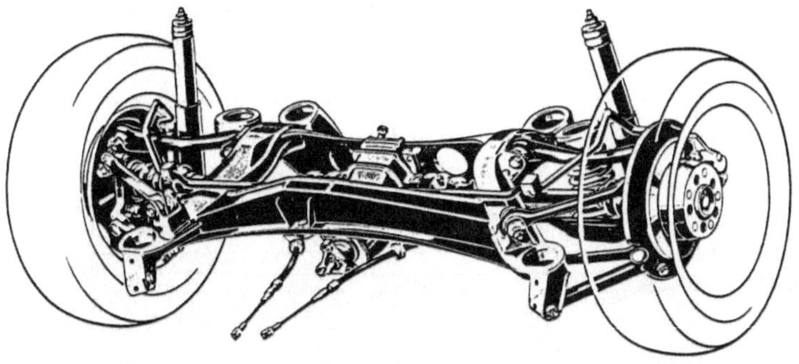

Bild 2.94 Raumlenkerhinterachse von Mercedes-Benz in perspektivischer Darstellung

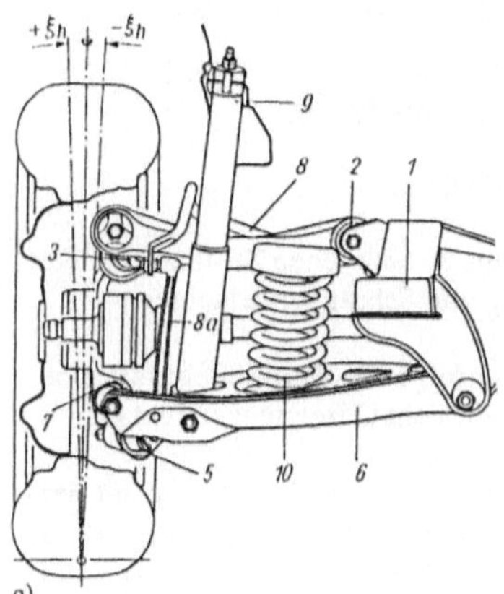

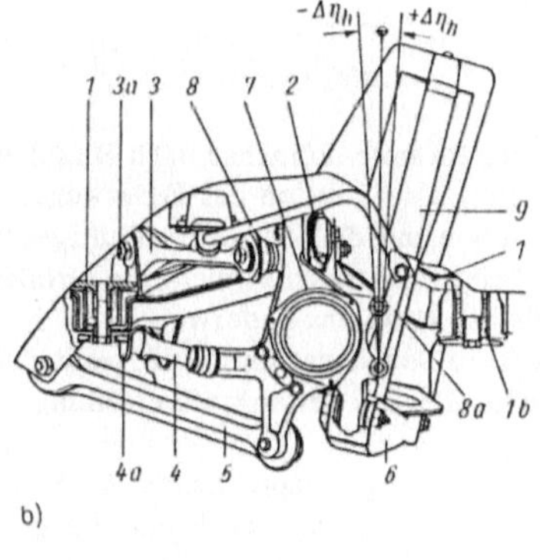

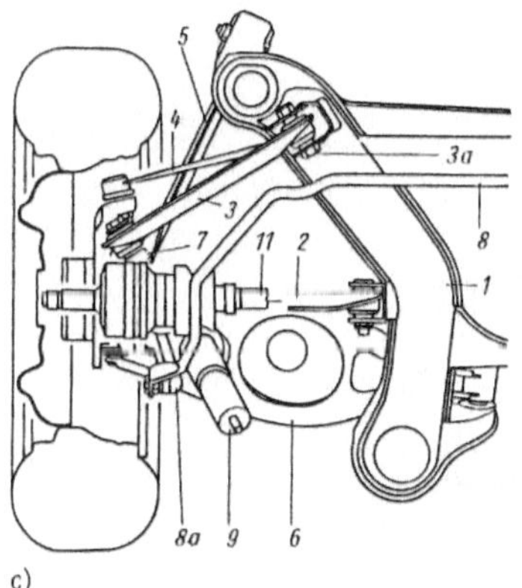

1   Hinterachsträger;
1a vordere Lagerung am Aufbau
1b hintere Lagerung am Aufbau
2   Sturzstrebe
3   Zugstrebe
3a Exzenterbolzen
4   Spurstange
4a Exzenterbolzen zur Vorspureinstellung
5   Schubstrebe
6   Federlenker
7   Radträger
8   Stabilisator
8a Verbindungsstange
9   Stoßdämpfer
10 Schraubenfeder
11 Antriebsgelenkwelle

Bild 2.95

Raumlenkerachse nach Bild 2.94 von der in Fahrtrichtung linken Radaufhängung in a) Rückansicht, b) Seitenansicht, c) Draufsicht (Bild aus [2.51])
ξ Sturz; $\Delta\eta$ der Nachlaufänderung entsprechende Winkeländerung

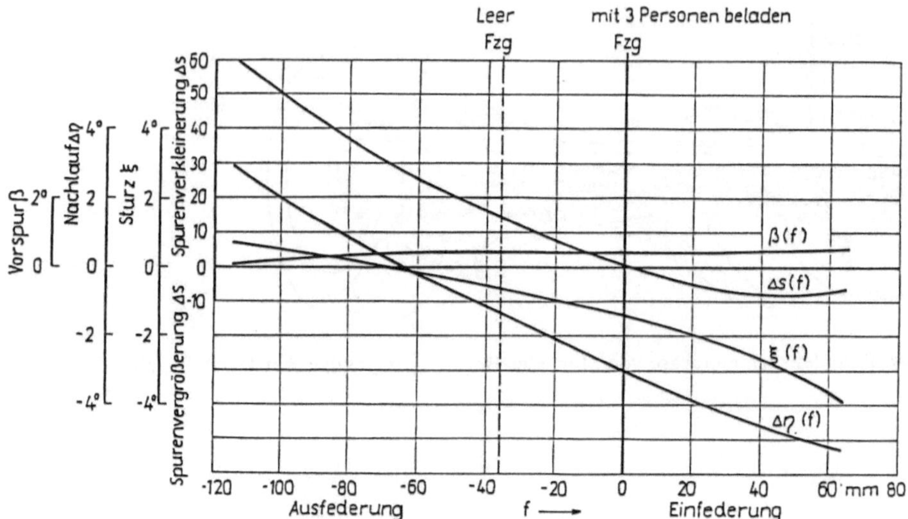

Bild 2.96 Kinematik der Raumlenkerachse nach Bild 2.94 (aus [2.51])

Δs(f) Spurweitenänderung als Funktion des Federweges

Der Verlauf weist wie schon im Bild 2.84 auf ein niedriges Rollzentrum im beladenen Zustand hin. Die Spurweitenänderung beim Ausfedern erreicht die Größenordnung von Schrägpendelachsen.

ξ(f) Sturzänderung als Funktion des Federweges

Der Verlauf ist günstig zu bewerten, da bei Kurvenfahrt sowohl infolge der Sturzseitenkraft eine Verbesserung des Gütegrades der Seitenkraftverteilung erfolgt als auch ein Untersteuereffekt erzielt wird.

Δη(f), die der Nachlaufänderung entsprechende Winkeländerung, wirkt sich in Verbindung mit der Reifen-Schrägseitenkraft auf das an der Radaufhängung wirkende Rückstellmoment aus. Dem Verlauf kommt Bedeutung bei der Vermeidung eines Übersteuereffekts in der Kurve zu. Die Vermeidung dieses Effekts beim Bremsen in der Kurve wird als Vorteil der Raumlenkerachse hervorgehoben [2.51].

β(f) Vorspuränderung als Funktion des Federweges, sie ist besonders gering

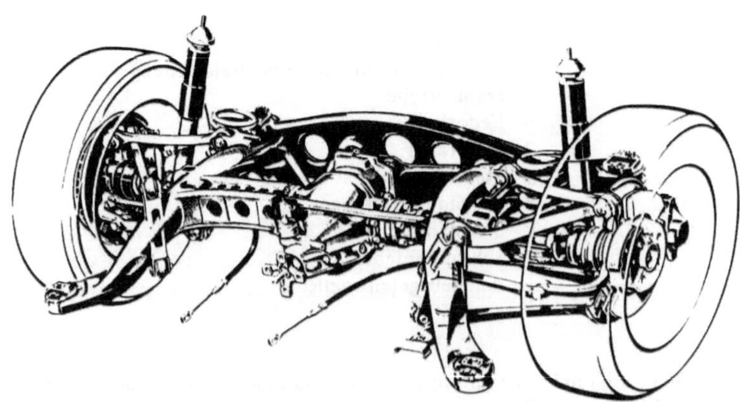

Bild 2.97 Neuere Ausführung der Mercedes-Benz Raumlenkerachse für die Typen 300SEL/SE bis 600 SEL/SE

Eine weiterentwickelte Raumlenkerachse von Mercedes-Benz ist auf Bild 2.97 dargestellt. Achsen, deren Konzeption der Raumlenkerachse nahekommt, zeigen die Bilder 2.98 und 2.99. Im Bild 2.98 ist der Längslenker so ausgebildet, daß er durch die starre Befestigung am Radträger zwei Lenker ersetzt. Auf Bild 2.99 wird statt der zwei oberen Lenker ein Dreieckslenker verwendet. Theoretisch könnte man auch Vorderradaufhängungen mit oberem und unterem Dreieckslenker als Verwandte der Raumlenkerachse ansehen. Oberer und unterer Dreieckslenker stellen vier Lenker dar, und der fünfte ist die Spurstange.

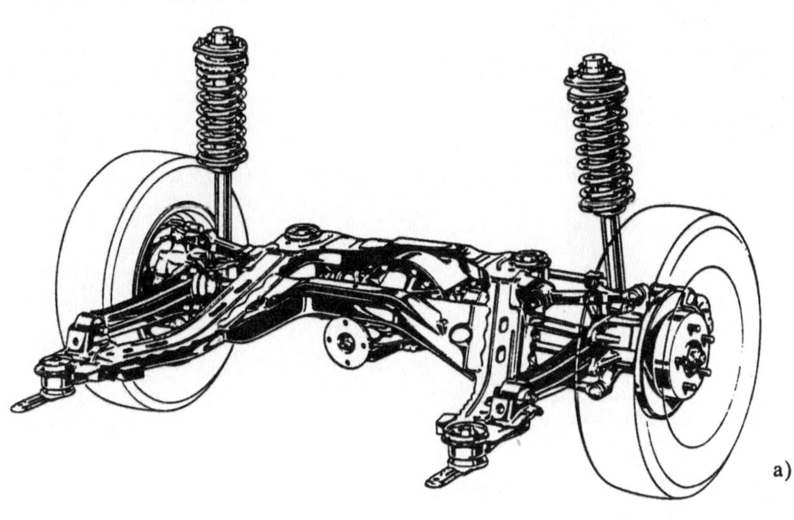

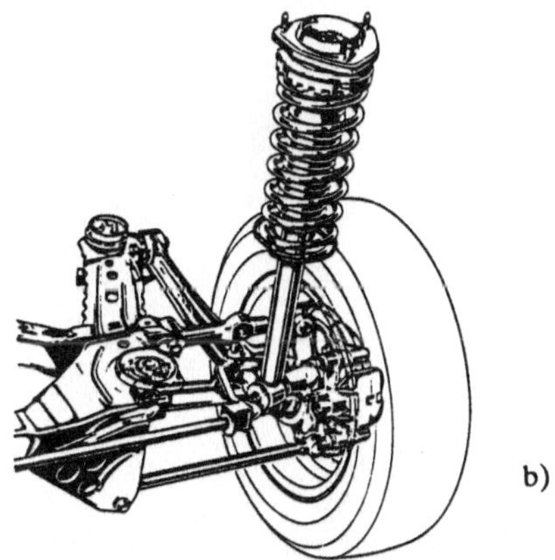

Bild 2.98 Hinterachse des Mazda 929
Sie weist drei quer angeordnete und einen längs angeordneten Lenker auf. Der längs angeordnete ersetzt infolge der verdrehfesten Befestigung am Radträger zwei Lenker
a) Gesamtansicht b) Rückansicht der rechten Radaufhängung

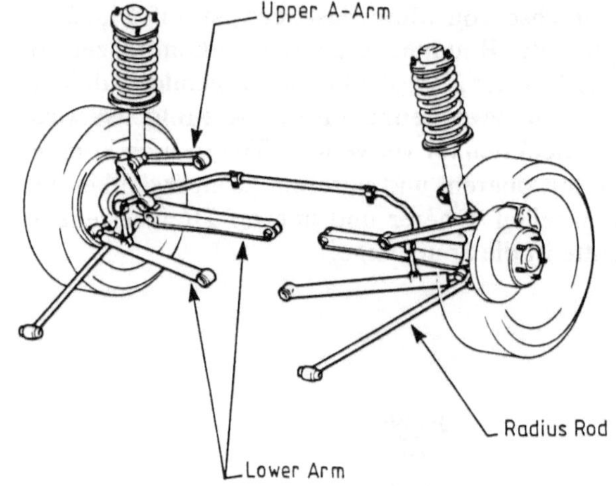

Bild 2.99
Hinterachse des Toyota Supra 3,0i mit
einer Radaufhängung, an der sich die
fünf Lenker getrennt darstellen,
obwohl die beiden oberen wie ein
Dreieckslenker wirken

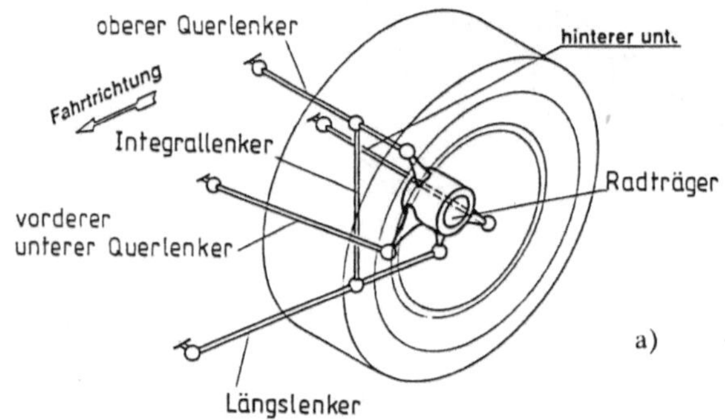

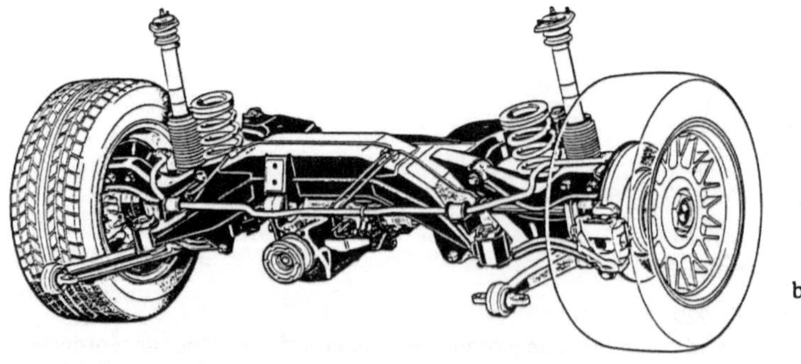

Bild 2.100 Integralachse von BMW
a) Schema der linken Achsseite
b) Gesamtansicht

BMW nennt seine Fünflenkerachse „Integralachse", was sich auf die Koppel zwischen dem oberen Querlenker und dem Längslenker, Bild 2.100a, bezieht. Diese Koppel bewirkt, daß der Pol für den Anfahr- und Bremsnickausgleich hoch liegt. Diese Achse verfolgt das Ziel, daß trotz Lastwechsel in den Längs- und Seitenkräften die Elastokinematik Spurfehler und störende Lenkeffekte verhindert.

Bei den Radaufhängungen von Nissan auf den Bildern 2.101 und 2.102 wurde mit dem jeweiligen „Multi-Lenker-System" die Elastokinematik gezielt beeinflußt.

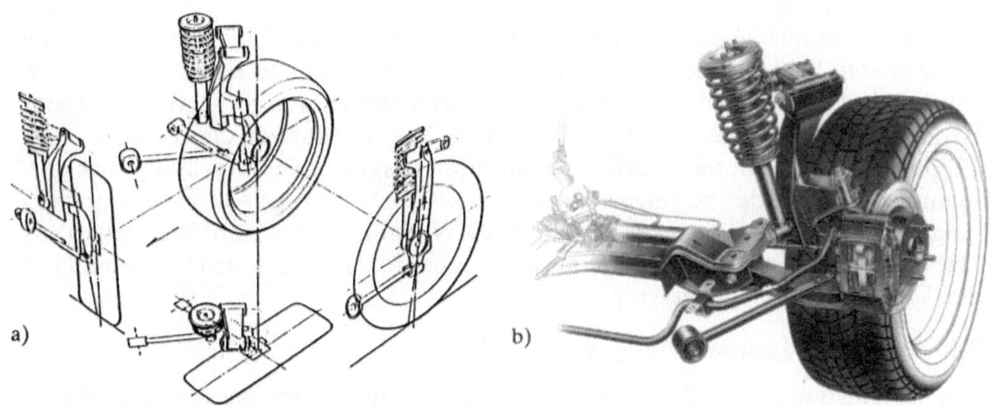

Bild 2.101 Multi-Lenker-Vorderradaufhängung von Nissan
a) perspektivische Darstellung in vier Richtungen
b) Gesamtansicht

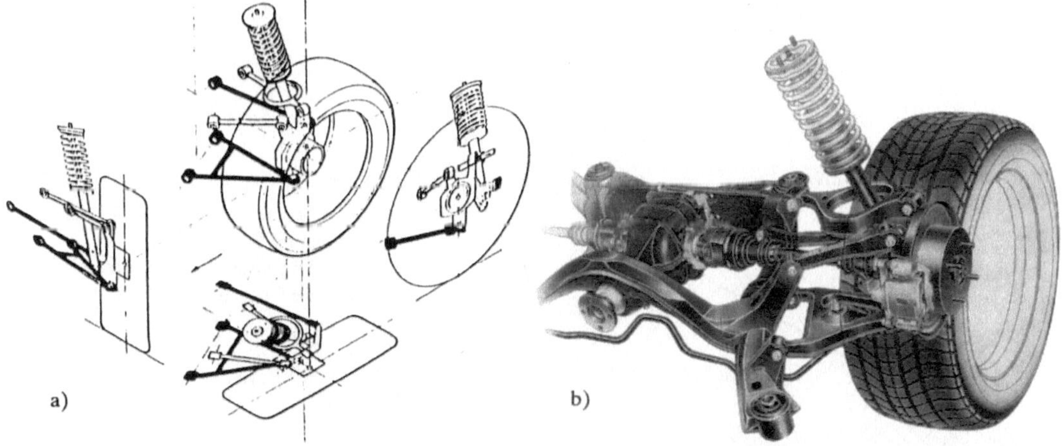

Bild 2.102 Multi-Lenker-Hinterradaufhängung von Nissan
a) perspektivische Darstellung in vier Richtungen
b) Gesamtansicht

3 Federung und Dämpfung

Wie im Abschnitt 1.3 erwähnt, wird unter der Federung und Dämpfung immer das System Aufbaumasse und Aufbaufederung verstanden. Die Federung selbst wurde anfangs vom Kutschwagen übernommen. Bei noch unebenen Fahrbahnen im 19. Jahrhundert war die Federung für den Komfort dieser Fahrzeuge schon von großer Bedeutung. Es ist eine Freude, an den Kutschen im Museum die Elliptik-, 3/4-Elliptik- und 1/2-Elliptik-Blattfedern mit ihren ausgeschmiedeten und gut geglätteten Federblattenden zu betrachten. In den ersten Jahren der Automobilentwicklung konnte sich die Blattfeder auch beim PKW vorerst behaupten. Die Federn aus Stahl in der Bauart Drehstabfeder und Schraubenfeder führten sich zusammen mit den Einzelradaufhängungen ein.

3.1 Arbeitsaufnahmevermögen

Die entscheidenden Größen für die Bewertung einer Feder sind die Federkraft, der Federweg oder noch einfacher ihr Arbeitsaufnahmevermögen. Theoretisch ist die Federweichheit im Arbeitsaufnahmevermögen enthalten, wie die Gegenüberstellung von zwei unterschiedlich harten Federn im Bild 3.1 zeigt. Das Arbeitsaufnahmevermögen [3.1] ist für die Biegefeder

$$A_{rB} = \frac{1}{6} \cdot \frac{\sigma_{zul}^2}{E} \cdot V_B; \ Nm \qquad (3.1)$$

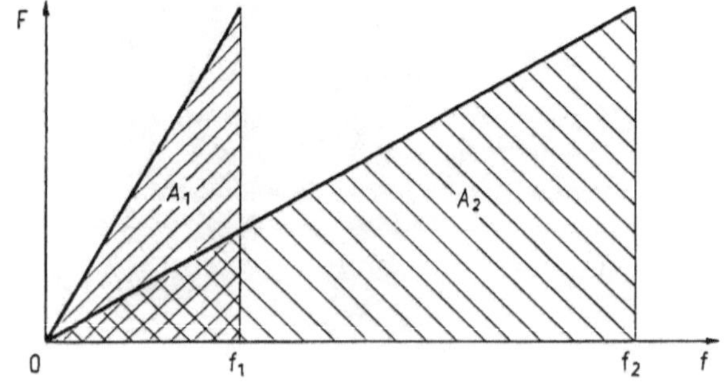

Bild 3.1

Vergleich einer harten Feder 1 und einer weichen Feder 2
Bis zum Erreichen der Federkraft F nehmen die Federn die Arbeit A

$$A = \frac{F \cdot f}{2} \ \text{auf.}$$

Das ist $A_1 = \dfrac{F \cdot f_1}{2}$ für Feder 1 und

$A_2 = \dfrac{F \cdot f_2}{2}$ für Feder 2, beide in Nm

und für die auf Torsion beanspruchte Feder

$$A_{\mathrm{rT}} = \frac{1}{4} \cdot \frac{\tau_{\mathrm{zul}}^2}{G} \cdot V_{\mathrm{T}}; \quad \text{in Nm} \tag{3.2}$$

σ_{zul} zulässige Biegebeanspruchung

E Elastizitätsmodul (E-Modul)

τ_{zul} zulässige Schubbeanspruchung

G Schubmodul

V an der Arbeitsaufnahme beteiligtes Volumen. Es setzt voraus, daß die Feder so dimensioniert ist, daß z.B. an der Oberfläche überall gleich hohe Spannungen herrschen, die zur neutralen Faser hin linear abfallen, bei Biegefedern z.B. Parabelfedern oder Dreiecksfedern oder aus der Dreiecksfeder abgeleitete Mehrblattfedern, bei Torsionsfedern in Form von Rundstäben. Abweichungen treten an den Einspannstellen auf.

Die Gln. (3.1) und (3.2) lassen unmittelbar den Vergleich zwischen Biegefedern und auf Torsion beanspruchten Federn zu.

$$\frac{A_{\mathrm{rT}}}{A_{\mathrm{rB}}} = \frac{6 \cdot \tau_{\mathrm{zul}}^2 \cdot E \cdot V_{\mathrm{T}}}{4 \cdot \sigma_{\mathrm{zul}}^2 \cdot G \cdot V_{\mathrm{B}}}$$

Nach [3.1] kann $G = 0{,}385 \cdot E$ und $\tau_{\mathrm{zul}}^2 = 0{,}67 \cdot \sigma_{\mathrm{zul}}^2$ gesetzt werden. Setzt man gleiches Volumen an, also $V_{\mathrm{T}} = V_{\mathrm{B}}$, und für G und τ_{zul}^2 die angegebenen Werte ein, so kürzen sich alle durch Buchstaben gekennzeichneten Größen heraus, und man erhält

$$\frac{A_{\mathrm{rT}}}{A_{\mathrm{rB}}} = 2{,}61 \,.$$

Zu einem ähnlichen Ergebnis kommt man, wenn man Werte aus einer anderen Quelle für das Verhältnis $\tau : \sigma$ zugrunde legt. In [3.2] wird z.B. an der Streckgrenze

$$\tau_{\mathrm{s}} = 0{,}6 \cdot \sigma_{\mathrm{s}} \qquad\qquad \tau_{\mathrm{s}}^2 = 0{,}36 \cdot \sigma_{\mathrm{s}}^2$$

und an der Bruchgrenze

$$\tau_{\mathrm{B}} = 0{,}85 \cdot \sigma_{\mathrm{B}} \qquad\qquad \tau_{\mathrm{B}}^2 = 0{,}7225 \cdot \sigma_{\mathrm{B}}^2$$

angegeben. Bei Nutzung bis zur Streckgrenze

$$\frac{A'_{\mathrm{rT}}}{A'_{\mathrm{rB}}} = 1{,}4$$

und bei Nutzung bis zur Bruchgrenze

$$\frac{A_{rT}}{A_{rB}} = 2,8$$

wird das Arbeitsaufnahmevermögen der auf Torsion beanspruchten Feder (Drehstab oder Schraubenfeder) ebenfalls deutlich größer. Damit ist bewiesen, daß sich für den Leichtbau unter den Stahlfedern die auf Torsion beanspruchten Federn besser eignen. Wie aus Bild 3.1 hervorgeht, bieten sie auch für die Konzipierung einer weichen Federung die besseren Voraussetzungen.

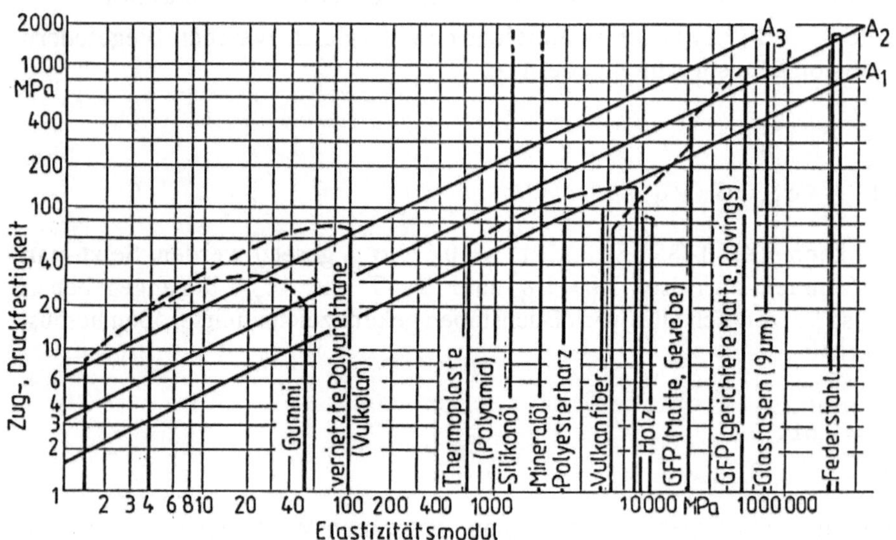

Bild 3.2 Vergleich verschiedener Federwerkstoffe
Das Arbeitsaufnahmevermögen A eines elastischen Werkstoffs kann bei Zug-, Druck- oder Biegebeanspruchung durch die aus Gleichung (3.1) abgeleitete Gleichung ausgedrückt werden:

$$A = K \cdot V \cdot \frac{\sigma^2}{E} \quad \text{in Nmm}$$

oder in Joule $\cdot\ 10^{-3}$

K Konstante
V Volumen in mm^3
σ Spannung in N/mm^2 = MPa
E E-Modul in MPa

Die Darstellung erfolgt im doppeltlogarithmischen Maßstab, dadurch stellen sich Linien mit konstantem Arbeitsaufnahmevermögen als Gerade dar. Die Geraden verhalten sich wie

$$A_1 : A_2 : A_3 = 1 : 4 : 16 \text{ z.B. in Joule.}$$

Aus diesem progressiv ansteigenden Verhältnis wird sowohl deutlich, welche großen Auswirkungen bereits klein erscheinende Differenzen besitzen, als auch der große Einfluß der zulässigen Spannungen

Bei der Definition des für das an der Arbeitsaufnahme beteiligten Volumens wurde bereits auf den Einfluß der Einspannstellen hingewiesen. Gerade bei der Fahrzeugfeder verdienen die Einspannstellen größere Aufmerksamkeit,

1. wegen des an der Arbeitsaufnahme beteiligten Volumens (Masseeinsparung),
2. wegen der Krafteinleitung an der Radaufhängung und am Aufbau. Dabei sind die Unterschiede in den Festigkeitswerten des Karosserie- bzw. Lenkerwerkstoffs zum Federstahl zu beachten. Infolge der großen Deformation der Feder ändert sich auch die Lage der Teile zueinander.

Während beim Vergleich zwischen verschiedenen Stahlfedern nur zwischen denen auf Biegung und denen auf Torsion unterschieden wurde, muß man bei den wesentlich weicheren Werkstoffen auch noch solche, die in ihrem gesamten Querschnitt auf Zug- oder Druck beansprucht werden können, einbeziehen. Im Bild 3.2 sind verschiedene Werkstoffe, die aufgrund ihres E-Moduls wesentlich weicher sind, gegenübergestellt. Damit sind die Werkstoffe Gummi, Polyurethan, Glasfaser und glasfaserverstärkte Kunststoffe neben Stahl als Federwerkstoffe interessant. Diese Übersicht ließe sich im Bereich der Elastomere erweitern. Werkstoffe mit niedrigem E-Modul und hohen zulässigen Spannungen sind als Federn und als elastische Lager für den Fahrzeugbau geeignet. Bei der Behandlung der Gummifedern erfolgt eine weitere Einschätzung unter Berücksichtigung einiger Nachteile.

Die Einschätzung der Federn nach ihrem Arbeitsaufnahmevermögen bezieht sich auf die Masse und die Kosten. Zumindest ebenso wichtig ist die Einschätzung nach ihrer Funktion. Im Abschnitt 1.3 „Fahrzeugschwingungen" wurde darauf schon Bezug genommen. Für die Aufbaufederung erweist sich eine S-förmige Kennlinie, wie sie z.B. im Bild 3.3a zu sehen ist, als günstig. Dadurch wird im mittleren Bereich ein flacher Anstieg erzielt, der für einen hohen Komfort im Bereich der häufig vorkommenden Belastung sorgt. In Einfederungsrichtung steigt die Kennlinie progressiv an und sichert, daß auch größere Unebenheiten noch federnd und ohne harten Anschlag überfahren werden können. Der Restfederweg von der Ausgangslage beim vollbeladenen Fahrzeug bis voll eingefedert bleibt begrenzt und damit auch der erforderliche Freiraum für die Räder in der Karosserie. Beim Ausfedern von der Ausgangslage am leeren Fahrzeug ist ebenfalls eine elastische Begrenzung, also ein degressiver Teil der Kennlinie, erwünscht. Wie sich bei der Beschreibung der verschiedenen Federungsarten zeigen wird, ist es zweckmäßig, eine Kombination von mehreren Federn einzusetzen. In der Ausfederungsrichtung ist auch der Stoßdämpfer über seine Dämpfungsfunktion hinaus zur Vervollständigung der Federkennlinie mit heranzuziehen.

3.2 Federn aus Stahl

Bezogen auf das Arbeitsaufnahmevermögen und die Federweichheit gilt für alle Stahlfedern:

Sie müssen aus gutem Federstahl mit einer geeigneten Technologie (einschließlich Wärmebehandlung) hergestellt sein, damit ein hohes σ zugelassen werden kann.

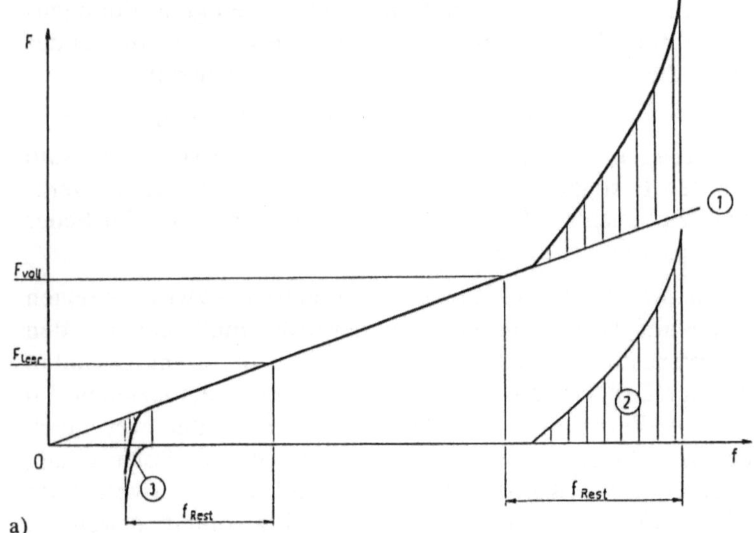

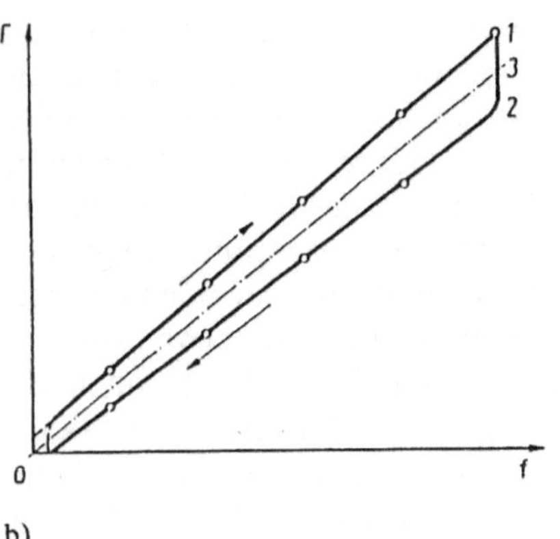

Bild 3.3

a) Federkennlinie für die Fahrzeugfederung
1 Federkennlinie der Hauptfeder allein
2 Zusatzfeder, die die Einfederbegrenzung mit
  beinhalten kann und dann den Restfederweg in
  Einfederungsrichtung bestimmt
3 elastische Ausfederbegrenzung, die im Stoßdämpfer enthalten sein kann und den Restfederweg in Ausfederungsrichtung bestimmt.
  Sie muß so dimensioniert sein, daß auch die
  dynamisch auftretenden negativen Federkräfte
  ($F_N < 0$) aufgenommen werden können.
b) Federkennlinie einer Hauptfeder, bestehend
  aus einer Mehrblattfeder mit belastungs-
  abhängiger Reibkraft
1 Belastungskennlinie mit Meßpunkten (der
  Anfang der Kennlinie kann auf jedem Punkt
  der f-Achse zwischen Be- und Entlastungskennlinie liegen)
2 Entlastungskennlinie mit Meßpunkten
3 durch Mittelwertbildung gefundene Kennlinie

Das bedeutet nach Bild 3.2 ein hohes Aufnahmevermögen. Der *E*-Modul läßt sich beim Federstahl praktisch nicht beeinflussen, auch nicht durch das Härten.

Will man bei gleicher zulässiger Festigkeit und Beanspruchungsart die Feder weicher gestalten, dann ist das mit mehr Volumen und damit mehr Masse verbunden, was Bild 3.1 belegt. Einen Überblick über einige Federstahlsorten und deren zulässige Beanspruchung gibt Tafel 3.1.

Für die Zuverlässigkeit der Stahlfedern haben die Wärmebehandlung und die Oberflächengüte besondere Bedeutung. Bei der Herstellung zu beachten ist die

Tafel 3.1: Warmgewalzte Stähle für vergütbare Federn (DIN 17221)

Stahlart	Kurzzeichen	Werkstoff-nummer	Zugfestig-keit σ_z N/mm^2	Streck-grenze N/mm^2	E-Modul G-Modul N/mm^2
Qualitätsstähle	38 Si 7 58 Si 7 60 SiCr 7	1.0970 1.0903 1.0961	1180–1370 1320–1570 1320–1570	1030 1130 1130	E: ~ 200000 G: ~ 80000
Edelstähle	55 Cr 3 50 CrV 4 51 CrMoV 4	1.7176 1.8159 1.7701	1370–1620 1370–1670 1370–1670	1180 1180 1180	E: ~ 200000 G: ~ 80000

Randentkohlung. Unebenheiten mindern die zulässige Beanspruchung, da an der Oberfläche die höchsten Spannungen auftreten. Dagegen wirken sich Verfahren der Oberflächenverfestigung, z.B. Kugelstrahlen, günstig auf die Betriebsdauer aus.

3.2.1 Blattfedern

Die Tafeln 3.2 und 3.3 geben einen Überblick möglicher Blattfederkonstruktionen und über die zugehörigen Gleichungen. Aus der Kutschenfederung ist die Mehrblattfeder übernommen worden. Wenn man die einzelnen Blätter nebeneinanderlegt, erhält man eine Trapezfeder. Aus diesem Grund stimmen die Gleichungen für die Trapezfeder (Tafel 3.2) mit der symmetrischen Blattfeder (Tafel 3.3) überein, wenn man nur die Breiten b_0 aus Tafel 3.2 durch $b \cdot n$ in Tafel 3.3 und b_1 in Tafel 3.2 durch $b \cdot n'$ in Tafel 3.3 ersetzt.

Bei allen Blattfedern wird die Abhängigkeit der Federsteife c und des Federweges f von der Länge des Federarms l deutlich. Verlängert man die Feder auf das 1,26fache, so wird sie bereits doppelt so weich. Ebenso groß ist der Einfluß der Blattdicke h; denn l und h gehen in der dritten Potenz in diese Gleichung ein.

Die Mehrblattfeder hat mehrere Nachteile:

1. Zwischen den Federblättern tritt Reibung auf, die sich beim Aufnehmen der Federkennlinie auf dem Prüfstand als Hysterese messen läßt. Da die Normalkräfte zwischen den Blättern mit der Belastung der Feder zunehmen, nimmt die Reibungskraft ebenfalls zu, wie im Bild 3.3b gezeigt. Kraftausschläge von der Fahrbahn über die Räder, die die Reibungskraft nicht überschreiten, werden ungefedert in den Aufbau weitergeleitet.

2. Um die Reibung und die Korrosion zwischen den Blättern in Grenzen zu halten, muß die Feder mit Öl oder Fett gepflegt werden, ist also bei freiliegenden Blattfedern nicht wartungsfrei.

3. Bei den Federn aus vielen Blättern tritt durch die infolge des Biegens und Härtens nicht zu vermeidende Formabweichung der einzelnen Blätter voneinander großer innerer Zwang auf, der die theoretische Spannungsverteilung verfälscht. Es treten unterschiedlich hohe Grundspannungen nach der Montage

Tafel 3.2: Einblattfedern aus [3.2]

h Dicke — mm	F Federkraft in Federmitte — N	
h_0 größte Dicke bei Parabelfeder	$\dfrac{F}{2}$ Federkraft an den Federenden — N	
h_x Dicke im Abstand l_x	f Federweg — mm	
l Länge der halben Feder — mm	σ Biegespannung — $N/mm^2 = Mpa$	
b Breite — mm	E Elastizitätsmodul — 206000 MPa	
b_0 Breite in Federmitte	c Federrate, -steife — $c = \dfrac{F}{f}$ N/mm	
b_1 Breite an den Federenden		

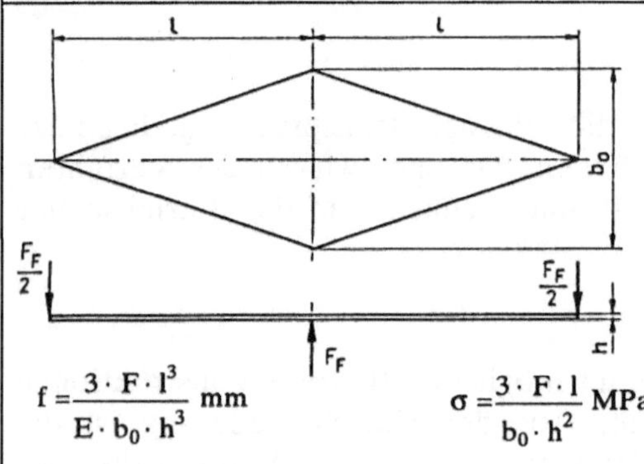

Dreieckfeder:

konstante Dicke,
linear veränderliche Breite bis b = 0,
gleiche Biegespannung

$$f = \frac{3 \cdot F \cdot l^3}{E \cdot b_0 \cdot h^3}\ mm \qquad \sigma = \frac{3 \cdot F \cdot l}{b_0 \cdot h^2}\ MPa \qquad c = \frac{E \cdot b_0 \cdot h^3}{3 \cdot l^3}\ N/mm$$

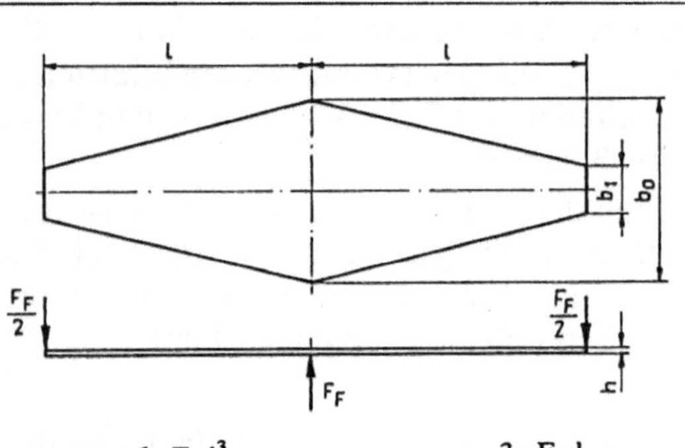

Trapezfeder:

konstante Dicke,
linear veränderliche Breite bis $b = b_1$
ungleiche Biegespannung

$$f = \frac{6 \cdot F \cdot l^3}{\left(2 + \dfrac{b_1}{b_0}\right) E \cdot b_0 \cdot h^3}\ mm \qquad \sigma = \frac{3 \cdot F \cdot l}{b_0 \cdot h^2}\ MPa = \sigma_{max} \qquad c = \frac{\left(2 + \dfrac{b_1}{b_0}\right) E \cdot b_0 \cdot h^2}{6 \cdot l^3}\ N/mm$$

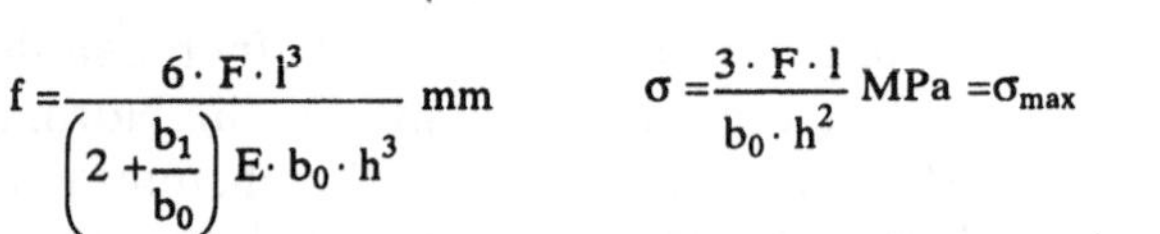

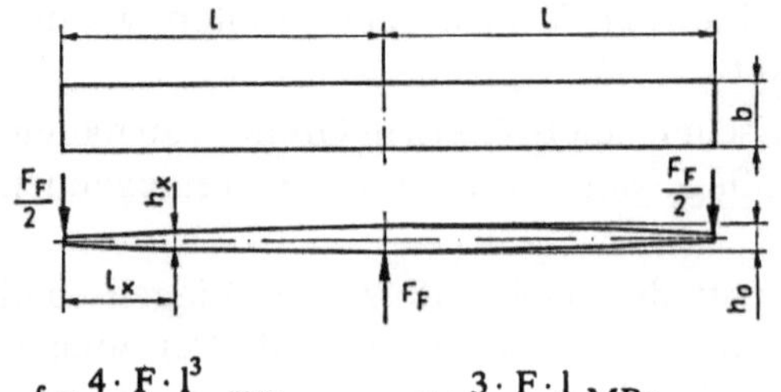

Parabelfeder:

konstante Breite,
gleiche Biegespannung

$$f = \frac{4 \cdot F \cdot l^3}{E \cdot b \cdot h_0^3}\ mm \qquad \sigma = \frac{3 \cdot F \cdot l}{b \cdot h_0^2}\ MPa \qquad c = \frac{E \cdot b \cdot h_0^3}{4 \cdot l^3} \qquad h_x = h_0 \sqrt{\frac{l_x}{l}}\ mm$$

Tafel 3.3: Blattfedern aus [3.2]

Bezeichnung wie auf Tafel 3.2 und außerdem:

n Gesamtzahl der Blätter α Laschenwinkel   °

n' Zahl der Blätter am Federende   J Trägheitsmoment mm^4

a Abstand der Stützen von Federmitte bei   m m $k \approx 2 + \dfrac{\Sigma\, J \text{ am Federende}}{\Sigma\, J \text{ in Federmitte}}$
Zweistützfedern

Symmetrische Blattfeder mit Blättern gleicher Dicke:
geringe Vorsprengung, lineare Abstufung der Blätter

$$f = \frac{6 \cdot F \cdot l^3}{\left(2 + \dfrac{n'}{n}\right) E \cdot n \cdot b \cdot h^3}\ mm, \qquad\qquad \sigma = \frac{3 \cdot F \cdot l}{n \cdot b \cdot h^2}\ MPa = \sigma_{max}$$

$$c = \frac{\left(2 + \dfrac{n'}{n}\right) E \cdot n \cdot b \cdot h^3}{6 \cdot l^3}\ N/mm$$

Symmetrische Blattfeder mit Blättern verschiedener Dicke:

$$f = \frac{6 \cdot F \cdot l^3}{k \cdot E \cdot b\,\Sigma h^3}\ mm, \qquad\qquad \sigma = \frac{3 \cdot F \cdot l \cdot h}{b\,\Sigma h^3}\ MPa = \sigma_{max}$$

$$c = \frac{k \cdot E \cdot b\,\Sigma h^3}{6 \cdot l^3}\ N/mm \qquad\qquad \text{gute Näherung für jeweilige Blattdicke h}$$

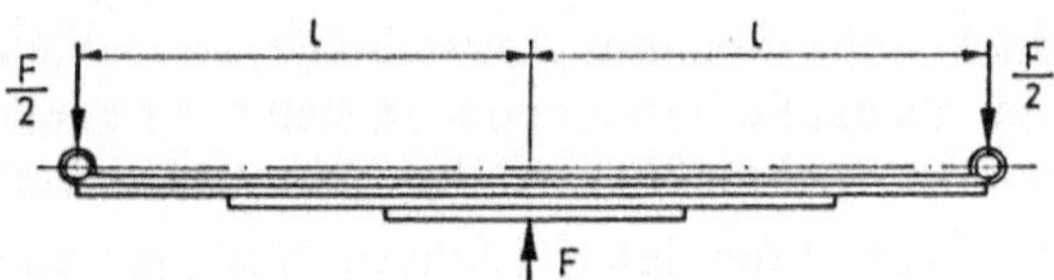

Symmetrische Zweistützfeder mit Blättern gleicher Dicke:

$$f = \frac{6 \cdot F \cdot l^3}{\left(2 + \dfrac{n'}{n}\right) E \cdot n \cdot b \cdot h^3}\left[1 + \left(2 + \frac{n'}{n}\right) \cdot \frac{a}{l}\right] mm, \qquad \sigma = \frac{3 \cdot F \cdot l}{n \cdot b \cdot h^2}\ MPa = \sigma_{max}$$

$$c = \frac{\left(2 + \dfrac{n'}{n}\right) E \cdot n \cdot b \cdot h^3}{6 \cdot l^3\left[1 + \left(2 + \dfrac{n'}{n}\right) \cdot \dfrac{a}{l}\right]}\ N/mm$$

Symmetrische Zweistützfeder mit Blättern ungleicher Dicke:

$$f = \frac{6 \cdot F \cdot l^3}{k \cdot E \cdot b\,\Sigma h^3}\left(1 + k \cdot \frac{a}{l}\right) mm,$$

$$c = \frac{k \cdot E \cdot b\,\Sigma h^3}{6 \cdot l^3\left(1 + k \cdot \dfrac{a}{l}\right)}\ N/mm$$

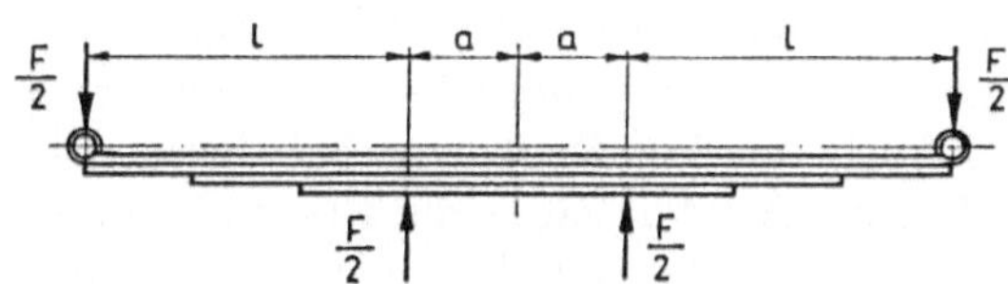

Tafel 3.3 (Fortsetzung)

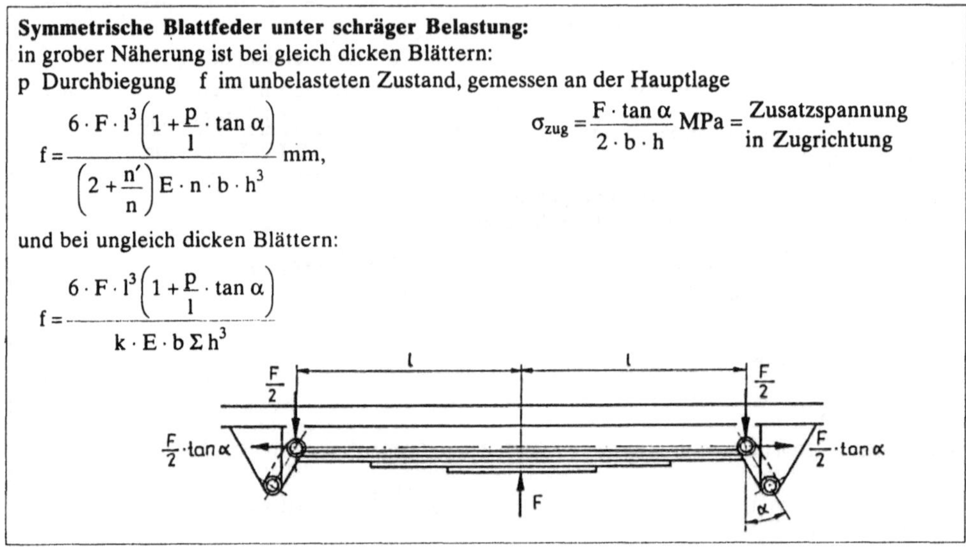

Symmetrische Blattfeder unter schräger Belastung:
in grober Näherung ist bei gleich dicken Blättern:
p Durchbiegung   f im unbelasteten Zustand, gemessen an der Hauptlage

$$f = \frac{6 \cdot F \cdot l^3 \left(1 + \frac{p}{l} \cdot \tan\alpha\right)}{\left(2 + \frac{n'}{n}\right) E \cdot n \cdot b \cdot h^3}\ \text{mm},$$

$$\sigma_{zug} = \frac{F \cdot \tan\alpha}{2 \cdot b \cdot h}\ \text{MPa} = \frac{\text{Zusatzspannung}}{\text{in Zugrichtung}}$$

und bei ungleich dicken Blättern:

$$f = \frac{6 \cdot F \cdot l^3 \left(1 + \frac{p}{l} \cdot \tan\alpha\right)}{k \cdot E \cdot b\, \Sigma\, h^3}$$

und auch unterschiedlich hohe Spannungsausschläge beim Federn auf. Die Lebensdauer ist geringer als bei Federn, bei denen sich das Federblatt über die gesamte Länge frei auf eine gleichmäßig verteilte Spannung einstellen kann.

Aus diesen Gründen haben sich in den letzten Jahren Weitspaltfedern, Einblattfedern und Parabelfedern eingeführt. Die Vorteile in der Funktion und Lebensdauer rechtfertigen den höheren Aufwand bei der Herstellung.

Es fehlte auch nicht an Bemühungen, mit der Blattfeder eine progressive Kennlinie zu erzielen. Die einfachste Form ist eine Zusatzblattfeder, Bild 3.4, die sich in einem bestimmten Einfederungszustand zuschaltet. Von diesem Punkt an erhält man eine steilere Kennlinie. Prinzipiell ähnlich ist die Lösung auf Bild 3.5 mit Blättern, die frei gesprengt sind und sich erst später zuschalten. Aufgrund des großen Einflusses der Federarmlänge *l* liegt auch die Lösung nahe, durch eine Abwälzkurve oder durch nacheinander zur Anlage kommende Bolzen, Bild 3.6, *l* mit zunehmender Einfederung zu verkürzen. Diese Lösung nach Bild 3.6 hat zwar den Vorteil, daß die Kennlinie ohne Sprünge in einen immer steileren Verlauf übergeht, aber auch den großen Nachteil, daß dabei ein Teil der Feder sich gerade während der Lastspitze mit dem größten Spannungsausschlag nicht mit an der Arbeitsaufnahme beteiligt und nur noch als Ballast mitgeführt wird. Wie noch nachgewiesen wird, verwirklichen die Elastomer- oder Gummifedern als Zusatzfedern wesentlich günstiger diesen progressiven Anstieg.

Die Blattfeder ist von den Fahrzeugfedern der Federtyp, der die Führungsfunktion für die Achse oder auch für den Radträger bei der Einzelradaufhängung mit übernehmen kann. Diesem Vorteil hat es die Blattfeder zu einem großen Teil zu verdanken, daß sie bei verschiedenen Fahrzeugen noch verbreitet anzutreffen ist.

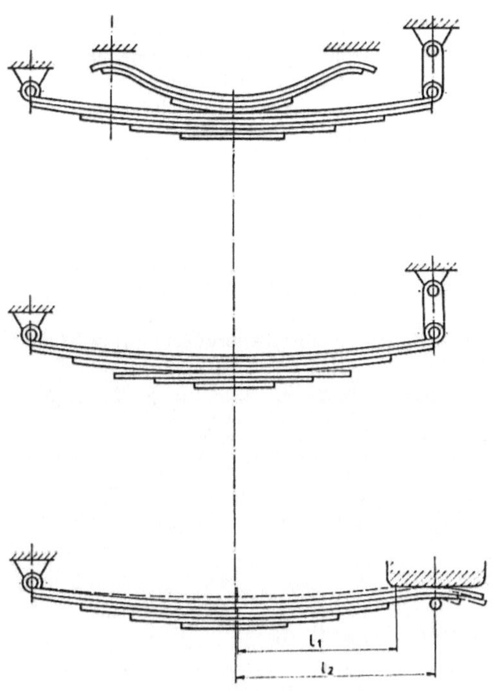

Bild 3.4
Progressive Stahlblattfeder mit Stahlzusatzfeder

Bild 3.5
Progressive Stahlblattfeder mit abgesprengten Blättern, die sich erst während der Einfederung anlegen.

Bild 3.6
Progressive Stahlblattfeder mit veränderlicher Federarmlänge
Beim Einfedern verkürzt sich z.B. l_2 auf l_1
(siehe Jante [3.6])

3.2.2 Schraubenfedern

Die Schraubenfeder hat als auf Torsion beanspruchte Feder ein wesentlich größeres Arbeitsaufnahmevermögen, was den Leichtbau fördert. Die Schraubenfedern haben zwar nicht die Nachteile der Blattfedern, können aber auf der anderen Seite auch keine Führungskräfte übernehmen. Je nach Schlankheitsgrad L_0/D_m müssen die Auflagefläche oder sogar die Windungen selbst (z.B. am Federbein von Motorrädern) geführt werden.

Einen Überblick über die Gleichungen zur Berechnung der Schraubenfedern gibt Bild 3.7. Die Schubspannung τ ist dem Windungsdurchmesser proportional, läßt sich damit also etwas beeinflussen. Sie ist aber umgekehrt proportional der dritten Potenz des Stabdurchmessers. Aus diesem Grund ist es oft problematisch, unter Verwendung standardisierter Stabdurchmesser die Beanspruchung geänderten Belastungen anzupassen. Bei der Federsteife c steht zwar der Stabdurchmesser sogar in der vierten Potenz, dafür erhöht sich aber auch der Windungsdurchmesser auf D_m^3. Weiche Federn erreicht man insbesondere durch geringe Stabdicken und große Windungsdurchmesser. Die Anzahl der federnden Windungen i_f geht linear ein, läßt sich aber nur unter Berücksichtigung der Knickung erhöhen.

Für die Ausknickung der Schraubenfeder ist neben dem Schlankheitsgrad der Feder die Ausbildung der Auflageflächen und deren Führung über den Federweg maßgebend. Bei [3.2] wird für zwei Fälle der Auflage die Grenze für den Federweg in Abhängigkeit vom Schlankheitsgrad angegeben, wie er im Bild 3.8 dargestellt ist. Sie ist gültig für die im Bild 3.7 und auf Tafel 3.4 oben dargestellte, an beiden

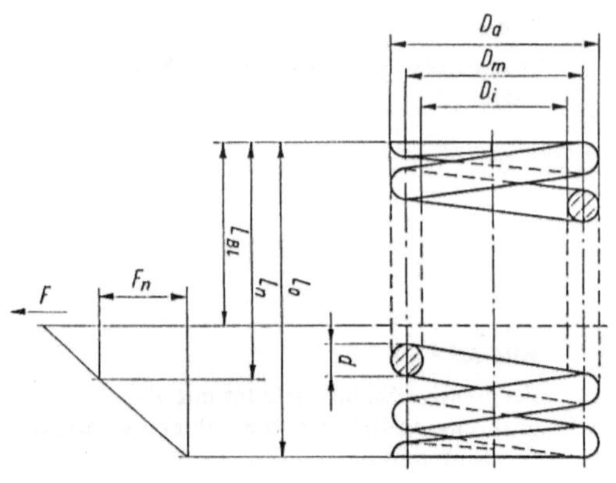

Bild 3.7

Zur Berechnung der Schraubenfedern gelten folgende Gleichungen:

D_m mittlerer Windungsdurchmesser in mm

d   Stabdurchmesser in mm

i_f Anzahl der federnden Windungen

F   Federkraft in N

f   Federweg in mm

G   Schubmodul 78000 MPa

τ_i ideelle Schubspannung ohne Berücksichtigung der Stabkrümmung (Bild 3.20) in MPa

c   Federsteife (Federkonstante) in N/mm

$$\tau_i = \frac{8 \cdot D_m}{\pi \cdot d^3} \cdot F \qquad f = \frac{8 \cdot D_m^3 \cdot i_f}{G \cdot d^4} \cdot F; \quad f = L_o - L_n$$

$$c = \frac{G \cdot d^4}{8 \cdot D_m^3 \cdot i_f}$$

Tafel 3.4: Schraubenfedern, Bezeichnungen und Darstellung

d Stabdurchmesser in mm L_{BL} Blocklänge (Federlänge bei anliegenden Windungen) in mm	i_g Gesamtwindungszahl i_f Zahl der federnden Windungen

Bezeichnung	Darstellung
Enden angelegt und plangeschliffen $i_g = i_f + 1{,}5$ $L_{BL} \approx (i_g - 0{,}4)\, d$	
Enden ausgereckt: plangeschliffen $i_g = i_f + 1{,}5$ $L_{BL} \approx (i_g - 0{,}4)\, d$	
1 Ende angelegt/geschliffenes Ende angelegt $i_g = i_f + 1{,}5$ $L_{BL} \approx (i_g + 0{,}35)\, d$	

Tafel 3.4 (Fortsetzung)

Bezeichnung	Darstellung
Enden angelegt nach Tellerstellung $i_g = i_f + 1{,}5$ $L_{BL} \approx (i_g + 1{,}1)\,d$	
Enden mit Abwälzform $i_g = i_f + 0{,}4$ $L_{BL} \approx (i_g + 1{,}1)\,d$	
1 Ende angelegt, geschliffen; 1 Ende eingerollt $i_g = i_f + 1{,}5$	
1 Ende angelegt, nicht geschliffen; 1 Ende eingerollt $i_g = i_f + 1{,}5$	
beide Enden eingerollt, nicht geschliffen $i_g = i_f + 1{,}5$	

Enden angelegte und angeschliffene Feder. Bei einer Feder nach Tafel 3.4, unten rechts, mit eingerollten Enden wird die Knickgrenze mit der auf Bild 3.8 für Kurve 1 gültigen Aufnahme bereits zwischen Kennlinie 1 und 2 liegen. Der Ausbildung des Federendes und der Auflagefläche sowie der Führung der Auflagefläche über den Federweg ist deshalb bei jeder Radaufhängung mit Schraubenfederung Aufmerksamkeit zu schenken.

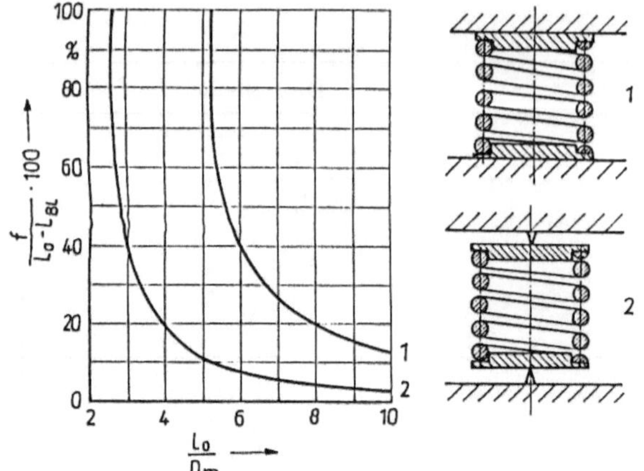

Bild 3.8
Knickgrenze in Abhängigkeit vom Schlankheitsgrad L_0/D_m, von der Befestigung der Auflageflächen und vom Federweg f

3.2.2.1 Ausbildung des Federendes

Die normalerweise im Maschinenbau verwendeten Schraubenfedern sind an den Enden angelegt und angeschliffen ausgeführt. Sie werden auf einem ebenen Teller aufgesetzt verwendet. Diese Ausführung hat zwei Nachteile: Die angelegte Windung nimmt nicht mit an der Arbeitsaufnahme teil ($i_f < i_g$), und das Anschleifen der Federenden ist arbeitsaufwendig. Aus diesen Gründen werden von der Automobilindustrie nicht angeschliffene Enden mit Abwälzform verwendet, wie auf Tafel 3.4 S. 219, Zeile 2, dargestellt ist. Wie aus der für diese Ausführung gültigen Gleichung hervorgeht, ist mit

$$i_g = i_f + 0{,}4 \tag{3.3}$$

der Anteil der Stablänge, der sich an der Arbeitsaufnahme nicht beteiligt, kleiner als bei allen anderen angegebenen Ausführungen.

3.2.2.2 Ausführung der Federauflage (Federteller)

Bei der Berechnung wird für die Schraubenfeder vereinfacht eine in ihrer Mittellinie wirkende Kraft angenommen. Bei der Berechnung in der Radaufhängung kann diese Annahme zu erheblichen Abweichungen führen. Je nach Ausbildung der Abwälzform auf dem Federteller entsteht zwischen ihm und der Schraubenfeder ein Berührungskontakt und zugehöriges Druckgebirge. Nur wenn die Resultierende dieses Druckgebirges sich innerhalb der Auflage des Federtellers, z.B. am Aufbau oder am Lenker, befindet, entsteht am Federteller kein Moment. Da sich auf beiden Seiten der Schraubenfedern Druckgebirge zwischen Schraubenfeder und Federteller herausbilden, liegt die Wirkrichtung der Schraubenfederkraft auf der Verbindungsgeraden durch die Resultierenden dieser zwei Druckgebirge. Im Bild 3.9 sind die Druckgebirge und die Resultierende in einer ersten Näherung dargestellt. So wie sich beim Ein- und Ausfedern die Feder auf dem Federteller „abwälzt", so ändern sich auch Lage und Form des Druckgebirges. Mit der Abwälzform an der Feder und am Federteller läßt sich das beeinflussen, und man kann damit z.B.

– am Federbein die Querkräfte an Kolben und Führung beeinflussen.

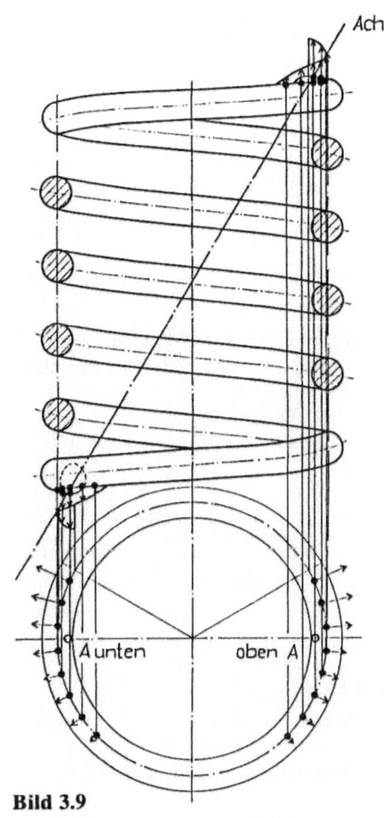

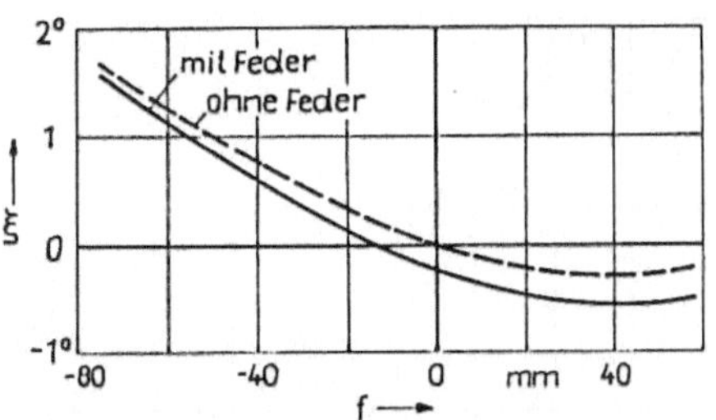

Bild 3.10 Am VW Polo gemessene Sturzänderung über den Federweg mit und ohne Feder (aus [3.3])

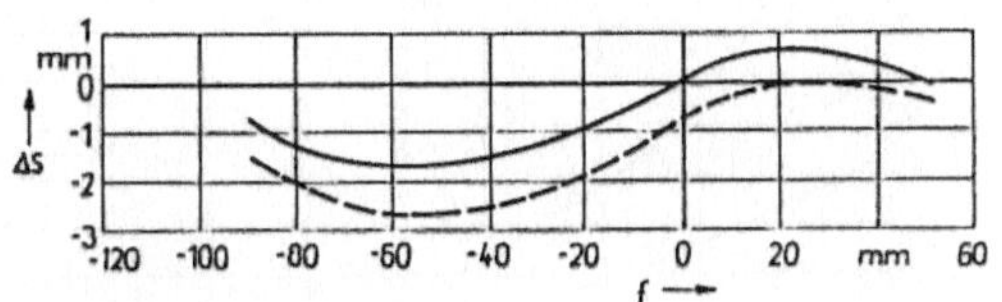

Bild 3.9

Druckgebirge in den Abwälzbahnen der Schraubenfeder bei einem Einfederungszustand in Bildebene gedreht. Die Gerade $A_{unten} - A_{oben}$ ist die erste Annäherung an die Wirkrichtung der Federkraft

Bild 3.11

Am VW Polo gemessene Spurweitenänderung über den Federweg mit und ohne Feder (aus [3.3])

– Bei auf dem Lenker montierten Schraubenfedern kann damit die Federkennlinie am Rad geändert werden, denn mit der Verschiebung der Resultierenden der Feder ändert sich das wirksame Übersetzungsverhältnis.

– Bei auf dem Lenker montierten Schraubenfedern ist in Verbindung mit der Elastizität der Lenkerlagerung über die Einfederung eine elastische Verschiebung der Radstellung zu erreichen (Elastokinematik der Achse).

Nach [3.3] wurden zum Beispiel beim VW Polo die im Bild 3.10 angegebenen Sturzänderungen und die im Bild 3.11 angegebenen Vorspuränderungen über den Federweg mit und ohne Feder gemessen. Obwohl das Federbein den größten Teil der Querkräfte aufnimmt, sind deutliche Unterschiede vorhanden. Bei den am Mercedes 230 E (W 124) gemessenen Werten der Bilder 3.12 und 3.13 ist abzulesen, daß die unmittelbar auf dem Lenker angreifende Feder sich wesentlich stärker auf die Radstellung sowohl in der Ausgangslage als auch über den

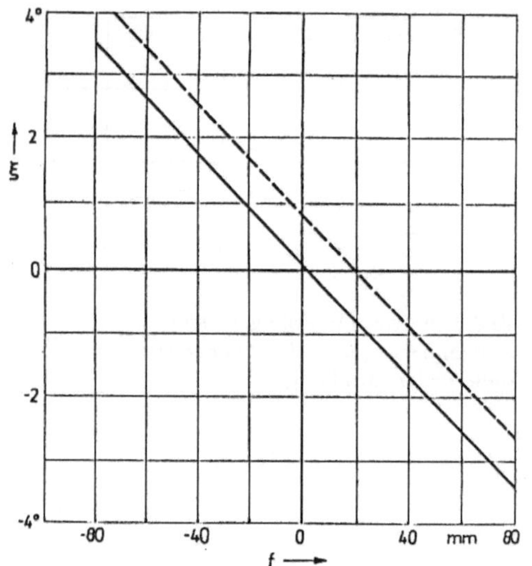

Bild 3.12

Am Mercedes 230 E (W 124) gemessene Sturzänderung über den Federweg mit und ohne Feder (aus [3.3])

—————— mit Feder

– – – – ohne Feder

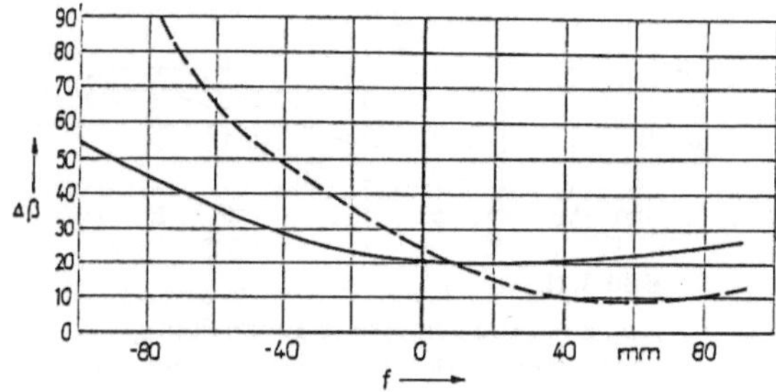

Bild 3.13

Am Mercedes 230 E (W 124) gemessene Vorspuränderung über den Federweg mit und ohne Feder (aus [3.3])

—————— mit Feder

– – – – ohne Feder

Federweg auswirkt. Auf Bild 3.13 stellt sich der Verlauf mit Feder wesentlich günstiger dar als der ohne Feder. Da die Vorspur sich sowohl beim Einfedern als auch beim Ausfedern vergrößert, stellt sich bei der Rollneigung eine größere Vorspur und damit eine Verbesserung des Gütegrades der Seitenkraftverteilung ein. Damit soll als nachgewiesen gelten, daß man durch zielgerichtete Gestaltung der Abwälzform an der Schraubenfeder und an deren Auflage, dem Federteller, die Elastokinematik der Achse verbessern kann. Sowohl der Gütegrad der Seitenkraftverteilung als auch die Beeinflussung der Steuerungstendenz sind möglich.

3.2.2.3 Untersuchungsmethode zur Ermittlung geeigneter Abwälzbahnen für den Federteller

Da sich die Lage der Abwälzform der Feder während des Ein- und Ausfederns ändert, genügt es nicht, die Steigung der Abwälzbahn am Teller einfach der der Feder im entlasteten Zustand anzupassen. Wahrscheinlich wäre dann das Druckgebirge bei der Höchstlast besonders ungünstig.

Im Rahmen eigener Untersuchungen wurden zwei Töpfe angefertigt, die nach Bild 3.14 auf der Spur der Federauflage mit einstellbaren Stößeln versehen sind.

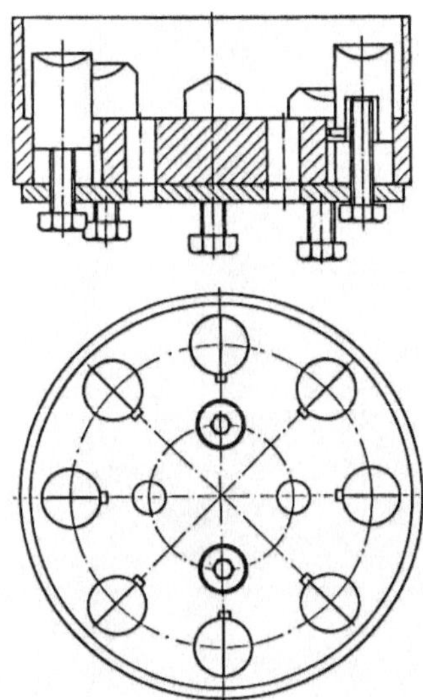

Bild 3.14
Prüfeinrichtung mit einstellbaren Stößeln zur Nachbildung
unterschiedlicher Federauflagen

Ein einfacher Weg wäre, das Druckgebirge direkt zu messen, indem man die
Stößel mit Druckmeßdosen versieht. Es wurde aber ein anderer, zumindest vom
meßtechnischen Aufwand her einfacherer Weg beschritten, indem der obere Topf
am Druckzylinder des Prüfstandes befestigt wurde und der untere auf einem um
eine horizontale Achse pendelnden Gestell. Das pendelnde Gestell wurde mit
einer Kraftmeßeinrichtung zur Messung des Moments am unteren Topf versehen.
Den Meßaufbau zeigt Bild 3.15. Über den Federweg konnte auf diese Weise
sowohl die Vertikalkraft als auch das Moment um die Achse des pendelnden
Gestells gemessen werden. Aus der Vertikalkraft und dem Moment läßt sich der
Abstand der Resultierenden von der Pendelachse des Gestells berechnen. Durch
die Wiederholung der Messung mit verschiedenen Winkelstellungen des Topfes,
mit verschiedenen Stößeleinstellungen und möglichst auch mit verschiedenen
Federn, die an der Toleranzgrenze liegen, kann ein vertretbarer Kompromiß für
die Form der Federauflage gefunden werden. Dabei darf nicht allein die
Minimierung der Momente, sondern muß die Elastokinematik der Achse und/oder
die Minderung der Führungskraft, z.B. im Mc-Pherson-Federbein, Ziel der
Untersuchung sein. Beim Federbein war bezüglich des Momentenverlaufs häufig
dann ein vertretbarer Kompromiß gefunden worden, wenn die Steigung der
Auflage etwa halb so groß war wie die Steigung des Federendes bei völlig
entspannter Feder.

Querkräfte, bedeutend für Federbeine, werden nach Bild 3.15b gemessen.

3.2.2.4 Die Bewegungsbahn des Federtellers

Es ist bei zur Radführung herangezogenen Federbeinen für die vordere Radaufhängung häufig anzutreffen, daß die Schraubenfederachse zur Stoßdämpfer- und
damit Federbeinführungsachse geneigt ist. Man will damit dem Moment entgegenwirken, das durch den vertikalen Abstand zwischen Radaufstandspunkt und

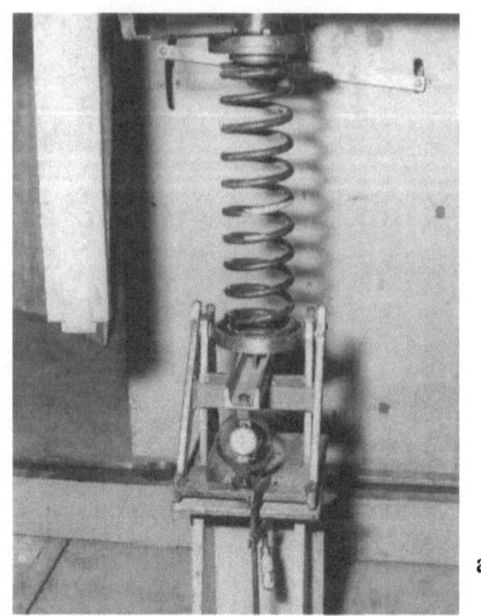

a)

b)

Bild 3.15 Meßaufbau für Schraubenfedern
a) Messung des Moments in der Federauflage, das sich sowohl mit der Federkraft als auch durch das Wandern des Druckgebirges über den Federweg ändert
b) Messung der Querkräfte in der Auflagefläche, die für den Verschleiß in der Teleskopführung des Federbeins mitverantwortlich sind

Federbeinachse entsteht. Wie im Bild 3.16 durch Darstellung der beiden Extremstellungen erkennbar wird, verschieben sich die beiden Federteller quer zueinander. Diese Verschiebung hat Rückwirkungen auf die Gestaltung der Form der Federauflage. Aus den eigenen Erfahrungen wird eingeschätzt, daß sich die Querkräfte im Federbein durch geeignete Gestaltung der Federauflage eleganter und sicherer minimieren lassen als durch die Neigung der Schraubenfederachse. Noch besser ist ohnehin die am Lenker unmittelbar und ohne Zwischenschaltung einer Gleitführung (Führung der Kolbenstange und des Kolbens im Stoßdämpfer) angreifende Schraubenfeder. Wie Bild 3.13 beweist, kann man dort die für das Federbein nachteiligen Querkräfte zur Verbesserung der Elastokinematik der Achse heranziehen.

Bei der unmittelbaren Auflage der Feder auf dem Lenker bewegt sich der Federteller auf einer Kreisbahn. Auch diese Abweichung ist bei der Auslegung der Auflagefläche sowohl wegen der resultierenden Kraftrichtung der Feder als auch wegen der größeren Ausknickgefahr für die Feder zu beachten. Auf Bild 3.17 ändert sich der Durchmesser der Schraubenfeder von Windung zu Windung. Dadurch wird eine geringere Blockhöhe, ein progressiver Kennlinienverlauf und durch den kleinen Endwindungsdurchmesser auch ein kleines Moment auf die Auflagefläche erreicht.

Im Bild 3.18 ist ein Beispiel dargestellt, bei dem die Feder nur wenige Windungen hat. Beide Enden der Feder liegen auf einer Seite am Lenker auf, wo der Bogen beim Ein- und Ausfedern größer ist. Die Federauflage besteht aus drei

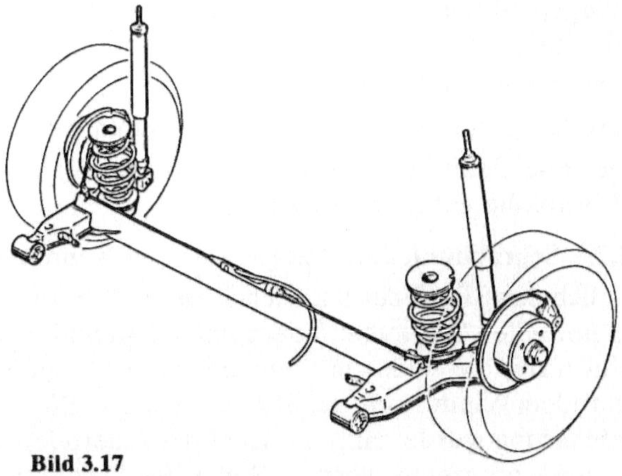

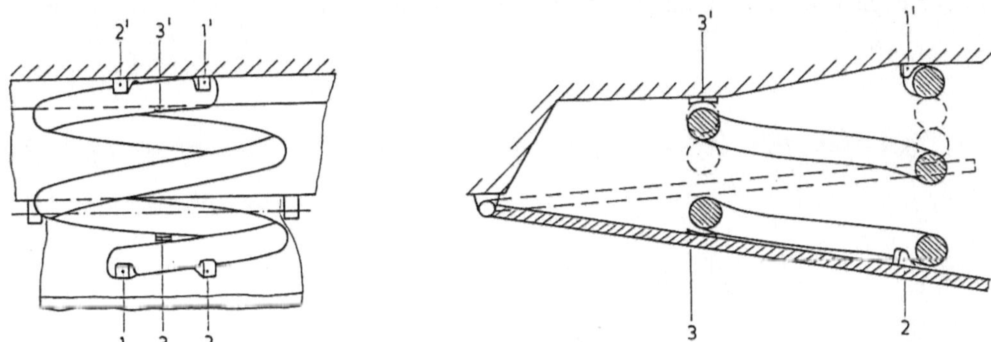

Bild 3.17

Einbau der Miniblockfeder bei Opel an der
Verbundlenkerachse

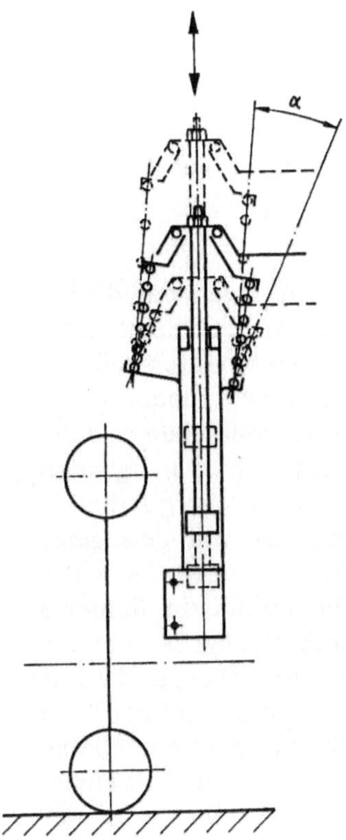

Bild 3.16

Die Schraubenfederachse ist zur Federbeinführungsachse geneigt.
Wie die zwei Extremstellungen mit angehobenem und abgesetztem
Aufbau zeigen, verschieben sich die beiden Federteller quer
zueinander. Die Schraubenfederachse verdreht sich über den
Federweg um den Winkel α

Bild 3.18 Unsymmetrische Schraubenfeder mit zwei Windungen, auf einer sich wie auf einem Lenker
verdrehenden Ebene dargestellt

Bei einem gezogenen Längslenker wäre links die Rückansicht und rechts die Seitenansicht im Schnitt
zu sehen. Die Punkte 1 und 2′ liegen in der Seitenansicht vor der Schnittebene. Die Höhe der Punkte
1, 2 und 3 am Lenker und 1′, 2′ und 3′ am Aufbau bestimmt die Reihenfolge und Intensität ihres
Eingriffs. In Abhängigkeit von den Abstützkräften in diesen Punkten, die von der Form der
Federenden mit beeinflußt werden, kann die Lage der Resultierenden in Abhängigkeit vom Federweg so gelegt werden, daß die Feder ohne örtliche Spannungsspitzen viel Arbeit aufnehmen kann
(nach Bild 3.1 die Voraussetzung für eine weiche Federkennlinie), daß die Federkennlinie progressiv
ansteigt und daß die Querkräfte die Elastokinematik der Achse verbessern

Auflagepunkten, die nacheinander angreifen. Mit dieser Form der Feder und Federauflage lassen sich erreichen:

- progressive Federkennlinie am Rad,
- großes Arbeitsaufnahmevermögen durch Einbeziehung des Endes der Feder,
- gezielte Beeinflussung der Lage der resultierenden Federkraft und damit der Elastokinematik der Achse.

3.2.2.5 Schraubenfedern mit progressiver Kennlinie

Ähnlich der Blattfeder läßt sich auch die Schraubenfeder so auslegen, daß die bei den normalen Schraubenfedern lineare Kennlinie progressiv wird. Die einfachste Form wäre, die Feder mit zunehmender Steigung zu wickeln, wodurch sich die federnden Windungen der Reihe nach auf Blockhöhe legen. Mit zunehmender Einfederung würde dann die Zahl der federnden Windungen abnehmen und die Kennlinie progressiv werden, Bild 3.19a. Da die sich bei geringer Last anlegenden Windungen dies schon bei sehr niedriger Spannung tun und damit wenig Arbeit je Volumeneinheit aufnehmen, liegt es nahe, diese Windungen mit geringerer Drahtdicke auszuführen und ein Stabende, beide Stabenden oder die Mitte zwischen beiden Stabenden dünner auszuführen. Bild 3.19b enthält ein dünneres Stabende. Da auch der Windungsdurchmesser f stark beeinflußt, liegt es nahe, die Progressivität durch sich ändernden Windungsdurchmesser zu erreichen, Bild 3.19c. Diese Form läßt sich mit besonders geringer Blockhöhe ausführen und hat dann die Bezeichnung Miniblockfeder. Prinzipiell lassen sich alle drei Formen beliebig kombinieren. Sie haben aber immer den Nachteil, daß sich, zugeordnet zu einem bestimmten Belastungsniveau, die Spannungsausschläge auf Teile der Feder konzentrieren. Daran kann man auch dann nichts ändern, wenn bei Maximallast in den gesamten federnden Windungen gleiches τ_{max} erreicht wird, was bei einer Feder nach Bild 3.19b möglich ist. Bei dieser Feder wäre die Konzentration der

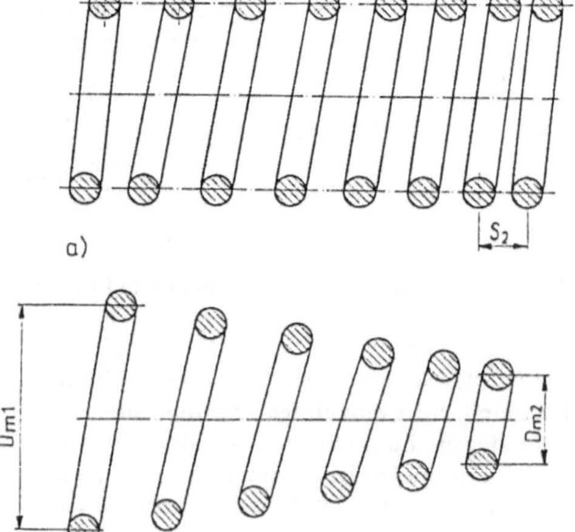
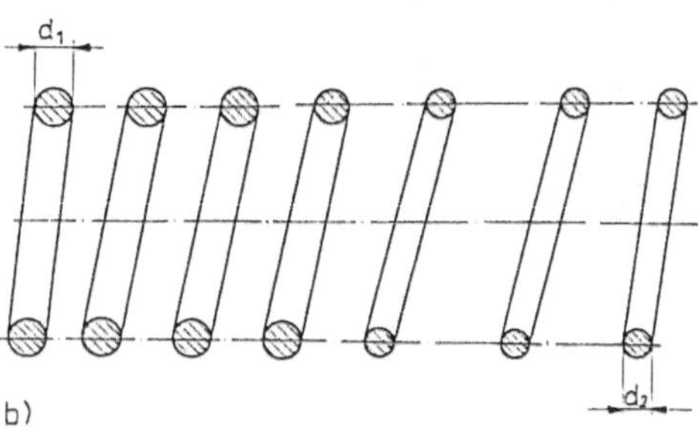

Bild 3.19

Beispiele für Schraubenfedern mit progressiver Kennlinie
a) veränderlicher Windungsabstand
b) veränderlicher Stabdurchmesser und Windungsabstand
c) veränderlicher Windungsdurchmesser und Windungsabstand

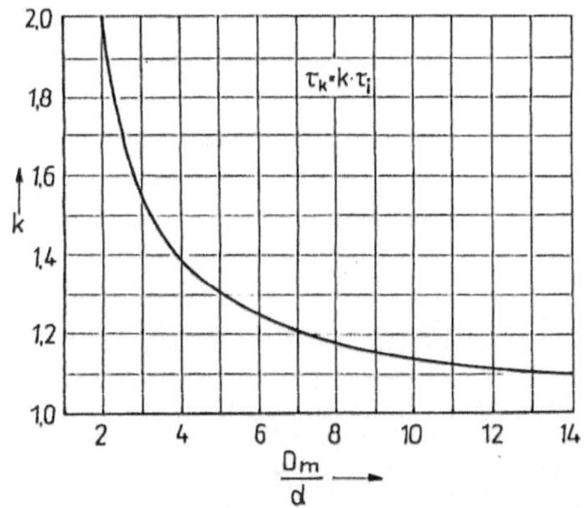

Bild 3.20
Der Einfluß des Wickelverhältnisses d_m/d auf die Spannungsüberhöhung in der Schraubenfeder.
Mit dem aus dem Diagramm für k abgelesenen Wert ist τ_i zu multiplizieren, um die Schubspannung τ zu erhalten, die mit der zulässigen verglichen werden muß

Spannungsausschläge beim Niveau geringer Belastung in den oberen Windungen. Erreicht die Belastung ein hohes Niveau, dann legen sich die oberen Windungen auf Block, und die unteren Windungen müssen allein den Federweg und damit den Spannungsausschlag aufnehmen. Bei diesen Spannungsausschlägen ist das ungünstigere Wickelverhältnis zu beachten. Nach Bild 3.20 nimmt der Faktor k mit abnehmendem Wickelverhältnis $\dfrac{D_m}{d}$ zu. Beim Vergleich der Spannung mit der zulässigen ist das aus

$$\tau = \frac{8 \cdot D_m \cdot F}{\pi \cdot d^3} \tag{3.4}$$

errechnete τ mit k zu multiplizieren.

3.2.3 Drehstabfedern

Die Drehstabfeder wird als gerader Stab in Federstahl mit Köpfen an den Enden ausgeführt. Die Köpfe sind mit einem Mehrkant (Vierkant oder Sechskant) oder mit Kerbverzahnung versehen. Die gebräuchlichsten Ausführungen von Drehstabfederungen sind in Tafel 3.5 gegenübergestellt. Die Winkelangaben im Bogenmaß lassen sich in ° über

$$\vartheta° \approx 57{,}3 \cdot \vartheta \quad \text{umrechnen.}$$

Da die Radlast immer in vertikaler Richtung wirkt, ergibt die Drehstabfeder ein veränderliches Übersetzungsverhältnis. Wie Bild 3.21 zeigt, ist das Übersetzungsverhältnis am größten bei einem Winkel von $\vartheta_0 + \vartheta = 90°$. Für diesen Winkel erfolgt auch die Vordimensionierung. Das sich über den Drehwinkel ändernde Übersetzungsverhältnis kann zur Gestaltung einer S-förmigen Federkennlinie herangezogen werden. Die S-förmige Kennlinie gelingt umso stärker, je kleiner man r wählt, und dann, wenn der Winkel $\vartheta_0 + \vartheta = 90°$ etwas oberhalb der Mittelstellung, bezogen auf den Gesamtfederweg, vorliegt (s. Bild 3.22).

Tafel 3.5: Drehstabfedern (Torsionsstäbe), aus [3.2]

M_t Torsionsmoment	$N \cdot mm$	l_K Länge des Kopfes	mm
d Stabdurchmesser	mm	ϑ Verdrehwinkel (Bogenmaß)	
G Schubmodul	$N/mm^2 = MPa$	ϑ^0 Verdrehwinkel (Gradmaß)	
l freie Länge zwischen den Köpfen	mm	τ Schubspannung	MPa
l_{fed} federnde Länge	mm		

$$\vartheta = \frac{32 \cdot l_{fed}}{G \cdot \pi \cdot d^4} \cdot M_t, \qquad \tau = \frac{16 \cdot M_t}{\pi \cdot d^3}\ MPa$$

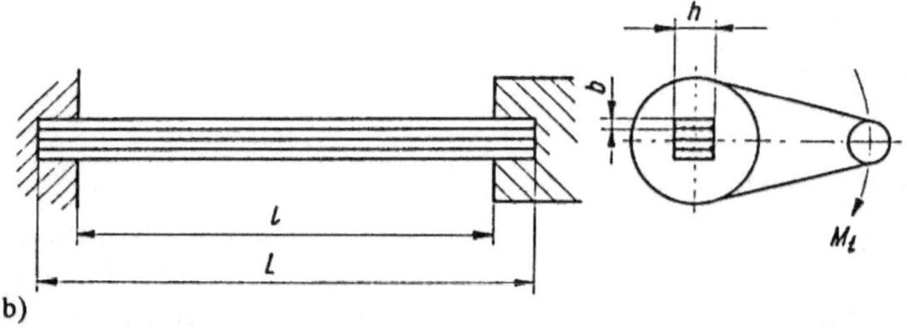

Drehstabfedern aus gebündelten Rechteckstäben

b   Kantenlänge kurz mm $l_{fed} = \dfrac{l + L}{2}$ mm

h   Kantenlänge lang mm n   Anzahl der Rechteckstäbe

L   Gesamtlänge des Stabbündels mm η_1 und η_2 vom Verhältnis h/b

l   freie Länge mm abhängige Beiwerte der folgenden Tabelle:

h/b	1	1,5	2	3	4	6	8	10	∞
η_1	4,81	4,33	4,07	3,75	3,55	3,35	3,26	3,20	3,00
η_2	0,140	0,196	0,229	0,263	0,281	0,299	0,307	0,313	0,333

$$\vartheta \approx \frac{l_{fed}}{n \cdot \eta_2 \cdot G \cdot h \cdot b^3} \cdot M_t, \qquad \tau \approx \frac{\eta_1 \cdot M_t}{n \cdot h \cdot b^3}\ MPa$$

Drehstabfedern aus gebündelten Rundstäben

l   freie Länge der Stäbe von Kopf zu Kopf mm $l_{fed} = 1 + 2\dfrac{l_k}{2}$ für Stabbündel aus 4 Stäben

l_k Einspannlänge ($l_k < 0,061$) mm d   Durchmesser der Rundstäbe mm

l_{fed} federnde Länge mm n   Anzahl der Rundstäbe

$$l_{fed} = 1 + 2\frac{l_k}{3}\ \text{für Stabbündel aus 2 Stäben}$$

$$\vartheta = \frac{16\left(1 + l_k \cdot \frac{2}{3}\right)}{G \cdot \pi \cdot d^4} \cdot M_t; \qquad \text{für Stabbündel aus 2 Stäben}$$

Tafel 3.5 (Fortsetzung)

$$\tau = \frac{16 \cdot M_t}{n \cdot \pi \cdot d^3} \text{ MPa} \qquad \text{sowohl für Stabbündel aus 2 als auch aus 4 Stäben}$$

$$\vartheta = \frac{8 \, (1 + l_k)}{G \cdot \pi \cdot d^4} \cdot M_t; \qquad \text{für Stabbündel aus 4 Stäben}$$

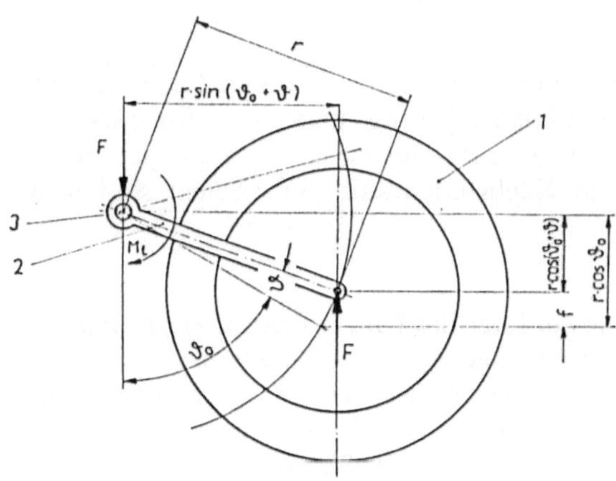

Bild 3.21

Prinzip einer Längslenkerradaufhängung mit Drehstabfederung

Vom Rad 1 entsteht mit Längslenker 2 ein Moment, das vom Drehstab 3 federnd aufgenommen wird. Lenker und Drehstab sind am Aufbau gelagert. Zur Ermittlung der Federkennlinie wird die Abhängigkeit der vertikal wirkenden Kraft am Rad F in Abhängigkeit vom Federweg f benötigt. Es gelten folgende Gleichungen:

$$M_t = F \cdot r \cdot \sin (\vartheta_0 + \vartheta).$$

$$F = \frac{M_t}{r \cdot \sin (\vartheta_0 + \vartheta)}.$$

$$f = r \cdot \cos \vartheta_0 - r \cdot \cos (\vartheta_0 + \vartheta).$$

Aus diesen Gleichungen ergeben sich bei $r = 300$ mm, $\vartheta_0 = 60°$, $\vartheta \ldots 45°$, M_t so, daß bei ϑ_0 auch $M_t = 0$ und bei $\vartheta_0 + \vartheta = 90°$ $F = 6000$ N und somit $M_t = 18 \cdot 10^5$ Nmm beträgt

ϑ [°]	$(\vartheta_0 + \vartheta)$ [°]	f [mm]	M_t [Nmm]	F [N]
0	60	0,0	0	0
5	65	23,2	$3 \cdot 10^5$	1103,4
10	70	47,4	$6 \cdot 10^5$	2128,0
15	75	72,4	$9 \cdot 10^5$	3105,8
20	80	97,9	$12 \cdot 10^5$	4061,7
25	85	123,9	$15 \cdot 10^5$	5019,1
30	90	150,0	$18 \cdot 10^5$	6000,0
35	95	176,1	$21 \cdot 10^5$	7026,7
40	100	202,1	$24 \cdot 10^5$	8123,4
45	105	227,6	$27 \cdot 10^5$	9317,5

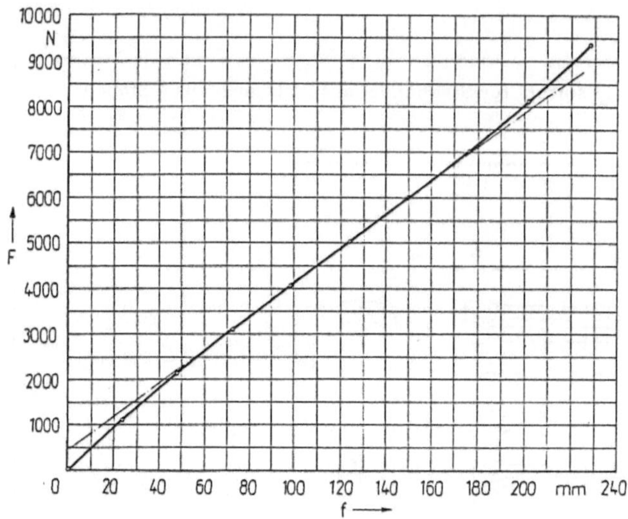

Bild 3.22 Bei der Federkennlinie der Drehstabfeder entsteht durch die Änderung des Übertragungswinkels über den Federweg eine Abweichung von der Linearität in Richtung einer S-förmigen Kennlinie
Die Kennlinie wurde berechnet mit den Parametern aus Bild 3.21

Der Einsatz der Drehstabfederung hat leicht rückläufige Tendenz. Insbesondere die Aufnahme der Kraft F in der Lenkerlagerung und des Moments am Drehstabende ist relativ aufwendig. Das hohe Arbeitsaufnahmevermögen dieser Feder und die leicht zu realisierende Nachstellbarkeit der Federn sind ihre wesentlichsten Vorteile.

3.2.4 Stabilisatoren

Der Stabilisator dient der Stabilisierung der Lage des Fahrzeugaufbaus parallel zur Fahrbahn und wirkt damit der Rollneigung entgegen. Er ist das wirksamste Mittel, bei Kurvenfahrt die Radlastdifferenzen an einer Achse, also deren Rollsteifigkeit, zu erhöhen. Wie im Abschnitt 4 „Reifen und Räder" noch ausführlicher zu beschreiben ist, führt die größere Radlastdifferenz zu größerem Reifenschräglaufwinkel, womit der Einfluß auf die Fahrstabilität vorliegt. Der Name Stabilisator ist aber nicht in seinem Einfluß auf die Fahrstabilität begründet, denn zur Verbesserung der Fahrstabilität sind die Mittel der Elastokinematik geeigneter. Zur Verhinderung der Rollneigung von durch die Transportaufgaben bedingten hohen Aufbauten, wie z.B. Containertransport, sind die Stabilisatoren unentbehrlich. Bei den LKW mit Zwillingsbereifung, wo sich bei hohem Reifenluftdruck die Seitenkräfte auch noch auf vier Reifen verteilen, ist die Schräglaufwinkelvergrößerung durch die Radlastdifferenzen zwischen kurveninneren und kurvenäußeren Rädern deutlich geringer.

Bei den Fahrzeugen mit Einzelradaufhängung, sollte man den Stabilisator vermeiden, wo es möglich ist. Der Stabilisator bedeutet eine Koppelung der beiden Räder und führt die Einzelradaufhängung schwingungstechnisch etwas an die Starrachse heran. Bei nur in einer Fahrspur auftretenden Hindernissen wirkt die Federung härter. Aus diesem Grund sollte bei der Fahrzeugentwicklung zuerst versucht werden, alle Mittel, die ebenfalls der Rollneigung entgegenwirken, maßvoll einzusetzen. Das sind einmal die Mittel, die das Moment selbst verkleinern, wovon die Verringerung der Schwerpunkthöhe das wichtigste ist. Weiterhin würde man mit überhöhten Kurven, größeren Kurvenradien und geringeren Fahrgeschwindigkeiten das Moment verkleinern. Zum anderen gibt es die Mittel am Fahrzeug, die die Rollsteifigkeit der Achse erhöhen: größere Spurweite, geeignete Elastokinematik mit angemessen hohem Rollzentrum unter Beachtung der Spurweitenänderung, progressive Federung. Am elegantesten läßt sich die Rollneigung mit Hilfe einer aktiven Federung (s. Abschnitt 6.6) verhindern.

Für die Berechnung des Stabilisators gelten die im Bild 3.23 in der Bildunterschrift angegebenen Gleichungen. Die Beanspruchung und insbesondere die Biegebeanspruchung ist im Vergleich zu den Federn geringer. Aus diesem Grund sind auch die häufig anzutreffenden Lösungen, daß der Seitenarm des Stabilisators als ergänzende Längsstrebe des unteren Lenkers bei den Radaufhängungen mit Federbeinführung benutzt wird, vertretbar.

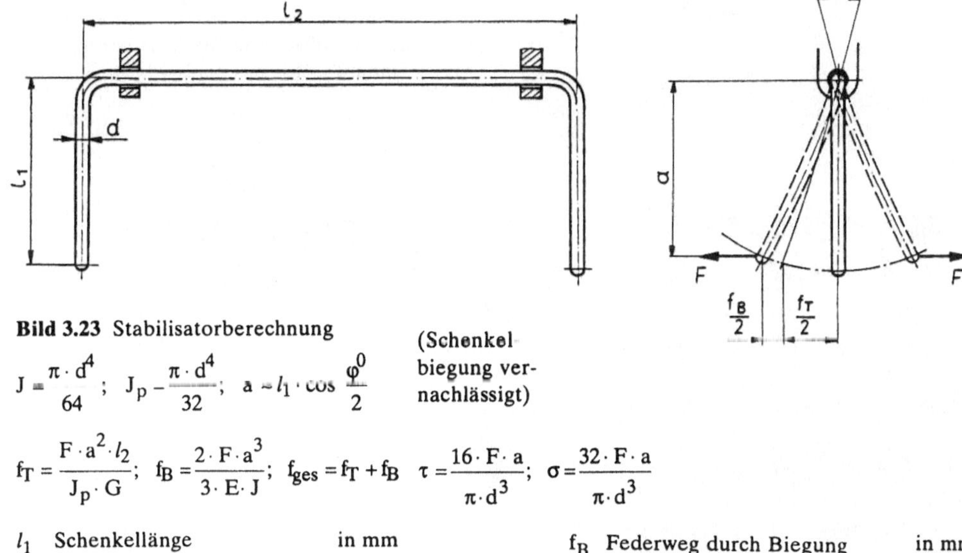

Bild 3.23 Stabilisatorberechnung (Schenkelbiegung vernachlässigt)

$$J = \frac{\pi \cdot d^4}{64}; \quad J_p = \frac{\pi \cdot d^4}{32}; \quad a = l_1 \cdot \cos\frac{\varphi^0}{2}$$

$$f_T = \frac{F \cdot a^2 \cdot l_2}{J_p \cdot G}; \quad f_B = \frac{2 \cdot F \cdot a^3}{3 \cdot E \cdot J}; \quad f_{ges} = f_T + f_B \quad \tau = \frac{16 \cdot F \cdot a}{\pi \cdot d^3}; \quad \sigma = \frac{32 \cdot F \cdot a}{\pi \cdot d^3}$$

l_1	Schenkellänge	in mm	f_B	Federweg durch Biegung	in mm
l_2	auf Torsion federnde Länge	in mm	τ	Schubspannung	in MPa
a	Hebelarm	in mm	σ	Biegespannung	in MPa
F	Kraft am Schenkelende	in N	J	Trägheitsmoment, axial,	in mm^4
φ	Torsionswinkel-Bogenmaß		J_p	Trägheitsmoment, polar,	in mm^4
φ^0	Torsionswinkelgrad		G	Schubmodul	80 000 MPa
f_T	Federweg durch Torsion	in mm	E	Elastizitätsmodul	210 000 MPa

3.2.5 Anwendungsbeispiele für Stahlfedern

Auf den Bildern für das gesamte Fahrwerk und für die Radaufhängungen sind größtenteils der Stahlfedertyp und ihre Anwendung zu erkennen. Auf Bild 3.24 ist eine Parabelfeder aus zwei Blättern für einen leichten LKW dargestellt. Die beiden Blätter liegen nur an der Einspannstelle und an den Augen aneinander an, so daß sie sich auf der gesamten federnden Länge frei einstellen können und keinen Zwang aufeinander ausüben. Außerdem arbeitet die Feder reibungsfrei. Eine weitere Parabelfeder, eingebaut in einem LKW und für etwas größere Nutzmasse, zeigt Bild 3.25. Hier ist ebenfalls zu erkennen, daß die 2. Lage um das Auge der 1. Lage herumgezogen ist. Angepaßt an die großen Lastunterschiede ist eine Parabelfeder als Zusatzfeder vorhanden. Es benötigt die reibungsfreie Parabelfeder reichlich dimensionierte Stoßdämpfer.

Die Vielseitigkeit des Einsatzes der Schraubenfedern soll Bild 3.26 erkennen lassen. Im Federknie nach dem Prinzip von Dubonnet, das in den dreißiger Jahren bei Opel-Vorderachsen Verwendung fand, ist die Schraubenfeder mit dem

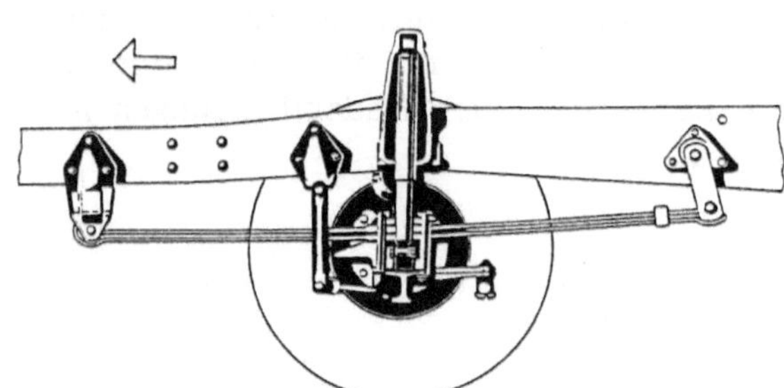

Bild 3.24
Zweiblatt-Parabelfeder für
dieVorderachse an einem LKW der Fa.
Daimler-Benz (aus [3.3])
Die zweite Lage ist am vorderen Auge
herumgeführt, um beim Bruch der
Hauptlage die Führung der Achse noch
zu gewährleisten (mittig angeordneter
Stoßdämpfer, Lagerböcke für Feder
und Stabilisator in Blechausführung,
Gummibuchse mit beidseitigem Bund)

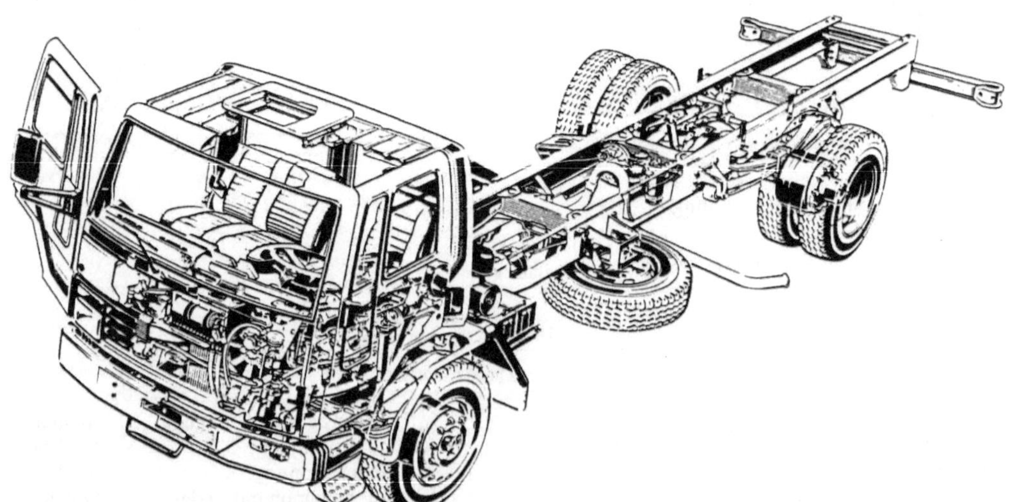

Bild 3.25 Der Cargo aus dem Nutzfahrzeugprogramm von Ford, England. Er hat an der Hinterachse Parabelfedern aus mehreren Blättern als Grund- und Zusatzfeder

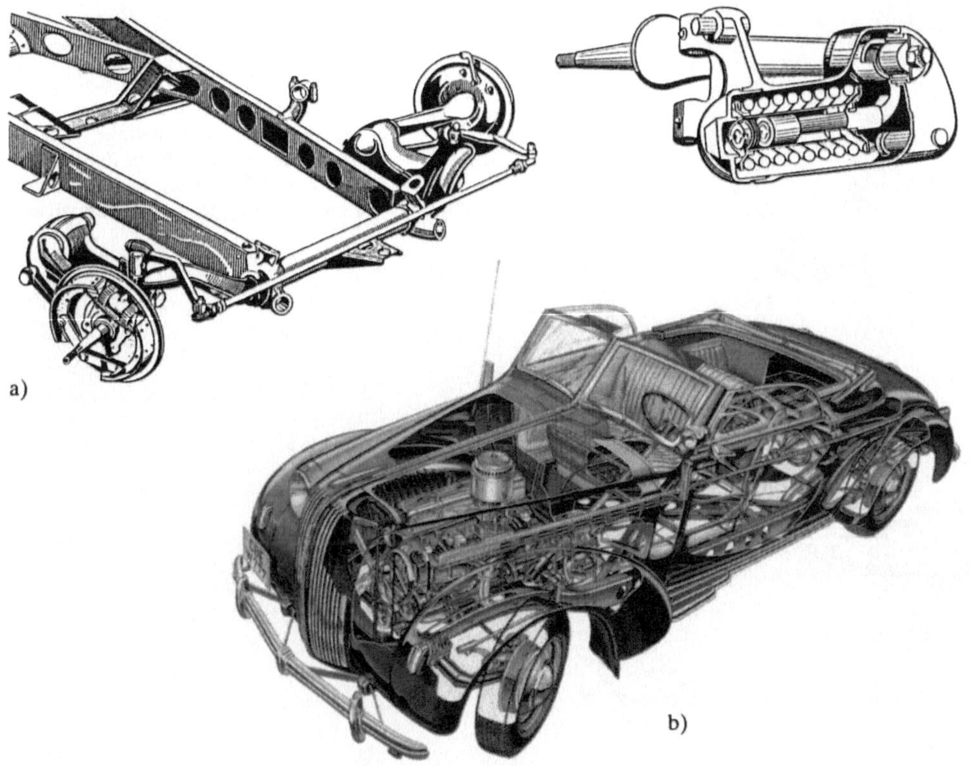

Bild 3.26 Einzelradaufhängug aus den 30er Jahren nach dem Prinzip Dubonnet
a) Die Schraubenfeder umschließt den Stoßdämpfer und ist gekapselt untergebracht. Sie wirkt mit
   großem Übersetzungsverhältnis auf den oberen der beiden geschobenen Längslenker. Alles
   zusammen bildet den Achsschenkel. Der Achskörper ist fest am Aufbau.
b) In diesem Opel Admiral war das „Dubonnet-Knie" eingebaut.

Stoßdämpfer gekapselt untergebracht. Die Einheit arbeitet in nahezu horizontaler
Lage mit einem großen Übersetzungsverhältnis auf den oberen der zwei
geschobenen Längslenker. Etwas hat diese erstaunliche Lösung sogar mit den
modernen Federbeinen von heute gemeinsam: beim Lenken wird die Schraubenfeder mit dem Schwenklager zusammen geschwenkt. Beim „Dubonnet-Knie"
gehörten sogar die Lenker zu der Baugruppe, die beim Lenken geschwenkt wurde.
Die Achse ist unmittelbar am Rahmen befestigt.

Ebenfalls gekapselt sind die Schraubenfedern an Federbeinen und in der
Telegabel der Motorräder. Die Schraubenfedern in der Telegabel zeichnen sich
wegen der Raumverhältnisse neben den Rädern durch kleine Windungdurchmesser und große Windungszahlen aus. Die Federn können durch ihre unmittelbare
Führung am Mantelrohr des Stoßdämpfers am Ausknicken gehindert werden.
Dadurch tritt Reibung und Verschleiß an der Feder und am Mantelrohr auf. Die
Möglichkeit, eine zentral angeordnete Feder-Dämpfer-Einheit für die Hinterradfederung am Motorrad zu verwenden, zeigt Bild 3.27.

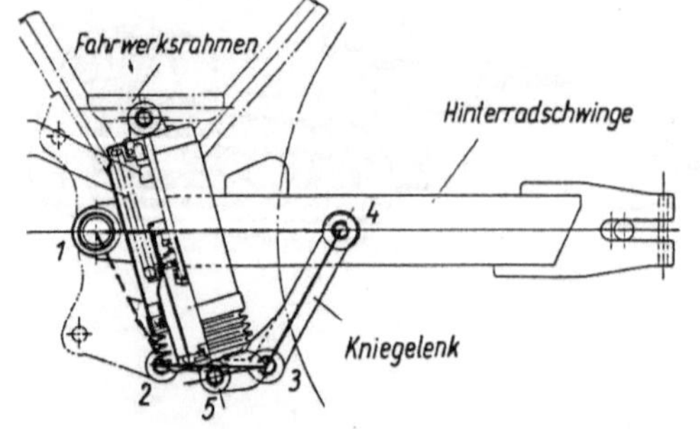

Bild 3.27

Die am Fahrwerksrahmen in 1 angelenkte Hinterradschwinge ist bei diesem Motorrad durch ein Federbein abgefedert, das über die Lagerstellen 2, 3, 4 und 5 sowie das Kniegelenk wirkt

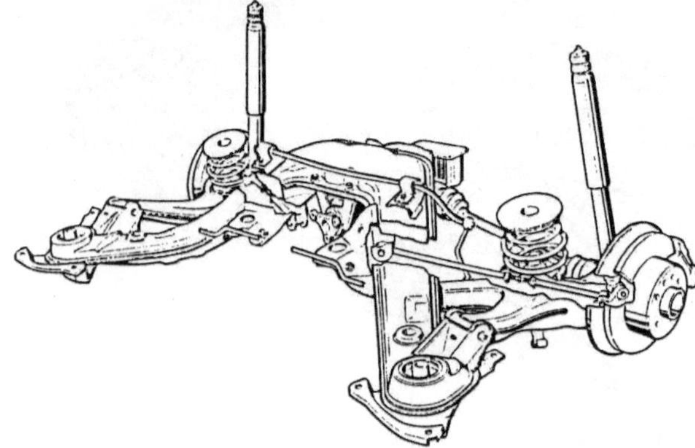

Bild 3.28

Eine vom Lenker geführte Schraubenfeder mit besonders wenigen Windungen an der Schrägpendelhinterachse des Opel-Omega

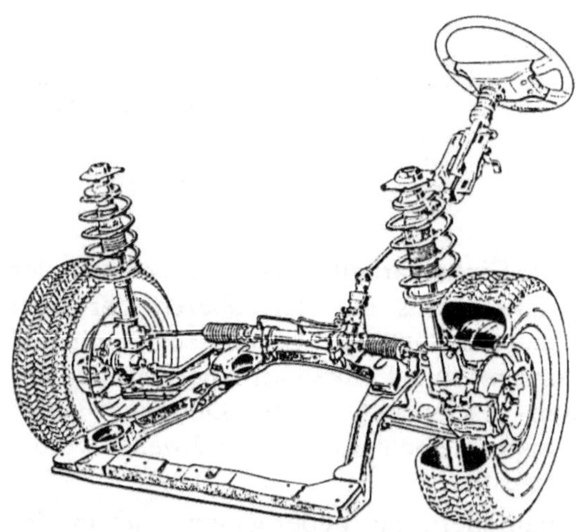

Bild 3.29

Am Federbein der Lancia-Vorderradaufhängung wird eine Schraubenfeder mit am oberen Federteller reduziertem Windungsdurchmesser verwendet

Eine Miniblock-Schraubenfeder zeigt Bild 3.28. Die geringe Bauhöhe im eingefederten Zustand kommt der Form und der Größe des Kofferraums entgegen.

Diese Form der Feder sichert eine niedrigere Blockhöhe und mindert die Abweichung der Kraftwirkungslinie von der Federmittelachse (s. Bild 3.9). Diese Vorteile lassen sich auch am Federbein nutzen, wie das obere Federende im Bild 3.29 und das untere im Bild 3.30 zeigen.

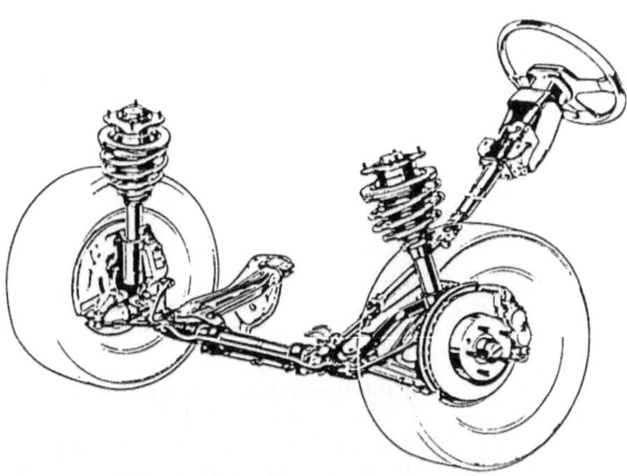

Bild 3.30

Am Mazda RX-7 ist der
Windungsdurchmesser am unteren
Federteller des Federbeins reduziert

Die Drehstäbe werden quer und längs eingebaut verwendet. Auf Bild 2.78 ist ein
Quereinbau und auf Bild 1.2 ein Längseinbau dargestellt.

Neben der Verwendung der Drehstabfedern als Stabilisatoren, wo sie dominieren,
sind auch schon andere Elemente der Radaufhängung mit zur Minderung der
Wankbewegung herangezogen worden. Bekannt ist die Wirkung bei der quer
angeordneten symmetrischen Zweistützfeder nach Tafel 3.3. Die bei der Rollneigung entstehenden Unterschiede in der Einfederung rechts und links wirken wie
bei einem Stabilisator auf den Aufbau zurück. Im Bild 3.31 sind die Unterschiede
in der elastischen Linie und im Momentenverlauf dargestellt. Eine Anwendung der
Zweistützfeder zeigt Bild 3.32.

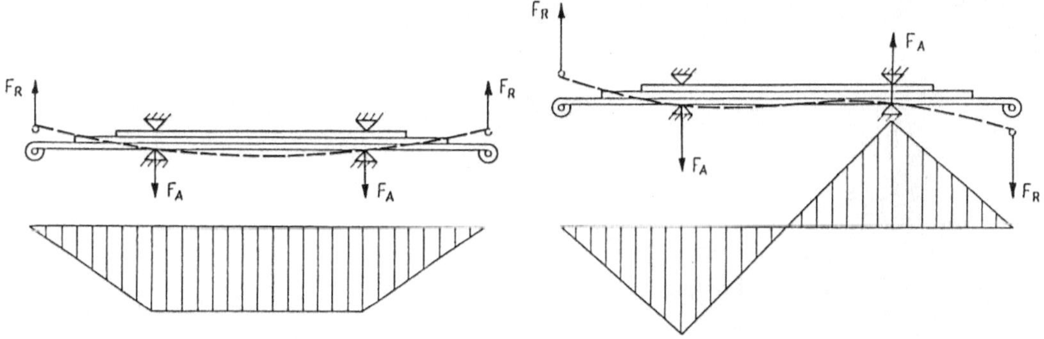

Bild 3.31 Unterschiede in der elastischen Linie in der quer eingebauten symmetrischen Zweistützfeder zwischen der Belastung beim beidseitigen Ein- und Ausfedern und bei Rollneigung.
Die Spannungen in den Federblättern sind den Krümmungen proportional. Schon daran ist zu
erkennen, daß die Zweistützfeder bei Rollneigung und beim einseitigen Ein- und Ausfedern steifer
wirkt als bei einer Achse mit Stabilisator. Der Biegemomentenverlauf bei Rollneigung stimmt nicht
mit dem Federquerschnitt überein, und die Zweistützfeder stellt dann keinen Träger gleicher
Festigkeit mehr dar. Die Maximalspannungen treten an den Einspannstellen auf.
— — — elastische Linie
⊏⊐⊏⊐ Momentenverlauf

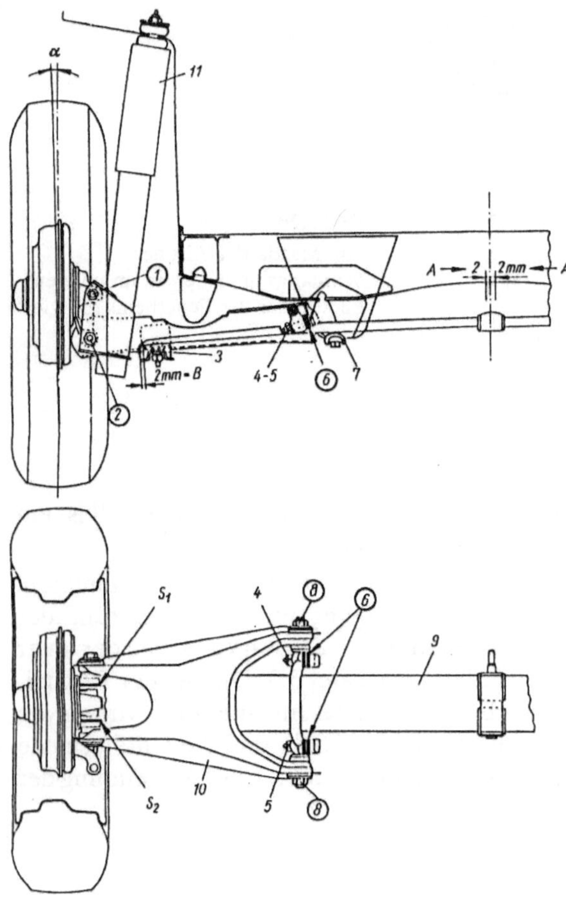

Bild 3.32
Hinterradaufhängung des Zastava
1100 mit Zweistützfeder
1 und 2 Befestigungsschrauben des
Radträgers am Dämpferbein 11;
3 Gummiauflage für die Feder am
Radträger; 7 Aufbaubefestigungs-
punkte der Zweistützfeder; 4 und 5
aufbauseitige Querlenkerbefestigung
mit den Einstellschrauben für Spur
und Sturz 6; 8 Achse des Querlenkers mit Muttern; S_1 und S_2
Einstellscheiben
Die Zweistützfeder 9 soll bei der
Montage nicht mehr als 2 mm
seitlich versetzt sein

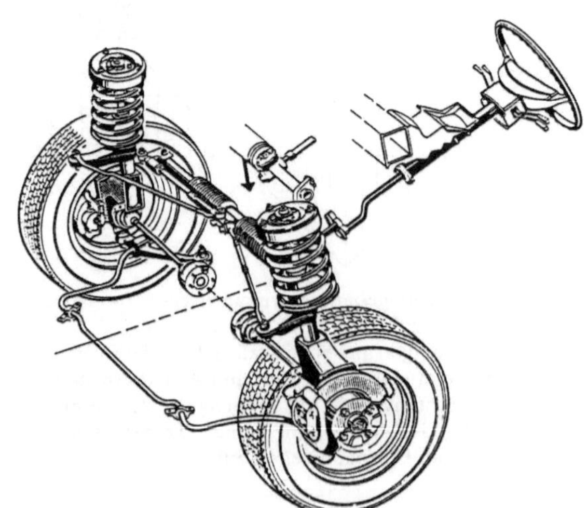

Bild 3.33
Die Vorderradaufhängung des Audi
100, Jahrgang 1977
Mc-Pherson-Federbeine, der untere
Lenker wird durch den Stabilisator
ergänzt. Die Lenkung liegt hinter der
Vorderachse, obwohl der Spur-
stangenhebel nach vorn gerichtet ist.
Der Spurstangenhebel liegt am
unteren Federteller an

Beim Audi 100, Jahrgang 1977, ist an der Vorderachse ein Stabilisator vorhanden, der aber zur Lenkerführung mitbenutzt wird, Bild 3.33. An der Hinterachse wird die sogenannte Torsionskurbelachse verwendet, die mit ihrem Panhard-Stab sowohl den Starrachsen zugeordnet, aber auch als Längslenkerachse mit einem offenen Querprofil als Stabilisator angesehen werden kann. Hier übernimmt der Achskörper selbst die Aufgabe des Stabilisators mit, Bild 3.34.

Die Verbundlenkerachse entspricht diesbezüglich der Torsionskurbelachse. Wichtig ist die Gestaltung der Verbindung zwischen dem verdrehweichen Querprofil und den verdrehsteifen Längslenkern.

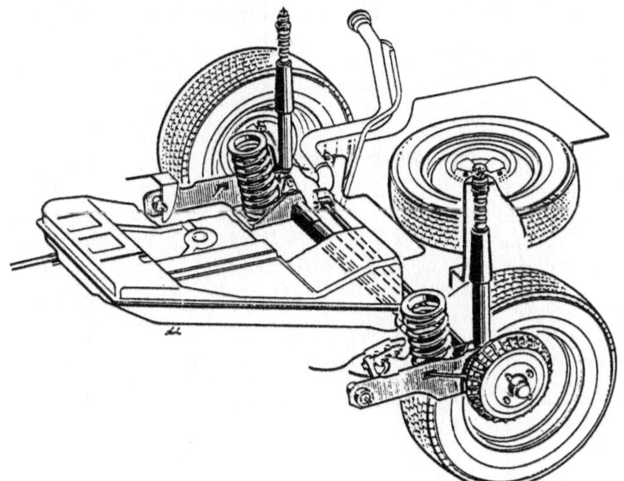

Bild 3.34
Die Hinterachse des Audi 100, Jahrgang 1977, bezeichnet als Torsionskurbelachse
Wie an einer Starrachse wird auch hier ein Panhard-Stab zur Aufnahme der Seitenkräfte eingesetzt. Von der Starrachse unterscheidet sie sich durch das nach unten offene und dadurch verdrehweiche U-Profil

3.3 Federn aus anderen Werkstoffen

3.3.1 Gummi- und Elastomerfedern

Die Grundlagen der Auslegung von Teilen aus Gummi wurden im Abschnitt 2.1.2.2 gegeben. Nach Bild 3.2 zeichneten sich aufgrund des niedrigen Elastizitätsmoduls und ihres hohen Arbeitsaufnahmevermögens Gummi und Polyurethan als geeignete Federwerkstoffe aus. Es fehlte deshalb auch nicht an Anwendungsbeispielen, die Fahrzeugfederung insgesamt in Form von Gummifedern auszuführen, aber mit geteiltem Erfolg. Die Einsatzfälle, wo die Grundlast sehr niedrig ist (z.B. PKW-Anhänger) und nicht allzu hohe Forderungen an den Fahrkomfort gestellt werden, lassen die Verwendung der Gummifeder zu. Die Gründe sind:

– Gummi neigt zum Kriechen, so daß sich die Gummifedern setzen, wenn sie längere Zeit unter großer Vorlast stehen.

– Die Hysterese in der Gummifeder ist frequenzabhängig und nimmt mit höherer Frequenz zu. Das bedeutet gerade im Bereich oberhalb der Eigenfrequenz des Feder-Masse-Systems eine stärkere Dämpfung, die dann unerwünscht ist.

– Die physikalischen Eigenschaften ändern sich mit der Temperatur.

Insbesondere der erstgenannte Grund verhindert die breite Anwendung von Gummi- und auch Elastomerfedern. Dieser Nachteil wirkt nicht bei Federn, die ohne Vorlast eingesetzt sind, wie das bei Zusatzfedern der Fall ist. Im Bild 3.35 ist eine kleine Auswahl von Gummifedern aus den sechziger Jahren aufgeführt, die auf großes Arbeitsaufnahmevermögen ausgelegt worden sind. Das wurde dadurch erreicht, daß durch die Form der Hohlräume in jeder Belastungsstufe möglichst das gesamte Volumen gleichmäßig hohe Druck- und Schubspannung hat. Wie bereits erwähnt, ist das Arbeitsaufnahmevermögen, wenn die gesamte Fläche etwa gleich hohe Druckspannungen aufweist, höher als bei Biegung oder Torsion eines vollen Querschnittes, wo nur an den Oberflächen Maximalspannungen auftreten. Diese Spannungsverteilung ist bei Gummi und bei den Elastomeren möglich

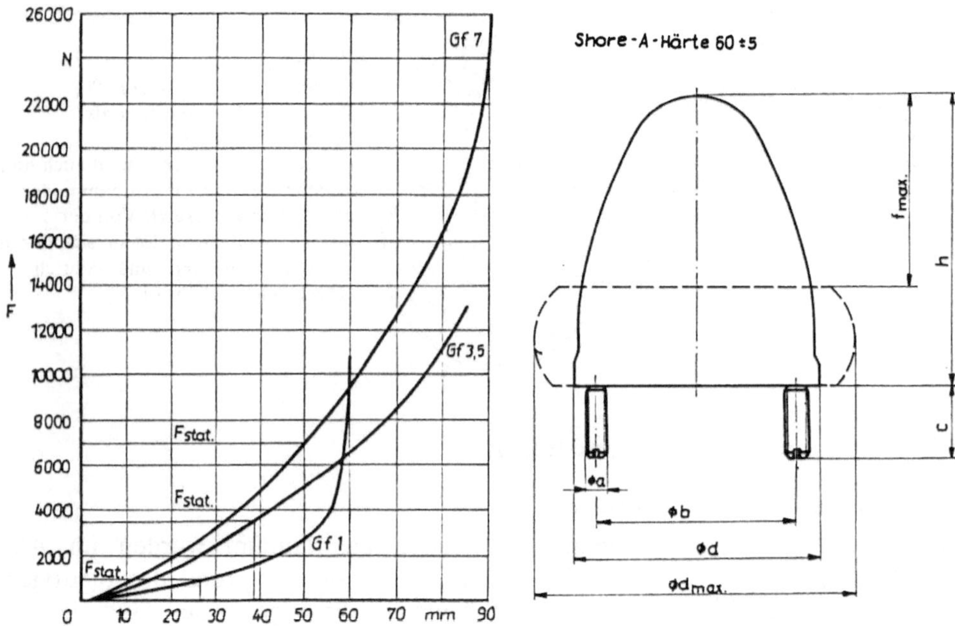

Feder-bezeichnung	$F_{stat.}$ N	F_{max}[1] N	$\varnothing\, d_{max}$ mm	f_{max} mm	$\varnothing d$ mm	h mm	$\varnothing$ a mm	$\varnothing$ b mm	c mm	Zahl der Bolzen
Gf 7	7000	26 000	180	90	133	160	M 12	110	25 ± 1	2
Gf 3,5	3500	13 500	155	85	123	148	M 12	97	25 ± 1	2
Gf 1	1000	5 100	92	57	65	90	M 8	mittig	13	1

[1] F_{max} = kurzzeitig zulässige dynamische Belastung

Bild 3.35 Federkennlinien und Kennwerte für den Einbau von als Zusatzfedern verwendbaren Gummifedern

Bild 3.35 Fortsetzung

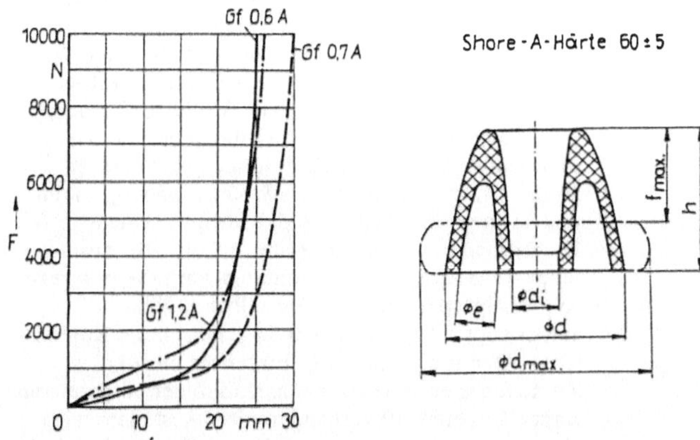

Feder-bezeichnung	$F_{stat.}$ N	F_{max}[1] N	ø d_{max} mm	f_{max} mm	ø d mm	ø d_i mm	h mm	ø e mm	Zahl der Hohlräume
Gf 0,7 A	700	10 000	75	30	53	18,5	38	10	8
Gf 0,6 A	600	10 000	62	25	47	13	38	10	6
Gf 1,2 A	1200	10 000	75	26	53	13	38	12	6

[1] F_{max} = kurzzeitig zulässige dynamische Belastung

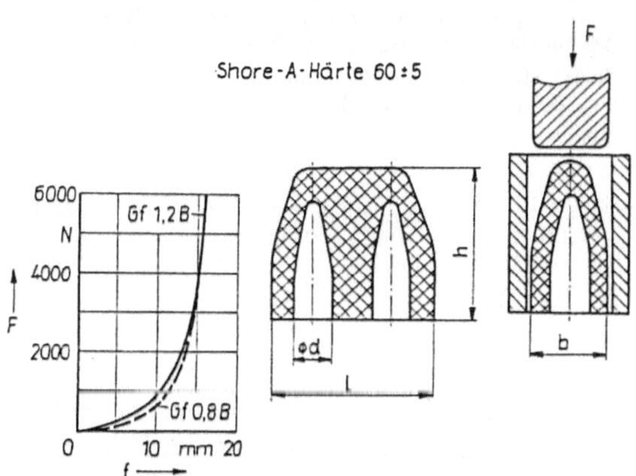

Feder-bezeichnung	$F_{stat.}$ N	F_{max}[1] N	f_{max} mm	l mm	b mm	h mm	ø d mm	Zahl der Hohlräume
Gf 0,8 B	800	4000	15	26	19	38	10	1
Gf 1,2 B	1200	6000	16	40	19	38	10	2

[1] F_{max} = kurzzeitig zulässige dynamische Belastung

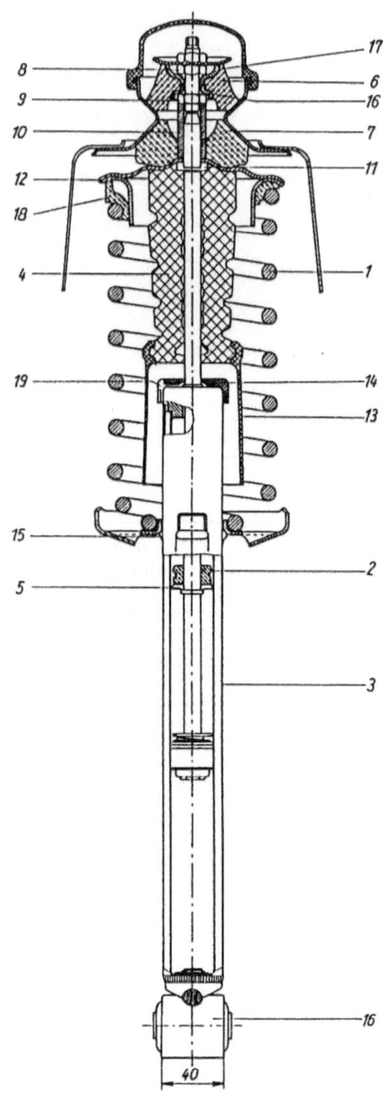

Bild 3.36
Stoßdämpfer mit aufgesetzter Schraubenfeder als
Federbein für die Hinterachse des Golf II
Die Schraubenfeder 1 stützt sich oben auf einen dem
Windungsauslauf angepaßten Ring 18 aus elastischem
Material ab. Unten ist die letzte Windung eingezogen
(kleines Moment von der Schraubenfeder auf das
Federbein). Der untere Federteller wird von drei
Nasen 15 am Mantelrohr des Stoßdämpfers gehalten
und ist so groß ausgebildet, daß auch bei einem
Federbruch nichts in den Reifen spießt. Die Zusatz-
feder 4 aus zelligem Polyurethan bewirk die progressi-
ve Gesamtfederkennlinie. Sie selbst und das
aufgeknöpfte Kunststoffrohr 13 schützen die Kolbenstange. Damit die Luft beim Einfedern aus der
Zusatzfeder entweichen kann, sind in der aufgesetzten
Kappe 14 Nuten 19 vorhanden. Das Ausfedern wird
elastisch begrenzt durch den Zuganschlag 2, der über
den Teller 5 an der Kolbenstange so befestigt ist, daß
im ausgefederten Zustand noch ein ausreichender
Abstand zwischen der unter der Nut 19 sichtbaren
Kolbenstangenführung und dem Kolben verbleibt.
Über die Gummiteile 6 und 7, deren Verhältnis
belastete zu freier Oberfläche sich bei der Verformung
der Gummiteile entsprechend der Form des Tellers 11,
der Ringe 16 und 17 und der Aufbaukontur ändert,
wird das Federbein gut körperschallisoliert am Aufbau
befestigt. Die untere Federbeinbestigung am Lenker
erfolgt mittels Silentbuchse. In die Kolbenstange sind
zwei Nuten eingestochen; in die untere wird der Teller
5 für den Ausfederanschlag eingerollt, in die obere ein
Ring, gegen den der Teller 11 des Federtellers 12 mit
der Mutter 9 über die Hülse 10 gespannt wird. An
dieser Stelle treten dann, wenn die Kolbenstange nur
abgesetzt ist, sehr hohe Flächenpressungen auf (Bild
aus [3.3])

aufgrund des niedrigen E-Moduls. Bei allen Federn ist dynamisch eine wesentlich
höhere Spannung als bei statischer Last zugelassen. Auf den Tafeln des Bildes 3.35
sind deshalb für F_{stat} Werte angegeben, die sehr viel niedriger sind als die
kurzzeitig zugelassenen F_{max}.
Ein Federbein mit einer aus zelligem Polyurethan bestehenden Zusatzfeder zeigt
Bild 3.36. Im Bild 3.37 ist die Zusatzfeder in ihren Abmessungen und mit
Kennlinie dargestellt. Die Zusatzfeder übernimmt zusammen mit einem kleinen
Schutzrohr den Schutz der Kolbenstange. Anstelle der Hohlräume der Federn im
Bild 3.35 ist es hier die zellige Struktur. Die vielen kleinen Hohlräume sichern das
sehr weiche Ansprechen und den großen Federweg. Neben dem Arbeitsaufnahme-

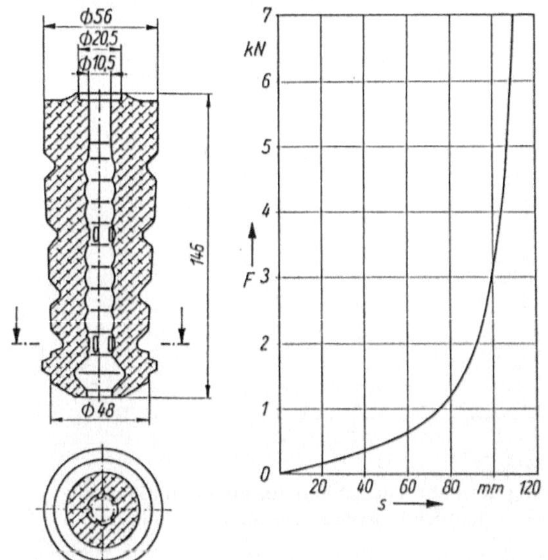

Bild 3.37
Zusatzfeder des Federbeins nach Bild
3.36 aus zelligem Polyurethan-
Elastomer „Cellasto"
Bei der Ausgangshöhe von 146 mm
werden 110 mm Federweg bei einer
Maximallast von 7 kN nachgewiesen.
Diese Zusatzfeder und der Ausfederanschlag in Bild 3.36 ergänzen die
lineare Schraubenfederkennlinie mit
ökonomisch günstigen Mitteln zu der
gewünschten S-förmigen Gesamtfederkennlinie (Bild aus [3.3])

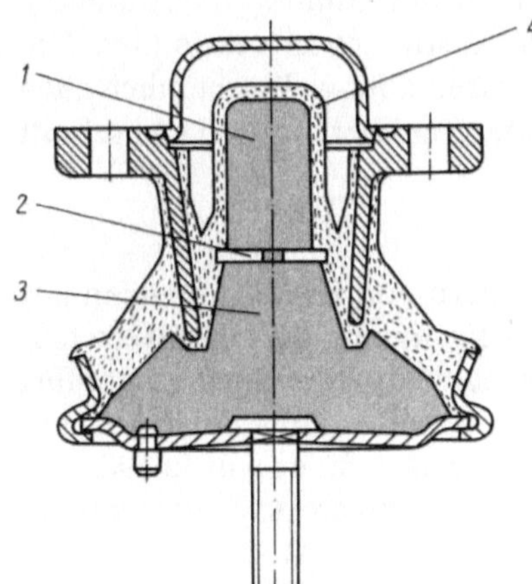

Bild 3.38
Unter der Bezeichnung „Hydrolager" sind
Elastomer-Federelemente in Anwendung, die
Öl in zwei Kammern so umschließen, daß
beim Federn das Silikonöl zwischen den
Kammern 1 und 3 durch die Drossel 2
gedrückt wird. Beim Einfedern dehnt sich das
Formteil 4 und ermöglichst somit Federung
und Dämpfung

vermögen ist für die Bewertung der Gummifeder das Verhältnis Federweg zu
Federhöhe ein für die Einbaubedingungen wichtiges Kriterium. Es kann bei den
Federn im Bild 3.35 und der Feder nach Bild 3.37 als günstig eingeschätzt werden.
Weitere Beispiele an Gummi- und Elastomerzusatzfedern sind in den verschiede-
nen Abbildungen von Achsen, Radaufhängungen und Federbeinen zu erkennen.

Der Einsatz von Gummi- und Elastomerteilen am Fahrzeug entwickelt sich ständig
weiter. Auf Bild 3.38 ist ein Hydrolager dargestellt, das die Federung und
Dämpfung in sich vereinigt. Bild 3.39 stellt die Wirkung auf die Beschleunigung
einer Fahrersitzschiene des Hydrolagers der des Gummi-Metall-Lagers gegenüber.
Das Hydrolager ist im Bereich der Eigenfrequenz deutlich überlegen.

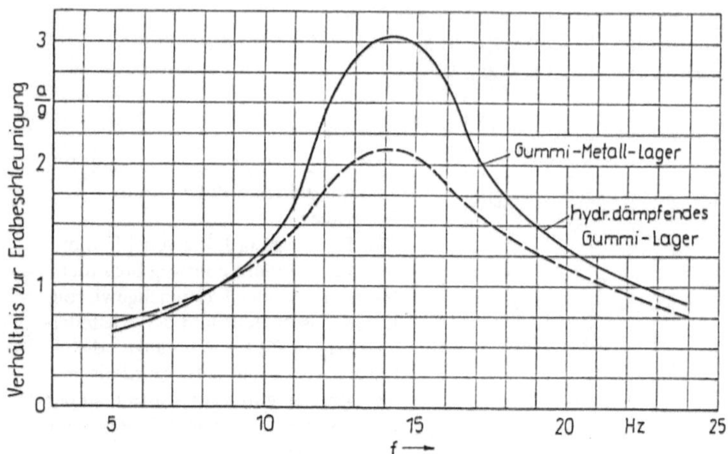

Bild 3.39 Das Diagramm stellt die Beschleunigung der Fahrersitzschiene für ein Gummi-Metall-Lager und für Hydrolager dar. Die Dämpfung wirkt deutlich beschleunigungsmindernd in der Nähe der Eigenfrequenz [3.9]

Eine diesem Prinzip entsprechende Federung, bei der der Gummi federt und die Kraftübertragung hydraulisch erfolgt, wurde bei Austin schon verwendet. Die funktionellen Nachteile der reinen Gummifedern waren aber wahrscheinlich auch dort der Grund, davon ab- und zur Hydro-Gas-Federung überzugehen (Abschnitt 3.3.4).

3.3.2 GFP-Federn

Es hat schon mehrere Anläufe gegeben, Aufbaufedern von Kraftfahrzeugen aus glasfaserverstärkten Kunststoffen herzustellen. Die Festigkeit der Glasfasern läßt erwarten, daß weitere Lösungen entstehen und möglicherweise auch eingeführt werden. Zur Zeit stellen die GFP-Federn in der Serienanwendung noch Ausnahmeerscheinungen dar. Eine Biegefeder aus GFP mit Zusatzfeder wurde 1983 auf der Leipziger Messe vorgestellt, Bild 3.40. Diese Feder kann so ausgelegt werden, daß der Austausch gegen eine Stahlfeder möglich ist. Der E-Modul beträgt bei

Bild 3.40

GFP-Biegefeder einschließlich Zusatzfeder, wie sie 1983 auf der Leipziger Herbstmesse von der Fa. Ford, England, vorgestellt wurde. Aus GFP einen parabelförmigen Biegestab herzustellen, stellt im Gegensatz zu Stahl keinen besonderen Aufwand dar

GFP selbst bei sehr hohem Glasfaseranteil weniger als 25 % von dem des Stahls, so daß auch solche Federn, bei denen anstelle der Biegebeanspruchung z.B. eine Zugspannung im ganzen Querschnitt auftritt, sich einführen könnten (Tafel 3.6). Auf Bild 3.41 ist ein Vorschlag dargestellt, bei dem die GFP-Federn rein auf Zug beansprucht werden. Auf Grund des wesentlich niedrigeren E-Moduls gegenüber

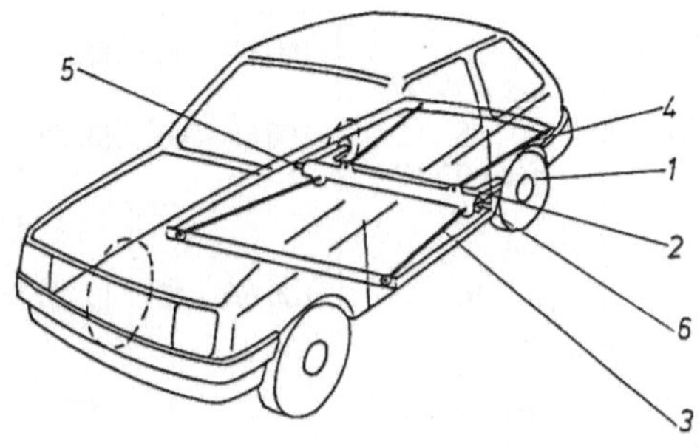

Bild 3.41
Auf Grund des niedrigen E-Moduls von GFP mögliche Federanordnung, bei der die Feder rein auf Zug beansprucht wird.
1 Rad, 2 Lenker, 3 nach vorn gerichteter unterhalb der Lenkerdrehachse angreifender GFP-Federstab, 4 nach hinten gerichteter oberhalb der Lenkerdrehachse angreifender GFP-Federstab, 5 und 6 Lagerstellen einer Verbundlenkerachse

Tafel 3.6: Mechanische Eigenschaften von Kunststoffen

Werkstoff	Glas-faser-anteil %	Dichte g/cm³	Zug-festig-keit N/mm²	E-Modul N/mm²	Kerbschlagzähigkeit kJ/m²	Temperatur-grenzen °C	Quelle
		DIN 53479	DIN 53455	DIN 53457	ISO 180	Erfahrungs-wert	
6-Polyamid	0	1,13		1500–1700	6 bei + 23 °C 5 bei – 40 °C	+ 80 bis – 45	[3.19]
6-Polyamid zäh.	0	1,08		700	87 bei + 23 °C 13 bei – 40 °C	+ 80 bis – 40	[3.19]
6-Polyamid	30	1,33–1,48	50–145	3000–6000	13–33 bei + 23 °C 4–14 bei – 40 °C	100 ... 130 bis – 40	[3.19]
66-Polyamid	vorh.	1,3–1,4	100–160	6000–8000	16–18 bei + 23 °C 8,5–11,5 bei – 40 °C	105 ... 150 bis – 40	[3.19]
Polybutylente-rephthalat	30	1,5	135	10000	11 bei + 23 °C 10 bei – 40 °C	120 bis – 40	[3.19]

Tafel 3.6 (Fortsetzung)

Werkstoff	Glas-faser-anteil %	Dichte g/cm³	Zug-festig-keit N/mm²	E-Modul N/mm²	Kerbschlag zähigkeit kJ/m²	Temperatur-grenzen °C	Quelle
		DIN 53479	DIN 53455	DIN 53457	ISO 180	Erfahrungs-wert	
ABS	0	1,05–1,06		2300–2900	18–50 bei + 23 °C	80 … 95 bis – 40 … – 45	[3.19]
ABS	17	1,19	86	6100	7 bei + 23 °C	100 bis – 40	[3.19]
Thermoplast PA/PPE	0	1,1		2100	45 bei + 23 °C 20 bei – 40 °C	100 bis – 40	[3.19]
Thermoplast PA/PPE	30	1,32	135	8300	16 bei + 23 °C 10 bei – 40 °C	100 bis – 40	[3.19]
Thermoplast Polysulfon	0	1,24	50	2700	4 bei + 23 °C 3 bei – 40 °C	160 bis – 40	[3.19]
Thermoplast Polysulfon	30	1,45	135	10000	8,5 bei + 23 °C 8,5 bei – 40 °C	160 bis – 40	[3.19]
Polypropylen 2500 PCX	0	0,90	22	1000	15 bei + 23 °C 4,5 bei – 30 °C	130 bis – 20	[3.19]
Polypropylen 2511 PCX TA5	0	1,09	25	2500	4,5 bei + 23 °C 2,4 bei – 30 °C	130 bis – 10	[3.19]
Duroplast Faserverbund Prepreg G12	vorh.		z = 80 b = 194	Zug 10750 Biege 15000	110 bei + 23 °C		[3.19]
Duroplast Faserverbund Prepreg F10	vorh.		z = 95 b = 190	Zug 10000 Biege 11500	120 bei + 23 °C		[3.19]
Polyesterharz	0	1,25	80	3000			[3.10]
Glasfasern ⌀ = 9 µm	100	2,52	1450	73000			[3.10]
GFP Matte	30	1,47	105	8500			[3.10]
GFP Gewebe	60	1,78	230	21000			[3.10]
GFP Gewebe 90 % gerichtet	60	1,78	520	30000			[3.10]
GFP Rovings 100 % gerichtet	60	1,78	640	32500			[3.10]
GFP Rovings 100 % gerichtet	80	2,08	1000	50000			[3.10]

Stahl und bei großem Übersetzungsverhältnis ist das möglich. Es ergibt sich ein geringeres Federvolumen und eine wesentlich geringere Masse. Der Kraftangriff in Ort und Richtung kann exakt festgelegt werden. Dadurch ergeben sich günstige Voraussetzungen für eine gezielte Beeinflussung der Elastokinematik der Achse.

3.3.3 Luftfedern

Würde man im Bild 3.2 die Luft zum Vergleich mit heranziehen, bekäme man zwar Schwierigkeiten mit dem E-Modul, aber sie würde bezüglich ihres Arbeitsaufnahmevermögens sehr gut abschneiden. Ein geschlossenes Luftvolumen ist elastisch. Der Vergleich gasförmiger und flüssiger Medien mit festen Federwerkstoffen ist nur möglich, wenn man den Aufwand für die Umhüllung einbezieht. Von den reinen Luftfedern unterscheidet man zwischen den zwei Typen:

1. Faltenbalg

2. Rollbalg, auch Schlauchrollbalg genannt.

Der Faltenbalg ist bezüglich seiner Herstellungstechnologie vom Reifen abgeleitet. In Tafel 3.7 sind die wichtigsten Parameter von drei Größen angegeben.

Die Berechnung der Federkraft erfolgt nach der Gleichung

$$F = p \cdot A_{\mathrm{W}} \quad \text{in N};$$
(3.5)

p Überdruck in MPa = N/mm^2

A_{W} wirksame Fläche in mm^2

Auf Tafel 3.7 ist ein Luftfeder-Faltenbalg dargestellt. Da A_{W} keine am Balg unmittelbar meßbare Größe ist und sich über den Federweg ändert, ermittelt man sie auf dem Prüfstand, indem man p und F Punkt für Punkt mißt und A_{W} errechnet. In Tafel 3.7 ist der Verlauf von A_{W} mit eingetragen. Bezogen auf den Faltenbalg liegt der wirksame Durchmesser D_{W}, aus dem man A_{W} errechnen kann, etwa an der Stelle, an der eine Tangente an die Wulst des Faltenbalges rechtwinklig zur Belastungsrichtung verläuft. Da sich beim Ein- und Ausfedern sowohl die wirksame Fläche A_{W} als auch der Druck p ändern, ergibt sich für die Gleichung der Federsteife:

$$c = p \cdot \frac{dA_{\mathrm{W}}}{df} + A_{\mathrm{W}} \cdot \frac{dp}{df} \quad \text{in N/mm}.$$
(3.6)

Das erste Glied berücksichtigt die Änderung der wirksamen Fläche und das zweite Glied den Druckanstieg infolge der Zusammendrückung der Luft. Das zweite Glied unterscheidet sich zwischen isothermer (ohne Temperaturänderung, z.B. Temperaturaustausch mit der Umgebungsluft) und adiabater Verdichtung (ohne Wärmeaustausch, also z.B. mit der Temperaturerhöhung, die der Volumen- und Druckänderung entspricht). Bei endlichem eingeschlossenem Volumen wirkt die Luftfeder bei isothermer Druckänderung etwas weicher als bei adiabater. Diesen Einfluß schaltet man aus, wenn man ein sehr großes Zusatzvolumen anschließt,

Tafel 3.7: Kennwerte der Luftfeder-Faltenbälge [3.11]

Typ	F_{max} kN	F bei $p = 0,5$ MPa kN	D_{max} mm	f_{stat} mm	Ausfeder- weg mm	Einfeder- weg mm	Balg- volumen dm³	Betriebsdruck max/min MPa
F 209	8,2	3,6	165	150	60	80	1,2	1/0,30
F 210	18,6	8,6	250	210	80	80	3,8	1/0,15
F 211[1]	30,0	19,0	308	200	100	125	9,1	0,8/0,03

[1] verwendbar statt Conti 608

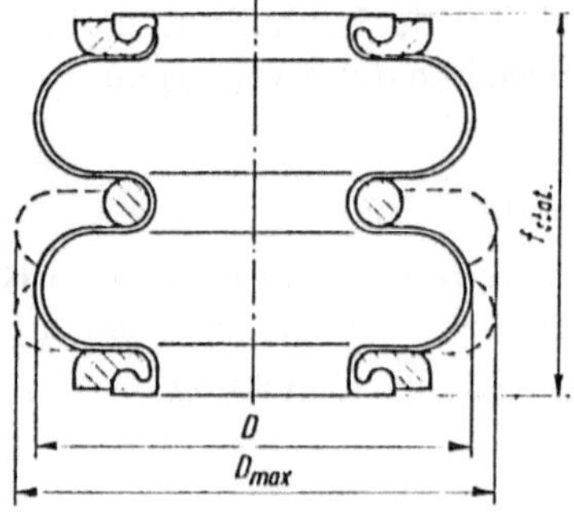

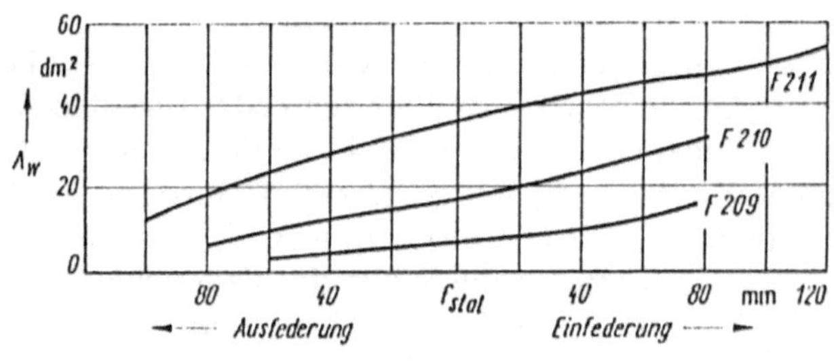

denn dann wird

$$\frac{dp}{df} = 0$$

und

$$c = p \cdot \frac{dA_w}{df} \tag{3.6a}$$

Die Gl. (3.6a) kann man als Begründung für die Entwicklung der Schlauchrollbälge ansehen. Man kann mit dem Schlauchrollbalg nach Tafel 3.8 A_w über f veränderlich machen und dadurch $c\,(f)$ den Wünschen gut anpassen. Die

Tafel 3.8: Kennwerte der Luftfeder-Rollbälge, aus [3.11]

Typ	F_{max} kN	F bei $p = 0,5$ MPa kN	D_{max} mm	f_{stat} mm	Ausfederweg mm	Einfederweg mm	Balgvolumen dm^3	Betriebsdruck max/min MPa	Verwendet statt	A_w dm^2
B 70	30	24	320	245	80	80	7,6			4,8
B 85	35	29,5	370	320	100	100	13,6			5,9
B 87	25	18	267	260	100	120	5,8			3,6
B 103	20	17	267	260	100	90	5,8			3,4
B 104	35	30	370	350	180	180	17,7			6,0
B 106	25	17	260	260	100	80	5,0			3,4
B 107	20	14,7	260	265	100	80	5,2	0,7/0,13	Ceat 8,75–80	3,0
B 114	31,5	24,5	310	285	140	100	10,5	0,65/0,1	Conti 661N	4,7
B 115	35	25	325	260	100	100	9,0			5,0
B 119[1]	30	24	300	260	100	100	6,7			4,8
B 120	32	32	360	310	120	120	16,7	0,5/0,1	Conti 662N	6,4
B 121	28	20	300	285	120	100	9,4	0,7/0,1	Conti 664N	4,0
B 143	32	32	360	310	125	135	14,4	0,5/0,03	C 762N	6,4
B 150	35	31	370	405	180	180	20,0			6,2
B 152	28,5	20	300	345	200	125	11,0	0,7/0,03	C 720N	4,0
B 153	31,5	31,5	360	375	300	130	18,5	0,5/0,03	C 719N	6,3

[1] mit Stützkorsett

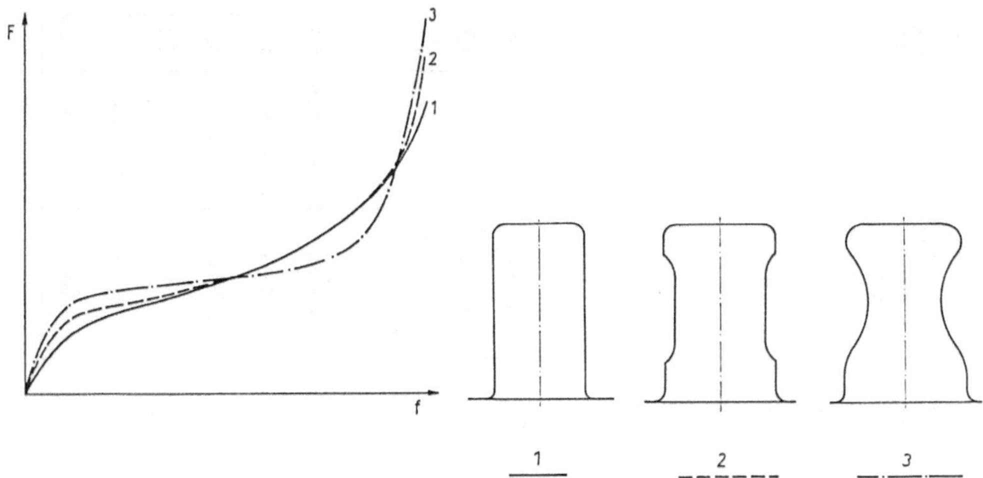

Bild 3.42 Auswirkung der Kolbenform auf die Rollbalg-Federkennlinie

Anpassung geht so weit, daß man selbst ohne Zusatzvolumen durch die Form des in den Balg eindringenden Blechkolbens praktisch jede gewünschte Federkennlinie realisieren kann. Auf Bild 3.42 sind drei Beispiele für eine solche Beeinflußbarkeit im Prinzip dargestellt.

Ein Beispiel für den Luftfedereinbau wurde bereits in den Bildern 2.28 und 2.29 angegeben. Dort werden Luftfeder-Faltenbälge des Typs F 209, die Ende der fünfziger Jahre gemeinsam vom ZEK für den Kraftfahrzeugbau Karl-Marx-Stadt und dem Gummikombinat Waltershausen entwickelt wurden, verwendet. Sie bewähren sich dort als gegen Querverschiebungen unempfindliche Arbeitszylinder. Im Nutzfahrzeugsektor haben sich die Rollbälge bei Fahrzeugen mit anspruchsvollerem Fahrwerk eingeführt, Bild 2.73. Die Verwendung eines Luftfederrollbalgs als Zusatzfeder zur Schraubenfeder zeigt Bild 3.43: eine Lösung, die die Vorteile der einfachen Stahlschraubenfeder mit der leicht regelbaren Luftfeder zu einer Federung mit Niveauregelung verbindet.

3.3.4 Hydropneumatische Federn

Die hydropneumatische Federung ist mit der Fa. Citroen verbunden und benutzt auch ein gasförmiges Medium zur Federung. Es wird anstatt Luft das chemisch passive Stickstoffgas gewählt. Das Federelement baut sich aus dem in einer Stahlkugel befindlichen Gasraum auf, der gegenüber dem in diese Kugel hineinreichenden Hydraulikraum durch eine Membran abgedichtet ist. Der Hydraulikraum steht mit dem Kolbenraum in Verbindung, und der Kolben stützt sich auf dem Lenker der Radaufhängung über eine Stößelstange ab, Bild 3.44. Die Niveauregelung erfolgt dadurch, daß die Höhe des hydraulischen Polsters zwischen Kolben und Gasraum durch ein aus Pumpe und Speicher bestehendes Hydrauliksystem verändert wird. Die Übergangsstelle vom Zylinder zur Stahlkugel bietet sich zur Ausbildung einer Drosselstelle an, und mit ihr wird in der gleichen Weise wie bei einem Einrohrstoßdämpfer die Dämpfung gewährleistet.

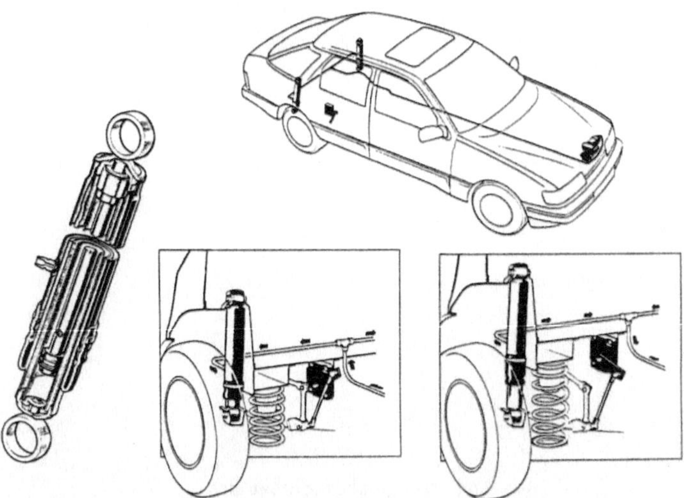

Bild 3.43 Federung am Ford Scorpio mit Niveauregelung an der Hinterachse
Neben der Schraubenfeder sind Stoßdämpfer mit Luft-Zusatzfeder eingebaut. Die Luftfeder wird
von einem elektrisch angetriebenen Verdichter, der im Motorraum untergebracht ist, versorgt. Die
Steuerung erfolgt von der Hinterachse aus, wie das Bild für die zwei Extremstellungen zeigt

Während die Luftfederung in Druckbereichen um 0,5 MPa = 500 kPa arbeitet, ist
der Druck bei der hydropneumatischen Feder wesentlich höher. Die wirksame
Fläche ist bedeutend kleiner, aber ansonsten gelten unter Berücksichtigung des
Stickstoffs bei der Gaskonstante dieselben Gleichungen wie bei der Luftfederung.
Die wirksame Fläche ist konstant, so daß für die Federsteife c nur das 2. Glied aus
Gleichung (3.6)

$$c = A_{\mathrm{w}} \cdot \frac{dp}{df} \quad \text{in N/mm} \tag{3.6b}$$

gilt. Erweitert man

$$\frac{dp}{df} = \frac{dp}{dV} \cdot \frac{dV}{df},$$

dann ist $\dfrac{dV}{df}$ darin konstant k_{f}, so daß man

$$c = A_{\mathrm{w}} \cdot k_{\mathrm{f}} \cdot \frac{dp}{df} \quad \text{in N/mm} \tag{3.6c}$$

schreiben kann. Die Druckerhöhung beim Einfedern, dynamisch, erfolgt nach der
Gleichung für die adiabate Zustandsänderung

$$\frac{P_1}{P_2} = \left(\frac{V_2}{V_1}\right)^{\kappa} \tag{3.7}$$

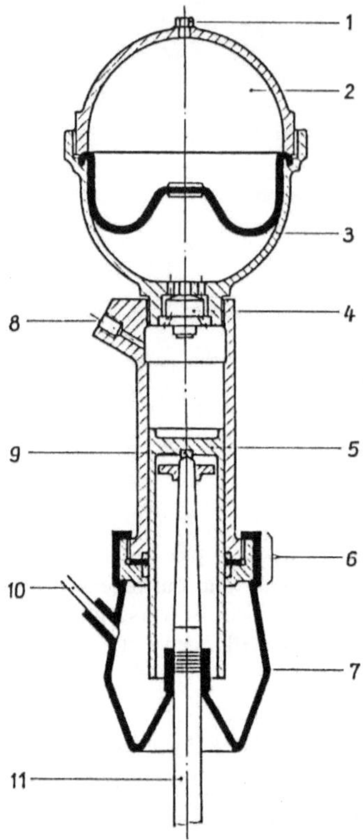

Bild 3.44 Prinzipieller Aufbau des hydropneumatischen Federbeins

1 Gas-Einfüllöffnung; 2 Stickstoffüllung; 3 Membrane; 4 Stoßdämpfer; 5 Kolben; 6 Dichtsystem; 7 Dichtmanschette; 8 Zuleitung für Drucköl; 9 Druckstück für Stößelabstütztung; 10 Rücklauf; 11 Stößel

Exponent $\kappa = 1{,}4$ bei zweiatomigen Gasen und ergibt eine progressiv ansteigende Kennlinie.

Bei der Niveauregelung kann man jeweils den Temperaturausgleich annehmen, so daß die Gleichung für die isotherme Zustandsänderung gilt:

$$\frac{P_1}{P_2} = \frac{V_2}{V_1}.$$

(3.8)

Die Änderung der Achslast führt zu einer Druckänderung in der Hydraulik. Aus dem Volumenverhältnis läßt sich unmittelbar errechnen, wieviel Hydraulikflüssigkeit zugeführt werden muß. Auch die Isotherme ist eine progressive Kennlinie, aber mit etwas flacherem Anstieg, die es leicht ermöglicht, in allen Belastungszuständen annähernd gleiche Eigenschwingungszahlen zu verwirklichen. Durch die Niveauregelung kann dies auch eine sehr niedrige Eigenschwingungszahl sein, die hohen Fahrkomfort gewährleistet.

Die hydropneumatische Federung wird von Citroen seit 1955 serienmäßig verwendet. Zur damaligen Zeit sorgte sie für Aufsehen. Obwohl sie damals sehr positiv eingeschätzt worden ist und die Grundpatente längst abgelaufen sind, erfolgte ihre breite Einführung nicht. Drei Gründe sind dafür wahrscheinlich:

1. Die hydropneumatische Federung ist wesentlich kostenaufwendiger als eine Schraubenfederung.
2. Durch eine größere Anzahl von Teilen, die die Funktion unmittelbar beeinflussen und verschleißbehaftet sind, ist ihre Zuverlässigkeit und Lebensdauer geringer, was sich beim Wiederverkaufswert der damit ausgerüsteten Fahrzeuge nachteilig auswirkt.
3. Wenn der Motor defekt ist, fehlt auch der Hydraulikdruck und das Fahrzeug kann dann nicht so einfach wie bei anderer Federung abgeschleppt werden.

Mit der Luftfederung gemeinsam hat sie den Vorteil, daß sie mit Niveauregelung arbeitet. Bei jeder Beladung haben solche Federungen in Ein- und Ausfederungsrichtung einen angemessenen Federweg zur Verfügung und sie können dementsprechend weich ausgelegt werden. Bei der hydropneumatischen Federung kommen gegenüber der reinen Luftfederung die günstigeren Voraussetzungen für die Dämpfung und die kleineren Abmessungen als Vorteile hinzu.

Durch die weiche Federung ergibt sich besonders hoher Federungskomfort. Ein Beispiel ist die hydropneumatische Federung beim Mercedes-Benz 600 SEL/SE, Bild 3.45a und 3.45b.

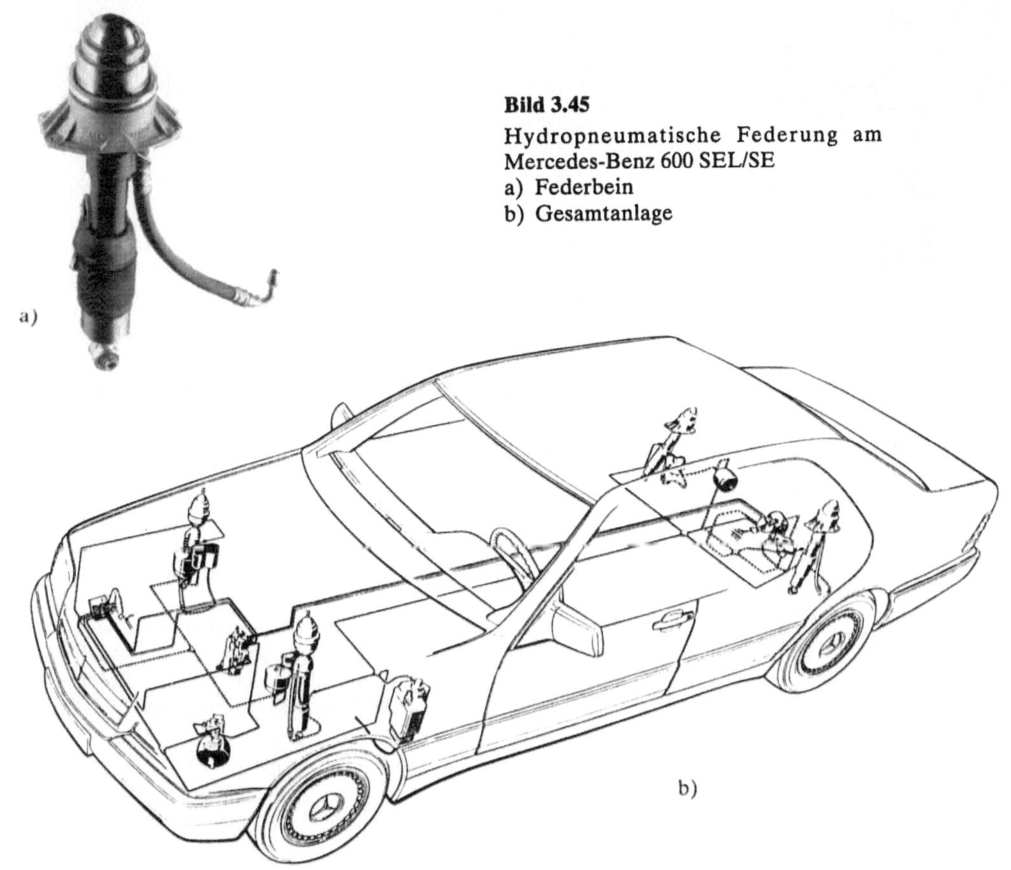

Bild 3.45
Hydropneumatische Federung am
Mercedes-Benz 600 SEL/SE
a) Federbein
b) Gesamtanlage

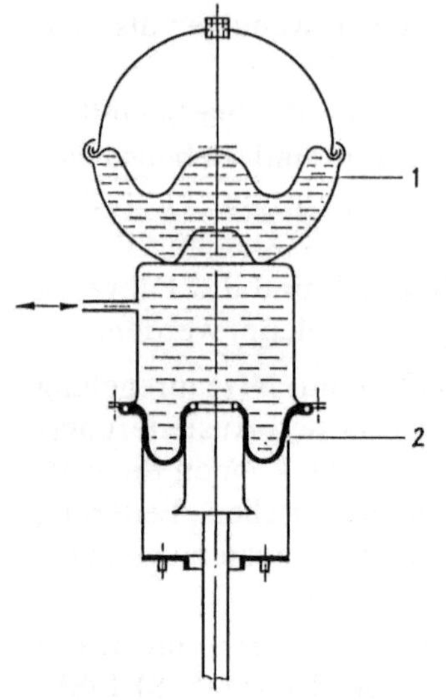

Bild 3.46

Hydra-Gas-Federelement von Dunlop im Prinzip
Die verschleißempfindliche Paarung Zylinder-Kolben
der hydropneumatischen Feder nach Bild 3.44 ist
durch einen Rollbalg ersetzt.
1   Membrane, die verhindert, daß das Stickstoffgas
    sich unter die Flüssigkeit mischt
2   hochbelasteter Rollbalg; die Drücke in der Hydra-
    Gas-Feder sind höher als in der reinen Luftfeder

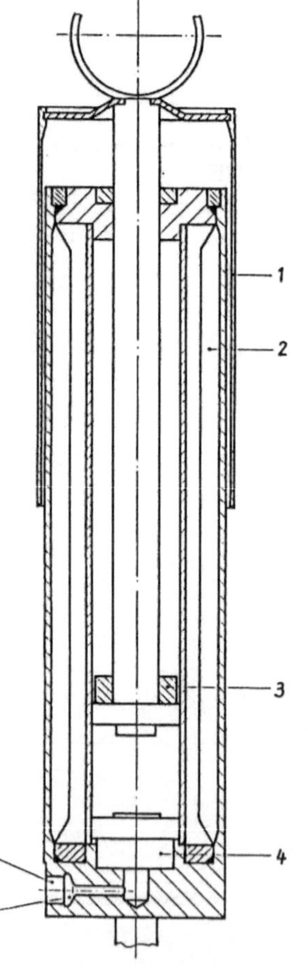

Bild 3.47

Ein hydropneumatisches Federelement der jüngeren Generati-
on im Prinzip
Es hat die Form eines Teleskopstoßdämpfers und wurde nur
für die beiden Räder der Hinterachse vorgesehen. Es ist ein
hinsichtlich Federkraft und Dämpfkraft anpassungsfähiges
Federelement, das nach einem Patent von Armstrong arbeitet.
1 Sensor für den Einfederungszustand; 2 Stickstoffgasfeder; 3
Elektromagnetventil im Kolben; 4 Elektromagnetventil im
Boden; 5 Hydraulikanschluß; 6 Minimaldruckventil
Es wird ein Hydraulikdruck von 1725 kPa angegeben (aus
[3.17]).
Mit den Elektromagnetventilen 3 und 4 ist hier auch die
Dämpfung einstellbar. Zur Regelung gehen Signale von den
Federelementen, vom Geschwindigkeitsmesser, der Bremse
und der Lenkung zu einem Zentral-Microcomputer

Austin war von der Gummifeder mit hydraulischer Betätigung wegen der im Abschnitt 3.3.1 genannten Gründe abgegangen und verwendete die Hydra-Gas-Federung. Den Aufbau der Hydra-Gas-Feder von Dunlop zeigt Bild 3.46. Es gibt immer wieder Bemühungen, den Vorteil der Niveauregelung mit der hydropneumatischen Federung zu nutzen, auf der anderen Seite aber die gegen Störungen unempfindliche Stahlfederung dort beizubehalten, wo die Niveauregelung nicht unbedingt erforderlich ist. Man kann auch beides kombinieren. Als Grundfederung benutzt man dann eine Stahlfeder und nur als Zusatzfeder die hydropneumatische Feder, mit der sowohl die Niveauregelung als auch die einstellbare Dämpfung realisiert werden. Ein Beispiel im Prinzip zeigt Bild 3.47.

Das Ergebnis der Weiterentwicklung der hydropneumatischen Federung von Citroen ist die „hydractive Federung", Bilder 3.48 und 3.49. Durch wahlweise Koppelung der Federn ergibt sich eine weitgehende Anpassung der Federsteife und der Dämpfung an verschiedene Fahrbedingungen. Normalerweise (laut Citroen ca. 85 % der Fahrzeit) ist die weiche Federung wirksam. Die Volumina aller drei Federn einer Achse sind miteinander verbunden. Bei einem Einzelhindernis wirken über die zusätzlichen Dämpfereinsätze auch die übrigen zwei Federn der Achse mit, ähnlich einer Verbundfederung. Wird infolge der zum Computer geleiteten Signale die harte Federung eingestellt, so wird der Öldurchfluß zwischen den Federn versperrt. Die Entkoppelung hat ähnliche Wirkung wie ein zugeschalteter Stabilisator. Dieses System bewirkt eine Regelung der Federung und der Dämpfung. Die Bilder 3.50 und 3.51 lassen den Einbau der hydractiven Federung in die Radaufhängungen erkennen.

Wie die bisherigen Beispiele zeigten, wird die hydropneumatische Federung vorzugsweise bei größeren Fahrzeugen eingesetzt, die ohnehin eine zentrale Hydraulikanlage besitzen. Dabei hätten gerade die Kleinen aufgrund ihrer viel größeren Achslastunterschiede zwischen leer und beladen die Niveauregelung

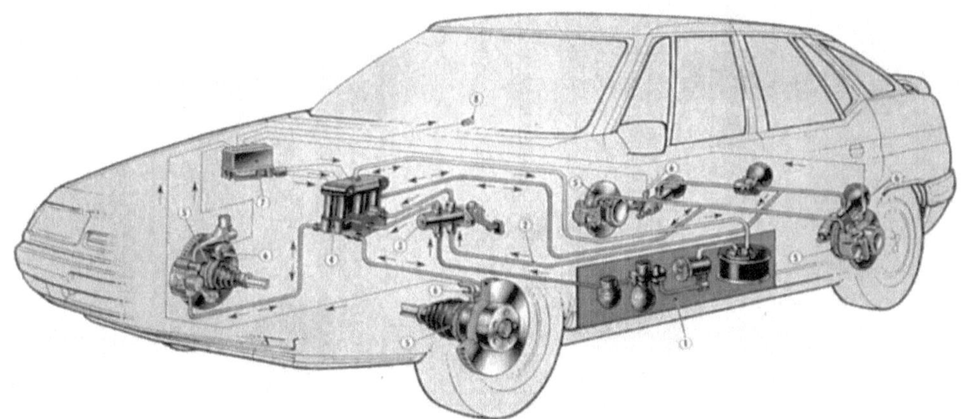

Bild 3.48 Elektronische Steuerung der hydropneumatischen Federung an den XM-Modellen von Citroen mit „hydractive Federung" bezeichnet.
1 Computer, 2 Lenkradsensor für Lenkradwinkel und Einschlaggeschwindigkeit, 3 Beschleunigungs- oder Verzögerungssensor, 4 Bremssensor, 5 Geschwindigkeitssensor, 6 Sensor für Karosseriebewegungen, 7 Elektroventil, 8 Stellmechanismus, 9 zusätzliche Feder, 10 Feder vorn, 11 Feder hinten

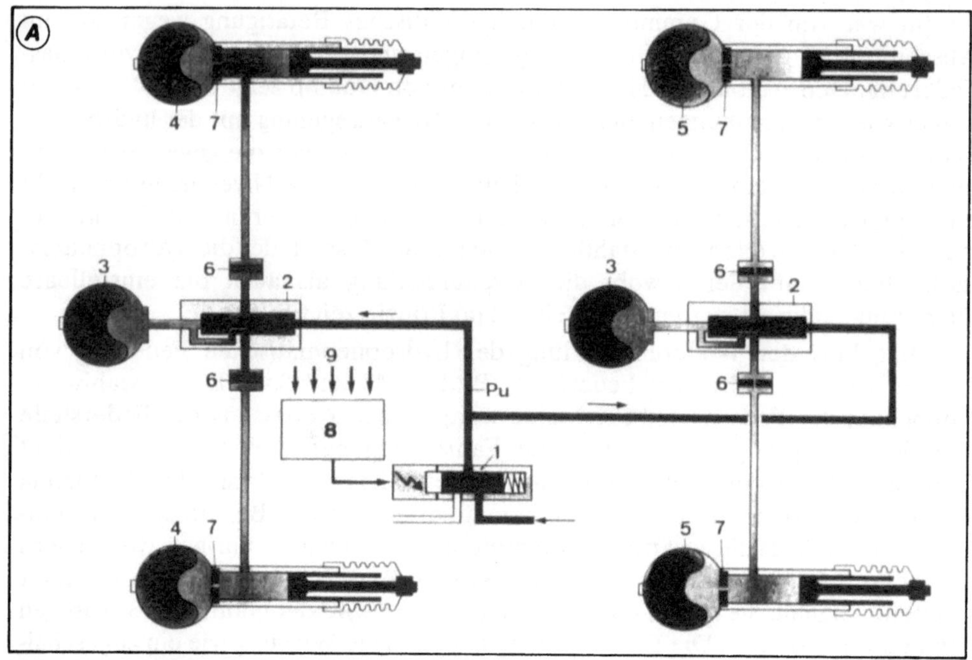

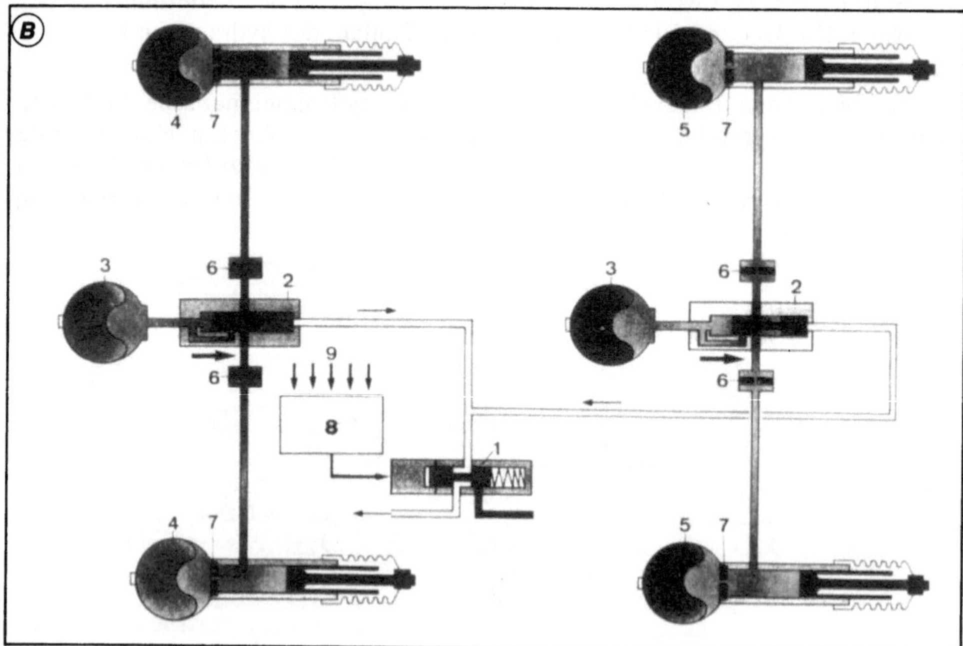

Bild 3.49 Hydractive Federung im Prinzip
A weiche Abstimmung
B harte Abstimmung
1 Elektroventil, 2 Stellmechanismus, 3 zusätzliche Feder, 4 Feder vorn, 5 Feder hinten, 6 zusätzliche Dämpfereinsätze, 7 Dämpfereinsätze, 8 Computer, 9 Eingang der Sensorsignale

Bild 3.50
Vordere Radaufhängung der
XM-Modelle von Citroen

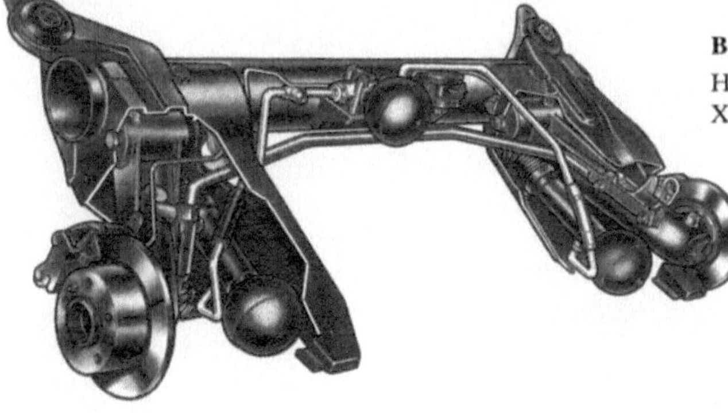

Bild 3.51
Hintere Radaufhängung der
XM-Modelle von Citroen

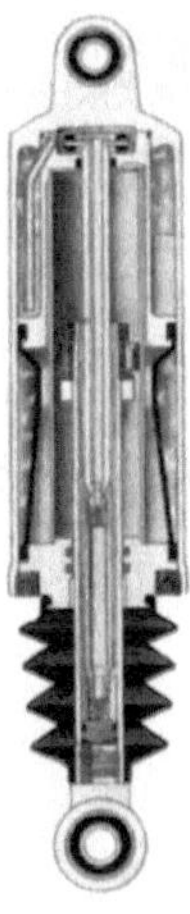

Bild 3.52
Boge Nivomat, eine hydropneumatische Feder mit selbsttätiger Niveauregelung, geeignet für den nachträglichen Einbau. Unter Ausnutzung der
Schwingungen zwischen Achse und Aufbau wird nach Zuladung auf 500 bis
1500 m Fahrstrecke, – abhängig von den Fahrbahnunebenheiten – selbsttätig
das Niveau erreicht. Nach dem Entladen hebt sich der Aufbau und es stellt
sich sofort das Normalniveau wieder ein

nötig. Eine auch für Fahrzeuge ohne Hydraulikanlage geeignete hydropneumatische Feder zeigt Bild 3.52. Sie pumpt sich selbst auf und bewirkt z.B. als Zusatzfeder die Niveauregelung.

3.3.5 Ölfedern

Da Öl für den Stoßdämpfer ohnehin erforderlich ist, lag der Gedanke nahe, dessen Kompressibilität zur Federung zu nutzen.

Wie schon bei der eingeschlossenen Luft bekommt man auch im Öl eine ideale Spannungsverteilung auf Druck, wenn man sie z.B. mit der Spannungsverteilung in der Stahlfeder vergleicht. Der Vergleich nach Bild 3.2 gilt nur mit Einschränkungen, da man das Öl einschließen und den Kolben abdichten muß. Die Kompressibilität des Öls ist auch nicht exakt der Druckerhöhung proportional.

Da sehr hohe Druckspannungen zugelassen werden können, ist Öl ein interessanter Federwerkstoff, siehe Bild 3.2. Es wurden schon vor Jahrzehnten Ölfedern mit selbsttätiger Niveauregelung entwickelt, gebaut und erprobt [3.14], [3.15]. Sie haben dabei ihre Eignung nachgewiesen. Im Bild 3.53 ist eine Feder aus dieser Entwicklung dargestellt. Bei Federn mit selbsttätiger Niveauregelung macht es sich erforderlich, sie für jede Achse zentral und nicht für rechtes und linkes Rad

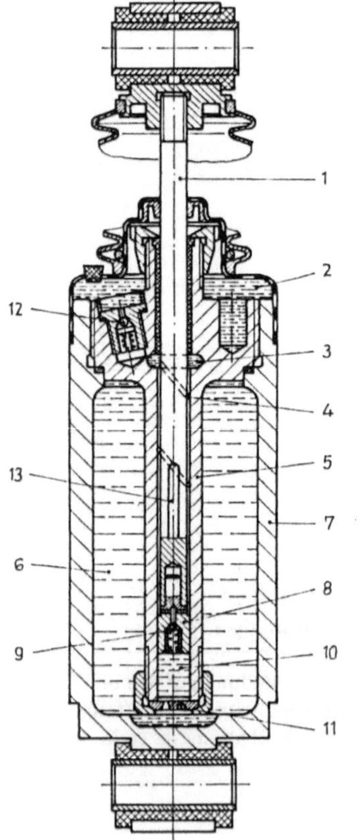

Bild 3.53
Ölfeder mit selbsttätiger Niveauregelung
1 Kolbenstange; 2 Reserveraum; 3 Saugraum; 4 Ausgleichnut;
5 Führungszylinder; 6 Druckraum I; 7 Druckkörper; 8 Kolben;
9 Kugelventil; 10 Druckraum II; 11 Dämpfungsbohrungen; 12
Kugelventil; 13 Steuerfläche
Funktion beim Aufpumpen:
Einfedern: Druckerhöhung in 10 und über 11 auch in 6; 9 ist
geschlossen, und es wird Öl aus 2 über 12 in den Raum 3
nachgesaugt.
Ausfedern: Druckerhöhung in 3 und Überströmen des Öls aus
3 über 9 in 10.
Nach dem Erreichen des Normalniveaus stehen die aufge-
pumpte und die über 4 und 13 abgelassene Ölmenge im
Gleichgewicht

getrennt wirken zu lassen. Bei rechts und links getrennt wirkenden Federn kommt es während des Aufpumpens, was ja bei selbsttätiger Niveauregelung auf den ersten Metern oder Kilometern nach dem Zuladen erfolgen muß, zu Differenzen in der Radlast und in der Federsteife. Das Fahrverhalten wird dadurch auf dieser „Aufpumpstrecke" zu sehr gestört. Die Lösung an der Hinterachse und einer zentral angeordneten Feder, z.B. als Ölfeder mit selbsttätiger Niveauregelung, erscheint so attraktiv, daß man sich nicht wundern muß, wenn dieser Weg wieder aufgegriffen und bei einem Serienfahrzeug eingeführt wird. Man muß zwar mit einem etwa 10mal so hohen Druckniveau gegenüber der hydropneumatischen Feder arbeiten, aber die Anpassung an enge Raumverhältnisse ist dementsprechend vorhanden. Ein gewisser Nachteil besteht darin, daß bei der zentral angeordneten Ölfeder Stoßdämpfer an den Rädern zusätzlich erforderlich werden. Einen Überblick über das benötigte Ölvolumen und die Masse der Feder gibt Bild 3.54.

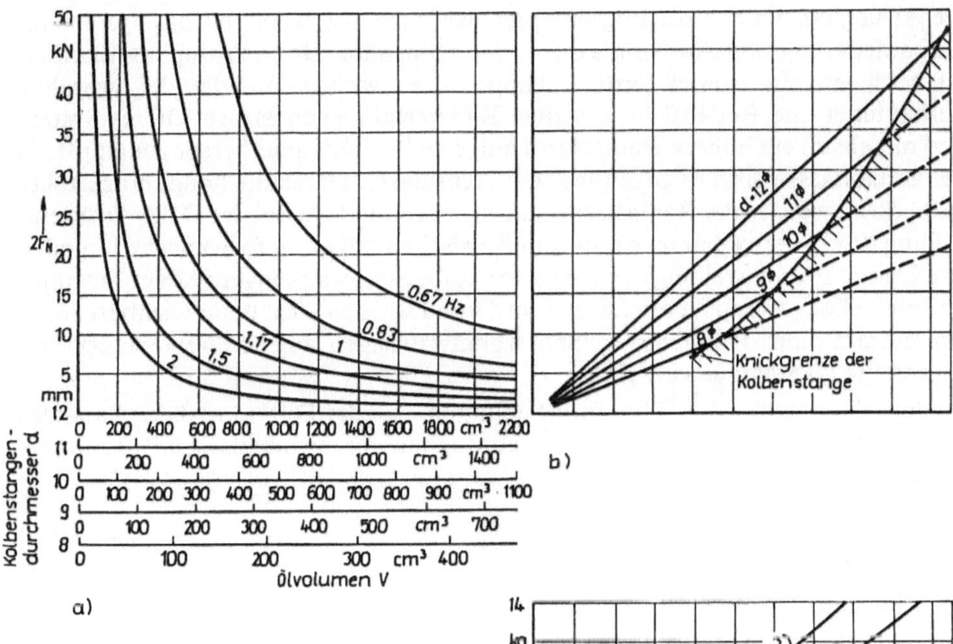

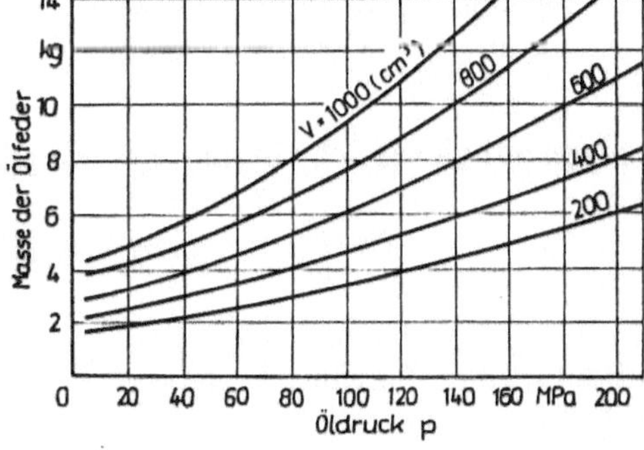

Bild 3.54

Nomogramm zur Bestimmung des Kolbenstangendurchmessers, des Ölvolumens und der Masse der Ölfeder in Abhängigkeit von der Achslast und der Eigenschwingungszahl bei einem Übersetzungsverhältnis von Radweg zu Federweg von 2 : 1

3.4 Schwingungsdämpfer

3.4.1 Allgemeines

Für den hydraulischen Schwingungsdämpfer ist auch die Bezeichnung Stoßdämpfer verbreitet. Schwingungsdämpfer trifft auf die Funktion aber wesentlich besser zu, da nur die Schwingungen in der Nähe der Eigenfrequenz gedämpft werden. Bei Erregungen oberhalb etwa des $\sqrt{2}$-fachen Betrags der Eigenfrequenz erfolgt theoretisch und praktisch eine Stoßverstärkung, d.h., Amplitude, Geschwindigkeit und Beschleunigung werden beim gedämpften System gegenüber dem ungedämpften erhöht. Bei den Stößen infolge Fahrbahnunebenheiten ist sowohl infolge der Form der Unebenheit als auch infolge der Fahrgeschwindigkeit der Flankenanstieg steiler anzunehmen als der einer Sinuswelle, die den Aufbau in der Eigenfrequenz erregen würde. Bei den daraus resultierenden Stößen auf den Fahrzeugaufbau wäre aber der Stoßdämpfer in Wirklichkeit ein Stoßverstärker. Da sich aber der Begriff Stoßdämpfer und im englischen shock-absorber durchgesetzt haben, werden hier die Bezeichnungen Zweirohr- und Einrohrstoßdämpfer beibehalten.

Die Auslegung des Schwingungsdämpfers wäre einfach, wenn nur das System aus Aufbaufederung und Aufbaumasse zu dämpfen wäre. Der Schwingungsdämpfer hat noch auf ein zweites System dämpfend zu wirken, auf das der zwischen Aufbaufeder und Reifenfeder mit dem Rad verbundenen Masse. Dieses System wird mit einem auf höhere Dämpfkraft eingestellten Dämpfer besser gedämpft, da die Aufbaumasse groß ist gegenüber der Achsmasse. Durch die höher eingestellte Dämpfkraft werden die Radlastschwankungen gemindert. Bei der Dämpfkrafteinstellung ist ein vertretbarer Kompromiß zwischen höherem Fahrkomfort (niedrigere Dämpfkrafteinstellung) und geringen Radlastschwankungen (höhere Dämpfkrafteinstellung) zu suchen. Aus diesem Grund werden auch beim vorübergehenden Einsatz eines Fahrzeugs in Sportveranstaltungen auf höhere Dämpfkräfte eingestellte Dämpfer gewünscht.

Bei der Abschätzung der Dämpfkraft geht man von der Differentialgleichung des Einmassensystems aus. Es wird der Schwingungsgeschwindigkeit proportionale Dämpfung angenommen:

$$m\,\ddot{z} \;+\; k\,\dot{z} \;+\; c\,z = 0$$

$$\underset{\substack{\text{Trägheits-}\\\text{kraft}}}{\nearrow} + \underset{\substack{\text{Dämpf-}\\\text{kraft}}}{\uparrow} + \underset{\substack{\text{Feder-}\\\text{kraft}}}{\nwarrow} = 0 \tag{3.9}$$

Bezogen auf dieses Schwingungssystem gibt es für die Lehrsche Dämpfung D, die aus

$$D = \frac{k}{2\,\sqrt{cm}} \tag{3.10}$$

gebildet wird, Erfahrungswerte.

Der Nenner

$$2\sqrt{c \cdot m} = k_{ap}$$

wird auch mit aperiodischer Dämpfung bezeichnet. Damit entspricht bei

$$D = \frac{k}{k_{ap}} \tag{3.10a}$$

$D = 1$ der aperiodischen Bewegung und
$D = 0$ der ungedämpften Schwingung.

Bei der Fahrzeugfederung liegt im allgemeinen D bei 0,3. Die Abweichungen von diesem Wert sind besonders vom System der zwischen Reifenfederung und Aufbaufederung eingespannten mit dem Rad verbundenen Masse abhängig, das ja bei der Bestimmung von D nicht mit einbezogen ist.

Obwohl allgemein bekannt, ist zu vervollständigen, daß bei an Lenkern angebrachten Federn und Schwingungsdämpfern fast immer ein Übersetzungsverhältnis zum Radweg auftritt. Dieses Übersetzungsverhältnis geht bei der Bestimmung von k und c im Quadrat ein, da es sich sowohl auf die Kraft als auch auf den Weg an der Feder und die Geschwindigkeit am Dämpfer auswirkt.

3.4.2 Aufbau der Schwingungsdämpfer

3.4.2.1 Zweirohr-Teleskopstoßdämpfer

Der prinzipielle Aufbau und die Funktion des Zweirohr-Teleskopstoßdämpfers gehen aus Bild 3.55 hervor. Dieser Typ ist am verbreitetsten. Die Ausbildung der einzelnen Teile des oft auch einfach mit Zweirohrdämpfer bezeichneten Hydraulikbausteins erfolgt hinsichtlich rationeller Fertigung und Montage. Die Stoßdämpfer gehören zu den Teilen am Fahrzeug, bei denen es anerkannt wird, daß sie nicht die Lebensdauer des Fahrzeugs erreichen. Es wurde zwar schon viel für die Lebensdauererhöhung getan, wie Verbesserung der Dichtung, carbonitrierte oder hartverchromte Kolbenstangen, deren Oberfläche besonders feingeschliffen und poliert ist, Weiterentwicklung des Kolbens und der Führung, Verbesserung des Stoßdämpferöls und Erhöhung der Zuverlässigkeit der Ventile.

3.4.2.2 Einrohr-Teleskopstoßdämpfer

Während es beim Zweirohrstoßdämpfer der Erhöhung der Lebensdauer diente, wenn die Kolbenstange hochglanzpoliert ist und die Führung und die Abdichtung verbessert wurden, sind dies beim Einrohrstoßdämpfer Grundvoraussetzungen, um die Funktion zu gewährleisten. Wie schon die Bezeichnung ausdrückt, fehlen hier das Mantelrohr und der Reserveraum. Um das durch das Eintauchen der Kolbenstange zu verdrängende Volumen auszugleichen, besitzen sie eine mittels verschiebbaren Kolbens oder Membrane abgedichtete Kammer. Von dort muß mittels Gasüberdruck oder Federkraft so stark gegen die ölgefüllte Kammer gedrückt werden, daß in keinem Belastungsfall Öl wegen zu geringen Drucks verschäumen kann. Der prinzipielle Aufbau des Einrohrdämpfers, Bild 3.56, ist

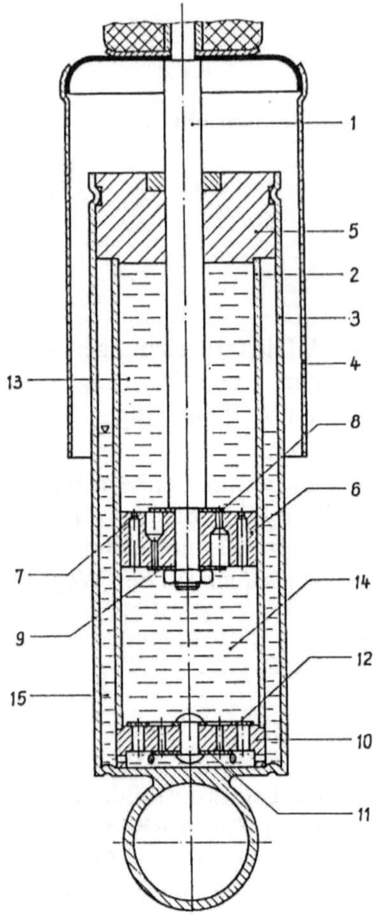

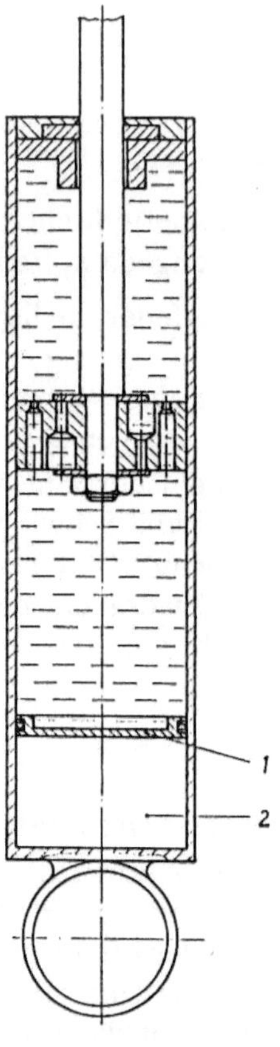

Bild 3.55

Zweirohrstoßdämpfer im Prinzip
1 Kolbenstange; 2 Zylinder; 3 Mantelrohr mit Boden; 4
Schutzrohr; 5 Führungsstück; 6 Kolben; 7
Drosselbohrungen; 8 Kolbenventil, Druckstufe; 9
Kolbenventil, Zugstufe; 10 Bodenventil; 11 Boden-
ventil, Druckstufe; 12 Bodenventil, Zugstufe; 13
Druckraum, oben; 14 Druckraum, unten; 15 Reserve-
raum
Funktion in Zugrichtung: Druckerhöhung in 13;
Druckabsenkung in 14; Durchfluß durch 7; 12 geöffnet,
und Ölspiegel in 15 sinkt; von einer bestimmten
Kolbengeschwindigkeit an öffnet 9
Funktion in Druckrichtung: Druckabsenkung in 13;
Druckerhöhung in 14; 8 geöffnet; 11 geöffnet, und
Ölspiegel in 15 steigt
Es ist üblich, die Dämpfkraft in der Zugstufe bei 9 und
in der Druckstufe bei 11 einzustellen

Bild 3.56

Einrohrstoßdämpfer im Prinzip
1 Trennkolben; 2 Gasraum mit
Stickstoffgas zum Ausgleich des
Kolbenstangenvolumens

wesentlich einfacher. Da aber höhere Forderungen an die Genauigkeit der an der Abdichtung beteiligten Teile gestellt werden müssen und die Montage zusätzlich einen Arbeitsgang erfordert, bei der die Feder mit Druckgas gefüllt wird, sind sie teuer. Einrohrstoßdämpfer haben hinsichtlich ihrer Wirkung Vorteile. Durch den Gasüberdruck sprechen sie sofort bei Inbetriebnahme des Fahrzeugs an, während Zweirohrdämpfer durch Undichtheit im Dämpfer schon einmal ein kleines Luftpolster aufweisen. Durch den Gasüberdruck sprechen sie bei kleinen Schwingungsamplituden ebenfalls besser an. In ihrem Aufbau sind sie auch den Gasfederstützen ähnlich, wie sie häufig an Heckklappen der PKW Verwendung finden. Auf die Beziehung zum hydropneumatischen Federelement wurde schon hingewiesen.

Eine besondere Ausführung für einen Gasdruck-Stoßdämpfer zeigt Bild 3.57. In dem Bereich des Zylinders, in dem der Kolben bei geringer Beladung arbeitet, ist eine Nut eingearbeitet. Diese Nut wirkt komfortverbessernd bei geringer Beladung und ebenen Fahrbahnen. Dagegen wird bei höherer Zuladung und bei Kurvenfahrt die erwünschte straffere Dämpfung erreicht.

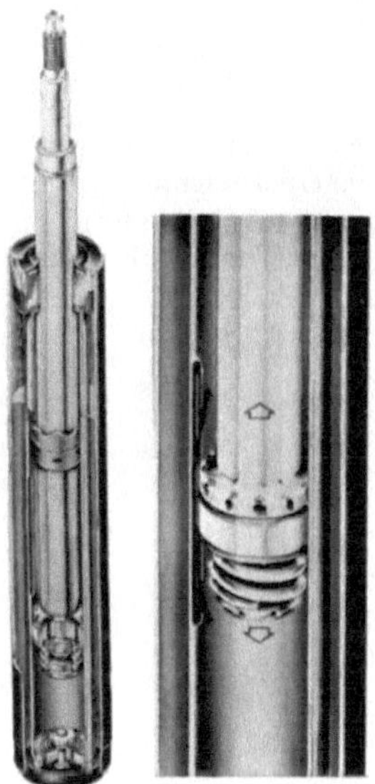

Bild 3.57
Boge pro gas – Gasdruckdämpfer mit weglastabhängiger Dämpfung
für beide Achsen
Im Zylinder ist eine Nut von bestimmter Länge und bestimmtem
Querschnitt eingearbeitet. Es werden weglastabhängig zwei unterschiedliche Öldurchlaßquerschnitte erreicht, die für die Komfortzone
und die Belastungszone bestimmend sind

3.4.2.3 Sonstige Dämpferausführungen

Obwohl es beim Hebelstoßdämpfer keine Probleme analog denen des Kolbenstangen-Volumenausgleichs beim Teleskopstoßdämpfer gibt, sind sie praktisch nicht mehr anzutreffen. Ursachen dürften das große Übersetzungsverhältnis und die ungünstige Lagerbeanspruchung sein. Auf dem Bild 1.54 ist ein Fahrgestell mit Hebelstoßdämpfern zu sehen.

In der Zeit der Fahrzeugentwicklung hat es auch verschiedene Formen von Reibungsdämpfern gegeben, die aber nur bescheidene Ansprüche erfüllten.

Im Zusammenhang mit der Weiterentwicklung der Federung und Dämpfung zu einem aktiven System, das Fahrbahnunebenheiten überrollen kann, ohne größere Vertikalbeschleunigungen auszulösen, wären auch Dämpfer interessant, die nach dem Prinzip des Wirbelstroms arbeiten, da sich ihre Intensität gut regeln läßt.

3.4.3 Stoßdämpfer mit regelbarer Dämpfung

Wie in Gl. (3.10) für die Lehrsche Dämpfung D zu erkennen, besteht eine Abhängigkeit von der Masse m und der Federsteife c. Die Masse des Fahrzeugaufbaus ändert sich mit der Zuladung und die Federsteife über den Federweg, Bild 3.3a. Außerdem wurde schon darauf hingewiesen, daß für eine besonders geringe Aufbaubeschleunigung (hoher Komfort) eine geringere Dämpfkraft nötig

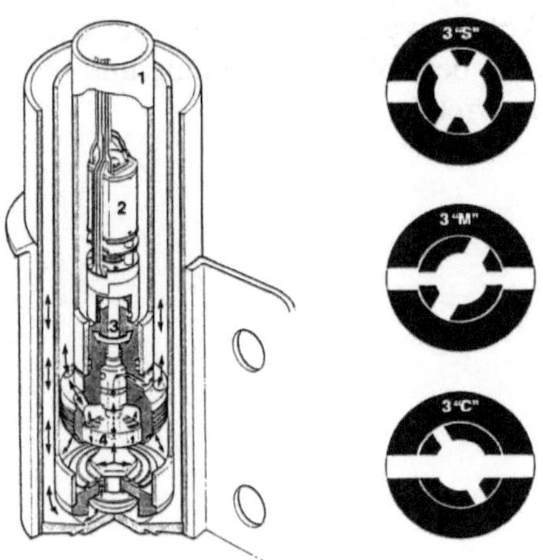

Bild 3.58
Elektrische Zuleitungen und Aufbau des regelbaren Dämpferventils am Opel Senator
1 hohlgebohrte Kolbenstange; 2 Stellmotor; 3 Stellkolben des einstellbaren Ventils; 4 Kolbenventil

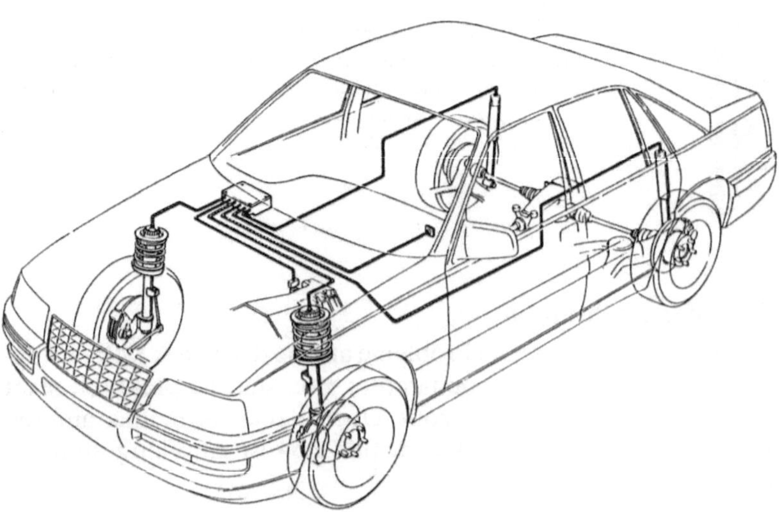

Bild 3.59 Aufbau der elektronisch regelbaren Fahrwerkdämpfung am Opel Senator

ist als für besonders geringe Radlastschwankung (Sicherheit auch bei sportlicher Fahrweise). Deshalb ist es naheliegend, die Dämpfung einstellbar zu machen. In den Bildern 3.58 und 3.59 ist die Ausführung der elektronisch gesteuerten Fahrwerkdämpfung des Opel Senator dargestellt. Der Fahrer hat die Wahl zwischen den Programmen Sport, Normal und Komfort. Ein zentrales Steuergerät sorgt dafür, daß die ausgewählte Stufe eingeschaltet wird, und überwacht das gesamte System kontinuierlich. Die Stellmotoren befinden sich in den Kolbenstan-

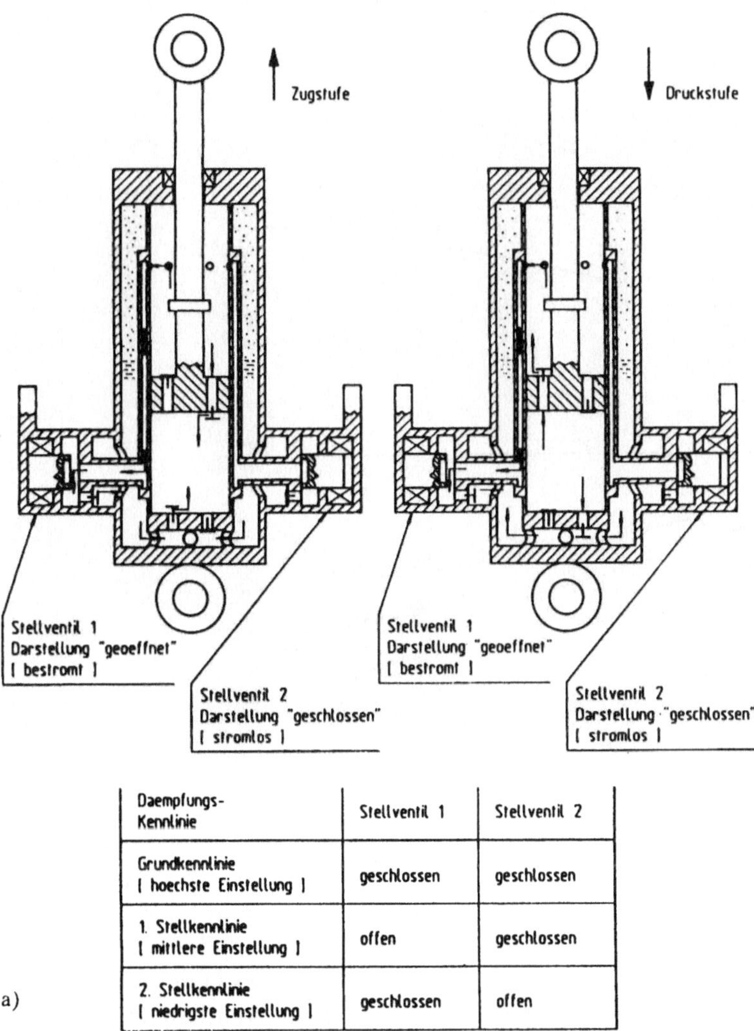

Daempfungs-Kennlinie	Stellventil 1	Stellventil 2
Grundkennlinie [hoechste Einstellung]	geschlossen	geschlossen
1. Stellkennlinie [mittlere Einstellung]	offen	geschlossen
2. Stellkennlinie [niedrigste Einstellung]	geschlossen	offen

a)

Bild 3.60 Variable Dämpfung von Boge am Zweirohr-Dämpfer mit 2 Stellventilen
a) Funktion im Prinzip, links Zugstufe, rechts Druckstufe
b) Dämpferkennlinien, erzielt aus federbelasteten Ventilen. Bei der Grundkennlinie wirken nur Kolben- und Bodenventil (S. 264)
c) Dämpfereinheit eines Federbeins mit Radträger und unterem Federteller (S. 265)

Bild 3.60 Fortsetzung

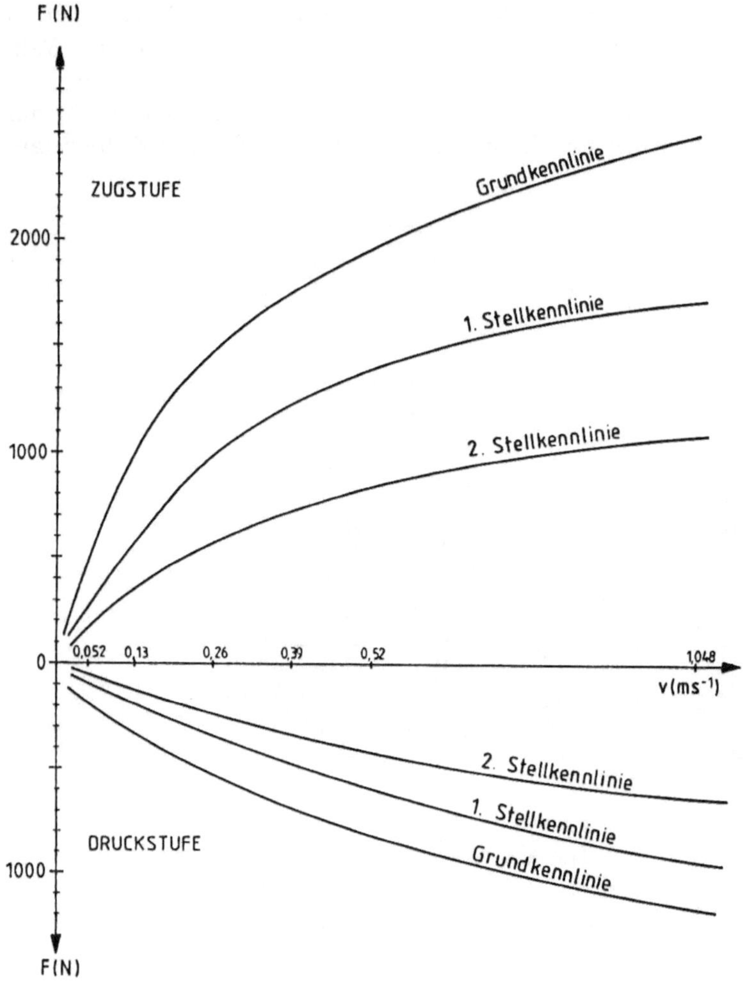

b)

gen der Dämpfer. Die Wirkung wird durch Veränderung des Durchströmquerschnitts erreicht. Integriert ist ein Selbstdiagnoseprogramm, das eventuelle Störungen melden und den Wagen dennoch fahrbereit halten soll.

Bild 3.60a zeigt im Prinzip den Boge Niederdruck-Zweirohr-Dämpfer mit zwei extern angebrachten und elektromagnetisch betätigten Stellventilen. Die variable Dämpfungsfunktion in Zug- (links) und Druckstufe (rechts) ist dargestellt. In der Tabelle sind drei der vier möglichen Kennungen aufgeführt. Die vierte Dämpfungscharakteristik ergibt sich aus der geöffneten Position beider Stellventile. Die auf Bild 3.60b schematisch dargestellten drei Dämpfungscharakteristiken werden in den Stellventilen vorwiegend mit federbelasteten Dämpfungsquerschnitten erzielt,

Bild 3.60 Fortsetzung

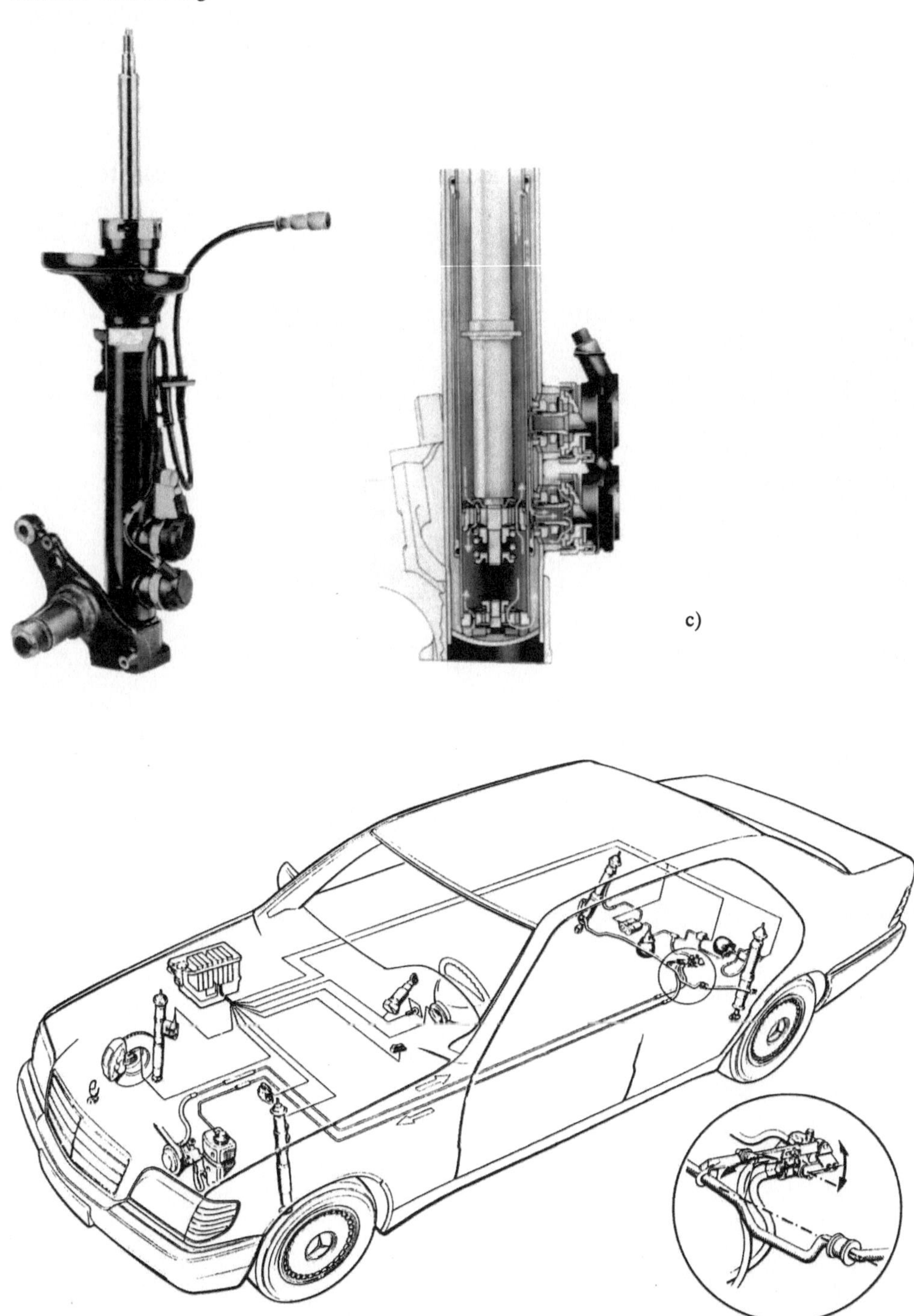

Bild 3.61 ADS (Adaptives Dämpfungs-System) eingebaut in den Mercedes-Benz Typen 300 SEL/SE
bis 600 SEL/SE

wobei die jeweiligen Ventile unterschiedlich bestückt sind. Diese Art der Kennlinienanpassung erlaubt fahrzeugspezifisch abgestimmte Optimierungen, hier durch Verwirklichung degressiver Charakteristiken. Die Grundkennlinie dient gleichzeitig als Sicherheitscharakteristik und ist mit den Einstellungen im Kolben- und Bodenventil des Dämpfers verwirklicht. Die praktische Ausführung des Dämpfers zeigt Bild 3.60c.

Auf Bild 3.61 ist der Einbau eines anpassungsfähigen Dämpfungssystems ins Fahrzeug dargestellt.

4 Reifen und Räder

4.1 Allgemeines

4.1.1 Einfluß auf die Sicherheit

Der Reifen als Bindeglied zwischen der feststehenden Fahrbahn und dem sich bewegenden Fahrzeug hat auf die Sicherheit entscheidenden Einfluß. Sowohl die Fahrstabilität als auch die Übertragungsmöglichkeit der Beschleunigungs- und Verzögerungskräfte sind von der Funktionstüchtigkeit der Reifen abhängig.

Wegen der überragenden Bedeutung des Reifens für die Sicherheit werden alle Einzelheiten untersucht [4.10].

Der größte Teil der Untersuchungen beschäftigt sich mit der Straßenhaftung bzw. Griffigkeit [4.27], [4.28]. Zweifellos ist die Erhöhung der Rutschgrenze die wichtigste Aufgabe. Wie aber die Ergebnisse beweisen, hat die Straßenbeschaffenheit größeren Einfluß als die Beschaffenheit der Reifen, so daß von den für den Straßenzustand verantwortlichen Stellen besonders viel für die Erhöhung der Rutschgrenze getan werden kann, Bild 1.27.

Die Rutschgrenze wird vor allem auf vereisten, verschneiten und schmierigen Straßen schnell überschritten. Nach längeren Trockenperioden werden, sobald der erste Regen beginnt und das Wasser mit dem angesammelten Staub und Schmutz einen kolloidalen Film bildet, die Straßen schmierig. Nach den ersten größeren Niederschlägen ist der Schmierfilm weggespült, und die Straße wird wieder griffiger, Bild 1.28.

Die Rutschgrenze ist aber nicht der einzige vom Reifen beeinflußte Kennwert, der die Sicherheit des Kraftfahrzeugs wesentlich mitbestimmt. Von großer Bedeutung ist auch das Reifen-Schräglaufverhalten. Das Schräglaufverhalten ist im hohen Maße bestimmend für die Fahrstabilität, die bei jedem Fahrzeug beachtet werden muß, das höhere Geschwindigkeiten zuläßt. Unfälle, die bei hohen Geschwindigkeiten auftreten, haben aber in den meisten Fällen schwerwiegendere Folgen als ein Unfall bei Glatteis, der infolge geringerer Geschwindigkeit häufig nur zu Blechschäden führt.

Aus diesen Gründen ist es außerordentlich wichtig, die Schräglaufeigenschaften der Reifen zu kennen und die Fahrzeuge so zu konstruieren, daß mit den gegebenen Reifeneigenschaften ein sich stabil verhaltendes Fahrzeug entsteht. Auf der anderen Seite führen die Reifen-Schräglaufuntersuchungen auch zu wissenschaftlich begründeten Forderungen an die Reifenindustrie [4.1].

4.1.2 Einfluß auf die Wirtschaftlichkeit

Für den Fahrzeughalter kann die Lebensdauer des Reifens eine entscheidende Bedeutung haben. Bei einem größeren Lastkraftwagen haben die Reifen (z.B. 7 Reifen) einen relativ großen Wert. Die Reifen müssen als Verschleißteile eingeplant werden, und es ist leicht zu übersehen, daß es ein großer Unterschied ist, ob man 3 Satz Reifen auf 100 000 km benötigt oder nur 2 Satz oder ob man sogar mit einer Runderneuerung während dieser Fahrstrecke auskommt.

Aus den Messungen von Beermann [4.2] wurde Bild 4.1 abgeleitet. Es zeigt den großen Einfluß des in Anspruch genommenen Reibbeiwertes μ auf den Reifenabrieb. Er beträgt bereits bei einem $\mu = 0{,}3$ das 25fache des frei rollenden Rades. Der Abrieb steigt mit dem in Anspruch genommenen Reibbeiwert progressiv an, was den Einfluß des Gütegrades der Seitenkraftverteilung auf die Reifenlebensdauer zeigt.

Die Lebensdauer des Reifens ist aber nur die eine Seite. Wesentlich ist auch der Kraftstoffverbrauch für die Wirtschaftlichkeit eines Fahrzeugs, und der wiederum wird vom Rollwiderstand mitbestimmt.

Es ist anzunehmen, daß Reifen mit geringerem Rollwiderstand auch eine höhere Karkassenlebensdauer haben. Sowohl der Rollwiderstand als auch die Karkassenbeanspruchung werden von der Walkarbeit im Reifen stark beeinflußt. Da die Walkarbeit für die Verbesserung beider Kennwerte niedriger werden muß, haben die Maßnahmen zur Minderung der Walkarbeit besonders große Bedeutung.

Die Walkarbeit wird vom Reifeninnendruck beeinflußt. Den Einfluß des abweichenden Reifeninnendruckes, wie ihn Jante [4.3] angibt, zeigt Bild 4.2. Es ist die Verkürzung der Reifenlebensdauer ausgewiesen.

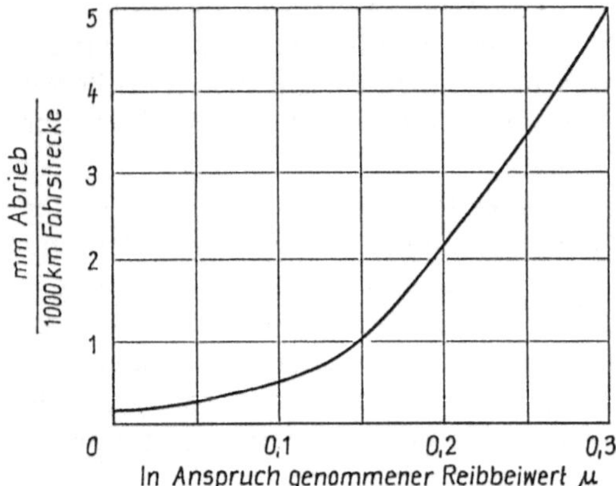

Bild 4.1

Reifenabrieb in Abhängigkeit vom in Anspruch genommenen Reibbeiwert μ

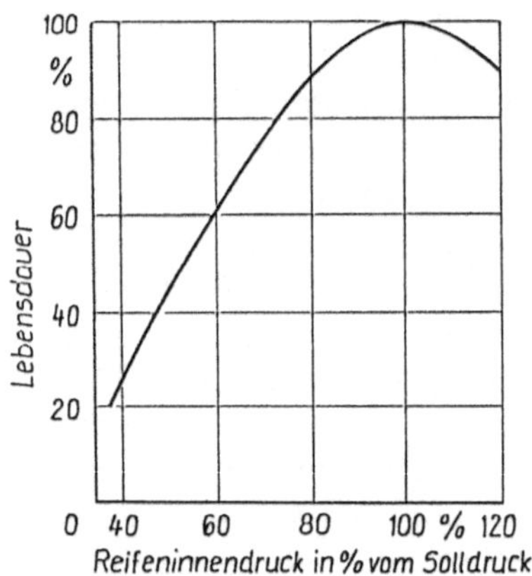

Bild 4.2

Einfluß der Abweichung des Reifeninnendruckes auf die Reifenlebensdauer

4.1.3 Einfluß auf den Fahrkomfort

Der Fahrkomfort wird durch die Reifenfederung mitbestimmt. Die Reifen sind seit ihrer Erfindung durch Dunlop immer großvolumiger und weicher geworden. In letzter Zeit ging man zum Niederquerschnittsreifen über. Dieser Reifentyp ist breiter, aber nicht höher als seine Vorläufer. Der niedrige Luftdruck, der eine

Voraussetzung für den weichen Reifen ist, kann gewählt werden, da der Reifen aufgrund seiner größeren Breite die zur Aufnahme der Belastung erforderliche Aufstandsfläche hat. Den Außendurchmesser kann man entsprechend klein wählen, was für den Karosseriekonstrukteur Vorteile bezüglich Innenraumaufteilung und Radkästenausbildung ergibt.

Neben den Federungseigenschaften interessieren die Rollgeräusche, die ebenfalls den Fahrkomfort beeinflussen. Wie sich die verschiedenen Reifenprofile auf die Rollgeräusche auswirken, zeigen Meßergebnisse. Mit der weiteren Absenkung der Motor-, Getriebe- und Windgeräusche bekommen die Reifengeräusche immer mehr Bedeutung.

4.1.4 Aufbau des Reifens

Im 1. Abschnitt wurden mit den Bildern 1.13 bis 1.16 allgemeine Informationen über den Reifenaufbau gegeben. Die prinzipielle Anordnung der Gewebelagen als Festigkeitsträger des Reifens und die Kennzeichnung der einzelnen Lagen veranschaulicht Bild 4.3. Den Aufbau eines LKW-Reifens zeigt Bild 4.4 und den des Ventils Bild 4.5. Reifen werden für das Fahrzeug nach Größe und Tragfähigkeit ausgewählt. Einen Überblick geben die Auszüge aus den älteren und neueren Lieferprogrammen der Reifenhersteller in den Tafeln 4.1 bis 4.11. Einen Überblick über LKW-Radialreifen geben die Tafeln 4.10 und 4.11. Auch für LKW haben Niederquerschnittsreifen Vorteile, wie Bild 4.6 zeigt. Nutzt man den Niederquerschnittsreifen unter Beibehaltung des Felgendurchmessers, dann benötigt man zwar eine andere Getriebeabstufung und Tachoübersetzung, aber die Vorteile sind noch größer. Die Absenkung der Ladefläche und der niedrigere Schwerpunkt überwiegen die im Bild 4.6 genannten Vorteile.

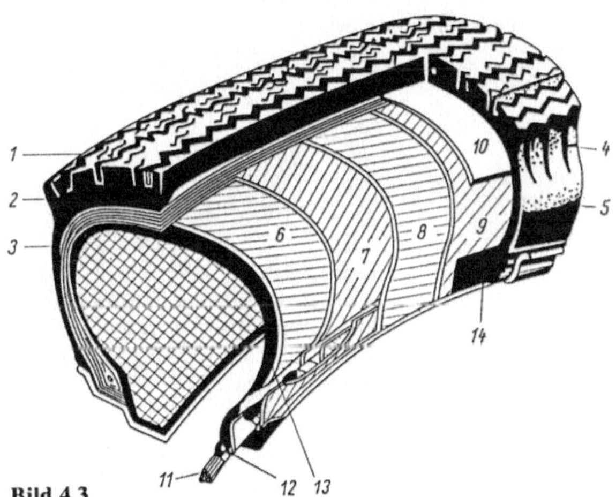

Bild 4.3

Aufbau eines älteren PKW-Diagonalreifens

1 Profil, 2 Protektor,
3 Seitengummi, 4 Seitenprofil,
5 Walkzone, 6–9 Gewebelagen,
10 Puffer, 11 Wulstkern,
12 Kerngummi, 13 Gummiseele,
14 Seitenband.

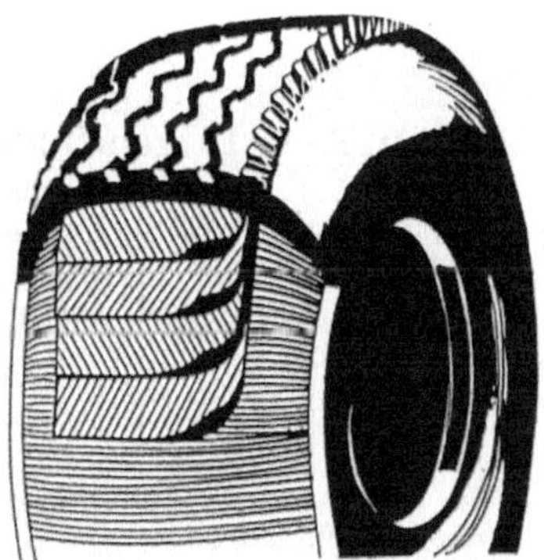

Bild 4.4

Aufbau der LKW-Radial-reifen (aus [4.4])

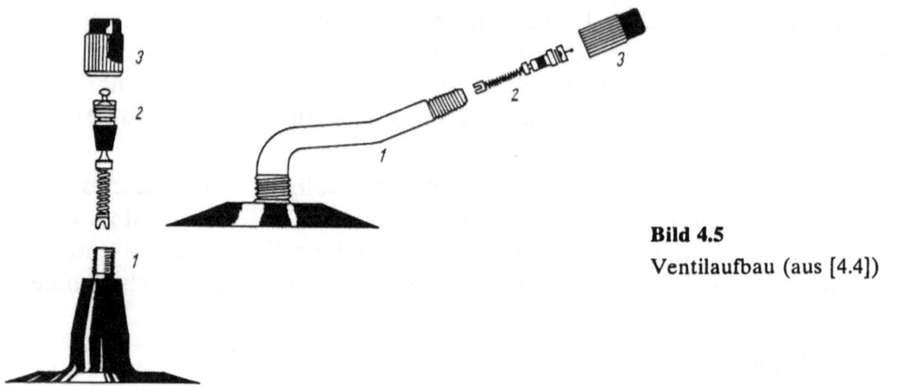

Bild 4.5
Ventilaufbau (aus [4.4])

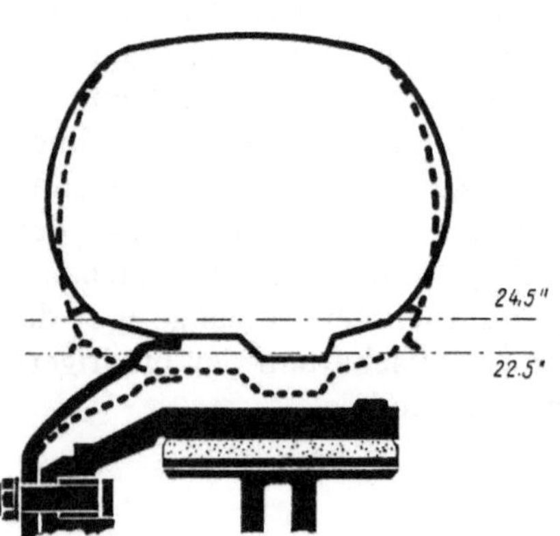

Bild 4.6
Der Niederquerschnittstreifen bietet bei gleichem Außendurchmesser folgende Vorteile (nach Pirelli):

- geringere thermische Beanspruchung von Reifen und Bremse,
- geringerer Rollwiderstand,
- Einbaumöglichkeit größerer Bremsen,
- Beibehaltung der Getriebe und Tachoauslegung,
- größere Seitensteifigkeit,
- geringere Verschiebung des Seitenkraftangriffspunktes und dadurch geringere Streuung der Rückstellmomente

Nachteile sind:

- Gefahr der Felgendeformation bei Hindernissen,
- Reifen ist bei gleichem Außendurchmesser überdimensioniert

Tafel 4.1: PKW-Diagonalreifen, aus [4.3]

Reifengröße	Breite der Meßfelge	Querschnittsbreite	Betriebsbreite maximal	Außendurchmesser ± 1 %	statisch wirksamer Halbmesser (Richtwert)	effektiver Abrollumfang (Richtwert)	Reifeninnendruck kPa	Tragfähigkeit kg
Niederquerschnitt-Reifen								
6.00–13	4 1/2	156	165	600	282	1794	210	400
Super-Ballon-Reifen								
5.20–13	3 1/2	132	140	582	272	1740	170	290
5.90–13	4	150	159	616	285	1842	170	370
6.40–13	4 1/2	163	173	692	322	2070	210	530

Tafel 4.2: PKW-Radialreifen, aus [4.3]

Reifen-größe	Breite der Meß-felge	Quer-schnitts-breite	Betriebs-breite maximal	Außen-durch-messer ±1 %	statisch wirk-samer Halb-messer (Richt-wert)	effek-tiver Abroll-umfang (Richt-wert)	Zulässige Felgen	Reifen-innen-druck kPa	Trag-fähig-keit kg
145 R 13	4	147	153	565	257	1720	3 1/2 J–5 J	190	335
165 R 13	4 1/2	167	174	596	271	1800	4 J–5 1/2 J	200	410
175 R 14	5	178	185	634	289	1920	4 1/2 J–6 J	200	475

Der Außendurchmesser, statisch wirksame Halbmesser und der effektive Abrollumfang er-höhen sich bis zu 2 % bei Reifen mit Spezialprofil (z.B. M+S-Profil).
Die Querschnittsbreite eines auf der Meßfelge montierten Reifens ändert sich bei der Montage auf einer der zulässigen Felgen um ca. 40 % der Differenz beider Felgenbreiten.

Tafel 4.3: PKW-Radialreifen, Abhängigkeit der Tragfähigkeit vom Reifeninnen-druck [4.3]

Reifen-nenn-größe	Reifeninnendruck in kPa bis maximal 160 km/h*										
	130	140	150	160	170	180	190	200	210	220	230
	zulässige Belastung in kg										
145 R 13	245	260	275	290	305	320	335	350	360	375	–
165 R 13	290	305	325	340	360	375	395	410	430	450	475
175 R 14	330	350	370	390	410	435	455	475	500	525	560

* Bei Fahrgeschwindigkeiten über 160 km/h ist folgende Erhöhung des Reifeninnendruckes erforderlich:
bis 170 km/h um 10 kPa
bis 180 km/h um 20 kPa
Fahrgeschwindigkeiten über 160 km/h sind nur für Reifen mit Normalprofil zulässig. Für Reifen mit M+S-Profil beträgt die zulässige Höchstgeschwindigkeit 160 km/h (Geschwindigkeitskenn-buchstabe Q) bei der in der Tabelle angegebenen zulässigen Belastung.

Tafel 4.4: PKW-Radialreifen Serie 70, aus [4.29]

Reifen-größe	Meßfelgen-breite	B[1]	D[1]	stat. Halb-messer	Abroll-umfang	Tragfähigkeits-kennzahl
155/70 R 13	4 1/2	156	550	252	1680	72/75
165/70 R 13	4 1/2	165	568	259	1730	76/79
185/70 R 14	5	186	624	284	1905	86/87
205/70 R 14	5 1/2	206	652	295	1990	93

[1] siehe Bild 1.16

Tafel 4.5: PKW-Radialreifen der Serien 65 bis 45, aus [4.29]

Reifen-größe	Meß-felgen-breite	B	D	zul. Felgen-breiten	stat. Halb-messer	Abroll-umfang	Trag-fähigkeits-kennzahl
165/65 R 13	4 1/2	165	544	4 1/2–6	250	1660	76
165/65 R 14	4 1/2	165	570	4 1/2–6	263	1740	78
185/65 R 14	5	184	596	5–6 1/2	273	1820	85
205/65 R 15	5 1/2	203	647	5 1/2–7 1/2	296	1975	93
165/60 R 13	4 1/2	165	528	4 1/2–5 1/2	240	1610	72
185/60 R 14	5	184	578	5–6 1/2	263	1765	82
205/60 R 14	5 1/2	203	602	5 1/2–7 1/2	273	1835	87
225/60 R 15	6	223	651	6–8	296	1985	92
195/55 R 15	5 1/2	196	595	5 1/2–7	270	1815	83
205/55 R 16	5 1/2	203	632	5 1/2–7 1/2	290	1930	88
225/55 R 16	6	223	654	6–7 1/2	298	1996	93
195/50 R 15	5 1/2	196	577	5 1/2–7	266	1760	81
225/50 R 16	6	223	632	6–8	290	1930	92
245/45 R 16	8	243	626	8–9 1/2	288	1910	94

Tafel 4.6: LKW-Diagonalreifen

Reifen-größe	Breite der Meßfelge	Quer-schnitts-breite	Betriebs-breite maximal	Außen-durch-messer ±1 %	Statisch wirksamer Halbmesser (Richtwert)	Zulässige Felgen
7.50–20	6.0	213	230	928	443	5,5–6,0
10.00–20	7.5	275	297	1050	498	7,0–8,0
12.00–20	8.5	312	337	1120	529	8,0–9,0

Tafel 4.7: LKW-Diagonalreifen, Abhängigkeit der Tragfähigkeit vom Reifeninnendruck

Reifen-größe	Betriebs-kenn-zeich-nung	Ply Rat-ing (PR)	Rad-an-ord-nung	Reifeninnendruck in kPa																				
				325	350	375	400	425	450	475	500	525	550	575	600	625	650	675	700	725	750	775	800	825	850
				zulässige Belastung in kg																				
7.50–20	123/122 J	10	E	1000	1055	1110	1165	1220	1275	1330	1385	1440	1495	1550	–	–	–	–	–	–	–	–	–	–	–
			Zw	950	1005	1060	1115	1170	1225	1280	1335	1390	1445	1500	–	–	–	–	–	–	–	–	–	–	–
10.00–20 Polyamid	146/143 J	16	E				1770	1850	1930	2010	2090	2170	2250	2330	2410	2490	2570	2650	2720	2790	2860	2930	3000	–	–
			Zw				1600	1675	1750	1825	1900	1975	2055	2130	2205	2280	2355	2430	2490	2550	2605	2665	2725	–	–
12.00–20 Polyamid	154/149 J	18	E					2350	2440	2530	2625	2715	2805	2895	2985	3075	3170	3260	3350	3430	3510	3590	3670	3750
			Zw					2100	2180	2265	2345	2425	2510	2590	2675	2755	2335	2920	3000	3050	3100	3150	3200	3250

Tafel 4.8: LKW-Radialreifen, aus [4.4]

Reifengröße	Breite der Meßfelge	Querschnitts-breite	Betriebsbreite maximal	Außendurch-messer ± 1 %	Statisch wirksamer Halbmesser (Richtwert)	Abrollumfang (Richtwert)	Zulässige Felgen
10 R 22.5	7.50	254	274	1020	472	3108	6,75–7,50
8.25 R 20	6.5	230	250	962	450	2950	6,0–7,0
12.00 R 20	8.5	313	338	1122	525	3450	8,0–9,0

Tafel 4.9: LKW-Radialreifen, Abhängigkeit der Tragfähigkeit vom Reifeninnendruck

Reifen-größe	Ply Rating (PR)	Rad-anord-nung	Reifeninnendruck in kPa																		
			400	425	450	475	500	525	550	575	600	625	650	675	700	725	750	775	800	825	850	8.75
			zulässige Belastung in kg																		
10 R 22.5	–	E									2170	2240	2305	2370	2635	2500	–	–	–	–	–	–
		Zw									2000	2060	2120	2180	2240	2300	–	–	–	–	–	–
8.25 R 20	14	E				1440	1505	1570	1630	1700	1760	1820	1875	1940	2000	2060	–	–	–	–	–	–
		Zw				1365	1425	1490	1550	1610	1670	1725	1780	1840	1895	1950	–	–	–	–	–	–
12.00 R 20	18	E						2400	2500	2600	2700	2800	2900	3000	3100	3200	3300	3390	3480	3570	3660	3750
		Zw						2085	2165	2255	2340	2425	2515	2600	2685	2775	2860	2940	3015	3095	3170	3250

Tafel 4.10: Schlauchlose LKW-Radialreifen auf 15°-Felge, Serie 70 aus [4.4]

Reifen-größe	zugeh. Felgen	B	D	stat. Halb-messer	Abroll-umfang	Tragfähigkeits-kennzahl V_{ref} = 120 km/h
245/70 R 19,5	6,75 7,50	240 248	839	389	2555	133/131
265/70 R 19,5	6,75 7,50 8,25	254 262 269	867	401	2640	136/134
285/70 R 19,5	7,50 8,25 9,00	276 283 291	895	413	2725	140/137

Tafel 4.11: Reifen zur Reduzierung der Ladehöhe, nach Pirelli

Reifen-größe	Tragfähigkeit pro Achse in kg	stat. Halb-messer in mm	Durch-messer in mm	Differenzmaß		Gewichts-reduzierung in kg[1]
				A in mm	B in mm	
9 R 22,5 245/70 R 19,5	E: 4120 Z: 7800	455 389	982 853	66	130,5	ca. 5
10 R 22,5 285/70 R 19,5	E: 5000 Z: 9200	476 413	1033 911	63	124,0	ca. 5

[1]Gewichtsreduzierung bezieht sich nicht auf das kleinere Rad.

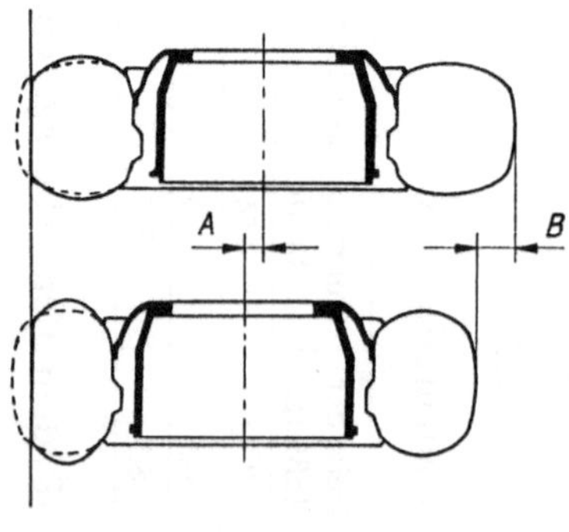

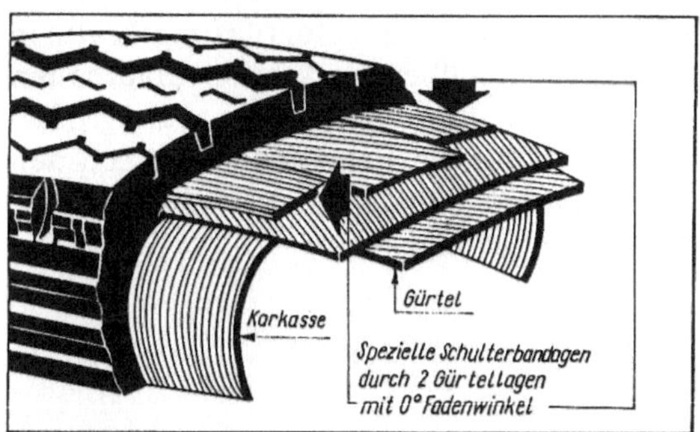

Bild 4.7
Besondere Gürtelkonstruktion durch zwei seitlich angelegte Gürtellagen mit 0° Fadenwinkel nach Pirelli

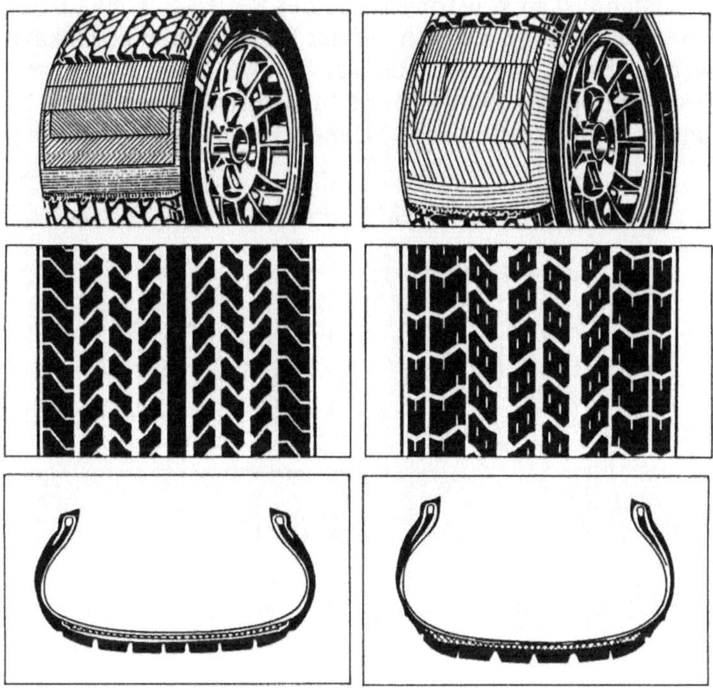

Bild 4.8 60er und 50er Niederquerschnitts-Radialreifen von Pirelli
1. Gürtelkonstruktion
2. Profilgestaltung
3. Reifenquerschnitt

Einige besondere Reifenkonstruktionen zeigen die Bilder 4.7 und 4.8.

Über die zulässige Tragfähigkeit, die Abmessungen und die Übersetzung (dynamischer Reifenhalbmesser) lassen sich alle Informationen aus den vom Reifenhersteller gegebenen Unterlagen entnehmen. Auch bezüglich der Reifenfedersteife kann man aus dem Reifeninnendruck, mit dem der Reifen betrieben werden muß, und aus der Differenz zwischen halbem Außendurchmesser und statisch wirksamem Halbmesser etwas erfahren.

Unzureichend sind im allgemeinen die Angaben über die Seitenführungskräfte in Abhängigkeit vom Schräglaufwinkel und allgemein über das Schräglaufverhalten (Rückstellmoment, Sturzseitenkraft). Die Seitenführungskräfte haben großen Einfluß auf das Fahrverhalten und besonders auf die Fahrstabilität. Auch den Gütegrad der Seitenkraftverteilung kann man nur gezielt verbessern, wenn man die Abhängigkeit der Seitenkraft vom Schräglaufwinkel kennt.

4.2 Reifen-Schräglaufprüfstand

4.2.1 Prüfstandsaufbau

Auf Bild 4.9 ist der Prüfstand schematisch dargestellt. Auf der Trommel 1 wird der Reifen 2 geprüft. Der Prüfstand ist so konstruiert, daß der Reifen sowohl auf der Außenlaufbahn (konvexe Krümmung), als auch auf der Innenlaufbahn (konkave Krümmung) geprüft werden kann. Der Durchmesser beträgt 3,8 m. Die Trommel 1 ist mit ihren Antriebsaggregaten 19 und 20 und Meßeinrichtungen 21, 22, 23 und 24 im Grundrahmen 26 montiert. Diese Gruppe ist um die durch den

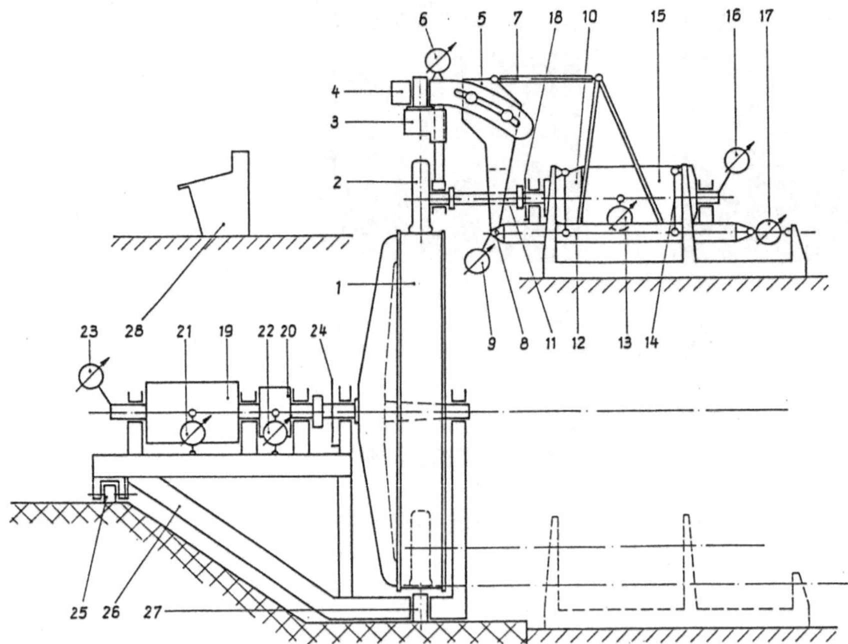

Bild 4.9 Reifen-Schräglaufprüfstand

1 Trommel für Außen- und Innenlauf; 2 Reifen bei Außenlauf; 3 Tragarm, höhenverstellbar zur Belastungsänderung; 4 schwenkbares Gestell zur Sturzeinstellung; 5 Gestellführung; 6 Rückstellmoment-Meßstelle; 7 Druckstange; 8 Lager der Gestellführung; 9 Radlast-Meßstelle; 10 schaltbares Planetengetriebe; 11 Gelenkwelle; 12 Pendelrahmen; 13 Meßstelle für Radmoment; 14 Federband zur Aufhängung des Pendelrahmens; 15 Gleichstrompendelmaschine; 16 Tachogenerator; 17 Seitenkraftmeßstelle; 18 Zahnscheibe für digitale Messung; 19 Gleichstrompendelmaschine; 20 schaltbares Planetengetriebe; 21 Moment an Pendelmaschine; 22 Moment an Planetengetriebe; 23 Tachogenerator; 24 Zahnscheibe für digitale Messung; 25 Tragrollen; 26 Rahmen; 27 Spurzapfen; 28 Bedien- und Meßpult

Spurzapfen 27 verlaufende Vertikalachse drehbar und ist auf drei Tragrollen 25 gelagert. Die Verstellung erfolgt mit Hilfe eines Elektromotors und eines Schneckengetriebes stufenlos. Damit wird der Schräglaufwinkel des Reifens eingestellt. Die Belastung des Reifens geschieht, indem er auf die Trommel gepreßt wird. Die Verspannung des Reifens wird über einen Elektromotor, Schneckengetriebe und Spindel vorgenommen. Damit ist eine stufenlose Einstellung der Radlast gegeben. Die Messung der Radlast erfolgt im Lager der Gestellführung 8 mit Hilfe von Dehnmeßstreifen 9. Die bei Schräglauf oder Sturz am Reifen angreifenden Kräfte werden über den Pendelrahmen 12 auf die Seitenkraftmeßstelle 17 übertragen. Der Pendelrahmen 12 ist mittels Federbändern 14 pendelnd gelagert, so daß eine reibungsfreie, verlustlose Übertragung der Seitenführungskraft vom Reifen 2 auf die Meßeinrichtung 17 gewährleistet ist. Der Tragarm 3 ist im Gestell 4 drehbar gelagert. Das aus Seitenkraft und Nachlauf entstehende Rückstellmoment wird von einem am Tragarm 3 angebrachten und am Gestell 4 abgestützten Biegestab, der mit Dehnmeßstreifen 6 beklebt ist, aufgenommen und gemessen.

Um den Reifen bei einem Sturzwinkel untersuchen zu können, ist das Gestell 4 in der Gestellführung 5 schwenkbar angeordnet.

Auf dem Prüfstand können die Fahrzustände Rollen, Bremsen und Antreiben nachgebildet werden. Der Reifenantrieb besteht aus der Gleichstrompendelmaschine 15, dem Planetengetriebe 10 und der Gelenkwelle 11. Der Trommelantrieb setzt sich aus der Gleichstrompendelmaschine 19 und dem Planetengetriebe 20 zusammen. Jede Gleichstrommaschine wird durch einen eigenen Leonardumformer gespeist. Gleichstrommaschine 15 und Planetengetriebe 10 sind starr miteinander verbunden. Die Gleichstrommaschine 15 ist pendelnd gelagert, und das Radmoment wird mit Hilfe eines Kraftmeßbügels 13 bestimmt. Das Antriebsmoment der Prüftrommel 1 wird aus dem Drehmoment der Gleichstrommaschine 19 und dem Drehmoment des Planetengetriebes 20 ermittelt. An der Gleichstrommaschine wird das Moment über den Kraftmeßbügel 21 und am Planetengetriebe über den Kraftmeßbügel 22 aufgenommen.

Auf dem Prüfstand kann der Umfangsschlupf des Reifens sowie der statische Reifenhalbmesser gemessen werden. Dazu ist auf der Antriebswelle des Reifens eine Scheibe 18, die 100 Impulse je Umdrehung erzeugt, angebracht. Ein elektronisches Zählgerät gestattet es, die Impulse der Scheibe über eine oder mehrere Trommelumdrehungen zu zählen. Die Einfederung des Reifens und der statische Reifenhalbmesser werden mit Hilfe eines Potentiometers gemessen.

Der Reifeninnendruck kann während des Laufs kontrolliert und nachgestellt werden.

Bei Schräglaufversuchen wird der Reifen sehr stark erwärmt. Zur Kühlung des Reifens wird er mit Luft angeblasen.

Die Messung der Drehzahlen von Reifen und Trommel erfolgt mit Stichdrehzählern. Zur Grobeinstellung der Drehzahlen werden die Tachogeneratoren 16 und 23 verwendet.

Auf der Innenlaufbahn kann der Reifen auch bei nasser Fahrbahn geprüft werden. Die Innenlaufbahn wird dazu mit Wasser besprüht.

4.2.2 Technische Daten

Lauftrommeldurchmesser	3820 mm außen
	3800 mm innen
Leistungen der Gleichstrommaschinen von Prüftrommel und Reifen	56 kW als Motor und
	63 kW als Generator
Prüfgeschwindigkeit	5 bis 200 km/h stufenlos einstellbar
Untersuchbare Reifengrößen hinsichtlich Abmessungen	8 bis 20 Zoll
Radlast, stufenlos einstellbar	0 bis 10500 N
Schräglaufwinkel, stufenlos einstellbar	0 bis ± 30°
Sturzwinkel, stufenlos einstellbar	0 bis + 10 und − 6°
Reibbeiwert zwischen Reifen und Trommel, trocken	1,0 − 1,1

Meßgenauigkeit:

Seitenkraft	± 3 %
Radlast	± 3 %
Schräglauf - und Sturzwinkel	± 0,1°
Schlupfwerte	± 1 %
Reifenhalbmesser	± 0,5 mm
Reifeninnendruck	± 1 kPa
alle übrigen gemessenen Größen	± 5 %

Die Meßgenauigkeit wurde aus den wiederholt gemessenen Eichkurven und den Fehlern der verwendeten Meßgeräte abgeschätzt.

4.3 Durchführung der Versuche

Beim Fahrzustand Rollen wird der Reifen von der Antriebsmaschine der Prüftrommel geschleppt. Die Seitenführungskraft und das Rückstellmoment werden in Abhängigkeit von der Radlast, vom Schräglaufwinkel oder vom Sturzwinkel gemessen.

Bei den Fahrzuständen Antreiben und Bremsen werden die Gleichstrommaschinen für Reifen- und Trommelantrieb elektrisch so verspannt, daß am Reifen einerseits die gewünschte Umfangskraft wirkt und an der Trommel andererseits die erforderliche Geschwindigkeit eingehalten wird.

Die Prüfgeschwindigkeit betrug bei den meisten Messungen 40 km/h. Der Reifeninnendruck wurde während einer Meßreihe konstant gehalten.

Beim „Antreiben" und „Bremsen" wurde der Umfangsschlupf des Reifens mittels Impulszählung an Rad und Trommel bestimmt.

Bei der Messung der Rollwiderstandsbeiwerte wird der Reifen von der Antriebsmaschine der Prüftrommel geschleppt. Der Rollwiderstand des Reifens wird über das Antriebsmoment für die Prüftrommel bestimmt. Dazu wird das Moment zuerst bei der vorgesehenen Radlast ermittelt. Die einzelnen Meßreihen werden über die Geschwindigkeit gefahren. Für jeden Betriebspunkt wird das Antriebsmoment der Trommel zweimal gemessen, einmal am mit der notwendigen Radlast belasteten und einmal mit weitgehend entlastetem Reifen. Bei letzterer Messung wird der Reifen soweit entlastet, daß die Radlast nahezu Null ist, der Reifen aber noch mit der Geschwindigkeit der Trommel mitläuft. Letztere Messung dient dazu, die Verluste der Prüftrommel (Lüfterverluste und Lagerreibung) und die der am Reifen angekuppelten Aggregate (Getriebe und Pendelmaschine) weitestgehend zu erfassen. Aus der Differenz beider Antriebsmomente wird der Rollwiderstands-beiwert des Reifens errechnet. Allerdings kann dabei die Lagerreibung infolge Belastung des Reifens nicht ausgeschaltet werden. Dieser Fehler dürfte aber relativ klein sein, da sich insbesondere die Lagerbelastung der Trommel nur um etwa 10 % ändert.

Bei der Messung von Federkennlinien des Reifens wurde die Meßeinrichtung für den Reifenhalbmesser benutzt. Die Federkennlinie kann sowohl bei ruhenden als auch bei umlaufenden Reifen aufgenommen werden.
Um den Einfluß der Trommelkrümmung auf die Führungseigenschaften, den Rollwiderstand und die Federsteife zu erkennen, wurden sowohl die Außenlauf-bahn als auch die Innenlaufbahn benutzt.

4.4 Meßergebnisse

4.4.1 Wertung der Meßergebnisse

Die Prüfbedingungen auf dem Prüfstand sind zwar idealisiert, trotzdem stellen sie die Grundlage für Fahrstabilitätsuntersuchungen dar. Sie entsprechen weitestge-hend den Bedingungen auf vollkommen ebener Fahrbahn. Bei der Wirkung von Unebenheiten vergrößern sich die Schräglaufwinkel, aber die Tendenz bleibt trotzdem erhalten. Wenn z.B. eine trampelnde Hinterachse infolge der großen Radlastschwankungen weggeht, dann wird dies nicht primär durch die Reifen-Schräglaufeigenschaften, sondern durch das Trampeln verursacht.

Auf den großen Einfluß der Haftreibung zwischen Reifen und Fahrbahn wurde schon wiederholt hingewiesen (s. auch Bilder 1.27 und 1.28). Aus diesem Grund fehlte es nicht an Bemühungen, die Zustände mit geminderter Haftreibung auf Prüfständen nachzuvollziehen [4.1] [4.9] und [4.19]. So wurden bei [4.1] die Messungen auf nasser Trommel mit einem definierten Wasserfilm mit den auf nasser Fahrbahn gewonnenen verglichen und Übereinstimmung festgestellt. Die Übertragbarkeit der Messungen vom Prüfstand auf die Fahrbahn ist gut, solange die Fahrbahn eben ist und die Kraftschlußwerte berücksichtigt werden. Im Abschnitt 1.2.2.4 sind drei Klassen des Kraftschlusses zwischen Reifen und Fahrbahn beschrieben worden.

1. Klasse, ohne zu gleiten in der gesamten Aufstandsfläche,

2. Klasse, Gleiten in einem Teil der Aufstandsfläche und

3. Klasse, Gleiten in der gesamten Aufstandsfläche.

Liegen die Bedingungen der 1. Klasse vor, ist die Übereinstimmung auch dann gut, wenn der Kraftschlußbeiwert zwischen Prüfstand und Straße unterschiedlich ist. Praktisch bedeutet das, daß man z.B. den auf dem Prüfstand bei trockener Trommel gemessenen Zusammenhang zwischen Radlast, Seitenkraft und Schräglaufwinkel auch für eine vereiste Straße anwenden kann, wenn nur der in Anspruch genommene Reibbeiwert klein genug ist. Liegen Bedingungen der 2. und 3. Klasse vor, so ist die Übertragbarkeit der Prüfstandsmeßwerte nur möglich, wenn die Reibbeiwerte bzw. Kraftschlußbeiwerte von Trommel-Reifen und Straße-Reifen übereinstimmen.

4.4.2 Schräglaufseitenkraft

Die Prüfstandsmeßergebnisse zeigen, in welchem Maß die Seitenführungseigenschaften vom Reifen selbst und von den Betriebsbedingungen abhängen. Der Einfluß von

Schräglaufwinkel

Radlast

Reifeninnendruck

Reifengröße und -bauart

Fahrzustand (Rollen, Bremsen und Antreiben)

Sturzwinkel

Reibbeiwert (trocken und naß)

Geschwindigkeit und

Trommelkrümmung

wird nachfolgend eingeschätzt.

Im Bild 4.10a ist der schräglaufende Reifen schematisch dargestellt. Aufgrund der Seitenelastizität führen an ihm angreifende Seitenkräfte zu einer seitlichen Verformung in der Aufstandszone. Das bedeutet, daß sich der Reifen nicht mehr in der Radebene fortbewegt, sondern Bewegungsrichtung und Radebene bilden einen Winkel, den Schräglaufwinkel α.

Am schräglaufenden Reifen tritt noch ein Rückstellmoment M_R auf. Seitenführungskraft F_S und Rückstellmoment M_R wurden auf dem Prüfstand gemessen. Aus der Beziehung $M_R = F_S \cdot n$ kann der bei Schräglauf auftretende Nachlauf n bestimmt werden. Bereits im Abschnitt 2.1.1.6 wurde mit der Gleichung $F_S = \delta \cdot \alpha$ (2.13) die besonders einfache Beziehung aus [4.5] angeführt, bei der δ als Konstante angegeben ist. Das ist nur vertretbar, wenn die zugehörige Radlast angegeben und die Gültigkeit darauf begrenzt wird. Außerdem ist Gl. (2.13) auch nur in der 1. Klasse der drei im Abschnitt 1.2.2.4 beschriebenen Klassen gültig.

Ausgehend von der Forderung nach möglichst kleinen Kursabweichungen bei äußeren Störungen (z.B. Seitenwind), sollte der Reifen bei kleinen Schräglaufwinkeln möglichst große Seitenkräfte entwickeln.

Eine zweite mit dem Schräglaufverhalten zusammenhängende Größe, wenn auch von deutlich geringerer Bedeutung, ist das Rückstellmoment. Es beeinflußt die Fahrtrichtungshaltung, denn es versucht, den Schräglaufwinkel zu verkleinern und das Fahrzeug in die Bewegungsrichtung zu drehen. An den gelenkten Rädern bekommt der Fahrer über das Rückstellmoment den Kontakt mit der Fahrbahn. Die Lenkkräfte werden maßgebend vom Rückstellmoment, das sich aus dem reifenbedingten und dem radaufhängungsbedingten Rückstellmoment zusammensetzt, bestimmt, so daß bei der Auslegung der Lenkung die Reifeneigenschaften zu berücksichtigen sind. Nur dann wird es möglich sein, einerseits die Lenkkräfte niedrig zu halten und andererseits über die Lenkeigenschaften an den Fahrer eine Rückmeldung über das Nahen kritischer Fahrzustände zu geben.

Wie aus Bild 4.10a und Bild 4.14 zu entnehmen ist, wandert der Angriffspunkt der Seitenkraft hinter die Radmitte, da auf dem hinteren Teil des Reifenlatsches die größere Deformation der Stollen auftritt.

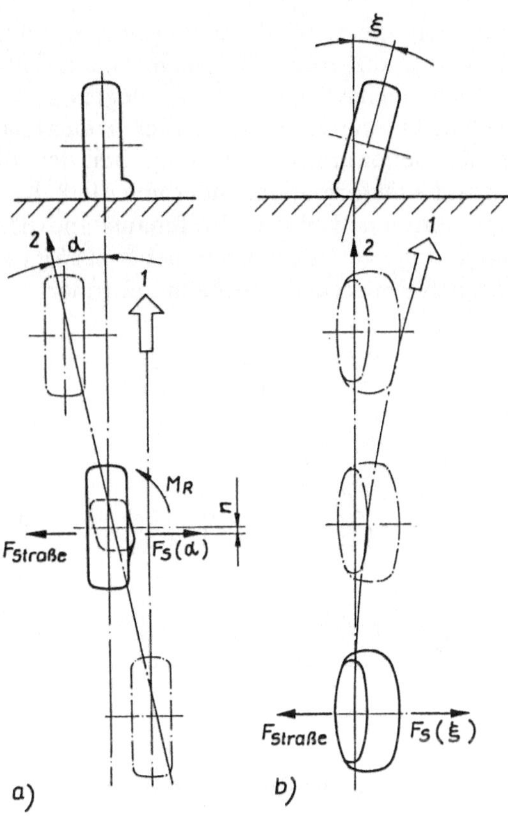

Bild 4.10

a) Bildung der Schräglaufseitenkraft

1 Spur des Rades ohne Seitenkraftwirkung; 2 Spur des Rades mit Seitenkraftwirkung; α Schräglaufwinkel; F_S (α) Schräglaufseitenkraft am Rad, die auch in dieser Richtung am Fahrzeugkörper wirkt; $F_{\text{Straße}}$ Reaktionskraft, die auf die Straße wirkt; n Abstand der Seitenkraftresultierenden von Radmitte = reifenbedingter Nachlauf; M_R reifenbedingtes Rückstellmoment.

M_R ist positiv eingezeichnet und versucht, das Rad in die durch die Seitenkraft bedingte Spurrichtung zu drehen.

b) Bildung der Sturzseitenkraft

Das unter Sturz rollende Rad würde ohne Krafteinwirkung wie die Mantelfläche eines Kegelstumpfes auf einem Kreisbogen abrollen.

1 Spur des Rades ohne Sturzseitenkraft; 2 Geradeausspur, bei der eine Sturzseitenkraft auftritt; F_S (ξ) Sturzseitenkraft am Rad, die auch in dieser Richtung am Fahrzeugkörper wirkt; $F_{\text{Straße}}$ Reaktionskraft, die auf die Straße wirkt.

Bezogen auf den Winkel in Grad ist die Sturzseitenkraft ca. 5- bis 10mal kleiner als die Schräglaufseitenkraft. Aus diesem Grund weist man auch kein aus dem Sturz resultierendes Rückstellmoment für sich aus. Da Schräglaufseitenkraft und Sturzseitenkraft fast immer zusammen auftreten, schlägt man das aus der Sturzseitenkraft resultierende Rückstellmoment dem aus der Schräglaufseitenkraft zu

Es können auch negative Rückstellmomente auftreten. Bei Überlagerung einer Längskraft wird aufgrund der seitlichen Verschiebung des Reifenlatsches, wie die Reifenaufstandsfläche auch genannt wird, beim Antreiben das Rückstellmoment vergrößert und beim Bremsen verkleinert oder negativ. Beim Bremsen tritt also relativ leicht ein negatives Rückstellmoment auf. Daraus läßt sich ableiten, was geschehen kann, wenn man bei Kurvenfahrt eine Bremsung einleitet, vor allem bei Fahrzeugen, bei denen in der Radaufhängung kein Nachlauf vorhanden ist. In ungünstigen Fällen kann so ein Fahrzeug unberechenbar in die Kurve hineinziehen und ganz plötzlich in eine außergewöhnliche Übersteuerung umschlagen, da der aufgrund des Lenkspiels, der Lenkelastizität und durch das Nachgeben des Lenkrades eintretende Lenkeinschlag in die Kurve hinein erfolgt (siehe Abschn. 2.1.1.1 der 1. Effekt).

Trägt man die Schräglaufseitenkraft und das Rückstellmoment über den Schräglaufwinkel auf, Bild 4.11, erkennt man, daß an der Stelle, an der die Seitenkraft deutlich beginnt, in Richtung degressiv von der Linearität abzuweichen, das Rückstellmoment sein Maximum erreicht hat und wieder abzufallen beginnt. Das ist die Seitenkraftbeauflagung, bei der die 1. Klasse, Schräglauf nur durch elastische Deformation, endet und die 2. Klasse, überschrittene Rutschgrenze auf dem hinteren Teil der Reifenaufstandsfläche, beginnt. Das unterstreicht die Bedeutung des Rückstellmoments als Signal, das den Fahrer über den Kontakt zwischen Reifen und Fahrbahn informiert.

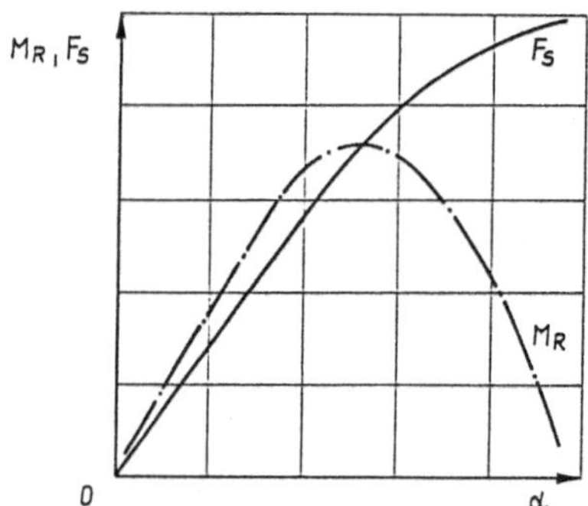

Bild 4.11

Schräglaufseitenkraft F_S und Rückstellmoment M_R über gleichem Schräglaufwinkel aufgetragen.

Das Rückstellmoment hat sein Maximum etwa da, wo der Anstieg der Schräglaufseitenkraft von der Linearität abweicht

4.4.2.1 Einfluß der Radlast auf die Schräglaufseitenkraft

Der Einfluß der Radlast auf den Schräglauf hat aus zwei Gründen große Bedeutung:

1. wegen der großen Änderung des Verhältnisses Schräglaufwinkel zu in Anspruch genommenem Reibbeiwert über der Radlast,

2. wegen der Radlaständerung, die mit jeder im Fahrzeugschwerpunkt oder im Seitenwindangriffszentrum angreifenden Seitenkraftänderung verbunden ist.

Die $F_S = f(F_N, \alpha)$-Charakteristik des Reifens hat besondere Bedeutung für die Kurvenfahrt des Fahrzeugs. Bei Kurvenfahrt treten infolge der am Schwerpunkt

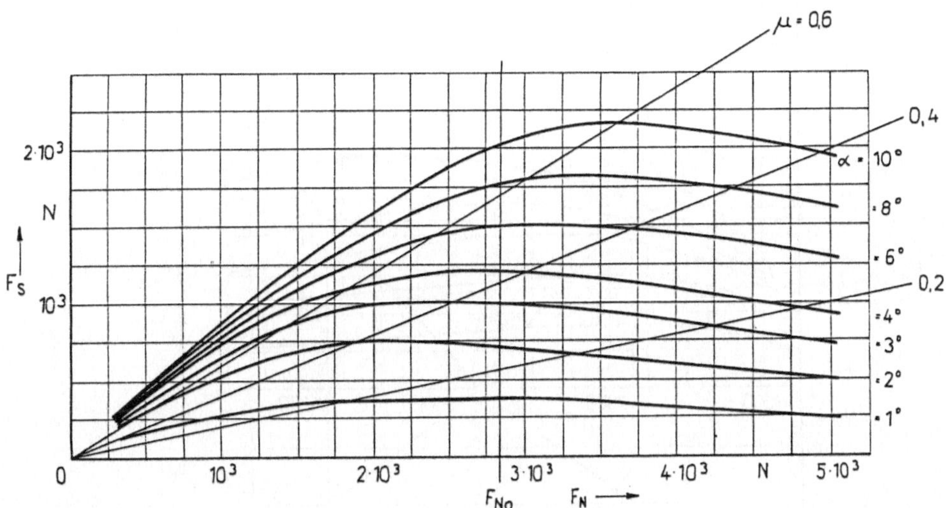

Bild 4.12 Schräglaufseitenkraft in Abhängigkeit von der Radlast mit dem Schräglaufwinkel als Parameter

Im Text wird das Kennfeld mit

$$F_S = f(F_N, \alpha)$$

bezeichnet. Es macht den Einfluß der Radlast deutlich. Das Kennfeld wurde unter folgenden Bedingungen gemessen:

Reifengröße: 155 R 13 (Pneumant); Reifeninnendruck: 137 kPa; Fahrzustand: Rollen; Geschwindigkeit: 40 km/h; Trommelkrümmung: ◡

In das Kennlinienfeld wurden die Reifentragfähigkeit F_{No} bei 137 kPa Reifeninnendruck und die Geraden für den Reibbeiwert μ = 0,6; 0,4 und 0,2 eingezeichnet

angreifenden Fliehkraft Radlastunterschiede zwischen kurveninnerem und -äußerem Rad auf. Die Summe der Seitenkräfte von kurveninnerem und -äußerem Rad muß mit dem auf die Achse bezogenen Anteil der Fliehkraft im Gleichgewicht stehen. Aus der $F_S = f(F_N, \alpha)$-Funktion erfolgt dann die Bestimmung des Schräglaufwinkels. Bei einer Abhängigkeit nach Bild 4.12 nimmt die Summe der Seitenkräfte der Achse gegenüber der ohne Radlastunterschiede ab, wenn man in beiden Fällen den gleichen Schräglaufwinkel annimmt. Um diesen Verlust auszugleichen, muß sich ein größerer Schräglaufwinkel an der Achse einstellen. Besonders deutlich wird dieser Seitenkraftabfall, wenn man im Bild 4.12 von der dem Reifeninnendruck zugeordneten Radlast F_{No} und einem Schräglaufwinkel von α = 4° ausgeht. Sowohl bei der verringerten Radlast am kurveninneren Rad als auch bei der erhöhten am kurvenäußeren Rad würde die Seitenkraft bei α = 4° abnehmen. Aber auch bei jedem anderen Schräglaufwinkel wird aufgrund des degressiven Verlaufs der Kurven die Summe der Seitenkräfte beider Räder einer Achse kleiner. Da bei einem bestimmten Kurvenradius und einer bestimmten Geschwindigkeit aber die Seitenkraft gegeben ist, muß der Schräglaufwinkel sich vergrößern. Damit läßt sich besonders einfach die Wirkung eines Stabilisators erklären, durch den die Rollsteifigkeit der Achse und damit die Radlastdifferenz größer wird.

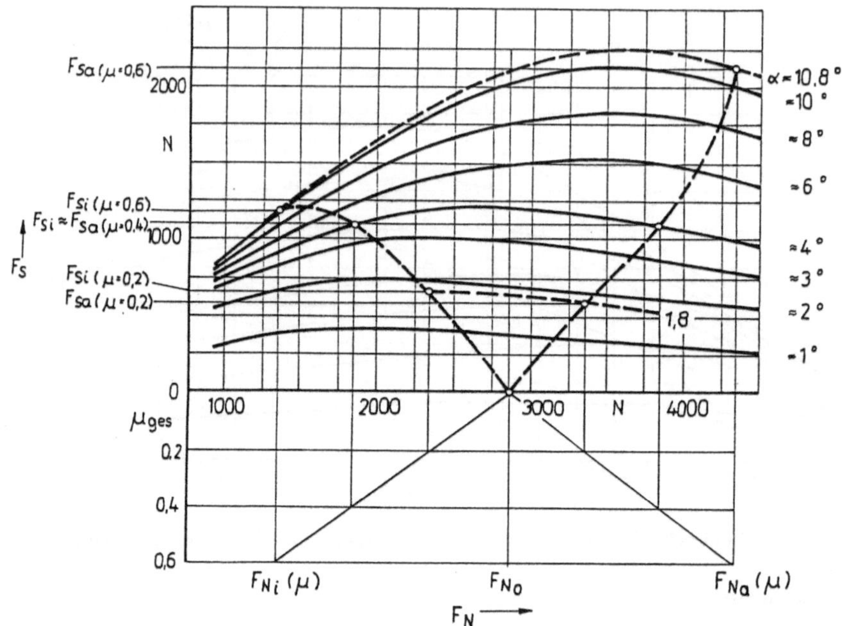

Bild 4.13 Ermittlung der Schräglaufwinkel und der Seitenkraftverteilung bei einer Starrachse in einer Kurve von großem Radius aus dem Kennfeld $F_S = f(F_N, \alpha)$ (nach [4.5])

Arbeitsschritte:

1. Radlastabweichungen in Abhängigkeit des in Anspruch genommenen Reibbeiwertes als Mittelwert für die Achse berechnen und eintragen als $F_{Ni}(\mu)$ und $F_{Na}(\mu)$
2. Übertragen einzelner Werte von F_{Ni} und F_{Na} in das Kennfeld $F_S = f(F_N, \alpha)$
3. Durch Probieren die α-Kurven suchen, die die F_{Ni} und F_{Na} so schneiden, daß die Summe der Seitenkräfte $F_{Si} + F_{Sa}$ der Seitenkraft der Achse entspricht

$$F_{Si} + F_{Sa} = \mu \cdot 2 \cdot F_{No} = \mu \cdot (F_{Ni} + F_{Na})$$

4. Berechnung der tatsächlichen an den Rädern in Anspruch genommenen Reibbeiwerte

$$\mu_i = \frac{F_{Si}}{F_{Ni}} \qquad \mu_a = \frac{F_{Sa}}{F_{Na}}$$

Zahlenwerte:

μ auf Achse bezogen	F_{Ni} N	F_{Na} N	α °	F_{Si} N	F_{Sa} N	μ_i	μ_a
0,2	2350	3350	1,8	620	580	0,264	0,173
0,4	1850	3850	4,0	1100	1100	0,595	0,286
0,6	1350	4350	10,8	1200	2220	0,89	0,51

Das Kennfeld $F_S = f(F_N, \alpha)$, gemessen am rollenden Rad, läßt sich verwenden, um die Aufteilung der Seitenkräfte auf die beiden Räder einer Achse zu bestimmen. Im Bild 2.8 ist nachgewiesen worden, daß es sich um ein statisch unbestimmtes System handelt und die Seitenkraftverteilung nur unter Berücksichtigung der Reifen-Schräglaufeigenschaften ermittelt werden kann.

Eine Methode, um die Seitenkraftverteilung und den Schräglaufwinkel α unter der Bedingung $\alpha_i = \alpha_a$ zu bestimmen, findet man bei Mitschke ([4.5] Bild 113.3) bzw.

Krempel [4.6] Nach dem dort angegebenen Verfahren wurde Bild 4.13 gezeichnet. Anstelle der dort verwendeten Zentrifugalbeschleunigung (entspr. der Fliehkraft) wurde der für den auf die Gesamtachse bezogene Reibbeiwert μ verwendet. Es wurde lineare Abhängigkeit der Radlastabweichung vom μ und ΔF_N für $\mu = 0{,}4$ mit 1000 N angenommen. F_{Ni} und F_{Na} sind als Funktion von μ mit μ steigend nach unten aufgetragen.

Bild 4.13 zeigt, selbst unter der vereinfachten Bedingung $\alpha_i = \alpha_a = \alpha$ läßt sich sowohl der Schräglaufwinkel als auch die Seitenkraft an den beiden Rädern nur durch Probieren finden. Zweckmäßigerweise wählt man α, ermittelt die Summe der Seitenkräfte und korrigiert α so lange, bis die Gleichung

$$F_{Si} + F_{Sa} = 2 \cdot F_{No} \cdot \mu \tag{4.1a}$$

aus

$$F_S = F_N \cdot \mu \tag{4.1}$$

erfüllt ist. Die in der Bildunterschrift angegebene Tabelle zeigt, wie ungünstig die Seitenkraftverteilung ist. Bild 4.13 läßt aber auch erkennen, daß in der Kenntnis der Abhängigkeit der Reifen-Schräglaufeigenschaften von der Radlast der Schlüssel für die Verbesserung des Gütegrades der Seitenkraftverteilung zu suchen ist.

Weitere Methoden sind in [4.3] [4.7] und [4.19] beschrieben.

Für die Bedingung Gütegrad gleich 1 müßte $\mu_i = \mu_a$ sein. Bild 4.14 soll die Ausbildung des Schräglaufwinkels bei $\mu_i = \mu_a$ unter der Bedingung der Lastabsenkung und Lasterhöhung veranschaulichen. Man kann davon ausgehen, daß beim Rollen die Profilstollen unverspannt im Punkt 1 auf die Fahrbahn auftreten. Infolge der Seitenkraft verspannen sie sich dann mit dem Durchlaufen der Aufstandsfläche immer mehr. Diese Hypothese wird sowohl durch Messungen [4.8] in der Aufstandsfläche als auch durch das Rückstellmoment, das den Angriff der resultierenden Seitenkraft hinter der Mitte der Reifenaufstandsfläche im Punkt 2 beweist, bestätigt. Im Bild 4.14a ist die Radlast gemindert und bei $\mu = $ konst. demnach auch die Seitenkraft kleiner als auf Bild 4.14b. Bild 4.14b stellt die mittlere Belastung dar. Der Schräglaufwinkel ist deutlich größer als bei a). Unmittelbar vor dem Abheben der Profilstollen von der Fahrbahn würden die Profilstollen wieder in die unverspannte Lage zurückgleiten, weshalb der Seitenkraftverlauf entlang der Aufstandsfläche hinten abgerundet dargestellt ist. Bild 4.14c stellt den Reifen des höher belasteten Rades, z.B. des kurvenäußeren Rades, dar. Um den gleichen Reibbeiwert in Anspruch zu nehmen, muß die Seitenkraft entsprechend groß sein. Infolge der sich in der Reifenseitenwand ausbildenden Ausbauchung wird der Reifen „seitenweicher", was sich durch besondere Zunahme des Schräglaufwinkels bemerkbar macht. Gleichzeitig wird die Aufstandsfläche länger. Im Bild 4.14c ist ein Schräglaufzustand dargestellt, bei dem am hinteren Teil der Aufstandsfläche das Gleiten eingesetzt hat (Klasse 2 nach Abschn. 1.2.2.4).

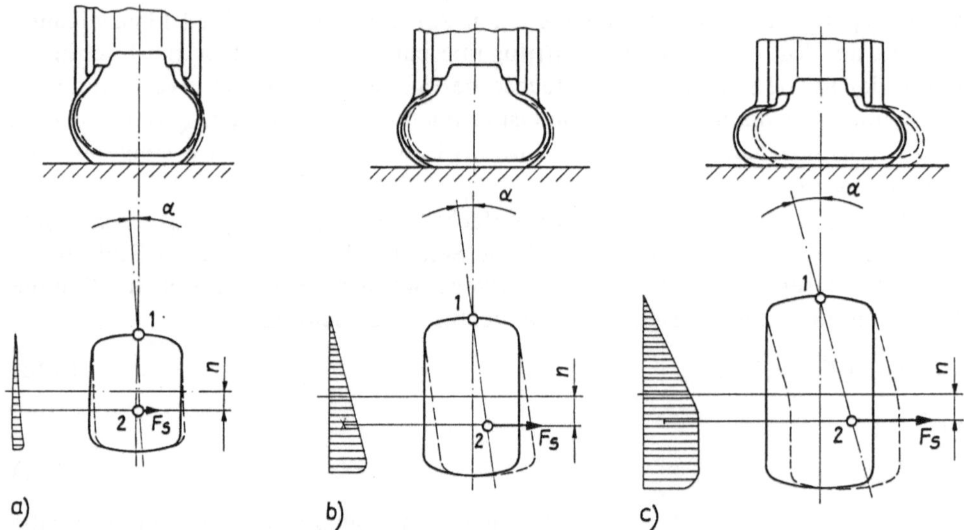

Bild 4.14 Reifenquerschnitt und Reifenaufstandsfläche bei drei unterschiedlichen Belastungen. Unter der Bedingung, daß in allen drei Fällen der in Anspruch genommene Reibbeiwert gleich ist, wurden der Schräglaufwinkel, der Verlauf der Seitenkraft entlang der Aufstandsfläche, die resultierende Seitenkraft $F_S = F_N \cdot \mu$ und der reifenbedingte Nachlauf n eingetragen.

a) Die geringe Belastung entspricht einem kurveninneren Rad. Der Reifen wirkt relativ seitensteif, so daß der Schräglaufwinkel relativ klein ist.

b) Die mittlere Belastung entspricht einem statisch belasteten Rad. Die Seitenkraft steigt bis nahe dem Ende der Aufstandsfläche an, und der Nachlauf n ist relativ groß.

c) Die hohe Belastung entspricht einem kurvenäußeren Rad. Der Reifen wirkt relativ seitenweich, so daß sich ein großer Schräglaufwinkel einstellt. Es ist angenommen, daß der Reifen im hinteren Teil der Aufstandsfläche gleitet, wodurch n wieder kleiner als im Fall b) geworden ist

Im Bild 4.14 wurde ein Reifen mit normalem Höhen-Breiten-Verhältnis (H/B = 0,82) zugrunde gelegt. Bei einem Niederquerschnittsreifen und bei höherem Reifeninnendruck werden die Schräglaufwinkel selbst und die Unterschiede im Schräglaufwinkel kleiner, was aus Bild 4.14 erkannt werden kann.

Die Forderung, daß die Seitenkräfte den Radlasten proportional sein sollen (entspr. Gütegrad = 1), hat zu einer weiteren Auswertung des Reifenkennfeldes $F_S = f(F_N, \alpha)$ geführt [4.7]. Der in Seitenkraftrichtung in Anspruch genommene Reibbeiwert μ sollte unbedingt mit in die Darstellung einbezogen sein,

– um den Einfluß auf den Gütegrad der Seitenkraftverteilung zu erkennen,

– um eine unmittelbare Beziehung zwischen dem stark fahrbahnabhängigen μ an der Rutschgrenze und dem in Anspruch genommenen μ zu schaffen.

Bei Prüfstandsbesichtigungen wird immer wieder die Frage gestellt: Wie gut stimmen die auf dem Prüfstand gemessenen Werte mit denen auf realen Straßen überein? Darauf läßt sich kurz antworten, je besser Prüfstand und Straße bezüglich Ebenheit und Griffigkeit übereinstimmen, umso besser ist auch die Übereinstimmung der Meßergebnisse. Für eine Fahrbahn mit $\mu \leq 0,4$ sind alle Meßwerte vom

Prüfstand für $\mu \geq 0,4$ ohne Bedeutung. Umgekehrt kann man für eine trockene Rauhasphalt-Fahrbahn mit $\mu = 1,5$ auf einem Prüfstand mit $\mu = 1,05$ keine gültigen Werte an der Rutschgrenze erhalten. Da vom Durchschnittsfahrer aber so hohe Reibbeiwerte nicht in Anspruch genommen werden, ist es auch nicht so sehr kritisch, daß alle Prüfstandsmessungen nahe der Rutschgrenze, z.B. bei einem PKW-Reifen bei einer Radlast von 1000 N und einem Schräglaufwinkel $\alpha = 10°$, mit Vorsicht zu verwenden sind. Dort können sich selbst bei gleichem Prüfstand, gleicher Trommelkrümmung und gleichen Reifen auf frisch gereinigter und einige Zeit benutzter Trommel Unterschiede einstellen.

Um die Bedeutung des in Anspruch nehmbaren und des in Anspruch genommenen Reibbeiwertes zu unterstreichen, sollen drei Fakten genannt werden.

1. Fakt:

Der in Anspruch nehmbare Reibbeiwert ist von der Fahrbahn und vom Reifen abhängig. Obwohl es sehr wichtig ist, am Reifen durch geeignete Laufflächenmischungen, Konstruktion und Profilgestaltung alles für eine gute Fahrbahnhaftung zu tun, so beträgt dessen Einfluß nur wenige Prozent des Einflusses der Fahrbahn und insbesondere des Fahrbahnzustandes. Einen Überblick darüber gibt das Bild 1.27.

2. Fakt:

Der in Anspruch genommene Reibbeiwert als Mittelwert ist in erster Linie von der Fahrweise des Fahrers abhängig. Einen Überblick über den Zusammenhang zwischen Fahrgeschwindigkeit, Kurvenradius und dem in Anspruch genommenen Reibbeiwert als Mittelwert auf ebener Fahrbahn gibt Bild 2.18. Durch Kurvenüberhöhung verringert sich der in Anspruch genommene Reibbeiwert, da sich die Radlast erhöht und die Fliehkraftkomponente rechtwinklig zur Fahrbahnebene mindert. Damit erhöht sich die zulässige Geschwindigkeit, mit der eine Kurve beim jeweiligen Fahrbahnzustand durchfahren werden kann. Weist diese überhöhte Kurve aber durch eine festgefahrene Schneedecke oder eine Eisdecke einen sehr niedrigen Reibbeiwert auf, so muß sie mit einer Mindestgeschwindigkeit durchfahren werden, um nicht nach innen wegzurutschen. Das unterstreicht, daß der Fahrer den Reibbeiwert als Mittelwert durch seine Fahrweise bestimmt. Er tut es, indem er eine bestimmte Geschwindigkeit einregelt und über die Lenkung den Kurs bestimmt.

Aus in der Literatur angegebenen Messungen [4.11] werden auf trockener Fahrbahn vom Durchschnittsfahrer mittlere Reibbeiwerte bis $\mu = 0,4$ und vom Rallyefahrer bis $\mu = 0,6$ in Anspruch genommen. Bei den großen Kurvenradien, wo diese Reibbeiwerte erst bei hohen Geschwindigkeiten wichtig werden, liegen die Zahlenwerte niedriger.

Aus den Zahlenwerten von Bild 1.27 kann man erkennen, daß sich alle Kraftfahrer auf winterlichen Fahrbahnen umstellen müssen.

3. Fakt:

Der durch die Fahrweise bestimmte mittlere Reibbeiwert bestimmt die vom Fahrzeugkörper als „Massehaufen" ausgehende Seitenkraft. Es ist nun eine

Aufgabe der Fahrzeugauslegung, sie so auf die Räder zu verteilen, daß an jedem Rad der gleiche, also dieser mittlere Reibbeiwert übertragen wird. Das wäre der Gütegrad = 1.

Solange man die Gierbeschleunigung vernachlässigen kann, ist die Aufteilung zwischen den Achsen gut, siehe Abschnitt 2.1.1.6, Gln. (2.11) und (2.12). Auf die diesbezüglich günstige Wirkung eines großen Radstandes und eines demgegenüber geringen Trägheitsmoments um die Hochachse wurde im Abschnitt 1.2.2.2 hingewiesen.

Es ist, sieht man von den äußeren Störungen, z.B. eine Seitenwindbö ab, die Gierbeschleunigung eine Folge der Lenkreaktion. Durch die Schräglaufeigenschaften des Reifens läßt sich die Aufteilung der Seitenkräfte auf die beiden Achsen nur wenig beeinflussen.

Anders ist es bezüglich der Seitenkraftverteilung zwischen den beiden Rädern einer Achse. Bei der Kurvenfahrt werden in Verbindung mit der Rollneigung des Aufbaus die kurveninneren Räder ent- und die kurvenäußeren belastet. Bei gleichem Reibbeiwert müßte also das kurvenäußere Rad entsprechend höhere Seitenkräfte aufnehmen. Leider ist es gerade umgekehrt, der stärker zusammengedrückte Reifen am kurvenäußeren Rad wirkt seitenweicher.

Im Bild 4.14 ist dieser Zusammenhang veranschaulicht. Bei drei Belastungen sind der Reifenquerschnitt in der Aufstandsfläche, die Reifenaufstandsfläche selbst, der Schräglaufwinkel α bei gleichem in Anspruch genommenen Reibbeiwert μ, der Verlauf der Seitenkraftverteilung entlang der Reifenaufstandsfläche, die Lage der resultierenden Seitenkraft F_S und der Nachlauf n gegenübergestellt.

Bei Tschudakow [4.12] findet man aufgetragene Meßwerte, die die höheren Seitenkräfte am entlasteten kurveninneren Rad belegen. Diese Meßwerte verdienen Würdigung, da es vermutlich die ersten waren, die dies dokumentierten. Sie

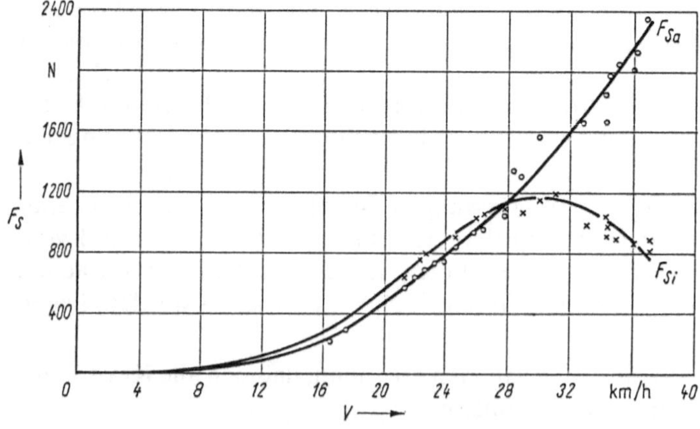

Bild 4.15 Messung der Seitenkräfte am kurveninneren Rad F_{Si} und kurvenäußeren Rad F_{Sa} bei Fahrt mit konstantem Kurvenradius von 20 m mit steigender Geschwindigkeit. Bis zum Beginn des Gleitens am kurveninneren Rad wurden dort trotz der Entlastung die höheren Seitenkräfte gemessen (aus Tschudakow [4.14], bereits 1951 in der UdSSR veröffentlicht)

wurden aus diesem Grund mit Bild 4.15 aufgenommen, wenn sie auch inzwischen bei neueren Reifen anders aussehen und insbesondere bei den Einzelradaufhängungen auch anders aussehen sollten.

4.4.2.2 Zusammenhänge über die Schräglaufseitenkraft in anderer Darstellung

Im Bild 4.12 erfolgte die klassische Darstellung der Abhängigkeit der Seitenkraft F_S über der Radlast F_N mit dem Schräglaufwinkel α als Parameter. Die unmittelbare Abhängigkeit von der nach den obigen Ausführungen wichtigen Größe, dem Reibbeiwert μ, fehlt. Anhand der Bilder 4.16, 4.17 und 4.18 soll der Übergang zu einer Darstellung verdeutlicht werden, die die Berücksichtigung der Reifen-Schräglaufeigenschaften vereinfacht. Die Bilder sind [4.7] bzw. bisher unveröffentlichten eigenen Berichten entnommen. Bild 4.16 entspricht dem Bild 4.12. Es handelt sich im Bild 4.16 um die Meßwerte von einem Diagonalreifen, bei dem die Proportionalität zwischen Seitenkraft und Schräglaufwinkel (s. Gl. (2.13)) bei konstanter Radlast noch etwas besser, d.h. annähernd bis zum Reibbeiwert $\mu = 0,6$ gegeben ist. Zum Umzeichnen des Bildes 4.16 werden bei den Radlasten $F_N = 1000, 2000 \ldots 6000\,\mathrm{N}$ auf den Geraden $\mu = 0,1;\ 0,2 \ldots 1,0$ die Schräglaufwinkel abgelesen oder durch Interpolation gewonnen. Auf Bild 4.17 sind die Zahlenwerte bis zur Geraden $\mu = 0,6$ in der räumlichen Darstellung aufgetragen. Der lineare Anstieg des Schräglaufwinkels α über dem Reibbeiwert μ, der für jede Radlast F_N anders ist, wird in dieser räumlichen Darstellung bis $\mu = 0,6$ sehr deutlich. Die Kurven wurden jeweils bis $F_N = 0$ verlängert, obwohl

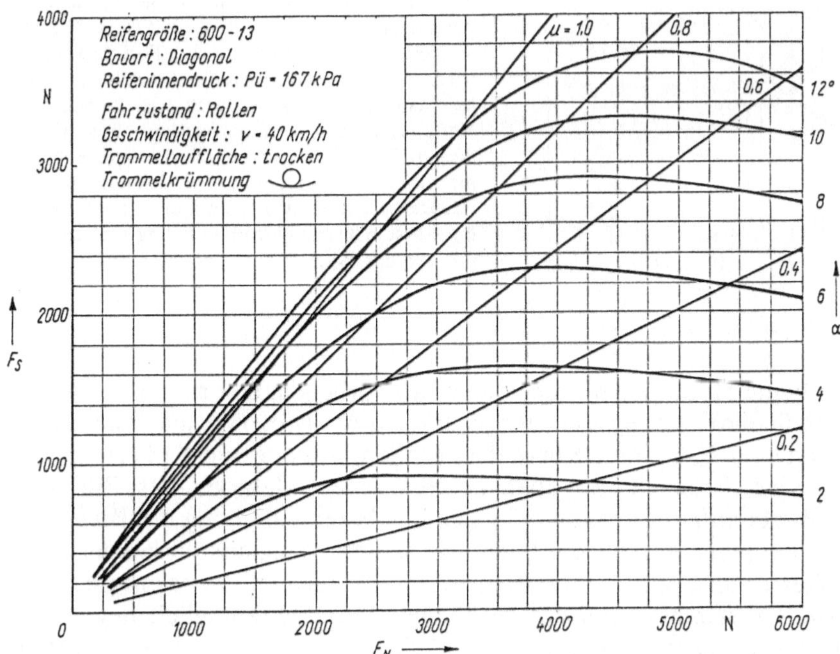

Bild 4.16 Reifenkennfeld $F_S = f(F_N, \alpha)$. Die Geraden $\mu = 0,2$; 0,4; 0,6; 0,8 und 1,0 sind eingetragen

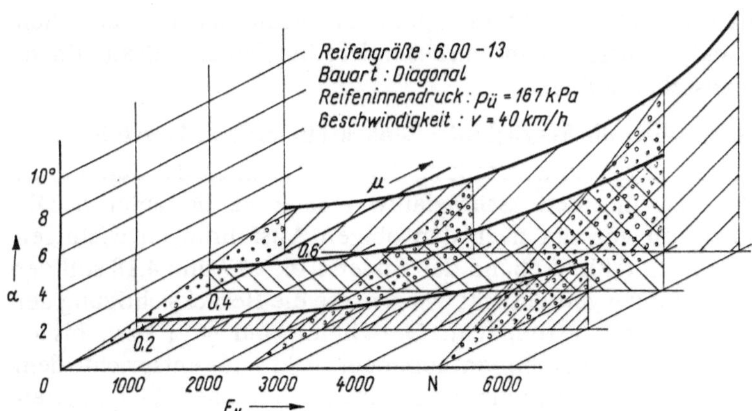

Bild 4.17 Reifenkennfeld α auf der F_N, μ-Ebene unter Verwendung der Meßwerte von Bild 4.16

Die Ebenen α über F_N bei μ = 0,2; 0,4 und 0,6 sind schraffiert, die Ebenen α über μ bei F_N = 0; 2500 und 5000 N sind verdunkelt. α steigt über μ annähernd linear an

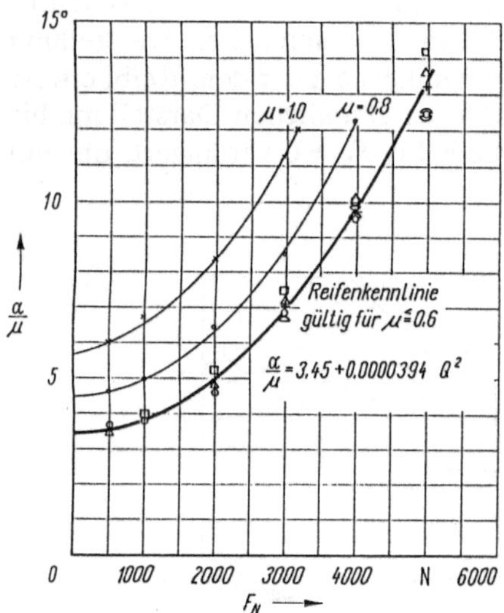

Bild 4.18

Entstehung der Reifenkennlinie $\frac{α}{μ} = f(F_N)$, indem α durch μ aufgrund der annähernd linearen Abhängigkeit und Proportionalität (s. Bild 4.17) dividiert und der Zahlenwert über F_N aufgetragen wird. Entsprechend liegen die Werte bis μ = 0,6 beieinander, so daß sie durch eine Kurve, die Reifenkennlinie, ersetzt werden können. In diesem Fall läßt sie sich durch die angegebene, nicht durch den Nullpunkt gehende quadratische Parabel beschreiben. Der Verlauf bei μ = 0,8 und μ = 1,0 ist in Krümmung und Anstieg ähnlich und nur von der F_N-Achse weg verschoben

dort natürlich keine Meßwerte für die Seitenkraft vorliegen. Der für das jeweilige F_N vorhandene lineare Anstieg legt nahe, α durch μ zu dividieren und den ganzen Zusammenhang über F_N als eine Kurve darzustellen, was auf Bild 4.18 erfolgt. Es wurden auch hier die nach der oben beschriebenen Methode aus Bild 4.16 gewonnenen Werte aufgetragen. Es zeigt sich in Übereinstimmung mit Bild 4.17, daß bis μ = 0,6 bei jeder Radlast der lineare Zusammenhang annähernd gegeben ist, denn die Werte von μ = 0,1 bis μ = 0,6 liegen, wenn auch mit etwas progressiver Tendenz, jeweils zusammen. Bei der gegebenen Trommelrauhigkeit liegen die Werte für μ = 0,8 etwas und für μ = 1,0 deutlich höher. Es wird als ein Vorteil angesehen, daß der charakteristische Verlauf von der bis μ = 0,6 gültigen

„Reifenkennlinie $\frac{\alpha}{\mu}=f(F_N)$“ und der der Kurven für $\mu = 0,8$ und $\mu = 1,0$ so gut übereinstimmt. Damit ist anzunehmen, daß eine nach der Reifenkennlinie $\frac{\alpha}{\mu}=f(F_N)$ ausgelegte Elastokinematik der Radaufhängung sich auch in den Grenzbereichen über $\mu = 0,6$ hinaus noch bewährt. Das ist auch deshalb wichtig, weil bei Fahrbahnen mit schlechterer Haftung auch bei geringerem Reibbeiwert diese Reifenkennlinie angewendet wird. Diese Abweichung, wie sie nach Bild 4.18 für $\mu = 0,8$ vorliegt, tritt z.B. auf dem noch folgenden Bild 4.30 im Prinzip schon bei $\mu = 0,2$ auf.

Die Reifenkennlinie $\frac{\alpha}{\mu}=f(F_N)$ bietet gegenüber dem Reifenkennfeld

$F_S = f(F_N, \alpha)$ folgende Vorteile:

1. Durch die Zusammenfassung der Meßwerte zu einer Kurve kann man einfacher
   a) verschiedene Reifentypen und Fabrikate vergleichen, Bilder 4.20 und 4.24,
   b) den Einfluß der Prüfbedingungen, wie Reifeninnendrücke, Geschwindigkeit, Trommelkrümmung, Umfangskräfte und Profilhöhe, verdeutlichen, Bilder 4.23 und 4.25 bis 4.28.

2. Unter der ohnehin notwendigen Bedingung, daß man die Radlast bei der Kurvenfahrt am kurveninneren und -äußeren Rad kennt, erlaubt die Reifenkennlinie in einfacher Weise
   a) die Berechnung der in Anspruch genommenen Reibbeiwerte und der Seitenkräfte unter der Bedingung $\alpha_i = \alpha_a$, was der Operation im Bild 4.13 entspricht,
   b) die Berechnung der erforderlichen Differenz der Schräglaufwinkel $\alpha_a - \alpha_i$ unter der Bedingung des Gütegrades 1, $\mu_i = \mu_a$,
   c) die Berechnung der in Anspruch genommenen Reibbeiwerte, der Seitenkräfte und der Schräglaufwinkel, wenn sich infolge der Kinematik in Verbindung mit der Rollneigung eine Lenkwinkeldifferenz und damit Schräglaufwinkeldifferenz einstellt, Bild 4.29.

3. Es besteht ein einfacher Zusammenhang zwischen dem Abstand der Reifenkennlinie von der F_N-Achse (Ordinaten) und der Schräglaufsteifigkeit des Reifens. Je geringer dieser Abstand, um so seitensteifer der Reifen, Bilder 4.20 und 4.24 bis 4.28.

4. Es besteht ein einfacher Zusammenhang zwischen dem Gradienten des Anstiegs der Reifenkennlinie und dem Gütegrad der Seitenkraftverteilung. Je steiler der Anstieg, um so schlechter wird i. allg. der Gütegrad der Seitenkraftverteilung sein. Für die Realisierung eines Gütegrades $= 1$ wären größere Winkeldifferenzen (größere Vorspur) erforderlich, Bilder 4.20 und 4.25.

5. Es besteht ein einfacher Zusammenhang zwischen der Krümmung der Reifenkennlinie und der Schräglaufwinkelvergrößerung bei Erhöhung der Rollsteifigkeit der Achse, z.B. durch einen Stabilisator. Je stärker die Krümmung, um so mehr vergrößert sich der Schräglaufwinkel mit Erhöhung der Rollsteifigkeit, z.B. im Bild 4.24 beim wenig belasteten Reifen 145 *SR* 13.

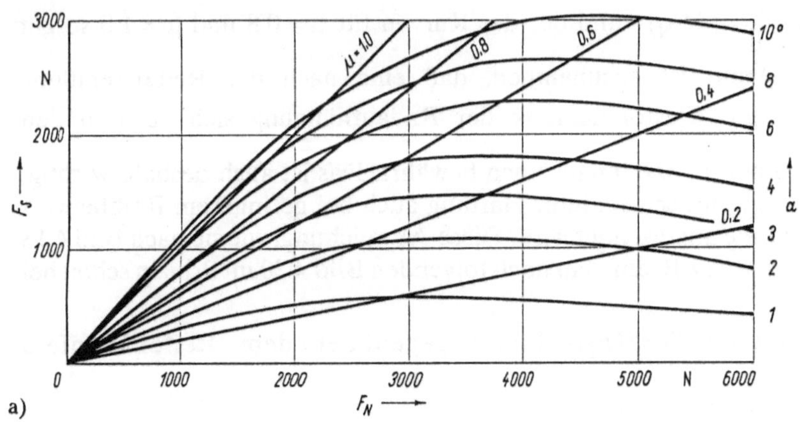

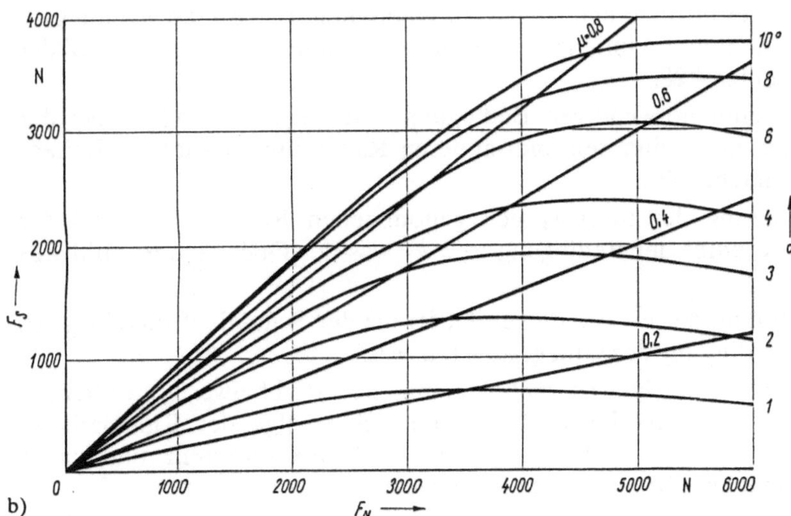

Bild 4.19 Der Vergleich zweier Reifen anhand des Reifenkennfeldes $F_S = f(F_N, \alpha)$
a) Pneumant 165 SR 13
   Bauart: Radial
b) Pirelli 165/70 SR 13
   Bauart: Radial-Niederquerschnittsreifen
Die Prüfbedingungen sind für beide Reifen:
Reifeninnendruck: 167 kPA
Fahrzustand: Rollen
Geschwindigkeit: 40 km/h
Trommelkrümmung:

Der Vergleich gelingt nur, wenn man viele Meßwerte aufsucht und unmittelbar miteinander vergleicht

Bild 4.20

Der Vergleich der zwei Reifen von Bild 4.19 anhand der Reifenkennlinien

$$\frac{\alpha}{\mu} = f(F_N)$$

a) Pneumant 165 *SR* 13
   Bauart: Radial

b) Pirelli 165/70 *SR* 13
   Bauart: Radial-Niederquerschnitts-reifen

Die Prüfbedingungen sind für beide Reifen:

Reifeninnendruck: 167 kPA

Fahrzustand: Rollen

Geschwindigkeit: 40 km/h

Trommelkrümmung:

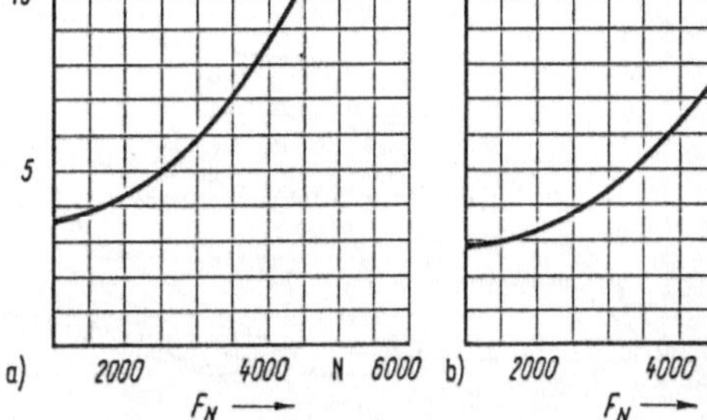

Aus dem Vergleich läßt sich schnell erkennen:

1. Der Niederquerschnittsreifen ist wesentlich seitensteifer. Würde man an der Vorderachse den Pirelli-Reifen 165/70 *SR* 13 und an der Hinterachse den Pneumant-Reifen 165 *SR* 13 montieren, so würde man die Steuerungstendenz des Fahrzeugs in Richtung Übersteuern verändern (größere Schräglaufwinkel an der Hinterachse).

2. Am Niederquerschnittsreifen ist der Anstieg der Reifenkennlinie geringer, dadurch ist der Gütegrad der Seitenkraftverteilung besser, bzw. der Gütegrad = 1 läßt sich schon bei kleineren Vorspurwinkeln erreichen.

3. Die Krümmung der beiden Kennlinien ist ähnlich, so daß eine bestimmte Erhöhung der Rollsteifigkeit der Achse bei beiden Reifen etwa gleich stark den Schräglaufwinkel vergrößert

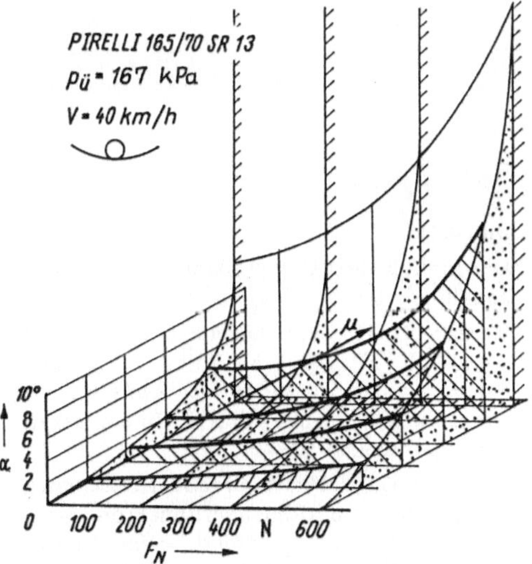

Bild 4.21

Kennlinienfeld in räumlicher Darstellung vom Reifen 165/70 *SR* 13

Auch hier ist die Linearität bis $\mu = 0,6$ noch relativ gut

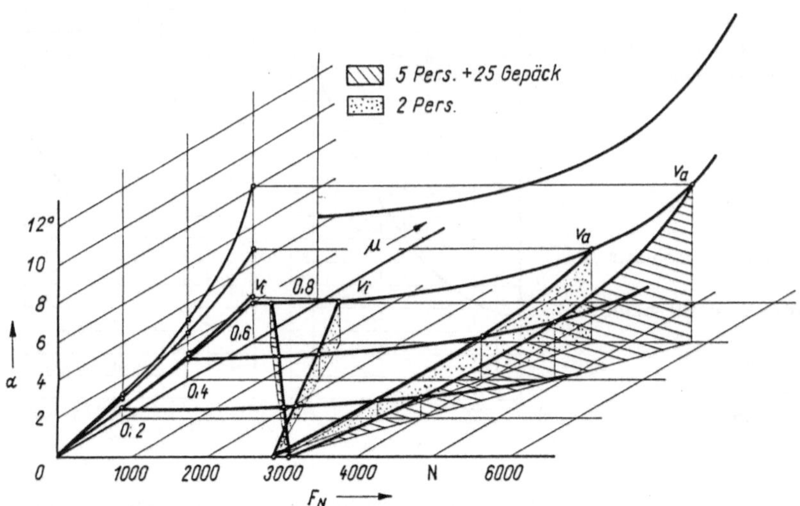

Bild 4.22 Eintragung von Radlastabweichungen an einer Vorderachse in das Reifenkennfeld von Bild 4.21

Anders als auf Bild 4.13 läßt sich hier ablesen, welche Schräglaufwinkel an den Rädern beim Gütegrad der Seitenkraftverteilung von 1 sich einstellen müßten. Es sind zwei Belastungsfälle eingetragen, bei einem Fahrzeugtyp, bei dem sich die Vorderachse bei der Lasterhöhung von 2 Personen auf 5 Personen und 25 kg Gepäck sogar wieder entlastet. Die größere Radlastdifferenz stellt sich beim vollbeladenen Fahrzeug ein.

Wesentlich einfacher ist die Bestimmung von Schräglaufwinkel und Seitenkraftverteilung anhand der Reifenkennlinie nach dem Beispiel im Bild 4.29

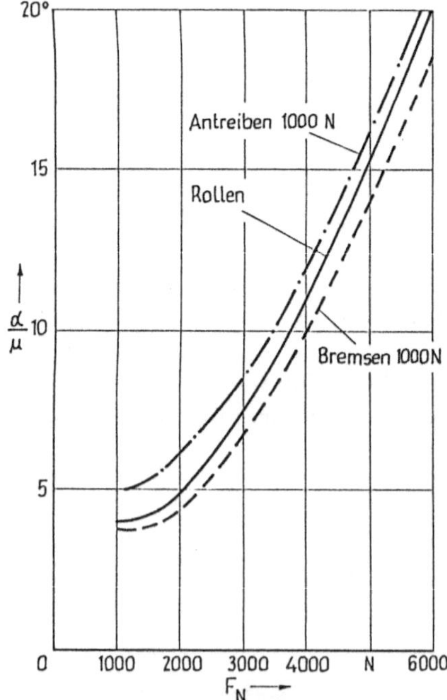

Bild 4.23

Der Einfluß einer Umfangskraft auf die Reifenkennlinie

Reifen: 6.50–13; Typ: Diagonal; Reifeninnendruck: 137 kPa; Geschwindigkeit: 40 km/h; Fahrzustand; außer Rollen auch Antreiben und Bremsen jeweils mit 1000 N Umfangskraft; Trommelkrümmung:

Durch die Antriebskraft wurde der Reifen seitenweicher. Bei diesem Reifen wird mit Frontantrieb die Untersteuerung gefördert. Beim Bremsen mit 1000 N Bremskraft/Rad wird der Reifen seitensteifer, so daß dann, wenn sie nur an der Vorderachse auftritt, die Übersteuerung gefördert wird

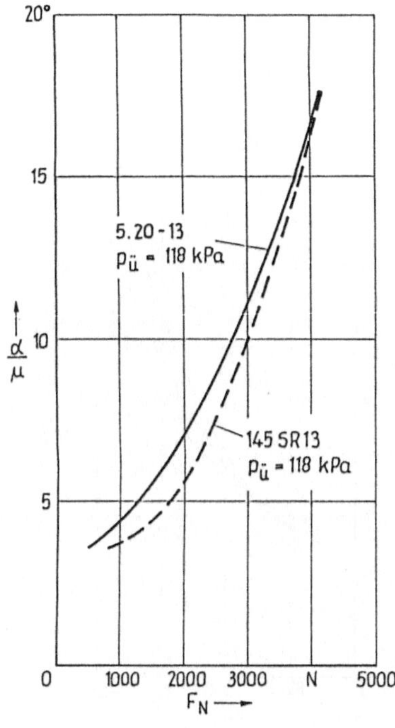

Bild 4.24

Vergleich von zwei 13-Zoll-Reifentypen 5.20–13, Diagonal, und 145 *SR* 13, Radial, von Pneumant

Fahrzustand: Rollen; Reifeninnendruck (beide): 118 kPa; Geschwindigkeit: 40 km/h; Trommelkrümmung:

Der Radialreifen ist etwas seitensteifer. Bei gemischter Bestückung des Fahrzeugs wird die Steuerungstendenz in folgender Richtung beeinflußt

Vorderachse	Hinterachse	Beeinflussung
145 *SR* 13	5.20–13	Übersteuerung
5.20–13	145 *SR* 13	Untersteuerung

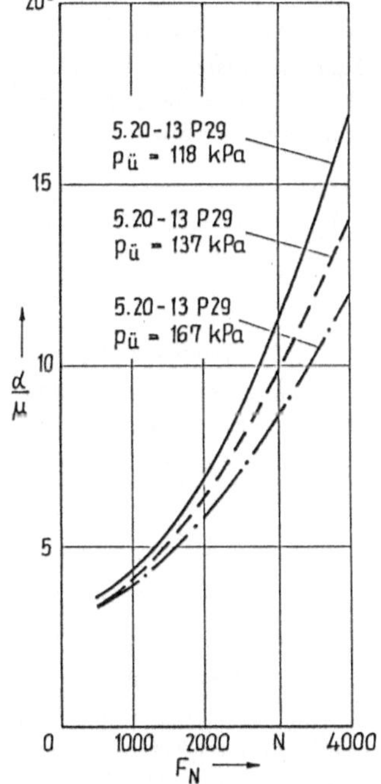

Bild 4.25

Einfluß des Reifeninnendrucks auf die Reifenkennlinie

Reifen: 5.20–13; Bauart: Diagonal, Hersteller: Pneumant, Reifeninnendruck: 118, 137 und 167 kPa; Fahrzustand: Rollen, Geschwindigkeit: 40 km/h; Trommelkrümmung:

Wie ja allgemein bekannt, nimmt die Seitensteifigkeit mit steigendem Reifeninnendruck zu. Aus diesem Grund läßt sich bei jedem Fahrzeug die Steuerungstendenz in Richtung Untersteuern korrigieren, wenn man den Reifeninnendruck an der Hinterachse erhöht. Mit dem erhöhten Reifeninnendruck wird auch der Gütegrad der Seitenkraftverteilung besser

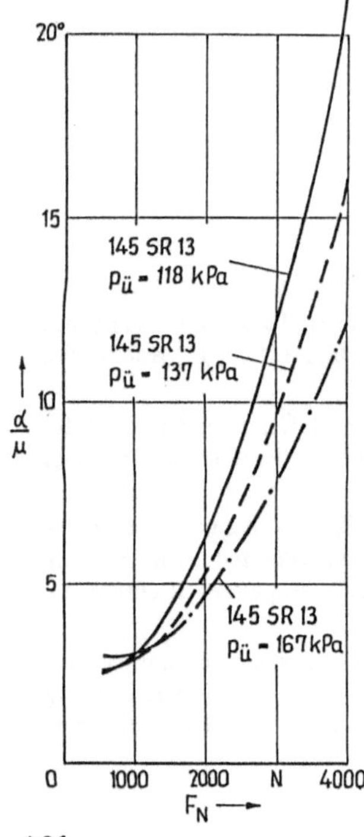

4.26

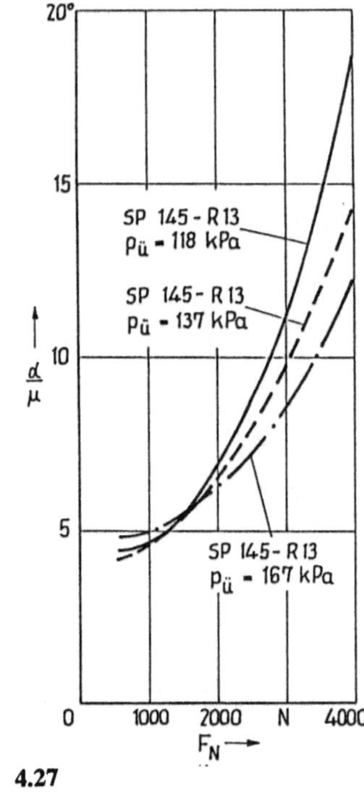

4.27

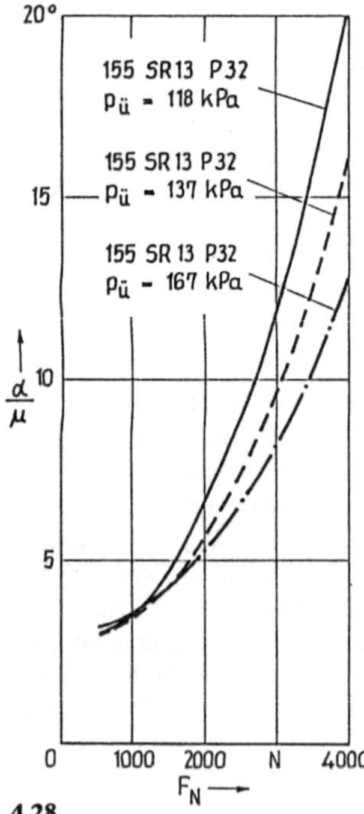

4.28

Bild 4.26

Einfluß des Reifeninnendrucks auf die Reifenkennlinie

Reifen: 145 *SR* 13,; Bauart: Radial, Hersteller: Pneumant, Reifeninnendruck: 118, 137 und 167 kPa; Fahrzustand: Rollen, Geschwindigkeit: 40 km/h; Trommelkrümmung:

Bild 4.27

Einfluß des Reifeninnendrucks auf die Reifenkennlinie

Reifen: SP 145 *SR* 13,; Bauart: Radial, Hersteller: Dunlop, Reifeninnendruck: 118, 137 und 167 kPa; Fahrzustand: Rollen, Geschwindigkeit: 40 km/h; Trommelkrümmung:

Bild 4.28

Einfluß des Reifeninnendrucks auf die Reifenkennlinie

Reifen: 155 *SR* 13,; Bauart: Radial, Hersteller: Pneumant, Reifeninnendruck: 118, 137 und 167 kPa; Fahrzustand: Rollen, Geschwindigkeit: 40 km/h; Trommelkrümmung:

Bild 4.29 Berechnungsbeispiel anhand der Reifenkennlinie

Gegeben: außer der Reifenkennlinie die Radlast an den beiden Rädern bei einem mittleren in Anspruch genommenen Reibbeiwert je Achse von $\mu = 0{,}4$. Damit hat die Berechnung nur Gültigkeit für Fahrbahnen, auf denen ein deutlich größerer Reibbeiwert als 0,4 vorliegt.

$$F_{No} = 4000 \text{ N}; \qquad F_{Ni} = 3000 \text{ N}; \qquad F_{Na} = 5000 \text{ N}$$

Anhand der Reifenkennlinie abgelesen:

$$\left(\frac{\alpha}{\mu}\right)_i = 6°; \qquad \left(\frac{\alpha}{\mu}\right)_a = 12{,}4°$$

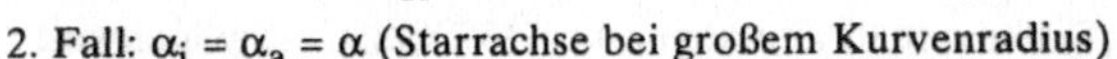

Berechnung von $\alpha_{i,\,a}$, $\mu_{i,\,a}$, und $F_{Si,\,a}$ für 3 Fälle:

1. Fall: $\mu_i = \mu_a = \mu$ (Gütegrad der Seitenkraftverteilung = 1)

Schräglaufwinkel: $\alpha_i = 6 \cdot 0{,}4 = 2{,}4°;$ $\qquad \alpha_a = 12{,}4 \cdot 0{,}4 = 4{,}96°$

Seitenkräfte: $\qquad F_{Si} = 3000 \cdot 0{,}4 = 1200 \text{ N}; \qquad F_{Sa} = 5000 \cdot 0{,}4 = 2000 \text{ N};$

2. Fall: $\alpha_i = \alpha_a = \alpha$ (Starrachse bei großem Kurvenradius)

Die Lösung erfolgt über fünf Gleichungen mit fünf Unbekannten.

1. Gl. $F_{Si} + F_{Sa} = 2 \cdot F_{No} \cdot \mu;$ 2. Gl. $F_{Si} = F_{Ni} \cdot \mu_i,$

3. Gl. $F_{Sa} = F_{Na} \cdot \mu_a;$ 4. Gl. $\dfrac{\alpha}{\mu_i} = 6°,$ 5. Gl. $\dfrac{\alpha}{\mu_a} = 12{,}4°$

Unbekannt sind α, μ_i, μ_a, F_{Si}, F_{Sa}.

Die Gleichungen 2. bis 5. lassen sich in Gleichung 1 sofort einsetzen, womit α und dann alle weiteren Größen berechnet werden können.

$$F_{Ni} \cdot \frac{\alpha}{6} + F_{Na} \cdot \frac{\alpha}{12{,}4} = 2 \cdot F_{No} \cdot \mu$$

in Zahlen

$$3000 \cdot \frac{\alpha}{6} + 5000 \cdot \frac{\alpha}{12{,}4} = 2 \cdot 4000 \cdot 0{,}4$$

Schräglaufwinkel: $\alpha = 3{,}54°$

Reibbeiwerte: $\mu_i = \dfrac{3{,}54}{6} = 0{,}59;$ $\quad \mu_a = \dfrac{3{,}54}{12{,}4} = 0{,}29$ $\quad$ Seitenkräfte: $\quad F_{Si} = 3000 \cdot 0{,}59 = 1771{,}4 \text{ N}$

$$F_{Sa} = 5000 \cdot 0{,}29 = 1428{,}6 \text{ N}$$

3. Fall: Infolge Radaufhängungskinematik ist aus der Radlastabweichung und der damit verbundenen Ein- und Ausfederung bekannt, daß sich eine Vorspurwinkelsumme aus beiden Rädern von 1,5° einstellt. Demzufolge stellt sich am kurvenäußeren Rad ein größerer Schräglaufwinkel ein.

Bedingung: $\alpha_a - \alpha_i = 1{,}5°$

Diese Bedingung stellt eine 6. Gleichung für die jetzt sechs Unbekannten α_i, α_a, μ_i, μ_a, F_{Si}, F_{Sa} dar, ansonsten erfolgt die Berechnung analog zum Fall 2.

$$F_{Ni} \cdot \frac{\alpha_i}{6} + F_{Na} \cdot \frac{(\alpha_i + 1{,}5)}{12{,}4} = 2 \cdot F_{No} \cdot \mu$$

in Zahlen

$$3000 \, \frac{\alpha_i°}{6°} + 5000 \, \frac{\alpha_i°}{12{,}4°} + 5000 \, \frac{1{,}5°}{12{,}4°} = 2 \cdot 4000 \cdot 0{,}4$$

Schräglaufwinkel: $\alpha_i = 2{,}87°; \alpha_a = 2{,}87 + 1{,}5 = 4{,}37°$

Reibbeiwerte: $\dfrac{\alpha_i}{\left(\frac{\alpha}{\mu}\right)_i} = \mu_i;$ $\quad \dfrac{2{,}87}{6} = 0{,}478;$ $\quad \dfrac{\alpha_a}{\left(\frac{\alpha}{\mu}\right)_a} = \mu_a,$ $\quad \dfrac{4{,}37}{12{,}4} = 0{,}352$

Seitenkräfte: $\quad F_{Si} = \mu_i \cdot F_{Ni} = 0{,}478 \cdot 3000 = 1436{,}6 \text{ N}$

$$F_{Sa} = \mu_a \cdot F_{Na} = 0{,}352 \cdot 5000 = 1763{,}4 \text{ N}$$

Liegt auch noch eine elastische Verformung vor, dann müßte mit diesen Seitenkräften die neue Vorspur errechnet und die Rechnung entsprechend oft wiederholt werden

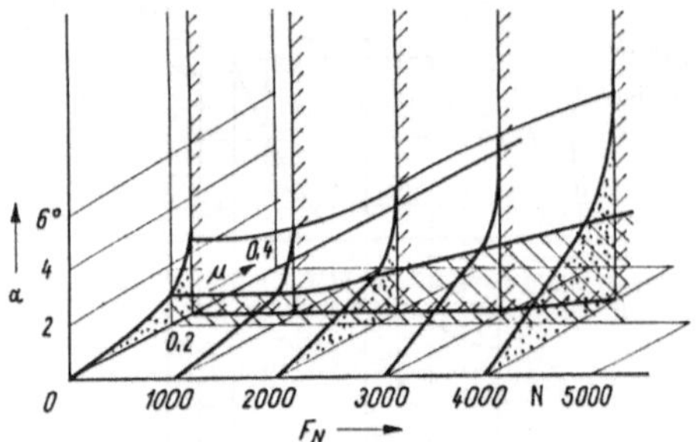

Bild 4.30   Reifenkennfeld α in der μ-F_N-Ebene, gemessen auf einer Trommel mit gemindertem Reibbeiwert

Die Lauffläche wurde mit Wasser, in dem Phosphorsalze aufgelöst waren, besprüht.

Reifen: 5.90–15; Bauart: Diagonal, Hersteller: Pneumant; Reifeninnendruck: 137 kPa; Geschwindigkeit 40 km/h; Trommelkrümmung;

Der Reibbeiwert μ erweist sich in diesem Reifenkennfeld als ein für das Schräglaufverhalten entscheidender Kennwert. Bei $\mu = 0{,}24$ bilden die Werte für den Schräglaufwinkel α eine Wand, deren Spur in der μ-F_N-Ebene nahezu parallel zur F_N-Achse verläuft. Damit ist μ von F_N unabhängig. Bis $\mu = 0{,}15$ stellt sich das Reifenkennfeld nahezu wie auf griffiger Trommel dar

6. Die Darstellung enthält den Reibbeiwert als Nenner des Ordinatenwertes unmittelbar. Dadurch können die jeweiligen Straßenreibbeiwerte, siehe Bild 1.27, berücksichtigt werden. Etwa 60 % dieses Straßenreibbeiwertes können als Grenze für die Gültigkeit der Reifenkennlinie selbst und oberhalb Anstieg und Krümmung als verbindlich angesehen werden, Bild 4.30.

Die Reifenkennlinie $\dfrac{\alpha}{\mu} = f(F_N)$ hat gegenüber dem Kennlinienfeld $F_S = f(F_N, \alpha)$ zwei Nachteile:

1. Die Seitenkraft F_S ist nicht unmittelbar abzulesen und muß errechnet werden aus $F_S = \mu \cdot F_N$.

2. Der Teil der Meßwerte des Kennfeldes oberhalb $\mu = 0{,}6$ ist nicht enthalten, und vom Kennlinienfeld bis $\mu = 0{,}6$ werden die Meßwerte als gewichtet errechnete Mittelwerte wiedergegeben.

Die vielen Vorteile wiegen diese zwei Nachteile mehr als auf. Die in den Bildern angegebenen Reifenkennlinien $\dfrac{\alpha}{\mu} = f(F_N)$ wurden aus den Meßwerten so errechnet, daß die Meßwerte für $\mu = 0{,}2$ mit dem Wertungsfaktor 3, $\mu = 0{,}4$ mit 2 und $\mu = 0{,}6$ mit 1 eingingen. Damit ist berücksichtigt, daß vom Durchschnittsfahrer nur Reibbeiwerte bis $\mu = 0{,}4$ und $\mu = 0{,}2$ relativ häufig in Anspruch genommen werden.

Aus der Reifenkennlinie $\dfrac{\alpha}{\mu} = f(F_N)$ können besonders einfach aus veränderter Reifenbestückung oder geänderten Bedingungen, wie Reifeninnendruckänderung, Überlagerung einer Umfangskraft, Vergrößerung der Rollsteifigkeit, Rückschlüsse auf das geänderte Fahrverhalten, die geänderte Steuerungstendenz und die

Auswirkungen auf den Gütegrad der Seitenkraftverteilung gezogen werden. In den Bildunterschriften von Bild 4.19 bis 4.28 wird jeweils darauf hingewiesen. In der Bildunterschrift zu Bild 4.29 erfolgt die Berechnung von α_i, α_a, μ_i, μ_a, F_{Si} und F_{Sa} anhand der Reifenkennlinie. Die Bestimmung dieser Größen kann auch für Einzelradaufhängungen und auch wesentlich einfacher als beim Beispiel nach Bild 4.13 erfolgen. Obwohl man über die Reifenkennlinie $\frac{\alpha}{\mu} = f(F_N)$ sehr schnell die Einflüsse des Reifens auf das Fahrverhalten erkennen kann, soll es den Einsatz der Berechnungen, wie sie in [1.14] bis [1.21] beschrieben worden sind, nicht völlig ersetzen. Bei den im eigenen Hause durchgeführten Berechnungen ergab sich in der Tendenz immer eine Übereinstimmung zwischen der Einschätzung aufgrund der Reifenkennlinie und den Rechenergebnissen.

4.4.2.3 Auswirkung geminderter Fahrbahnhaftung

Die Reifenkennlinie $\frac{\alpha}{\mu} = f(F_N)$ bietet Vorteile, die bei ihrer Anwendung leicht dazu führen können, sie auch über die Gültigkeitsgrenzen hinaus anzuwenden. Die Messung der Reifenkennlinie erfolgt zweckmäßigerweise auf dem Prüfstand und bis annähernd zum Doppelten der Radlast, für die der Reifen ausgelegt ist. Bei der Kurvenfahrt treten diese hohen Belastungen am kurvenäußeren Rad auf. Die Messung auf dem Prüfstand deshalb, weil eine Messung mit dieser hohen Radlast am Fahrzeug problematisch ist.

Sowohl die Unebenheiten als auch die geminderte Griffigkeit der Fahrbahn vergrößern den Schräglaufwinkel. Bei der Reifenkennlinie bedeutet das eine Verschiebung von der F_N-Achse weg. Bezogen auf die im Abschnitt 1.2.2.4 definierten drei Klassen hinsichtlich Übertragung vom Umfangs- und Seitenkräften zwischen Reifen und Fahrbahn würde dies dem Übergang von der 1. in die 2. Klasse entsprechen. In der 2. Klasse gleitet ein Teil der Aufstandsfläche. Bei Unebenheiten bezöge sich das Wort „Teil" dann nicht auf die Fläche in Quadratmillimetern, sondern auf die Zeit in Millisekunden. Innerhalb der 2. Klasse lägen z.B. auch die Kurven bei $\mu = 0{,}8$ und $1{,}0$ auf Bild 4.18. Wie aber bereits im Abschnitt 1.2.2.4 geschrieben, ist es ein besonderer Vorteil des Luftreifens, daß er, solange er noch auf der Fahrbahn rollt und die dabei auf die Fahrbahn im vorderen Teil der Aufstandsfläche eintretenden Profilstollen Kontakt bekommen, bevor sie seitlich weggleiten, auch Seitenkräfte übertragen kann.

Besonders groß wird der Fehler bei der Anwendung der Reifenkennlinie dann, wenn der vom Fahrer in Anspruch genommene Reibbeiwert den der Fahrbahn erreicht. Im Bild 4.30 ist ein Reifenkennfeld über der μ, F_N-Ebene dargestellt bei einem Reibbeiwert zwischen Reifen und Trommel von $\mu \approx 0{,}24$. In dieser Darstellung erscheint diese Grenze wie eine Wand. Sie zeigt, daß sich μ über F_N im wesentlichen nicht ändert. Die Schräglaufwinkel steigen schon deutlich unterhalb dieser Grenze an, was den Übergang von der 1. in die 2. Klasse anzeigt. Dieser besonders niedrige Reibbeiwert wurde auf nasser Trommel und unter Verwendung von Wasser, in dem Phosphorsalze aufgelöst waren, erreicht.

4.4.3 Sturzseitenkraft

Im Bild 4.10b ist die Entstehung der Sturzseitenkraft dargestellt. Wie sich aus Messungen an sehr unterschiedlich aufgebauten Reifen zeigt, ist die Sturzseitenkraft annähernd dem Sturzwinkel und der Radlast proportional, Bild 4.31 und 4.32. Im Bild 4.31b sind Seitenkraftmessungen unter Sturz und Schräglauf bei konstanter Radlast vorgenommen und über dem Schräglaufwinkel aufgetragen

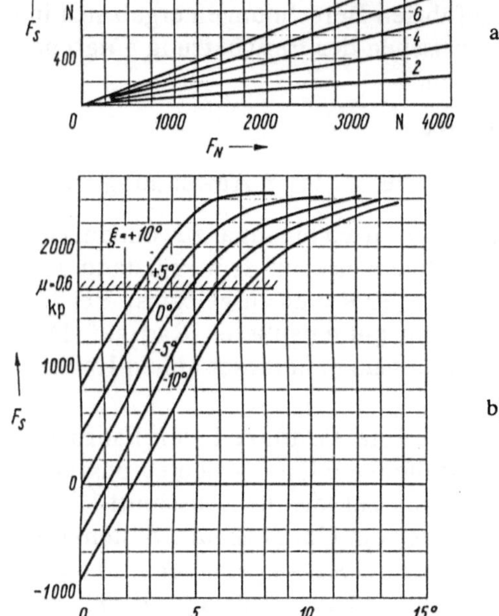

Bild 4.31

Reifenkennfelder der Sturzseitenkraft

a) Sturzseitenkraft $F_{S\xi}$ in Abhängigkeit von der Radlast F_N und dem Sturzwinkel ξ

b) kombinierte Seitenkraft aus Schräglaufwinkel α und Sturzwinkel ξ
   Bis zu $\mu = 0{,}6$ laufen die Kennlinien parallel, was beweist, daß bis zur Summe im in Anspruch genommenen Reibbeiwert von $\mu = 0{,}6$ sich die Sturzseitenkraft zur Schräglaufseitenkraft addieren läßt.

Reifen: 5.20 – 13; Bauart: Diagonal; Hersteller: Pneumant; Reifeninnendruck: 137 kPa; Geschwindigkeit: 40 km/h; Trommelkrümmung: ⌣; Radlast im Bild 4.31b 2750 N

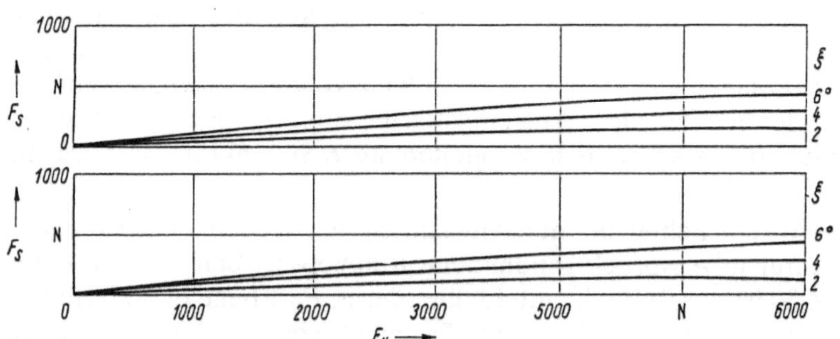

Bild 4.32 Auch für Radialreifen sind die von Bild 4.31a bekannten Reifenkennfelder der Sturzseitenkraft typisch.

a) Reifen: 165 *SR* 13; Bauart: Radial; Hersteller: Pneumant

b) Reifen: 165/70 *SR* 13; Bauart: Radial-Niederquerschnitt; Hersteller: Pirelli

Für beide Reifen gilt:

Reifeninnendruck: 167 kPa; Fahrzustand: Rollen; Geschwindigkeit: 40 km/h; Trommelkrümmung: ⌣

worden. Es wurde die Seitenkraft für $\mu = 0{,}6$ als Gerade parallel zur α-Achse eingezeichnet. Die Kurven beim Sturz gleich konstant verlaufen parallel zur Linie für $\xi = 0°$. Die Seitenkraft ergibt sich bis $\mu = 0{,}6$ annähernd aus der Seitenkraft bei $\xi = 0°$ aus Bild 4.31b, plus der Sturzseitenkraft aus Bild 4.31a. Daraus kann entnommen werden, daß bei jedem Schräglaufwinkel die Sturzseitenkraft zur Schräglaufseitenkraft einfach addiert werden kann. Für die Sturzseitenkraft läßt sich die einfache Beziehung

$$F_{S\xi} = k_\xi \cdot \xi \cdot F_N \tag{4.2}$$

aufschreiben. Wie aber schon bei der Schräglaufseitenkraft, so ist es auch hier günstiger, wenn die Abhängigkeit vom in Anspruch genommenen Reibbeiwert unmittelbar erkennbar wird. Aus $F_{S\xi} = \mu \cdot F_N$ folgt

$$\frac{\xi}{\mu} = \frac{1}{k_\xi}, \qquad\qquad \frac{1}{k_\xi} = k^+ .$$

In den im Abschnitt 1.2.2.1 angegebenen Gln. (1.14c), (1.14d) und (1.14c) ist ein Faktor k eingeführt worden, mit dem man einen Sturzwinkel ξ multiplizieren muß, um die gleiche Seitenkraft und entsprechend den gleichen Lenkeffekt zu erreichen wie ein Grad (1°) Schräglaufwinkel α. Daraus folgt

$$\frac{k \cdot \xi}{\mu} = \frac{\alpha}{\mu}, \qquad\qquad k = \frac{\alpha}{\mu} : \frac{\xi}{\mu} . \tag{4.3}$$

Da sich $\dfrac{\alpha}{\mu}$ über die Radlast ändert, ändert sich im gleichen Sinne dieser Faktor k.

Es gibt verschiedene Möglichkeiten, für den jeweiligen Reifen den Zusammenhang zwischen Sturzseitenkraft $F_{S\xi}$, Sturzwinkel ξ und Radlast F_N darzustellen. Sowohl k_ξ als auch k^+ und k wären dafür ausreichend und geeignet. Das Kennfeld $F_{S\xi} = f(F_N, \xi)$ nach Bild 4.31 oder 4.32 ist nur erforderlich, wenn man die geringen Abweichungen von der Proportionalität berücksichtigen will. Um außer dem Zahlenwert auch in einem Diagramm die Verhältnismäßigkeit zu veranschaulichen, insbesondere die zwischen Schräglauf- und Sturzseitenkraft, gibt es drei Möglichkeiten:

1. Eintragen in das Diagramm der Reifenkennlinie $\dfrac{\alpha}{\mu} = f(F_N)$ als Gerade $\dfrac{\xi}{\mu} = k^+$ bei gleichem Maßstab, Bild 4.33.

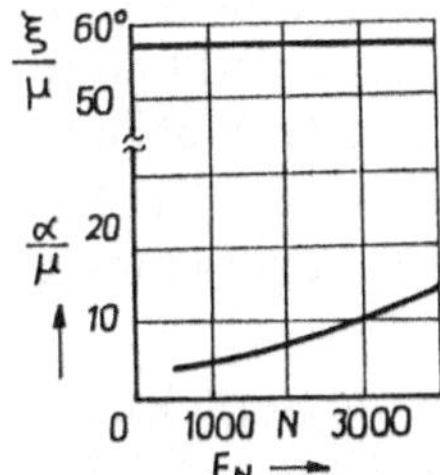

Bild 4.33

Reifenkennlinie $\dfrac{\alpha}{\mu} = f(F_N)$ und der konstante Wert $\dfrac{\xi}{\mu}$ im gleichen Maßstab aufgetragen.

Man benötigt einen sehr großen Sturzwinkel ξ gegenüber einem Schräglaufwinkel α, um das gleiche μ in Anspruch zu nehmen und damit die gleiche Seitenkraft zu erzeugen

2. Eintragen in das Diagramm der Reifenkennlinie $\dfrac{\alpha}{\mu} = f(F_N)$ als Gerade mit einem Bruchteil des Wertes von k^+, z.B. $\dfrac{k^+}{10}$, Bild 4.34.

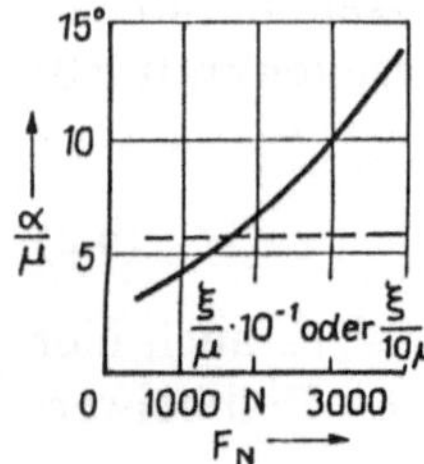

Bild 4.34

Reifenkennlinie $\dfrac{\alpha}{\mu} = f(F_N)$ und der durch 10 dividierte Wert, also $\dfrac{\xi}{10\mu}$ im gleichen Maßstab und in einem Diagramm aufgetragen

3. Eintragen in die Reifenkennlinie selbst als k in einem oder mehreren Punkten. Auf Bild 4.35 ist der Faktor k bei der dem Reifeninnendruck zugeordneten Radlast eingetragen.

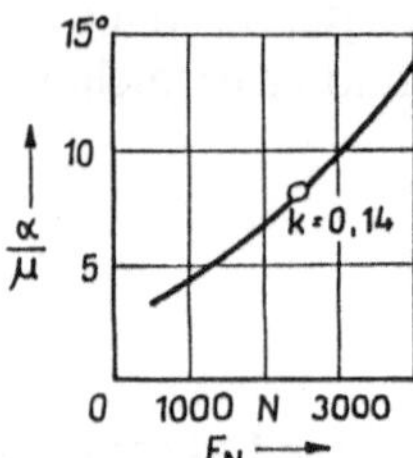

Bild 4.35

Reifenkennlinie $\dfrac{\alpha}{\mu} = f(F_N)$ und $k = 0{,}14$ als Verhältniszahl der Schräglaufnachgiebigkeit zur Sturznachgiebigkeit, eingetragen bei der zum Reifeninnendruck gehörenden Radlast

$$k = \frac{\alpha}{\mu} : \frac{\xi}{\mu}$$

Reifen: 5.20 – 13; Reifeninnendruck: 137 kPa; zugehörige Radlast: 2450 N

k ändert sich entlang der Reifenkennlinie. Aus der Zahlenangabe läßt sich aber dieser und auch der konstante Wert $k^+ = \dfrac{\xi}{\mu}$ aus

$$k^+ = \frac{\dfrac{\alpha}{\mu}}{k} \quad \text{errechnen}$$

Die 2. und die 3. Möglichkeit werden als günstig und anschaulich angesehen. Der Faktor k^+ kann in Tafel 4.12 für einige Reifen abgelesen werden, ebenso k für die dem Reifeninnendruck zugeordnete Radlast. Für weitere Radlasten läßt sich k aus den jeweiligen Werten der Reifenkennlinie $\dfrac{\alpha}{\mu} = f(F_N)$ aus $k = \dfrac{\alpha}{\mu} : k^+$ errechnen.

Bei der Addition der Sturzseitenkraft zur Schräglaufseitenkraft ist zu berücksichtigen, daß sich auch die in Anspruch genommenen Reibbeiwerte addieren. Anschaulich wird dies aus Bild 4.31, gültig für eine Radlast von 2750 N. Während dann, wenn Schräglauf- und Sturzseitenkraft gleichgerichtet sind, $\mu = 0{,}6$ bei $\xi = 10°$ und $\alpha \approx 2{,}5°$ erreicht werden, wird $\mu = 0{,}6$ bei entgegengerichteter Sturzseitenkraft bei $\xi = -10°$ erst bei einem $\alpha \approx 7°$ erreicht.

Bei der Addition von Schräglauf und Sturzseitenkraft genügt nicht die Berücksichtigung des Vorzeichens laut Definition im Abschnitt 1.1.2, Bild 1.4. Es ist nicht der

Tafel 4.12: Zahlenwerte für k^+ und k zur Berwertung der Sturzzeitenkraft

Reifengröße	Hersteller	Reifeninnen-druck kPa	F_{No} N	$k^+ = \dfrac{\xi}{\mu}$ Grad	$k = \dfrac{\alpha}{\mu} : \dfrac{\xi}{\mu}$
5.20 13	Pneumant	118	2150	56	0,13
		137	2450	57	0,14
		167	2900	60	0,14
145 SR 13	Pneumant	118	2300[1]	86	0,09
		137	2600	86	0,09
		167	3050	92	0,09
145 R 13	Dunlop	118	2300[1]	98	0,08
		137	2600	100	0,08
		167	3050	109	0,08
155 SR 13	Pneumant	118	2550[1]	75	0,12
		137	2850	75	0,12
		167	3350	80	0,12

[1]Durch Extrapolation ermittelte Werte

Sturz zur Fahrzeugvertikalen, sondern der Sturz zur Fahrbahn, der zu berücksichtigen ist. Ein als positiv nach Bild 1.4 definierter Sturz würde am kurvenäußeren Rad eine negative und am kurveninneren Rad eine positive, d.h. zur Schräglaufseitenkraft hinzukommende Sturzseitenkraft bewirken. In Übereinstimmung mit der Definition nach Bild 1.4 wird durch positiven Sturz der Gütegrad der Seitenkraftverteilung verschlechtert, während die positive Vorspur ihn verbessert. Man trifft hin und wieder auf Angaben für die Radstellung, in denen eine negative Vorspur in Verbindung mit einem negativen Sturz vorgeschrieben ist. Aufgrund der nach Definition der Winkel entgegengesetzten Wirkungen kann dies eine geeignete Radstellungsangabe sein. Wie in der Spalte für k in Tafel 4.12 abzulesen, hat in ganz grober Annäherung beim Radialreifen 1° Sturz nur ca. ein Zehntel der Wirkung von 1° Schräglauf.

4.4.4 Weitere Meßgrößen von Reifen

4.4.4.1 Andere Darstellungen des Schräglaufverhaltens

Es sind noch andere Darstellungen über das Schräglaufverhalten bekannt, von denen in den Bildern 4.36 bis 4.40 einige Beispiele dargestellt sind. Die Bilder 4.36 bis 4.38 demonstrieren den Rückstellmomenteinfluß. Betrachtet man den Reibbeiwert als Resultierende aus Umfangs- und Seitenkraft, dann stellt sich auf Bild 4.39 μ = konst. als Halbkreis dar. Dieser Halbkreis entspricht dem Kammschen Reibungskreis. Nach [4.5] wird beim Reifen die Kraftschlußgrenze abweichend von diesem Reibungskreis angenommen, in der Form, daß auf trockener Fahrbahn für Umfangskräfte μ_{Rutsch} größer ist als für Seitenkräfte. Auf nasser Fahrbahn wird μ_{Rutsch} in beiden Richtungen kleiner und nähert sich mit zunehmendem Wasserfilm einem Kreis.

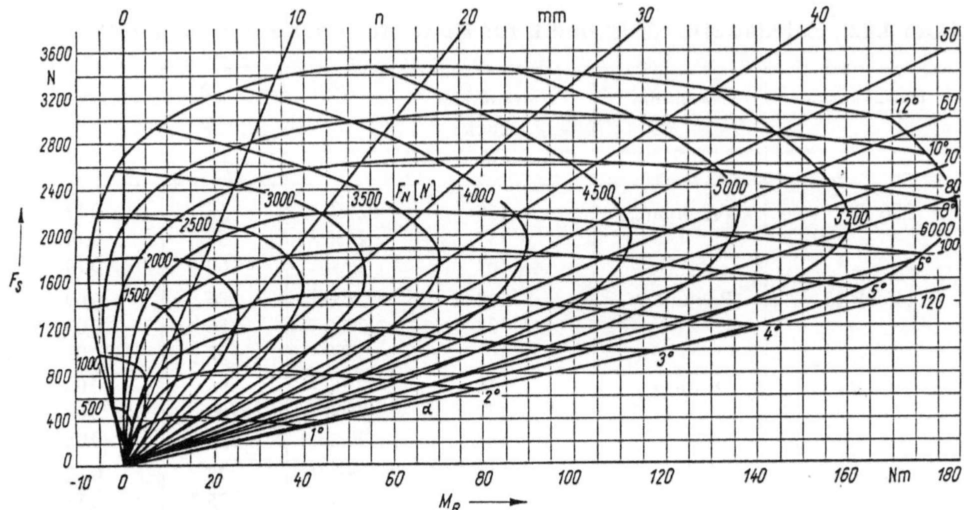

Bild 4.36 Reifenkennfeld $F_S = f(M_R, F_N, \alpha, n)$, auch unter dem Namen Gaugh-Diagramm bekannt. Es faßt sehr viele Meßwerte zusammen. Den Einfluß der Schräglaufeigenschaften auf die Steuerungstendenz und den Gütegrad der Seitenkraftverteilung kann man noch weniger gut als aus dem Reifenkennfeld $F_S = f(F_N, \alpha)$ erkennen.

Reifen: 6.50–13; Bauart: Diagonal; Reifeninnendruck: 137 kPa; Geschwindigkeit: 40 km/h; Fahrzustand: Rollen; Trommelkrümmung:

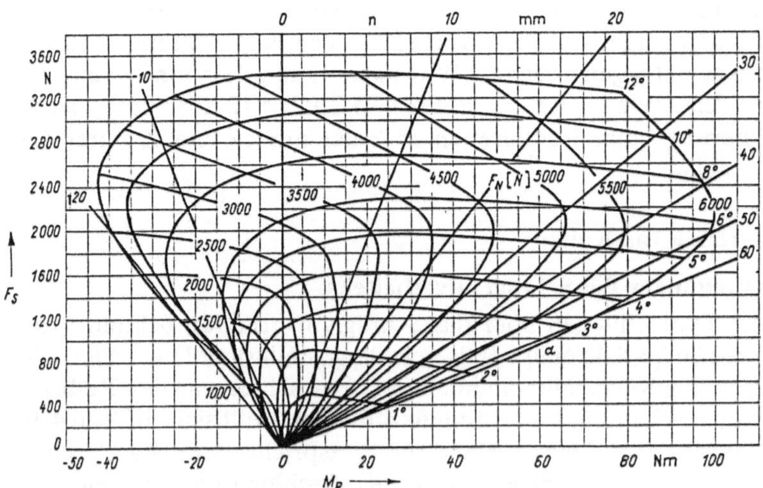

Bild 4.37 Der Einfluß einer Bremskraft von 1000 N auf das Reifenkennfeld $F_S = f(M_R, F_N, \alpha, n)$

Infolge des großen Einflusses einer Umfangskraft bei Schräglauf auf das Rückstellmoment ist diese Darstellung hierfür geeignet. Außer der Bremskraft entsprechen Reifen und -Prüfbedingungen denen von Bild 4.36

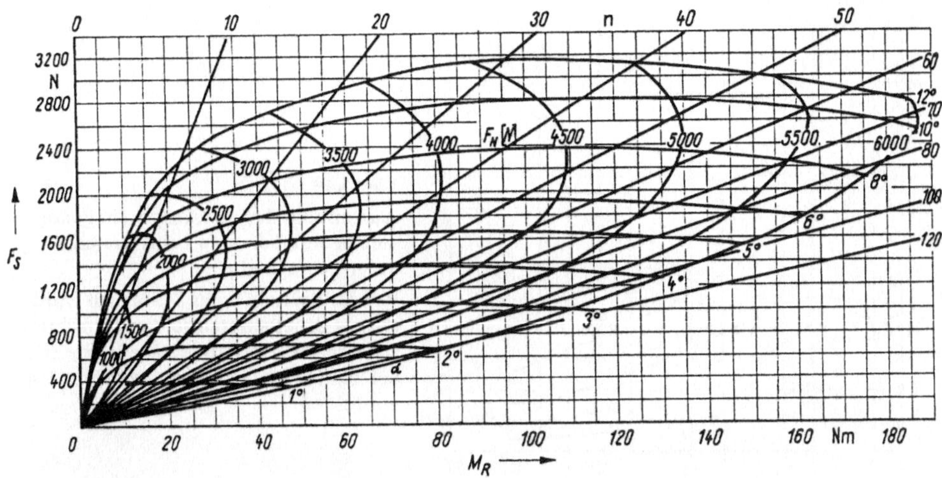

Bild 4.38 Der Einfluß einer Antriebskraft von 1000 N auf das Reifenkennfeld $F_S = f\,(M_R,\,F_N,\,\alpha,\,n)$
Außer der Antriebskraft entsprechen Reifen und Prüfbedingungen denen von Bild 4.36

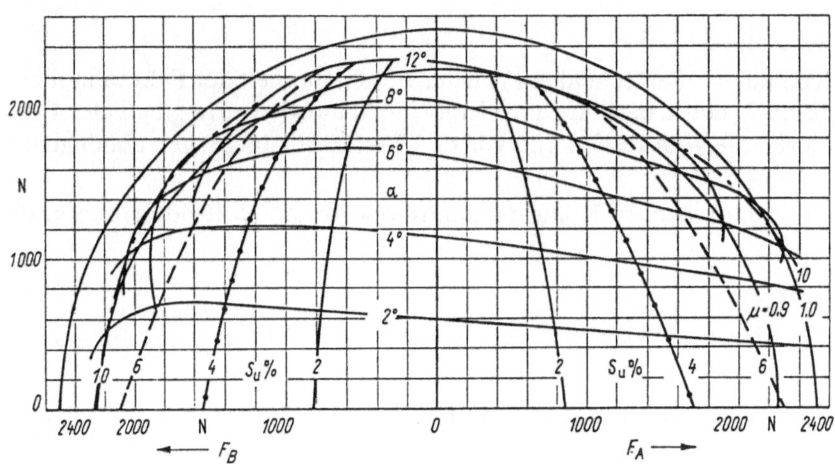

Bild 4.39 Reifenkennfeld $F_S = f\,(F_{A,\,B},\,\alpha,\,s_u)$
In dieser Darstellung ist der Einfluß einer Umfangskraft $F_{A,\,B}$ hervorgehoben. Sie wird nicht nur als Konstante wie in Bild 4.23 angegeben, gleichzeitig ist der Umfangsschlupf s_u in Abhängigkeit der Umfangskraft eingetragen.
Reifen: 5.20 – 13; Bauart: Diagonal; Reifeninnendruck: 137 kPA; Radlast: 2500 N; Geschwindigkeit: 40 km/h; Fahrzustand: Antreiben F_A, Bremsen, F_B; Trommelkrümmung:

Im Bild 4.40 ist der Reibbeiwert in Seitenkraftrichtung μ_S und in Bremsrichtung μ_B über den Umfangsschlupf s_u aufgetragen. Da die Messungen bei konstanter Radlast vorgenommen wurden, ist F_S dem μ_S und F_B dem μ_B proportional. F_B steigt bis $\alpha = 6°$ stärker an, als F_S abfällt. Der Kennlinienverlauf ist bei der Auslegung von Antiblockiersystemen zu berücksichtigen. Mit ihnen soll auch beim Bremsen in der Kurve die Seitenführung erhalten werden.

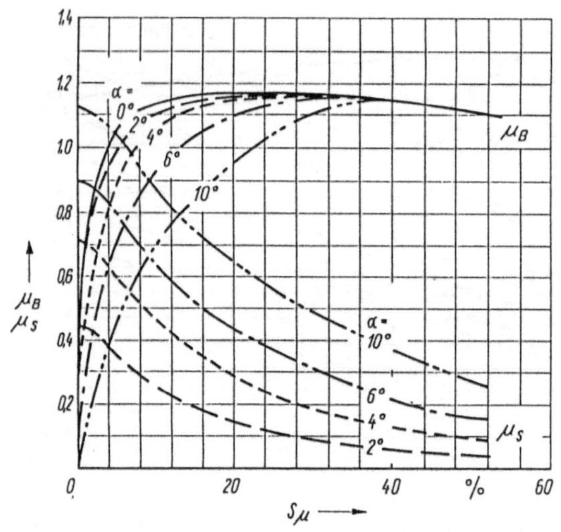

Bild 4.40

Aufteilung der in Anspruch genommenen Reibbeiwerte beim Bremsen μ_B unter Schräglauf μ_s

Bei der Prüfung unter Schräglauf wurde mittels Scheibenbremse die Bremskraft zugeschaltet, so daß die Meßwerte sich bei zunehmendem Umfangsschlupf s_u einstellten

4.4.4.2 Rollwiderstand

Der Rollwiderstand wird entscheidend von der Beschaffenheit der Fahrbahnoberfläche beeinflußt. Einen Überblick über Rollwiderstandsbeiwerte gibt Tafel 4.13. Hier interessieren die vom Reifen und von den Betriebsbedingungen abhängigen Einflüsse.

Der Zusammenhang zwischen Rollwiderstandsbeiwert und Rollwiderstandskraft ist

$$F_R = f_R \cdot F_N \tag{4.4}$$

Tafel 4.13: Rollwiderstandsbeiwert f_R, aus [4.23]

Art der Fahrbahn	Beschaffenheit der Straßenoberfläche	
	neuwertig	ausgefahren
Asphalt	0,010	0,020
Beton	0,015	0,025
Holzpflaster	0,020	0,030
Kleinpflaster	0,015	0,025
Kopfsteinpflaster	0,015	0,030
gewalzter Schotter	0,020	0,040
geteerter Schotter	0,025	0,035
Erdweg	0,050–0,150	
Sand	0,150–0,300	

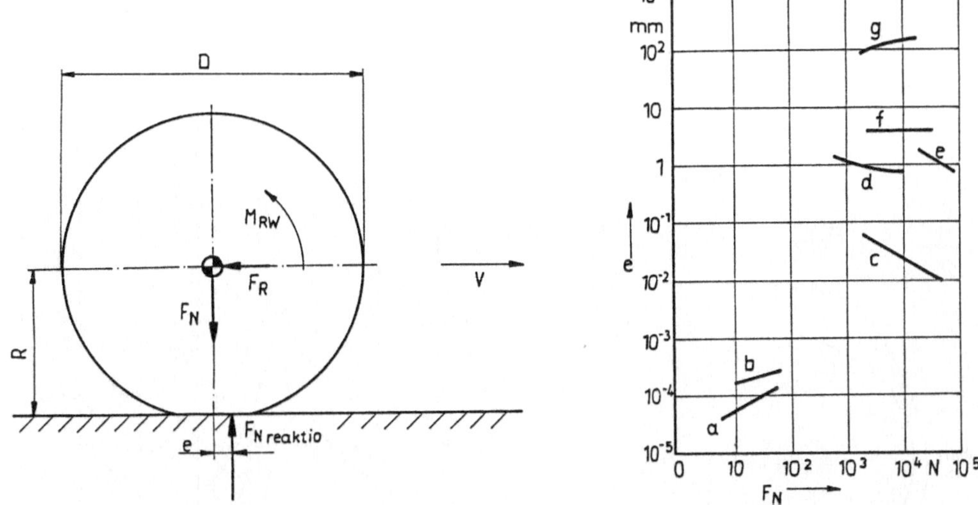

Bild 4.41 Koeffizient der Rollreibung *e* in Abhängigkeit von der Paarung und der zwischen Rolle und Unterlage wirkenden Kraft F_N

a kleine Stahlkugel (D = 1,6 mm) auf Stahlplatte; b Kugel aus gesintertem Hartmetall (D = 12,7 mm) auf Stahlplatte; c Aluminiumscheibe (D = 0,5 m) auf Stahlwalze (D = 1,7 m); d Eisenbahnwagenrad (D = 0,6 m) bei V = 10 km/h; e Eisenbahnwagenrad (D = 0,84 m) bei V = 5 ... 25 km/h Lagerreibung eingeschlossen; f pneumatischer Reifen von PKW und LKW; g Landwirtschaftsreifen (D = 1,2 m) auf Sand

Während Gl. (4.4) für die Berechnung der Rollwiderstandskraft besonders geeignet ist, wird der Einfluß aus der Reifenaufstandsfläche aus Bild 4.41 und den Gleichungen

Rollwiderstandsmoment

$$M_{RW} = F_N \cdot e \qquad (4.5)$$

Rollwiderstandskraft

$$F_R = M_{RW} \cdot R \qquad (4.6)$$

$$F_R = F_N \cdot e \cdot R$$

deutlich. Der Koeffizient der Rollreibung *e* resultiert daraus, daß sich infolge der Radlast eine Fläche bildet und beim Rollen die Hysteresis im Reifen und in der Unterlage die Reaktion der Radlast sich um *e* vor die Achse verschiebt. Den großen Einfluß der Paarung auf F_N und *e* zeigt das Diagramm im Bild 4.41 (aus [4.20]. Auf fester trockener Fahrbahn ist die Hysteresis in der Unterlage vernachlässigbar gegenüber der im Reifen.

Einen Eindruck, welche Temperatur sich infolge der Walkarbeit und der Wärmeableitungsbedingungen im Reifenquerschnitt einstellt, zeigt Bild 4.42 (aus [4.21]). Beim Radialreifen wurden deutlich niedrigere Temperaturen als beim

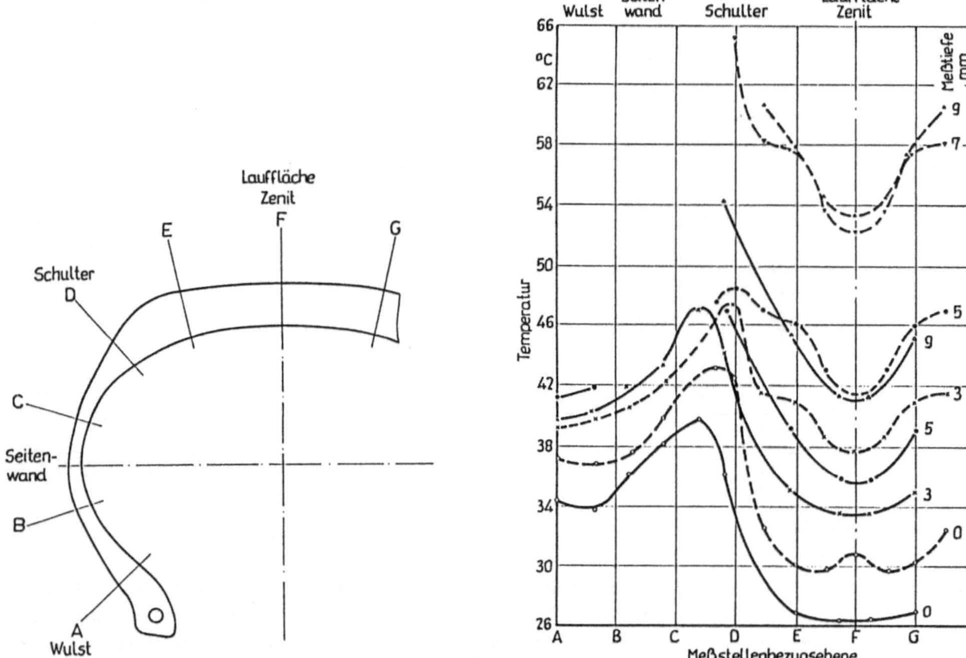

Bild 4.42 Temperaturverteilung im Reifenquerschnitt der Radial- und Diagonalreifen

a) Einteilung des Reifenquerschnitts in die Meßstellenbezugsebenen
b) Meßergebnisse der Temperaturverteilung
   Meßbedingungen:
   F_N = 3330 N; V = 40 km/h; Stahltrommeldurchmesser = 1,7 m; Reifeninnendruck = 157 kPa (vor Beginn des Prüflaufs eingestellt);
   ——— Radialreifen 165 *SR* 13
   - - - - Diagonalreifen 6.00 – 13

Diagonalreifen gemessen. An beiden Reifen traten die höchsten Temperaturen im Bereich der Schulter auf.

Im Bild 4.43 ist die Rollwiderstandskraft abhängig von der Radlast, vom Reifeninnendruck und der Reifeneinfederung dargestellt. Es zeigt in der Einfederung und der damit verbundenen Walkarbeit eine der wesentlichen Ursachen für den Rollwiderstand. Aufschlußreich ist auch die Tabelle in der Bildunterschrift, wonach es für den Rollwiderstand günstig ist, mit dem kleinstmöglichen Reifen und dem größtmöglichen Reifeninnendruck zu fahren, da dann prozentual von der Radlast der Rollwiderstand am niedrigsten ist.

Bild 4.44 zeigt den Temperatureinfluß. Mit zunehmender Prüfzeit erhöht sich die Temperatur des Reifens, und der Rollwiderstand nimmt ab. Der Rollwiderstand wirkt unmittelbar auf die Fahrwiderstände, aber auch mittelbar auf die Reifenlebensdauer, die von der Walkarbeit beeinflußt wird. Deutlich wird dieser Unterschied zwischen dem Rollwiderstand, gemessen auf der Außen- und Innenlauffläche der Prüfstandstrommel, Bild 4.45. Die Hysteresis bzw. innere

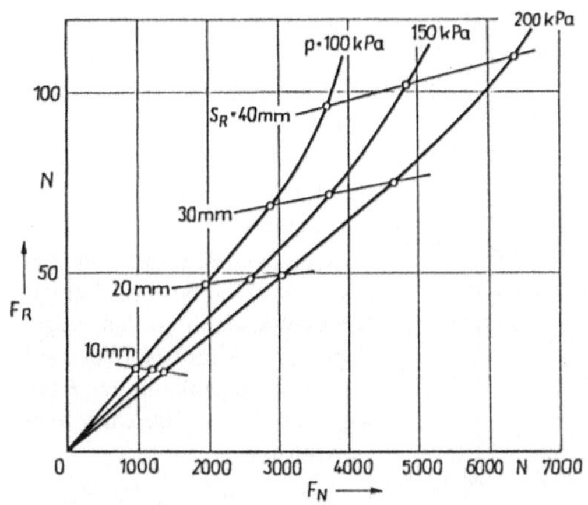

Bild 4.43 Rollwiderstand F_R als Funktion der Radlast F_N, abhängig vom Reifeninnendruck p und der Reifeneinfederung s_R, $F_R = f(F_N, p, s_R)$ (aus [4.10]

Reifen: 165 – 13; Geschwindigkeit: 30 km/h; Rollwiderstand in Prozent der Radlast:

Reifen-federung	Reifeninnendruck		
	100 kPa	150 kPa	200 kPa
10 mm	2,35	1,90	1,61
20 mm	2,40	1,91	1,61
30 mm	2,46	1,93	1,62
40 mm	2,59	2,12	1,72

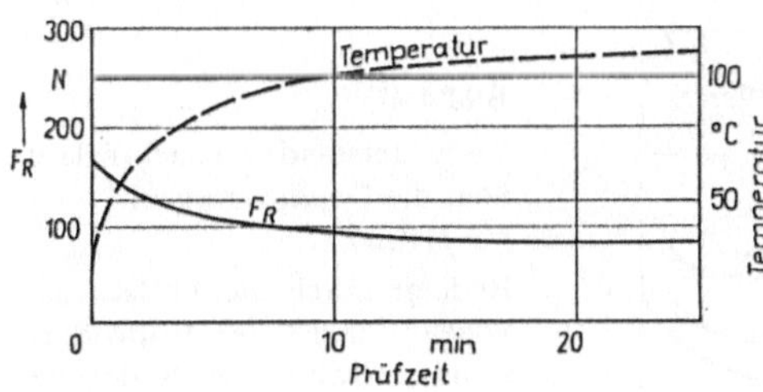

Bild 4.44

Rollwiderstand in Abhängigkeit von der Reifentemperatur (aus [4.10])

Reifen: 7,25–13 Nylon; Geschwindigkeit: 165 km/h; Radlast: 4000 N; Reifeninnendruck: 150 kPa; Trommeldurchmesser: 2,5 m; Trommelkrümmung:

Aufgetragen ist der Anstieg der Reifentemperatur und der Abfall des Rollwiderstands über der Prüfzeit

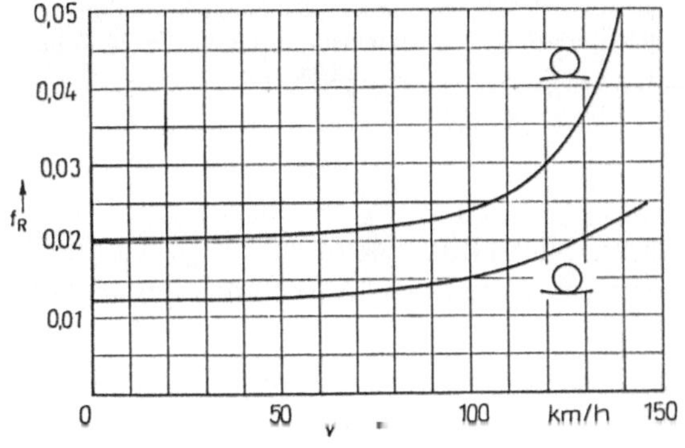

Bild 4.45

Rollwiderstand über der Geschwindigkeit auf der Trommelinnen- und -außenlaufbahn

Reifen: 5.20–13; Bauart: Diagonal; Reifeninnendruck: 137 kPa; Fahrzustand: Rollen

Reibung des Gummis in Verbindung mit der Karkasse wirkt sich auf die Geschwindigkeitsabhängigkeit des Rollwiderstands aus. Bild 4.45 zeigt diese Abhängigkeit bei einem Diagonalreifen. Der große Anstieg oberhalb 120 km/h auf der Außentrommel ist mit Rollwulstbildung zu begründen, die auf der Außentrommel früher auftritt als auf ebener Fahrbahn.

Aus diesen Gründen ist bei allen Reifenherstellern die Verringerung des Rollwiderstands unter den Entwicklungsthemen ein „Dauerbrenner". Die Ergeb-

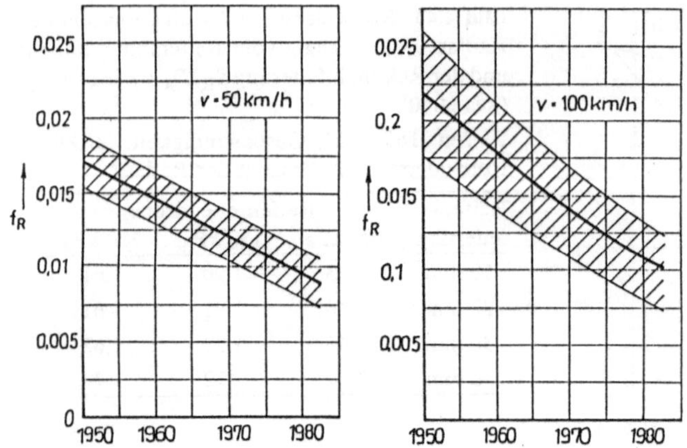

Bild 4.46

Entwicklung des Rollwiderstands von PKW-Reifen seit den
50er Jahren

Entscheidend zu dieser Entwicklung haben Radial- und Radial-
Niederquerschnittsreifen beigetragen, was sich besonders auf
die große Absenkung des Rollwiderstands bei 100 km/h ausgewirkt hat

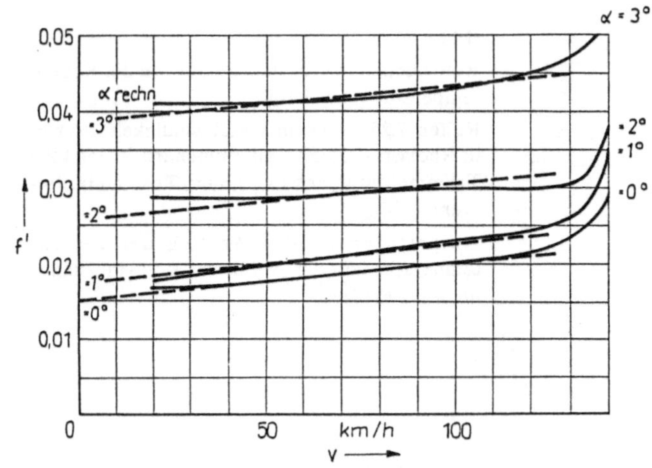

Bild 4.47

Rollwiderstand unter Schräglauf
über die Geschwindigkeit
$f' = f(V, \alpha)$

Bedingt durch die Prüfstands-
konzeption ist der Rollwiderstand in Richtung der Radebene
und nicht in Bewegungsrichtung
gemessen. Bis zu einer Geschwindigkeit von $V = 125$ km/h
lassen sich die Kennlinien annähernd durch die Gl. (4.7) beschreiben

nisse dieser Entwicklungsthemen veranschaulicht Bild 4.46 (aus [4.13]). An dieser
bemerkenswerten Rollwiderstandssenkung sind die Radialreifen und Niederquerschnittsreifen beteiligt.

Eine entscheidende Erhöhung des Rollwiderstands tritt bei Reifenschräglauf ein.
Der Schräglauf kann folgende Ursachen haben:

– Vorspurwinkel oder sonstige Radstellungsfehler (Lenk- und Sturzwinkel),

– Fehler im Geradeauslauf des Reifens [4.22],

– Kurvenfahrt,

– Spurweitenänderung in der Radaufhängungskinematik.

Die progressive Zunahme des Rollwiderstands bei zunehmendem Schräglaufwin-
kel zeigt Bild 4.47. Es interessiert der in der Bewegungsrichtung wirkende
Rollwiderstand. Wie im Abschnitt 4.5 abgeleitet wird, wirken sowohl die in
Bewegungsrichtung vorhandene Komponente der gemessenen Rollwiderstands-

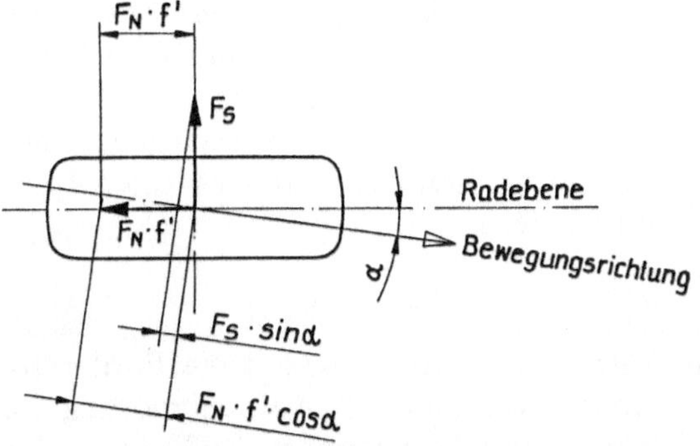

Bild 4.48

Von der Rollwiderstandskraft $F_N \cdot f'$ und der rechtwinklig zur Radebene gemessenen Seitenkraft F_S wirken die Komponenten $F_N \cdot f' \cdot \cos\alpha$ und $F_N \cdot \sin\alpha$ der Bewegungsrichtung entgegen

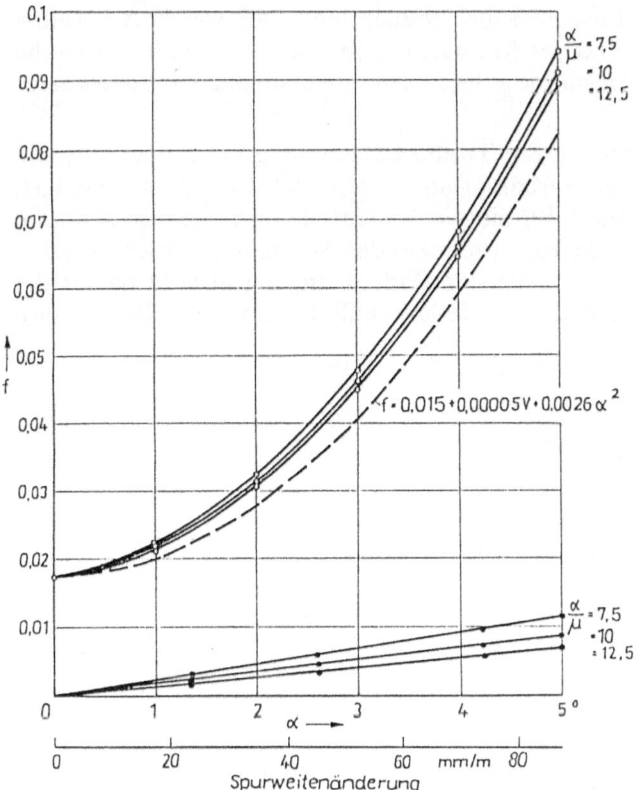

Bild 4.49 Rollwiderstandsbeiwert in Bewegungsrichtung

— — — Komponente $f' \cdot \cos\alpha$

—•— Komponente $\dfrac{F_S}{F_N} \cdot \sin\alpha$ für $\dfrac{\alpha}{\mu} = 7{,}5°,\ 10°,\ 12{,}5°$

—○— Summe aus den beiden Komponenten = Rollwiderstandsbeiwert bei $V = 50$ km/h

Parallel zur Achse für den Schräglaufwinkel α wurde die Spurweitenänderung in Millimeter auf 1 m Abrollumfang aufgetragen, um deren Einfluß auf den Rollwiderstand zu verdeutlichen

kraft als auch die der Seitenkraft, wie auf Bild 4.48 dargestellt. Es ergibt sich die Abhängigkeit vom Schräglaufwinkel nach Bild 4.49. Vergleicht man Bild 4.49 mit Bild 4.1, so ist erkennbar, daß der Rollwiderstand über den Schräglaufwinkel ähnlich progressiv ansteigt wie der Reifenabrieb über den in Anspruch genommenen Reibbeiwert. Mit der Verbesserung von η_G läßt sich demnach sowohl der Rollwiderstand als auch der Reifenabrieb mindern.

4.4.4.3 Reifenfederung

Mit zunehmend weicher werdenden Aufbaufederungen gewinnt die Forderung nach weichen Reifen stärkere Bedeutung. Während die Aufbaufederung im wesentlichen die größeren Fahrbahnunebenheiten kompensiert, muß der Reifen insbesondere die kleineren dicht aufeinanderfolgenden Unebenheiten (z.B. Kleinpflaster) aufnehmen. Die weicheren Reifen führen zu einer geringeren Belastung aller Achsteile und schonen die Stoßdämpfer. Den weicheren Reifen steht die größere Walkarbeit und der Rollwiderstand etwas entgegen. Durch die zielgerichtete konstruktive Gestaltung läßt sich aber immer ein geeigneter Kompromiß finden.

Auf die Reifenfederung wirkt sich die Trommelkrümmung besonders aus, wie Bild 4.50 zeigt. Auf der ebenen Fahrbahn sind es die Geschwindigkeit, Bild 4.51, und der Reifeninnendruck, Bild 4.52, die die Reifenfederung beeinflussen. Die Reifenfedersteife wirkt sich auf die Eigenfrequenz der Achsmasse, Abschnitt 1.3.1, und auf die Beanspruchung aller Teile der Radaufhängung aus. Je härter die Reifenfederung, d.h. je steiler die Reifenfederkennlinie, um so größer ist ihre Beanspruchung.

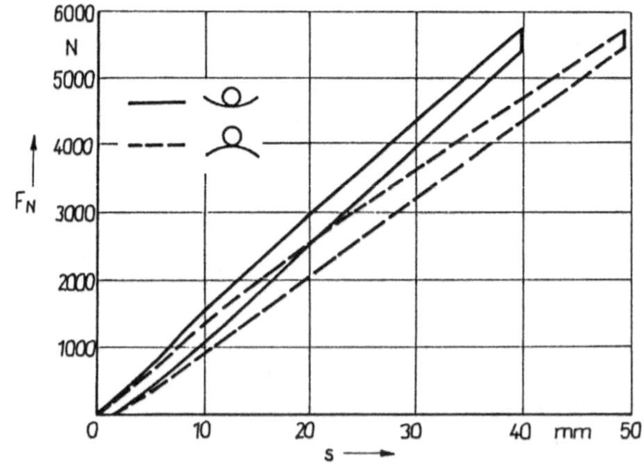

Bild 4.50

Unterschiede in der Reifenfederkennlinie, gemessen auf der Innen- und Außenlauffläche der Trommel Reifen: 6.00–13; Bauart: Diagonal; Reifeninnendruck; 137 kPa; Geschwindigkeit: 0 km/h

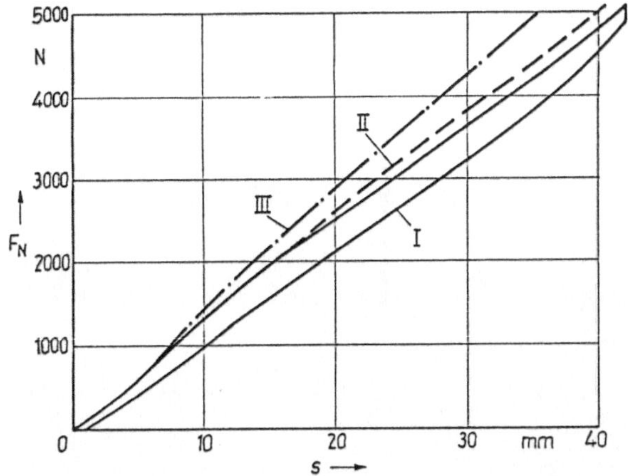

Bild 4.51
Reifenfederkennlinien in Abhängig-
keit von der Geschwindigkeit
Reifen: 5.20–13; Bauart: Diagonal
I 0 km/h; II 50 km/h; III 100 km/h

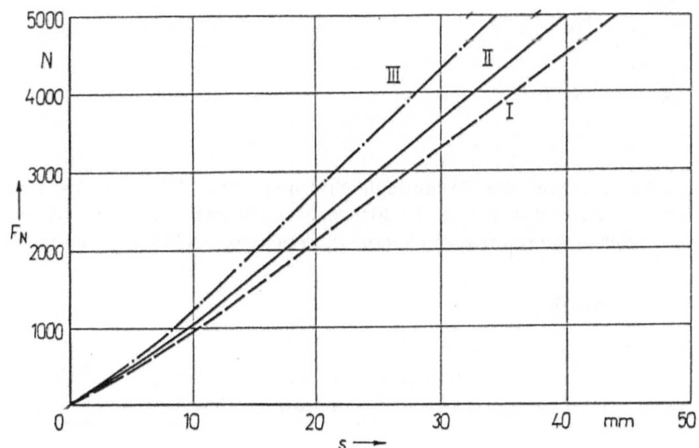

Bild 4.52 Reifenfederkennlinie in Abhängigkeit vom Reifeninnendruck
Reifen: 145 *SR* 13; Bauart: Radial; V = 50 km/h
I 118 kPa; II 137 kPa; III 167 kPa

4.5 Reifenungleichförmigkeit

Bedingt durch die Reifenwerkstoffe Gummi und Gewebe und durch die
Herstellungstechnologie sind Abweichungen in

– der Masseverteilung des Gummis,

– der Homogenität der Gummimischung hinsichtlich Elastizität und Dämpfung,

– der Fadendicke und der Dichte der Gewebelagen und

– der Fadenlage, -richtung und -elastizität

nicht zu vermeiden [4.15]. Die Auswirkungen sind Reifenungleichförmigkeiten,
die sich auf dem Prüfstand beim Abrollen unter Last bei konstantem Abstand
zwischen Raddrehachse und Trommeloberfläche gut messen lassen [4.24]. Die

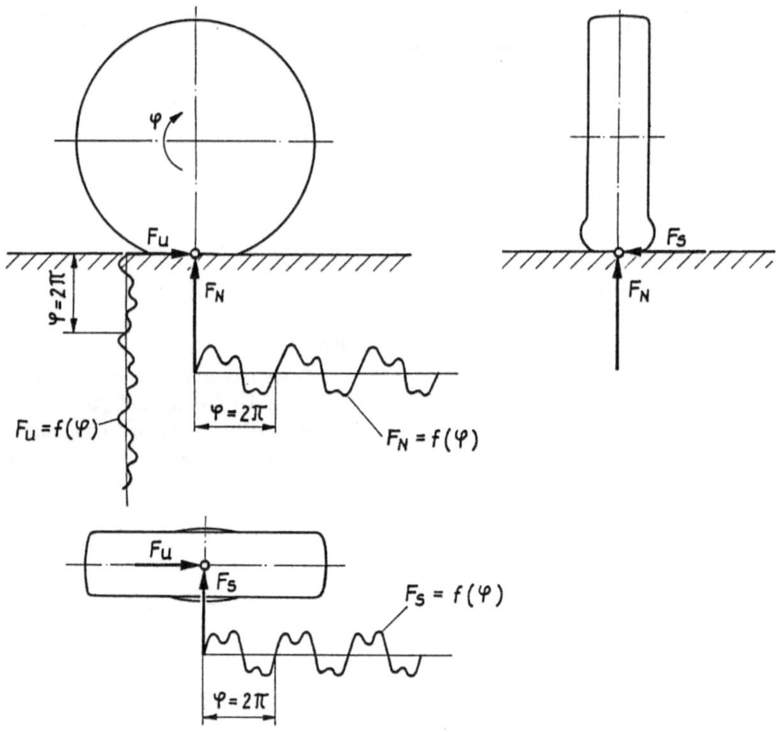

Bild 4.53 a) In der Radaufstandsfläche wirken die Reifenungleichförmigkeiten. Auf einer ebenen Fahrbahn ist die Ungleichförmigkeit in Form von mit der Raddrehzahl periodisch wiederkehrenden Schwingungen darstellbar. Neben der Schwingungserregung hat die Abweichung des Mittelwertes vom Sollwert Bedeutung.

b) Wirkung von Reifenungleichförmigkeiten

Radialkraft F_N	Wirkung der Schwingungen	Radlastschwankungen, die sich denen aus Fahrbahnunebenheiten und Unwucht überlagern
	Wirkung der Mittelwertabweichung	Abweichung der Fahrzeughöhe, bei Fahrzeugen mit mehr als drei Rädern wird Radlastverteilung beeinflußt
Umfangskraft F_U	Wirkung der Schwingungen	Drehschwingungen, die sich der Ungleichförmigkeit aus dem Antrieb, aus Unebenheiten und der Radstandsänderung beim Ein- und Ausfedern überlagern, können Signalgewinnung für ABS stören, Zucken des Fahrzeugs
	Wirkung der Mittelwertabweichung	Übersetzungsabweichung für Getriebe und Tachometer
Seitenkraft F_S	Wirkung der Schwingungen	Seitenkraftschwingungen, die sich denen aus der Spurweitenänderung beim Ein- und Ausfedern überlagern
	Wirkung der Mittelwertabweichung	Kursabweichung, die in Verbindung mit der Koppelung der beiden Radebenen einer Achse auch zu erhöhtem Rollwiderstand, Reifenverschleiß und zur Verschlechterung des Gütegrades der Seitenkraftverteilung bei Kurvenfahrt führt

Abweichungen stellen sich sowohl als Schwingungen als auch als Differenz zwischen dem aus den Messungen zu bestimmenden Mittelwert und dem Sollwert dar. Sie sind im Bild 4.53 zusammengestellt und ihre wichtigsten Auswirkungen beschrieben. Wie ist die Schwingungserregung durch Reifenungleichförmigkeit zu bewerten? Wie aus [4.15] und [4.24] und dem dort angegebenen weiteren Schrifttum zu erkennen ist, werden die Reifenungleichförmigkeiten seit Jahren von der Reifenindustrie beachtet. Am Fahrzeug machen sie sich um so stärker als Schwingungserreger bemerkbar, je ebener die Fahrbahn ist. Auf unebener Fahrbahn erfolgt eine Überlagerung mit der Erregung durch die Fahrbahn. Radaufhängungen, die eine Spurweitenänderung über den Federweg aufweisen, bewirken auf unebener Fahrbahn wesentlich größere Seitenkraftschwankungen, als sie die Reifenungleichförmigkeiten allein verursachen. Ähnlich ist es bei den Umfangskraftschwankungen. Die Drehmomentschwankungen des Motors, und zu ihnen können noch Übertragungsfehler in den Gelenkwellen und Längsverschiebung des Radaufstandspunktes beim Ein- und Ausfedern hinzukommen, sind im allgemeinen auch größer als die Umfangskraftschwankungen aus der Reifenungleichförmigkeit. Aus diesem Grund mißt man nur den Radialkraftschwankungen $F_N = f(\varphi)$ größeres Gewicht bei. Sie wirken sich als Radlastschwankungen aus, überlagern sich der Wirkung aus der Unwucht, und insbesondere bei Fahrzeugen mit hohen Radlasten kann von ihnen die erste Schädigung noch ebener Fahrbahnen ausgehen.

Wie sind die Abweichungen der Mittelwerte vom Sollwert zu beurteilen? Während es bei den Schwingungen die Radialkraft $F_N = f(\varphi)$ ist, der besondere Bedeutung zukommt, ist es bei der Abweichung des Mittelwertes vom Sollwert die Seitenkraft F_S. Sie wird auch als Konuseffekt und Winkelabweichung bezeichnet.

Die Abweichungen der anderen beiden Mittelwerte F_N und F_U werden am Fahrzeug relativ einfach kompensiert. Die Abweichung der radial wirkenden Kraft F_N wird durch einen etwas anderen Rollradius (Fahrzeugniveau) und die der tangential wirkenden Kraft F_U durch einen anderen Abrollumfang (Tachoanzeige, Übersetzungsverhältnis Drehzahl zu Weg) ausgeglichen. Demgegenüber ist der Ausgleich einer Seitenkraftabweichung, die sich auch durch eine Abweichung im Geradeauslauf zeigt, ungünstiger. Die Auswirkung der Abweichung vom Geradeauslauf auf den Rollwiderstand zeigt Bild 4.47. Nimmt man bis $V = 125$ km/h einen linearen Anstieg und mit zunehmendem Schräglaufwinkel den gemessenen progressiven Anstieg an, so kann man den Zusammenhang für diesen Reifen durch die Gleichung

$$f' = 0{,}015 + 0{,}00005 \cdot V + 0{,}0026 \cdot \alpha^2 \tag{4.7}$$

annähernd beschreiben. V ist in km/h und α in Grad einzusetzen. Beim Rollwiderstand f' nach Gl. (4.7) handelt es sich um den in der Radebene gemessenen. Bei der Fahrzeugbewegung interessiert aber der entgegen der Bewegungsrichtung. Im Bild 4.48 ist sowohl diese Fahrwiderstandskraft mit

$$F_N \cdot f' \cdot \cos \alpha \tag{4.8}$$

als auch die aus der rechtwinklig zur Radebene gemessene aus der Schräglaufseitenkraft

$$F_S \cdot \sin \alpha \tag{4.9}$$

dargestellt. Da der Rollwiderstandsbeiwert immer auf die Radlast F_N bezogen wird, sind für den beide Komponenten berücksichtigenden Rollwiderstandsbeiwert f die Glieder (4.8) und (4.9) durch F_N zu dividieren und zu summieren, so daß sich

$$f = f' \cdot \cos \alpha + \frac{F_S}{F_N} \cdot \sin \alpha \qquad (4.10)$$

ergibt.

Im Bild 4.49 ist sowohl der Verlauf der auf die einzelnen Komponenten bezogene als auch der auf die Summe bezogene Reibbeiwert aufgetragen. Bei der Komponente Gl. (4.9) wirkt sich unterschiedliche Reifen-Schräglaufsteife aus, die durch unterschiedliche $\frac{\alpha}{\mu}$-Werte (s. Reifenkennlinie $\frac{\alpha}{\mu} = f(F_N)$) charakterisiert wird.

Aus Bild 4.49 werden vier Einflüsse auf den Rollwiderstand deutlich:

- Zwingen Radstellungsfehler oder Schräglauffehler zu ständigem Schräglauf, so erhöht sich der Rollwiderstand (40' Schräglauffehler erhöht bei diesem Reifen f von 0,0175 auf 0,02, das sind 14,2 %).
- Mit der Erhöhung der Schräglaufsteife der Reifen nimmt die rollwiderstandserhöhende Wirkung von Schräglauf- und Radstellungsfehlern noch zu.
- Der Rollwiderstand nimmt mit zunehmenden Kurvengeschwindigkeiten, bei denen sich auch ein größerer Schräglaufwinkel einstellt, ebenfalls zu.
- Mit der Spurweitenänderung beim Ein- und Ausfedern ist auf unebener Fahrbahn eine Rollwiderstandserhöhung verbunden.

Im Zusammenhang mit der Gleichförmigkeit, der Beanspruchung und dem Rollwiderstand ist der Unterschied zwischen Diagonal- und Radialreifen im radialen Wachstum mit zunehmender Geschwindigkeit, Bild 4.54, zu werten. Aufgrund der Gürtelkonstruktion beim Radialreifen ist er in diesen drei Kriterien günstiger.

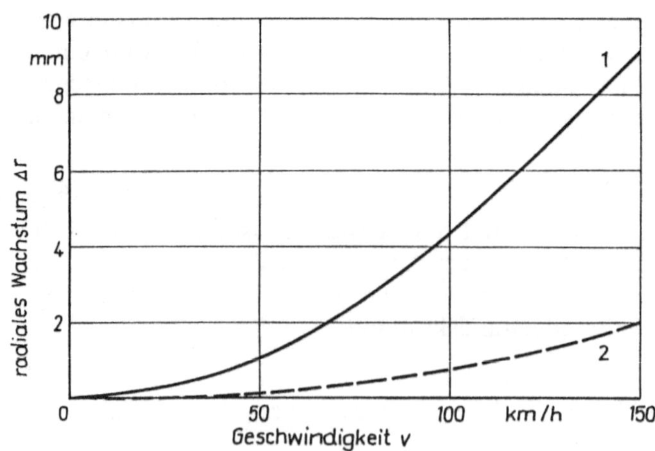

Bild 4.54

Radiales Reifenwachstum über die Geschwindigkeit beim Radial- und beim Diagonalreifen, gemessen am Zenit des Reifens, aus [4.15] 1 Diagonalreifen 6.00–13; 2 Radialreifen 165 *SR* 13

4.6 Bewertung der Elastokinematik der Radaufhängungen

Bewertungen der Elastokinematik von Radaufhängungen sind bisher wenig bekannt. Ein Beispiel findet sich in [4.16], woraus auch Bild 4.55 entnommen wurde. Die Berücksichtigung der Reifen-Schräglaufeigenschaften anhand der Reifenkennlinie $\frac{\alpha}{\mu} = f(F_N)$ für die Schräglaufseitenkraft und der k^+-Werte oder auch k-Werte für die Sturzseitenkraft ist bei der Bewertung der Elastokinematik der Radaufhängungen besonders dienlich. Die wichtigsten zwei Bewertungskriterien sind

1. die Beeinflussung der Steuerungstendenz,
2. der Gütegrad der Seitenkraftverteilung η_G.

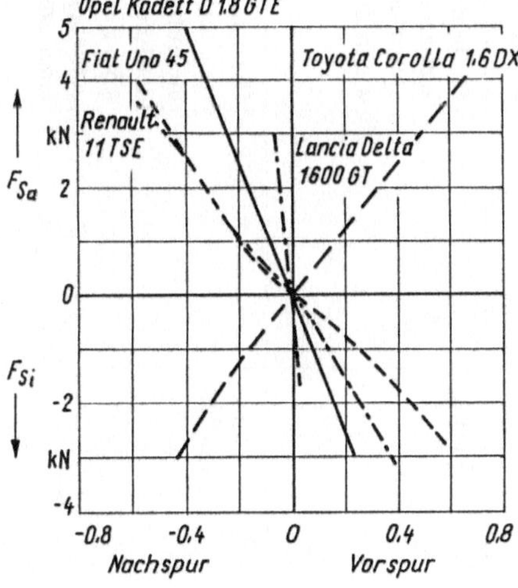

Bild 4.55
Vergleich einiger Hinterachsen frontgetriebener PKW, aus [4.16]
Es wurde die Vorspurwinkeländerung unter der Wirkung von Seitenkräften bei einem Nachlauf $n = 0$ gemessen. Die Darstellung bis zu den größeren Seitenkräften von außen läßt vermuten, daß die größeren Seitenkräfte automatisch am kurvenäußeren Rad angreifen. Dies trifft nur bei einem hohen Gütegrad zu

Während man bei η_G immer dann, wenn sich ein Vorspureffekt bei der Rollneigung und bei Seitenkraft einstellt, von einer Verbesserung sprechen kann, ist die Bewertung des Einflusses auf die Steuerungstendenz von der Abstimmung der beiden Achsen zueinander abhängig. Für das Gesamtfahrzeug wird leicht untersteuernd bis neutral steuernd gewünscht. Eine starke Untersteuerungstendenz wird wieder ungünstiger bewertet und mit lenkunwillig charakterisiert.

Auf die Steuerungstendenz wirken sich noch die anderen Größen aus, z.B. Achslastverteilung und Antriebsart (Front- oder Heckantrieb). Gerade beim Frontantrieb, bei dem auch noch Vorderachslastigkeit angestrebt wird, kann eine Hinterachskonzeption, die elastokinematisch leicht zum Übersteuern neigt, in der Summe gerade die gewünschte „leichte" Untersteuerung bewirken. Unter dieser Einschränkung ist die Tafel 4.14 zu verstehen.

Tafel 4.14: Bewertung der Elastokinematik hinsichtlich Vorspuränderung

Zeile	Vorspurwinkel β in Abhängigkeit von der Radlast F_N[1]	Um den Vorspurwinkel verdrehte Radebenen im Prinzip[2], links kurveninnen, rechts kurvenaußen	Beziehung der Vorspurwinkel β	Gütegrad der Seitenkraftverteilung η_G[3]	Steuerungstendenz[4] Vorderachse / Hinterachse + untersteuernd − übersteuernd		Bemerkungen
1			$\beta_i > \beta_a$	günstig	+	−	Mit hohem Gütegrad der Seitenkraftverteilung wird Steuerungstendenzbeeinflussung gemindert. Die große Vorspur auch bei F_{No} erhöhen den Rollwiderstand und den Reifenverschleiß. Verlauf ist nicht zu empfehlen.
2			$\beta_i = \beta_a$	günstig	−	+	Mit hohem Gütegrad der Seitenkraftverteilung verstärkt sich der Einfluß des kurvenäußeren Rades, so daß der Verlauf an der Vorderachse zu einer übersteuernden und an der Hinterachse zu einer untersteuernden Wirkung führt. Wegen großer Vorspur bei F_{No} wie in Zeile 1 nicht zu empfehlen.
3			$\beta_i < \beta_a$	günstig	−	+	Mit hohem Gütegrad der Seitenkraftverteilung verstärkt sich der angegebene Einfluß auf die Steuerungstendenz. Wegen großer Vorspur bei F_{No} wie in Zeile 1 und 2 nicht zu empfehlen.
4			$\beta_i = -\beta_a$	ohne Einfluß	+	−	Hinsichtlich der Wirkung typisch für einen Rollsteuereffekt. Nach [4.16] wurde dieser Verlauf an mehreren Hinterachsen von Frontantriebswagen bei der Einwirkung von Seitenkräften gemessen, Bild 4.55. Er fördert die.Übersteuerung, was bei frontgetriebenen Fahrzeugen und in Verbindung mit einer untersteuernden Vorderachse vertretbar sein kann.

Tafel 4.14: Fortsetzung

5			$\beta_i = 0$ $\beta_a = 0$	ohne Einfluß	ohne	ohne	Ohne Einfluß, entspricht der angestrebten Radstellung der Verbundlenkerachse mit spurkorrigierenden Lagern nach Bild 2.75.
6			$\beta_i = -\beta_a$	ohne Einfluß	–	+	Für Starrachsen vorgeschlagener Verlauf als Rollsteuereffekt für Hinterachsen, um die Untersteuerung zu fördern. Der Toyota Corolla auf Bild 4.55 weist infolge der Seitenkräfte an der Hinterachse diesen Vorlauf auf.
7			$|-\beta_i| < |-\beta_a|$	ungünstig	+	–	Sehr ungünstiger Vorspurverlauf. Für eine angetriebene Hinterachse besonders verhängnisvoll. In jedem Fall wegen des schlechten Gütegrades der Seitenkraftverteilung abzulehnen.
8			$-\beta_i = -\beta_a$	ungünstig	–	+	Sehr ungünstiger Vorspurverlauf und wie Zeile 7 abzulehnen.
9			$|-\beta_i| > |-\beta_a|$	ungünstig	–	+	Sehr ungünstiger Vorspurverlauf und wie Zeile 7 abzulehnen.

Tafel 4.14: Fortsetzung

10			$\beta_i < \beta_a$	günstig	–	+	Dieser Vorspurverlauf entspricht im Prinzip dem auf Bild 2.89c, wie er für die Trapezlenkerachse aufgrund der Kinematik gemessen worden ist. Auch auf Bild 2.84 ist für die Schraubenlenkerachse dieser Verlauf infolge Kinematik im Prinzip vorhanden, dem sich noch etwas vom Verlauf der Zeile 3 überlagert. Da bei F_{No} sehr kleine Vorspurwerte vorliegen, treten die zu Zeile 3 genannten Nachteile nicht auf. Der Vorspurverlauf wird für angetriebene Hinterachsen empfohlen. Beim Vergleich mit Bild 2.23 erkennt man, daß dieser prinzipielle Verlauf mit gezogenen Schrägpendelachsen erzielbar ist.
11			$\beta_i > \beta_a$	günstig	+	–	Bezüglich Gütegrad der Seitenkraftverteilung ist der Verlauf gut wie auf Zeile 10. Bei Anwendung an der Hinterachse würde sich als Einfluß auf die Steuerungstendenz Übersteuerung ergeben. Er ist aber in Verbindung mit dem hohen Gütegrad der Seitenkraftverteilung gering. Der Verlauf wird für Hinterachsen von frontgetriebenen Fahrzeugen empfohlen. Wie schon auf Zeile 10 bemerkt, läßt sich dieser prinzipielle Verlauf mit gezogenen Schrägpendelachsen erzeugen.
12			$|-\beta_i| > |-\beta_a|$	ungünstig	–	+	Bis zum Einsetzen des Gleitens am kurveninneren Rad wird bei Vorderachsen die Übersteuerung und bei Hinterachsen die Untersteuerung verstärkt. Wegen des ungünstigen Gütegrades der Seitenkraftverteilung ist der Verlauf abzulehnen.
13			$|-\beta_i| < |-\beta_a|$	ungünstig	+	–	Bis zum Einsetzen des Gleitens am kurveninneren Rad wird bei Vorderachsen die Untersteuerung und bei Hinterachsen die Übersteuerung gemindert. Wegen des ungünstigen Gütegrades der Seitenkraftverteilung ist der Verlauf abzulehnen.

Tafel 4.14: Fortsetzung

| 14 | | | $\beta_i < \beta_a$ $\beta_a = 0$ | günstig | + | – | Der hohe Gütegrad der Seitenkraftverteilung wird durch Vorspur am kurveninneren Rad gewährleistet. Die Seitenführung erfolgt trotzdem vorwiegend durch das kurvenäußere Rad. Dadurch ist die Untersteuerung bei Vorderachsen und die Übersteuerung bei Hinterachsen gering. Ein solcher Verlauf wird infolge elastischer Deformation durch Seitenkräfte annähernd bei der Schrägpendelachse nach Bild 2.39 erreicht; sie ist als Hinterachse für ein frontgetriebenes Fahrzeug zu empfehlen. |
| 15 | | | $\beta_i > \beta_a$ $\beta_a = 0$ | günstig | – | + | Der hohe Gütegrad der Seitenkraftverteilung ist gewährleistet, da die Seitenführung vorwiegend durch das zusätzlich eingeschlagene kurvenäußere Rad erfolgt. Dadurch ist die Übersteuerung bei Vorderachsen und die Untersteuerung bei Hinterachsen besonders hoch. |

1) Die Trendeinschätzung ist übertragbar, wenn die Vorspurwinkeländerung bezogen auf das jeweilige F_{No} gleichen prinzipiellen Verlauf aufweist. Handelt es sich bei diesem Verlauf nur um die kinematisch bedingte Vorspur, so kann auch nur eine Einschätzung der Kinematik erfolgen. Wertvoller ist die Aussage, wenn der Verlauf gemessen vorliegt. Die Messung des elastokinematischen Verlaufs kann z.B. bei einem bestimmten μ-Wert erfolgen. Bei $\mu = 0{,}4$ würde das bedeuten, am kurveninneren Rad, in der Darstellung nach links, müßte eine von innen wirkende Seitenkraft $F_S = 0{,}4 \cdot F_{Ni}$ und am kurvenäußeren Rad $F_S = 0{,}4 \cdot F_{Nia}$ von außen wirkend aufgebracht werden. Auf einem Prüfstand nach Bild 2.28 sind solche Messungen möglich. Bei diesen Messungen ist der Nachlauf bei der Wahl des Seitenkraftangriffspunktes wichtig, da er sich deutlicher auf die elastisch bedingte Vorspur auswirkt. Die so gemessene Vorspuränderung wäre dann die Elastokinematik beim Gütegrad = 1.

2) Die Winkeländerungen, die sehr klein sind, wurden zur Veranschaulichung vergrößert gezeichnet. Entsprechend der Bewegungsrichtung ist der Vorspurwinkel β_i für das kurveninnere Rad links und entsprechend β_a rechts eingetragen.

3) Der Gütegrad der Seitenkraftverteilung verbessert sich immer dann, wenn sich eine positive Vorspur einstellt.

4) Der Einfluß auf die Steuerungstendenz ist für Vorder- und Hinterachse entgegengesetzt. Bei der Bewertung in diesen Spalten wurde nur der Vorspurwinkel berücksichtigt. Bei hohem Gütegrad der Seitenkraftverteilung wird das kurvenäußere Rad in höherem Maße lenkwirksam, da es eine größere Seitenkraft aufnimmt. In den Bemerkungen zu jeder Zeile wird darauf hingewiesen, wenn sich bei hohem Gütegrad der Seitenkraftverteilung der Einfluß auf die Steuerungstendenz ändert.

Tafel 4.14 zeigt den Einfluß eines elastokinematischen Lenkwinkels auf η_G und auf die Steuerungstendenz.

Folgende Vorspurverläufe werden empfohlen:

1. Vorderachsen für Frontantrieb:

	1.	2.	3. (mit Einschränkungen)
Zeile:	10	2, 3, 11	1

2. Vorderachsen für Heckantrieb:

	1.	2.	3. (mit Einschränkungen)
Zeile:	11	1, 2, 11	3

3. Vorderachsen für Allradantrieb:

	1.	2.
Zeile:	10, 11	1, 2, 3

4. Hinterachsen für Frontantrieb:

	1.	2.	3. (mit Einschränkungen)
Zeile:	11	1, 2, 10	3

5. Hinterachsen für Heckantrieb:

	1.	2.	3. (mit Einschränkungen)
Zeile:	10	2, 3, 11	1

6. Hinterachsen für Allradantrieb:

	1.	2.
Zeile:	10, 11	1, 2, 3

Die Wirkung des Sturzverlaufs ist wesentlich geringer. Von Sturzwinkeln größer als $\xi = \pm\,4°$ wird wegen der Reifenbeanspruchung, die sich bei den Niederquerschnittsreifen noch weiter erhöht, ohnehin abgeraten. Trotzdem verdient der Sturzwinkel Berücksichtigung.

4.7 Räder

4.7.1 Felgen

Das Rad besteht aus der Felge als Bett für den Reifen und der Anschlußfläche für die Radnabe, die bei den Scheibenrädern als Schüssel ausgebildet ist, aber auch durch Speichen oder Scheiben gebildet werden kann. Die Felge paßt sich den Abmessungen der Reifen an. Den Aufbau eines Scheibenrades für PKW zeigt Bild 4.56. Damit die Felgenwulst bei Seitenkräften nicht von der Felgenschulter heruntergleitet, wird sie mit Hump, Bild 4.57, ausgebildet. Üblich ist ein Hump an der nach außen gerichteten Felgenschulter. Vereinzelt sind auch schon Felgen mit Hump auf beiden Seiten (H2) anzutreffen. Einige Ausführungen für die Teilung der Felge zur Montage des Reifens und einige spezielle Ausführungen von Tiefbettfelgen zeigt Bild 4.58. Die Tiefbettfelgen haben den Vorteil, daß sie einfacher sind und ohne größere Schwierigkeiten bzw. Zusatzeinrichtungen auch für schlauchlose Reifen verwendet werden können, ausgenommen Felgen für Drahtspeichenräder.

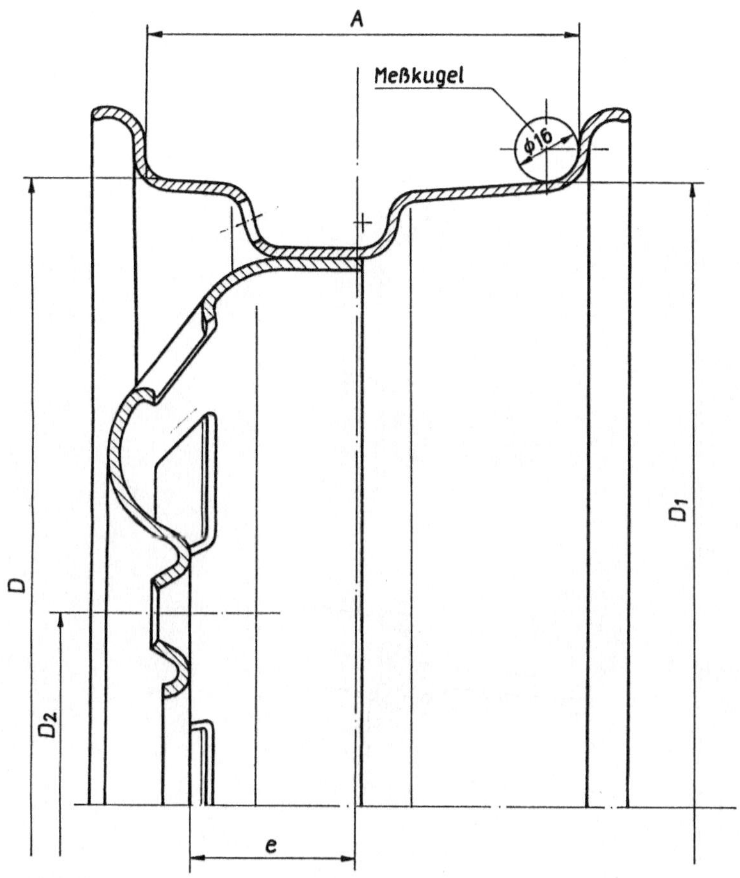

Bild 4.56 Scheibenrad mit unsymmetrischer Tiefbettfelge (Auszug aus ISO 3911)

A Maulweite von Felgenhorn zu Felgenhorn; D Eckpunktdurchmesser der Felge; D_1 Prüfringdurchmesser; D_2 Lochkreisdurchmesser; e positive Einpreßtiefe

Nenngröße	A	D	$D_1 \pm 0{,}02$	$\pi \cdot D_1$
	mm	mm	mm	mm
4 J × 13	101,6	329,4	328,06	1030,6
4 1/2 J × 13	114,3	329,4	328,06	1030,6
5 K × 13	127,0	329,4	328,06	1030,6
5 1/2 K × 13	139,7	354,8	353,46	1110,4

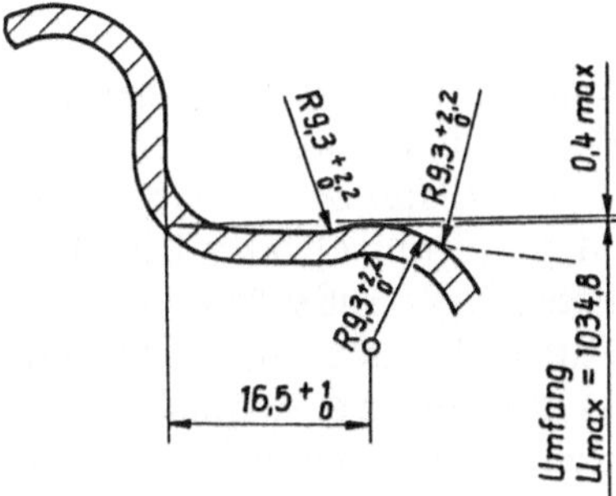

Bild 4.57

Mit Rundhump ausgebildete Felgenschulter für 13-Zoll-Felge

Auf dem Scheitel des Hump läßt sich der maximale Umfang aus dem Eckpunktdurchmesser errechnen

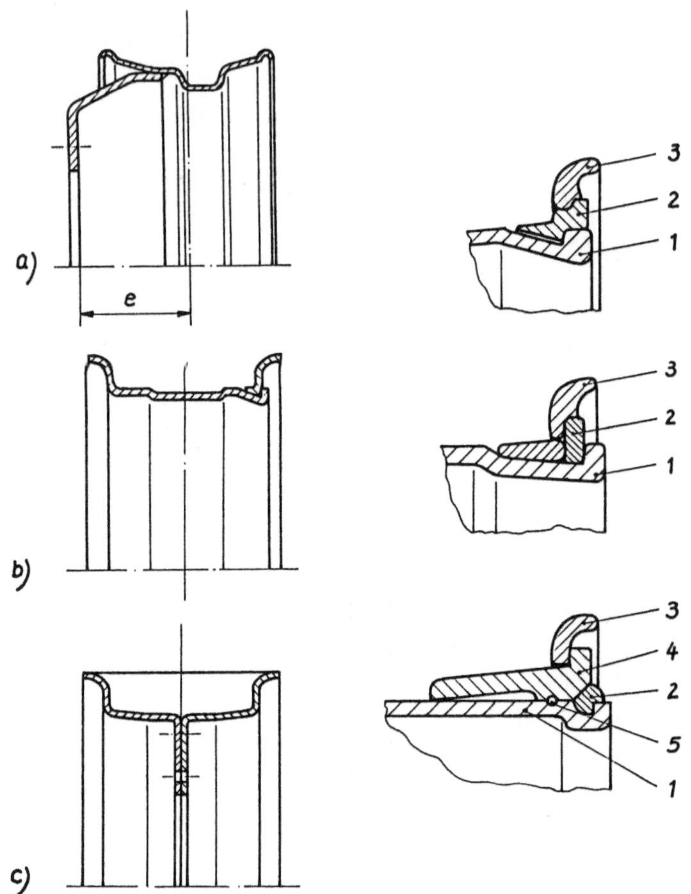

Bild 4.58 Felgenausführungen für LKW
a) Scheibenrad mit 15°-Steilschulterfelge und eingeschweißter Radschüssel für schlauchlose Reifen, aus [4.18]
b) geteilte 5°-Schrägschulterfelge mit geschlitztem Seitenring
c) geteiltes Scheibenrad mit 5°-Schrägschulterfelge
1 Grundfelge mit Nut; 2 geschlitzter Verschlußring; 3 abnehmbarer geschlossener Seitenring; 4 abnehmbarer geschlossener Schrägschulterring; 5 Dichtring für schlauchlose Reifen

4.7.2 Schüssel oder Scheibe

Die Funktion der Schüssel oder der Scheibe als Verbindungsglied zwischen den die Fahreigenschaften so entscheidend beeinflussenden Reifen und der für die rollende Bewegung erforderlichen auf oder mit der Achse drehbaren Nabe muß unbedingt gewährleistet sein. Das Rad, und davon die Schüssel oder Scheibe, gehören zu den hochbeanspruchten Bauteilen des Fahrzeugs. Außerdem mag ein sich vom Fahrzeug lösendes Rad in einem Unterhaltungsfilm amüsant anzusehen sein, selbst erleben möchte man es nicht. Es ist sowohl der ausreichenden Dimensionierung und Prüfung als auch den Forderungen nach gutem Rundlauf

Tafel 4.15: Radbefestigungen

Befestigungsart — **Bezeichnung** / **Darstellung** — **Auszug aus Maßtabellen / Kenngrößen** — **Bemerkungen**

Bezeichnung: Zentrierung in Zentralbohrung (Bemerkungen: ISO 4107-1979 (E))

Zahl der Boh-rungen	D_1 $\varnothing\,0{,}3$	D_2 $^{+1}_{\ \ 0}$	D_3 $^{+0{,}2}_{\ \ \ 0}$	$D_{4\,min}$	Bolzen $\varnothing$	D_5 $^{\ \ 0}_{-0{,}2}$	D_6 $^{\ 0}_{-5}$
6	205	21	161	255	18	160,8	250
8	275	24	221	325	20	220,8	320
10	285,75	26	220	345	22	219,8	340
	335		281	390		280,8	385

Bezeichnung: Zentrierung in der Radbefestigung mit Kegelansenkung

Zahl der Boh-rungen	D_1	D_2	D_5	α	Bolzen-gewinde
4	98		17 ± 0,5	60°	M12×1,5
5	120	15,5 ± 0,5		60°	
6	152,4	14 ± 0,5	18,25 ± 0,25	90°	

(Bemerkungen: ISO 4107–1979 (E))

Zahl der Boh-rungen	D_1 $\varnothing\,0{,}15$	D_2 $^{+0{,}8}_{\ \ \ 0}$	D_5 $^{+0{,}5}_{\ \ \ 0}$	$\alpha \pm 1°$
6	170	21,8	26,7	80
	205	25	31	
8	165	17	32	90
10	275	25	31	80
	335			

Tafel 4.15: Fortsetzung

Bezeichnung	Befestigungsart Darstellung	Auszug aus Maßtabellen Kenngrößen					
		Zahl der Bohrungen	D_1	α	D_5	S	Bolzengewinde
		4	160	60°	18,5	8	
		Zahl der Bohrungen	D_1	D_2	D_5	R	Bolzengewinde
Zentrierung in der Radbefestigung mit Kugelansenkung		4	130				
		5	140 / 160 / 205	18,5	24	14	M14×1,5
		6	205	21,5	27	16	
		8	275	27	32	18	
		10	335				
Zentrierung in der Radbefestigung mit Kegel- oder Kugelansenkung							Auszug aus den Bolzen–ansenkungen aus [4.18] (Beispiele mit Elastizität in der Hülse siehe Bild 2.63)

Tafel 4.15: Fortsetzung

Bezeichnung	Befestigungsart / Darstellung	Zahl der Bohrungen	D_1	$D_2\ {}^{+0,8}_{\ \ 0}$	$D_5\ {}^{+0,5}_{\ \ 0}$	R	Bolzengewinde	ISO 4107 – 1979 (E)
Zentrierung in der Radbefestigung mit Kugelansenkung		6	170	21,8	26,7	16		ISO 4107 – 1979 (E)
			205	21,5	27	16		
			205	21,8	26,7			
			222,2	30,5	37,1	22,2		
		8	275	21,8	26,7	16		
			275	27	32	18		
		10	222,2	30,5	31,7	22,2		
			225	27	32	18		
			285,75	30,5	37,1	22,2		
			335	21,8	26,7	16		
			335	27	32	18		
			335	37	46,2	30,2		
		6	205	21,5	27	16	M18×1,5	
		8	275	27	32	18	M20×1,5	
		10	225	27	32	18		
		10	335	27	32	18	M22×1,5	
		12	425					
		6	205	21,5	27	16		
		8	275	27	32	18		
		10	335	27	32	18		

Rechnung zu tragen. Das zeigt sich auch bei den Bolzenlochausführungen. Einen Überblick gibt Tafel 4.15. Neben den Radanschlußmaßen, Mittenlochdurchmesser, Bolzenlochkreisdurchmesser, Bolzenlochzahl und Bolzenlochausführung, ist die Einpreßtiefe, Bild 4.56, wichtig.

Bei der Konstruktion der Schüssel tritt, ähnlich der Konstruktion des Lenkrades, ein weiterer Gesichtspunkt in den Vordergrund, die Formgestaltung (Styling).

4.7.3 Leichtmetallräder

Das Rad gehört zu den Teilen am Fahrzeug, bei denen dem Leichtbau mehrfache Bedeutung zukommt.

- Das Rad ist nur durch den Reifen gegenüber der Fahrbahn abgefedert. Eine große mit dem Rad verbundene Masse ist schwingungstechnisch ungünstig (s. Abschnitt 1.3.3).

- Das Rad wirkt mit seinem Trägheitsmoment um die Drehachse beim Verzögern und Beschleunigen der Bewegungsänderung entgegen.

Aus diesen Gründen ist der Leichtbau besonders effektiv. Außerdem bietet die Leichtmetallfelge durch die anderen Fertigungsverfahren (Gießen, Schmieden) größeren Spielraum hinsichtlich Formgestaltung.

4.7.3.1 Gegossene Aluminiumräder

Bei den Stahlrädern werden Felge und Schüssel oder Scheibe getrennt gefertigt und dann zum Rad zusammengeschweißt, -geschraubt oder -genietet. Anders bei den PKW-Leichtmetallrädern, unter denen die Räder als Aluminium-Silizium-Legierungen überwiegen.

Die Anwendung der Niederquerschnittsreifen stellt hohe Forderungen an die Festigkeit der Räder. Fahrbahnunebenheiten wirken bei der geringeren Reifenhöhe stärker auf die Felge. Wie in [4.30] beschrieben, traten bei auf Aluminiumräder montierten Niederquerschnittsreifen Deformationen an den Felgen auf. Die Räder wurden in Niederdruckkokillenguß hergestellt. Durch die Umstellung von der Legierung AlSi12 auf AlSi7Mg und einer Wärmebehandlung konnte die Streckgrenze von $\sigma_{0,2} = 110$ N/mm^2 auf $\sigma_{0,2} = 200$ N/mm^2 angehoben werden. Im Felgenbereich wurde dabei die ausreichende Bruchdehnung von ≥ 5 % erhalten. Wie in [4.30] nachzulesen, konnte mit dem Übergang auf den anderen Gußwerkstoff und die Warmaushärtung (Lösungsglühung 6 h bei 525° und Warmauslagerung von 8 h bei 165°) eine für die Serie 60 der Niederquerschnittsreifen ausreichende Festigkeit erreicht werden.

Obwohl die Aluminiumlegierungen bereits teurer sind als Stahl, so werden die Kosten doch vorwiegend durch die Herstellungsverfahren bestimmt. Beim gegossenen Rad müssen das Felgenbett ausgedreht, Befestigungslöcher gebohrt und die Oberfläche behandelt werden. Dadurch wird nicht nur ein guter Rundlauf gesichert, die Räder erhalten in Verbindung mit der Gestaltungsvielfalt von Gußteilen auch ein besonders gutes Aussehen.

4.7.3.2 Geschmiedete Aluminiumräder

Die Herstellung der geschmiedeten Aluminiumräder erfolgt durch Kombination von Schmieden und Walzen. In [4.31] sind die Fertigungsschritte für ein Schmiederad, Bild 4.59, und für ein sogenanntes Spaltrad, Bild 4.60, dargestellt. Während allgemein beim Kostenvergleich das geschmiedete Aluminiumrad wesentlich teurer als das gegossene Aluminiumrad ist, wurde nach [4.31] beim Spaltrad erreicht, daß die Kosten niedriger waren. Der ebendort angegebene Vergleich zwischen Gußrad, Schmiederad und Spaltrad fällt insbesondere auf Grund der Werkstoffeigenschaften und der Kosten zugunsten des Spaltrades aus, wie Bild 4.61 und Tafel 4.16 belegen.

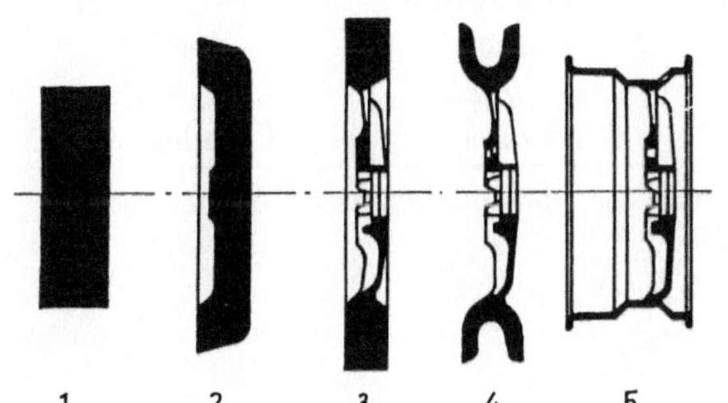

Bild 4.59

Arbeitsschritte für ein Aluminium-Schmiederad aus [4.31]

1. Stranggußblock AlMgSi1, 2. Schmiederohling durch Warmschmiedeoperation, 3. Fertigpressen, 4. Vorwalzen des Felgenbetts (spalten), Zwischenglühen, 5. Fertigwalzen des Felgenbetts, Wärmebehandlung, Dreh-, Fräs- und Finisharbeiten, Oberflächenbehandlung durch Anodisieren und Lackieren

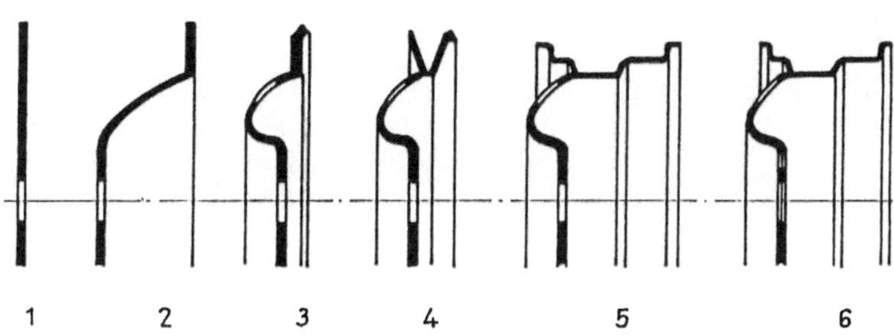

Bild 4.60 Arbeitsschritte für ein Aluminium-Spaltrad aus [4.31]

1. gelochte Blechsonde fertigen, 2. Felgenschüssel drücken, 3. Schüssel tiefziehen und lochen der Belüftungslöcher, 4. Felge spalten, weichglühen im Spaltbereich, 5. Felgenbett rollen (2 Arbeitsgänge), Felgenhörner fertigen, Lösungsglühen (530 °C, 30 min.), abschrecken, warmaushärten (220 °C, 30 min.), 6. Löcher bohren, Anlageflächen fräsen, Entgraten, anodische Beschichtung

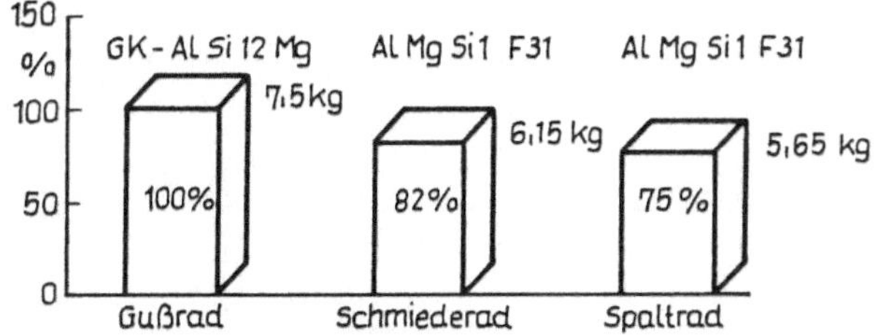

Bild 4.61

Einfluß der Herstellungsverfahren auf den Massevergleich

Tafel 4.16: Gegenüberstellung von Aluminiumrädern (Auszg. aus [4.31]

	Gußrad	Schmiederad	Spaltrad
Werkstoffe	GK-AlSi12Mg	AlMgSi1 F31	
$\sigma_{0,2}$-Grenze N/mm^2	≥ 120	≥ 250	
Zugfestigkeit N/mm^2	≥ 160	≥ 320	
Dehnung %	≥ 5	≥ 6	
Brinellhärte HB2,5/62,5	> 60	> 90	
Dauerfestigkeit N/mm^2	60	75	
Formgestaltung	vielfältig	eingeschränkt	stärker eingeschränkt
Oberfläche	lackiert	anodisch oxydiert	anodisch oxydiert
Gegen chem. Angriff	beständig	anfällig	anfällig
Masse gegenüber Gußrad	1	0,82	0,75[1]
Herstellungskosten	gering	hoch	gering

[1]Diese Masseabsenkung beim Spaltrad gegenüber dem Schmiederad läßt sich mit einer Absenkung der Wöhlerlinie begründen.

5 Lenkung

5.1 Allgemeines

5.1.1 Lenkung als das vom Fahrer am häufigsten betätigte Stellglied

Im Abschnitt 1.2.1 ist auf die Bedeutung der Lenkung in Verbindung mit dem Fahrer als Regler hingewiesen worden. Die Lenkung gibt dem Fahrer ständigen Kontakt mit der Seitenführung des Fahrzeugs. Selbst auf vollkommen geraden Straßenabschnitten finden ständig Lenkreaktionen statt. Man kann auf diesen Abschnitten den geübten und aufmerksamen Fahrer am Verlauf der Fahrspur gut vom Anfänger unterscheiden. In beiden Fällen setzt sich die Fahrspur aus Kurven von großem Krümmungsradius und den dazwischenliegenden Wendepunkten zusammen. Beim Anfänger sind die Krümmungsradien kleiner, und die Richtungsabweichungen bis zum Einleiten der Kurskorrektur sind größer. Der geübte Fahrer gelangt auf diesen geraden Fahrbahnabschnitten zu einer günstigen Fahrspur, wenn er nicht lenkt, sondern nur durch entsprechende Krafteinleitung die Richtungsabweichung verhindert.

Die Bewertung der Lenkung allgemein kann nach sehr unterschiedlichen Kriterien erfolgen:

– Funktionssicherheit gegenüber mechanischer Beschädigung. Durch geeignete Werkstoffwahl ist zu sichern, daß sich die Teile bei Überlastung deformieren, daß sie aber nicht brechen.

– Spursicherheit, hierzu gehören der Gütegrad der Seitenkraftverteilung und die Steuerungstendenzen ebenso wie geringer Lenkeffekt über den Federweg und gute Lenkeffektübertragung durch die Reifen.

– Wendekreisdurchmesser und Breiteninanspruchnahme in Verbindung mit maximalem Radeinschlagwinkel, Radstand und Spurweite.

– Betätigungskräfte, Bedienkomfort, Lenkgetriebeübersetzung.

– Rückwirkung der Fahrbahnunebenheiten auf das Lenkrad, die durch Lenkungsdämpfer, Lenkrollhalbmesser und die Übersetzung Lenkwinkel zu Lenkradwinkel beeinflußt wird.

Einige dieser Kriterien sind in den Bauvorschriften, Abschnitt 1.1.3, aufgenommen. Die Regelung 12 enthält auch noch den Schutz des Fahrers vor der Lenkanlage. Besondere Beachtung verdienen die aus den ESV-Konferenzen hervorgegangenen Aktivitäten und einige Veröffentlichungen [5.10], [5.11], [5.17]. Im Zusammenhang mit dem Bremsen in der Kurve erhält das Zusammenwirken von Bremse und Lenkung Bedeutung. Obwohl man die sich einführenden Antiblockiersysteme zur Bremse gehörend einordnen muß, so ist doch deren wichtige Zielstellung, die Lenkfähigkeit und Spurtreue des Fahrzeugs zu erhalten [5.9].

5.1.2 Lenkprinzipien

Das Lenkungsprinzip ist vom Fahrzeugtyp abhängig [5.1]. Bild 5.1 zeigt das bekannte Prinzip der Zweiradlenkung. Bei ihr ist mit der Lenkbetätigung der Balancevorgang und eine Neigung des Rades, die dem Sturz beim PKW entspricht, verbunden. Im Bild 5.2 ist dargestellt, wie der Fahrer sein Fahrzeug in die Kurve neigen muß. Die Resultierende aus der Schwerkraft

$$F = m \cdot g \qquad\qquad\qquad\qquad \text{(siehe 1.3a)}$$

und der Fliehkraft

$$F \doteq \frac{m \cdot v^2}{R} \qquad\qquad\qquad\qquad \text{(siehe 1.3b)}$$

schneidet die Verbindungsgerade zwischen den Radaufstandspunkten. Die Lenkachse des Vorderrades liegt so, daß mit der Lenkerdrehung der Schwerpunkt seitlich verschoben wird. Dadurch wird es mit dem Lenken möglich, die Balance zu halten. Beim Balancehalten sind mit der Lenkung die Momente aus

Fliehkraft × Schwerpunkthöhe

und

Schwerkraft × seitliche Verschiebung des Schwerpunktes gegenüber den Radaufstandspunkten

ständig im Gleichgewicht zu halten, was erlernt werden muß.

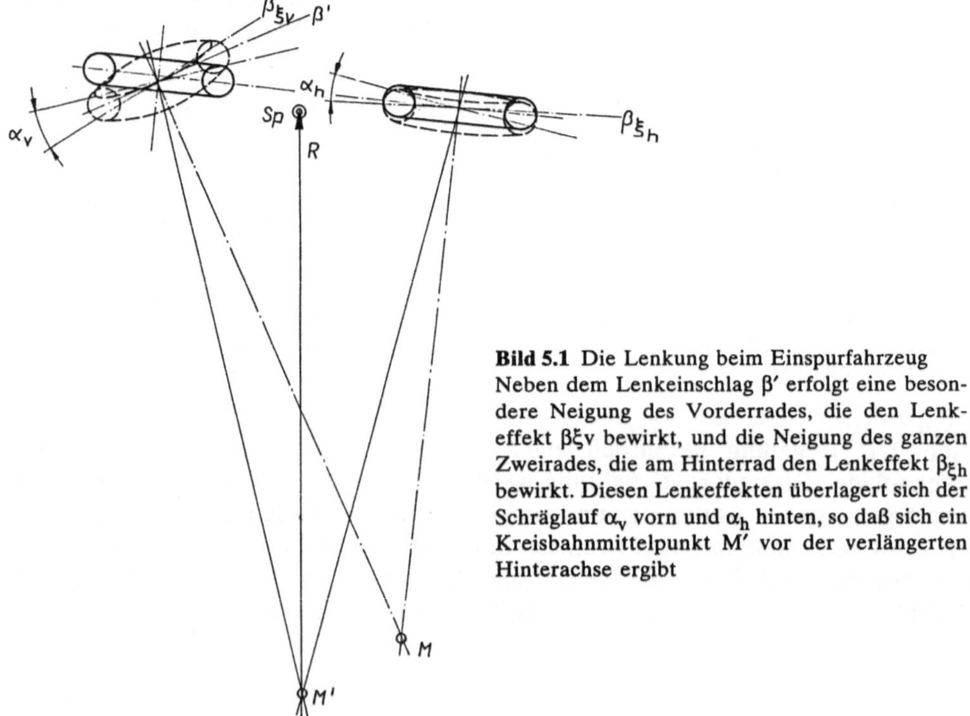

Bild 5.1 Die Lenkung beim Einspurfahrzeug Neben dem Lenkeinschlag β' erfolgt eine besondere Neigung des Vorderrades, die den Lenkeffekt $\beta_{\xi} v$ bewirkt, und die Neigung des ganzen Zweirades, die am Hinterrad den Lenkeffekt $\beta_{\xi h}$ bewirkt. Diesen Lenkeffekten überlagert sich der Schräglauf α_v vorn und α_h hinten, so daß sich ein Kreisbahnmittelpunkt M' vor der verlängerten Hinterachse ergibt

Bild 5.2

Beim Zweirad verläuft die Resultierende aus der Schwerkraft
$m \cdot g$ und der Fliehkraft $\dfrac{m \cdot v^2}{R}$ in der Projektion durch die Radaufstandspunkte. Vorder- und Hinterrad sind hier hintereinander
gezeichnet

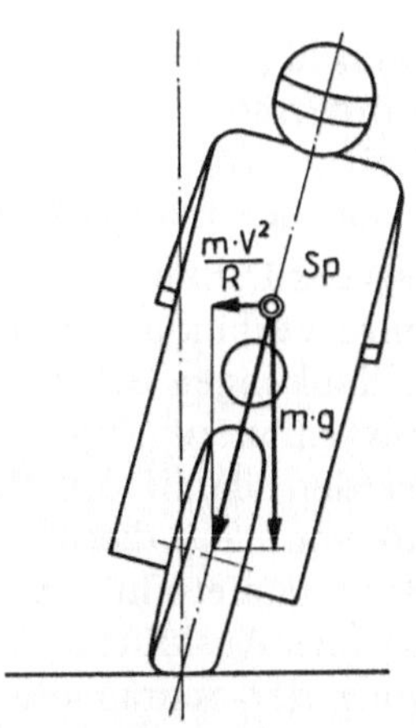

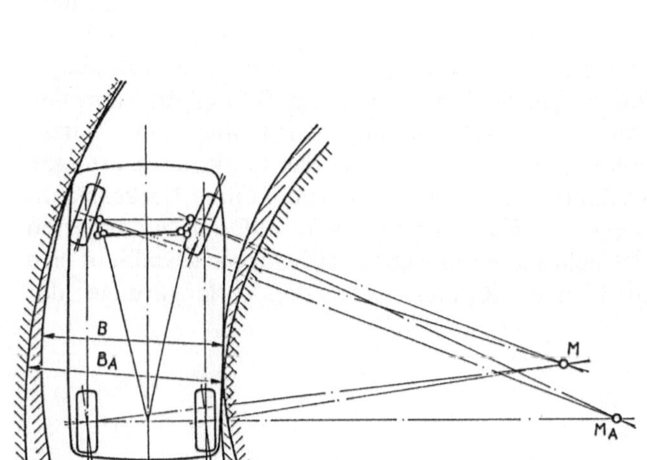

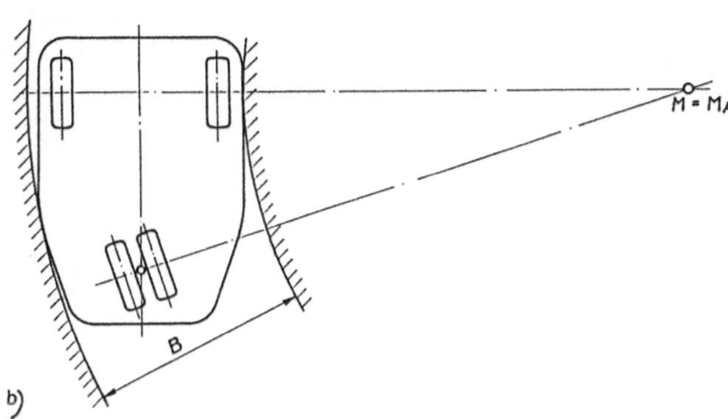

Bild 5.3 Lenkung und Spurkreisinanspruchnahme bei Vorder- und Hinterachslenkung

a) Achsschenkellenkung an der Vorderachse. Obwohl bei der Achsschenkellenkung infolge der Spreizung der Lenkeinschlag immer mit einer Sturzänderung verbunden ist, wurde der Sturzeinfluß nicht eingezeichnet. M_A ist der Kreisbahnmittelpunkt nach Ackermann. Unter Berücksichtigung des Reifenschräglaufwinkels verschiebt sich der Mittelpunkt von M_A auf M. B ist kleiner als B_A.

b) Drehschemellenkung an der Hinterachse. Der Kreisbahnmittelpunkt M liegt auf der verlängerten Vorderachse. Die Hinterachslenkung eignet sich nur für langsamfahrende Fahrzeuge, wie z.B. Gabelstapler und Mähdrescher [5.8]. Mit der Hinterachslenkung benimmt sich das Fahrzeug extrem übersteuernd. Aus gleichem Grund haben sich die Hinterachslenkungen nicht für schnellfahrende Fahrzeuge bewährt. Die Breitenbeanspruchung B ist bei der Hinterachslenkung günstig. Durch die schmale Spur kann das Fahrzeug trotz Hinterachslenkung auch nach vorn von einer Bordsteinkante wegfahren

Im Bild 5.1 sind drei Lenkeffekte eingezeichnet, die Projektion vom Einschlag des Vorderrades auf die Fahrbahnebene (β'), die Rollrichtung der Räder infolge ihrer Neigung ($\beta_{\xi v, h}$) und die Reifenschräglaufwinkel α_v, α_h. Durch die Berücksichtigung aller drei Lenkeffekte verschiebt sich der Kurvenmittelpunkt von M auf M'.

Bei der Lenkung der Zweispurfahrzeuge, Bild 5.3a, ist theoretisch eine trapezförmige Verbindung mittels Gelenk und der sogenannten Spurstange bei Achsschenkellenkungen erforderlich. Bei der Achsschenkellenkung muß theoretisch das kurveninnere Vorderrad weiter als das kurvenäußere Vorderrad eingeschlagen werden, damit die Räder „ohne Querschlupf, d.h. ohne Schräglauf" abrollen können. Zu dieser Auslegung nach Ackermann ebenso wie zum Reifen-Schräglaufeinfluß auf die Lenkungsauslegung und auf das Lenktrapez erfolgen weitere Ausführungen im Abschnitt 5.2.2 „Lenkgeometrie". Ohne Berücksichtigung der Schräglaufwinkel liegt der Kurvenmittelpunkt auf der verlängerten Hinterachse. Durch die Berücksichtigung des Schräglaufwinkels verschiebt sich der Kurvenmittelpunkt M_A auf M in den Raum zwischen den Verlängerungen der

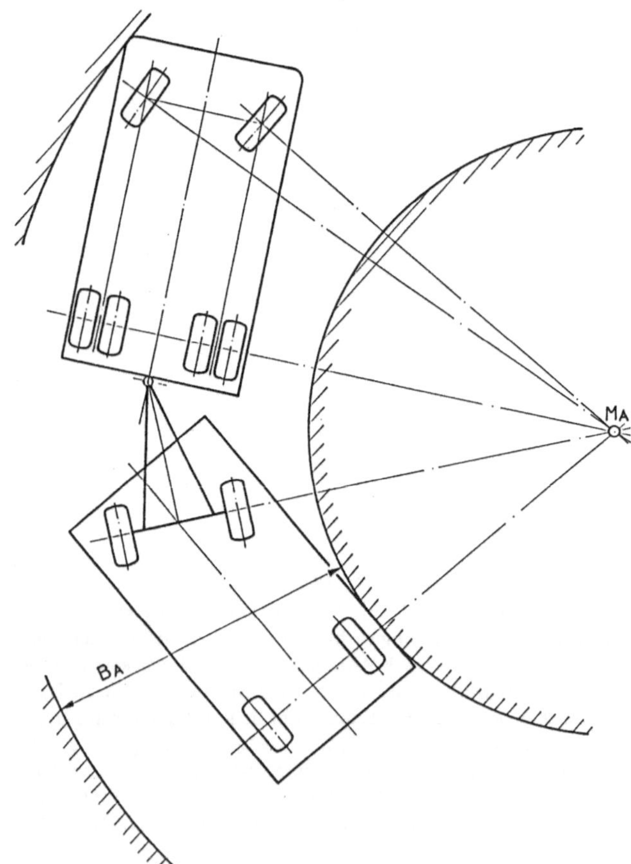

Bild 5.4

Lastzug mit Achsschenkellenkung am Zugfahrzeug und Drehschemellenkung am Anhänger ist üblich. Die Breitenbeanspruchung ist groß

beiden Achsen. Diese Verschiebung bedingt auch unterschiedliche Schräglaufwinkel an der Hinterachse, auch bei starrer Koppelung der beiden Radebenen, wie das z.B. bei Starrachsen der Fall ist. Die Schräglaufwinkeldifferenz ist bei den Hinterachsen als Starrachsen bei großem Kurvenradius aber gering, so daß dort $\alpha_i = \alpha_a$ angenommen werden kann. Die Breiteninanspruchnahme unter Schräglauf B ist im allgemeinen kleiner als ohne Schräglauf B_A.

Bei langsamfahrenden Fahrzeugen findet man die Hinterachslenkung [5.8]. Diese Lenkung kann ebenfalls als Achsschenkellenkung, aber auch als Drehschemellenkung, Bild 5.3b, ausgebildet sein.

Die Drehschemellenkung an der Vorderachse ist bei den Anhängern üblich. Auf Bild 5.4 ist das Zusammenwirken der Achsschenkellenkung am Zugfahrzeug und der Drehschemellenkung am Anhänger an allen Rädern ohne Schräglauf dargestellt. Die Breitenbeanspruchung B_A ist groß.

Beim LKW mit drei Hinterachsen ist eine Lenkung der letzten Achse, die sich über den Nachlauf selbst betätigt, verbreitet, Bild 5.5.

Bei den Forderungen an das Fahrverhalten wurde im Abschnitt 2 und im Abschnitt 4 wiederholt auf die Wirkungen der Lenkwinkel an der Hinterachse verwiesen. Es ist deshalb naheliegend, die Hinterachse mit einer Zusatzlenkung auszustatten, die die erwünschten Wirkungen in sehr hohem Maß erfüllen kann. Im Bild 5.6 sind der gleichsinnige und der gegensinnige Lenkeinschlag gegenübergestellt. Beide haben Vor- und Nachteile. Anschaulich wird ihr Einfluß auf das Fahrverhalten schon, wenn man die Fahrspuren der Achsen in der Kurve vergleicht, wie im Bild 5.7 dargestellt.

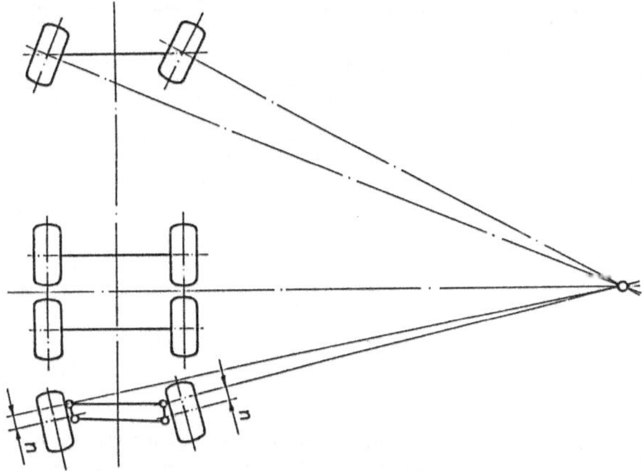

Bild 5.5 Bei den Fahrzeugen mit mehr als drei Achsen ist es üblich, um den Querschlupf zu mindern, wenigstens zwei Achsen lenkbar auszuführen. Hier wurde die letzte Achse mit einer Achsschenkellenkung versehen, bei der der Lenkeinschlag infolge des Nachlaufs und ohne jede zusätzliche Lenkbetätigung erfolgt. Dadurch kann diese Nachlaufachse zwar mittragen aber nicht mitführen, also keine wesentlichen Seitenkräfte aufnehmen

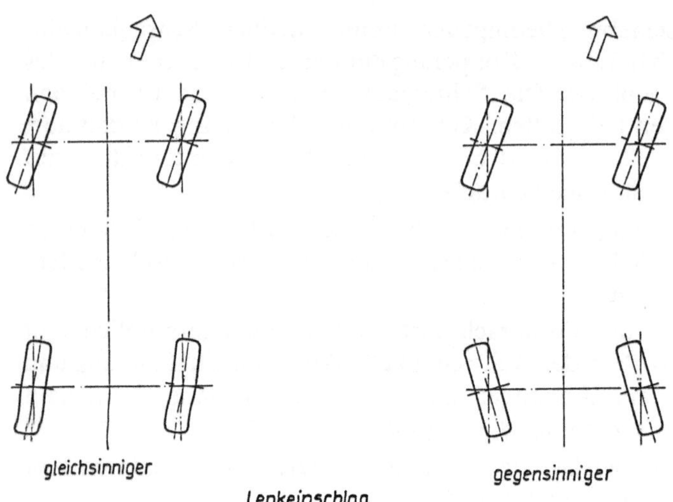

Bild 5.6 Prinzip der Zusatzlenkung an der Hinterachse mit gleichsinnigem und gegensinnigem Lenkeinschlag

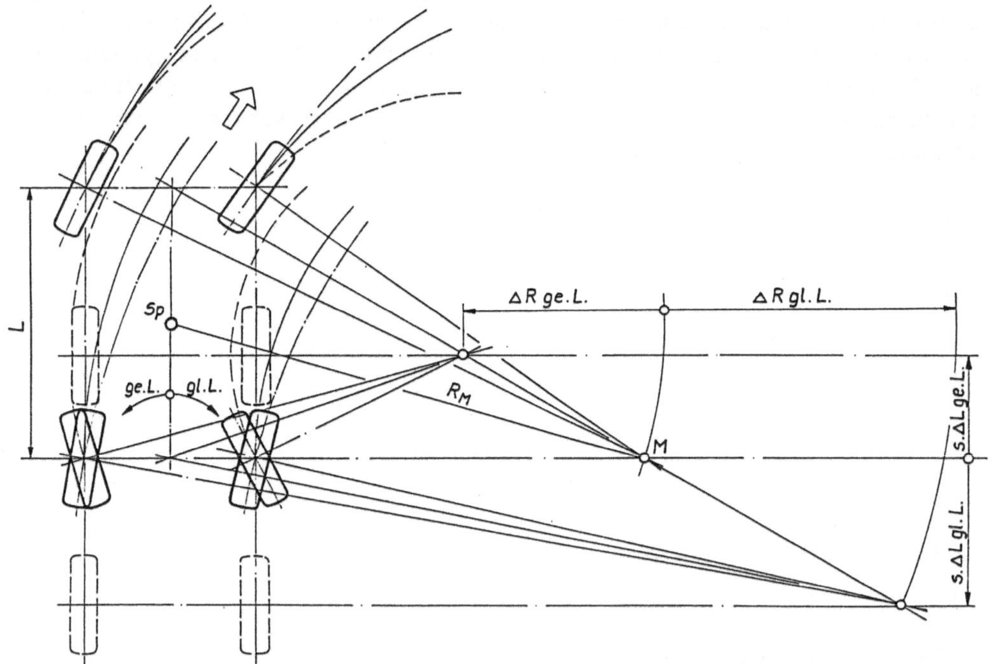

Bild 5.7 Bei gleichsinnigem Lenkeinschlag, gl. L, vergrößert sich der Kurvenradius R_M um $\triangle R$ gl. L, und bei gegensinnigem Lenkeinschlag verkleinert sich der Kurvenradius R_M um $\triangle R$ ge. L. Bei gl. L verhält sich das Fahrzeug wie mit einem scheinbar um s. $\triangle L$ gl. L verlängerten und bei gegensinnigem Lenkeinschlag, ge. L, wie mit einem scheinbar um s. $\triangle L$ ge. L verkürzten Radstand.

—— Spuren ohne HA-Zusatzlenkung
—·— Spuren mit gl. L
— — — Spuren mit ge. L (alles ohne Reifenschräglauf)

Die gleichsinnige Zusatzlenkung
Vorteile:

Verbesserung der Richtungsstabilität bei Geradeausfahrt, bei Kurvenfahrt und in den Übergängen, unempfindlicheres Verhalten beim Verreißen der Lenkung, wirkt sich auf den Kurvenradius wie eine Vergrößerung des Übersetzungsverhältnisses im Lenkgetriebe aus.

Nachteile:

Verschlechterung der Lenkwilligkeit und Wendigkeit in Kurven, größere Breitenbeanspruchung, weit auseinander liegende Spuren vorn und hinten, größere Kursabweichung bei Störung durch eine Windbö.

Die gegensinnige Zusatzlenkung
Vorteile:

Verbesserte Lenkwilligkeit und Wendigkeit, geringere Kursabweichung bei einer Seitenwindbö.

Nachteile:

Macht das Fahrzeug übersteuernd und instabil. Aus diesen Gründen ist für die schnellfahrenden Fahrzeuge die gleichsinnige Zusatzlenkung vorteilhaft. Der Lenkeinschlag an der Hinterachse ist aber deutlich kleiner als an der Vorderachse zu wählen.

Will man sowohl die Vorteile des gleichsinnigen Lenkeinschlags bei den hohen Geschwindigkeiten als auch die des gegensinnigen bei niedrigen Geschwindigkeiten, so muß ein geschwindigkeitsabhängiges Verhältnis der Lenkwinkel $\beta_h : \beta_v$ verwendet werden. Zomotor [5.17] gibt für die Bedingung $\gamma_{stat} = 0$ (γ siehe Bild 1.12), das heißt bei mit der Fahrzeuglängsachse übereinstimmender Bewegungsrichtung, für $\beta_h : \beta_v$ über die Geschwindigkeit den auf Bild 5.8 dargestellten Verlauf an. Da schon bei der geschwindigkeitsabhängigen Lenkwinkelzuordnung eine rein mechanische Ansteuerung der Zusatzlenkung nicht mehr genügt, bietet sich eine elektronische Ansteuerung an. Dann wird auch die Berücksichtigung weiterer Signale, wie z.B. der Gierbeschleunigung oder einer Seitenwindbö, möglich.

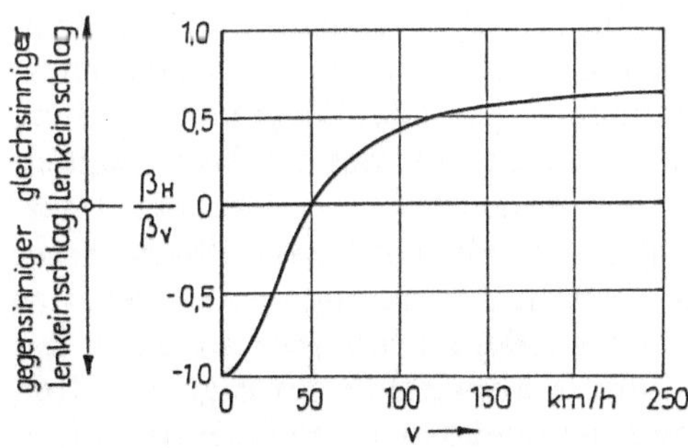

Bild 5.8
Verlauf der Lenkwinkelzuordnung der Hinterachszusatzlenkung zur Vorderachslenkung über die Geschwindigkeit für ein Lenkgesetz, bei der der stationäre Schwimmwinkel γ_{stat} um den Fahrzeugschwerpunkt gleich Null ist (nach Zomotor [5.17])

In [5.18] wurden 1971 drei verschiedene Varianten zur Hinterachszusatzlenkung theoretisch untersucht und beschrieben:

- Auswertung der Signale vom Lenkeinschlag der Vorderräder, von der Geschwindigkeit, den Radlasten, den elastokinematisch bedingten Radstellungen und den Störgrößen (z.B. Windkraft) in einer Rechenschaltung und Ausgabe eines Signals an einen Verstärker, der einen Stellantrieb für die Hinterradlenkung betreibt.

- Von den Kräften und Momenten an den Rädern der Hinterachse selbst erfolgt der Lenkeinschlag.

- Auswertung der Signale Fahrzeug-Querbeschleunigung und Gierbeschleunigung in einer Rechenschaltung zu einem Steuersignal für den Lenkwinkel an den Rädern.

Zu dieser Zeit war die im zweiten Anstrich angegebene Lösung, bei der weder Sensoren noch Rechenschaltungen und Stellglieder benötigt werden, favorisiert worden. In allen drei Lösungen wurde neben der Verbesserung der Steuerungstendenz auch die Erhöhung des Gütegrades der Seitenkraftverteilung angestrebt.

Inzwischen sind schon mehrere größere PKW serienmäßig mit Zusatzlenkanlagen ausgerüstet. Einen umfassenden Überblick über Zusatzlenkanlagen findet man bei Wallentowitz, Allradlenksysteme bei Personenkraftwagen [5.19]. Neben weiteren theoretischen Untersuchungen werden hydraulische, elektrohydraulische und elektrische Hinterachslenkungen beschrieben.

5.2 Lenkungsauslegung

5.2.1 Radstellung der gelenkten Räder

Wiederholt wurde schon auf die Radstellungsgrößen und deren Einfluß hingewiesen. Die Vorspur und der Sturz haben im Zusammenhang mit der Vorspur- und der Sturzseitenkraft den größten Einfluß auf die Lenkungsauslegung. Der Vorspurwinkel β unterscheidet sich geometrisch nicht vom Lenkwinkel β, und nur beim Vorzeichen für das kurveninnere Rad zeigt sich ein Unterschied.

Im Zusammenhang mit der Lenkungsauslegung hat die Spreizungsachse als Drehachse des Achsschenkels für die Spreizung, den Nachlauf und den Lenkrollhalbmesser Bedeutung. Die Spreizungsachse bestimmt die Bahn des Radaufstandspunktes beim Lenkeinschlag. In den letzten Jahren ist die Bedeutung des Lenkrollhalbmessers, mit dem man diese Bahn in erster Näherung beschreiben kann, gestiegen. Es sind kleine und für PKW teilweise negative Lenkrollhalbmesser anzutreffen [5.2]. Er hat einmal im Zusammenhang mit der Diagonalaufteilung der zwei Bremskreise und zum anderen wegen seines Einflusses auf die Stößigkeit der Lenkung Bedeutung. Wenn an den beiden Rädern der Vorderachse unterschiedliche Umfangskräfte auftreten, dann ist ein kleiner Lenkrollhalbmesser günstig. Ist er negativ, unterstützt er sogar noch die Einhaltung des Kurses, was sich bei einem längeren Bremsweg und insbesondere beim Ausfall eines der beiden diagonal aufgeteilten Bremskreise günstig auswirkt. Zwei Eigenschaften werden aber mit dem kleinen Lenkrollhalbmesser ungünstiger. Beim Einschlagen der Räder im Stand, was beim Rangieren hin und wieder erforderlich ist, muß sich das Rad auf der Stelle drehen. Bei einem größeren Lenkrollhalbmesser kann sich das Rad rollend um die Spreizungsachse verdrehen. Zweitens wird die Geradeausstellung weniger durch die Radlast stabilisiert, da das Fahrzeug abhängig vom Winkel der Spreizungsachse und vom Lenkrollhalbmesser beim Lenkeinschlag kaum noch angehoben werden muß.

Aus den verschiedenen Literaturangaben läßt sich entnehmen, daß es üblich ist, den seitlichen Abstand der Spreizungsachse vom Radaufstandspunkt als Lenkrollhalbmesser oder Lenkrollradius anzugeben, siehe Bild 1.4. Der Bereich der üblichen Lenkrollhalbmesser liegt zwischen

- 30 und + 75 mm bei PKW und
+ 20 und + 100 mm bei LKW.

Der Lenkrollhalbmesser ändert sich über den Federweg nur wenig.

Die kleinen bzw. negativen Lenkrollhalbmesser erfordern, daß der untere Gelenkpunkt der Radaufhängung tief in das Rad hinein gelegt wird.

Interessant ist das von BMW angewendete Doppelgelenkprinzip für den unteren Lenker, Bild 2.92, bei dem trotz der weiter innen liegenden Gelenkpunkte ein weiter außen liegender Pol und damit ein günstiger Lenkrollhalbmesser geschaffen wird. Es wurde ein relativ großer Winkel für die Spreizungsachse gewählt.

Bei den Fahrzeugen mit Frontantrieb kommt noch hinzu, daß der Mittelpunkt des äußeren Gelenkes der Gelenkwelle auch annähernd auf der Spreizungsachse liegen muß, wenn man ein Ausknicken aus der Vorderachsebene heraus beim Lenken vermeiden will. Da die Gelenkwelle mit ihrem Beugewinkel den maximalen Lenkwinkel begrenzt, ergibt sich auch von ihr aus eine Rückwirkung auf die mögliche Lage der Spreizungsachse. Folgende Winkelbereiche werden von den jetzt üblichen Fahrzeugtypen in Anspruch genommen:

6 bis 14° bei PKW
3,5 bis 10° bei LKW.

Der Spreizungswinkel ändert sich über den Federweg in Geradeausstellung analog zum Sturzwinkel. Entsprechend der Definition des Spreizungs- und des Sturzwinkels sind auch die Vorzeichen der Winkeländerung entgegengesetzt.

In der Parallelen zur x-, z-Ebene stellt die Neigung der Spreizungsachse den Nachlaufwinkel dar. Der konstruktiv bedingte Nachlauf n_k selbst ist der Abstand zwischen der Spur der Radmittelquerebene durch den Radaufstandspunkt und dem Punkt, in dem die Spreizungsachse die Fahrbahnebene durchstößt. Er bestimmt zusammen mit dem reifenbedingten Nachlauf und der Seitenkraft das Rückstellmoment, das, solange es positiv ist, die Lenkung in die Geradeausstellung zurückzudrehen versucht. Folgender Bereich für die Nachlaufwinkel läßt sich angeben:

0 bis 10° bei PKW
2 bis 4° bei LKW.

Die Nachlaufwinkeländerung über den Federweg ist in Verbindung mit der Vermeidung eines negativen Rückstellmoments und des besseren Bremsnickausgleichs wünschenswert, ganz besonders bei frontgetriebenen Fahrzeugen, wo sich der reifenbedingte Nachlauf stark ändert. Demnach ist es vorteilhaft, wenn der Nachlauf n_k beim Einfedern zunimmt. Besonders ausgeprägt ist diese Zunahme z.B. bei der geschobenen Längslenker-Vorderachse des Citroen 2 CV (vgl. auch Bild 1.60). Nach [5.3] ändert sich beim 2 CV der Nachlaufwinkel von $-4°$ im 80 mm ausgefederten Zustand über $+9°30'$ bei statischer Einfederung auf $+23°30'$ im eingefederten Zustand .

Für den Nachlauf n_k werden in [5.4] Werte

> zwischen 0   und 39,5 mm für einige ausgewählte PKW und
> zwischen 21 und 32,4 mm für einige ausgewählte LKW

angegeben.

Zur Vervollständigung der Radstellungswerte müssen noch die Sturz- und Nachlaufwinkel bei statischer Einfederung und in Geradeausstellung angegeben werden. Bei [5.4] sind für den

> Sturzwinkel 0 bis 0,5° und
> Vorspurwinkel 0 bis 0,7° für einige ausgewählte PKW

und für den

> Sturzwinkel 1,0 bis 1,6° und
> Vorspurwinkel 0 bis 0,4° für einige ausgewählte LKW

angegeben. Die Sturz- und Vorspurwinkeländerung über den Federweg haben auf den Rollsteuereffekt an der Vorderachse, die Beeinflussung des Gütegrades der Seitenkraftverteilung, aber auch auf die Spursicherheit Einfluß.

5.2.2 Lenkgeometrie

Die eigentliche Lenkgeometrie wird durch die Zuordnung der Lenkwinkel der beiden gelenkten Räder der Achse β_i zu β_a bestimmt. Bei der geometrischen Auslegung geht man von den Beziehungen nach Bild 5.9 aus. Bestimmt man die in die Kurve hinein gerichteten Lenkwinkel als positiv, so kann man ablesen:

$$\cot \beta_a = \frac{y_0 + a}{L}\,,\tag{5.1}$$

$$\cot \beta_i = \frac{y_0}{L}\,.\tag{5.2}$$

Gleichung (5.2) in (5.1) eingesetzt ergibt

$$\cot \beta_a = \cot \beta_i + \frac{a}{L}\tag{5.3}$$

oder

$$\tan(90° - \beta_a) = \tan(90° - \beta_i) + \frac{a}{L}\,.\tag{5.3a}$$

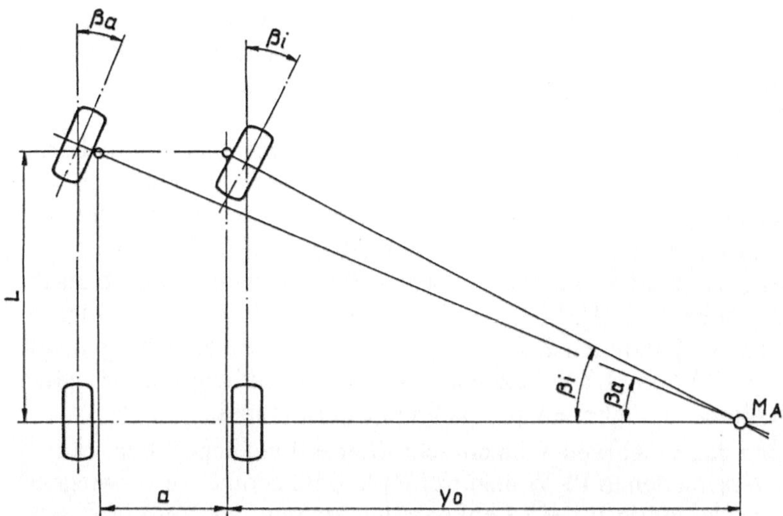

Bild 5.9 Ableitung der Zuordnung der Lenkwinkel β_i und β_a ohne Schräglauf

$$\cot \beta_a = \frac{y_0 + a}{L}; \quad \cot \beta_i = \frac{y_0}{L}$$

β_a Lenkwinkel am kurvenäußeren Rad
β_i Lenkwinkel am kurveninneren Rad
L Radstand
a Abstand der Spreizungsachsen in der Fahrbahnebene (Spurweite minus 2mal Lenkrollhalbmesser)
y_0 Projektion des Abstands von der Spreizungsachse des kurveninneren Rades bis M_A
Durch Ersetzen von y_0 erhält man

$$\cot \beta_a = \cot \beta_i + \frac{a}{L}. \qquad (5.3)$$

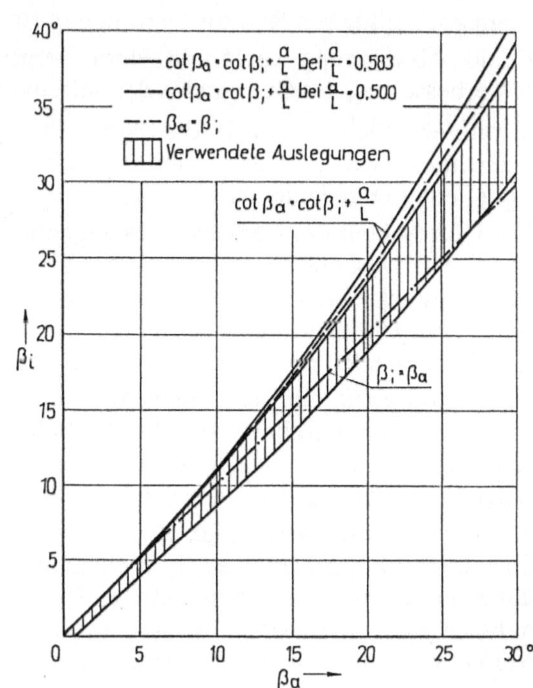

Bild 5.10 Lenkungsausgleich durch die Zuordnung der Lenkwinkel $\beta_i : \beta_a$

1. Lenkungsauslegung ohne Schräglauf, siehe Bild 5.9

   $$\frac{a}{L} = 0,583$$

   $$\frac{a}{L} = 0,50$$

2. $\beta_i = \beta_a$, Bedingung für Lenkparallelogramm

3. Bereich der Meßwerte praktisch ausgeführter Lenkungen

Da der Tangens mit dem Winkel ansteigt, wird aus Gl. (5.3a) erkennbar, daß $\beta_i > \beta_a$ sein muß. Im Bild 5.10 ist der Verlauf der Lenkwinkel bei $a/L = 0,583$ und bei $a/L = 0,50$ aufgetragen, um den Einfluß des Spreizungsachsenabstands in der Fahrbahnebene zum Radstand zu verdeutlichen. Er ist gering. Das Verhältnis $\beta_i : \beta_a$ über den Lenkeinschlag läßt sich mit Hilfe des Lenktrapezes annähernd erfüllen. Zumindest kann ein Lenktrapez gefunden werden, bei dem die Bedingung z.B. in den drei Punkten - Geradeausstellung, 20° Links- und 20° Rechtseinschlag – exakt und im übrigen Verlauf annähernd erfüllt ist. Aber selbst dieses so gefundene Trapez hat nur theoretischen Wert. Aus der Literatur sind mehrere Methoden bekannt [5.1], [5.3] und [5.7], um ein solches Lenktrapez zu bestimmen. Mit dem vorhandenen Kenntnisstand über den Reifenschräglauf ist diese Auslegung für PKW und LKW abzulehnen. Ihre Anwendung wäre lediglich für Fahrzeuge mit Geschwindigkeiten bis 8 km/h noch diskutabel.

Im Bild 5.7 ist neben diesen Kurven noch ein schraffiertes Feld angegeben, in dem die heute bei den verschiedenen PKW anzutreffende Lenkgeometrie vorwiegend liegt. Außerdem wurde, gültig für ein Lenkparallelogramm, der Verlauf $\beta_i = \beta_a$ eingezeichnet. Es zeigt sich, daß bei den PKW die Lenkgeometrie näher bei diesem Verlauf als dem nach Gl. (5.3) liegt. Folgende Gründe lassen sich dafür angeben:

1. Wenn der maximale Winkel β nach rechts und links gleich groß ist, dann ist das günstig für den von den Rädern beanspruchten Bewegungsraum in der Karosserie und für den Beugewinkel der Gelenkwellen bei Frontantrieb.

2. Da der Wendekreis vor allem vom kurvenäußeren Rad bestimmt wird, ist es günstig, wenn β_a im Verhältnis zu β_i größer als nach Gl. (5.3) gewählt wird.

3. Die gestreckte Lage für den Winkel zwischen Spurstange und Spurstangenhebel am kurveninneren Rad wird vermieden trotz kleinen Wendekreises.

4. Die Abweichung entspricht einer vergrößerten Vorspur und damit einer Verbesserung des Gütegrades der Seitenkraftverteilung bei Kurvenfahrt.

In älteren Büchern wurde die Abweichung von der Gl. (5.3) als Lenkfehler bezeichnet. Besonders der 4. der angegebenen Gründe beweist, daß die Bezeichnung Fehler ungeeignet ist.

Der Unterschied des Lenktrapezes gegenüber dem Lenkparallelogramm besteht darin, daß zwischen kurveninnerem und kurvenäußerem Rad Unterschiede im Übertragungswinkel auftreten. Die Unterschiede lassen sich auch mit anderen Getrieben verwirklichen, was mit Bild 5.11 demonstriert wird. Die Zuordnung von β_i zu β_a ist in allen drei Ausführungen annähernd gleich.

Das Lenktrapez mit nur einer Spurstange hat sich in Annäherung an ein Parallelogramm und bei Starrachsen erhalten. Es sind Lenkungen verbreitet, bei denen die Spurstange des Lenktrapezes in 2 oder 3 Spurstangen aufgeteilt ist. Bei einigen Ausführungen ist das Trapez aber auch im Ansatz nicht mehr zu erkennen.

Es besteht eine Abhängigkeit zwischen der Radaufhängungskinematik bei Einzelradaufhängungen, der Spurstangenlänge und der Lage des inneren Spurstangenanlenkpunktes. Der äußere Spurstangenanlenkpunkt federt mit dem Achsschenkel bzw. Schwenklager aus und ein, während der innere mit dem Aufbau verbunden federt. In erster Näherung wünscht man keinen Lenkausschlag

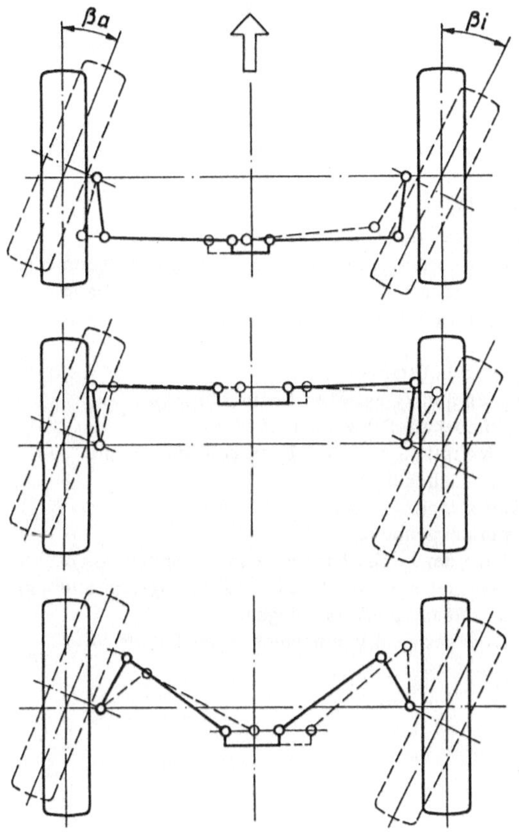

Bild 5.11 Unterschiedliche Lage der Spurstangenhebel und deren Ansteuerung bei annähernd gleicher Lenkgeometrie
a) Spurstangenhebel nach hinten und hinter der Achse befindliches Lenkgetriebe
b) Spurstangenhebel nach vorn und vor der Vorderachse befindliches Lenkgetriebe
c) Spurstangenhebel nach vorn und hinter der Vorderachse befindliches Lenkgetriebe

beim Ein- und Ausfedern. Bild 5.12 zeigt am Beispiel einer Starrachse, wo sich die Relativbewegungen an der Lenkschubstange abspielen und wie man den Lenkeinschlag beim Ein- und Ausfedern klein halten kann. Im Bild 5.12a ist die Lage der entscheidenden Teile in der Seitenansicht dargestellt. Die Lenkschubstange 1 ist im Punkt 2 am Lenkhebel, der fest mit dem Achsschenkel verbunden ist, angelenkt. Beim Ein- und Ausfedern wird die Achse mit dem Achsschenkel und dem Punkt 2 von der Blattfeder auf dem eingezeichneten Kreisbogen (annähernd) geführt. Man vermeidet die Lenkbewegungen, wenn man den Anlenkpunkt der Lenkschubstange am Lenkstockhebel 3 in den Mittelpunkt dieses Kreisbogens legt.

Bild 5.12b, die Draufsicht, läßt erkennen, wie sich aus der Spurstange 4, den Spurstangenhebeln 5 und dem Vorderachskörper das Trapez bildet.

Im Bild 5.13, am Beispiel einer Einzelradaufhängung mit Federbein, ist das sich beim Ein- und Ausfedern verdrehende Teil die geteilte Spurstange 1. Bild 5.13a zeigt die Verhältnisse bei einem Spurstangenanlenkpunkt 2 in der Nähe des unteren Federtellers am Federbein. Der Kreisbogen des Punktes 2 wird von der Geradführung des Federbeins beeinflußt und deshalb relativ groß. Der Mittelpunkt liegt nahe der Fahrzeugmitte, und die Spurstange 1 ist entsprechend lang.

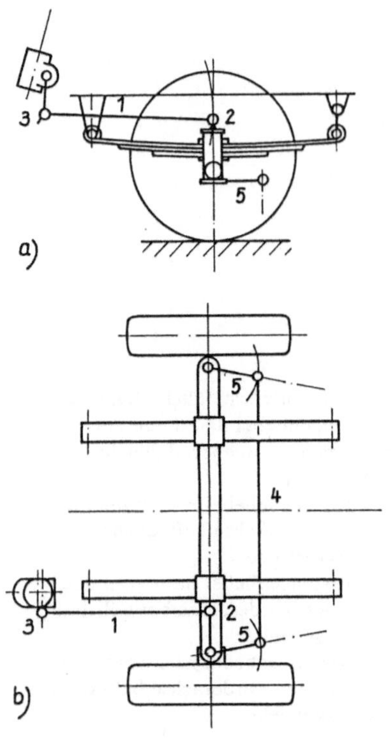

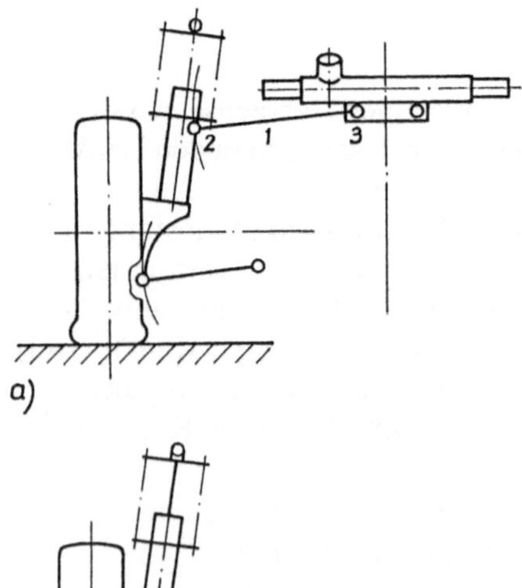

Bild 5.12

Starrachse mit Längsblattfedern, Lage der
Lenkschubstange, bei der eine Lenkreaktion beim Ein-
und Ausfedern verhindert wird. Dazu ist die Bahnkurve des Punktes 2 zu ermitteln.

1 Lenkschubstange
2 Gelenkpunkt zwischen Lenkschubstange und
Lenkhebel am Schwenklager
3 Gelenkpunkt zwischen Lenkschubstange und
Lenkstockhebel
4 Spurstange
5 Spurstangenhebel
a) Lage der Lenkschubstange in der Seitenansicht
   Der Gelenkpunkt 3 muß im Kreisbogenmittelpunkt
   des Gelenkpunktes 2 liegen.
b) Lage der Lenkschubstange in der Draufsicht

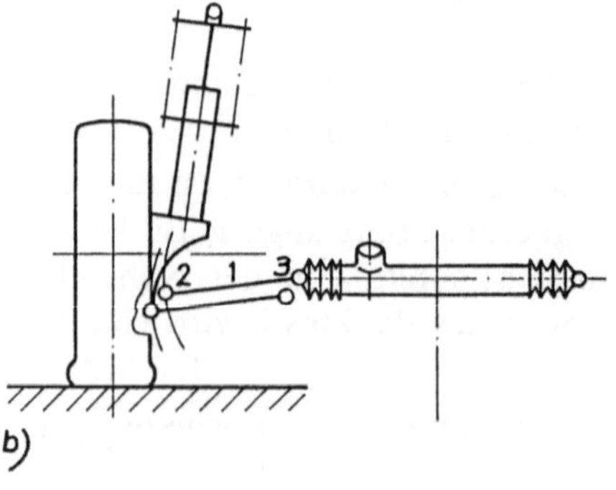

Bild 5.13

Einzelradaufhängung mit Federbein, Lage der
Spurstangen, bei der eine Lenkreaktion beim
Ein- und Ausfedern verhindert wird

1 Spurstange
2 Gelenk am Spurstangenhebel
3 Gelenk am Lenkgetriebe
a) obenliegendes Lenkgetriebe
b) untenliegendes Lenkgetriebe

Beim Lenkeinschlag ist die Verschiebung des Punktes 3 klein gegenüber der Spurstangenlänge. Bei einer kurzen Spurstange ist dieses Verhältnis ungünstiger und die Veränderung der Lenkgeometrie größer. Dafür sind aber bei der am Federbein angelenkten Spurstange die Kräfte auf die Teleskopführung des Federbeins größer. Eine in der Nähe des unteren Lenkers angelenkte Spurstange ist im Bild 5.13b dargestellt. Die Spurstange wird kurz, und es kann ein Lenkgetriebe mit Seitenabtrieb verwendet werden.

5.2.3 Lenkgeometrie unter Berücksichtigung der Steuerungstendenz und des Gütegrades der Seitenkraftverteilung

Bei der Auslegung der Lenkgeometrie ist ein vertretbarer Kompromiß zu suchen, der dem Optimum bei einer mittleren Fahrzeugbeladung und den mittleren in Anspruch genommenen Reibbeiwerten infolge Querbeschleunigung entspricht, aber auch in den Extremfällen noch vertretbare Fahreigenschaften sichert. Die Zuordnung der Lenkwinkel des im Bild 5.10 schraffiert dargestellten Feldes stellt bereits einen solchen Kompromiß dar. Wie schon bei der Hinterachse ist auch für die Vorderachse ein Lenkeffekt über die Ein- und Ausfederung und noch besser als Folge der Seitenkraft wünschenswert. Bei der lenkbaren Achse ist die Beeinflussung in Verbindung mit der Ein- und Ausfederung relativ einfach über die Lage des inneren Spurstangenanlenkpunktes möglich. In den Bildern 5.12 und 5.13 wurde angestrebt, den Lenkeffekt beim Ein- und Ausfedern zu vermeiden.

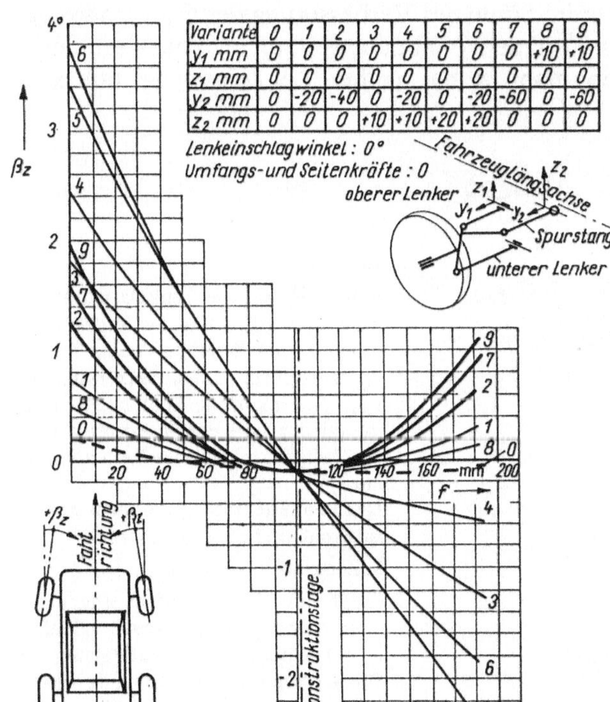

Bild 5.14

Beeinflussung des Vorspurwinkels β über den Federweg Einfluß der Verschiebung des inneren Anlenkpunktes vom oberen Lenker und des inneren Spurstangenlenkpunktes bei der Doppelquerlenkerachse. Der Verlauf wurde berechnet mit einem beim Automobilwerk Eisenach vorliegenden Rechenprogramm

Analog zum Rollsteuereffekt an der Hinterachse läßt sich auch für die Vorderachse ein Lenkeffekt erzielen. Mit Hilfe der Verschiebung der Lenkeranlenkpunkte und des inneren Spurstangenanlenkpunktes geht es sogar besonders einfach, wie Bild 5.14 zeigt. Der Verlauf der Kurven 3, 5 und 6 würde im Prinzip dem Verlauf in Tafel 4.14, Zeile 4, entsprechen. Bei der Vorderachse wird damit die Steuerungstendenz Richtung Untersteuerung beeinflußt. Der Verlauf der Kurven 2, 7 und 9 würde im Prinzip dem Verlauf von Zeile 11 in Tafel 4.14 entsprechen. Damit wird neben dem Beitrag zur Untersteuerung auch noch der Gütegrad der Seitenkraftverteilung verbessert.

Diese Lenkbewegungen stören beim Ein- und Ausfedern bei Geradeausfahrt. Aber auch die gezielten elastischen Deformationen lassen sich an der Vorderachse in Verbindung mit der Lenkung einfacher als bei den ungelenkten Hinterachsen verwirklichen. Ein Beispiel ist die Lenkelastizität [5.12], mit der man in Verbindung mit dem Nachlauf die Untersteuerung fördern kann, Bild 5.15. In Verbindung mit dem Nachlauf, das heißt auch mit einem positiven Rückstellmoment, bringt die Lenkelastizität, zu der u.a. auch die seitenelastische Befestigung des Lenkgetriebes selbst gehört, einen Lenkeffekt, der der Vergrößerung des Schräglaufwinkels an der Vorderachse entspricht.

Einen Beitrag zur Verbesserung des Gütegrades der Seitenkraftverteilung erhält man bei den eingeschlagenen Rädern bereits durch die Lenkgeometrie. Nach Bild 5.7 ist z.B. bei einem Lenkeinschlag von $\beta_a = 10°$ am Rand des schraffierten Feldes für $\beta_i = 9°$ ablesbar. Die Abweichung gegenüber $\beta_i = 11°$ nach Gl. (5.3) ist 2°. Diese 2° sind als eine Vorspur im Sinne der Verbesserung des Gütegrades der Seitenkraftverteilung zu werten. Trotzdem bleibt ein weiterer seitenkraftabhängiger Effekt wünschenswert, da man ja bei jedem Lenkeinschlag mit sehr

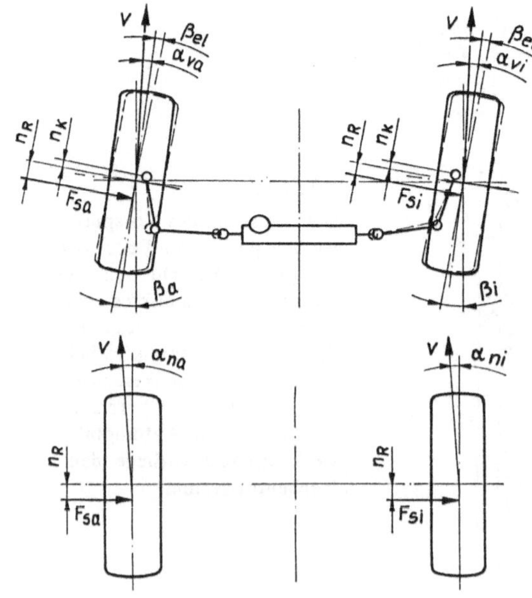

Bild 5.15
Lenkeffekt infolge Lenkelastizität
v Bewegungsrichtung des Rades;
α Schräglaufwinkel; $\beta_{a,i}$ Lenkwinkel;
β_{el} Lenkeffekt infolge Lenkelastizität;
$F_{Sa,i}$ Seitenkraft am Rad; n_k Nachlauf infolge der Lage der Spreizungsachse;
n_R Nachlauf infolge des Reifenschräglaufs
Der Lenkeffekt infolge Lenkelastizität ist annähernd dem Moment aus

Seitenkraft $\times$ Nachlauf

proportional. Er entspricht einer Vergrößerung des Reifenschräglaufs an der Vorderachse (= untersteuernd). Die Wirkung ist unabhängig davon, ob die Spurstangenhebel nach hinten oder nach vorn gerichtet sind

unterschiedlichen Geschwindigkeiten die Kurve durchfahren kann – ganz abgesehen von möglichen Kurvenüberhöhungen. In Tafel 5.1 sind die Wirkungen richtungsorientierter Elastizitäten aufgezeigt. Es wird eine Verbesserung des Gütegrades der Seitenkraftverteilung erreicht. Besonders soll aber die Richtungsstabilität beim Bremsen in der Kurve und beim Ausfall eines diagonal aufgeteilten Bremskreises erhöht werden. Nach Tafel 5.1 geht man davon aus, daß die elastischen Verdrehungen um einen Lenkwinkel β_{el} vorwiegend vom unteren Lenker und von der Spurstange über den Spurstangenhebel bewirkt werden. Auf Tafel 5.1 ist keine Lenkelastizität, sondern nur eine richtungsorientierte Querelastizität des Lenkerlagers angenommen. Da die Lenkelastizität herausgelassen wurde, konnte auch die an sich relativ große Nachlaufänderung infolge der Längskräfte weggelassen werden; deshalb ist zur Vereinfachung auch die Längselastizität der Längsstrebe nicht eingezeichnet. Beachtet ist allein eine richtungsorientierte Elastizität des inneren Lagers vom unteren Lenker. Es ist jeweils in einer Richtung sehr weich und in der anderen vollkommen steif angesetzt. Als Störkräfte sind Antriebskraft, Bremskraft und Seitenkraft von innen und außen am Reifenaufstandspunkt einbezogen. Da es sich um qualitative Betrachtungen handelt, wurde die bei Außenbordbremsen vorhandene Abstützung der Bremskraft über das Schwenklager am Lenker nicht berücksichtigt. Die starke Vereinfachung der elastischen Deformationen ist bei der Bewertung der verschiedenen Konzeptionen zu beachten. Dadurch werden einige Lenkeffekte deutlich und deren Wirkung beschreibbar. Obwohl an einer praktisch verwirklichten

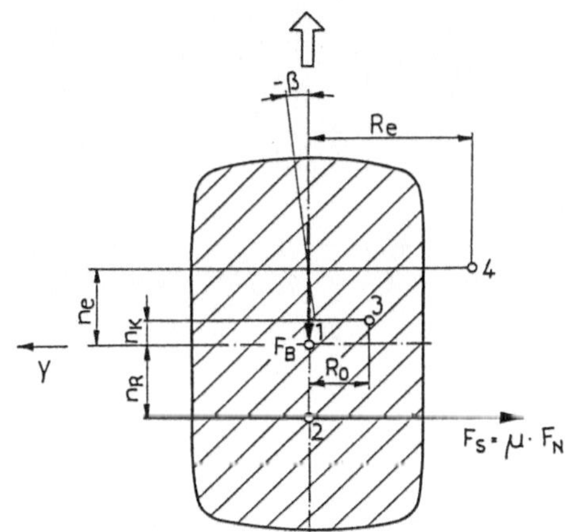

Bild 5.16 Radaufstandsfläche
1 Mittelpunkt der Radaufstandsfläche = Radaufstandspunkt; 2 angenommener Angriffspunkt der resultierenden Seitenkraft des unter Schräglauf rollenden Reifens; 3 Durchdringungspunkt der Spreizungsachse, geometrisch; 4 angenommener Durchdringungspunkt der Spreizungsachse unter Berücksichtigung der Elastizitäten in der Radaufhängung und Lenkung
n_R reifenbedingter Nachlauf; n_k konstruktiver oder kinematischer Nachlauf; n_e elastokinematischer Nachlauf; R_k kinematischer oder konstruktiver Lenkrollhalbmesser; R_e elastokinematischer Lenkrollhalbmesser; β Lenkwinkel als Vorspurwinkel infolge einer Seiten- oder Radumfangskraft und Elastizitäten in der Radaufhängung und Lenkung

Tafel 5.1: Lenkeffekte infolge Elastizität der Lenkerlagerung

Lenker- und Spurstangenhebelausführung (Rad und inneres Lager können bei Störungen gestrichelte Lage einnehmen)	Lenkeffekt bei einer Störung durch				Gütegrad der Seitenkraft–verteilung	Steuerungs–tendenz[1]	Bemerkungen
	Bremsen	Antreiben	Seitenkraft v. außen	Seitenkraft v. innen			
hart / weich	Vorspur	ohne	Vorspur	ohne	günstig	–	befriedigend mit Rollsteuereffekt in Richtung Untersteuerung
weich / hart	ohne	Nachspur	ohne	Nachspur	ungünstig	–	unbefriedigend
hart / weich	Nachspur	ohne	Nachspur	ohne	ungünstig	+	befriedigend mit Rollsteuervorspur

[1] + untersteuernd
  – übersteuernd

Tafel 5.1: Fortsetzung

Lenker- und Spurstangenhebelausführung (Rad und inneres Lager können bei Störungen gestrichelte Lage einnehmen)	Lenkeffekt bei einer Störung durch				Gütegrad der Seitenkraft-verteilung	Steuerungs-tendenz[1]	Bemerkungen
	Bremsen	Antreiben	Seitenkraft v. außen	Seitenkraft v. innen			
weich / hart	ohne	Vorspur	ohne	Vorspur	günstig	+	beim Bremsen und Antreiben gut, in der Kurve nur befriedigend
hart / weich	ohne	Nachspur	Nachspur	ohne	ungünstig	+	befriedigend mit Rollsteuervorspur
weich / hart	Vorspur	ohne	ohne	Vorspur	günstig	+	sehr günstige Wirkungen auch beim Bremsen in der Kurve

1) + untersteuernd
   – übersteuernd

Tafel 5.1: Fortsetzung

Lenker- und Spurstangenhebelausführung (Rad und inneres Lager können bei Störungen gestrichelte Lage einnehmen)	Lenkeffekt bei einer Störung durch				Gütegrad der Seitenkraft–verteilung	Steuerungs–tendenz[1]	Bemerkungen
	Bremsen	Antreiben	Seitenkraft v. außen	Seitenkraft v. innen			
	ohne	Vorspur	Vorspur	ohne	günstig	–	befriedigend mit Rolluntersteuer-effekt
	Nachspur	ohne	ohne	Nachspur	ungünstig	–	unbefriedigend

1) + untersteuernd
   – übersteuernd

Radaufhängung sich die elastischen Deformationen bei Längs- und Seitenkräften wesentlich komplizierter darstellen, bleiben die Aussagen bezüglich der Auswirkungen des Lenkeffekts auf den Gütegrad der Seitenkraftverteilung und die Steuerungstendenzen erhalten. Für jede neue Radaufhängung und Lenkungsauslegung ist eine umfassende Berechnung der Kinematik und möglichst auch der Elastizität notwendig. Am Experimentiermuster ist eine Untersuchung der Elastokinematik auf dem Prüfstand unter Einbeziehung des gesamten Federweges und aller interessierenden Längs- und Seitenkräfte durchzuführen. Mit Sicherheit läßt sich bei jeder neuen Radaufhängung und Lenkungsauslegung die Elastokinematik nach der Auswertung der Messungen auf dem Prüfstand noch weiter verbessern. Dazu bezieht man sich auf die in der Reifenaufstandsfläche, Bild 5.16 auftretenden Kräfte. In der Reifenaufstandsfläche, die sich infolge der Radlast F_N ausbildet, kann man in guter Näherung annehmen, daß die gleiche Flächenpressung wie der Reifeninnendruck herrscht. In den Bildern 5.16 bis 5.20 sind die Wirkungen der Elastizität in der Radaufhängung an einem Beispiel dargestellt. Zusammenfassend kann man sie als eine Verschiebung der wirksamen Spreizungsachse gegenüber der konstruktiven ansehen. Auf Bild 5.16 ist angegeben, wo die konstruktive Spreizungsachse, Punkt 3, und die wirksame Spreizungsachse, Punkt 4, die Reifenaufstandsfläche durchdringen. Der konstruktive oder kinematische Nachlauf n_k wird zum elastokinematischen n_e und auch der konstruktive Lenkrollhalbmesser R_0 zum elastokinematischen R_e. Die Bilder 5.17 und 5.18 zeigen die Ergebnisse von Messungen auf dem im Bild 2.28 dargestellten Prüfstand. Indem der Hebel 10 gegenüber dem Schwenklager 8 verdreht wurde, konnte der Angriffspunkt für die Seitenkraft um n_R nach hinten verschoben werden, was den Bedingungen des unter Schräglauf rollenden Reifens entspricht. Beim Einleiten einer Seitenkraft ergibt sich neben einer seitlichen Verschiebung des Radaufstandspunktes nach Bild 5.17 ein Winkel nach Bild 5.18. Die Verlängerung der Kurven für $\mu = 0{,}2$; $0{,}4$ und $0{,}6$ ergeben einen Schnittpunkt. Sein Abstand von der Radmitte stellt den wirksamen Nachlauf dar. Bei Zomotor [5.17] wird er als elastokinematischer Nachlauf n_e bezeichnet, zu ihm muß man den reifenbedingten Nachlauf addieren. Nach Bild 5.18 läßt sich der elastische Lenkwinkel

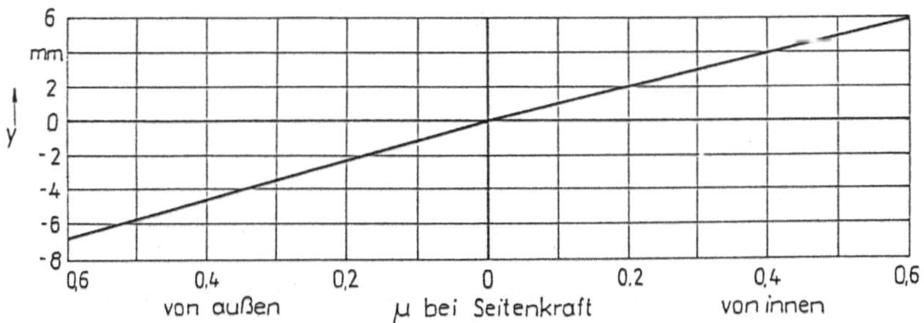

Bild 5.17 Querverschiebung des Radaufstandspunktes an einer Versuchsradaufhängung, gemessen bei einer Radlast $F_N = 3000$ N und $n_R = 0$ auf dem Prüfstand nach Bild 2.28

näherungsweise mit der Gleichung

$$\beta_{el} = K \cdot (n_e + n_R) \cdot \mu \tag{5.4}$$

beschreiben, wobei für den in Anspruch genommenen Reibbeiwert Gl. (3.1)

$$\mu = \frac{F_S}{F_N}$$

gilt.

Es bietet sich an, die elastischen Lenkwinkel auf μ zu beziehen und in der Form β_{el}/μ darzustellen, da dann ein Vergleich mit der Reifenschräglaufsteifigkeit möglich wird. An der gemessenen Achse beträgt

$$\frac{\beta_{el}}{\mu} = 0{,}11° \text{ für Seitenkraft von innen und } \frac{\beta_{el}}{\mu} = -0{,}15°$$

für Seitenkraft von außen. Für den Reifen lag die Schräglaufsteifigkeit

$$\frac{\alpha}{\mu} \text{ zwischen } 5° \text{ und } 15°, \text{ abhängig von der Radlast.}$$

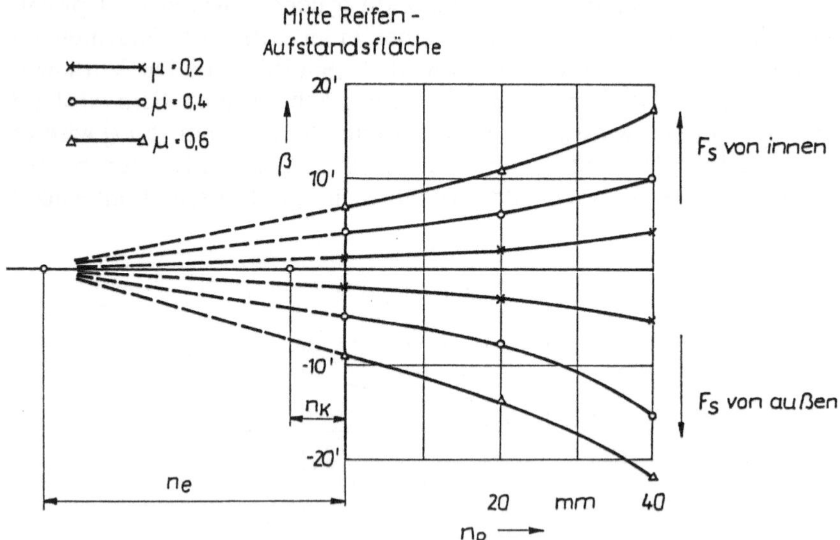

Bild 5.18 Unter den Bedingungen des Bildes 5.17 und zusätzlich mit $n_R = 20$ und $n_R = 40$ mm gemessene Vorspurwinkel β
Während $n_k = 7$ mm gegeben war, wurde $n_e = 40$ mm bestimmt. Der Lenkwinkel im Beitrag war hier bei Seitenkräften von außen größer als bei Seitenkräften von innen, was für η_G ungünstig ist

Obwohl β_{el}/μ wesentlich kleiner ist als α/μ, läßt sich mit der Lenkelastizität die Fahrstabilität beeinflussen. In den Gln. (1.14c bis e) ist von

$$\alpha_v - \beta_v^* - k \cdot \xi_v^* \lesseqgtr \alpha_h - \beta_h^* - k \cdot \xi_h^*$$

ausgegangen worden. Selbst wenn α_v und α_h im Betrag groß sind gegenüber β_v^* und β_h^*, so läßt sich trotzdem die Steuerungstendenz beeinflussen, etwa wie die Differenz zweier großer Zahlen. In den Gln. (1.14c bis e) sind β^* und ξ^* so definiert, daß ein Lenkwinkel β an der Vorderachse in Richtung des Lenkeinschlags entgegen α positiv angesetzt ist. Die Lenkelastizität β_{el} nach Bild 5.18 ist für F_S von außen negativ, also α-vergrößernd. Mit diesem negativen Vorzeichen in die Gln. (1.14c bis e) eingesetzt, hätte sie an der Vorderachse eine untersteuernde und an der Hinterachse eine übersteuernde Wirkung.

Im Bild 5.18 sind alle Kennlinien an einer Radaufhängung aufgenommen. Deshalb kehrte sich bei Seitenkräften von außen zu innen das Vorzeichen um. Überträgt man diese Meßergebnisse auf das zweite Rad einer Achse, dann muß auch für die Bedingung der Seitenkraft von innen β_{el} mit negativem Vorzeichen in die Gln. (1.14c bis e) eingesetzt werden. Die Wirkung untersteuernd vorn und übersteuernd hinten stimmt also überein.

Bei den Einzelradaufhängungen bietet sich an, die Radaufhängungs- und Lenkelastizität bei von innen und außen angreifenden Kräften unterschiedlich steif auszubilden, um bei jeder mit Seitenkräften verbundenen Störung oder Richtungsänderung η_G zu verbessern. Damit sich die erwünschte Vorspur einstellt, muß β_{el} bei Seitenkräften von innen größer sein. Die Meßergebnisse nach Bild 5.18 sind hinsichtlich η_G ungünstig.

Wie mit den Seitenkräften lassen sich ähnliche Messungen bei Antriebs- und Bremskräften durchführen, indem man am Prüfstand nach Bild 2.29 zwischen den Hebel 10 und das Schwenklager 8 Distanzscheiben montiert. Es läßt sich dann der wirksame Lenkrollhalbmesser bestimmen, und man erhält den in den Bildern 5.19 und 5.20 dargestellten Zusammenhang. Der elastische Lenkwinkel bei einer Antriebs- und Bremskraft läßt sich näherungsweise mit

$$\beta_{el} = K \cdot R_e \cdot \mu \tag{5.5}$$

bestimmen. In diesem Fall ist der in Anspruch genommene Reibbeiwert analog zu Gl. (3.1) aus

$$\mu = \frac{F_{A,B}}{F_N}$$

zu errechnen.

Die Messungen auf Bild 5.20 machen deutlich, daß ein großer positiver Lenkrollhalbmesser R_0 sich ungünstig auswirkt. Es ist aufgrund der Elastizitäten in der Radaufhängung auch dann mit einem positiven R_e zu rechnen, wenn R_0 negativ ist.

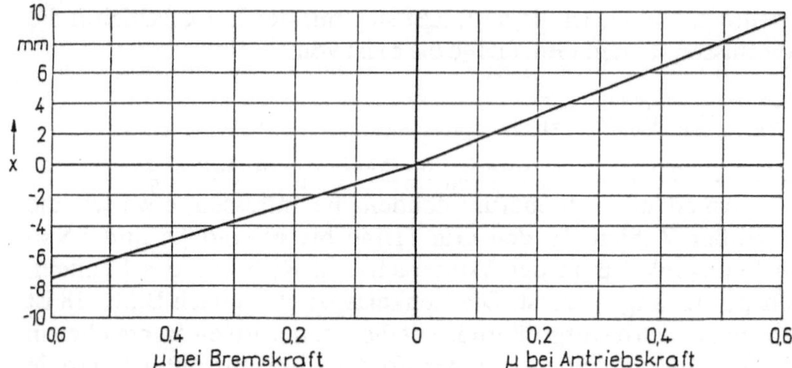

Bild 5.19 Längsverschiebung des Radaufstandspunktes an einer Versuchsradaufhängung, gemessen bei einer Radlast F_N = 3000 N und Längskräften in der Radmittelebene auf dem Prüfstand nach Bild 2.28

Obwohl sich das Moment einer Antriebskraft am Antriebsaggregat abstützt und die Antriebskraft in Mitte Radhöhe wirkt, wurde mit Kräften im Radaufstandspunkt gemessen

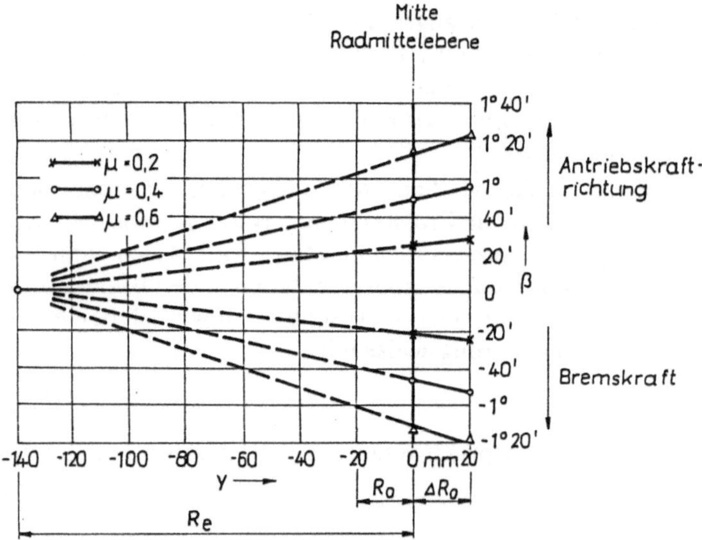

Bild 5.20 Unter den Bedingungen des Bildes 5.19 und zusätzlich mit um y = 20 mm gegenüber der Radmittelebene nach außen verschobenem Kraftangriff

Es ergibt sich ein elastokinematischer Lenkrollhalbmesser R_e von 140 mm, obwohl der kinematische Lenkrollhalbmesser R_0 nur 20 mm beträgt

5.3 Aufbau der Lenkung (Achsschenkellenkung)

5.3.1 Achsschenkel

Die Festigkeitsforderungen sind an den Achsschenkel besonders hoch, da er sowohl die Radlasten als auch die Radführungskräfte übertragen und dabei gelenkig mit dem Achskörper bei Starrachsen und mit den Lenkern, Federbeinen und Streben bei Einzelradaufhängungen verbunden sein muß. Beim frontgetriebenen PKW, bei denen er auch noch die Lagerung für die Antriebsgelenkwelle aufnimmt, hat sich die Bezeichnung Schwenklager eingeführt. Der Achsschenkel bzw. Achsstumpf gehört dort zur Gelenkwelle. Schwenklager gibt es in verschiedenen Ausführungen: geschmiedet, gegossen und aus Blechformteilen, wie im Prinzip im Bild 2.56a.

Zwei Beispiele für die Achsschenkellagerung bei einer Starrachse zeigt Bild 5.21.

Ein PKW-Schwenklager bis zu den Anschlußpunkten unten mittels Dreieckslenker und oben mittels Federbein zeigt Bild 5.22.

Beim Achsschenkel mit Doppelquerlenker-Radaufhängung werden die Radführungskräfte unten und oben und auch die Achslast von Kugelgelenken aufgenommen und übertragen. Kugelgelenke wurden im Abschnitt 2.1.3.2 aufgeführt.

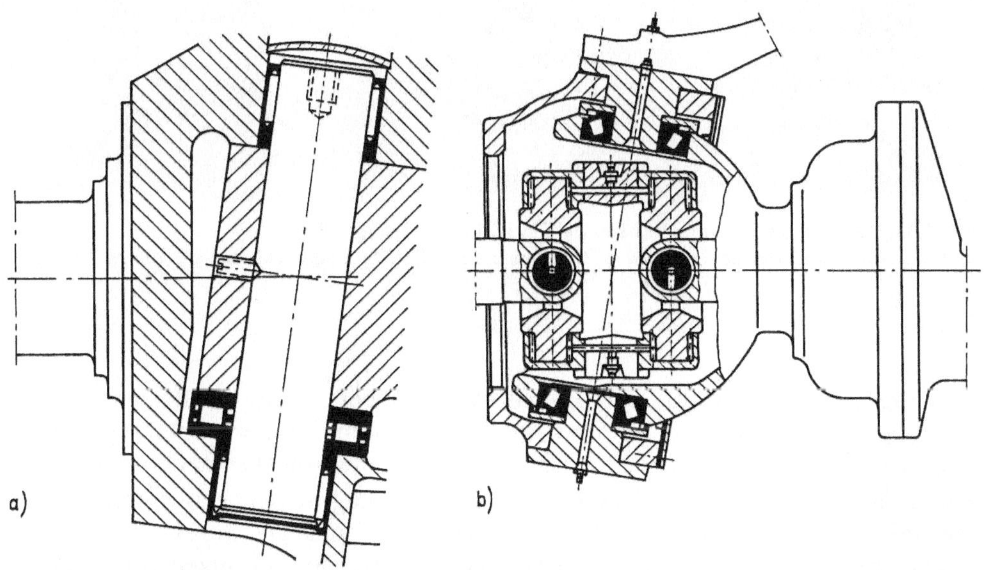

Bild 5.21 Achsschenkellagerung bei LKW-Starrachsen (Bild aus [5.3])
a) Die Radlast nimmt vorwiegend ein Zylinderrollenlager und die Radführungskräfte nehmen vorwiegend die beiden Nadellager auf. Alle Lager sind gut abgedichtet und mit einer Fettfüllung versehen, so daß sie wartungsfrei arbeiten können.
b) Bei dieser angetriebenen Vorderachse werden sowohl die Radlasten als auch die Radführungskräfte von den Kegelrollenlagern aufgenommen

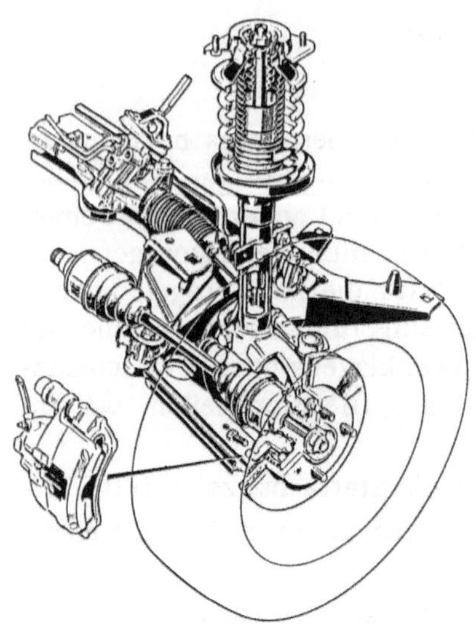

Bild 5.22
Schwenklager in der Vorderradaufhängung der
Ford-Typen Escort und Orion

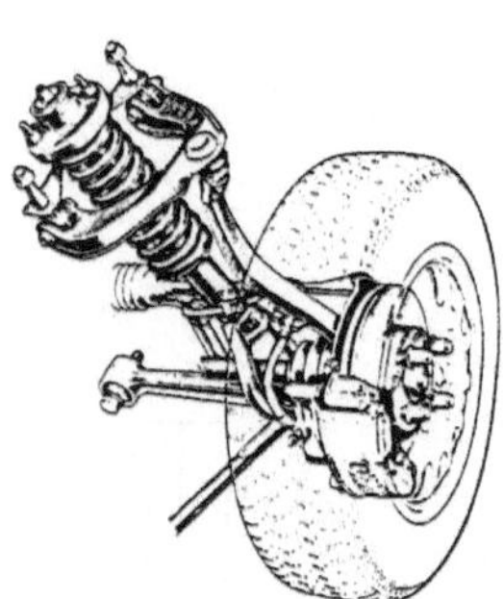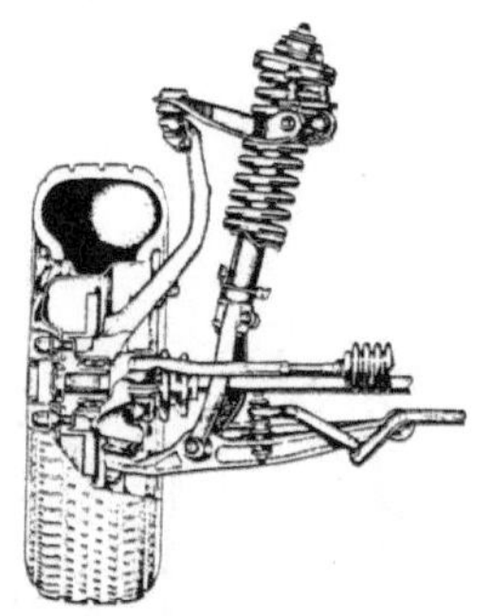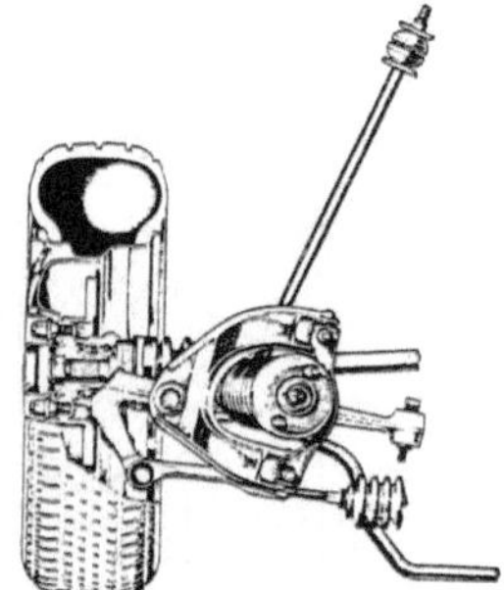

Bild 5.23 Vorderradaufhängung des Honda CIVIC Prinzip Double-Wishbone
In der Draufsicht ist der an das Schwenklager angeschmiedete Spurstangenhebel gut zu erkennen

Bild 5.23 bezieht sich auf eine Radaufhängung, bei der das Federbein keine
Führungsfunktion übernimmt und auf den unteren Lenker wirkt. Die zwei
Kugelgelenke sind zur günstigen Aufnahme der Kräfte weit auseinandergezogen.

Bei frontgetriebenen Fahrzeugen ist die Bezeichnung Schwenklager treffender,
obwohl für Achsschenkel und Schwenklager auch noch die Bezeichnung Radträger anzutreffen ist. Funktionelle Unterschiede werden im allgemeinen damit
nicht ausgedrückt. Anders dagegen ist es bei der Unterscheidung zwischen dem
radführenden Dämpferbein und dem radführenden Federbein, beide auch mit
Mc-Pherson-Aufhängung bezeichnet.

Bei der Mc-Pherson-Aufhängung ist der obere Lenker durch die Teleskopführung
im Stoßdämpfer oder im Federbein ersetzt. Üblich ist die Lagerung für die

Lenkbewegung beim Federbein am oberen Federteller zwischen Federbein und Aufbau, Bilder 5.24 und 5.25. Es werden sowohl Wälzlager (Kugellager und Nadellager) als auch Gleitlager (Stahl auf PTFE) verwendet. Es sind auch einzelne Ausführungen bekannt, bei denen die Lagerstelle für den Lenkeinschlag zwischen unteren Federteller und Teleskopführung am Federbein direkt eingefügt und von der oberen Federbeinbefestigung völlig getrennt ist.

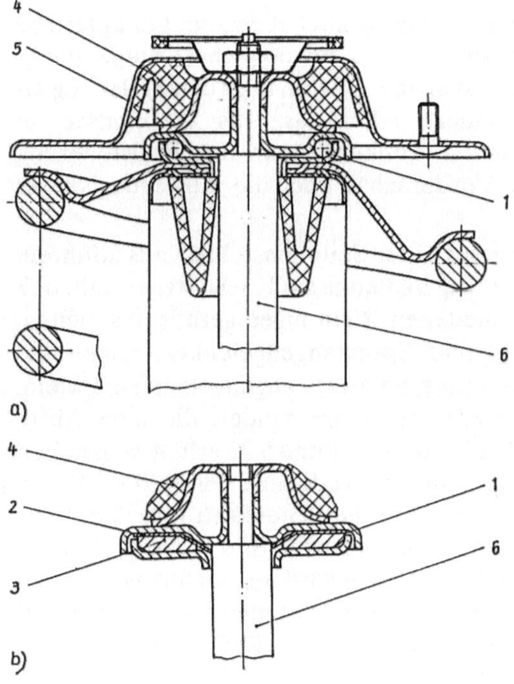

Bild 5.24
Oberes Gelenk an einem Federbein
Die Lenkbewegung wird vom Lager 1 aufgenommen, das in a) aus einem Schrägkugellager und in b) aus einem Gleitlager, bestehend aus einer mit PTFE beschichteten Blechscheibe 2 und einem geschliffenen Gegenstück 3, aufgebaut ist. Die Winkeländerung beim Ein- und Ausfedern nimmt das Gummilager 4 auf. In ihm sind Hohlräume 5 eingebracht. Dadurch wird die freie Oberfläche der Gummifeder größer, die Feder weicher und das Arbeitsaufnahmevermögen besonders groß. Beim Lenken dreht sich die Schraubenfeder mit dem Schwenklager um die Kolbenstange 6

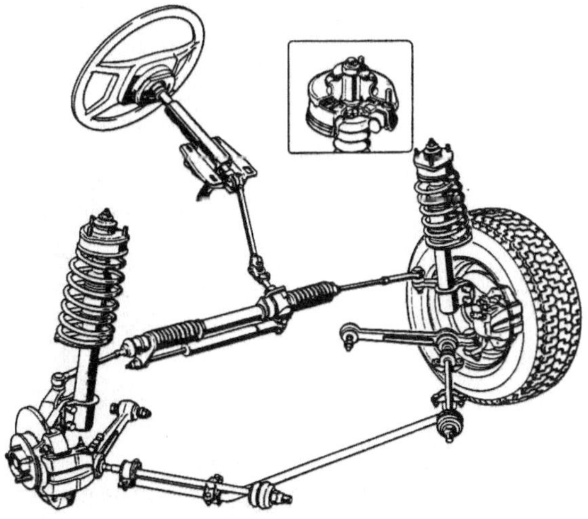

Bild 5.25
Lenkung und Vorderradaufhängung des Fiat Regata
Das obere Federbeinlager, als Nadellager ausgebildet, ist herausgezogen

Die kardanische Verdrehung des Federbeins beim Ein- und Ausfedern muß über
dessen obere Befestigung erfolgen. Diese Stelle muß ebenfalls die Radlast,
gemindert um die mit dem Rad verbundene Masse, aufnehmen können. Es soll
sowohl in axialer Richtung als auch bei kardanischer Verdrehung weich sein, damit
es die Reifenrollgeräusche dämpft und bei der mit der Ein- und Ausfederung
verbundenen Verdrehung die Kräfte auf die Telekopführung klein hält.

5.3.2 Spurstangenhebel bis Lenkgetriebe

Der Kraftübertragungsmechanismus vom Spurstangenhebel bis zum Lenkgetriebe
wird durch räumliche Koppelgetriebe bewerkstelligt, die möglichst wenig Glieder
haben sollen, deren Übertragungsfunktion sich aber sowohl über den Federweg als
auch über den Lenkwinkelausschlag ändert. Alles das, was kinematisch an
Hinterachsen mit besonders angeordneten Lenkern über die Rollsteuerung
erreicht werden kann, läßt sich an der Vorderachse über die Auslegung dieser
Koppelgetriebe auch erreichen.

Es ist üblich, die Spurstangen zumindest auf einer Seite einstellbar auszuführen,
um die Vorspur einstellen zu können. Die Kugelgelenke sind meist so gewählt, daß
die zulässigen Beugewinkel in den verschiedenen Richtungen gerade ausreichen.
Einige Ausführungen von Spurstangen und Spurstangengelenken zeigen die
Bilder 5.26 bis 5.32. Die Beugewinkel am inneren Spurstangengelenk sind klein,
vor allem dann, wenn es sich um eine längere Spurstange handelt, die in der Mitte
am Lenkgetriebe angeordnet ist. Nach den Bildern 5.31 und 5.32 erhält man neben
der Lenkelastizität eine gewisse Entkoppelung der Radebene der beiden Räder.
Liegt bei der Kurvenfahrt am kurveninneren Rad die Seitenkraft und damit das
Rückstellmoment höher als am kurvenäußeren Rad (s. auch Bild 4.22), dann wirkt
diese Elastizität günstig auf η_G. In den anderen Fällen wird η_G ungünstiger. Es sei
denn, durch die Lenkungsgeometrie ist die Vorspur so weit überzogen, daß der in
Anspruch genommene Reibbeiwert am kurvenäußeren Rad größer als am
kurveninneren wird. Dann wäre die Minderung der Vorspur durch das größere
Rückstellmoment am kurvenäußeren wieder von Vorteil.

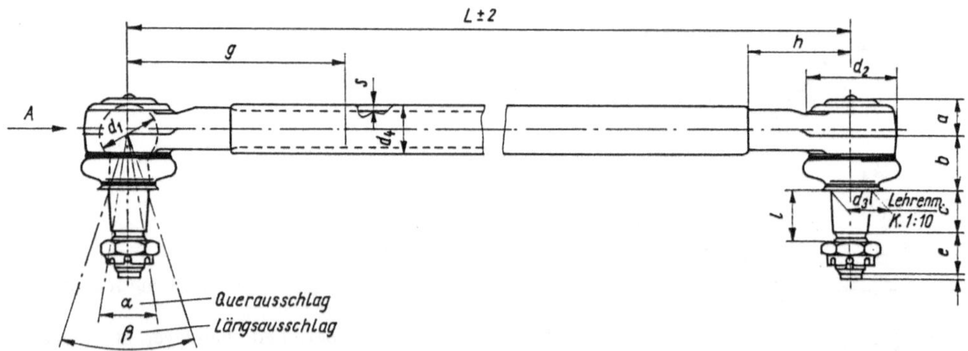

Bild 5.26 Spurstange, komplett (aus [5.15])
Der Längsausschlag, der vorwiegend die Winkelausschläge bei Federungsbewegungen sichern muß, ist
deutlich größer als der Querausschlag

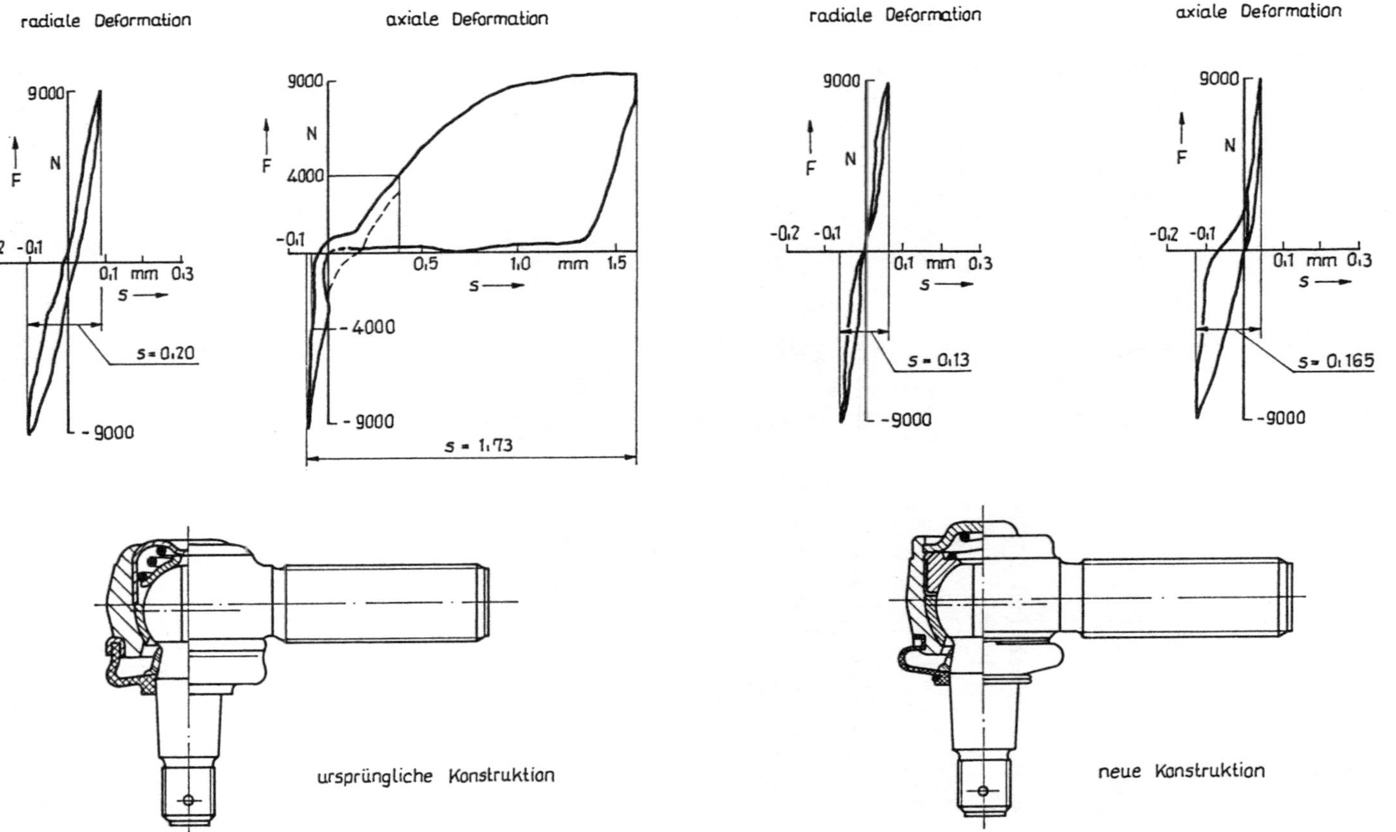

Bild 5.27 Kugelgelenkausführungen der Fa. Ehrenreich

Gemessen wurde der Verlauf der Hysterese bei radialer und axialer Deformation. Links ist die ursprüngliche und rechts die weiterentwickelte Konstruktion dargestellt. Mit s ist der Gesamtweg bezeichnet, um den sich der Kugelzapfen bei dem Lastwechsel von – 9000 N auf + 9000 N gegenüber dem Gehäuse verschiebt

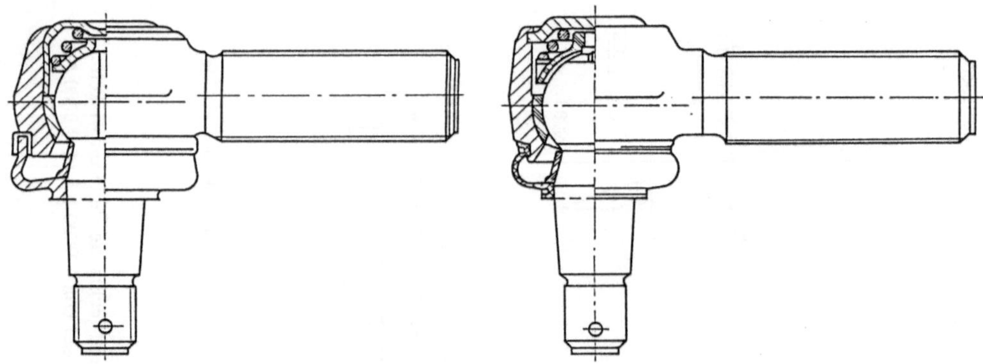

Bild 5.28 LKW-Spurstangengelenke (aus [5.15])

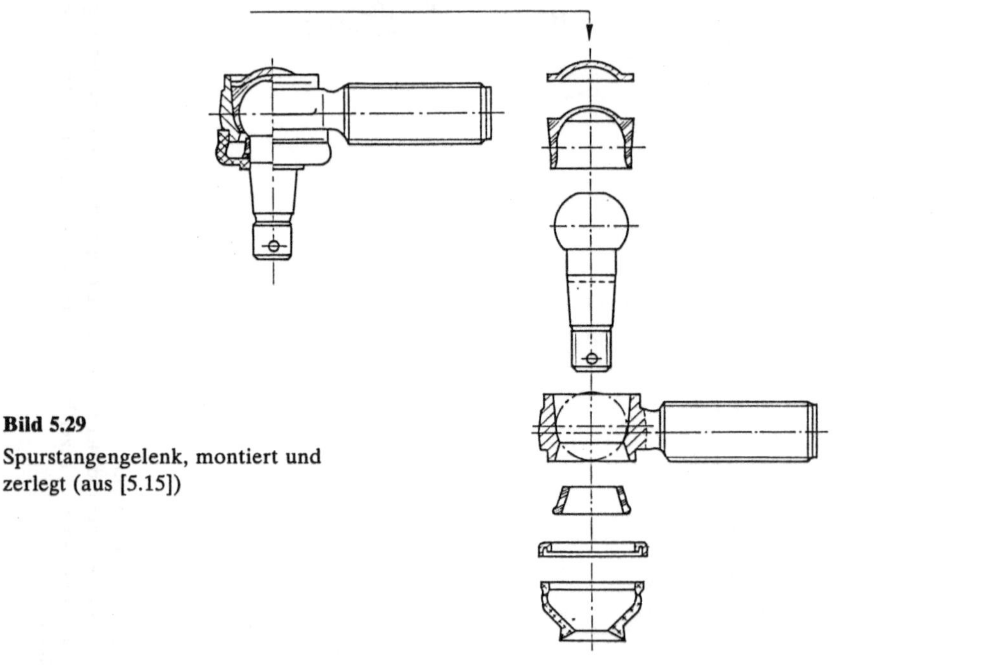

Bild 5.29

Spurstangengelenk, montiert und
zerlegt (aus [5.15])

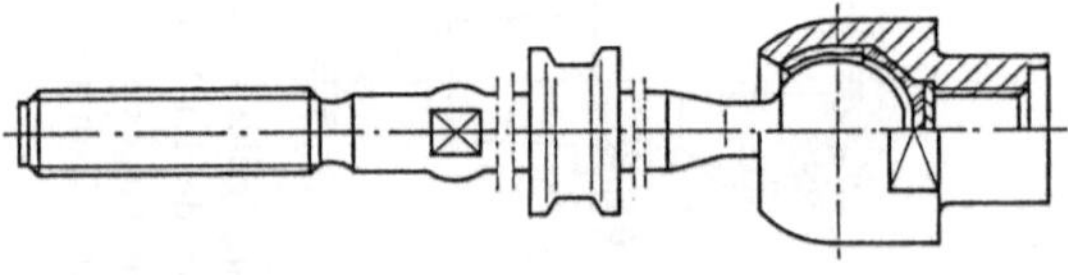

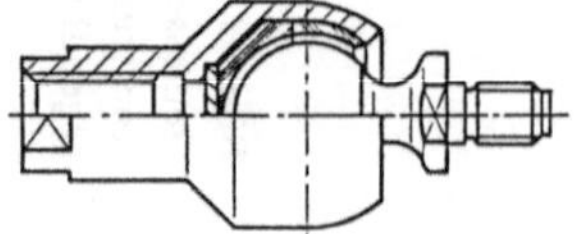

Bild 5.30
An Zahnstangenlenkgetriebe mit
Seitenabtrieb anschließbare Kugelge-
lenke (aus [5.15])

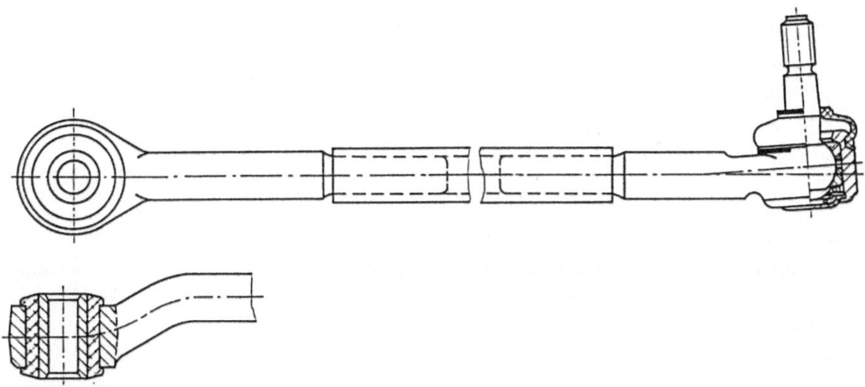

Bild 5.31 Spurstange des WV Passat und Audi 80 (aus [5.15])
Das lenkgetriebeseitige Gelenk entspricht einer Silentbuchse und erhöht damit die Lenkelastizität

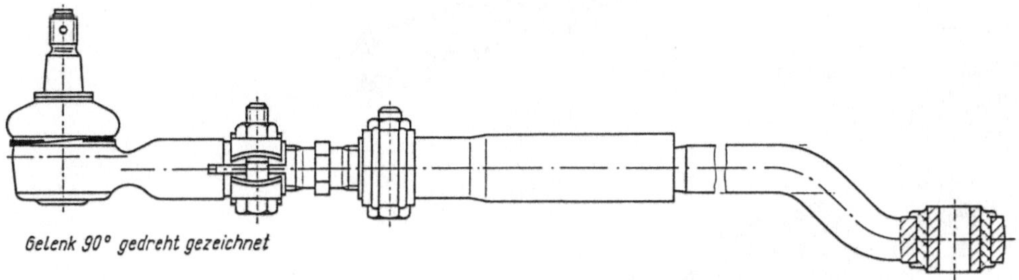

Bild 5.32 Gekröpfte einstellbare Spurstange (aus [5.15]) nach gleichem Prinzip wie Bild 5.28

5.3.3 Lenkgetriebe

5.3.3.1 Zahnstangenlenkgetriebe

Für PKW bis zum leichten LKW haben sich die Zahnstangenlenkgetriebe eingeführt. Das Lenkgetriebe ist einfach und paßt sich der Einzelradaufhängung gut an. Zahnstangenlenkungen zeichnen sich durch direkten Kraftfluß, guten Wirkungsgrad, einfachen Aufbau, geringen Raumbedarf und geringe Masse aus. Ein Zahnstangenlenkgetriebe für kleinere PKW zeigt Bild 5.33. Lenkgetriebe werden mit Seitenabtrieb und Mittenabtrieb, Ritzel schrägverzahnt und mit einem von 90° abweichenden Winkel zwischen Zahnstange und Ritzel hergestellt, Bilder 5.34 und 5.35. Da die Parkiervorgänge große Lenkkräfte erfordern, im mittleren, dem Hauptfahrbereich, aber die Kräfte klein sind, liegt der Gedanke nahe, die Übersetzung über den Lenkeinschlag zu ändern. Im Bild 5.36a ist die Zahnstange mit konstanter Übersetzung der mit variabler Übersetzung, Bild 5.36b, gegenübergestellt. Nach dieser Lösung von ZF (Zahnradfabrik Friedrichshafen) ändert sich die Zahnform (Modul) an der Zahnstange, wie schematisch im Bild 5.37 dargestellt ist. Der wirksame Teilkreisdurchmesser d_1 ändert sich über die Zahnstangenlänge.

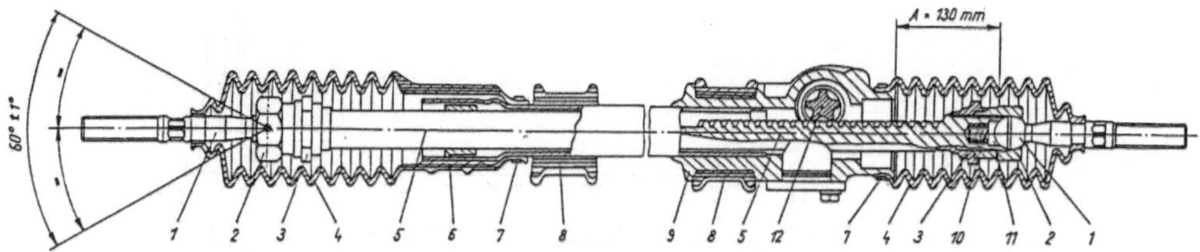

Bild 5.33 Zahnstangenlenkgetriebe des Zastava 1000, im Schnitt
1 Kugelbolzen; 2 nachstellbare Überwurfmutter; 3 Sicherungsmutter; 4 Schutzmanschette; 5 Zahnstange 6 Führungsbuchse; 7 Klemmschelle; 8 Gummilager; 9 Lenkgetriebegehäuse; 10 Druckfeder;
11 Kugel des Kugelbolzens; 12 Ritzel

Bild 5.34

Zahnstangenlenkung von ZF mit Seitenabtrieb
(aus [5.16])

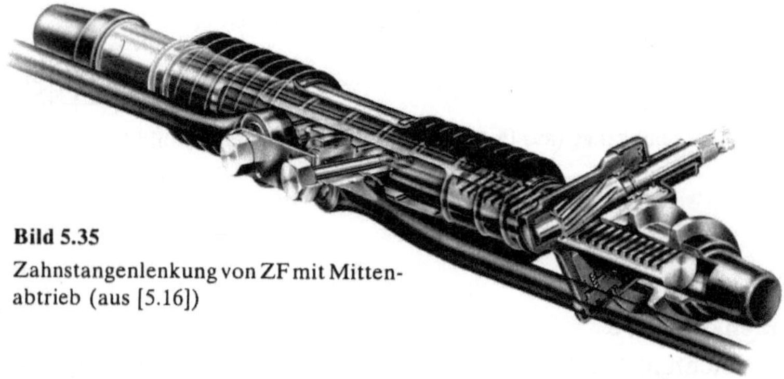

Bild 5.35

Zahnstangenlenkung von ZF mit Mittenabtrieb (aus [5.16])

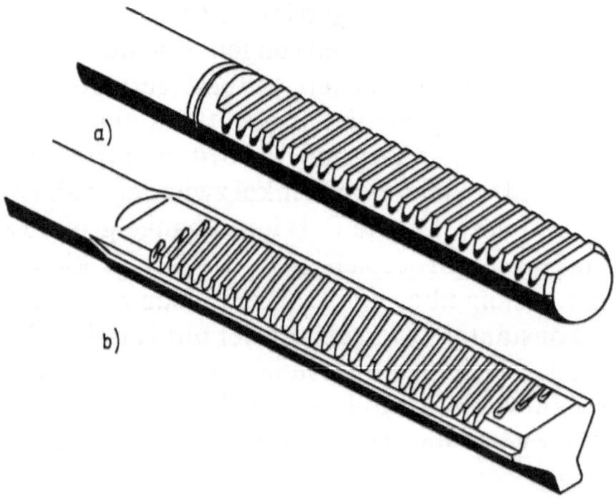

Bild 5.36

Zahnstange mit konstanter und mit
veränderlicher Übersetzung über den
Hub
a) konstante Zahnabstände
b) unterschiedliche Zahnabstände

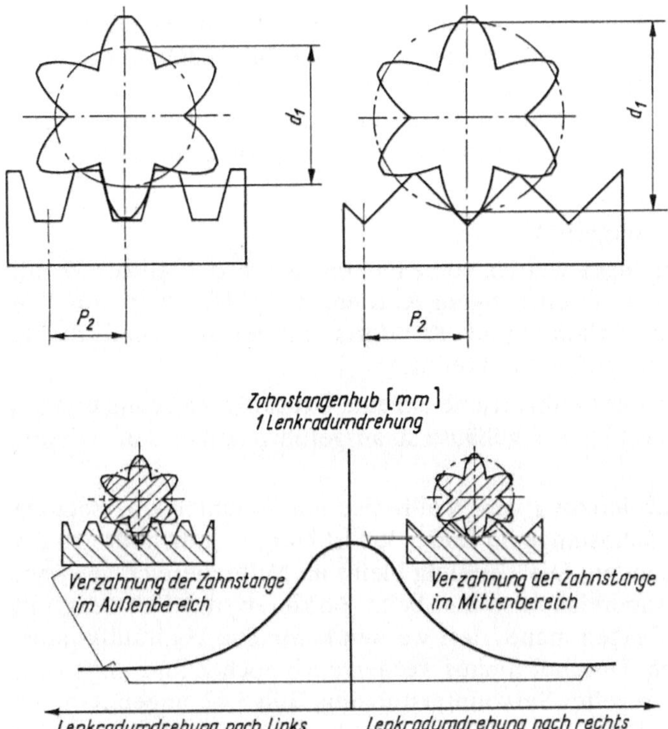

Bild 5.37 Prinzipdarstellung der Zahnform und des Teilkreisdurchmessers d_1 und der Teilung P_2
Die Darstellung links entspricht den beiden seitlichen Bereichen der Zahnstange (insbesondere beim
Parkieren benutzt), rechts dem mittleren Bereich (Geradeausfahrt), aus [5.16]

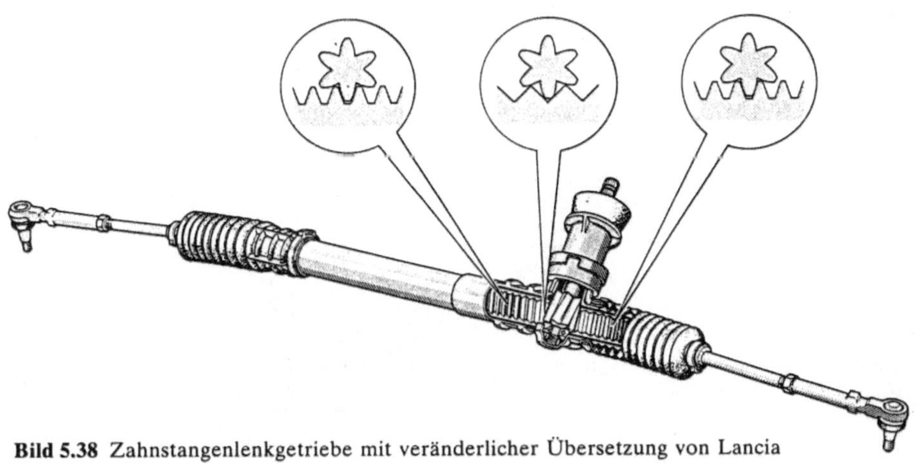

Bild 5.38 Zahnstangenlenkgetriebe mit veränderlicher Übersetzung von Lancia

Bei 1/6 Ritzeldrehung wird jeweils der Zahnstangenweg P_2 zurückgelegt. Die Zahnstange mit der variablen Übersetzung ist in Y-Profil, Bild 5.36b, ausgeführt. Die Zahnstange wird über das gefederte Druckstück an das Ritzel gedrückt, was nahezu spielfreien Eingriff des Ritzels in die Zahnstange über den ganzen Hub sichert. Ein Lenkgetriebe mit veränderlicher Übersetzung von Lancia zeigt Bild 5.38.

5.3.3.2 Zahnstangenhydrolenkgetriebe

Die Zahnstangenhydrolenkungen werden von ZF mit Seitenabtrieb, Bild 5.39, mit Mittenabtrieb, Bild 5.40, und mit einseitigem Abtrieb, Bild 5.41, angeboten. Die Hydrolenkung gewährt eine Erhöhung des Komforts und der Sicherheit, da die Hydraulik den Kraftaufwand am Lenkrad reduziert.

Bei der Hydrolenkung wird das Lenkgetriebe um eine Drucköolversorgung und ein Steuerventil ergänzt und das Getriebegehäuse so ausgeführt, daß es den Arbeitszylinder bildet.

Auch die Zahnstangenhydrolenkung wird wahlweise mit variabler Übersetzung gebaut. Im Gegensatz zur Zahnstange im Bild 5.36b ist hier im Außenbereich die größere Übersetzung vorhanden. Die Lenkung bleibt im Mittenbereich gewohnt dosiert, während im Außenbereich, also u.a. beim Parkieren, das Fahrzeug mit sehr kleinen Lenkradeinschlägen manövriert werden kann. Die Hydraulikunterstützung macht das möglich. Darüber hinaus werden auch noch Zahnstangenlenkungen mit elektronisch geregelter Servounterstützung, Bild 5.42, angeboten. Sie berücksichtigt, bei welcher Fahrgeschwindigkeit die Lenkbetätigung erfolgt. Bei hoher Geschwindigkeit, bei der die schnell abrollende Reifenaufstandsfläche geringe Widerstände dagegen bildet, wird die Hydraulikunterstützung eingeschränkt, und der Fahrbahnkontakt zum Lenkrad verbessert. Bei niedrigen Geschwindigkeiten und bei großem Betätigungsmoment bleibt die Servounterstützung aber im vollen Umfang erhalten, Bild 5.43.

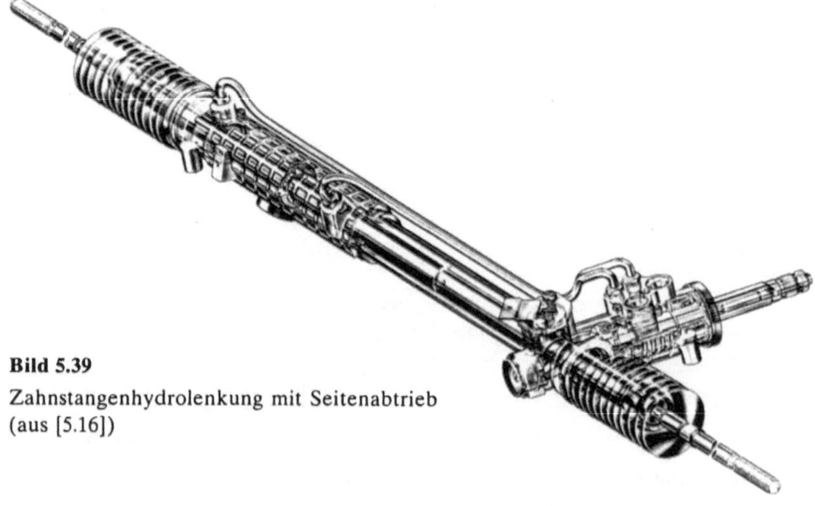

Bild 5.39

Zahnstangenhydrolenkung mit Seitenabtrieb
(aus [5.16])

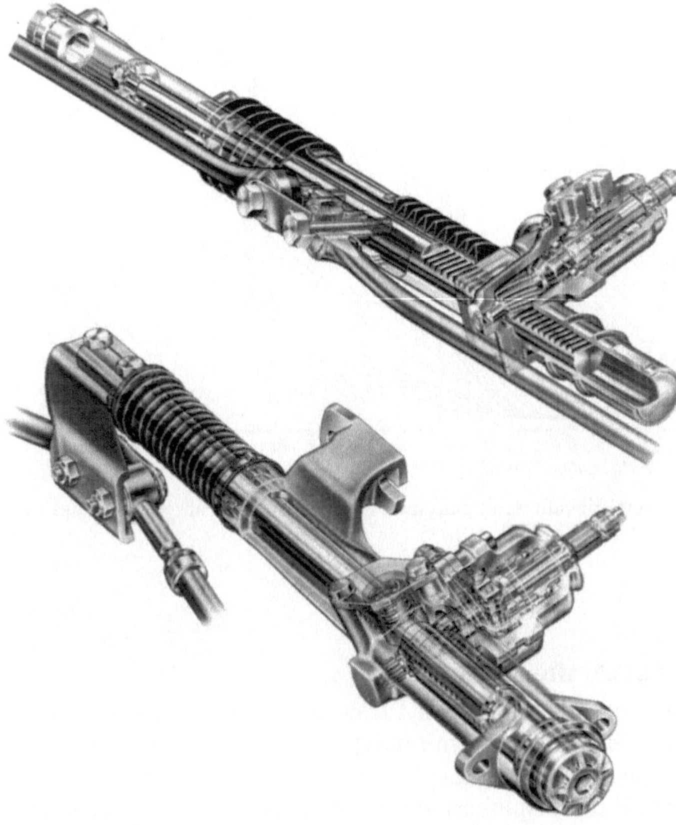

Bild 5.40

Zahnstangenhydrolenkung
mit Mittenabtrieb
(aus [5.16])

Bild 5.41

Zahnstangenhydrolenkung
mit einseitigem Abtrieb
(aus [5.16])

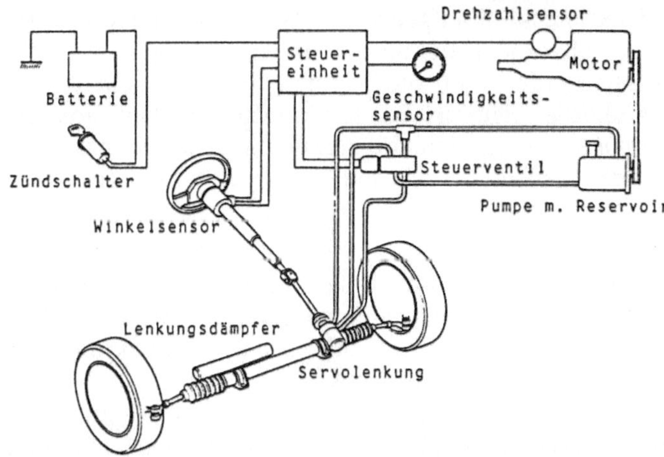

Bild 5.42 Prinzipieller Aufbau einer Zahnstangenlenkung mit elektronisch geregelter hydraulischer
Servounterstützung
Die Signale Lenkradwinkel, Motordrehzahl und Fahrgeschwindigkeit werden in der Steuereinheit
ausgewertet. Von dort wird das Steuerventil und damit die Servounterstützung bestimmt

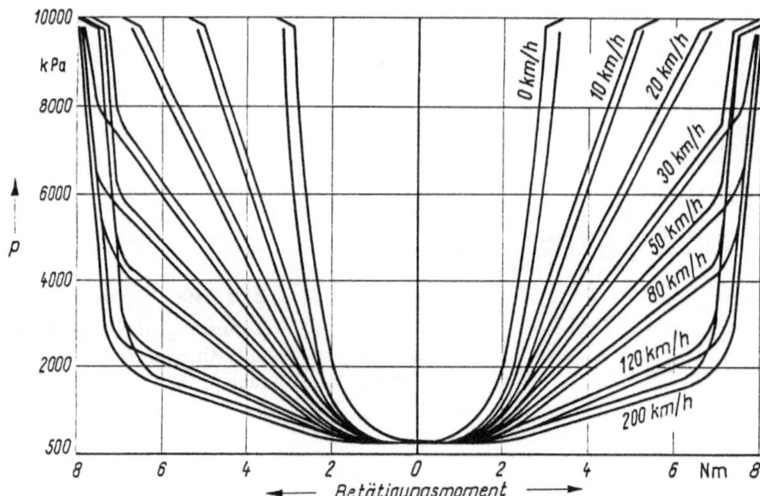

Bild 5.43 Hydraulikdruck in Abhängigkeit vom Betätigungsmoment und von der Fahrgeschwindigkeit (aus [5.16])

5.3.3.3 Lenkgetriebe ohne Lenkkraftunterstützung

Während sich für die kleinen bis mittleren PKW die Zahnstangenlenkung durchsetzt und bis zum leichten LKW anzutreffen ist, sind für die Fahrzeuge mit den höheren Achslasten nach wie vor Lenkgetriebe mit Lenkspindel und Lenkstockhebel im Einsatz. Ein Beispiel ist die Schneckenrollenlenkung nach Bild 5.44 in den Ausführungen a) und b). Die Bezeichnung der wesentlichen Teile ist im Bild 5.45 angegeben. Die Lenkspindel 3 ist zwischen Schrägkugellagern 4 eingespannt. Auf ihr ist die Schnecke 5 aufgebracht. Zwischen Schnecke 5 und Dreizahnrolle 6 erfolgt ein Abrollvorgang, der dem in einem Wälzlager entspricht. Die Radialkräfte der Lenkrolle werden über Nadellager auf den Lenkrollenbolzen übertragen. Die Axialkräfte, die eigentlichen Lenkkräfte, werden von der Lenkrolle von Anlaufscheiben aufgenommen. Sie ergeben über den Lenkwellen-kopf das Moment um die Lenkrollenwelle 8, das den Lenkstockhebel 7 beauflagt.

5.3.3.4 Kugelmutterhydrolenkung

Für Fahrzeuge mit höheren Achslasten wird auch das Moment zum Einschlagen der Räder größer. Da die Kräfte am Lenkrad aber begrenzt sind, verbleibt theoretisch die Möglichkeit größerer Übersetzung oder, wenn die Lenkradwinkel begrenzt bleiben sollen, eine Lenkkraftunterstützung.

Die größere Übersetzung schränkt die Manövrierfähigkeit ein. Deshalb führen sich die Lenkgetriebe mit hydraulischer Lenkkraftunterstützung mehr und mehr ein. Eine pneumatische Unterstützung ist ungeeignet und auch nicht erlaubt.

Drei Ausführungen der Kugelmutterhydrolenkung sind in den Bildern 5.46, 5.47 und 5.48 gezeigt.

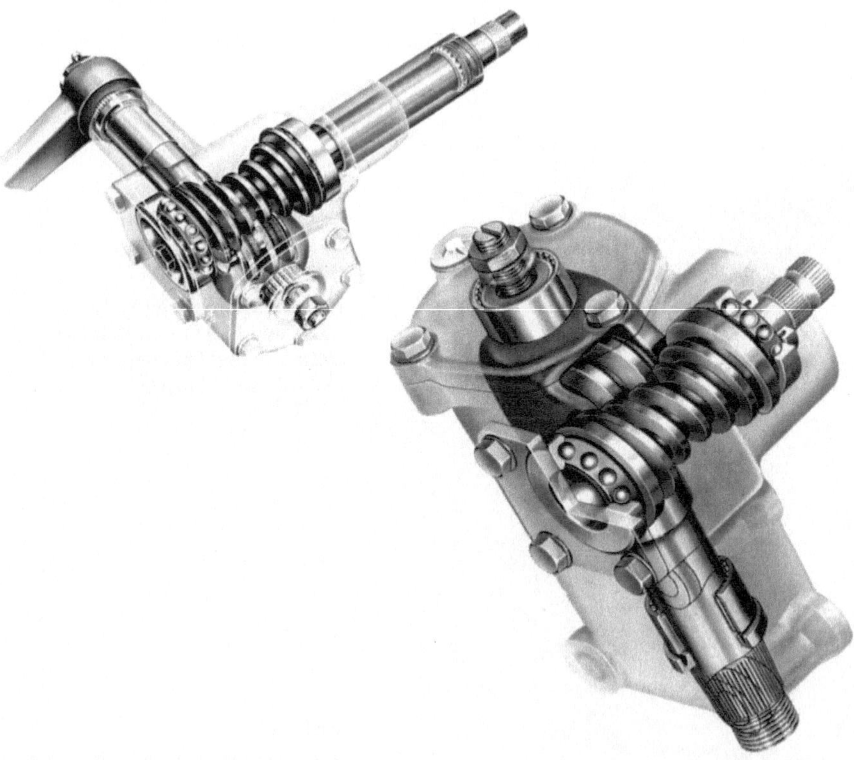

Bild 5.44 Schneckenrollenlenkungen, die sich in den Ausführungen a) und b) durch die Lage des Lenkstockhebelanschlusses voneinander unterscheiden (aus [5.16])

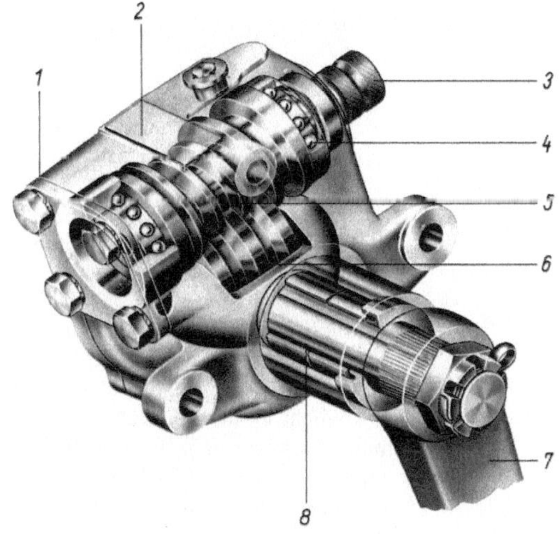

Bild 5.45

Aufbau des Schneckenrollenlenkgetriebes, Ausführung c) (aus [5.16])

1 Nachstellflansch
2 Gehäuse
3 Lenkspindel
4 Schrägkugellager
5 Schnecke mit Lenkspindel verschweißt
6 Dreizahnrolle
7 Lenkstockhebel
8 Lenkrollenwelle

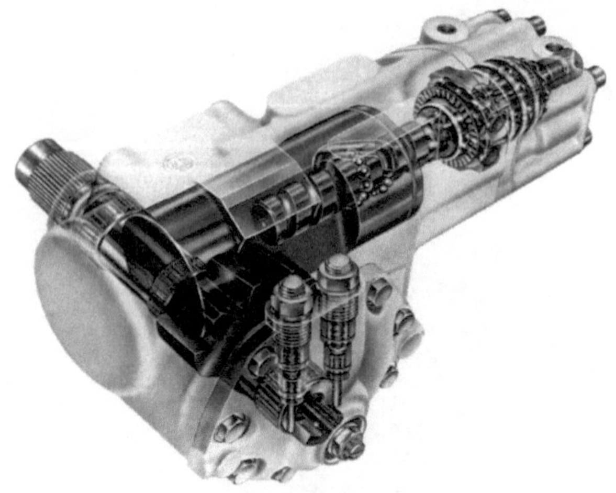

Bild 5.46
Kugelmutterhydrolenkung für
LKW und Bus mit einstellbarer
hydraulischer Lenkbegrenzung,
von ZF (aus [5.16])

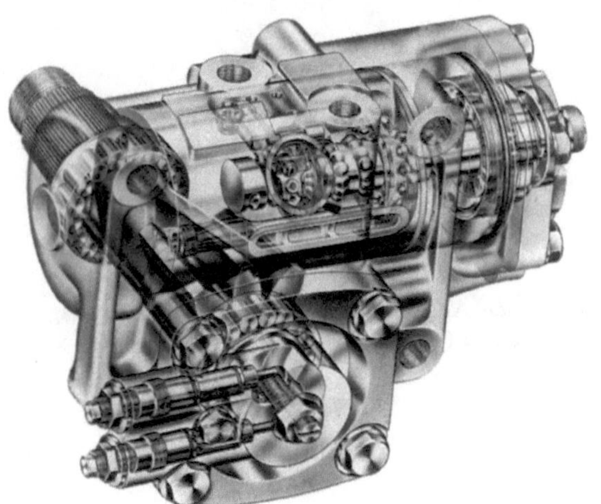

Bild 5.47
Kugelmutterhydrolenkung in Kurz-
bauweise mit einstellbarer
Lenkbegrenzung, die sich besonders
für Frontlenker mit Kippfahrerhaus
eignet (aus [5.16])

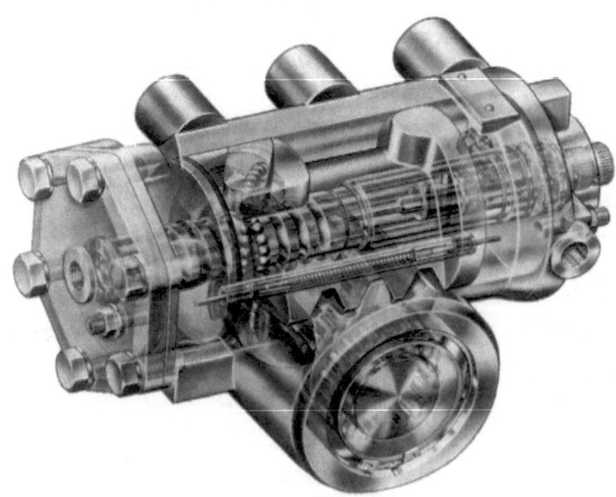

Bild 5.48 Kugelmutterhydrolenkung
mit der Bezeichnung „Servocom"
(aus [5.16])
Sie stellt eine Weiterentwicklung
dar, die sich durch kompakte
Bauweise (höherer Hydraulikdruck
ermöglicht kleinere Durchflußmengen), vergrößerten Lenkstock-
hebelausschlag (auf 94°) und
geringere Massen auszeichnet

5.3.4 Lenksäule mit Lenkrad

Die Lenksäule stellt mechanisch ein sehr einfaches Teil dar. Sie hat nur das Moment vom Lenkrad zum Lenkgetriebe zu übertragen.

Damit das Lenkrad vom Fahrer gut bedient werden kann, hat seine Lage zum Fahrer auf seinem Sitz Bedeutung. Im Bild 5.49 ist die von der ISO vorliegende Vorschrift angegeben. Bild 5.50 zeigt die Einstellbarkeit der Lenkradhöhe.

Bei der Lenksäule verdient Beachtung, daß es sich um eine die Kräfte und Momente übertragende Verbindung handelt, bei der auf der Achsseite im Falle eines Auffahrunfalls oder Zusammenstoßes mit großen Kräften und Deformationen zu rechnen ist und im Innenraum unmittelbar hinter dem Lenkrad der Fahrer sitzt. Aus diesem Grund findet man kein starres Rohr vom möglicherweise noch vor der Achse liegenden Lenkgetriebe zum Lenkrad mehr an. Zur inneren Sicherheit ist die Lenksäule plastisch, nach der Seite oder in sich nachgebend auszubilden, und das um so mehr, je weiter das Lenkgetriebe in die Knautschzone der Karosserie hineinragt. Die Forderungen an die Lenksäule kommen teils aus der ECE-Regelung 12 und teils daraus, daß an das Lenkrad sowohl hinsichtlich seiner guten Handhabbarkeit als auch seiner Formgestaltung hohe Forderungen gestellt werden. Um die Forderungen der Regelung 12 zu erfüllen, sind z.B. geknickte Lenksäulen mit mehreren Gelenken günstig, Bilder 5.50 und 5.51. Es werden Glieder in den Lenksäulenstrang eingebaut, die bei einem Auffahrunfall die Verschiebung des Lenkrades in den Fahrgastraum vermeiden.

Ein Airbag, der sich bei Frontalkollisionen automatisch aufbläst, läßt sich in der Lenkradnabe unterbringen, Bild 5.52.

5.3.5 Allradlenksysteme

Die Idee, Allradlenksysteme zur Verbesserung der Manövrierfähigkeit einzusetzen, ist schon alt. Vor dem 2. Weltkrieg wurden schon Fahrzeuge mit gegensinnigem Lenkeinschlag an der Hinterachse gebaut. Da sie aber instabil und deshalb für höhere Geschwindigkeiten nicht geeignet waren, konnten sie sich nicht einführen. Erst mit den Erkenntnissen über die günstige Beeinflussung der Steuerungstendenz mit einem im Betrag zwar geringeren aber gleichsinnigen Lenkeinschlag bekommt die Allradlenkung Bedeutung. Über theoretische Grund-

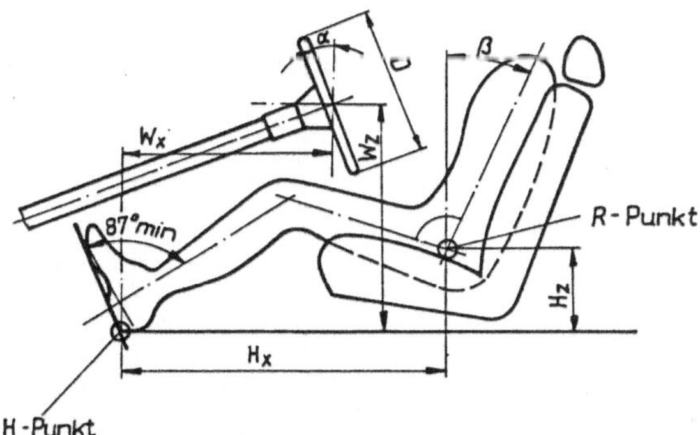

Bild 5.49

Lage des Lenkrades nach ISO 3958

β = 9... 30°

H_x = 130 mm, min

H_z = 130...520 mm

D = 330...600 mm

α = 10... 70°

W_x = 152...660 mm

W_z = 530...838 mm

lagen, Vorschriften und verschiedene Stellsysteme gibt Wallentowitz [5.19] einen ausführlichen Überblick. Die Allradlenkung wird auch allgemein als Hinterachszusatzlenkung oder laut Nachtrag 01 der ECE-Regelung 79 mit ZLA (Zusatzlenkanlage) oder ASE (Auxilliary Steering Equipment) bezeichnet. Die einzelnen Fahrzeugwerke haben für ihre ZLA eigene Namen.

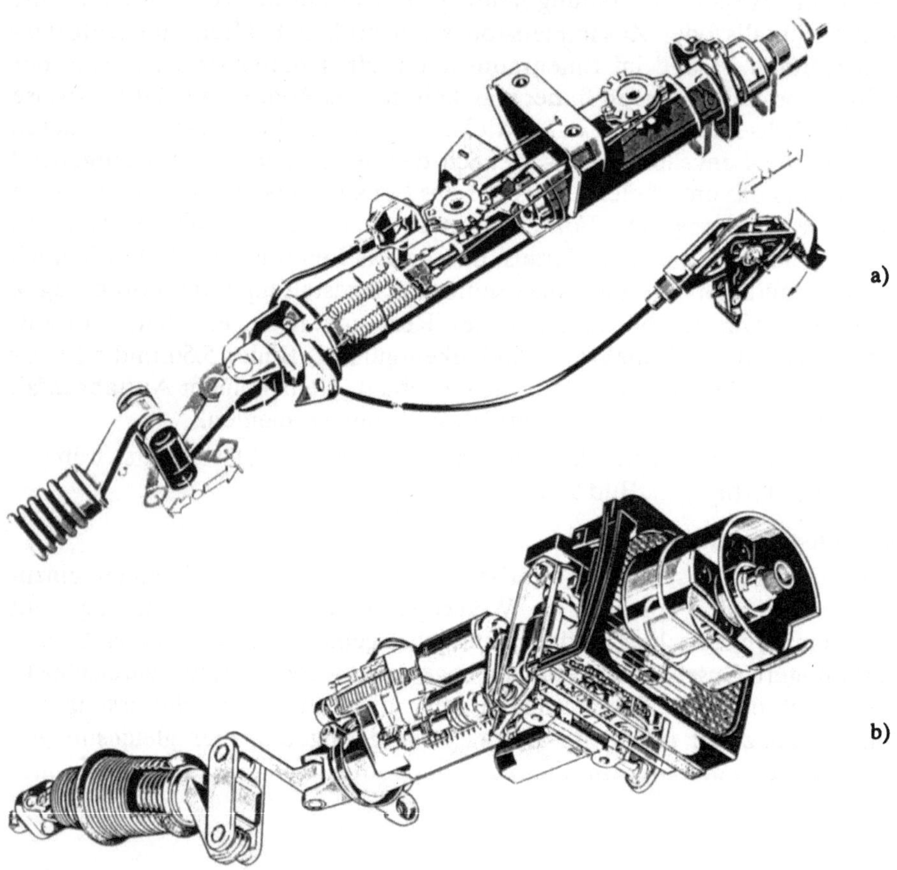

Bild 5.50 Einstellbare Lenkung von Mercedes-Benz Typen 300 SEL/SE bis 600 SEL/SE
a) axial verstellbares Mantelrohr
b) elektrisch längs- und höhenverstellbares Mantelrohr

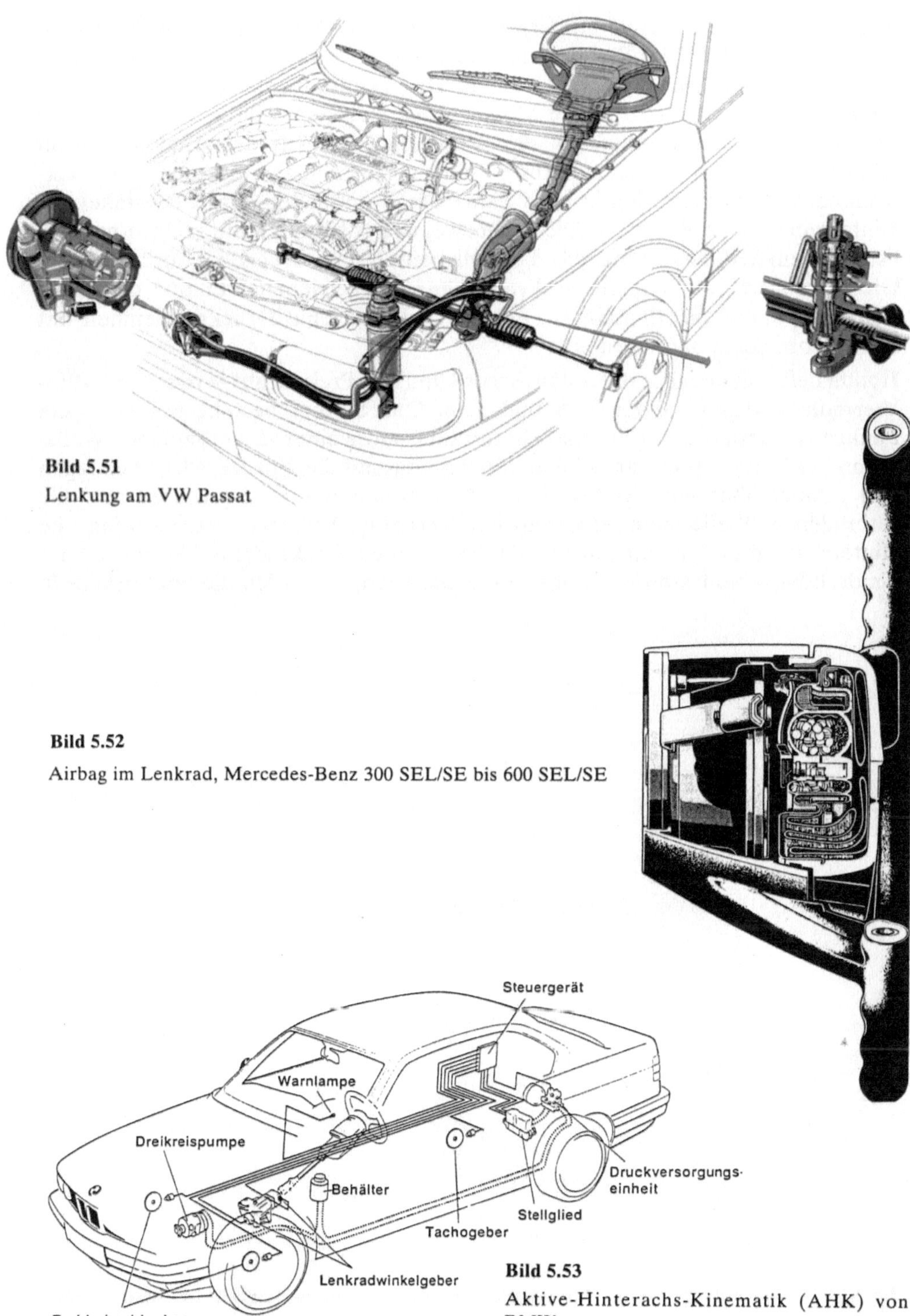

Bild 5.51

Lenkung am VW Passat

Bild 5.52

Airbag im Lenkrad, Mercedes-Benz 300 SEL/SE bis 600 SEL/SE

Bild 5.53

Aktive-Hinterachs-Kinematik (AHK) von BMW

Auf Bild 5.53 ist die Aktive-Hinterachs-Kinematik (AHK) von BMW dargestellt. Die Eingangsgrößen des Systems sind der Lenkradwinkel und die Fahrgeschwindigkeit, die zweifach gemessen werden. Die Lenkradwinkelgeber sind in das Lenkgetriebe integriert. Für die Messung der Fahrgeschwindigkeit werden die beiden ABS-Raddrehzahlgeber der Vorderräder sowie der Tachogeber im Hinterachsgetriebe verwendet. Aus diesen Eingangssignalen berechnet ein elektronisches Steuergerät den je nach Fahrzustand optimalen Einschlagwinkel der Hinterräder, siehe Bild 5.54. Die Stellbewegung wird durch ein elektro-hydraulisches Stellglied ausgeführt, das die Stellposition über Weggeber zurückmeldet. Die hydraulische Stellenergie wird von einer motorgetriebenen Pumpe, die an der Lenkhilfepumpe angeflanscht ist, erzeugt und über eine Druckregeleinheit mit Membranspeicher bereitgestellt.

Honda liefert in einige Länder den Accord und den Prelude auf Wunsch mit 4WS-Vierradlenksystem, Bilder 5.55 und 5.56. Das System besteht aus je einem Lenkgetriebe für die Vorder- und Hinterräder, sowie einer sie verbindenen Welle. Wenn der Fahrer das Lenkrad betätigt, wird das auf die Vorderräder übertragen und gelangt über ein zweites Zahnrad innerhalb des Lenkgetriebes und die verbindende Welle zum hinteren Lenkgetriebe. Von hier aus werden die Hinterräder über Spurstangen gelenkt. Bis zu einem Lenkradeinschlag von ca. 1/3 Umdrehung – gemessen von der Geradeausstellung – werden die Hinterräder in

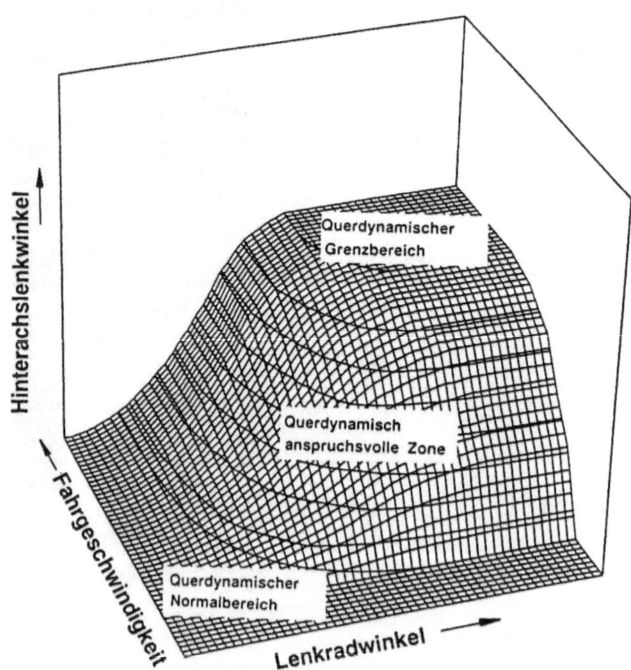

Bild 5.54 Hinterachslenkwinkel in Abhängigkeit von der Fahrgeschwindigkeit und vom Lenkradwinkel

der gleichen Richtung wie die Vorderräder gelenkt. Wird dieser Einschlag überschritten, verlagert sich der Lenkeinschlag der Hinterräder zunächst wieder in die Geradeausstellung und dann allmählich in die entgegengesetzte Richtung. Das hintere Lenkgetriebe bestimmt die Lenkrichtung der Hinterräder in Abhängigkeit vom vorderen Lenkwinkel.

Weitere ZLA von Nissan und Toyota werden im Abschnitt 6 behandelt.

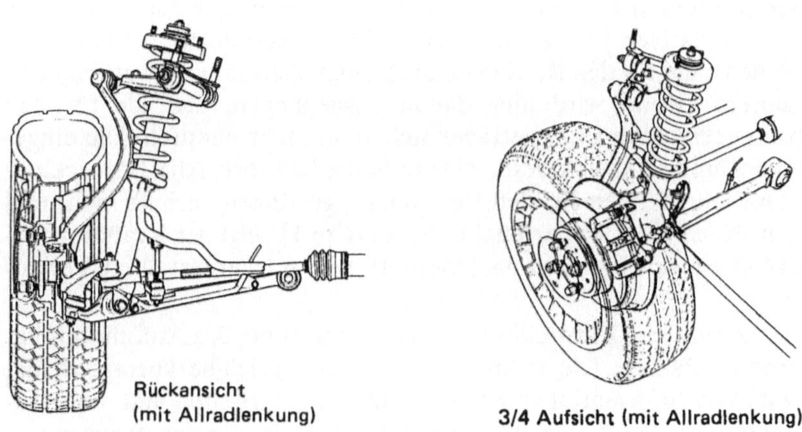

Bild 5.55 Hinterradaufhängung von Honda mit Allradlenkung

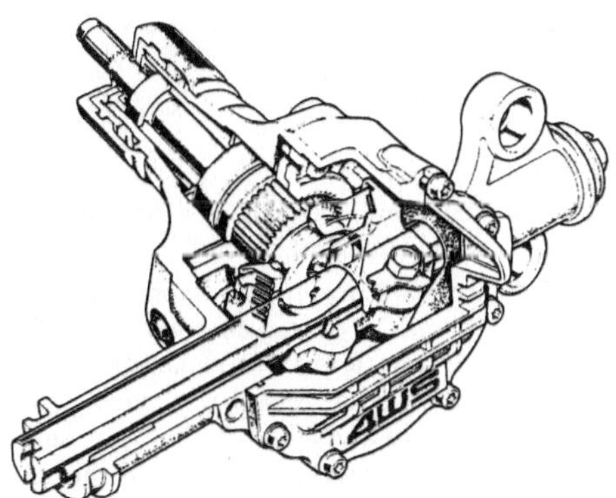

Bild 5.56
Von Honda eingesetztes hinteres 4WS Lenkgetriebe

6 Ausblick

6.1 Allgemeines

Das Automobil mit seiner 100jährigen Geschichte hat die Lebensgewohnheiten der Menschen entscheidend beeinflußt. Dabei wird der Gedanke, daß es den Höhepunkt seiner Verbreitung möglicherweise schon erreicht haben könnte, zur Zeit zwar noch verdrängt, aber die Bewertung der für den Betrieb des Automobils geeigneten Energiereserven weckt ihn. Leider ist es trotz großer Anstrengungen nicht gelungen, Alternativen für die flüssigen Kohlenwasserstoffe zu finden, die sich annähernd ebensogut für den Betrieb einer solchen Vielzahl von Automobilen eignen. Aus diesem Grund wird hier davon ausgegangen, daß die für den Automobilbetrieb geeigneten Energieträger sich langsam erschöpfen. Die eingetretene Preisenwicklung setzt sich deshalb voraussichtlich fort. Alle Entwicklungen, die zur Einsparung bei den Kraftstoffen führen, gewinnen deshalb mehr und mehr an Gewicht. Nach einer Experteneinschätzung [6.1] wird der Kraftstoffverbrauch am PKW in einigen Ländern nach dem im Bild 6.1 dargestellten Verlauf sinken.

Eine noch wesentlich steilere Entwicklung als die Verbreitung des Automobils hat die Mikroelektronik erfahren. Die Mikroelektronik eignet sich hervorragend, um eine große Anzahl von Informationen zu gewinnen, zu verarbeiten und weiterzugeben. Hier kann bei der Bewertung von Entwicklungstendenzen davon ausgegangen werden, daß alle damit lösbaren Aufgaben sich sehr schnell einführen. Einen Überblick über Anwendungsbeispiele an einem PKW gibt Bild 6.2.

In den letzten Jahren hat die Umweltverschmutzung Formen angenommen, daß zumindest in den Industrieländern von ihr eine allgemeine Gesundheitsgefährdung ausgeht.

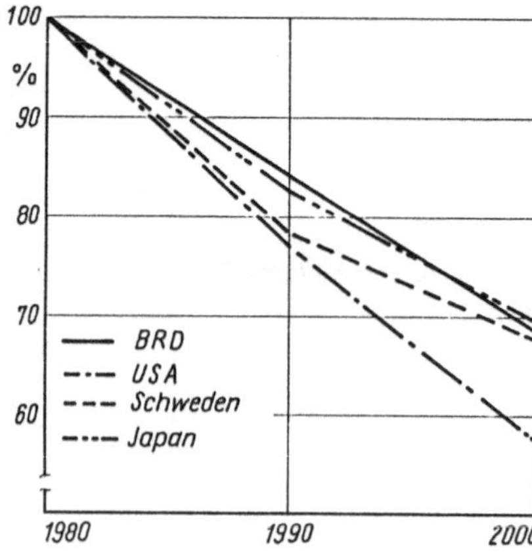

Bild 6.1

Eingeschätzte Absenkung des Kraftstoffverbrauchs bis zum Jahr 2000.

Die Kennlinien wurden [6.1] entnommen und sind das Ergebnis der Befragung einer größeren Anzahl von Experten aus den genannten Ländern. Es liegt eine Autobahngeschwindigkeit von 90 km/h zugrunde. Neben der Verbesserung der Motorenkennwerte [6.16], der Verbesserung der Motorsteuerung [6.17] und [6.18], der Getriebeabstimmung [6.19] sind diese Absenkungen mit kleineren Fahrwiderständen zu erreichen

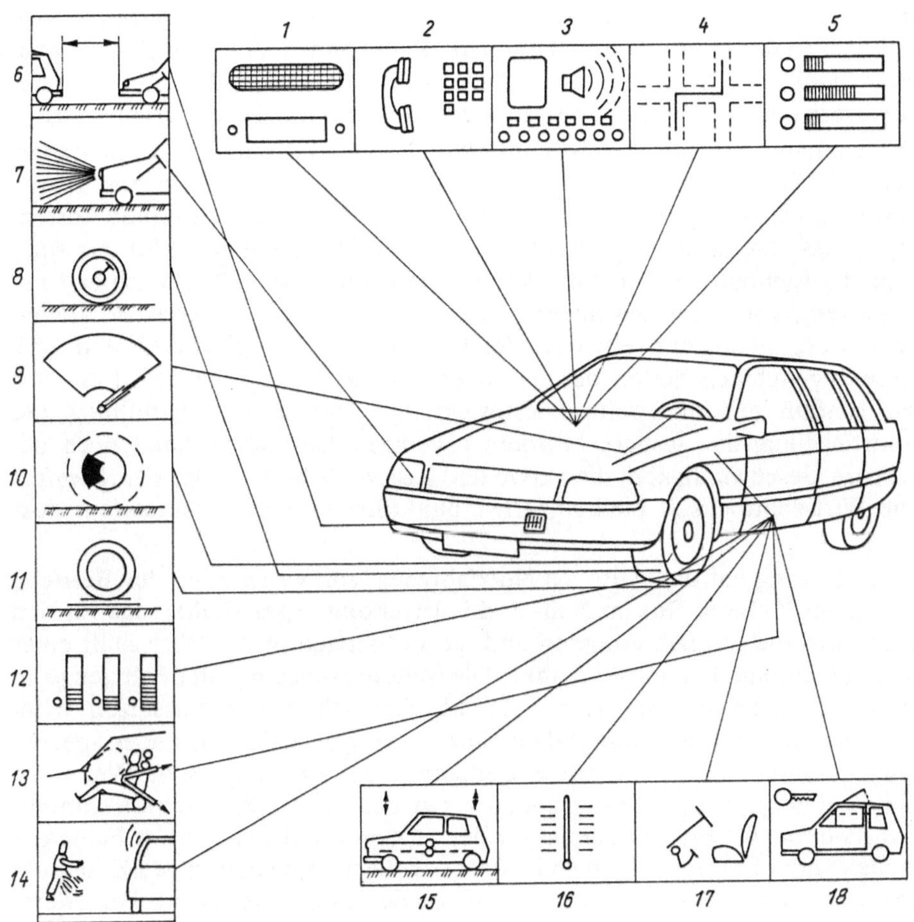

Bild 6.2

Anwendungsmöglichkeiten der Mikroelektronik am **PKW**

Kommunikation: 1 Autoradio; 2 Autotelefon; 3 Bordcomputer mit elektronischer Sprachausgabe, einsetzbar zur Optimierung der Fahrzeit bei minimalem Risiko, der Ökonomie und Strategie beim Ausfall von Fahrzeugteilen und Übernahme von Regelungsfunktionen des Fahrers, wie z.B. Geschwindigkeitsregelung bei Kolonnenfahrt; 4 Leit- und Informationssystem zur Bestimmung der Route; 5 Anzeigesystem über Bewegungszustand des Fahrzeugs und der an den Radaufstandsflächen vorhandenen Griffigkeitsreserve, über Kraftstoffverbrauch und dessen Beeinflußbarkeit.

Sicherheit: 6 Radar-Abstands-Warnregelung; 7 Scheinwerfer, Weiten- und Leuchtstärkenregelung; 8 Reifeninnendruckregelung; 9 Wisch-Wasch-Steuerung für Scheiben und Scheinwerfer; 10 automatisch lastabhängige Bremse (ALB) und Antiblockiersystem für Bremsanlage (ABS); 11 Antriebsschlupfregelung beim Anfahren und auf schlüpfriger Fahrbahn; 12 Überwachungssystem für Betriebsstoffe, Verschleißteile und Einhaltung der beanspruchungsabhängigen Wartungsintervalle, Zustand der Reifen, der Bremse und der Lenkung; 13 Gurtstrammer und Airbag-Auslöser; 14 Sicherungssystem gegen unbefugte Fahrzeugbenutzung.

Komfort: 15 rückwirkungsfreie Fahrzeugfederung mit Niveau-, Federweg- und Dämpfungsregelung; 16 Heizungs- und Klimaregelung; 17 automatische Sitzverstellung mit Positionsspeicher; 18 automatische Türverriegelung und -entriegelung, Fenster- und Cabrioverdeckbetätigung

Allein die Luftverschmutzung hat stellenweise schon einen Grad erreicht, daß einige Pflanzen und Tiere damit nicht mehr leben können. Auch der Mensch hat darunter zu leiden. Das Automobil ist daran nicht schuldlos. Es belastet nicht nur durch Abgase und Abfälle die Umwelt, sondern auch noch als Geräuschquelle.

Das Angenehme am Auto ist, daß es uns Mobilität verleiht, daß es uns unabhängig von anderen Personen und Institutionen relativ schnell, relativ sicher, relativ komfortabel, vor den meisten Witterungsunbilden geschützt und relativ kostengünstig an das von uns gewünschte Ziel bringt. In Extremfällen gehört das Auto zum Standardsymbol von Persönlichkeiten. Sie nehmen an, daß sie sich erst mit dem Fahrzeug von einer bestimmten Klasse, charakterisiert durch Hersteller, Größe und Typ, richtig darstellen. Da der Mensch weiterhin gern bereit sein wird, für diese angenehmen Seiten des Automobils Geld auszugeben, wird er auch großen Einfluß auf die weitere Entwicklung nehmen. Die Erhöhung der Transportleistung, die größere bei dem jeweiligen Fahrbahnzustand noch beherrschbare Geschwindigkeit, die aktive und passive Sicherheit, der Fahrkomfort und die Wirtschaftlichkeit bleiben Schwerpunktthemen der Automobilentwicklung.

Große Bedeutung hat das Auto als Nutzfahrzeug, zur Versorgung der Betriebe und Städte mit Gütern, Bus im Nah- und Fernverkehr, Spezialfahrzeuge für den Mülltransport, die Straßenreinigung und die vielfältigen in der Wirtschaft eines Siedlungsgebiets anfallenden Aufgaben. Die weitere Anpassung der Fahrzeuge an bestimmte Dienstleistungen ist ein Trend, der sich weiter fortsetzen wird. Gesamtvolkswirtschaftlich kommt dem Nutzfahrzeug als LKW, Bus oder Spezialfahrzeug größere und anhaltendere Bedeutung zu als dem PKW. Wenn die Beispiele bei den einzelnen Baugruppen vorwiegend dem PKW-Sektor entnommen wurden, dann liegt das einmal an der größeren Anzahl sich im Fahrwerk unterscheidender Fahrzeugtypen und daran, daß die meisten neuartigen Konstruktionen, wie Einzelradaufhängung, selbsttragende Karosserie, Schraubenfedern, Federbeine, einstellbare Stoßdämpfer usw., sich zuerst beim PKW einführten.

6.2 Sicherheit

6.2.1 Aktive Sicherheit des Fahrzeugs

Bezogen auf das Fahrwerk, denkt man bei der aktiven Sicherheit zuerst an die Bremsen und dann an die Lenkung. Bei der Bremse sieht man jetzt im ABS (Antiblockiersystem), das man als typisches Anwendungsbeispiel für die Mikroelektronik ansehen kann, das erreichbare Nahziel für viele Automobile. Insbesondere die Stellglieder, die für das Zeitverhalten des ABS mitentscheidend sind, bedürfen der weiteren erhöhten Aufmerksamkeit bei der Entwicklung (siehe zum ABS auch [6.3] und das dort angegebene umfangreiche weitere Schrifttum).

Die Verbesserung der Kurvenfestigkeit bezog sich bisher vorwiegend auf die Erhöhung der Schräglaufsteifigkeit der Reifen, Bild 6.3.

Es ist zu erwarten, daß sich dieser in [6.4] angegebene Anstieg auch über die 80er Jahre hinaus fortsetzt.

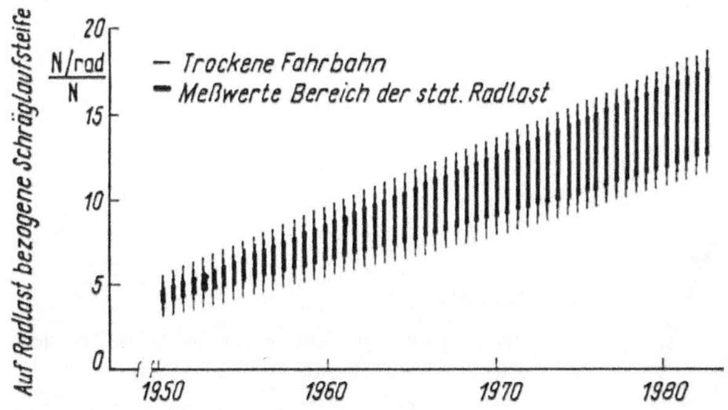

Bild 6.3
Entwicklung der auf die Radlast bezogenen Schräglaufsteife von PKW-Reifen bis zum Anfang der 80er Jahre (aus [6.4])

Aber auch an der Radaufhängung der Hinterachse gibt es eine aktive Patenttätigkeit, aus der man erkennt, daß alle größeren Automobilwerke auf die weitere Verbesserung der Steuerungstendenz und des Gütegrades der Seitenkraftverteilung mit Hilfe der Elastokinematik bereits vorbereitet sind.

Eine bessere Nutzung der Reibbeiwerte im Verlauf der Kurve verspricht auch ein neuartiges Programm für den Lenkeinschlag der Hinterachse bei Allradlenkung, wie es von Nissan vorgestellt wird. Bild 6.4 zeigt die Hinterachse mit dem hydraulisch angesteuerten Lenkgetriebe und Bild 6.5 verdeutlicht das Programm. An diesem Programm ist zu erkennen, welchen großen Spielraum die Allradlenkung für das Fahrverhalten und für die aktive Sicherheit eröffnet. Diese Achse besitzt außerdem eine ausgeklügelte Achskinematik als Fünflenkerachse, an der auf jeder Seite zusätzlich noch die Spurstange vom Hinterachslenkgetriebe angreift.

Für die Ansteuerung des Hinterachslenkgetriebes werden die Signale der Fahrgeschwindigkeit, der Vorderradlenkwinkel und die Geschwindigkeit, mit der die Vorderräder eingeschlagen werden, herangezogen.

Die aktive Sicherheit beim Bremsen und beim Lenken wird vom Fahrbahnzustand stärker als vom Fahrzeug beeinflußt. Im Bild 1.27 wurde für Spiegeleis ein

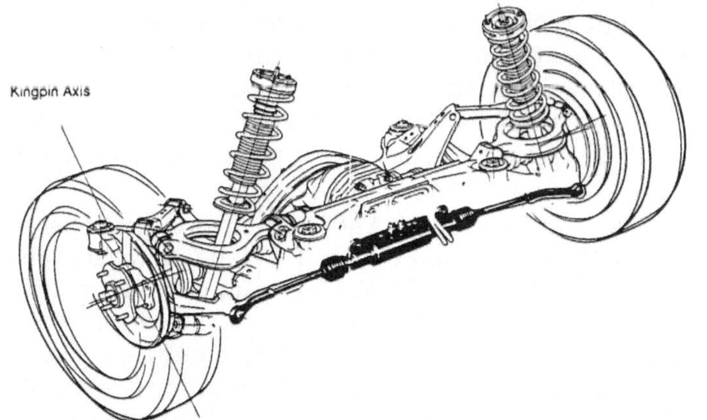

Bild 6.4
V_c 4 W S Super HICAS (High Capacity Actively-controlled Suspension) Hinterachse, wie sie in den Nissan 300 ZX Twin Turbo eingebaut wird

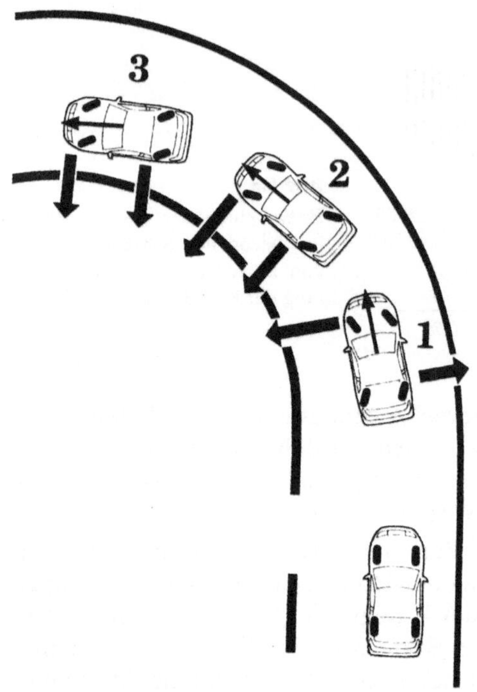

Bild 6.5

Programm für den Lenkeinschlag in der Kurve nach Nissan.

1 In der Kurveneinfahrt wird durch gegensinnigen Lenkeinschlag die für die stabile Kurvenfahrt nötige Giergeschwindigkeit schneller erreicht

2 Die Phase der stabilen Kurvenfahrt mit den größeren Seitenkräften an der Vorderachse

3 Die Phase der Kurvenausfahrt, die Seitenkräfte an der Vorderachse werden reduziert

Reibbeiwert von $\mu = 0,05$ angegeben. Mit ABS wird gesichert, daß auch vom ungeübten Fahrer dieser Wert nur in Intervallen und kurzzeitig überschritten wird. Tritt der Fahrer seine Fahrt auf griffiger Fahrbahn an und erkennt die Änderung des Fahrbahnzustands nicht, dann besteht die Gefahr beim Bremsen, daß der Bremsweg nicht ausreicht und beim Lenken in die nächste Kurve, daß das Fahrzeug aus der Kurve gleitet. Beides kann ohne und mit ABS eintreten. Die Hauptursache ist in beiden Fällen die zu geringe Fahrbahnhaftung. Bezogen auf das Fahrzeug, ist es bei der Einleitung der Bewegungsänderung vorwiegend die nicht dem Fahrbahnzustand angepaßte Geschwindigkeit, vorwiegend deshalb, da gerade in den Grenzfällen Unterschiede zwischen verschiedenen Fahrzeugen auftreten, die beim Bremsen auf den Gütegrad der Bremskraftverteilung und bei Kurvenfahrt auf den Gütegrad der Seitenkraftverteilung zurückzuführen sind. Die Verbesserung des Gütegrades sowohl bei der Bremskraftverteilung, unter Beachtung der Regelung 13 der ECE, als auch der Seitenkraftverteilung bleiben als Nahziele bestehen.

Zwischenzeitlich hat auch der Gütegrad der Antriebskraftverteilung mehr Beachtung erfahren, was in der Neuentwicklung einiger PKW mit Allradantrieb seinen Niederschlag gefunden hat, Abschnitt 1.5.5. Davon ausgehend werden Systeme vorgestellt [6.5], die die aktive Sicherheit steigern, indem sie den Radschlupf reduzieren. Sie verhindern, daß ein höherer Reibbeiwert als der von der Fahrbahn angebotene in Anspruch genommen wird. Mit diesen Systemen wird ein besseres Traktionsvermögen, höhere Fahrstabilität beim Antreiben und sichere Spurhaltung beim Bremsen erreicht. Diese Systeme machen sich insbesondere bei den Fahrern, die eine ruppige Fahrweise vermeiden, deutlicher bemerkbar. Sie würden ein vorhandenes ABS allein sehr selten wahrnehmen, da bei ihrer Fahrweise blockierende Räder beim Bremsen nur als Ausnahme auftreten. Durchrutschende Räder beim Antreiben sind dagegen häufiger.

In [6.6] wird nachgewiesen, welcher Zusammenhang zwischen Fahrverhalten und in Anspruch genommenem Reibbeiwert an allen Rädern infolge Traktion besteht. Durch eine den Kraftschluß der einzelnen Räder angepaßte Umfangskraftverteilung kann die Sicherheit auch in Kurven beim allradgetriebenen PKW verbessert werden.

Die aktive Sicherheit würde schon erhöht, wenn zwischen dem Bewegungsempfinden des Fahrers und den in Anspruch genommenen Reibbeiwerten feste Beziehungen geschaffen werden könnten. Untersuchungen auf dem Fahrsimulator sind dabei dienlich [6.7]. Als Beitrag zur Erhöhung der aktiven Sicherheit wird in [6.8] folgende These als These Nr. 5 angegeben:

- „Weiterer Abbau bekannter Unfallschwerpunkte auf den Straßen.
- Verstärkung der Unfallursachenforschung.
- Schulung und laufende Information der Verkehrsteilnehmer im Sinne situationsgerechten und damit unfallvorbeugenden Verhaltens.
- Erhöhung der Akzeptanzfähigkeit von Gesetzen, Vorschriften und Verkehrszeichen durch hohe Plausibilität.
- Verbesserte Anpassung der Fahreigenschaften an die Eigenschaften des Menschen.“

Trotz des unbestrittenen großen Wertes dieser Beiträge [6.1] bis [6.8] fehlt die eine entscheidende Konsequenz, daß der Fahrer über den auf der Fahrbahn vorhandenen Reibbeiwert informiert werden muß, um seine Fahrweise darauf einstellen zu können.

Zur entscheidenden Erhöhung der Sicherheit bei geminderten Reibbeiwerten, z.B. unterhalb der Grenze $\mu = 0{,}4$, können folgende Schritte beitragen.

1. Die Höhe des Gütegrades der Bremskraftverteilung und des Gütegrades der Seitenkraftverteilung sind an jedem Fahrzeugtyp zu messen, der Zulassungsstelle nachzuweisen und für die typischen Belastungsfälle im Kraftfahrzeugbrief aufzunehmen.

2. Es sind Geräte zu entwickeln, die den in Anspruch genommenen Reibbeiwert messen und anzeigen. Bei der Anzeige sollte der Gütegrad für den jeweiligen Belastungsfall berücksichtigt werden.

3. Ständig ist der Fahrer vom Reibbeiwert, den die Oberflächenbeschaffenheit der Fahrbahn hergibt, zu informieren. Die Information kann durch entsprechende Messung vom Fahrzeug aus (sogenannte Glättemelder) oder von an der Straße befindlichen Meßstationen aus gewonnen und dem Fahrer übermittelt werden. Im zweiten Fall wäre es ein ständiger und in der entscheidenden Größe quantifizierter Straßenzustandsbericht.

Nach Erfüllung dieser drei Schritte wäre der Fahrer als Regler befähigt, seine Regelfunktionen besser auszuüben. Wird ihm ein niedriger Reibbeiwert der Fahrbahn angezeigt, so muß er seine Fahrgeschwindigkeit so wählen, daß er die erforderlichen Bewegungsänderungen unter Einhaltung dieses Reibbeiwertes vornehmen kann.

Hier wurde bereits ein von der Straße drahtlos zugestelltes Signal mit in Erwägung gezogen. Davon ausgehend gibt es noch Erweiterungsmöglichkeiten, die im Abschnitt 6.2.2 zu beschreiben sind.

Obwohl die Zahl der Unfälle durch technische Schäden gering ist, wird die Sicherheit der Fahrzeuge ständig erhöht. Dafür einige Beispiele:

Die Teile der Radaufhängung, Lenkung und Bremsen werden durch umfangreiche Dauerprüfungen auf Prüfständen und auf Prüfstrecken, auf denen die Fahrzeuge unbemannt fahren, umfassender untersucht. Die Auswertung mit der Computertechnik schafft für diese Dauerprüfungen gute Voraussetzungen.

Der richtige Reifenluftdruck und die Führungseigenschaft nach einem Reifendefekt sind für die aktive Sicherheit wichtig. Bild 6.6 zeigt einen Reifen, der bei einem Defekt kaum von der Felge springen kann und dessen ausreichender Luftdruck dem Fahrer auch während der Fahrt signalisiert wird. Rad und Reifen erfüllen erhöhte Sicherheitsforderungen [6.9].

Das System Reifen-Druck-Control (RDC) von BMW zeigt dem Fahrer die Reifenluftdrücke und die Reifentemperaturen an, Bilder 6.7 und 6.8. Jedes Rad ist mit einer Ringantenne ausgerüstet. Diese besteht aus einer Spule und der Radelektronik. Die Festantenne, ein fahrzeugfest angeordnetes Spulensystem, ist mit dem Steuergerät elektrisch verbunden. Vom Steuergerät wird in den Ringantennen die Radelektronik drahtlos mit Energie versorgt. Nach jeweils 150

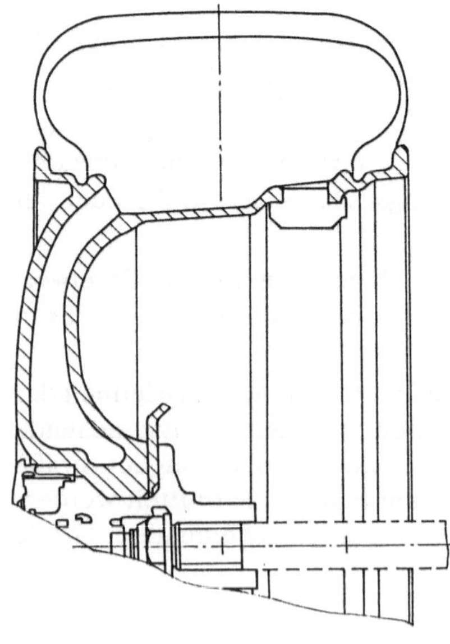

Bild 6.6

Sicherheitsrad des Porsche 959

Im Leichtmetallrad wurde ein Hohlraum geschaffen, der vorteilhaft das vom Reifen eingeschlossene Luftvolumen vergrößert. Im Felgengrund befindet sich der Geber für den Reifenluftdruck, dessen Signal berührungslos abgenommen und dem Luftdruckkontrollsystem zugeführt wird. Dadurch kann ein Reifenschaden entdeckt werden, bevor Gefahr entsteht. Mit dem Formschluß zwischen Reifenwulst und Felge ist auch ohne Luft noch etwas Seitenführung vorhanden (Bild aus [6.9])

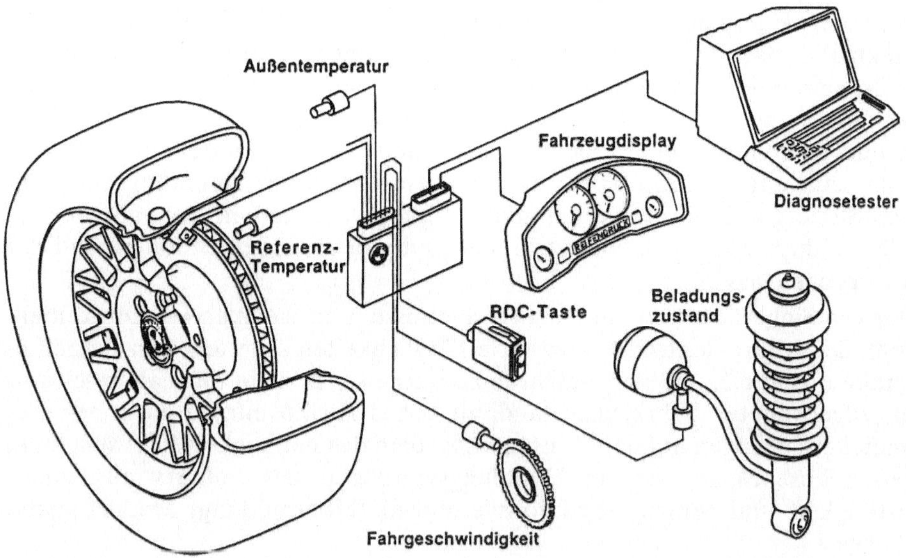

Bild 6.7 Komponenten des Systems der Reifen-Druck-Control (RDC) von BMW

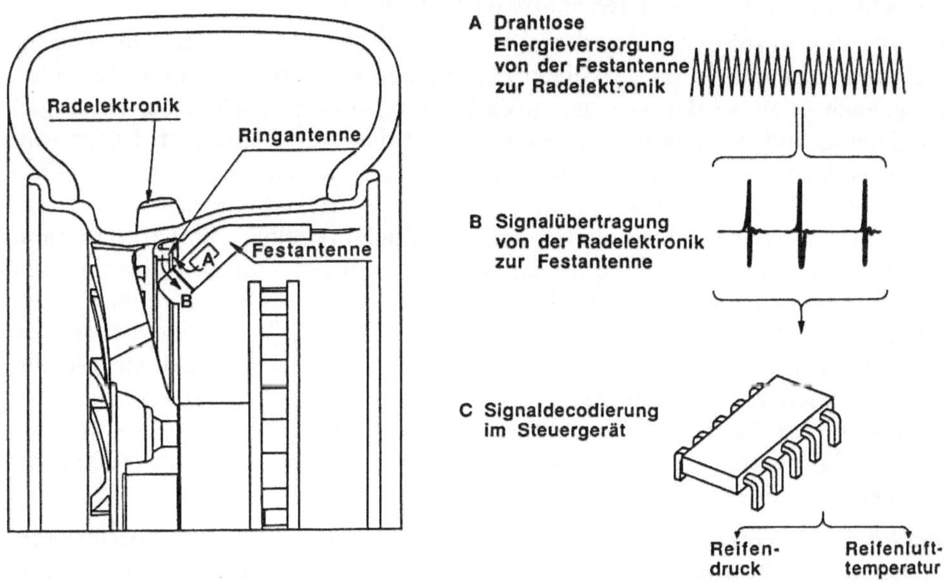

Bild 6.8 Anordnung der RDC am Rad und Charakterisierung der Signalgewinnung

ms wird der Energietransfer für kurze Zeit unterbrochen. Dies ist für die Radelektronik das Startsignal, Innendruck und -temperatur zu messen und als pulspausenmodulierte Information zu senden. Das Steuergerät entschlüsselt diese Sensorsignale und verknüpft sie logisch sechsmal pro Sekunde. Außer Reifendruck und Reifenlufttemperatur aller fünf Räder werden Fahrgeschwindigkeit, Beladungszustand, Außentemperatur und Bremsenreferenztemperatur verarbeitet. Das Steuergerät gibt den erkannten kritischen Zustand an das Fahrzeugdisplay. Der Fahrer kann sich zusätzlich jederzeit den aktuellen Befüllzustand der Reifen anzeigen lassen.

Zur aktiven Sicherheit sind gute Sichtverhältnisse, und die auch bei Dunkelheit, wertvoll. Die Mikroelektronik wird viele Möglichkeiten schaffen, den Fahrer zu informieren, Bild 6.2, und vor Gefahren zu warnen, z.B. nicht der Fahrgeschwindigkeit zugeordneter Fahrzeugabstand, zu hohes Risiko infolge zu hoher Geschwindigkeit, bezogen auf den Zeitpunkt, zu dem das Fahrziel erreicht sein muß, zeitweise Einschränkungen im Handlungsvermögen des Fahrers aus seiner Reglertätigkeit und seinem Reaktionsvermögen (Übermüdung, Medikamente, Alkohol usw.).

Die Mikroelektronik bietet sich auch an, alle entscheidenden Teile und Baugruppen des Fahrzeugs ständig zu überwachen und richtig zu bedienen. So kann sie Reaktionen, die in Abhängigkeit von Geschwindigkeit zur Gefährdung führen, sperren, wie z.B. Öffnen der Türen, heftige Lenkreaktionen, bei denen der übertragbare Reibbeiwert überschritten würde, Aufblenden bei Gegenverkehr, zu geringer Fahrzeugabstand, Lösen der Verzurrung der Ladung usw.

6.2.2 Aktive Sicherheit, von der Fahrbahn ausgehend

Es würde zu weit führen, alle verkehrsorganisatorischen Maßnahmen, die sich für die Zukunft zur Erhöhung der Sicherheit ergeben können, zu nennen. Es sollen nur die angegeben werden, die sich in Verbindung mit technischen Einrichtungen im Fahrzeug und vorwiegend bezogen auf das Fahrwerk andeuten. Es ist vom Contidrom bekannt, wie ein unbemanntes Fahrzeug auf einem bestimmten Kurs gehalten werden kann. In ähnlicher Form über Funkkontakte können weitere Informationen, Anweisungen und sogar die Stellbefehle selbst vom Fahrbahnrand an den Fahrer oder an das Fahrzeug gegeben werden. Von einer bestimmten Verkehrsdichte an ist es ökonomischer, z.B. den beim jeweiligen Fahrbahnzustand übertragbaren Reibbeiwert nicht von jedem Fahrzeug aus, sondern an der Fahrbahn zentral zu messen und dann das entsprechende Signal an alle die Fahrbahn passierenden Fahrzeuge weiterzugeben. Ähnlich ist es mit dem Einschalten der Fahrzeugbeleuchtung, der Einregelung der Lichtstärke, der Geschwindigkeitsbegrenzung bei Nebel und der Einhaltung eines ausreichenden Sicherheitsabstands bei Kolonnenfahrt.

Es ist für die Elektronik leicht möglich, die Sicherheitsabstände dem Ausrüstungszustand der Fahrzeuge, wie mit ABS ausgerüstet, gerade ein Bremskreis ausgefallen, oder der individuellen Leistungsfähigkeit des Fahrers, wie Rallyefahrer, Normalfahrer, Fahrer im Seniorenalter, anzupassen.

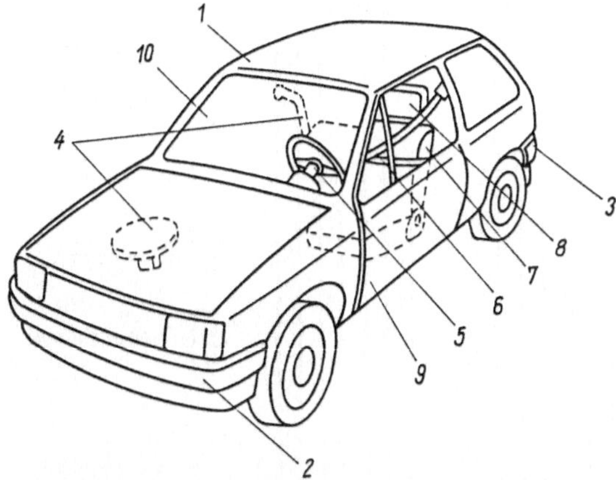

Bild 6.9 Maßnahmen zur Erhöhung der passiven Sicherheit
1 für alle Kollisionsrichtungen stabile Fahrgastzelle mit gepolstertem Innenraum, ohne vorstehende Teile und Kanten
2 Energieaufnehmende Vorderwagenbereiche mit auf die zulässige Verzögerung der Insassen abgestimmter Kraft-Weg-Kennlinie beim Auffahren auf ein Hindernis
3 Energieaufnehmende Heckbereiche mit auf die zulässige Beschleunigung der Insassen abgestimmter Kraft-Weg-Kennlinie, wenn ein von hinten auffahrendes Fahrzeug einen Auffahrstoß auslöst
4 Dichtheit des Kraftstoffsystems vom Tank bis zum Vergaser, auch bei schweren Kollisionen
5 geteilte und/oder energieaufnehmende Lenksäule mit eingeschränktem Eindringen in den Innenraum, Lenkrad mit großflächiger und gepolsteter Prallplatte, Airbag
6 Automatik-Sicherheitsgurte mit für alle Sitzstellungen sich optimal einstellendem Gurtverlauf und Gurtstrammer
7 hohe Stabilität der der Körperform angepaßten, sich beim Aufprall an der Energieaufnahme beteiligenden, Sitze
8 sich auf die Sitzposition einstellende Kopfstützen
9 alle Türen mit selbsttätiger Sicherung gegen unbeabsichtigtes Öffnen, gegen das Öffnen während, aber für Öffnen nach der Kollision
10 alle Scheiben aus Sicherheitsglas

6.2.3 Passive Sicherheit

Neue Werkstoffe, Einsatz der Elektronik und systematische Weiterentwicklung der Innenräume, zweckmäßige Anordnung der Baugruppen und Teile, je nachdem, ob von ihnen eine Gefährdung ausgeht oder ob diese mit ihnen durch Einfügung in die Knautschzone verhindert werden kann, ist eine kleine Aufzählung der Aufgaben, die zur Erhöhung der inneren Sicherheit beitragen. Einen Überblick über Maßnahmen zur inneren Sicherheit gibt Bild 6.9.

6.3 Nutzung der Energiereserven

6.3.1 Fahrwiderstände

Für den Energiebedarf bestimmend sind die Fahrwiderstände. Der Rollwiderstand der Reifen wird sich mit großer Wahrscheinlichkeit weiter mindern und sich der im Bild 4.46 angegebene Trend fortsetzen. Die sparsame Nutzung der Erdölvorräte erlangt progressiv zunehmende Bedeutung. Das wird sich auf die Energierück-

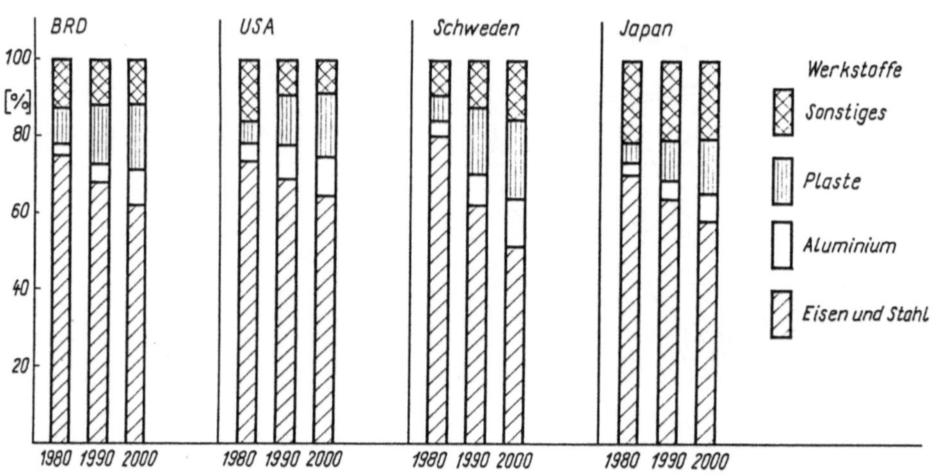

Bild 6.10

In Auswertung der Expertenbefragungen eingeschätzte Entwicklung der Werkstoffverwendung für Kraftfahrzeuge bis zum Jahr 2000 (aus [6.1])

gewinnung auf Gefällestrecken und beim Bremsen ebenso auswirken wie auf die Rückgewinnung von Rohstoffen aus alten Teilen, wenn nur damit eine Energieeinsparung verbunden ist. Beachtenswert ist auch der Rollwiderstandsanteil, der durch die Dämpfungsarbeit durch Reibung und in den hydraulischen Stoßdämpfern entsteht. Mit der zunehmenden Erdölverknappung wird sich das Gewicht von z.Z. noch als zu aufwendig erscheinenden Maßnahmen, wie eine völlig saubere und ebene Fahrbahn auf den Fernstrecken, erhöhen. Gerade auf die Kraftstoffeinsparung wirken sich verkehrsorganisatorische Maßnahmen aus, die mit der im Abschnitt 6.2.2 behandelten Informationsübertragung vom Fahrbahnrand gut verbunden werden können.

In den letzten Jahren wurde der Luftwiderstand bei den Neuentwicklungen gegenüber den Vorgängern nachweisbar abgesenkt. An dieser Absenkung waren auch Baugruppen des Fahrwerks beteiligt. Dieser Trend wird sich fortsetzen.

Die Fahrzeugmasse wirkt sich proportional auf den Rollwiderstand, den Steigungswiderstand, die Trägheitskraft (Beschleunigungswiderstand) und auf die zur Fahrzeugherstellung benötigte Energie aus. Deshalb bleibt Leichtbau geboten. Wie Bild 6.10 erkennen läßt, nimmt der Einsatz der Leichtmetalle und Plastwerkstoffe weiter zu. Durch die Beschichtung der Plaste und Leichtmetalle ist es möglich, sie sehr hohen Festigkeitsforderungen anzupassen.

6.3.2 Fahrwerke für neue Antriebskonzeptionen

Bei den Fahrzeugen mit anderen Verbrennungsmotoren oder bei Elektroantrieben mit Speicherbatterien und auch bei den von Oberleitungen gespeisten Bussen müssen sich die Fahrwerke nicht grundsätzlich unterscheiden. Etwas anders ist es bei den Fahrzeugen mit manuellem Antrieb, also bei vom Fahrrad abgeleiteten Fahrzeugen und Solarmobilen [6.10]. Ihre Perspektive ist schwer abzuschätzen. Sie haben gegenüber den mit Verbrennungsmotor angetriebenen Fahrzeugen die

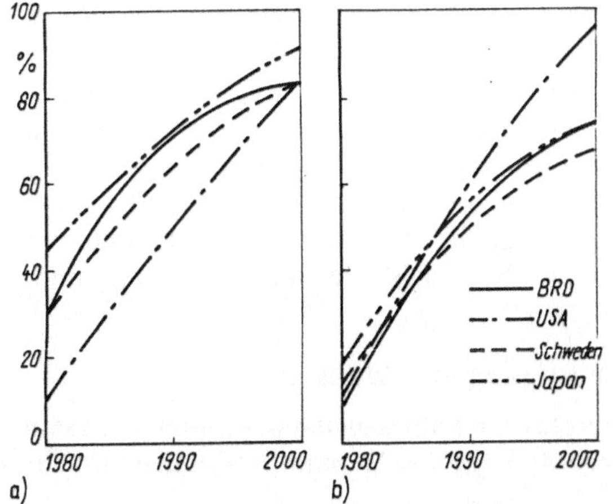

Bild 6.11

In Auswertung der Expertenbefragungen eingeschätzte Entwicklung des Einsatzes von Schweißrobotern bis zum Jahr 2000 (aus [6.1])

a) Punktschweißen

b) Lichtbogenschweißen

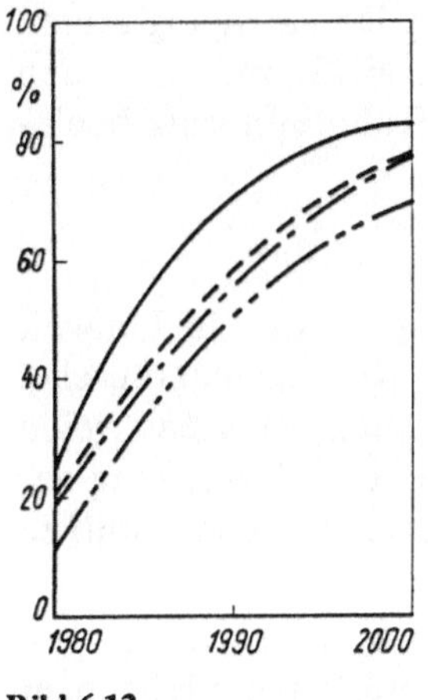

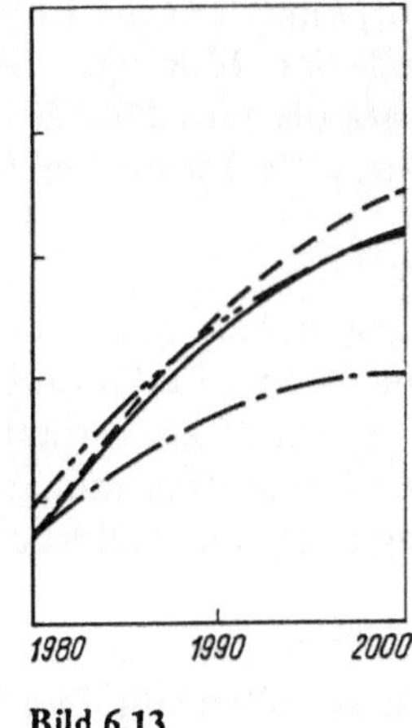

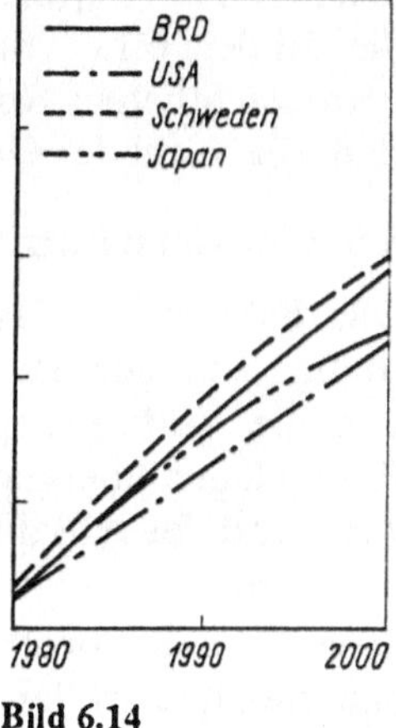

Bild 6.12   **Bild 6.13**   **Bild 6.14**

Bild 6.12

In Auswertung der Expertenbefragungen eingeschätzte Entwicklung des Einsatzes von Robotern für die Beschichtung und Abdichtung der Karosserie bis zum Jahr 2000 (aus [6.1])

Bild 6.13

In Auswertung der Expertenbefragungen eingeschätzte Entwicklung des Einsatzes von Robotern für die Materialzuführung im Fertigungsprozeß bis zum Jahr 2000 (aus [6.1])

Bild 6.14

In Auswertung der Expertenbefragungen eingeschätzte Entwicklung des Einsatzes von Robotern für die Montage von PKW bis zum Jahr 2000 (aus [6.1])

Vorteile, daß sie auch nach dem Erschöpfen der Erdölvorräte weiterbetrieben werden können und umweltfreundlich sind.

Bei ihren Fahrwerken tritt, um eine gewisse Mindestfahrleistung zu sichern, der Komfort in den Hintergrund. Der Rollwiderstand und die Masse werden zu den dominierenden Größen, denen gegenüber nur der Luftwiderstand trotz der niedrigen Geschwindigkeit noch eine gewisse Bedeutung behält. Es wird angenommen, daß sich nach dem Jahr 2000 die Konstrukteure intensiv mit den Fahrwerken solcher Fahrzeuge, für die die Basis die Rennfahrräder sind, beschäftigen werden.

6.4 Wirtschaftliche Konstruktion, Fertigung und Montage

Einen großen volkswirtschaftlichen Wert hat ein Fahrzeug dann, wenn sowohl sein Gebrauchswert als auch seine Fertigung, Montage und Reparaturfähigkeit ein sehr hohes Niveau besitzen.

Konstruktion, Fertigung und Montage und auch die Forschung, Entwicklung und Erprobung nutzen die Vorteile, die die Mikroelektronik bietet. Auf den Einsatz der Computertechnik in der Forschung und Entwicklung gehen u.a. die Veröffentlichungen [6.11],[6.12] und [6.13] ein. Über die Entwicklung der Fertigung zeigen die Bilder 6.11 und 6.12 und der Montage die Bilder 6.13 und 6.14 den voraussichtlichen Robotereinsatz bis zum Jahr 2000. Der Robotereinsatz beeinflußt die Wahl der Gestalt und des Werkstoffs der Teile.

6.5 Umweltschutz

Das Fahrwerk belastet z.B. gegenüber dem Verbrennungsmotor die Umwelt wenig. Eine gewisse Bedeutung haben die Geräusche, wie Reifenrollgeräusche. Um die Verbreitung von Asbeststaub zu vermeiden, ist man zu asbestfreien Reibbelägen übergegangen. Die Umweltbelastungen, die bei der Herstellung der Teile und der Abfallbeseitigung nach der Außerbetriebnahme entstehen, sind zu beachten.

Speziell beim Abrollvorgang der Räder entlastet man die Umwelt mehrfach, wenn man sie ohne größere Widerstände rollen läßt. Der Motor muß weniger leisten, er verbraucht weniger Kraftstoff, erzeugt weniger Abgas, die Reifen haben eine größere Lebensdauer, es entsteht weniger Reifenabrieb, die Fahrbahnen werden geschont, und die Beanspruchung der Radaufhängungs- und Lenkungsteile ist geringer.

6.6 Fahrkomfort

Obwohl es den höheren Klassen vorbehalten sein wird, sind in letzter Zeit Systeme im Gespräch, die zur entscheidenden Verbesserung des Fahrkomforts beitragen und dabei sich noch verbessernd auf die Fahrstabilität auswirken. Über die Niveauregelung und Dämpfkraftregelung [6.14] hinaus wird auch über aktive Systeme geschrieben [6.15]. Die Mikroelektronik macht es möglich, vor dem Rad die Unebenheit zu vermessen und der Fahrgeschwindigkeit zuzuordnen. Ein elektronischer Regler ermöglicht z.B. mit Hilfe eines hydraulischen Stellgliedes, das Rad über das gemessene Hindernis ohne Rückwirkung auf das Fahrzeug, also

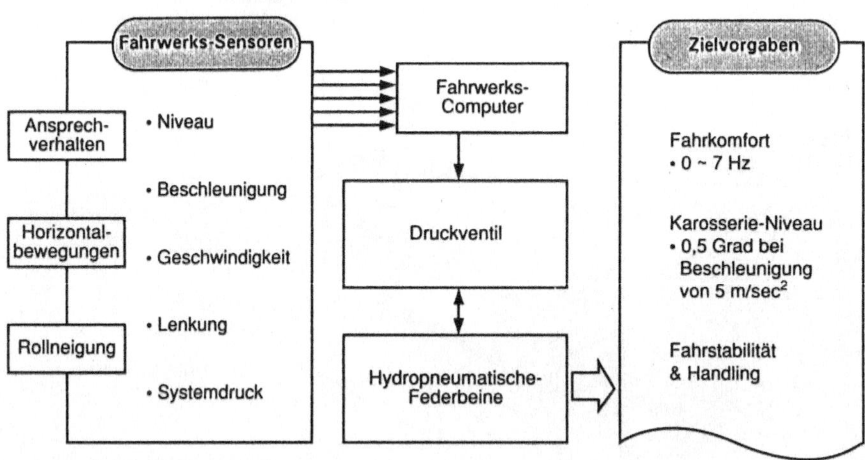

Bild 6.15 TACS-System: Basis-Konzept

ohne Aufbaubeschleunigung, rollen zu lassen. Der Fahrzeugaufbau würde einem
Schwebezustand ähnlich dahingleiten. Die Elektronik ermöglicht die Berücksichtigung weiterer Signale: wie Kurvenfahrt, Antreiben, Bremsen und die Empfindungswünsche der Insassen.

Theoretisch dem schon nahe kommt ein von Toyota vorgestelltes System TACS
(Toyota Active Control Suspension). Das Computer-gesteuerte System arbeitet
vorausschauend. Dank seiner Sensor- und Meßtechnik vermag TACS Fahrzeugbewegungen bereits im Ansatz zu erkennen. Die von Lenkwinkel- und Geschwin

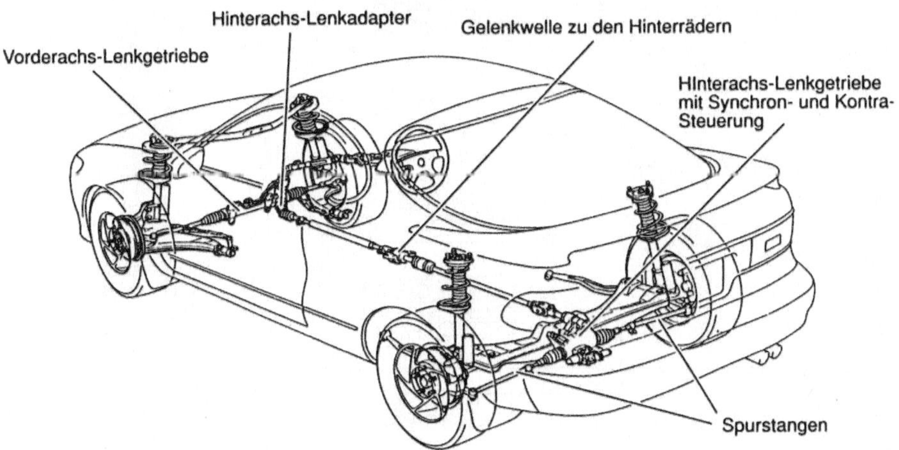

Bild 6.16 Die 4WS-Allradlenkung des TACS-Systems

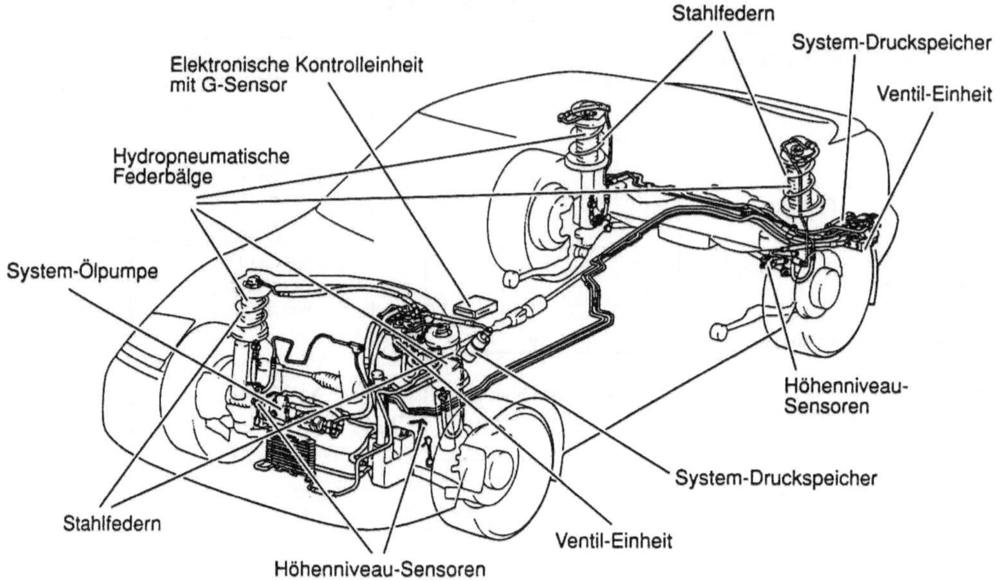

Bild 6.17 Die Federungshydraulik des TACS-Systems

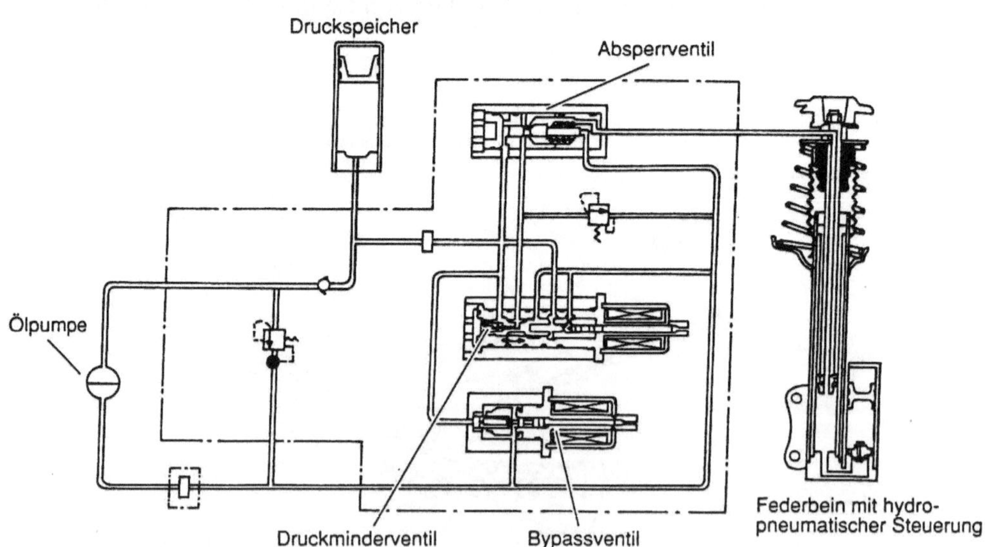

Bild 6.18 Die hydraulischen Steuerventile des TACS-Systems

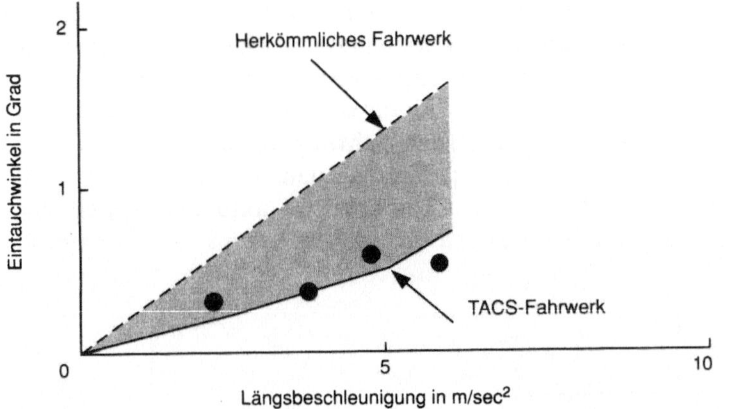

Bild 6.19
Nickwinkel
beim Beschleunigen

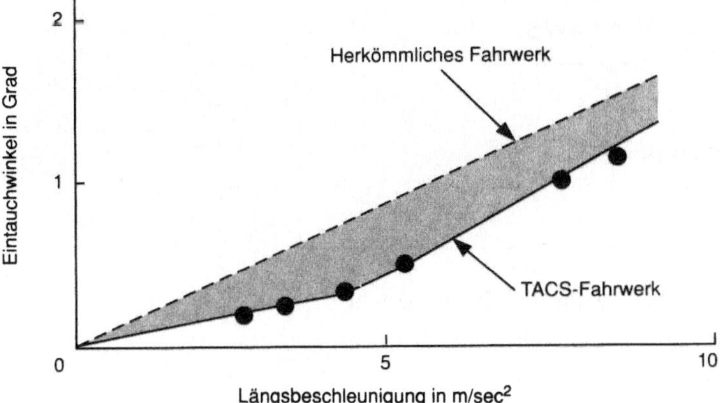

Bild 6.20
Nickwinkel
beim Bremsen

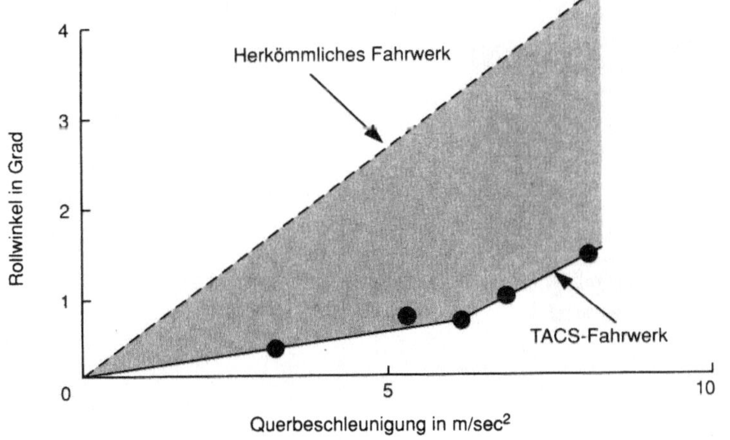

Bild 6.21
Rollwinkel
bei Kurvenfahrt

digkeitssensoren ermittelten Daten werden von einem Bordcomputer in entsprechende Befehle für die Fahrwerkskomponenten umgesetzt. Die Zielvorgaben für das Computer-Fahrwerk einschließlich programmierter Allradlenkung sind so definiert: Je nach Straßenbelag, Fahrgeschwindigkeit, Beladungszustand und Fahrweise sollen das Fahrverhalten stabilisiert, Schwingungen gedämpft sowie Fahrzeuglage und Fahrzeuglenkbarkeit optimiert werden, Bilder 6.15 bis 6.18. Dazu beliefern fünf Sensoren den TACS-Computer mit aktuellen Daten der hydropneumatischen Federbeine und des Schwingungsverhaltens der Karosserie.

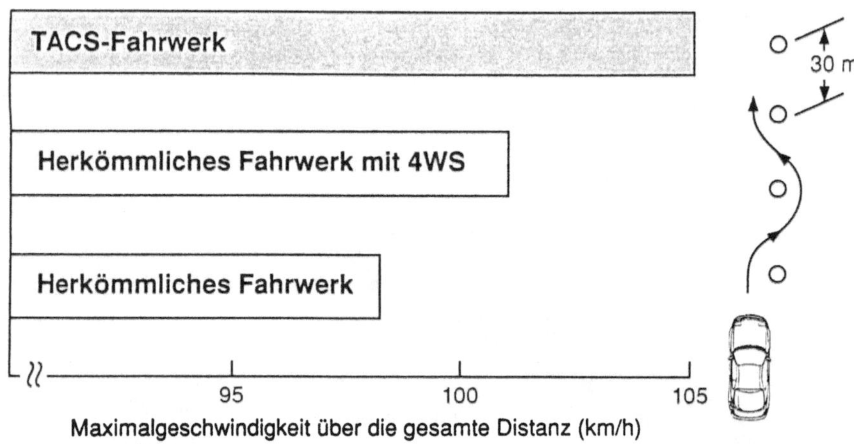

Bild 6.22 Vergleich der Maximalgeschwindigkeiten beim Slalomtest

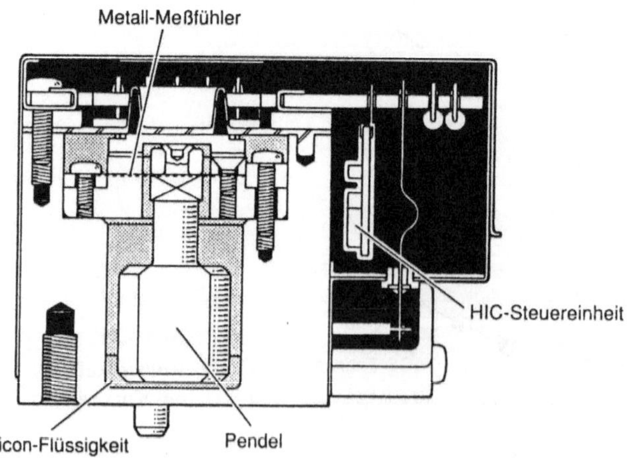

Bild 6.23

Beschleunigungsgeber für die Horizontalbewegungen des Fahrzeugaufbaus, der im Bild 6.17 mit G-Sensor gekennzeichnet ist

Der Rechner arbeitet sämtliche Signale auf und formt sie in verwertbare Programme für die Steuereinheiten der hydropneumatischen Federbeine um, Bilder 6.19 bis 6.25. Kontrollanzeigen zum automatischen und manuellen Niveau-Ausgleich sowie eine programmierte Allradlenkung komplettieren das TACS-System. Regie über sämtliche Systembestandteile führt ein Bord-Computer mit leistungsfähigem Mikroprozessor. Lediglich dem Hinterrad-Lenkgetriebe teilt der Fahrer mit, ob eine sportliche oder normale Fahrweise erwünscht ist oder ob – bei eingelegtem Rückwärtsgang – die Hinterachse auf Geradeauskurs bleibt.

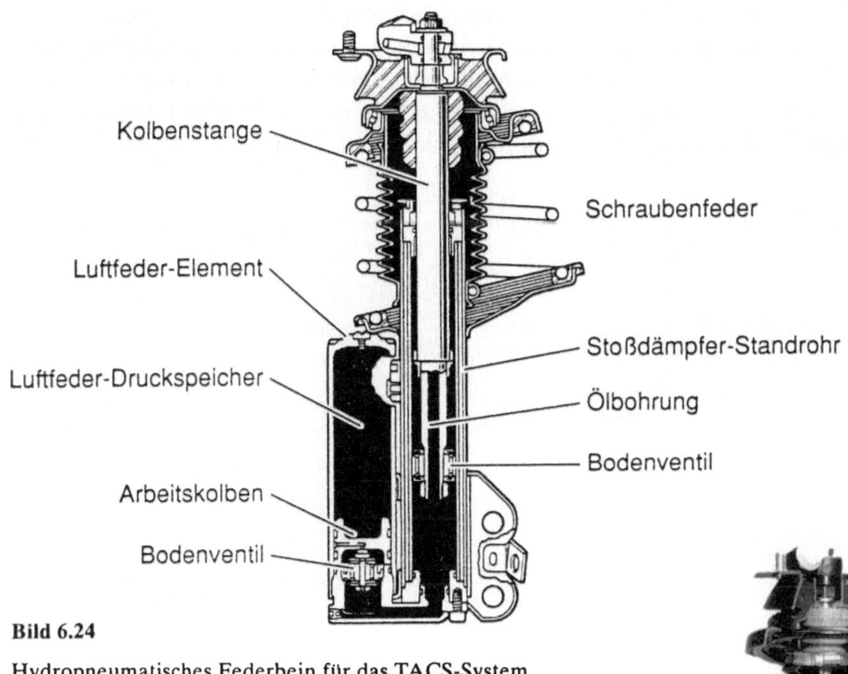

Bild 6.24

Hydropneumatisches Federbein für das TACS-System

Bild 6.25

Hydropneumatisches Federbein für das TACS-System, 60 bis 70 % tragen die Schraubfedern

6.7 Zuverlässigkeit

Das heutige Automobil weist gegenüber dem von vor 50 Jahren wesentlich mehr Baugruppen auf, die für dessen Betriebsbereitschaft erforderlich sind. Die Ansprüche an die Verkehrssicherheit und an den Bedien- und Fahrkomfort sind gestiegen und werden weiter ansteigen. Aus diesen Gründen gibt es jetzt schon sehr viele Teile, die die Betriebsbereitschaft einschränken und in einigen Fällen sogar unmöglich machen können. Mit den zunehmenden Ansprüchen und mit der Vergrößerung der Zahl der Teile wird die Erhöhung der Zuverlässigkeit und die Verbesserung der Serviceleistungen und des durchgängigen Kundendienstes in den Werkstätten zwingend notwendig. Der Erhöhung der Zuverlässigkeit dienen Dauerversuche unter möglichst wirklichkeitsnahen Bedingungen, die außerdem zeitraffend sein müssen. In der Prüftechnik, der Auswertung der Prüfergebnisse und dem Einfließen notwendiger Änderungen an den Prüflingen besteht ein umfangreiches Gebiet für die Anwendung der Mikroelektronik.

Literaturverzeichnis

[1.1]   *Gebauer, Buck, Wiecking:* Die Fahrgestelle der Personenkraftwagen. Chr. Belser Verlag, Stuttgart 1956

[1.2]   *Reimpell:* Fahrwerktechnik 1. Vogel-Verlag, Würzburg 1978

[1.3]   *Mitschke:* Dynamik der Kraftfahrzeuge. Springer-Verlag, Berlin, Heidelberg, New-York 1972

[1.4]   *Rönitz, Braess, Zomotor:* Verfahren und Kriterien zur Bewertung des Fahrverhaltens von Personenkraftwagen. Automobil-Industrie (1977) Heft 1 und 3

[1.5]   *Rompe, Grunow:* Testverfahren für das Bremsen in der Kurve. ATZ **81** (1979) Heft 3

[1.6]   *Zomotor, Horn, Rompe:* Bremsen in der Kurve – Untersuchung eines Testverfahrens. ATZ **82** (1980) Heft 9

[1.7]   *Berkefeld:* Der Einfluß der Elastizitäten in Radaufhängung und Lenkung. Dissertation, TU München 1983

[1.8]   *Huber:* Die Fahrtrichtungsstabilität des schnellfahrenden Kraftwagens. Dtsch. Kraftfahrtforschung (1944) Heft 44

[1.9]   *Rickert, Schunck:* Zur Fahrmechanik des gummibereiften Kraftfahrzeugs. Ing.-Archiv 1940

[1.10] *Henker:* Dynamische Kennlinien von PKW-Reifen. Wissensch. techn. Veröff. aus dem Automobilbau, Hohenstein-Ernstthal (1968) Heft 3

[1.11] *Gengenbach:* Das Verhalten von Kraftfahrzeugreifen auf trockener und insbesondere nasser Fahrbahn. Dissertation, Karlsruhe 1967

[1.12] *Weber:* Der Kraftschluß von Fahrzeugreifen und Gummiproben auf vereister Oberfläche. Dissertation, Karlsruhe 1970

[1.13] *Weber:* Seitenführungskräfte bei schnellen Änderungen von Schräglauf und Schlupf. Habilitationsschrift, Universität Karlsruhe 1981

[1.14] *Gumpert:* Einsatz eines elektronischen Analogrechners für Fahrstabilitätsberechnungen. KFT (1962) Heft 5

[1.15] *Henker:* Ergebnisse von Fahrstabilitätsuntersuchungen. KFT (1963) Heft 7

[1.16] *Otto, Gerlach:* Rechnerische Untersuchungen an einem räumlichen Fahrzeugmodell. KFT (1973) Heft 12

[1.17] *Schulze:* Rechnergestützte Fahrzeugauslegung zur Erhöhung der Fahrstabilität von Kraftfahrzeugen. KFT (1982) Heft 1

[1.18] *Schulze:* Untersuchung der Fahrstabilität eines PKW mit Hilfe eines Analogrechners. KFT (1982) Heft 3

[1.19] *Schulze:* Rechentechnische Untersuchung der Fahrstabilität von Wohnanhängerzügen. KFT (1983) Heft 1

[1.20] *Uffelmann:* AUTODYN – ein digitales Simulationsrechenprogramm für die Fahrdynamik von Personenkraftwagen. ATZ **86** (1984) Heft 2 und 5

[1.21] *Bartels, Fischer:* ADAMS – ein universelles Programm zur Berechnung der Dynamik großer Bewegungen. ATZ **86** (1984) Heft 9

[1.22] *Müller:* Ärodynamische Probleme bei der Gestaltung von PKW. KFT (1984) Heft 2

[1.23] *Spindler:* Wege und Querbeschleunigungen bei der Kurvenfahrt von Kraftfahrzeugen. ATZ **67** (1965) Heft 5 und 7

[1.24] *Henker:* Bewertungsgrößen für die Federungseigenschaften von Kraftfahrzeugen. KFT (1959) Heft 3

[1.25] *Marquard:* Schwingungsdynamik des schnellen Straßenfahrzeugs. Verlag W. Girardet, Essen 1952

[1.26] *Chatschaturow:* Dinamika sistemy doroga-schina-automobil-woditel. Maschinostroenie 1976

[1.27] *Jante:* Zur Theorie des Kraftwagens Bd. 1. Akademie-Verlag, Berlin 1974

[1.28] *Jante:* Zur Theorie des Kraftwagens Bd. 2. Akademie-Verlag, Berlin 1978

[1.29] *Buschmann, Kößler:* Taschenbuch für den Kraftfahrzeugingenieur. Deutsche Verlags-Anstalt, Stuttgart 1963

[1.30] *Zomotor:* Fahrwerktechnik: Fahrverhalten. Vogel Buch-Verlag, Würzburg 1987

[1.31] *Jahn:* Ein Beitrag zur Untersuchung, Bewertung und Optimierung der Bremskraftverteilung an Zweiachsfahrzeugen. Dissertation B, TU Dresden 1987

[1.32] *Willumeit:* Theoretische Untersuchungen an einem Modell des Luftreifens unter Seiten- und Umfangskraft, Dissertation, TU Berlin 1969

[1.33] *Willumeit, Matheis, Müller:* Korrelation von Untersuchungsergebnissen zur Seitenwindempfindlichkeit eines Personenwagens im Fahrsimulator und Prüffeld. ATZ **93** (1991) Heft 1

[1.34] *Appel, Breuer, Essers, Helling, Willumeit:* UNI-CAR-Der Forschungs-Personenwagen der Hochschulgemeinschaft. ATZ **84** (1982) Heft 3

[1.35] *Willumeit, Otto, Neubert, Hemmerling, Schratzer, Fichte:* Alcohol Interaction of Lormetazepam, Mepindolol Sulphate and Siazepam Measured by Performance on the Driving Simulator. Pharmacopsyciat. **17** (1984) 36–43, Georg Thieme Verlag Stuttgart, New York

[1.36] *Käding:* Der Daimler-Benz Fahrsimulator. Tagungsunterlagen Nr.: T-30-213-056-0, Messung mit Versuchsfahrzeugen, Haus der Technik e.V., Essen 1990

[1.37] *Mitschke:* Dynamik der Kraftfahrzeuge Band B Schwingungen. Springer Verlag, Berlin, Heidelberg, New York, Tokyo 1984

[2.1] *Reimpell:* Fahrwerktechnik. Vogel-Verlag, Würzburg 1970

[2.2] *Gebauer, Buck, Wiecking:* Die Fahrgestelle der Personenkraftwagen. Chr. Belser Verlag, Stuttgart 1956

[2.3] *Becker, Fromm, Maruhn:* Schwingungen in Automobillenkungen (Chimmi). M. Krayn, Technischer Verlag, Berlin 1931

[2.4] *Venediger:* Laufwerkführung, Tragwerkführung und Antriebsanordnung bei Kraftwagen. ATZ (1935) Heft 15

[2.5] *Lichtenheld:* Konstruktionslehre der Getriebe. Berlin, Akademie-Verlag 1965

[2.6] Autorenkollektiv: Fachwissen des Ingenieurs Band 8. VEB Fachbuchverlag Leipzig 1981

[2.7] *Bartels, Fischer:* ADAMS – Ein universelles Programm zur Berechnung der Dynamik großer Bewegungen. ATZ **86** (1984) Heft 9

[2.8] *Uffelmann:* AUTODYN – ein digitales Simulationsrechenprogramm für die Fahrdynamik von Personenkraftwagen. ATZ **86** (1984) Heft 2 und 5

[2.9] *Koeßler:* Zum Bremsnickausgleich. ATZ **83** (1981) Heft 11

[2.10] *Marquard:* Schwingungsdynamik des schnellen Straßenfahrzeugs. Verlag W. Girardet, Essen 1952

[2.11] *Hofmann:* Bremsnickausgleich bei Kraftfahrzeugen. KFT (1974) Heft 3

[2.12] *Rickert, Schunck:* Zur Fahrdynamik des gummibereiften Kraftfahrzeugs. Ingenieur Archiv **11** (1940)

[2.13] *Mitschke:* Dynamik der Kraftfahrzeuge. Springer Verlag, Berlin, Heidelberg, New York 1972

[2.14] *Henker:* Die Auslegung der Lenkgeometrie unter Berücksichtigung der Reifeneigenschaften. KFT (1968) Heft 9

[2.15] *Henker:* Ein Beitrag zur Erhöhung der Rutschfestigkeit vierrädiger Straßenfahrzeuge bei Kurvenfahrt. Dissertation TU Dresden 1971

[2.16] *Henker:* Fahrzeugkonstruktion und Reifen. KFT (1971) Heft 6

[2.17] *Henker:* Reifeneigenschaften und Seitenkraftverteilung. KFT (1973) Heft 12

[2.18] *Gumpert, Berger:* Zur Kinematik von Schrägpendelachsen. KFT (1961) Heft 8 und 9

[2.19] *Matschinsky:* Zur Analyse und Synthese räumlicher Einzelradaufhängungen. ATZ **73** (1971) Heft 7

[2.20] *Zomotor:* Einfluß der Vorderachskinematik auf die Lenkungsunruhe. ATZ **73** (1971) Heft 8

[2.21] *Berthold:* Die Verdrehung der Radebene infolge der Aufhängungskinematik und der elastischen Deformation. KFT (1973) Heft 12

[2.22] *Kunad, Götze, Nothdurft,* u.a.: Kinematische dynamische Analyse von komplizierten räumlichen Mechanismen, dargestellt am Beispiel eines PKW-Vorderrad-Führungsmechanismus. Maschinenbautechnik **28** (1979) Heft 6

[2.23] *Apetaur:* Zur kinematischen Synthese der Einzelradaufhängungen. ATZ **77** (1975) Heft 3

[2.24] *Ehthessad:* Kinematik und Dynamik räumlicher Getriebe an Beispielen der Einzelradaufhängungen. Dissertation, TU Braunschweig 1978

[2.25] *Schulze:* Untersuchung der Fahrstabilität eines PKW mit Hilfe eines Analogrechners. KFT (1982) Heft 3

[2.26] *Gröber:* Kinematische und dynamische Analyse einer PKW-Vorderradaufhängung unter besonderer Berücksichtigung der Radaufhängungselastizitäten, dargestellt am Beispiel einer McPherson-Achse. Dissertation, TU Dresden 1984

[2.27] *Otto, Gerlach:* Rechnerische Untersuchungen an einem räumlichen Fahrzeugmodell. KFT (1973) Heft 12

[2.28] *Schulze:* Rechentechnische Untersuchung der Fahrstabilität von Wohnanhängerzügen. KFT (1983)

[2.29] *Skop:* Flattererscheinungen an gelenkten Kraftfahrzeugrädern. KFT (1974)

[2.30] *Berger:* Forderungen an Radaufhängung und Federung von PKW. KFT (1970)

[2.31] *Enke:* Ein Verfahren zur Berechnung der Kurvenlage des Kraftwagens. Dissertation, TH Karlsruhe 1957

[2.32] *Pauly:* Untersuchung des Einflusses von Fahrzeugparametern auf das instationäre Fahrverhalten von Kraftfahrzeugen. Deutsche Kraftfahrtforschung und Straßenverkehrstechnik Heft 248

[2.33] *Pauly:* Kurshaltung von Kraftfahrzeugen beim Überfahren von Bodenwellen. Deutsche Kraftfahrtforschung und Straßenverkehrstechnik Heft 258

[2.34] *Mitschke, Fehlauer:* Einfluß der Radaufhängungskinematik auf das Fahrverhalten. Deutsche Kraftfahrtforschung und Straßenverkehrstechnik Heft 231

[2.35] *Reimpell:* Fahrwerktechnik. Vogel-Verlag, Würzburg 1978

[2.36] *Bonholzer, Wollny, Grohnert, Horntrich:* Die neue Hinterachs-Generation im VW-Passat. ATZ **83** (1981) Heft 1

[2.37] *Hombach:* Der neue BMW-Personenwagen der 5er Reihe. ATZ **83** (1981) Heft 6

[2.38] *Sorsche:* Gesamtkonzept und Fahrgestellaggregate der neuen Mercedes Benz Typen 190/ 190E. ATZ **85** (1983) Heft 5

[2.39] *Göbel:* Berechnung und Gestaltung von Gummifedern. Springer-Verlag, Berlin, Göttingen, Heidelberg 1955

[2.40] Werkbilder der Fa. Ehrenreich. Düsseldorf-Oberkassel

[2.41] Katalog der Fa. Lemförderer Metallwaren Lemförde

[2.42] *Kiener:* Moderne Kegelrollenlager für Personenwagen. Sonderdruck SKF Schweinfurt

[2.43] *Benktander:* Radlagerungseinheiten. Sonderdruck SKF Schweinfurt

[2.44] Katalog 3282 der Fa. SKF Kugellagerfabriken

[2.45] *Jante:* Zur Theorie des Kraftwagens Bd. 1. Akademie-Verlag, Berlin 1974

[2.46] *Jante:* Zur Theorie des Kraftwagens Bd. 2. Akademie-Verlag, Berlin 1978

[2.47] Katalog der Fa. Boge Gummi-Metall. Bonn-Bad Godesberg

[2.48] *Röhrich:* Sicherheit und Zuverlässigkeit von Schraubverbindungen. Kombinat Wälzlager und Normteile Karl-Marx-Stadt

[2.49] *Matschinsky:* Die Radführungen der Straßenfahrzeuge. Verlag TÜV Rheinland GmbH, Köln 1987

[2.50] *Henker, Dreyhaupt:* Prüfung von PKW-Achsen auf dem Prüfstand. KFT (1976) Heft 6

[2.51] *Reimpell:* Fahrwerktechnik: Radaufhängungen. Vogel-Buch-Verlag, Würzburg 1976

[2.52] *Berkefeld:* Der Einfluß der Elastizitäten in Radaufhängung und Lenkung auf das Eigenlenkverhalten von Kraftfahrzeugen. Dissertation TU München 1983

[2.53] *Henker:* Kolloquium Radaufhängung und Federung an Straßenfahrzeugen. KFT (1974) Heft 3

[2.54] *Henker:* Fachveranstaltung des Fachausschusses Fahrwerk. KFT (1985) Heft 4

[2.55] *Kohaupt, Moll:* Aktive Radaufhängungen. ATZ **93** (1991) Heft 3

[2.56] *Meiners, Schwanke:* Einsatz von Mikroprozessoren bei der Aufstellung von Lastkollektiven. Der Konstrukteur **10** (1979) Heft 10

[3.1] *Bussien:* Automobiltechnisches Handbuch Bd. 1. Technischer Verlag Herbert Cram, Berlin 1953

[3.2] Hoesch-Federn, Technische Federn. Hoesch AG Walzwerke, Hohenlimburg 1967

[3.3] *Reimpell:* Fahrwerktechnik: Radaufhängungen. Vogel Buch-Verlag, Würzburg 1986

[3.4] *Henker:* Bewertungsgrößen für die Federungseigenschaften von Kraftfahrzeugen. KFT 3/59

[3.5]   *Jante:* Zur Theorie des Kraftwagens Bd. 1. Akademie-Verlag, Berlin 1974

[3.6]   *Jante:* Zur Theorie des Kraftwagens Bd. 2. Akademie-Verlag, Berlin 1978

[3.7]   *Buschmann, Koeßler:* Taschenbuch für den Kraftfahrzeugingenieur. Deutsche Verlags-Anstalt, Stuttgart 1963

[3.8]   *Mitschke:* Dynamik der Kraftfahrzeuge. Springer-Verlag, Berlin, Heidelberg, New York 1972

[3.9]   Informationsmaterial über Hydrolager und andere Produkte für die Schwingungstechnik der Firma Freudenberg

[3.10] *Wende, Moebes, Marten:* Glasfaserverstärkte Plaste. Deutscher Verlag für Grundstoffindustrie Leipzig 1969

[3.11] Auszug aus den Typenblättern der Fa. Taurus Budapest

[3.12] Werbematerial der Fa. Boge

[3.13] *Reimpell:* Fahrwerktechnik 1. Vogel-Verlag Würzburg 1978

[3.14] *Bittel:* Entwicklung einer Ölfeder mit innerer Niveauregelung. KFT (1960) Heft 10

[3.15] *Henker:* Versuchsergebnisse mit der im ZEK entwickelten Ölfeder. KFT (1960) Heft 10

[3.16] *Baker:* Advances in suspension and steering. Automotiv engineer (1985) June/July

[3.17] *Scoft:* Adaptive suspension gives realtime adjustment Automotive Engineering (1986) March

[3.18] *Gebauer, Buck, Wiecking:* Die Fahrgestelle der Personenkraftwagen. Chr. Belser Verlag, Stuttgart 1956

[3.19] *Weber:* Kunststoffe im Automobilbau. ATZ (1991) Heft 3

[3.20] *Löhr:* Aktive und passive Feder- und Dämpferelemente. Automobil-Industrie **2** (1991)

[4.1]   *Gengenbach:* Das Verhalten von Kraftfahrzeugreifen auf trockener und insbesondere nasser Fahrbahn. Dissertation, Karlsruhe 1967

[4.2]   *Beermann:* Reifenverschleißmessung mit radioaktiven Isotopen. Automobil-Industrie (1969) Heft 3

[4.3]   *Jante:* Zur Theorie des Kraftwagens Bd. 2. Akademie-Verlag, Berlin 1978

[4.4]   Technischer Dienst LKW-Reifen. Dunlop AG Hanau 1983/84

[4.5]   *Mitschke:* Dynamik der Kraftfahrzeuge. Springer-Verlag Berlin, Heidelberg, New York 1972

[4.6]   *Krempel:* Experimenteller Beitrag zu Untersuchungen am Fahrzeugreifen. Dissertation, Karlsruhe 1965

[4.7]   *Henker:* Ein Beitrag zur Erhöhung der Rutschfestigkeit vierrädriger Straßenfahrzeuge bei Kurvenfahrt. Dissertation, TU Dresden 1971

[4.8]   *Seitz:* Experimentelle und theoretische Untersuchungen der in der Aufstandsfläche frei rollender Reifen wirkenden Kräfte und Bewegungen. Dissertation, München 1969

[4.9]   *Weber:* Der Kraftschluß von Fahrzeugreifen und Gummiproben auf vereister Oberfläche. Dissertation, Karlsruhe 1970

[4.10] *Thieme, Pacejka:* The Tire as a Vehicle Component. Delft, University of Technology 1971

[4.11] *Spindler:* Wege und Querbeschleunigungen bei der Kurvenfahrt von Kraftfahrzeugen. ATZ (1965) Heft 5 und 7

[4.12] *Tschudakow:* Konstruktion und Berechnung des Kraftwagens Fachbuchverlag Leipzig 1957 (Originalausgabe in russischer Sprache, Moskau 1951)

[4.13] *Braess:* Zahlen und Fakten zum Fortschritt im Personenwagenbau Teil 1 und 2. ATZ (1983) Heft 4 und 6

[4.14] *Jante:* Automobiltechnisches Handbuch Bussien, Kraftfahr-Mechanik. Technischer Verlag Herbert Cram, Berlin 1953

[4.15] *Leuschke:* Beitrag zum Problem der Gleichförmigkeit von PKW-Reifen unter besonderer Berücksichtigung des Einflusses der Protektormassekonzentration. Dissertation an der Hochschule für Verkehrswesen, Dresden 1975

[4.16] *Reimpell:* Elastokinematisches Kurvenverhalten der Toyota-Hinterachsen. Verkehrsunfall und Fahrzeugtechnik **22** (1984) Heft 6

[4.17] *Henker:* Reifeneigenschaften und Seitenkraftverteilung. KFT 12/73

[4.18] Räderkatalog der Firma Lemmerz. Lemmerz-Werke KGaA Königswinter

[4.19] *Henker:* Dynamische Kennlinien von PKW-Reifen. Wissensch. techn. Veröff. aus dem Automobilbau, Hohenstein-Ernstthal (1968) Heft 3

[4.20] *Schuring:* The rolling loss of pneumatik tires. Rubber Chemistry and technology Nr. 53
[4.21] *Sümegi:* Beitrag zum Energieverlustmechanismus in PKW-Reifen. Dissertation TU Dresden 1983
[4.22] *Henker:* Wie wirken Reifenschräglauffehler? KFT (1988) Heft 6
[4.23] *Gebauer, Buck, Wiecking:* Die Fahrgestelle der Personenkraftwagen. Chr. Belser Verlag, Stuttgart 1956
[4.24] *Ruttloff:* Reifenkraftschwankungen – ihre Größe und ihr Einfluß auf das Fahrverhalten von PKW. KFT 1/70
[4.25] *Willumeit:* Theoretische Untersuchungen an einem Modell des Luftreifens unter Seiten- und Umfangskraft. Dissertation TU Berlin 1969
[4.26] *Günther, Paech:* Beitrag zur Untersuchung, Bewertung und Konstruktion von PKW-Radialreifen. Dissertation, TU Dresden 1979
[4.27] *Bormann:* Zur Ermittlung der Eigenschaften von Protektorvulkanisaten. Wiss. Z. TU Dresden **37** (1988) Heft 1
[4.28] *Augsburg:* Messung und Bewertung der Vorgänge in der Aufstandsfläche von Fahrzeugluftreifen. Wiss. Z. TU Dresden **37** (1988) Heft 1
[4.29] Technisches Handbuch, Fulda Reifen. Gummiwerke Fulda GmbH, Ausgabe 1984
[4.30] *Klenke:* Warmausgehärtete Räder, die Aluminiumgußräder der Zukunft. Vortrag anl. 3. internat. Symposium Aluminium + Automobil, Düsseldorf 1988
[4.31] *Schnell, Käumle:* Aluminiumräder: Das Spaltrad im Vergleich zum gegossenen und geschmiedeten Rad. Vortrag anl. 3. internat. Symposium Aluminium + Automobil, Düsseldorf 1988
[4.32] *Henker:* Autos haben weiche Sohlen. Verkehrsunfall und Fahrzeugtechnik 1991, Heft 1

[5.1] *Heider:* Kraftfahrzeuglenkungen. Verlag Technik Berlin 1969
[5.2] *Henker:* Ist der positive Lenkrollenhalbmesser falsch? KFT (1973) Heft 8
[5.3] *Reimpell:* Fahrwerktechnik: Radaufhängungen. Vogel-Fachbuch-Verlag, Würzburg 1986
[5.4] *Mitschke:* Dynamik der Kraftfahrzeuge. Springer-Verlag Berlin, Heidelberg, New York 1972
[5.5] *Henker:* Die Auslegung der Lenkgeometrie unter Berücksichtigung der Reifeneigenschaften. KFT (1968) Heft 9
[5.6] *Bussien:* Automobiltechnisches Handbuch. Technischer Verlag Herbert Cram, Berlin 1953
[5.7] *Buschmann, Koeßler:* Taschenbuch für den Kraftfahrzeugingenieur. Deutsche Verlags-Anstalt, Stuttgart 1963
[5.8] *Schmitt:* Untersuchungen zum Lenkverhalten an hinterradgelenkten Fahrzeugen. Dissertation an der TU Dresden 1977
[5.9] *Jahn:* Elektronischer Blockierschutzregler Teil I, II und III. KFT (1986) Heft 8, 9 und 10
[5.10] *Rönitz:* Objektive Prüfverfahren zum Fahrverhalten von Kraftfahrzeugen und ihre internationele Normung. Automobil-Industrie (1986) Heft 3
[5.11] *Göhrung, Krämer, Bühler:* Eignung fahrdynamischer Prozeduren nach ISO TC 22/SC9 zur Beurteilung des Fahrverhaltens von Nutzfahrzeuge – Sonderortbestimmung – Teil 1 und 2. ATZ (1987) Heft 11 und 12
[5.12] *Fiala:* Zur Fahrdynamik des Straßenfahrzeuges unter Berücksichtigung der Lenkelastizität. ATZ (1960)
[5.13] *Gnadler, Schmidt:* Simulationsmodelle zur rechnerischen Untersuchung der Lenkungsunruhe von PKW, Automobil Industrie **30** (1985) 6
[5.14] *Essers, Glasner von:* Bremsen in der Kurve mit und ohne ABS. Automobil Industrie **35** (1990) 1
[5.15] Werkbilder der Fa. Ehrenreich. Fa. A. Ehrenreich, Düsseldorf
[5.16] Werkbilder der Fa. ZF. Zahnradfabrik Friedrichshafen, Geschäftsbereich Schwäbisch Gmünd
[5.17] *Zomotor:* Fahrwerktechnik: Fahrverhalten. Vogel-Verlag, Würzburg 1987
[5.18] *Henker:* Ein Beitrag zur Erhöhung der Rutschfestigkeit vierrädriger Straßenfahrzeuge bei Kurvenfahrt, Dissertation TU Dresden 1971
[5.19] *Wallentowitz:* Allradlenksysteme bei Personenkraftwagen, Fortschritte der Fahrzeugtechnik Bd. 7, Vieweg Verlag, Wiesbaden 1991
[5.20] *Günther, Sturm:* Ein Beitrag zur Optimierung der Radstellungen von PKW zur Verminderung des Reifenverschleißes. KFT (1977) Heft 6

[6.1]   *Appel, Hilber:* Mit dem Automobil in das nächste Jahrtausend – eine spekulative Betrachtung. Automobil-Industrie (1985) Heft 1

[6.2]   *Fiala:* "Convoy" Leitverkehr. ATZ **90** (1988) Heft 9

[6.3]   *Jahn:* Elektronischer Blockierschutzregler Teil I, II und III. KFT (1986) Heft 8, 9 und 10

[6.4]   *Braess:* Zahlen und Fakten zum Fortschritt im Personenwagenbau – Teil I und II. ATZ (1983) Heft 4 und 6

[6.5]   *Gaus, Schöpf:* ASD, ASR und 4 MATIC: Drei Systeme im „Konzept aktive Sicherheit" von Daimler-Benz. ATZ (1986) Heft 5 und 6

[6.6]   *Maretzke, Richter:* Traktion und Fahrdynamik bei allradgetriebenen Personenkraftwagen. ATZ (1986) Heft 9 und 10

[6.7]   *Tomaske:* Bedeutung der Bewegungsdarstellung bei Fahrsimulatoren. ATZ (1986) Heft 1

[6.8]   *Braess, Frank:* Mensch – Auto –Zukunft. ATZ (1986) Heft 4 und 5

[6.9]   *Bantle, Bott:* Der Porsche Typ 959 – Gruppe B – ein besonderes Automobil. ATZ (1986) Heft 5, 6 und 7/8

[6.10] *Böhmer:* Rallye für Solarmobile. KFT (1985) Heft 11

[6.11] *Finell:* Computers link design, analysis, and testing automotive engineering 3/86

[6.12] *Schmidt, Wolz:* Simulation komplexer dynamischer Systeme mit dem Programmpaket MESA VERDE am Beispiel eines Fahrzeugersatzsystems. Automobil-Industrie (1986) Heft 3

[6.13] *Kuralay:* Einfluß von Fahrwerkelastizitäten und Reifenparametern auf das Fahrverhalten von PKW. Automobil-Industrie 5/86

[6.14] *Yamaguchi:* Luxury tourer features electronically – controlled suspension and shock-absorbers. automotive engineering (1986) Heft 5

[6.15] *Vitzthum:* Zur aktiven Federung. KFT (1986) Heft 6

[6.16] *Gruden, Richter, Korte:* Möglichkeiten zur Verbesserung der Wirtschaftlichkeit von Otto-Motoren. Automobil-Industrie (1984) Heft 2

[6.17] *Henker:* Zur Verbesserung des Wirkungsgrades und Minderung der Abgasemission von Hubkolben-Verbrennungsmotoren. KFT (1985) Heft 11

[6.18] *Henker:* Variable Ventilsteuerung. KFT (1986) Heft 10

[6.19] *Gräfenstein, Hering:* Rechentechnische Simulation von Fahrzeugschwingungen. KFT (1988) Heft 4

[6.20] *Weber:* Zur Automobiltechnik von morgen – Zukunftsweisende Entwicklungen in der Fahrwerktechnik. Kautschuk, Gummi und Kunststoffe **42** (1989) Heft 2

[6.21] *Appel:* Individualverkehr, das Auto im 21. Jahrhundert. Automobil-Industrie 2/91

Tafelverzeichnis

Bildquellen

Wie die Bildunterschriften und das Literaturverzeichnis belegen, wurde von mehreren Betrieben Bildmaterial zur Verfügung gestellt bzw. zu Bildern angeregt. Es sei an dieser Stelle dafür gedankt. Es konnte nur ein sehr kleiner Teil davon Berücksichtigung finden. Von folgenden Firmen stand Bildmaterial zur Verfügung:

Adam Opel AG, Rüsselsheim; Audi AG, Ingolstadt; Automobilwerk Eisenach; Automobilwerk Ludwigsfelde; Barkas-Werke, Chemnitz; BMW AG, München; Boge, Eitorf; Citroen Automobil AG, Köln; Continental Gummiwerke AG, Hannover; Dunlop AG, Hanau; Ehrenreich, Düsseldorf-Oberkassel; Elges KG, Bielefeld; Fichtel & Sachs AG, Schweinfurt; Ford-Werke AG, Köln; Freudenberg, Weinheim; Gummiwerke Fulda; Höchst AG, Hohenlimburg; Honda Deutschland, Offenbach/Main; Lemförder Metallwaren; Lemmerz-Werke KG, Königswinter; MAN, München; Mercedes-Benz AG, Stuttgart; Metzler AG, München; Michelin Reifenwerke AG, Karlsruhe; Möve Mühlhausen; Nissan Motor Deutschland, Neuss; Porsche KG, Stuttgart; Pneumant, Riesa; Renault AG, Berlin; Robur Zittau; Sachsenring Zwickau; SKF Kugellagerfabriken, Schweinfurt; Taurus, Budapest; Toyota Deutschland, Köln; Veith Pirelli AG, Höchst; Volkswagen AG, Wolfsburg; Fahrzeugwerk Waltershausen; Zahnradfabrik Friedrichshafen AG, Schwäbisch Gmünd.

Sachwortverzeichnis